"十三五"国家重点出版物出版规划项目
材料科学研究与工程技术系列
2017年江苏省高等学校重点出版项目

塑料成型工艺与模具设计

Suliao Chengxing Gongyi yu Mujju Sheji

● 贺毅强　徐政坤　蔡小霞　主编

哈爾濱工業大學出版社

内 容 简 介

本书系统地介绍了塑料成型工艺及模具设计的基本原理、基本方法和一些最新的研究成果。全书共8章,内容包括塑料成型的概述、塑料及模塑成型工艺、塑料模具的基本结构及零部件设计、塑料压缩模设计、塑料注射模设计、塑料挤出机头设计、中空吹塑模具设计及塑料成型新技术的应用,各章还配有精选的应用实例、思考与练习题,部分重点章节还配有大型连续作业。本书内容力求适应普通本科教育的教学要求,从生产实际出发,注重模具技能型人才的培养,突出了应用性、实用性和先进性。

本书可作为本科类院校模具设计与制造专业及机械类和机电类各相关专业的教材,也可供从事模具设计与制造的工程技术人员参考。

图书在版编目(CIP)数据

塑料成型工艺与模具设计/贺毅强,徐政坤,蔡小霞主编.
—哈尔滨:哈尔滨工业大学出版社,2019.8(2022.8 重印)
ISBN 978-7-5603-7750-6

Ⅰ.①塑… Ⅱ.①贺… ②徐… ③蔡… Ⅲ.①塑料成型-工艺-高等学校-教材 ②塑料模具-设计-高等学校-教材
Ⅳ.①TQ320.66

中国版本图书馆 CIP 数据核字(2018)第253130号

HITPYWGZS@163.COM
艳|文|工|作|室 13936171227

策划编辑 李艳文 范业婷
责任编辑 李长波 庞 雪 谢晓彤
出版发行 哈尔滨工业大学出版社
社 址 哈尔滨市南岗区复华四道街10号 邮编150006
传 真 0451-86414749
网 址 http://hitpress.hit.edu.cn
印 刷 黑龙江艺德印刷有限公司
开 本 787毫米×1 092毫米 1/16 印张22 字数577千字
版 次 2019年8月第1版 2022年8月第3次印刷
书 号 ISBN 978-7-5603-7750-6
定 价 68.00元

前　言

本书基于高等教育教学改革和教材建设的需要，根据江苏省重点教材建设的要求，为适应近年塑料成型加工技术日益广泛应用的形势，培养应用型人才，引导相关专业课程建设，遵循“理论联系实际，体现应用性、实用性、综合性和先进性，激发创新”的原则，在模具相关专业教学改革经验的基础上编写而成。本书的主要特点如下：

(1)根据从事塑料成型工艺及模具设计的工程技术应用型人才的实际要求，理论以“必需、够用”为度，着眼于解决现场实际问题，同时融合相关知识，突出综合素质的培养，并注意增加专业知识的广度，积极吸纳新技术，体现应用性、实用性、综合性和先进性。

(2)以培养应用能力为主线，通过通俗易懂的文字和丰富的图表，简要介绍塑料性能、用途及塑件工艺性，在论述了塑料成型工艺的基础上，详细地分析常用塑料模具的基本结构及零部件设计与计算方法，介绍气体辅助注射成型、熔芯注射成型、反应注射成型及塑料模 CAD/CAE/CAM 等先进的塑料成型方法及设计技术，客观地分析塑料、塑料制件、塑料成型工艺、塑料成型模具及塑料成型设备之间的关系。内容力求适应本科生的教学要求，从生产实际出发，注重模具技能型人才的培养。

(3)选编较多的应用实例和练习题，重点章节精选了综合应用实例和大型连续作业，以让学生巩固知识和拓宽思路，便于教学和自学，具有较强的实用性和可操作性。

本书可作为本科院校模具设计与制造专业及机械类、机电类各相关专业的教材，也可供从事模具设计与制造的工程技术人员参考。

本书由江苏海洋大学的贺毅强教授、蔡小霞老师及张家界航空工业职业技术学院的徐政坤教授主编。全书共 8 章，第 3 章、第 4 章、第 5 章由贺毅强编写；第 1 章、第 2 章、第 7 章由徐政坤编写；第 6 章和第 8 章由蔡小霞编写。

由于编者水平有限，书中疏漏之处在所难免，恳请广大读者批评指正。

编　者

2019 年 3 月

目　　录

第1章 概　述

1.1 塑料工业在国民经济中的地位

塑料工业是当今世界上增长最快的工业之一，也是当今世界上增长最快的工业之一。塑料工业包括塑料原料(简称塑料，含树脂和半成品)的生产和塑料制件(简称塑件)的生产两个体系。没有塑料的生产，就没有塑件的生产。反之，没有塑件的生产，塑料就不能变成工业产品和生活用品，两者是相辅相成的。

从1909年实现以纯化学合成方法生产塑料起，塑料工业已有一百多年的历史。然而，从1927年聚氯乙烯塑料问世以来，随着高分子化学的发展以及高分子合成技术与材料改性技术的进步，越来越多的具有优良性能的塑料高分子材料不断涌现，促使塑料工业获得了飞速发展。据统计，在世界范围内，近几十年来塑料用量几乎每五年翻一番，预计今后将以每八年翻一番的速度持续高速发展。我国的塑料工业起步于20世纪50年代初期，从第一次人工合成酚醛塑料至今，我国的塑料工业发展速度也很快，特别是近20年来，产量和品种都大大增加，许多新颖的工程塑料已投入批量生产。

塑料工业的发展之所以如此迅猛，主要是因为塑料具有以下优良特性：

(1)塑料的密度小、质量轻、比强度(按单位质量计算的强度)高。大多数塑料密度在1.0～1.4 g/cm^3之间，相当于钢材密度的14%和铝材密度的50%左右，因而在同等体积下，塑料制件要比金属制件轻得多，这就是"以塑代钢"的明显优势所在。由于塑料的密度小，其比强度比较高，如钢的拉伸比强度为160 MPa，而玻璃纤维增强塑料的拉伸比强度可高达170～400 MPa，因此各种机械、车辆、飞机和航天器都采用塑料零件，对减轻质量、节省能耗方面具有非常重要的意义。例如，美国波音747客机约有2 500个质量达2 kg的零部件是用塑料制造的；美国全塑火箭中所用的玻璃钢质量约占总质量的80%。

(2)化学稳定性高。塑料对酸、碱和许多化学药品都有良好的耐腐蚀能力，如聚四氟乙烯塑料，"王水"也不能将它腐蚀，甚至连原子工业中的强腐蚀剂五氟化铀对它都不起作用，因此其有"塑料王"之称。因为塑料的化学稳定性好，所以它们在化学工业中应用很广泛，可以用来制作各种管道、密封件和换热器等。

(3)绝缘性能好，介电损耗低。金属导电是其原子结构中自由电子和离子作用的结果，而塑料原子内部一般都没有自由电子和离子，所以大多数塑料都具有良好的绝缘性能及很低的介电损耗。因此，塑料是现代电子工业中不可缺少的原材料，许多电器用的插头、插座、开关、手柄等，都是用塑料制成的。

(4)耐磨和自润滑性能较好。塑料可以在水、油或带有腐蚀性的液体中工作，也可以在半干摩擦或者完全干摩擦的条件下工作，这是一般金属零件无法与其相比的。因此，现代工业中已有许多齿轮、轴承和密封圈等机械零件开始采用塑料制造，特别是对塑料配方进行特殊设计后，还可以使用塑料制造自润滑轴承。

(5)减振、隔声性能也较好，许多塑料还具有透光性能、绝热性能以及防水、防潮和防辐射等诸多特殊性能。

(6)成型性能与着色性能好,可用不同的成型方法制作不同的产品零件。

塑料数量的增多、新型塑料品种的增加以及塑料成型技术的发展为塑料制件的应用开拓了广阔的领域。目前,塑料制件已深入国民经济的各个部门中,特别是在办公用品、照相器材、汽车、仪器仪表、机械、航空、交通、通信、轻工、建材、日用品以及家用电器行业中零件塑料化趋势不断加强,并且陆续出现了替代金属的全塑产品。据报道,在美国塑料工业已成为第四大工业。美国是世界上最大的塑料生产国,每年的塑料消耗量已经超过钢材。在全世界按照体积和质量计算,塑料的消耗量也超过了钢材。我国的塑料工业发展得也很快,塑料的产量已上升至世界第四位。如今,我国的塑料工业已形成了在塑料的生产、成型加工、塑料机械设备、塑料模具加工以及科研、人才培养等方面具有相当规模的完整体系,并在塑料新产品、新工艺、新设备的研究、开发与应用上都取得了可喜的成就,塑料工业在国民经济的各个部门中正发挥着越来越大的作用。

1.2　塑料成型方法及模具

塑件的生产主要由塑料的成型、机械加工、修饰和装配四个基本工序组成。有些塑料在成型前需进行预处理(预压、预热、干燥等),因此,塑件生产的完整工序顺序为:预处理→成型→机械加工→修饰→装配。塑件生产系统的组成如图 1.1 所示。

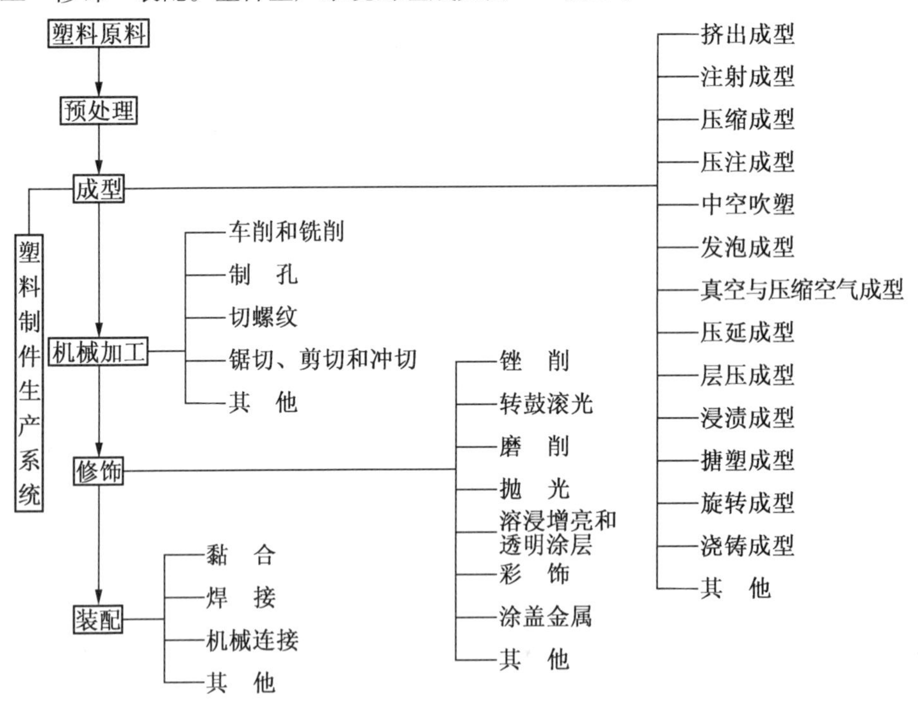

图 1.1　塑件生产系统的组成

在上述基本工序中,成型是最重要的,是一切塑件或型材生产不可缺少的过程,而其他工序则需要根据塑件的具体要求取舍。机械加工、修饰和装配有时统称为二次加工。

塑料成型是将各种形态的塑料原料(粉状、粒状、熔体或分散体)熔融塑化或加热到所要求的塑性状态,在一定的压力下经过一定形状的口模或充填到一定形状的型腔内,待冷却定型后获得所需形状、尺寸、精度及性能要求的塑件或半成品的过程。

塑料成型的方法很多,包括挤出成型、注射成型、压缩成型、压注成型、中空吹塑、发泡成型、真空与压缩空气成型、压延成型等(图1.1)。其中,挤出成型、注射成型和压缩成型三种成型方法应用最广,使用上述方法成型的塑件约占全部塑件加工量的90%以上,本书将重点介绍塑料成型工艺及模具设计。上述成型方法的成型原理如下:

(1)挤出成型。用螺杆使加热料筒内塑化熔融的塑料通过特殊形状的口模,使其成为与口模形状相仿的连续体,并逐渐冷却固化成型。

(2)注射成型。用注射机的螺杆或活塞使料筒内塑化熔融的塑料经喷嘴、模具浇注系统注入型腔而固化成型。

(3)压缩成型。借助加热和加压,使直接放入模具型腔内的塑料熔融并充满型腔,经化学与物理变化而固化成型。

(4)压注成型。将在模具加料腔内受热塑化熔融的热固性塑料用柱塞压入加热的闭合型腔而固化成型。

(5)中空吹塑。将挤出的熔融塑料毛坯置于模具内,借助压缩空气吹胀而使其贴于型腔壁上,并经冷却固化而成型。

(6)发泡成型。将发泡性树脂直接填入模具内使其受热熔融,形成气液饱和溶液,通过成核作用形成大量微小泡核,再由泡核增长而成型。

(7)真空与压缩空气成型。把热塑性塑料板或塑料片固定在模具上,加热到软化温度后,用真空泵把板材和模具之间的空气抽掉,依靠大气的压力使板材贴合在模具型腔表面,冷却后固化成型。

(8)压延成型。将塑化的热塑性塑料通过两道或多道旋转的辊筒间隙挤压延展,连续生产塑料薄膜或片材。

成型塑件所用的模具称为塑料成型模具,简称塑料模具。塑料模具是塑件生产的重要工艺装备之一,不同的塑料成型方法采用不同的成型工艺和原理及结构特点各不相同的塑料模具。对于塑件质量的优劣及生产效率的高低,模具因素占80%。一副质量好的塑料注射模可以成型上百万次,压缩模大约可以生产25万件塑件,这些都与模具设计和制造有很大的关系。在现代塑件的生产中,合理的成型工艺、高效率的成型设备和先进的塑料模具是决定塑件质量的重要因素,尤其是塑料模具对实现塑料加工工艺要求、保证塑件的形状和尺寸及精度起着极其重要的作用。高效率全自动的成型设备也只有配备了适应自动化生产的模具才有可能发挥其效能,产品的生产和更新都是以模具制造和更新为前提的。随着国民经济领域的各部门对塑件品种和产量的需求越来越大、产品更新换代周期越来越短、用户对塑件的质量要求越来越高,这对模具设计与制造的周期和质量提出了更高的要求,促使塑料模具的设计与制造技术不断向前发展,从而推动了塑料工业以及机械加工业的高速发展。

1.3 塑料成型技术的现状及发展方向

我国塑料成型技术从起步到现在,历经半个多世纪,有了很大的发展,模具水平有了较大的提高。特别是20世纪90年代以来,在国家产业政策和与之配套的一系列国家经济政策的支持和引导下,我国的模具工业发展迅速,产值年均增速达14%,2016年我国模具行业工业总产值约为2 400亿元(其中,塑料模具的产值约占45%),位居世界第三位。在未来的模具市场中,塑料模具在模具总量中的比例还将逐步提高。

在成型工艺方面,多材质塑料成型模、高效多色注射模、镶件互换结构和抽芯脱模机构在创新方面取得了较大进展。气体辅助注射成型技术更趋成熟,如青岛海信模具有限公司成功地在29 ~34 inch① 电视机的外壳以及一些厚壁零件的模具上运用了气辅技术,一些厂家还使用了C-MOLD气辅软件,取得了较好的效果。热流道模具开始推广,其在有些厂家的使用率达20%以上,一般采用内热式或外热式热流道装置,少数单位采用了具有世界先进水平的高难度针阀式热流道模具。但总体上热流道的使用率低于10%,与国外的50% ~80%相比,差距较大。

目前我国在大型模具方面已能生产48 inch大屏幕彩电塑壳注射模具、6.5 kg大容量洗衣机全套塑料模具以及汽车保险杠和整体仪表板等塑料模具;在精密塑料模具方面,已能生产照相机塑件模具、多型腔小模数齿轮模具及塑封模具,还能生产厚度仅为0.08 mm的一模两腔的航空杯模具和难度较高的塑料门窗挤出模具等。注射模型腔制造精度可达0.02 ~0.05 mm,表面粗糙度 $Ra=0.2\ \mu m$,模具质量与寿命明显提高了,非淬火钢模具寿命可达10万~30万次,淬火钢模具寿命达50万~1 000万次,交货期较以前缩短,但是和国外相比,仍有较大差距。

在模具设计与制造技术方面,CAD/CAM/CAE技术的应用水平上了一个新台阶,以生产家用电器的企业为代表,陆续引进了相当数量的CAD/CAM系统,如UG、Pro/E、C-Mold、Catia、Cimatron及Moldflow等。这些系统和软件的引进,虽花费了大量资金,但在我国模具行业中实现了CAD/CAM的集成,并能支持CAE技术对成型过程(如充模和冷却等)进行计算机模拟,取得了一定的技术经济效益,促进和推动了我国模具CAD/CAM技术的发展。近年来,我国自主开发的塑料模具CAD/CAM系统也有了很大发展,主要有北京北航海尔软件有限公司开发的CAXA系统、华中理工大学开发的注塑模HSC5.0系统及CAE软件等,这些软件具有适应国内模具的具体情况、能在计算机上应用且价格低等特点,为进一步普及模具CAD/CAM技术创造了良好条件。

在模具材料及标准件应用方面,近年来,国内已采用了一些新的塑料模具钢,如P20、3Gr2Mo、PMS、SMⅠ、SMⅡ等,对模具的质量和使用寿命有着直接的重大影响,但总体使用量仍较少。塑料模具标准模架、标准推杆和弹簧等得到越来越广泛的应用,并且出现了一些国产商品化的热流道系统元件。但目前我国模具标准件商品化程度一般在30%以下,和其他先进工业国家已达到的70% ~80%相比,仍有差距。

根据上述现状,我国塑料成型及模具技术今后的主要发展方向如下:

(1)在塑料模具设计与制造中全面推广应用CAD/CAM/CAE技术。CAD/CAM技术已发展成为一项比较成熟的共性技术,近年来模具CAD/CAM技术的硬件与软件价格已降低到中小企业普遍可以接受的程度,为其进一步普及创造了良好的条件。网络的CAD/CAM/CAE一体化系统结构已初见端倪,将可以解决传统混合型CAD/CAM系统无法满足实际生产过程分工协作要求的问题。CAD/CAM软件的智能化程度将逐步提高。塑件及模具的3D设计与成型过程的3D分析将在我国塑料模具技术中发挥越来越重要的作用。模具的CAD/CAM/CAE技术正向拟人化、集成化、智能化和网络化的方向发展。

(2)提高大型、精密、复杂、长寿命塑料模具的设计水平及比例。塑件在各领域的应用范

① 1 inch =25.4 mm

围和规模不断扩大,其精度要求也越来越高,且塑件日趋大型化和复杂化,应生产率要求而发展的一模多腔模具也在增多,这就要求提高大型、精密、复杂、长寿命塑料模具的设计水平及比例。

(3)推广应用热流道技术、气辅注射成型技术和高压注射成型技术。采用热流道技术的模具可提高塑件的生产率和质量,并能大幅度节省塑料原料和能源,所以广泛应用这项技术是塑料模具的一大变革。制定热流道元器件的国家标准,积极生产低价高质量的元器件,是发展热流道模具的关键。气体辅助注射成型可在保证产品质量的前提下,大幅度降低成本,目前在汽车和家电行业中正逐步推广使用。但气体辅助注射成型比普通注射工艺有更多的工艺参数需要确定和控制,模具设计和制造的难度较大,因此,开发气体辅助成型流动分析软件显得十分重要。另外,为了确保塑件精度,继续研究开发高压注射成型工艺与模具也非常重要。

(4)开发新的成型工艺和快速经济模具。随着市场竞争的进一步加剧,产品的开发和更新换代也必定更加频繁,在产品的试制阶段,必须要有新的成型工艺和快速经济模具技术作为支撑,才能适应多品种、少批量的生产方式。

(5)提高塑料模具标准化水平和标准件的使用率。我国塑料模具标准件水平和模具标准化程度仍较低,与国外差距甚大,在一定程度上制约着我国塑料模具工业的发展。为了提高塑料模具质量和降低塑料模具制造成本,塑料模具标准件的应用要大力推广。为此,首先要制定统一的国家标准,并严格按标准生产;其次要逐步形成规模生产,提高商品化程度和标准件质量,降低成本;再次是要进一步增加标准件的规格和品种。

(6)应用优质塑料模具材料和先进的热处理和表面处理技术。开发和应用优质塑料模具材料及其先进的热处理与表面处理技术,对于提高模具寿命和质量显得十分必要。

(7)研究和应用模具的高速测量技术与逆向工程。采用三坐标测量仪或三坐标扫描仪实现逆向工程,是塑料模具 CAD/CAM 的关键技术之一。研究和应用多样、廉价的检测设备是实现逆向工程的必要前提。

(8)提高塑料成型设备的质量和性能。在引进先进塑料成型设备的同时,做好对先进技术的吸收和推广工作,努力提高国产塑料成型设备的质量和性能,并扩大品种规格。

思考与练习题

1.1　塑料工业发展迅速的主要原因是什么?

1.2　塑件生产过程一般包括哪些基本工序?其中最重要的工序是什么?

1.3　何谓塑料成型?常用的塑料成型方法有哪些?

1.4　列举 4 ~5 个生活中的塑件,说明其名称及成型方法。

1.5　简述塑料成型技术的现状及发展方向。

第2章　塑料及模塑成型工艺

2.1　塑料的成分与分类

2.1.1　塑料的成分

塑料是以树脂为主要成分的高分子材料，它在一定的温度和压力条件下具有流动性，可以被模塑成型为具有一定几何形状和尺寸的塑件，并在成型固化后保持其既有形状不发生变化。

树脂分为天然树脂和合成树脂两类，塑料大多采用合成树脂。各种合成树脂都是人工将低分子化合物单体通过合成方法生产出的高分子化合物，它们的相对分子质量一般都大于1万，有的甚至可以达到百万级，所以化学上也常将它们称为聚合物或高聚物。

聚合物是塑料配方中的主要成分，它在塑件中为均匀的连续相，其作用是将各种助剂黏合成一个整体，使塑件能获得预定的使用性能。在成型物料中，聚合物应能与所添加的各种助剂共同作用，使物料具有较好的成型性能。聚合物的种类很多，而且就某一种聚合物而言，它们的各种特性也会因为合成方法不同而有差异。因此，正确选用聚合物品种和牌号时应注意以下几点：

(1)相对分子质量较大的聚合物强度较高，但流动性较差，故成型温度要高一些。

(2)相对分子质量的分布除了影响塑件使用性能和成型性能外，还影响配料过程。一般情况下要求相对分子质量的分布不要过宽。

(3)聚合物的颗粒对物料配制也有影响。凡是表面粗糙、形状不规则和结构疏松的聚合物颗粒均易吸收增塑剂，需用的配料温度较低，所用的配料时间也较短，反之，情况则相反。

(4)聚合物的水分、挥发物质量分数、结晶度、密度等情况对粉料或粒料的配制以及塑件的使用性能也有影响，设计塑料配方或控制塑料成型过程时都要注意这些问题。

聚合物虽然是塑料中的主要成分，但是单纯的聚合物性能往往不能满足成型生产中的工艺要求和成型后的使用要求。欲要克服这一缺陷，必须在聚合物中添加一定数量的助剂，并通过这些助剂来改善聚合物的性能。因此，可以认为塑料是以聚合物为主体，添加各种助剂组成的多组分材料。根据不同的功能，塑料所用的助剂可分为增塑剂、稳定剂、润滑剂、填充剂、增强剂、交联剂、着色剂、发泡剂及其他助剂等。

1. 增塑剂

为了改善聚合物熔体在成型过程中的流动性，常常需要在聚合物中添加一些能与聚合物相溶并且不易挥发的有机化合物，这些化合物统称为增塑剂。增塑剂加入聚合物后，其分子可插入大分子链之间，从而削弱聚合物大分子之间的作用力，使聚合物的黏流温度和玻璃化温度下降，黏度也随之减小，故流动性提高。增塑剂加入聚合物后，还能提高塑料的伸长率、抗冲击性能以及耐寒性能，但其硬度、强度和弹性模量会有所下降。向聚合物中添加增塑剂经常需要在保证相溶性好和不易挥发的前提下，再去考虑如何满足其他要求。在满足塑件性能的前提下，为了降低生产成本，解决某些增塑剂供不应求等问题，以及为了弥补某些增塑剂的缺陷等，常常可以将某种聚合物所用的多种增塑剂分为主增塑剂、次增塑剂和增量剂。主增塑剂应与聚合物之间具有足够的相溶性,甚至在一定范围内可完全相溶,且能单独加入聚合物,配比可达 1:1。次增塑剂与聚合物的亲和力可以差一些,一般不能单独使用,只能与主增塑剂共用,配比最多为 1:3。使用次增塑剂的主要目的是为了代替部分主增塑剂。增量剂一般不溶于聚合物,不能单独使用,只能混入主增塑剂中使用,目的是为了减少主、次增塑剂的用量以降低生产成本。

2. **稳定剂**

为了防止或抑制不正常的降解和交联,需要在聚合物中添加一些能够稳定其化学性质的物质,这些物质称为稳定剂。根据发挥作用的不同可将其分为热稳定剂、抗氧化剂和光稳定剂。生产中,稳定剂的添加量一般不大于 2%,也有少数情况下达到 5%。

(1)热稳定剂。热稳定剂的主要作用是抑制成型过程中可能发生的热降解反应,保证塑件能顺利成型并获得良好的质量。除此之外,热稳定剂也能防止或延缓塑件在储存过程中因光、热、氧化作用而引起的降解,这对提高塑件使用寿命有一定的作用。

(2)抗氧化剂。聚合物在高温下容易氧化降解,若同时还有光辐射或重金属化合物的作用,它还会发生氧化脱氢和双键断裂反应,导致塑料变色、龟裂和强度下降等缺陷。抗氧化剂是指添加在聚合物中预防或抑制上述缺陷的物质。

(3)光稳定剂。为了防止塑料在阳光、灯光或高能射线辐照下出现降解或性能变坏等现象,需要在聚合物中添加一些必要的物质,这些物质统称为光稳定剂。

3. **润滑剂**

为了改善塑料在成型过程中的流动性能,并减少或避免塑料熔体对设备及模具的黏附和摩擦,常常需要在聚合物中添加一些必要的物质,这些物质统称为润滑剂。同时它还能使塑料表面保持光洁。

4. **填充剂**

填充剂又称填料,通常对聚合物呈惰性。在聚合物中添加填充剂的主要目的是为了改善塑料的成型性能,减小塑料中的聚合物用量以及提高塑料的某些性能。

5. **增强剂**

增强剂是填充剂中的一个类型,多用于热固性塑料,可以提高塑件的物理性能和力学强度。

6. **交联剂**

交联剂也称硬化剂,添加在聚合物中能促使聚合物进行交联反应或加快交联反应速度。一般多用在热固性塑料中,可以促使塑件加速硬化。

7. **着色剂**

添加在聚合物中可使塑料着色的物质统称为着色剂。它们可以分为无机颜料、有机颜料和染料三种类型。着色剂用量一般为 0.01% ~0.02%,一味提高用量并不能加重色泽和鲜艳程度。

8. **发泡剂**

添加在聚合物中,可使塑料形成蜂窝状泡孔结构的物质称为发泡剂。它主要用来增大塑件的体积和减轻质量,同时也可提高防震性能。发泡机理可分为物理发泡和化学发泡两种类型。物理发泡通过液体发泡剂蒸发膨胀实现,化学发泡通过发泡剂受热分解产生气体实现。

9. 其他助剂

(1)阻燃剂。阻燃剂是添加在聚合物中可以阻止或延缓塑料燃烧的物质。

(2)驱避剂。驱避剂是添加在聚合物中避免老鼠、昆虫、细菌或霉菌危害的物质。

(3)防静电剂。防静电剂是添加在聚合物中能防止塑料遭静电危害的物质。

(4)偶联剂。偶联剂是添加在聚合物中能提高聚合物和增强剂、填充剂界面间结合力的物质。

(5)开口剂。开口剂是添加在聚合物中防止塑料薄膜层之间粘连的物质。

2.1.2 塑料的物料形态

根据塑料成型的需要,工业上用于成型的塑料有粉料、粒料、溶液和分散体等。不论哪一种物料,一般都不是单纯的树脂,而是或多或少地加入了各种助剂。

1. 粉料和粒料

将一定配比的树脂和各种添加剂制成成分均匀的粉料或粒料有利于成型后得到性能一致的塑件,同时便于装卸、计量和成型的操作。粉料和粒料的区别在于混合、塑化和细分的程度不同。粉料的配制通常是将塑料各组分放在混合设备中,按照一定的工艺步骤混合即可。粒料的制造步骤是塑炼和造粒。塑炼是将经过混合的粉料置于塑炼设备中,借助加热和剪切应力的作用使聚合物熔融,驱出挥发物等杂质,并进一步分散其中的不均匀组分;造粒是将经塑炼后的物料通过粒化设备或装置使之成为粒料。粒料更有利于成型性能一致的塑件。

粉料和粒料在生产中使用得较多,一般的成型工艺(如注射、挤出等)均采用粒料。但随着生产技术的提高和成型设备的改进,现在也有不少成型工艺改用粉料(如滚塑成型)。

2. 溶液

用流延(涎)法生产薄膜、胶片及某些浇铸塑件等常用树脂的溶液作为原料,其主要组分是聚合物与溶剂。溶剂通常是酯类、醚类和醇类等。除此之外,溶液中还需要加增塑剂、稳定剂、色料和稀释剂等。塑料成型中所用溶液,有的是在树脂合成时特意制成的,有的则是在使用时,通过配制设备用一定的方法配制而成的。

用溶液做原料制成的塑件中不含溶剂,因为溶剂在塑件生产过程中已经挥发掉了,所以构成塑件的主体是树脂,溶剂只是因为加工需要而加入的一种助剂。

3. 分散体

塑料成型中作为原料用的分散体是树脂与非水液体形成的悬浮体,统称为溶胶塑料或糊塑料。非水液体也称分散剂,它包括增塑剂(如邻苯二甲酸酯类等)和挥发性溶剂(如甲基异丁基甲酮等)两类。除了树脂和非水液体之外,溶胶塑料还可以根据使用目的的不同而加入各种添加剂,如稀释剂、稳定剂、填充剂、凝胶剂、着色剂等。加入的组分和比例不同,溶胶塑料的性质也会出现差异。

配制溶胶塑料的方法是将树脂、分散剂和其他所有助剂一起加入球磨机或其他混合机械中进行混合。

由溶胶塑料生产塑件要经过塑型和烘熔两个过程。塑型就是利用模具或其他器械,在室温下,使溶胶塑料成型。用溶胶塑料成型的突出特点是成型容易,不需要很高的压力。烘熔是将塑型后的塑件进行热处理,从而使溶胶塑料发生物理或化学变化成为固体。溶胶塑料在搪塑、滚塑及涂层塑件(如人造革)等方面得到广泛应用。

塑料成型工业中所用的溶胶塑料主要是聚氯乙烯溶胶塑料(或称聚氯乙烯糊)。

2.1.3　塑料的分类

1. 按合成树脂的分子结构和受热时的变化分类

(1)热塑性塑料。热塑性塑料是由可以多次加热加压、反复成型、具有一定的可塑性的合成树脂和各种添加剂制成的塑料。在多次加热加压的反复成型过程中,只有物理变化而无化学反应,其变化过程是可逆的,其分子结构是线型或支链型的二维结构。常见的热塑性塑料有聚乙烯、聚丙烯、聚苯乙烯、聚氯乙烯、有机玻璃、聚酰胺、聚甲醛、丙烯腈 - 丁二烯 - 苯乙烯(ABS)、聚碳酸酯、聚苯醚、聚砜和聚四氯乙烯等。

(2)热固性塑料。热固性塑料与热塑性塑料相比,主要不同之处是合成树脂不同,而且在添加剂中还加入了固化剂。因此在加热过程中,当温度达到使固化剂发生化学反应的温度时,其分子结构从线型结构或支链型结构变为网状的交联体型结构而固化,再加热也不再变化,成为既不熔化又不溶解的物质。整个成型过程中既有物理变化,也有化学反应,其过程是不可逆的。常用的热固性塑料有酚醛塑料、氨基塑料、环氧树脂、脲醛塑料、三聚氰胺甲醛和不饱和聚酯等。

2. 按塑料的用途分类

(1)通用塑料。通用塑料即普通的、易于成型的、产量大、用途广而又廉价的塑料。最常用的有聚乙烯、聚丙烯、聚氯乙烯、聚苯乙烯、酚醛塑料和氨基塑料六大品种。

(2)工程塑料。工程塑料即可成型工程结构件一类的塑料。较之通用塑料,它具有强度高、尺寸稳定、在高温和低温下变形小、能保持良好的性能等特点,如 ABS、尼龙、聚甲醛等。

(3)特种塑料。特种塑料即具有特种功能的塑料,如耐高温、耐低温、耐高冲击、具有高强度的塑料,具有导电或超导功能的塑料(即导磁、吸波、光敏、记忆性及超导功能)等。

2.2　塑料的工艺性能

2.2.1　热固性塑料的工艺性能

1. 收缩性

热固性塑料通常是在高温熔融的状态下充满模具型腔而成型的,当塑件冷却到室温后,其尺寸会收缩。影响收缩的基本因素如下:

(1)塑料种类。不同的塑料,其收缩率是不同的。即使同一种塑料,其树脂的相对分子质量、填料品种及质量分数不同,收缩率也不同。树脂质量分数高,相对分子质量高,填料为有机物,收缩率大。

(2)化学结构的变化。热固性塑料在成型过程中,树脂分子是从线型结构转变为体型结构,而体型结构的密度比线型结构大,故要收缩。

(3)热收缩。塑料的膨胀系数比钢大,塑件冷却收缩较其成型模具大,故塑件尺寸比模具型腔相应尺寸小。

(4)弹性恢复。当塑件脱模时,压力降低,进而产生弹性恢复而胀大,这样会减少总收缩。

(5)塑件结构及形状、尺寸、壁厚,有无嵌件。嵌件数量与分布对收缩率有较大影响。塑件结构复杂,壁薄、嵌件多且均匀分布的,则收缩率小。

(6)成型工艺。预热情况、成型温度、模具温度、成型压力、保压时间等都对收缩率有影响。有预热,成型温度不高,成型压力较大,保压时间较长的,收缩率较小。

(7)塑性变形。开模时,塑料所受的压力降低,但模壁仍紧压在塑件四周,可能使塑件局部变形,造成局部收缩。

应该注意到,塑件的收缩往往具有方向性的特征,这是因为在成型时高分子按流动方向取向,所以在流动方向和垂直于流动方向上性能有差异,收缩也就不一样,流动方向收缩大,强度高;垂直于流动方向收缩小,强度低(垂直于流动方向的强度大约为流动方向的50% ~60%)。同时,由于塑件各部位添加剂分布不均匀,密度不均匀,所以收缩也不均匀,必然造成塑件翘曲、变形甚至开裂。此外,塑件在成型时,受到成型压力和剪切应力作用,同时又由于各向异性及添加剂分布、密度、模温、固化程度等不均匀性的影响,所以成型后的塑件内有残余应力存在。脱模后的塑件残余应力趋于平衡,导致塑件尺寸发生变化,这种因残余应力变化而引起塑件的再收缩称为后收缩。有时根据塑件的性能和工艺要求,塑件在成型后需要进行热处理,热处理也会引起尺寸变化。由成型后热处理引起的收缩称为后处理收缩。

为了获得合格的塑件,设计塑料模具时必须考虑塑料的收缩性及收缩的复杂性。

2. 流动性

塑料在一定的温度与压力下充满模具型腔的能力称为流动性。衡量热固性塑料流动性的指标通常用拉西格流动性表示。拉西格流动性测量仪如图 2.1 所示,测量仪的原理是将一定质量的塑料预压成圆锭,将圆锭放在标准压模中,在一定的温度和压力条件下,测量塑料自模孔中挤出的长度(单位为 mm)。其值大,流动性好;反之,则流动性差。对于不同的塑料,其流动性不同,同一种塑料的流动性与树脂相对分子质量、填料的性质与质量分数、颗粒的形状与大小、含水量、增塑剂与润滑剂质量分数等有关。一般来说,树脂相对分子质量小,填料颗粒细且呈球状的,含水量或增塑剂、润滑剂质量分数高的,流动性大。塑料的流动性除了与塑料性质有关外,还与模具结构、表面粗糙度、预热及成型工艺条件等有关。塑料流动性对塑件的质量、模具设计以及成型工艺影响很大。流动性过大,易造成溢料,塑件内部容易疏松且树脂与填料分别聚集,易粘模,造成脱模、清理困难等;但流动性太小,型腔填充不足,易造成成型困难。选用塑件的材料时,应根据塑件的结构、尺寸及模塑方法选择适当流动性的塑料。塑件面积大、嵌件多、型芯及嵌件细弱、有狭窄深槽及薄壁等复杂形状的,应选流动性好的塑料;压注和注射成型也应选择流动性好的塑料。模具设计时应根据塑料流动性来考虑分型面、浇注系统及进料方向,如流动性差的,浇注系统截面应增大。选择成型温度等工艺条件也应考虑塑料的流动性。

为了提高塑料流动性,可在塑料中加入增塑剂和润滑剂,可采用适当的模具结构(如不溢式压缩模),减小型腔表面粗糙度,适当提高成型压力和成型温度等。

3. 比容与压缩率(压缩比)

比容是单位质量塑料所占的体积;压缩率是塑料的体积与塑件的体积之比,其值恒大于1。

比容和压缩率都表示塑料的松散程度,它们都可以作为确定加料腔大小的依据。比容和压缩率大的,要加大料腔。因为比容和压缩率大,内部空气多,成型时排气困难,所以成型周期长,生产率低。比容和压缩率小,情况则相反,对压缩成型有利。但比容和压缩率太小,如以容积法装料则会造成加料量不准确。

各种塑料的比容和压缩率是不同的,对于同一种塑料,其比容和压缩率与塑料形状、颗粒度及均匀性有关。

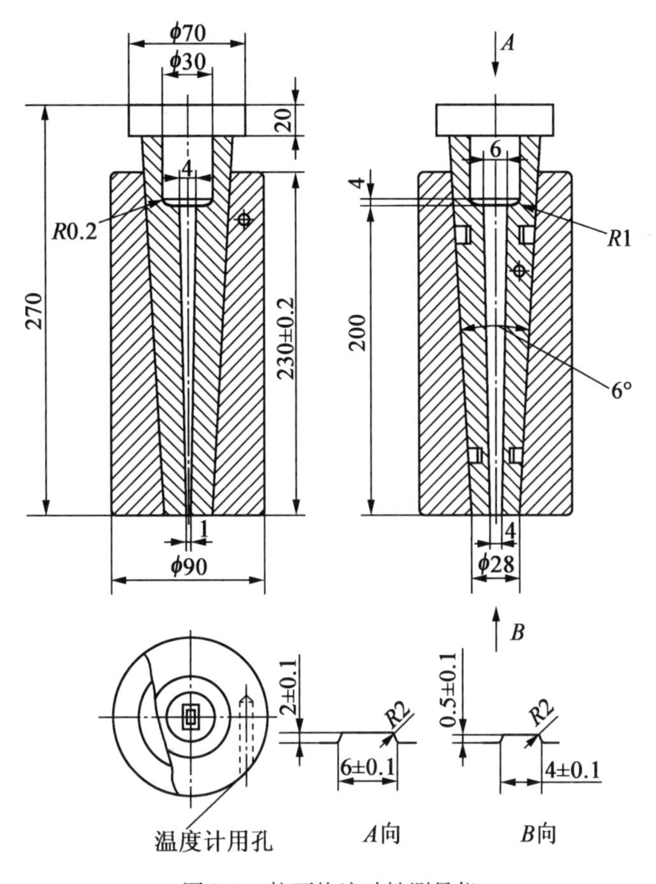

图2.1　拉西格流动性测量仪

4. 水分及挥发物的质量分数

塑料中的水分和挥发物来自两处:一是塑料生产过程遗留下来及成型之前在运输、储存期间吸收的;二是成型过程中化学反应产生的副产物。如果塑料中的水分和挥发物过多又处理不及时,则会导致流动性大,易产生溢料,成型周期长,收缩率大,塑件易产生气泡、组织疏松、变形翘曲、波纹等弊病。不仅如此,有的气体还对模具有腐蚀作用,对人体有刺激作用。因此,必须采取相应措施,消除或抵消其有害作用。对于水分和挥发物的第一种来源,必要时可在成型前进行预热干燥。而对于后者,包括预热干燥时未除去的部分,应在成型过程中设法去除,如在模具中开排气槽或压制操作时设排气工步等。模具表面镀铬是防止腐蚀的有效方法。

当然,塑料过于干燥会导致流动性不良,成型困难,所以不同塑料应按要求进行预热干燥,控制水分的质量分数。

5. 固化特性

在热固性塑料成型的过程中,树脂发生交联反应,分子结构由线型变为体型,塑料由既可熔又可溶的状态变为既不熔又不溶的状态,在成型工艺中将这一过程称为固化(熟化)。

固化速度与塑料种类、塑件形状、壁厚、是否预热、成型温度等因素有关。采用预压的锭料,预热,提高成型温度,增加加压时间,都能加快固化速度,但固化速度必须与成型方法和塑件大小及复杂程度相适应。对于注射成型,要求塑化、充模阶段化学反应要慢,而在充满型腔后则应加快固化速度。对于结构复杂的塑件,固化速度若过快,则难以成型。

聚合物发生交联反应的内在原因是高分子的分子链中带有反应基团(如羟甲基等)或反

应活点(如不饱和键等)。在一定的温度、压力等成型条件下,这些分子通过自带的反应基团的作用或自带的反应活点与交联剂(又称固化剂)作用而交联在一起,从而形成了体型高聚物。实践证明,这种交联反应是很难完全的。如何根据各种热固性塑料的交联性,通过控制成型工艺条件,达到所需的固化速度和交联程度是热固性塑料模塑成型中的重要问题。

2.2.2　热塑性塑料的工艺性能

1. 收缩性

影响热塑性塑料的收缩因素与影响热固性塑料的收缩因素基本相同。

2. 塑料状态与加工性

热塑性塑料在恒定压力下,随着加工温度的变化,存在三种状态。线型聚合物的聚集态与成型加工的关系如图 2.2 所示。

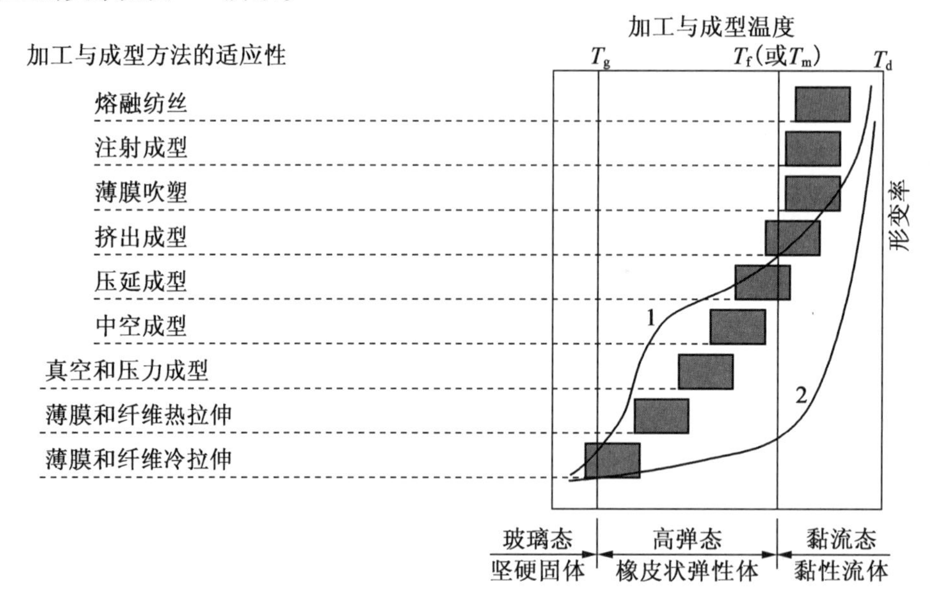

图 2.2　线型聚合物的聚集态与成型加工的关系

1—非结晶型树脂;2—结晶型树脂;T_g—玻璃化温度;T_f—非结晶型塑料黏流温度;T_m—结晶型塑料熔点;T_d—热分解温度

(1)玻璃态。处于玻璃态(结晶型树脂为结晶态)的聚合物是坚硬固体。它受外力作用有一定的变形能力,其变形是可逆的,即外力消失后,其变形也随之消失。在这种状态下不宜进行大变形量的加工,但可以进行车、铣、钻、刨等切削加工。

(2)高弹态。高弹态的树脂是橡胶状态弹性体。其形变能力显著增大,但变形仍具有可逆性质。在这种状态下,可进行真空成型、压延成型、中空成型、冲压、锻造等加工。进行上述成型加工时,必须充分考虑它的可逆性,为了得到所需形状和尺寸的塑件,必须把成型后的塑件迅速冷却到 T_g 以下的温度。T_g 是大多数聚合物成型加工的最低温度,也是选择和合理应用材料的重要参数。在 T_g 以下的某一温度,材料受力容易发生断裂破坏,这一温度称为脆化温度,它是塑料使用温度的下限。

(3)黏流态。黏流态的树脂是黏性流体,通常把这种液体状态的聚合物称为熔体。在这种状态下成型加工具有不可逆性质,一经成型和冷却后,其形状永远保持下来。在这种状态下可进行注射、吹塑、挤出等成型加工。过高的温度将使熔体黏度大大降低,如果不适当地增加流动性，则会导致成型过程溢料，成型后的塑件形状扭曲等。温度高达 T_d 附近会引起聚合物分解。因此，T_f（或 T_m）、T_d 是进行成型加工的重要参考温度。

应该注意的是，全结晶的高聚物无高弹性，即在高弹态阶段不会有明显的弹性变形，只有在温度高于 T_m 时，才很快熔化成黏流态，产生突然增大的变形。但是结晶型高聚物一般不可能完全结晶，都含有非结晶部分，所以，在熔化温度以下能够产生一定程度的变形。

3. 黏度与流动性

黏度是指塑料熔体内部抵抗流动的阻力。塑料在成型过程中影响其黏度的因素有两个方面，即高聚物本身的分子结构、相对分子质量、相对分子质量分布及塑料的组成和工艺条件。前者表现为不同品种的塑料熔体具有不同黏度，聚碳酸酯、聚氯乙烯、聚甲基丙烯酸甲酯等塑料的熔体黏度比聚乙烯、聚丙烯大得多；后者表现为黏流状态的塑料，其黏度受温度、压力、剪切应力和剪切速度的影响。一般来说，黏流态塑料的黏度随着剪切应力（或剪切速度）的增大而降低，尤其是聚甲醛；黏度随温度的升高也是下降的，尤其是醋酸纤维素、聚碳酸酯等。有的塑料熔体黏度对温度变化的敏感性不大，而对剪切应力的敏感性较大，如聚甲醛；而有的塑料熔体的黏度对剪切应力敏感性不大，对温度却较敏感，如聚酰胺、聚甲基丙烯酸甲酯等。塑料熔体的黏度随着压力的升高而增大。

由此看来，掌握塑料的黏度及其影响因素，对于分析塑料的流动性，确定成型工艺条件，达到预期的成型效果，均具有较重要的参考价值。

热塑性塑料的流动性可以用熔体指数来衡量。熔体指数测定仪如图 2.3 所示。在筒内装入一定量的塑料并加热到规定的温度，在特定的压力下将熔融塑料从一定直径的毛细管中压出，每 10 min 压出的塑料质量即为该塑料的熔体指数（单位为 g/10 min）。

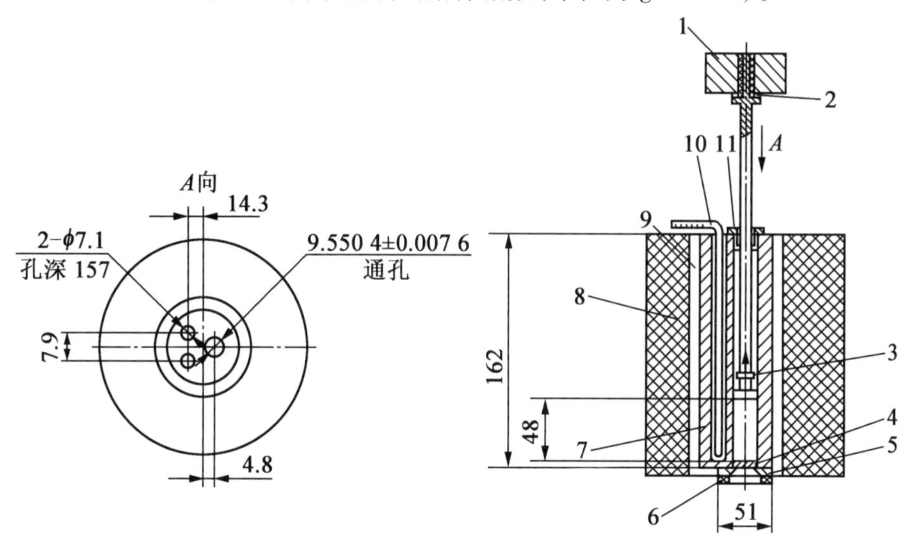

图 2.3　熔体指数测量仪

1—砝码；2—绝热衬套；3—活塞；4—出料模孔；5—托盘；6—绝热垫盘；7—炉体；8—隔热层；9—释热元件；10—温度计；11—导套

显然，塑料熔体的黏度大，流动性差；黏度小，流动性好。根据模塑工艺和模具设计的需要，可将常用塑料的流动性大致分为以下三类。

流动性好的有聚酰胺、聚乙烯、聚苯乙烯、聚丙烯、醋酸纤维素等；流动性中等的有改性聚苯乙烯、ABS、苯乙烯－丙烯腈共聚物（AS）、聚甲基丙烯酸甲酯、聚甲醛、氯化聚醚等；流动性差的有聚碳酸酯、硬聚氯乙烯、聚苯醚、聚砜、氟塑料等。

从塑料熔体充满模具型腔的实际能力来看,影响其流动性的因素除了上述影响黏度的因素外,还有模具的浇注系统形式、尺寸及其布置,冷却系统和排气系统的设置,型腔的形状及表面粗糙度等,凡是促使熔体降温或增加流动阻力的都会降低其流动性。另外,模塑成型前塑料的干燥对流动性也有影响,过于干燥会降低流动性。

应该指出,成型压力增大,一般可提高塑料熔体充模的能力,但由于成型压力的增大,在某些情况下黏度会增大很多,因此,有时在一般压力下容易成型的聚合物,当压力过大时,黏度的增大会导致成型困难。这说明单纯依靠增大压力来提高塑料充模能力是不可取的。过高的压力不仅使熔体黏度增大,而且会造成过多的功率消耗和过大的设备磨损。

4. 吸水性

塑料的吸水性大致可分为两类:一类是具有吸水或黏附水分倾向的塑料,如聚甲基丙烯酸甲酯、聚酰胺、聚碳酸酯、聚砜、ABS等;另一类是既不吸水也不易黏附水分的塑料,如聚乙烯、聚丙烯、聚甲醛等。

凡是具有吸水或黏附水分倾向的塑料,尤其像聚酰胺、聚甲基丙烯酸甲酯、聚碳酸酯等,如果在成型之前水分没有去除,那么在成型时,由于水分在成型设备的高温料筒中变为气体并促使塑料发生水解,因此塑料起泡和流动性会下降,这样,不仅给成型增加难度,而且使塑件的表面质量和力学性能下降。为保证成型的顺利进行和塑件的质量,对吸水性和黏附水分倾向大的塑料必须在成型之前应进行干燥处理,以去除水分。含水量一般控制在0.4%以下,ABS塑料的含水量一般在0.2%以下。有些塑料(如聚碳酸酯)即使含有少量水分,在高温、高压下也容易发生分解,这种性能称为水敏性。对此,必须严格控制塑料的含水量。

5. 结晶性

在塑料成型加工中,根据塑料冷凝时是否具有结晶特性,可将塑料分为结晶型塑料和非结晶型塑料两种。属于结晶型塑料的有聚乙烯、聚丙烯、聚四氟乙烯、聚甲醛、聚酰胺、氯化聚醚等;属于非结晶型的塑料有聚苯乙烯、聚甲基丙烯酸甲酯、聚碳酸酯、ABS、聚砜等。

一般来说结晶型塑料是不透明的或半透明的,非结晶型塑料是透明的。但也有例外的情况,如聚4-甲基-1-戊烯为结晶型塑料却有高度透明性,ABS属于非结晶型塑料却不透明。

结晶型塑料一般使用性能较好,但由于加热熔化需要的热量多,冷却凝固放出的热量也多,因而必须注意成型设备的选用和冷却装置的设计;结晶型塑料收缩大,容易产生缩孔或气孔;结晶型塑料各向异性最显著,内应力也大,脱模后塑件容易变形、翘曲。因为结晶、熔化温度范围窄,所以易发生未熔塑料注入模具或堵塞浇口。

应该指出,结晶型塑料不大可能形成完全的晶体,一般只能有一定程度的结晶。其结晶度随着成型条件的变化而变化,如果熔体温度和模具温度高,熔体冷却速度慢,则塑件的结晶度大;相反,则塑件的结晶度小。结晶度大的塑料密度大,强度、硬度高,刚度、耐磨性好,耐化学性和电性能好。结晶度小的塑料柔软性、透明性较好,伸长率和冲击韧度较大。因此,可以通过控制成型条件来控制塑件的结晶度,从而控制其性能,使之满足使用要求。

6. 热敏性

热敏性是指某些热稳定性差的塑料,在料温高和受热时间长的情况下就会开始降解、分解、变色的特性。具有这种特性的塑料称为热敏性塑料,如硬聚氯乙烯、聚三氟氯乙烯、聚甲醛等。

热敏性塑料发生分解、变色实质上是高分子材料的变质、破坏,不但影响塑料的性能,而且分解还产生气体或固体,有的气体对人体、设备和模具都有损害。而有的分解产物往往又是该塑料分解的催化剂,如聚氯乙烯的分解产物氯化氢,就能促使高分子分解作用进一步加剧。为了防止热敏性塑料在成型加工过程中出现分解现象,一方面在塑料中加入热稳定剂,另一方面应选择合适的成型设备,正确控制成型加工温度和加工周期,同时应及时消除分解产物,设备和模具应采取防腐蚀措施等。

7. **应力开裂**

有些塑料(如聚苯乙烯、聚碳酸酯、聚砜等)质地较脆,成型时又容易产生内应力,因此在外力或在溶剂作用下容易开裂。为防止这种缺陷的产生,一方面可在塑料中加入增强材料来改性,另一方面应注意设计成型工艺过程和模具(如成型前的预热干燥,正确确定成型工艺条件,对塑件进行后处理,合理设计浇注系统和推出装置等),还应注意提高塑件的结构工艺性。

8. **熔体破裂**

当一定熔体指数的塑料熔体在恒温下通过喷嘴孔时,其流速超过一定值后,挤出的熔体表面发生明显的横向凹凸不平或外形畸变以致支离或断裂,这种现象称为熔体破裂。发生熔体破裂会影响塑件的外观和性能,所以对于熔体指数高的塑料,应增大喷嘴、流道和浇口截面尺寸,以减小压力和注射速度,从而防止熔体破裂的产生。

2.3 常用塑料的性能及应用

2.3.1 常用热塑性塑料的性能及应用

1. **聚氯乙烯**

聚氯乙烯(Polyvinyl Chloride,PVC)树脂为线型结构,是非结晶型的高聚物,其可溶性和可熔性较差,加热后塑性也很差。所以,纯聚氯乙烯树脂不能直接用作塑料,一般需加入增塑剂、填充剂、稳定剂、润滑剂等添加剂后而成为塑料。由于聚氯乙烯树脂原料来源丰富、价格低廉,其制成的塑料性能优良,因而世界各国都在大量生产。

(1)聚氯乙烯塑料的类型、使用性能及用途。

聚氯乙烯可分为硬聚氯乙烯和软聚氯乙烯。

①硬聚氯乙烯。这种塑料不含或只含少量的增塑剂。它的强度较高、质硬、介电性能好,化学稳定性好,抗酸碱能力强,但耐热性不高。硬聚氯乙烯的粒料可供挤出成型和注射成型,主要用于制造片(板)材、管材、棒材等各种型材,或生产泵中的零件、各种管接头、三通阀等零件,还可用于制造泡沫塑料。

②软聚氯乙烯。这种塑料含有较多的增塑剂,可塑性、流动性比硬聚氯乙烯好,塑件柔软且有弹性,耐酸、碱能力强,耐寒,耐光且不受氧及臭氧的影响,但耐热性、力学强度、耐磨性、耐溶剂性及介电性等不如硬聚氯乙烯。软聚氯乙烯可供压延或吹塑制造薄膜,可用挤出成型制造塑料管和塑料带,还可用注射成型制造手柄、绝缘垫圈等结构零件。聚氯乙烯溶胶塑料可以用于浇铸成型和生产涂层塑件、搪塑件等。

大多数聚氯乙烯塑料长期使用温度范围不宽(-15~55 ℃)。对于某些特殊配方,其长期使用温度可达90 ℃。

(2)聚氯乙烯的成型性能。聚氯乙烯的成型性能较差,这是由于它的成型温度范围较窄,又是热敏性塑料。其熔融温度范围较宽,加热到80~85 ℃其就开始软化,它的黏流温度接近于分解温度,在140 ℃时开始分解,180 ℃时分解加速,同时放出HCl气体使塑料变色,即塑料由白色变成黄色、玫瑰红色、棕色，直到黑色。因此，必须严格控制成型温度，增大模具浇注系统截面尺寸，注意模具冷却系统设计，提高型腔表面光滑程度（镀铬等）。

2. 聚苯乙烯

聚苯乙烯（Polystyrene，PS）树脂是无色、透明并有光泽的非结晶型的线型结构的高聚物。其原料来源广泛，石油工业的发展促进了聚苯乙烯的大规模生产。

（1）聚苯乙烯的使用性能。聚苯乙烯透明性好，透光率高，在塑料中其光学性能仅次于有机玻璃；聚苯乙烯化学稳定性优良，耐酸（硝酸除外）、碱、醇、油、水等的能力较强，但对氧化剂、苯、四氯化碳、酮类（除丙酮外）、酯类等抵抗能力较差；聚苯乙烯的电性能优良，是理想的高频绝缘材料；聚苯乙烯拉伸强度和弯曲强度较高。但聚苯乙烯耐热性不高，使用温度为 −30 ~ 80 ℃；耐磨性较差，质脆，耐冲击性较差；导热系数小，线膨胀系数较大，塑件易产生内应力，易开裂。

（2）聚苯乙烯的成型性能。聚苯乙烯成型性能优良，其吸水性小，成型前可不进行干燥；收缩小，塑件尺寸稳定；比热容小，可很快加热塑化，塑化量较大，故成型速度快，生产周期短，可进行高速注射；流动性好，可采用注射、挤出、真空等各种成型方法。但注射成型时应防止溢料，控制成型温度、压力和时间等工艺条件（低注射压力、延长注射时间），以减少内应力。

（3）聚苯乙烯的用途。聚苯乙烯可制造仪表外壳和指示灯罩、汽车灯罩、电视机结构零件、高频插座、隔声和绝缘用泡沫塑料、各种容器等。

3. 聚乙烯

聚乙烯（Polyethylene，PE）树脂是结晶型的线型结构的高聚物。它和聚丙烯、聚丁烯等均属于聚烯烃，而聚乙烯是最主要的聚烯烃。石油工业的发展为它提供了充足的原料，它的产量在塑料工业中占首位。

按合成时所采用的压力不同，聚乙烯的合成方法可分为高压、中压和低压三种。由于聚合条件不同，其分子结构式虽然同属线型，但又有所区别，因而性能也就有差异。高压法所得聚乙烯结晶度不高（仅 60% ~70%）、密度较低，相对分子质量较小，常称为低密度聚乙烯；而中、低压法所得聚乙烯结晶度较高（高达 87% ~95%），密度大，相对分子质量大，常称为高密度聚乙烯。目前，采用低压法生产低密度聚乙烯，采用高压法生产高密度聚乙烯。低压法生产的低密度聚乙烯已成为发展方向。

（1）聚乙烯的使用性能。聚乙烯的介电性能与温度和频率无关，是理想的绝缘材料，无杂质的聚乙烯可以作为超高频绝缘材料；聚乙烯的耐热性不高，低密度聚乙烯的使用温度不超过 80 ℃，高密度聚乙烯的使用温度不高于 100 ℃，但其耐寒性却很好，在 −60 ℃仍有较好的力学性能，甚至在 −70 ℃仍有一定的柔软性；聚乙烯的化学稳定性很好，在常温下能耐稀硫酸、稀硝酸和任何浓度的其他酸、碱、盐溶液的作用，但不能耐浓硫酸和浓硝酸的作用；聚乙烯可溶性较差，在室温下，聚乙烯不溶解于一般溶剂，只有矿物油、凡士林、某些动物油或植物油与之接触会产生溶胀、变色以致破坏；聚乙烯耐水性很好，长期与水接触，其性能保持不变；聚乙烯在热、光、氧气的作用下会发生老化，逐渐变脆，力学性能和介电性能下降。因此，必须在聚乙烯塑料中加入抗氧化剂和紫外线吸收剂等稳定剂；聚乙烯具有一定的力学性能，但与其他塑料相比，其强度、表面硬度较低，弹性模量也不高，在这方面，高密度聚乙烯优于低密度聚乙烯，但其柔软性、耐冲击性不如低密度聚乙烯。

（2）聚乙烯的成型性能。聚乙烯的成型性能好，这是因为吸水性小，成型前可不预热；熔体黏度小，流动性好，成型时不易分解。但其冷却速度慢，模具应注意开设冷却系统；成型收缩值较大，方向性明显，塑件容易变形、翘曲，应控制模温，冷却要均匀、稳定。它可以采用挤出、注射、中空吹塑、滚塑、热成型、涂覆等方法制造塑件。

(3)聚乙烯的用途。聚乙烯可用于制造电气绝缘零件，尤其是无线电中的高频绝缘电线、电缆。由于它具有良好的物理、化学特性，因而用其生产的吹塑薄膜是一种理想的包装材料。该材料可使用挤出成型生产管材、单丝绳，也可以用注射成型生产机械零件和日用品，还可以制成防油脂、防湿的涂覆纸等。

4. 聚丙烯

聚丙烯(Polypropylene，PP)由丙烯单体聚合而成。由于聚合条件的差异，同一丙烯单体可能聚合出分子结构有差异的聚丙烯，即等规聚丙烯、间规聚丙烯和无规聚丙烯。间规聚丙烯工业生产量少，无规聚丙烯是无定型的黏稠物，不能作为塑料使用。在此只介绍等规聚丙烯。

聚丙烯树脂是结晶型的线型结构的高聚物。聚丙烯原料易得，价格较便宜、塑料用途又广，所以发展迅速，产量很大。

(1)聚丙烯的使用性能。聚丙烯具有聚乙烯所有的优良性能，如优良的介电性能、耐水性、化学稳定性，成型性良好等。同时，许多性能比聚乙烯还好，如耐热性较好，聚丙烯的塑件可在100～120 ℃下长期使用，在没有外力的作用下，温度即使超过150 ℃也不变形。但其耐低温性能不如聚乙烯，温度低于－35 ℃会发生脆裂。其力学性能较好，弯曲强度和拉伸强度接近于聚苯乙烯，刚度和伸长率好，抗应力开裂性比聚乙烯好，但耐磨性稍差。聚丙烯的主要缺点是在氧、热、光作用下容易降解、老化。为此，应在聚丙烯塑料中加入稳定剂。

(2)聚丙烯的成型性能。聚丙烯吸水性小，熔融状态流动性比聚乙烯好，但收缩率大，易产生缩孔、凹痕、变形等缺陷；成型温度低时，方向性明显，凝固速度较快，容易产生内应力。因此，应注意控制成型温度，塑件壁厚应该均匀，冷却速度不宜过快。应注意控制模具温度，模具温度太低(低于50 ℃)，塑件无光泽，易产生熔接痕；模具温度太高(高于90 ℃)，易发生翘曲、变形。

聚丙烯可进行挤出、注射、吹塑和真空成型等，其成型适应性较强。

(3)聚丙烯的用途。聚丙烯可以制成板(片)材、管材、绳、薄膜、瓶子，化工设备中的法兰、管接头，泵的叶轮、阀门配件等机械零件以及电气绝缘性零件、日用品等。聚丙烯还可用于合成纤维抽丝。

5. 聚酰胺

聚酰胺(Polyamide，PA)是一种在工程技术中广泛应用的热塑性塑料。尼龙(Nylon)是国外对聚酰胺的俗称，我国对其的俗称是锦纶。以前，聚酰胺主要用于合成纤维，现在作为塑料的情况日益增多。目前它在工程塑料中居于首位。

聚酰胺树脂是含有酰胺基(—CO—NH—)的结晶型的线型高聚物。它的品种很多，如尼龙3、尼龙4、尼龙6、尼龙8、尼龙9、尼龙10、尼龙11、尼龙12、尼龙13、尼龙46、尼龙56、尼龙66、尼龙510、尼龙610、尼龙1010、尼龙1313等。此外，还有共聚尼龙，如尼龙66/6、尼龙66/610等。

(1)聚酰胺的使用性能。聚酰胺的拉伸强度、硬度、耐磨性和自润滑性很突出，其耐磨性高于做轴承原料的铜及铜合金，并具有很好的耐冲击性能，疲劳强度与铸铁、铝合金相当；聚酰胺耐弱碱和大多数盐类，但不耐强酸和氧化剂；它不溶于普通的有机溶剂(如苯、汽油、煤油等)和油脂，但会被甲酚、苯酚、浓硫酸溶解；聚酰胺的耐热性不高，长期使用温度不超过80 ℃。

(2)聚酰胺的成型性能。聚酰胺熔融温度范围较窄，熔点较高。聚酰胺的品种不同，其熔点也不同,熔点高的约为 280 ℃,熔点低的约为 180 ℃。由于聚酰胺的吸水性大,难以制造精度高、尺寸稳定的产品,因此其成型前必须预热干燥。聚酰胺的热稳定性较差,预热干燥时会发生氧化,熔融状态易分解,加上成型收缩率大,易产生缩孔、凹痕、变形等缺陷。以上这些性能都给成型工艺带来一定的困难。在成型时必须采取相应措施以保证成型工艺顺利进行,保证塑件的质量。

聚酰胺熔融状态黏度低,流动性好,有利于成型薄壁塑件,但必须严格控制成型温度和正确设计模具,以免产生流涎和溢料。熔融的聚酰胺的冷却速度对其结晶度及塑件性能有明显的影响,故应严格控制模具温度及冷却系统。

聚酰胺可采用注射、挤出、吹塑、浇铸、压延等多种成型方法,粉状聚酰胺还可以用于热喷涂。

(3)聚酰胺的用途。聚酰胺具有优良的力学性能,在工程上用作减摩耐磨零件及传动件,如轴承、齿轮、凸轮、滑轮、衬套、铰链等,可制造电器、仪表、电子设备中的骨架、垫圈、支架、外壳等零件,还可用作阀座、密封圈、单丝、薄膜及日用品。

6. 聚甲醛

聚甲醛(Polyformaldehyde,POM)是一种高熔点、高结晶性的热塑性塑料。由于它具有优异的力学性能,因而在工程上应用价值高。

聚甲醛树脂按其合成方法可分为均聚甲醛和共聚甲醛两种。前者以均聚合方法制成,后者以共聚合方法制成,两者的分子结构虽然均为线型结构,但有所区别。由于分子结构不同,所以性能不同。两者相比,均聚甲醛的密度大,熔点高,强度好,但热稳定性和耐酸、碱能力较差。而共聚甲醛有较好的热稳定性,并易于成型,因而共聚甲醛发展较快。

(1)聚甲醛的使用性能。聚甲醛是结晶度很高的高聚物,它的突出特点是综合力学性能好。其强度、硬度很高,尤其是弹性模量很大,具有与金属材料较为接近的比强度和比刚度;聚甲醛还具有很好的冲击强度和疲劳强度,好的耐磨性和小的摩擦系数。以上这些力学性能是许多工程塑料不能相比的。

聚甲醛的热变形温度较高,连续使用的温度为 100 ℃,共聚甲醛还可高些。共聚甲醛的热稳定性虽然比均聚甲醛好,但总体来说,聚甲醛的热稳定性较差,加热时易分解,在光、氧的作用下易老化;聚甲醛具有良好的耐溶剂性,尤其耐有机溶剂;它能耐稀酸,但不能耐强酸;共聚甲醛能耐强碱,而均聚甲醛只能耐弱碱。

(2)聚甲醛的成型性能。聚甲醛的吸水性比聚酰胺和 ABS 等塑料小,成型前可不必进行干燥,其塑件尺寸稳定性较好,可以制造较精密的零件。但聚甲醛熔融温度范围小,熔融和凝固速度快,其塑件容易产生毛斑、褶皱、熔接痕等表面缺陷,并且收缩率大,热稳定性差。这些都应在设备调整和工艺参数及模具温度控制等方面采取相应措施。

聚甲醛可以采用一般热塑性塑料的成型方法生产塑件,如注射、挤出、吹塑等。

(3)聚甲醛的用途。聚甲醛是一种较好的工程材料,可以在很多领域代替钢、铜、铝、铸铁等金属材料制造许多种结构零件。它在汽车、普通机械、精密仪器、电器、电子、日用、建筑器材等领域应用广泛,如汽车散热器排水管阀门,散热器箱盖,空气压缩机阀门等零件,各种普通机械设备中的齿轮、轴承、弹簧、凸轮、螺栓、螺母,各种泵体、壳体、叶轮等零件,微动开关凸轮盘,电子计算机等电子产品中的许多零部件。

7. 聚碳酸酯

聚碳酸酯(Polycarbonate,PC)是非结晶型的线型结构的高聚物,是一种性能优良的热塑性工程塑料。它在工程技术中应用广泛,仅次于聚酰胺。

(1)聚碳酸酯的使用性能。聚碳酸酯的力学性能好，其拉伸和弯曲强度与聚酰胺和聚甲醛相当，抗冲击和抗蠕变性能突出，尤其抗蠕变性能优于聚酰胺和聚甲醛，塑件尺寸稳定。但聚碳酸酯的疲劳强度低，使用中容易产生应力开裂。与多数工程塑料相比，聚碳酸酯的摩擦系数较大，耐磨性较差。

聚碳酸酯的耐热性较好，长期使用温度可达130 ℃，并且有良好的耐寒性，脆化温度为-100 ℃；聚碳酸酯具有一定的化学稳定性，耐水、稀酸、油、脂肪烃等，但不耐碱、酮、酯等，在光的作用下会老化；聚碳酸酯吸水性较小，透光率很高，介电性能良好。

从上述可看出，聚碳酸酯的综合性能较好，是一种较理想的工程技术应用材料。

(2)聚碳酸酯的成型性能。聚碳酸酯的熔融温度高(220~230 ℃)，熔体黏度大，流动性较差。当冷却速度较快时，其塑件容易产生内应力。虽然聚碳酸酯塑料吸水性小，但在成型过程中即使含有$w(H_2O)=0.2\%$的水分也会使塑件产生气泡、银丝和斑痕，所以成型前仍需烘干。聚碳酸酯成型收缩较小，容易获得精度高的零件。

聚碳酸酯可采用注射、挤出、吹塑、真空成型等方法生产塑件。由于聚碳酸酯熔体黏度对温度变化较之对剪切速度的变化敏感，因而在成型过程中，调节熔体温度比调节剪切速度更重要，模具温度应较高。注射成型时，浇注系统尺寸应粗大。其塑件还应进行退火处理。

(3)聚碳酸酯的用途。聚碳酸酯在电器、机械、光学、医药等工业部门得到广泛应用。在机械设备中，聚碳酸酯可用于制造传递中、小负荷的零部件，如齿轮、齿条、蜗轮、蜗杆、凸轮、棘轮、轴、杠杆等，还可制造转速不高的耐磨件，如轴套、导轨等；在电器、电子工业中其可用于制造各种绝缘接插件、管座、计算机和电视机的零件。聚碳酸酯透光率高，所以可用于制造大型灯罩、门窗玻璃等。由于聚碳酸酯无毒、无味且有较好的耐热性，因此其可用于制造医疗器械。

8. ABS塑料

ABS(Acrylonitrile Butadiene Styrene)是丙烯腈、丁二烯和苯乙烯三种单体聚合而成的非结晶型的高聚物。它是在聚苯乙烯的基础上改性而发展起来的一种热塑性工程塑料。聚苯乙烯的突出缺点是耐冲击性能较差，耐热性不够高，因而限制了它的应用范围。而三种单体合成的ABS塑料是一种综合性能优良的，在工程技术中广泛应用的新型塑料。

(1)ABS塑料的使用性能。由于ABS是三种单体聚合而成的，因此它具有三种组成物的综合性能。丙烯腈使ABS具有较高的强度、硬度，耐热性及耐化学稳定性；丁二烯使ABS具有弹性和较高的冲击强度；苯乙烯使ABS具有优良的介电性能和成型加工性能。由此可见，还可以通过改变组成物的比例，生产出不同品种的ABS塑料。

ABS塑料在一定的温度范围内具有较高的冲击强度、表面硬度及耐磨性，它的热变形温度为100 ℃左右，比聚苯乙烯、聚氯乙烯、聚酰胺都高，而且还具有一定的化学稳定性和良好的介电性能。此外，它还有能与其他塑料和橡胶混溶等特性。其塑件尺寸稳定性好，表面光泽，可以抛光和电镀。但ABS塑料耐热性并不高，耐低温和耐紫外线性能也不好。在实际生产中为进一步提高ABS塑料的性能，克服其缺点，采取了加入其他单体和增加助剂、填料等方法，以提高其耐热性、耐寒性、耐候性。

(2)ABS塑料的成型性能。ABS塑料成型性能较好。它的流动性较好，成型收缩率小；它的比热容较低，在料筒中塑化效率高，在模具中凝固也较快，模塑周期短。但ABS吸水性大，成型前必须充分干燥，表面要求光泽的塑件应进行较长时间的干燥。

ABS塑料可采用注射、挤出、压延、吹塑、真空成型等方法制造塑件。

(3)ABS塑料的用途。由于ABS塑料具有良好的综合性能并易于成型，因此其在机械、电器、轻工、汽车、飞机、造船以及日用品等工业中得到较广泛的应用，如电机外壳、电话机壳、汽车仪表盘、仪表壳、把手、管道、电池槽及电视机、收录机、洗衣机、计算机外壳等。

9. 聚砜

聚砜(Polysulfone，PSF)是20世纪60年代出现的比较新颖的具有耐高温等独特性能的热塑性塑料。

聚砜树脂是非结晶型的线型高聚物。目前聚砜有三种类型，即普通双酚A型聚砜，简称为聚砜；非双酚A型聚芳砜，又称为聚苯醚砜，简称为聚芳砜；聚醚砜，又称为聚芳醚砜。目前生产的聚砜是双酚A型的。

聚砜的突出性能是热性能好，长期使用温度高、范围宽、热稳定性好，尤其聚芳砜的热性能更好，长期使用温度可达260 ℃。聚砜的另一个突出特点是不但力学性能好，而且在高温下仍在很大程度上保持常温下所具有的强度和硬度，这是聚酰胺、聚甲醛、ABS等工程塑料不能相比的。

聚砜是目前热塑性工程塑料中抗蠕变性能最好的，所以塑件的尺寸稳定性好；聚砜的化学稳定性好并且有良好的电性能，即使在高温、超低温、潮湿空气中仍能保持良好的电性能。

聚砜成型收缩率小，但聚砜容易吸水，成型前必须干燥处理；熔融温度高，黏度大，流动性差；其塑件容易产生应力开裂。这些都给成型工艺带来一定的困难。

聚砜塑料可采用注射、挤出、拉丝、吹塑、真空成型、热成型等方法生产塑件。

由于聚砜塑料具有优良的热性能，力学性能、电性能、化学稳定性等，因此适宜制造各种高强度、低蠕变性、尺寸稳定、在高温下使用的塑件。它在机械设备、电子、电器、医疗器械、航天、航空、食品容器等各个领域广泛应用。如聚砜用于制造钟表和照相机零件、热水阀、冷冻系统器具、电池组外壳、防毒面具等；聚芳砜可制造高温下使用的轴承、耐高温线圈骨架、开关等；聚醚砜可制造活塞环、轴承保持器、温水泵泵体、微型电容器、外科容器等医疗器械。

10. 聚甲基丙烯酸甲酯

聚甲基丙烯酸甲酯(Polymethyl Methacrylate，PMMA)俗称有机玻璃，它是透明度很高的一种热塑性塑料。有机玻璃的主要特性是质量轻，其密度只有无机玻璃的一半，而强度却为无机玻璃的10倍以上；它可透过90%以上的太阳光，透过73%的紫外线光；有机玻璃着色性能好，加入有机着色剂可以将其染成各种鲜艳的颜色，加入荧光剂可制成荧光塑料；有机玻璃的最高使用温度为80 ℃左右，软化温度在100～120 ℃之间；它具有良好的耐气候性，在－60～100 ℃的范围内，保持其冲击强度不变；有机玻璃可以耐碱、水和多数无机盐溶液，但它会溶于有机溶剂且受无机酸的腐蚀。有机玻璃的最大缺点是表面硬度不高，容易被划伤，质脆，易开裂。

有机玻璃的吸水性低，成型收缩率小，塑件的尺寸稳定性好，但它热稳定性较差，熔体黏度大，常采用热成型、浇铸、注射等成型方法生产塑件。

有机玻璃可制成棒、管、板等型材，可制造飞机驾驶舱盖和飞机、汽车、舰船的玻璃窗，还可制造防震玻璃、仪表盘以及仪表壳、油标、油杯、光学玻璃以及纽扣等日用品。

11. 氟塑料

氟塑料是含有氟元素的塑料的总称，主要包括聚四氟乙烯(PTFE)、聚三氟氯乙烯(PCTFE)、聚偏二氟乙烯(PVDF)、聚氟乙烯(PVF)等。其中，聚四氟乙烯是氟塑料中综合性能最好、产量最大、应用最广的一种，它属于结晶型线型高聚物。

氟塑料主要的特性是具有优异的耐热性，聚四氟乙烯长期使用温度为－250～260 ℃；聚四氟乙烯的化学稳定性特别突出，强酸、强碱及各种氧化剂等腐蚀性很强的介质对它都毫无作用，甚至沸腾的王水和原子工业中使用的强腐蚀剂五氟化铀对它也不起作用。它的化学稳定性超过了玻璃、陶瓷、不锈钢，甚至金、铂。因此，聚四氟乙烯有“塑料王”之称。聚四氟乙烯的摩擦系数非常小，且在工作温度范围内摩擦系数几乎保持不变；聚四氟乙烯还具有极其优异的介电性能，在 0 ℃以上其介电性能不随温度和频率而变化，也不受潮湿和腐蚀气体的影响，是一种理想的高频绝缘材料。但聚四氟乙烯力学性能不高，刚度差。

聚四氟乙烯成型困难，是热敏性塑料，极易分解，分解时产生腐蚀性气体，有毒，必须严格控制成型温度。其流动性差，熔融温度高，成型温度范围小，需要高温、高压成型。模具要有足够的强度和刚度，应镀铬。

聚三氟氯乙烯、聚偏二氟乙烯和聚氟乙烯的力学强度高于聚四氟乙烯，但其耐热性、化学稳定性和介电性能不及聚四氟乙烯。

由于氟塑料具有一系列独特的性能，有些则是工程中使用的其他塑料无法相比的，因而在科研、国防和其他工业部门占有重要的地位，尤其是聚四氟乙烯。如机械设备中传动轴油封、轴承、活塞杆、活塞环，电子设备中的高频和超高频绝缘材料，洲际导弹点火导线的绝缘，化工设备中的衬里、管道、阀门、泵体等都可由它制造，此外它还可以作为防腐、介电、防潮、防火等涂料以及医疗器械中的结构零件。

12. 聚酯树脂

聚酯树脂是一大类树脂的总称，它是多元酸与多元醇缩聚反应的产物。按聚酯树脂的分子结构可分为线型的、不饱和的和体型的三类。前者是热塑性塑料，后两类是热固性塑料。

这里介绍一种线型的聚酯树脂——聚对苯二甲酸乙二(醇)酯(PETP)。聚对苯二甲酸乙二(醇)酯结晶度高，具有优良的耐磨性和电绝缘性能，吸水性小，耐候性亦较好，但耐冲击性能较差，成型收缩率较大。聚对苯二甲酸乙二(醇)酯通过增强改性后，在工程技术中得到广泛应用。通过增强，不但力学性能、热性能等得到有效提高，而且改善了其成型性能。聚对苯二甲酸乙二(醇)酯可采用注射、吹塑等成型方法制造塑件。

目前，聚对苯二甲酸乙二(醇)酯除了用于合成纤维(俗称为“的确良”、涤纶)之外，制成的塑料主要用于生产薄膜、塑料瓶和工程技术中的结构零件。

13. 聚苯醚

聚苯醚(Polyphenylene Oxide，PPO)又称为聚苯撑醚，是 20 世纪 60 年代出现的一种新型工程塑料。其树脂由 2,6－二甲基苯酚聚合而成，故全称为聚 2,6－二甲基－1,4－苯醚。加入一定量的增塑剂、稳定剂、填充剂等即成为聚苯醚塑料。

聚苯醚具有优良的电性能，尺寸稳定，耐水蒸气，但其流动性差，成型困难，故通常与聚苯乙烯(PS)或高抗冲聚苯乙烯(HIPS)进行共混改性，成为改性聚苯醚(MPPO)。改性聚苯醚具有如下性能：

(1)综合性能优良。它既保留了聚苯醚的优良特性，又改善了成型加工性。其介电常数和介电损耗是目前工程塑料中最小的，且不受温度、湿度和频率的影响。它是非结晶型塑料，成型收缩率比聚甲醛和尼龙等结晶型塑料小得多，不发生结晶取向引起的变形、翘曲。其线膨胀系数小，耐水解性优良，吸湿性低，尺寸稳定性优异，且具有较高且较宽的热变形温度范围(103～190 ℃)。但随着聚苯乙烯质量分数的增加，其热变形温度和玻璃化转变温度有所降低。此外，其阻燃性优良，属于自熄性材料；具有优良的耐化学性，耐酸、碱、洗涤剂等，但在较高温度且受力情况下，易发生应力开裂；力学性能与聚碳酸酯接近，强度、刚度好，耐蠕变性优良，且在较宽的温度下仍可保持较高强度。

(2)MPPO 的流动性比 PPO 好，成型加工性能优良。PPO 和 MPPO 广泛用于制造凸轮、轴承、高频印制电路板等工程结构零件。

除了上述工程塑料外，还有许多特种工程塑料，如聚苯硫醚（PPS）、聚醚砜（PES）、聚酰亚胺（PI）、聚醚醚酮（PEEK）等。其中，聚苯硫醚是特种工程塑料中产量较大的一种，用它制成的树脂基复合材料在高温、高湿条件下，具有尺寸稳定、精度高、耐溶剂、耐化学腐蚀性以及优良的力学性能等优点，广泛用于航天、航空、电子电器、家电、汽车、精密仪器制造行业。

聚酰亚胺是一种新型的耐高温材料，可在相当宽的温度范围内保持较高的物理、力学性能，并在空气中长期使用，其绝缘性、介电性、耐磨性、抗高能辐射性特别优异，已成为火箭、宇航等高新技术领域不可缺少的材料，并且其是制造高性能薄膜的重要材料。

2.3.2 常用热固性塑料的性能及应用

1. 酚醛塑料

以酚醛树脂（Phenol – Formaldehyde Resin，PF）为基体加入各种添加剂所得的各种塑料统称为酚醛塑料。它是应用广泛的一种塑料。

酚醛树脂是酚类（通常用苯酚）与醛类（通常用甲醛）经过缩聚反应而得到的高聚物。在成型时还需要在一定温度、压力等条件下产生交联硬化。硬化时会析出水、氨等副产物。硬化后的酚醛树脂呈琥珀色，耐矿物油、弱酸、弱碱的作用，但不耐强酸、强碱及硝酸。酚醛树脂质脆，表面硬度高，刚度大，尺寸稳定、耐热性好，在250 ℃以下长期加热只会稍微焦化，所以即使在高温下使用也不软化变形，仅在表面发生烧焦现象。它在水润滑条件下具有很小的摩擦系数（0.01 ~0.03）。

酚醛树脂具有很高的黏结能力，有利于制成多种酚醛塑料，其在商业上也是一种重要的黏结剂。

（1）酚醛塑料的种类及用途。根据酚醛塑料的添加剂和用途不同，可将酚醛塑料分为以下几种：

①酚醛塑料粉（又称为电木粉或胶木粉）。这种塑料是以木粉等为填料加上固化剂（常用六次甲基四胺）、促进剂、润滑剂、着色剂等制成。

酚醛塑料粉广泛用于压制各种工作条件下的电器、高频无线电的绝缘结构零件。其塑件的主要缺点是耐冲击性差，不能用于制造承受较大冲击载荷的机械或仪器中的重要零件。

②纤维状酚醛塑料。它是在酚醛树脂中加入纤维状填料，使之成为具有很高冲击强度的塑料。根据加入纤维状填料的种类不同，可将其分为棉纤维酚醛塑料、石棉纤维酚醛塑料、玻璃纤维酚醛塑料等。这些塑料广泛用于制造耐磨零件（如齿轮、凸轮、轴承、滚轮等）、制动零件（如离合器和制动器中的摩擦片或制动块等）及电子、电器装备中的线圈骨架、开关、支架、绝缘柱等零件。

③层状酚醛塑料。这种塑料是各种片状填料经过浸渍酚醛树脂溶液制成的。根据填料不同，可将其可分为纸层酚醛塑料、布层酚醛塑料、石棉布层酚醛塑料和玻璃布层酚醛塑料等。这些塑料可以层压或卷绕成板、管、棒材及其他塑件。

（2）酚醛塑料的成型性能。酚醛塑料目前是以压缩模塑为主，还可采用挤出、层压、注射等成型方法生产塑件。其成型性较好，但应注意预热和排气，以去除塑料中的水分和挥发物以及固化过程产生的水、氨等副产物。此外，还应注意模具温度的控制，以保证塑件的成型及其质量。

酚醛塑料虽然是一种历史较久，应用广泛的热固性塑料，但由于传统品种及成型方法生产效率较低，工人劳动强度大，同时由于目前出现了许多新型的热塑性工程塑料，因而不少原来采用酚醛塑料制造的产品已被热塑性塑料所代替。但是,酚醛塑料毕竟具有上述良好性能,尤其是经过改性增强的酚醛塑料性能更好,同时近年来研制出适应注射成型的酚醛塑料及注射成型机,采用注射成型加工塑件取得了良好效果,因此酚醛塑料目前在工业生产中仍得到广泛的应用,占有重要的地位。

2. 氨基塑料

氨基塑料是以具有氨基(—NH_2)的有机化合物与甲醛发生缩聚反应而得到的树脂为基础,加入各种添加剂的塑料。

对于氨基树脂,因生产氨基树脂所用原材料不同,目前有脲甲醛树脂、三聚氰胺甲醛树脂等。三聚氰胺甲醛树脂又称为密胺树脂。其中,脲甲醛在氨基树脂中占的比例较大。

(1)氨基塑料的种类、使用特性及用途。按照组成塑料的氨基树脂种类不同,氨基塑料如下。

①脲甲醛塑料。以脲甲醛树脂为基础可以制成脲甲醛压塑粉、层压塑料、泡沫塑料和黏合剂。脲甲醛压塑粉俗称电玉粉。这种塑料价格便宜,具有优良的电绝缘性和耐电弧性,表面硬度高、耐油、耐磨、耐弱碱和有机溶剂,但不耐酸;其着色性好,塑件外观好,颜色鲜艳,半透明如玉,故称电玉。但其耐火性差,吸水性大。脲甲醛压塑粉可制造一般的电绝缘件和机械零件,如插头、插座、开关、旋钮、仪表壳等;也可制造日用品,如碗、纽扣、钟壳等。脲甲醛树脂还可以作为木材胶合剂,制造胶合板和层压塑料。

②三聚氰胺甲醛塑料。它是以三聚氰胺-甲醛树脂为基础制成的塑料。其耐水性好,耐热性比脲甲醛塑料高,采用矿物填料时可在150~200 ℃长期使用;电性能优良,耐电弧性好;表面硬度高于酚醛塑料,不易污染,不易燃烧。但三聚氰胺甲醛树脂成本高,在氨基塑料中占的比例较小。三聚氰胺甲醛压塑粉主要用于压制耐热的电子元件、照明零件及电话机零件等。以石棉纤维为填料的三聚氰胺甲醛塑料,常用于制造开关、防爆电器设备配件和电动工具绝缘件。三聚氰胺甲醛树脂多用作装饰板的黏合剂。

(2)氨基塑料的成型特性。氨基塑料常采用压缩模塑、挤出、层压成型,也可用注射成型。由于这类塑料含水和挥发物较多,易吸水而结块,成型时会产生弱酸性的分解物和水,嵌件周围易产生应力集中,流动性好,但其硬化速度较快,尺寸稳定性差。因此,成型前必须预热干燥,成型时注意控制成型温度等工艺参数,也需注意排气及模具表面的防腐蚀处理(镀铬)。

3. 环氧树脂

环氧树脂(Epoxide Resin,EP)是含有环氧基的高分子化合物。环氧树脂的品种很多,其中产量最大、应用最广的是双酚A型环氧树脂。

(1)双酚A型环氧树脂的使用特性。未硬化的双酚A型环氧树脂是线型热塑性树脂,是糖浆色或青铜色的黏稠液体或固体。它能溶解于苯、二甲苯、丙酮、环氧辛烷、乙基苯等有机溶剂;可长期存放而不变质;其黏结性能很高,能够黏合金属和非金属,是万能胶的主要成分;加入胺类或酸酐类等固化剂,可产生交联而固化。固化后的双酚A型环氧树脂化学稳定性好,能耐酸、耐有机溶剂,介电性能好,耐热性较高(约204 ℃),尺寸稳定,力学强度比酚醛树脂和不饱和的聚酯树脂更高。但其质脆,耐冲击差,使用时可根据需要加入适当的填料、稀释剂、增韧剂等,成为环氧树脂塑料,以克服其缺点,提高其性能。

(2)环氧树脂的成型特性。环氧树脂可以用涂覆、浇铸、层压、压制和压注模塑等成型方法生产塑件。其成型收缩率很小,若加入填料,收缩率更小(约0.1%),流动性好,固化速度快,在固化过程中没有副产物放出,所以一般不需排气,而且可以采用低压成型(固化速度不快)。但是塑件不易脱模,需采用特种合成蜡或巴西棕榈蜡作为脱模剂。

(3)环氧树脂的用途。环氧树脂主要用作黏合剂、浇铸塑料、层压塑料、涂料、压制塑料等,广泛用于机械、电器等工业部门。它可以黏结各种材料,灌封与固定电子、电器元件及线圈,浇铸固定模具中的凸模或导柱导套。经过环氧树脂浸渍的玻璃纤维可以层压或卷绕成型各种塑件,如电绝缘体、氧气瓶、飞机及火箭上的一些零件,环氧树脂制成板几乎垄断了印制电路板。加入增强剂的环氧树脂塑料,可压制成结构零件,还可以作为防腐涂料。

2.4 塑件的工艺性

良好的塑件结构工艺性是获得合格塑件的前提,也是塑料成型工艺得以顺利进行和塑料模具达到经济合理要求的基本条件。所以,设计塑件不仅要满足其使用要求,还要符合成型工艺特点,并且尽可能使模具结构简化。这样,既能保证工艺稳定,提高塑件质量,又能提高生产率,降低成本。

设计塑件必须充分考虑以下因素:

(1)成型方法。不同成型方法成型的塑件的结构工艺性要求有所不同。

(2)塑料的性能。塑件的尺寸、公差、结构形状应与塑料的物理性能、力学性能和工艺性能等相适应。

(3)模具结构及加工工艺性。塑件形状应有利于简化模具结构,尤其是要有利于简化抽芯机构和脱模机构,还要考虑模具零件(尤其是成型零件)的加工工艺性。

塑件的结构工艺性设计的主要内容包括:尺寸和精度、表面粗糙度、塑件几何形状及结构(壁厚、脱模斜度、加强肋、支承面、圆角、孔、花纹、标记与文字)、螺纹、齿轮、嵌件等。

2.4.1 塑件的尺寸、尺寸精度与表面质量

1. 塑件的尺寸

这里的尺寸是指塑件的总体尺寸,而不是壁厚、孔径等结构尺寸。塑件的总体尺寸大小取决于塑料的流动性。对于流动性差的塑料(如玻璃纤维增强塑料等)或薄壁塑件进行注射和压注成型时,塑件尺寸不宜过大,以免熔体不能充满型腔或形成熔接痕,从而影响塑件的外观和强度。此外,压缩成型的塑件尺寸受到压力机最大压力及台面尺寸的限制;注射成型的塑件尺寸受到注射机的公称注射量、合模力和模板尺寸的限制。

2. 塑件的尺寸精度

塑件的尺寸精度是指所获得的塑件尺寸与产品图中尺寸的符合程度,即所获塑件尺寸的准确度。影响塑件精度(公差)的因素主要有:①模具类型、结构、制造误差及磨损,尤其是成型零件的制造和装配误差以及使用中的磨损;②塑料收缩率的波动;③成型工艺条件的变化;④塑件的形状、飞边厚度波动;⑤脱模斜度和成型后塑件尺寸变化等。一般塑件的尺寸精度都是根据使用要求确定的,还必须充分考虑塑料的性能及成型工艺特点,过高的精度要求是不恰当的。

塑件的尺寸公差可依据 GB/T 14486—2008《塑料模塑件尺寸公差》合理选择精度等级及公差值。常用材料模塑件尺寸的公差等级与选用见表 2.1,模塑件尺寸公差表见表 2.2,典型的压缩成型塑件如图 2.4 所示。该标准将塑件分成 7 个精度等级,即 MT1 ~ MT7。一般来说,推荐使用表中的“一般精度”,要求较高的可选“高精度”,MT1 仅用于设计精密塑件时参考。表 2.2 还分别给出了不受模具活动部分影响的尺寸公差值(A)和受模具活动部分影响的尺寸公差值(B)。在一般情况下,对于塑件上孔的公差可采用基准孔,可取表中数值冠以“ + ”号,对于

塑件上轴的公差可采用基准轴,可取表中数值冠以“－”号,长度、孔间距采用双向等值偏差。

表2.1　常用材料模塑件尺寸的公差等级与选用

<table>
<tr><th rowspan="3">材料代号</th><th rowspan="3" colspan="2">模塑材料</th><th colspan="3">公差等级</th></tr>
<tr><th colspan="2">标注公差尺寸</th><th rowspan="2">未注
公差尺寸</th></tr>
<tr><th>高精度</th><th>一般精度</th></tr>
<tr><td>ABS</td><td colspan="2">丙烯腈－丁二烯－苯乙烯共聚物</td><td>MT2</td><td>MT3</td><td>MT5</td></tr>
<tr><td>AS</td><td colspan="2">丙烯腈－苯乙烯共聚物</td><td>MT2</td><td>MT3</td><td>MT5</td></tr>
<tr><td>CA</td><td colspan="2">醋酸纤维素塑料</td><td>MT3</td><td>MT4</td><td>MT6</td></tr>
<tr><td>EP</td><td colspan="2">环氧树脂</td><td>MT2</td><td>MT3</td><td>MT5</td></tr>
<tr><td rowspan="2">PA</td><td rowspan="2">尼龙类塑料</td><td>无填料填充</td><td>MT3</td><td>MT4</td><td>MT6</td></tr>
<tr><td>玻璃纤维填充</td><td>MT2</td><td>MT3</td><td>MT5</td></tr>
<tr><td rowspan="2">PBTP</td><td rowspan="2">聚对苯二甲
酸丁二醇酯</td><td>无填料填充</td><td>MT3</td><td>MT4</td><td>MT6</td></tr>
<tr><td>玻璃纤维填充</td><td>MT2</td><td>MT3</td><td>MT5</td></tr>
<tr><td>PC</td><td colspan="2">聚碳酸酯</td><td>MT2</td><td>MT3</td><td>MT5</td></tr>
<tr><td>PDAP</td><td colspan="2">聚邻苯二甲酸二丙烯酯</td><td>MT2</td><td>MT3</td><td>MT5</td></tr>
<tr><td>PE</td><td colspan="2">聚乙烯</td><td>MT5</td><td>MT6</td><td>MT7</td></tr>
<tr><td>PESU</td><td colspan="2">聚醚砜</td><td>MT2</td><td>MT3</td><td>MT5</td></tr>
<tr><td rowspan="2">PETP</td><td rowspan="2">聚对苯二甲
酸乙二醇酯</td><td>无填料填充</td><td>MT3</td><td>MT4</td><td>MT6</td></tr>
<tr><td>玻璃纤维填充</td><td>MT2</td><td>MT3</td><td>MT5</td></tr>
<tr><td rowspan="2">PF</td><td rowspan="2" colspan="2">酚醛塑料</td><td>MT2</td><td>MT3</td><td>MT5</td></tr>
<tr><td>MT3</td><td>MT4</td><td>MT6</td></tr>
<tr><td>PMMA</td><td colspan="2">聚甲基丙烯酸甲酯</td><td>MT2</td><td>MT3</td><td>MT5</td></tr>
<tr><td rowspan="2">POM</td><td rowspan="2" colspan="2">聚甲醛</td><td>MT3</td><td>MT4</td><td>MT6</td></tr>
<tr><td>MT4</td><td>MT5</td><td>MT7</td></tr>
<tr><td rowspan="3">PP</td><td rowspan="3" colspan="2">聚丙烯</td><td>MT3</td><td>MT4</td><td>MT6</td></tr>
<tr><td>MT2</td><td>MT3</td><td>MT5</td></tr>
<tr><td>MT2</td><td>MT3</td><td>MT5</td></tr>
<tr><td>PPO</td><td colspan="2">聚苯醚</td><td>MT2</td><td>MT3</td><td>MT5</td></tr>
<tr><td>PPS</td><td colspan="2">聚苯硫醚</td><td>MT2</td><td>MT3</td><td>MT5</td></tr>
<tr><td>PS</td><td colspan="2">聚苯乙烯</td><td>MT2</td><td>MT3</td><td>MT5</td></tr>
<tr><td>PSU</td><td colspan="2">聚砜</td><td>MT2</td><td>MT3</td><td>MT5</td></tr>
<tr><td>RPVC</td><td colspan="2">硬质聚氯乙烯(无强塑剂)</td><td>MT2</td><td>MT3</td><td>MT5</td></tr>
<tr><td>SPVC</td><td colspan="2">软质聚氯乙烯</td><td>MT5</td><td>MT6</td><td>MT7</td></tr>
<tr><td rowspan="2">VF/MF</td><td rowspan="2">氨基塑料和
氨基酚醛塑料</td><td>无机填料填充</td><td>MT2</td><td>MT3</td><td>MT5</td></tr>
<tr><td>有机填料填充</td><td>MT3</td><td>MT4</td><td>MT6</td></tr>
</table>

表 2.2　模塑件尺寸公差表

mm

公差等级	公差种类	基本尺寸																								
		0~3	3~6	6~10	10~14	14~18	18~24	24~30	30~40	40~50	50~65	65~80	80~100	100~120	120~140	140~160	160~180	180~200	200~225	225~250	250~280	280~315	315~355	355~400	400~450	450~500
标注公差的尺寸允许偏差																										
1	*A*	0.07	0.08	0.10	0.11	0.12	0.13	0.15	0.16	0.18	0.20	0.23	0.26	0.29	0.33	0.36	0.39	0.42	0.46	0.49	0.54	0.58	0.64	0.70	0.78	0.84
	B	0.14	0.16	0.20	0.21	0.22	0.23	0.25	0.26	0.28	0.30	0.33	0.36	0.39	0.43	0.46	0.49	0.52	0.56	0.59	0.64	0.68	0.74	0.80	0.88	0.94
2	*A*	0.10	0.12	0.14	0.16	0.18	0.20	0.22	0.24	0.26	0.30	0.34	0.38	0.42	0.46	0.50	0.54	0.60	0.66	0.70	0.76	0.84	0.92	1.00	1.10	1.20
	B	0.20	0.22	0.24	0.26	0.28	0.30	0.32	0.34	0.36	0.40	0.44	0.48	0.52	0.56	0.60	0.64	0.70	0.76	0.80	0.86	0.94	1.02	1.10	1.20	1.30
3	*A*	0.12	0.14	0.18	0.20	0.22	0.26	0.28	0.32	0.36	0.40	0.46	0.52	0.58	0.66	0.72	0.78	0.86	0.92	1.00	1.10	1.20	1.30	1.44	1.60	1.74
	B	0.32	0.34	0.38	0.40	0.42	0.46	0.48	0.52	0.56	0.60	0.66	0.72	0.78	0.86	0.92	0.98	1.06	1.12	1.20	1.30	1.40	1.50	1.64	1.80	1.94
4	*A*	0.16	0.20	0.24	0.28	0.30	0.34	0.38	0.42	0.48	0.56	0.64	0.72	0.84	0.94	1.04	1.14	1.24	1.36	1.48	1.62	1.78	1.96	2.20	2.40	2.60
	B	0.36	0.40	0.44	0.48	0.50	0.54	0.58	0.62	0.68	0.76	0.84	0.92	1.04	1.14	1.24	1.34	1.44	1.56	1.68	1.82	1.98	2.16	2.40	2.60	2.80
5	*A*	0.20	0.24	0.28	0.34	0.38	0.44	0.48	0.56	0.64	0.74	0.86	1.10	1.16	1.30	1.46	1.60	1.76	1.94	2.10	2.30	2.60	2.80	3.10	3.50	3.90
	B	0.40	0.44	0.48	0.54	0.58	0.64	0.68	0.76	0.84	0.94	1.06	1.30	1.36	1.50	1.66	1.80	1.96	2.14	2.30	2.50	2.80	3.00	3.30	3.70	4.10
6	*A*	0.26	0.32	0.40	0.48	0.54	0.62	0.70	0.80	0.94	1.10	1.28	1.48	1.72	1.96	2.20	2.40	2.60	2.90	3.20	3.50	3.80	4.30	4.70	5.30	5.80
	B	0.46	0.52	0.60	0.68	0.74	0.82	0.90	1.00	1.14	1.30	1.48	1.68	1.92	2.16	2.40	2.60	2.80	3.10	3.40	3.70	4.00	4.50	4.90	5.50	6.00
7	*A*	0.38	0.48	0.58	0.68	0.76	0.88	1.00	1.14	1.32	1.54	1.80	2.10	2.40	2.80	3.10	3.40	3.70	4.10	4.50	4.90	5.40	6.00	6.70	7.40	8.20
	B	0.58	0.68	0.78	0.88	0.96	1.08	1.20	1.34	1.52	1.74	2.00	2.30	2.60	3.00	3.30	3.60	3.90	4.30	4.70	5.10	5.60	6.20	6.90	7.60	8.40
未注公差的尺寸允许偏差																										
5	*A*	±0.10	±0.12	±0.14	±0.17	±0.19	±0.22	±0.24	±0.28	±0.32	±0.37	±0.43	±0.55	±0.58	±0.65	±0.73	±0.80	±0.88	±0.97	±1.05	±1.15	±1.30	±1.40	±1.55	±1.75	±1.95
	B	±0.20	±0.22	±0.24	±0.27	±0.29	±0.32	±0.34	±0.38	±0.42	±0.47	±0.53	±0.65	±0.68	±0.75	±0.83	±0.90	±0.98	±1.07	±1.15	±1.25	±1.40	±1.50	±1.65	±1.85	±2.05
6	*A*	±0.13	±0.16	±0.20	±0.24	±0.27	±0.31	±0.35	±0.40	±0.47	±0.55	±0.64	±0.74	±0.86	±0.98	±1.10	±1.20	±1.30	±1.45	±1.60	±1.75	±1.90	±2.15	±2.35	±2.65	±2.90
	B	±0.23	±0.26	±0.30	±0.34	±0.37	±0.41	±0.45	±0.50	±0.57	±0.65	±0.74	±0.84	±0.96	±1.08	±1.20	±1.30	±1.40	±1.55	±1.70	±1.85	±2.00	±2.25	±2.45	±2.75	±3.00
7	*A*	±0.19	±0.24	±0.29	±0.34	±0.38	±0.44	±0.50	±0.57	±0.66	±0.77	±0.90	±1.05	±1.20	±1.40	±1.55	±1.70	±1.85	±2.05	±2.25	±2.45	±2.70	±3.00	±3.35	±3.70	±4.10
	B	±0.29	±0.34	±0.39	±0.44	±0.48	±0.54	±0.60	±0.67	±0.76	±0.87	±1.00	±1.15	±1.30	±1.50	±1.65	±1.80	±1.95	±2.15	±2.35	±2.55	±2.80	±3.10	±3.45	±3.80	±4.20

注:*A*—不受模具活动部分影响的尺寸公差值;*B*—受模具活动部分影响的尺寸公差值

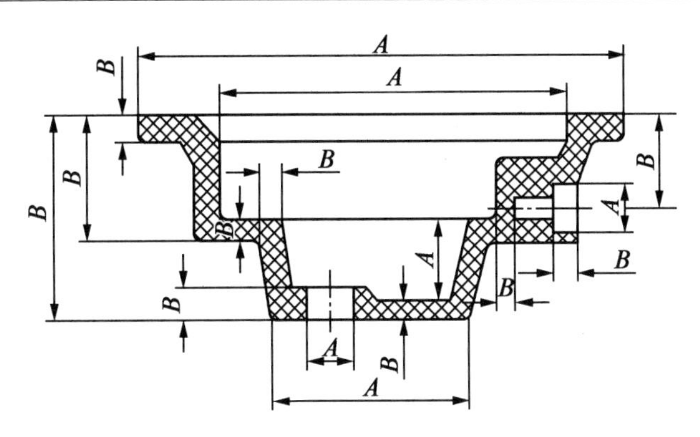

图2.4 典型的压缩成型塑件

A—不受模具活动部分影响的尺寸;*B*—受模具活动部分影响的尺寸

3. 塑件的表面质量

塑件表面质量包括有无斑点、条纹、凹痕、起泡、变色等缺陷,还有表面光泽性和表面粗糙度。表面缺陷必须避免。表面光泽性和表面粗糙度应根据塑件的使用要求而定,尤其是透明塑件,对表面光泽性和表面粗糙度有严格要求。

塑件的表面粗糙度,除了在成型时从工艺上尽可能避免冷疤、波纹等疵点外,主要由模具成型零件的表面粗糙度决定。一般模具的表面粗糙度比塑件的表面粗糙度高一级。对于透明的塑件要求型腔和型芯的表面粗糙度相同,而对于不透明的塑件,则根据使用情况可以不同。

塑件的表面粗糙度可参照 GB/T 14234—1993《塑料件表面粗糙度》选取,不同加工方法和不同材料所能达到的表面粗糙度见表2.3,一般 Ra 在 1.6~0.2 μm 之间。

表2.3 不同加工方法和不同材料所能达到的表面粗糙度

加工方法	材料		*Ra* 参数值范围/μm										
			0.025	0.05	0.1	0.2	0.4	0.8	1.6	3.2	6.3	12.5	25
注射成型	热塑性塑料	PMMA	—	—	—	—	—	—	—				
		ABS	—	—	—	—	—	—	—				
		AS	—	—	—	—	—	—	—				
		聚碳酸酯		—	—	—	—	—	—				
		聚苯乙烯		—	—	—	—	—	—	—			
		聚丙烯			—	—	—	—	—				
		尼龙			—	—	—	—	—				
		聚乙烯			—	—	—	—	—	—	—		
		聚甲醛		—	—	—	—	—	—	—			
		聚砜				—	—	—	—	—			
		聚氯乙烯				—	—	—	—	—			
		氯苯醚				—	—	—	—	—			
		氯化聚醚				—	—	—	—	—			
		PBT				—	—	—	—	—			

续表 2.3

加工方法	材料		Ra 参数值范围/μm										
			0.025	0.05	0.1	0.2	0.4	0.8	1.6	3.2	6.3	12.5	25
注射成型	热固性塑料	氨基塑料				—	—	—	—	—			
		酚醛塑料				—	—	—	—	—			
		硅酮塑料				—	—	—	—	—			

注:本表摘自 GB/T 14234—1993《塑料件表面粗糙度》

2.4.2 塑件的几何形状

塑件的几何形状包括形状、壁厚、加强筋、支承面、脱模斜度、圆角、孔、花纹、标记、符号及文字等。

1. 塑件的形状

塑件形状的成型准则如下:

(1)各部分都能顺利地、简单地从模具中取出,应尽量避免侧壁凹槽或与塑件脱模方向垂直的孔,这样可避免采用侧抽芯或瓣合分型等复杂的模具结构和使分型面上留下飞边。塑件的形状工艺性如图 2.5 所示,其中图 2.5(a)需要采用侧抽芯或瓣合分型凹模(或凸模)结构,改为图 2.5(b)即简化了模具结构,可采用整体式凹模(或凸模)结构。

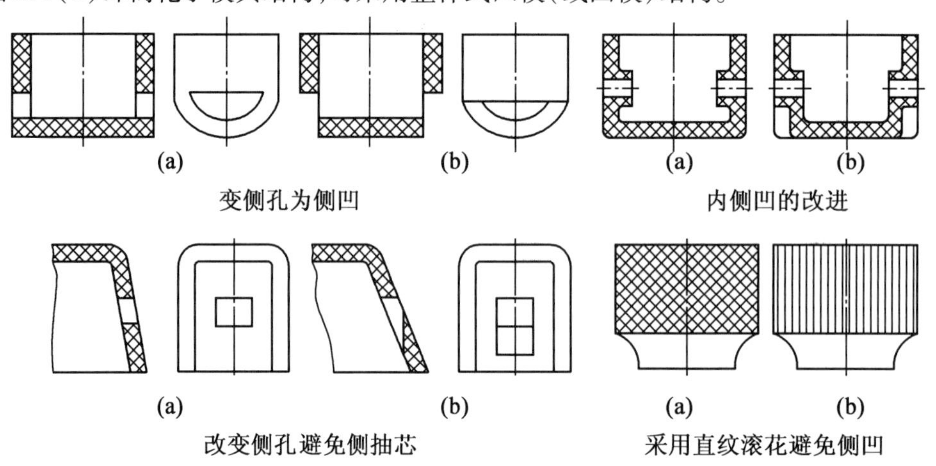

图 2.5 塑件的形状工艺性

(a)改进前;(b)改进后

(2)对于较浅的内外侧凹槽或凸台并带有圆角的塑件,可利用塑料在脱模温度下具有足够的弹性特性和凸凹深度尺寸不大的特点,以强行脱模的方式脱模,而不必采用组合型芯的方法。如对于聚甲醛塑件,允许模具型芯有 5% 的内凹(或外凸),强行脱模时不会引起塑件的变形,可采用强行脱模的方式。可强制脱模的结构尺寸如图 2.6 所示。聚乙烯、聚丙烯等塑件均可采取类似的方法,但多数情况下,带侧凹的塑件不宜采用强行脱模的方式,以免损坏塑件。

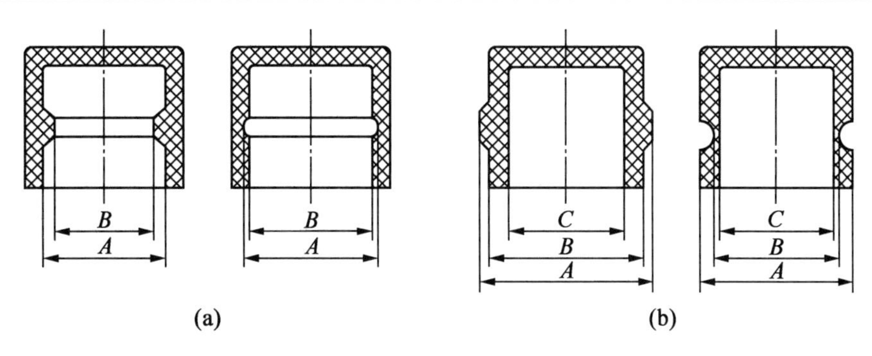

图2.6　可强制脱模的结构尺寸

(a) $\frac{(A-B)\times 100\%}{B} \leqslant 5\%$；(b) $\frac{(A-B)\times 100\%}{C} \leqslant 5\%$

(3)塑件的形状还要有利于提高塑件的强度和刚度。为此,薄壳状塑件设计成球面或拱形曲面可以有效地增加刚度和减少变形。例如,将容器底或盖设计成图2.7(a)和图2.7(b)所示的形状,可大大增强其刚度。薄壁容器的边缘可按图2.7(c)所示的设计来增加刚度和减少变形。

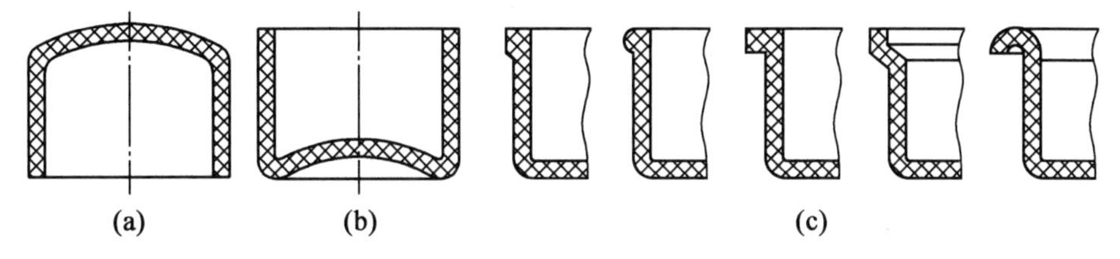

图2.7　容器底、盖、边缘的设计

(4)紧固用的凸耳或台阶应有足够的强度和刚度,以承受紧固时的作用力。为此,应避免台阶突然变化和尺寸过小,而应逐步过渡。塑件紧固用凸耳如图2.8所示。图2.8(a)所示的结构不合理;图2.8(b)以逐步过渡并以加强筋增强,其结构合理。

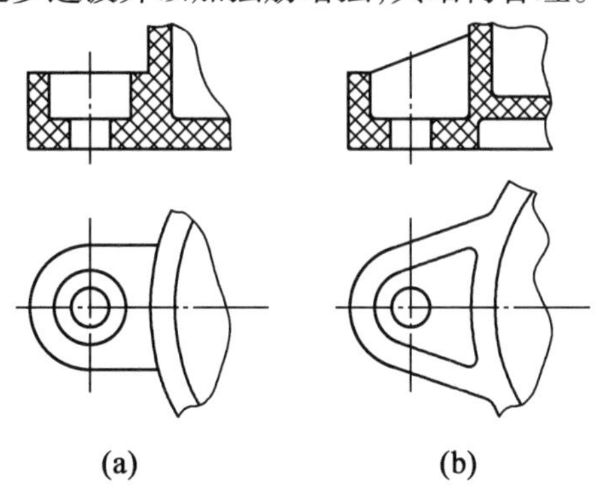

图2.8　塑件紧固用凸耳

(a)不合理的结构;(b)合理的结构

(5)塑件的形状还应考虑成型时分型面位置,脱模后不易变形等。

综上所述,塑件的形状必须便于成型,以简化模具结构,降低成本,提高生产率和保证塑件的质量。

2. 塑件的壁厚

确定合适的塑件壁厚是塑件设计的主要内容之一。

塑件的壁厚取决于塑件的使用条件，即强度、刚度、结构、电性能、尺寸稳定性以及装配等各项要求。

壁厚的大小对塑料成型影响很大，所以合理地选择塑件壁厚是很重要的。壁厚不宜过小，这是因为在使用上必须有足够的强度和刚度；装配时能够承受紧固力；成型时熔体能够充满型腔，脱模时能够承受推出机构的冲击和振动。壁厚也不宜过大，过大不仅浪费原料，增加塑件的成本，还增加成型时间和冷却时间，延长成型周期，降低生产率，对于热固性塑料还可能造成固化不足，另外还容易产生气泡、缩孔、凹痕、翘曲等缺陷。

塑件壁厚大小主要取决于塑料品种、塑件大小以及成型工艺条件。对于热固性塑料的小塑件，壁厚取 1 ~2 mm；大型件取 3 ~8 mm。表 2.4 为热固性塑件的壁厚推荐值。热塑性塑料易于成型薄壁塑件，壁厚可达 0.25 mm，但一般不宜小于 0.9 mm，常选取 2 ~4 mm。热塑性塑件的最小壁厚及常用壁厚推荐值见表 2.5。

表 2.4 热固性塑件的壁厚推荐值 mm

塑件材料	塑件外形高度尺寸		
	小于 50	50 ~ 100	大于 100
粉状填料的酚醛塑料	0.7 ~ 2	2.0 ~ 3	5.0 ~ 6.5
纤维状填料的酚醛塑料	1.5 ~ 2	2.5 ~ 3.5	6.0 ~ 8.0
氨基塑料	1.0	1.3 ~ 2	3.0 ~ 4
聚酯玻纤填料的塑料	1.0 ~ 2	2.4 ~ 3.2	>4.8
聚酯无机物填料的塑料	1.0 ~ 2	3.2 ~ 4.8	>4.8

表 2.5 热塑性塑件的最小壁厚及常用壁厚推荐值 mm

塑件材料	最小壁厚	小型塑件推荐壁厚	中型塑件推荐壁厚	大型塑件推荐壁厚
尼龙	0.45	0.76	1.50	2.4 ~ 3.2
聚乙烯	0.60	1.25	1.60	2.4 ~ 3.2
聚苯乙烯	0.75	1.25	1.60	3.2 ~ 5.4
改性聚苯乙烯	0.75	1.25	1.60	3.2 ~ 5.4
有机玻璃(372#)	0.80	1.50	2.20	4.0 ~ 6.5
硬聚氯乙烯	1.20	1.60	1.80	4.2 ~ 5.4
聚丙烯	0.85	1.45	1.75	2.4 ~ 3.2
氯化聚醚	0.90	1.35	1.80	2.5 ~ 3.4

塑件中的壁厚一般应尽可能一致，否则会因固化或冷却速度不同而引起收缩不均匀，从而在塑件内部产生内应力，导致塑件翘曲、缩孔甚至开裂等缺陷。若塑件结构必须有厚度不均匀处时，则应使其变化平缓，避免突变，否则易变形。图 2.9(a)所示为不合理的结构，而图 2.9(b)所示则是合理的结构。有时为了使可能产生的熔接痕处于适当的位置，有意改变塑件的

壁厚。塑件的不均匀壁厚如图 2.10 所示,为了保证塑件顶部质量,增大顶部厚度,使熔体流动畅通,避免熔接痕产生于顶部。

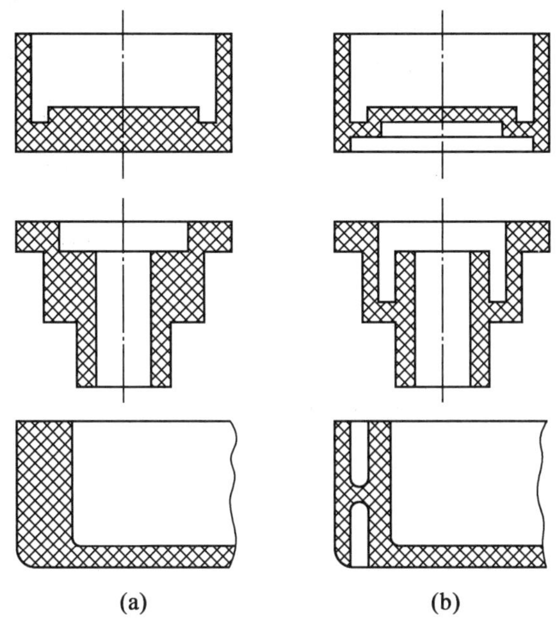

图 2.9　塑件的壁厚设计

(a)不合理的结构;(b)合理的结构

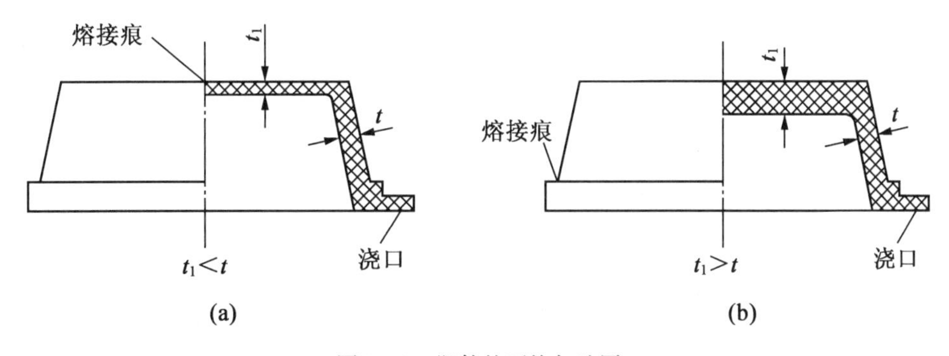

图 2.10　塑件的不均匀壁厚

(a)不合理的结构;(b)合理的结构

此外,壁厚与流程有密切的关系。流程是指熔料从进料口起流向型腔各处的距离。计算流程长度(L)如图 2.11 所示。大量实验证明,各种塑料在常规工艺参数下,流程长短与塑件壁厚成比例关系。塑件的壁厚越大,则允许的流程越长。

图 2.12 所示为壁厚与流程长度的关系,可用来核对塑件成型的可能性。如果不能满足曲线关系,则需增大壁厚或改变进料口的位置,以缩短流程来满足成型要求。

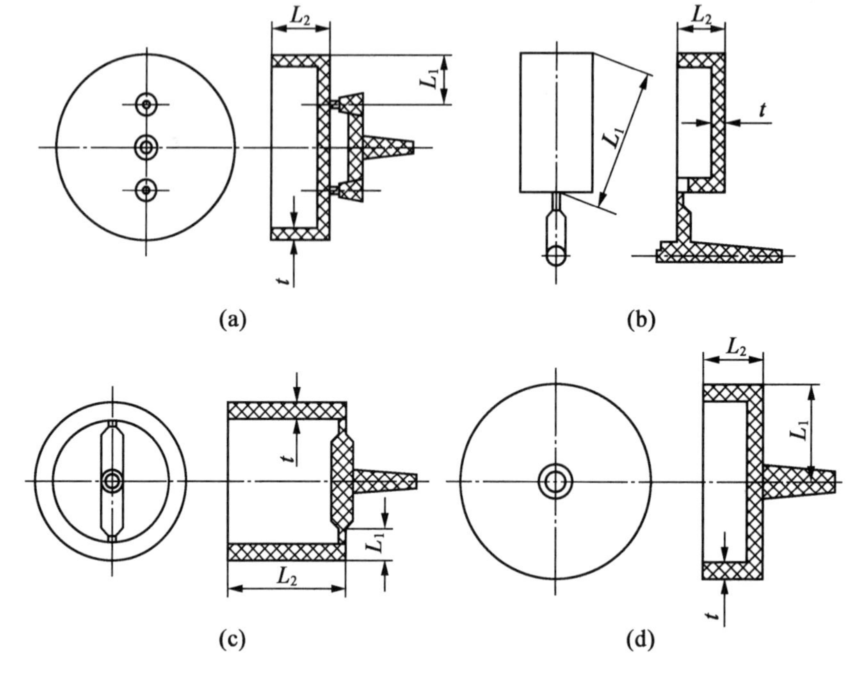

图 2.11 计算流程长度(L)

t—壁厚;L_1,L_2—熔体流程长度

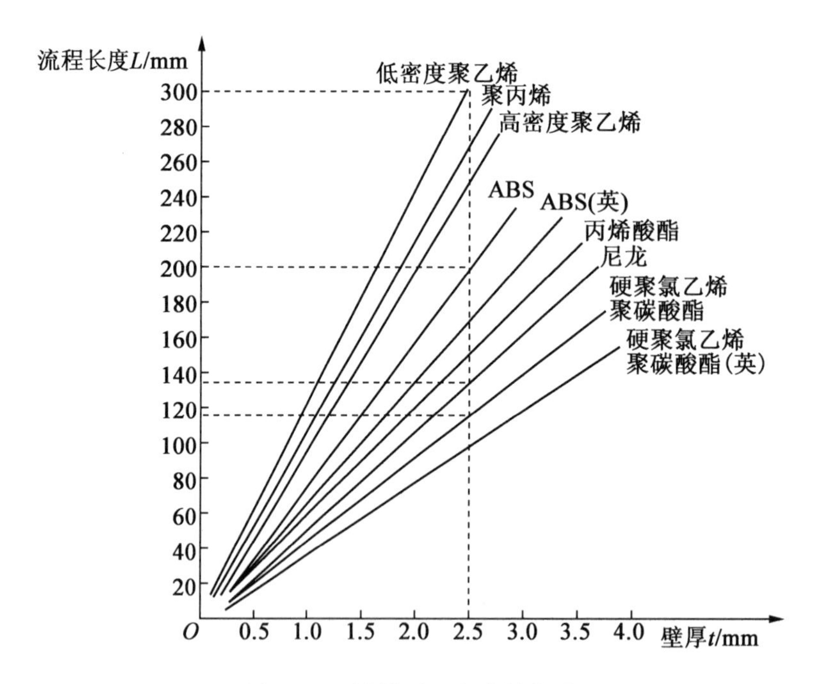

图 2.12 壁厚与流程长度的关系

塑件的壁厚也可根据经验公式来确定。各类塑件壁厚与流程长度的关系见表 2.6。

表 2.6　各类塑件壁厚与流程长度的关系　mm

材料流动性	材料名称	公式
好	聚乙烯、聚丙烯	$t = 0.2 + 0.007L$
一般	ABS、尼龙 1010	$t = 0.4 + 0.009L$
差	聚碳酸酯、聚砜	$t = 0.6 + 0.011L$

注:若成型工艺采取一定的措施,适当提高模具温度、料流速度、注射压力、成型温度等,最小壁厚还可以比上述数值小一些

3. 加强筋

(1)加强筋的作用。

①在不增加塑件厚度的条件下,增加塑件的刚度和强度,以节约塑料用量,减轻质量,降低成本。

②在塑件的适当位置上设置加强筋,可克服塑件壁厚差带来的应力不均所造成的塑件歪扭变形。

③便于塑料熔体的流动,在塑件本体某些壁部过薄处为熔体的充满提供通道。

图 2.13(a)所示的设计壁厚大而不均匀,而图 2.13(b)所示的设计采用了加强筋,壁厚均匀,既省料又提高了强度、刚度,避免了气泡、缩孔、凹痕、翘曲等缺陷。

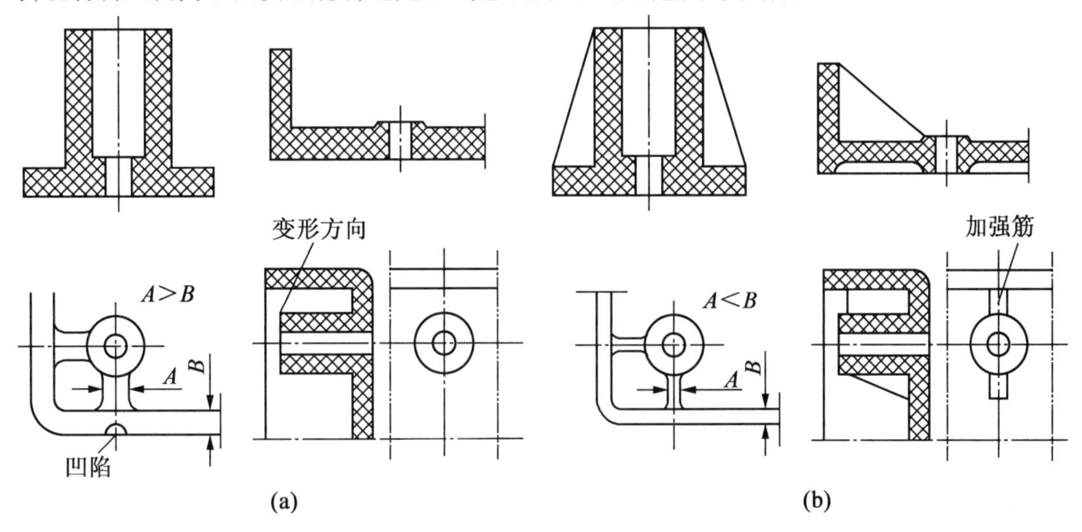

图 2.13　加强筋的设计
(a)不合理的设计;(b)合理的设计

(2)加强筋的形状及尺寸。

塑件上加强筋的尺寸如图 2.14 所示。加强筋的厚度比壁厚小。

(3)加强筋的设计要点。

①加强筋的厚度原则上不应大于壁厚。如图 2.15(a)所示,加强筋厚度与壁厚相等时,则加强筋的根圆面积将增加 50%,导致底部产生缩孔现象;如图 2.15(b)所示,当加强筋厚度为壁厚的一半时,则加强筋根圆面积约增加 20%,不至于产生缩孔。

②加强筋的高度也不宜过高,以免筋部受力破损。

总之,加强筋的尺寸不宜过大,以矮一些、多一些为好,加强筋之间中心距应大于 2 倍壁厚。加强筋的设计如图 2.16 所示,这样既可以避免缩孔产生,又可以提高塑件的强度和刚度。

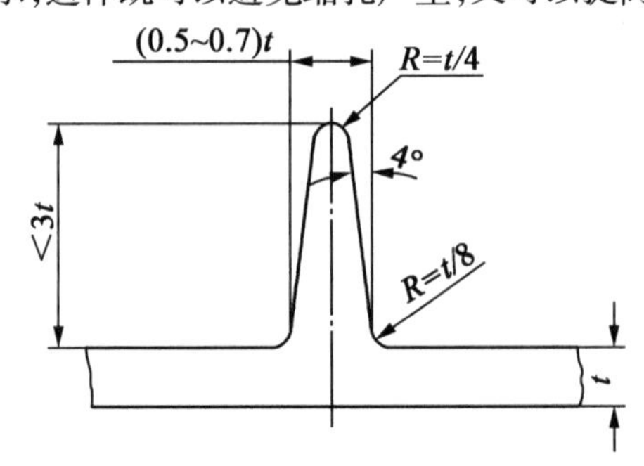

图 2.14 加强筋的尺寸

(R 为加强筋的过渡圆角)

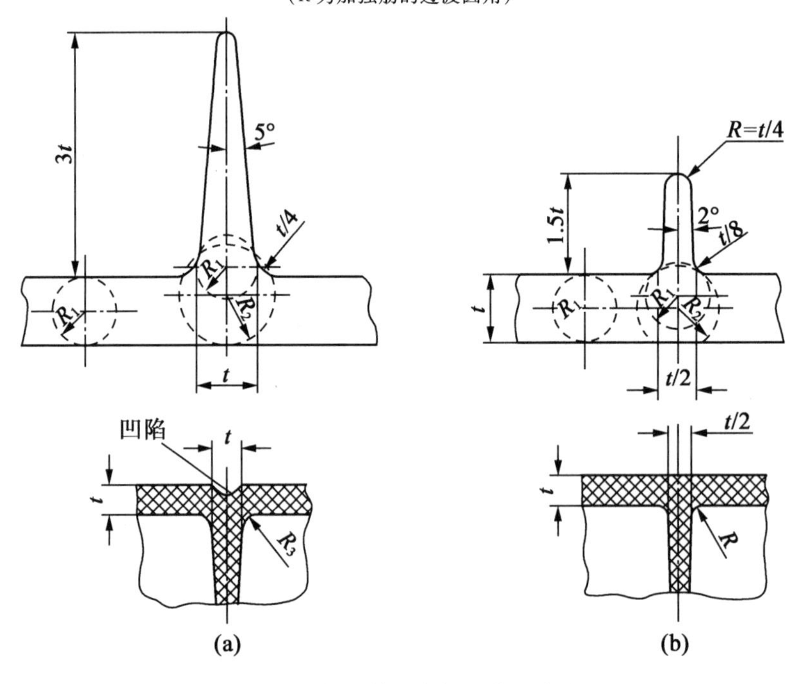

图 2.15 加强筋厚度与凹陷的关系

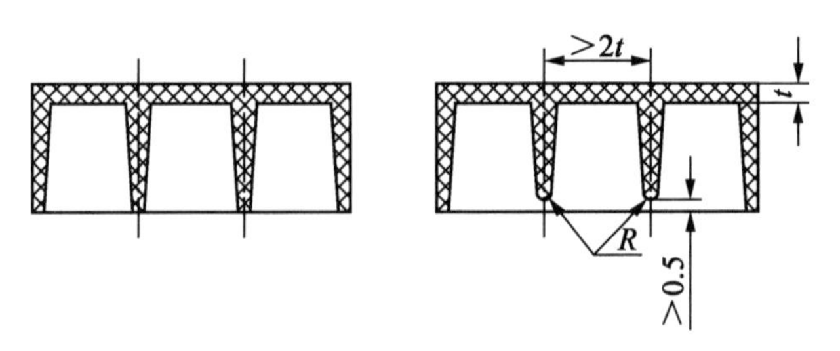

图 2.16 加强筋的设计

③加强筋的设置方向应尽可能与熔体流动方向一致,以利于熔体充满型腔,避免熔体流动受到搅乱,而使塑件的韧性降低。

④若塑件需设置许多加强筋时,其分布排列应相互错开,应尽量减少塑料的局部集中,以免产生气泡和缩孔或因收缩不匀引起破裂。对于容器的底或盖上加强筋,其布置情况如图 2.17 所示。其中,图 2.17(a)因塑料局部集中,所以不合理,而图 2.17(b)的结构形式较好,所以合理。

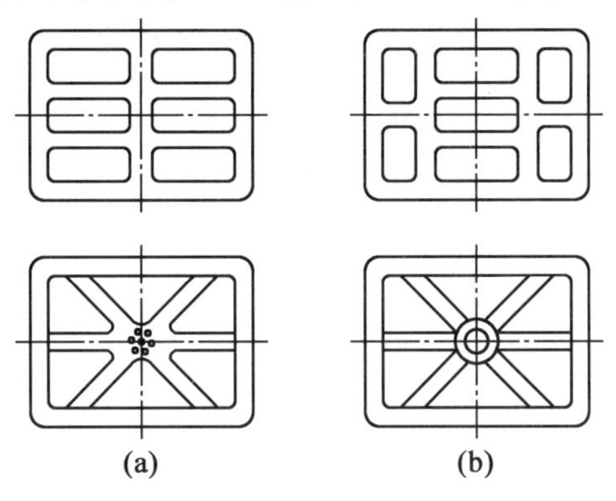

图 2.17　容器底或盖上的加强筋的布置情况
(a)不合理的设计;(b)合理的设计

⑤对于空心塑件,加强筋的端面不应与塑件的支承面相平齐,应有一定的间隙,即它比支承面至少应小于 0.5 mm 的距离,如图 2.16 所示。

4. 塑件的支承面

当塑件需要由一个表面作为支承面(基准面)时,以整个底平面作为支承面是不合理的,如图 2.18(a)所示,因为塑件稍许翘曲或变形就会造成底面不平。为了更好地起支承作用,一般采用底脚(三点或四点)或凸起的边框作为支承面,如图 2.18(b)所示。

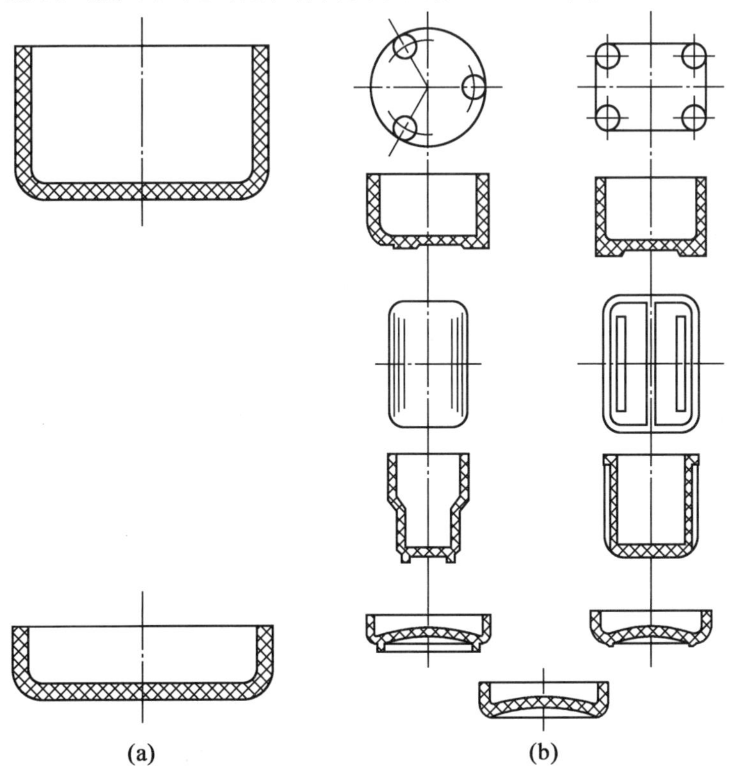

图 2.18　支承面的设计
(a)不合理的设计;(b)合理的设计

5. 脱模斜度

为了方便塑件脱模，以防脱模时擦伤塑件表面，与脱模方向平行的塑件表面一般应具有合理的脱模斜度。脱模斜度的大小主要取决于塑料的收缩率、塑件的形状和壁厚以及塑件的部位等因素。收缩率大的塑料取较大的脱模斜度。塑件脱模斜度见表2.7。

表2.7 塑件脱模斜度

塑件材料	脱模斜度	
	型腔	型芯
聚酰胺（通用级）	20′～40′	25′～40′
聚酰胺（增强级）	20′～50′	20′～40′
聚乙烯	20′～45′	25′～45′
聚甲基丙烯酸甲酯	35′～1°30′	30′～1°
聚苯乙烯	35′～1°30′	30′～1°
聚碳酸酯	35′～1°	30′～50′
ABS塑料	40′～1°20′	35′～1°

脱模斜度确定要点如下：

（1）从表2.7中可以看出，一般情况下，脱模斜度为30′～1°30′，但应注意需根据具体情况而定。

（2）当塑件有特殊要求或精度要求较高时，应选用较小的脱模斜度，外表面斜度可小至5′。

（3）对于高度不大的塑件，还可以不要脱模斜度；对于尺寸较高、较大的塑件，应选用较小的脱模斜度。

（4）收缩率大的塑件应选取较大的脱模斜度。

（5）形状复杂、不易脱模的塑件应选取较大的脱模斜度。

（6）塑件上的凸起或加强筋单边应有4°～5°的脱模斜度。

（7）侧壁带皮革花纹时，应有4°～6°的脱模斜度。

（8）当塑件壁厚较大时，因成型时塑件的收缩量大，故也应选用较大的脱模斜度。如果要求脱模后塑件保留在型芯一边，那么要求塑件的内表面脱模斜度宜比外表面的小；反之，如果要求脱模后塑件保留在凹模一边，则外表面的脱模斜度应小于内表面的脱模斜度。但是，当内、外表面的脱模斜度不一致时，无法保证壁厚的均匀。

（9）脱模斜度的取向原则是内孔以小端为基准，符合图样要求，斜度由扩大方向取得；外形以大端为基准，符合图样要求，斜度由缩小方向取得。塑件斜度的取向如图2.19所示。一般脱模斜度值不包括在塑件尺寸的公差范围内，但塑件精度要求高时，脱模斜度应包括在公差范围内。

6. 圆角

塑件所有转角处均应尽可能采用圆弧过渡，除了使用上一定要求采用尖角之处外，这样可避免因塑件尖角处应力集中而引起的变形和裂纹。塑件圆角的作用有：①分散载荷，增强及充分发挥塑件的机械强度；②改善塑料熔体的流动性，便于充满与脱模，消除壁部转折处的凹陷等缺陷；③便于模具的机械加工和热处理，从而提高模具的使用寿命。

在塑件结构上无特殊要求时，塑件的各连接处的圆角半径应不小于 0.5 mm，这样能大大提高塑件的强度。图 2.20 所示为 R/T 与应力集中系数的关系，从图中可以看出，当 R/T 在 0.3 以下时应力剧增，而 R/T 在 0.8 以上时应力集中变化就不大了。

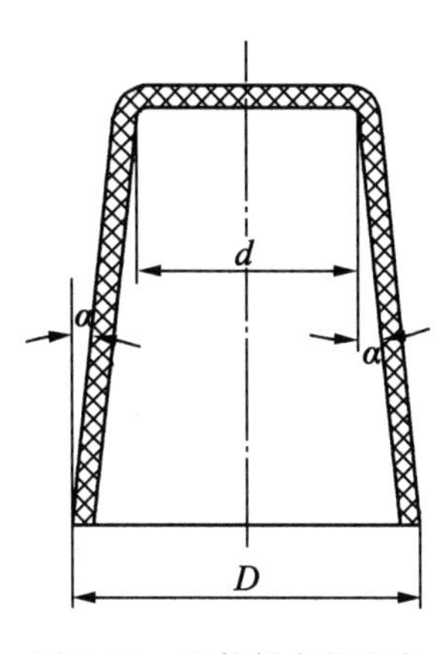

图 2.19　塑件斜度的取向

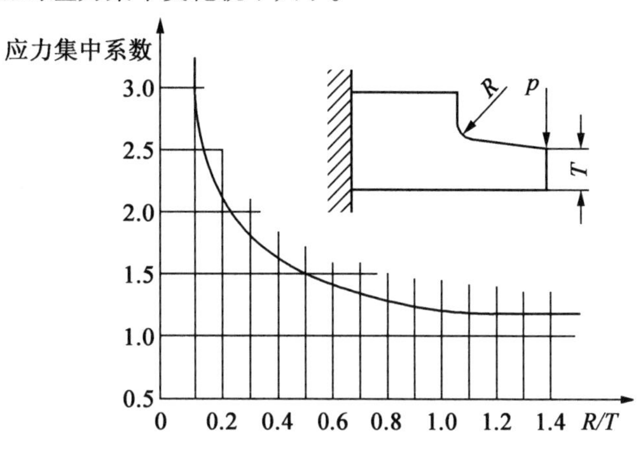

图 2.20　R/T 与应力集中系数的关系

R—圆角直径；P—应力；T—壁厚

塑件圆角半径的确定如图 2.21(a) 所示。设内圆角半径 R' 为壁厚的 1/2，虽可降低应力集中，但其总壁厚却增加了 1/3，外缘会发生凹陷。一般外圆弧半径应是壁厚的 1.5 倍，内圆角半径是壁厚的一半，如图 2.21(b) 所示。对于塑件的某些部位，使用要求为必须用尖角、成型中处于分型面位置、型芯与型腔配合处等位置，不便做成圆角的则以尖角方式过渡。

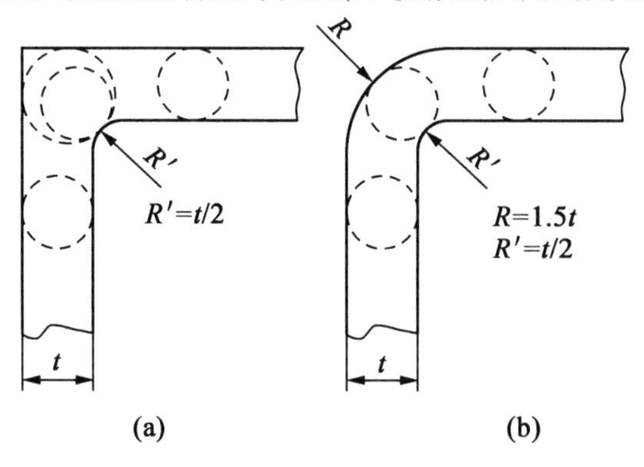

图 2.21　塑件圆角半径的确定

7. 塑件上孔的设计

塑件上的孔有通孔、盲孔、形状复杂的孔、螺纹孔。对于这些孔的设计有以下要求：

(1) 塑件上各种孔的位置应尽可能开设在不减弱塑件机械强度的部位，也应力求不增加模具制造工艺的复杂性，孔的形状宜简单，复杂形状的孔模具制造较困难。孔与孔之间（孔间距）、孔与壁之间（孔边距）应有足够的距离（见表 2.8），孔径与孔的深度也有一定关系（见表 2.9）。如果使用上要求孔间距或孔边距小于表 2.8 中规定的数值时，如图 2.22(a) 所示，可将孔设计成图 2.22(b) 所示的结构形式。

表 2.8 热固性塑料孔间距、孔边距与孔径的关系 mm

孔径 d	<1.5	1.5 ~ 3	3 ~ 6	6 ~ 10	10 ~ 18	18 ~ 30
孔间距、孔边距	1 ~ 1.5	1.5 ~ 2	2 ~ 3	3 ~ 4	4 ~ 5	5 ~ 7

注:①热塑性塑料为热固性塑料的 75%;②增强塑料宜取大值;③两孔径不一致时,则以小孔的孔径查表

表 2.9 孔径与孔的深度的关系

成型方式		孔的深度	
		通孔	不通孔
压缩成型	横孔	$2.5d$	$<1.5d$
	竖孔	$5d$	$<2.5d$
挤出或注射成型		$10d$	$(4 \sim 5)d$

注:①d 为孔的直径;②采用纤维状塑料时,表中数值系数取 0.75

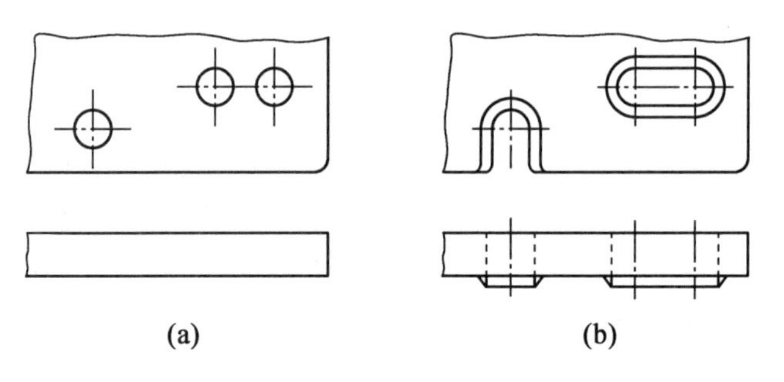

图 2.22 孔间距或孔边距过小时的改进设计

(2)塑件上紧固用的孔和其他受力的孔,应设计出凸边予以加强。孔的加强如图 2.23 所示。固定孔建议采用图 2.24(a)所示的沉头螺钉孔形式,一般不采用图 2.24(b)所示的沉头螺钉孔形式。如果必须采用图 2.24(b)所示的形式,则应改进为图 2.24(c)所示的形式,以便设置型芯。

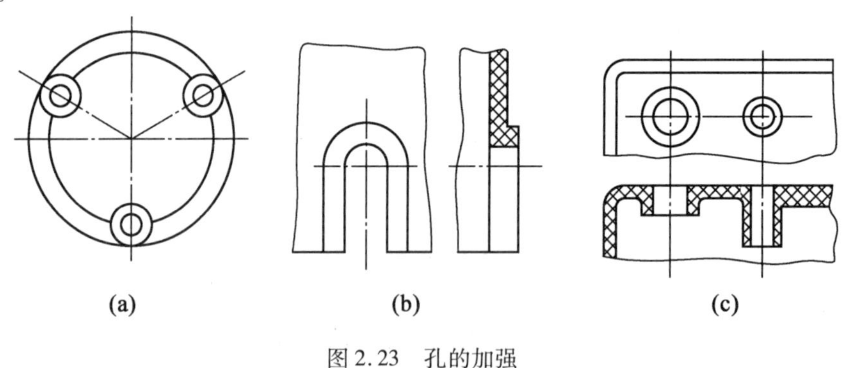

图 2.23 孔的加强

(3)互相垂直的孔或斜交的孔在压缩成型中不宜采用,在注射成型和压注成型中可以采用,但两个孔的型芯不能互相嵌合,如图 2.25(a)所示,而应采用图 2.25(b)所示的结构形式。在成型时,小孔型芯从两边抽芯后,再抽大孔型芯。需要设置侧壁孔时,应考虑尽可能地使模具结构简单化。

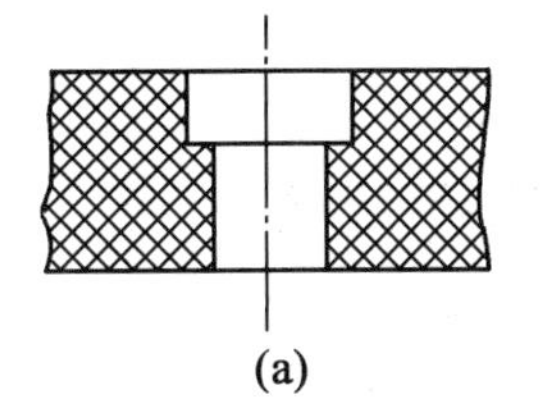

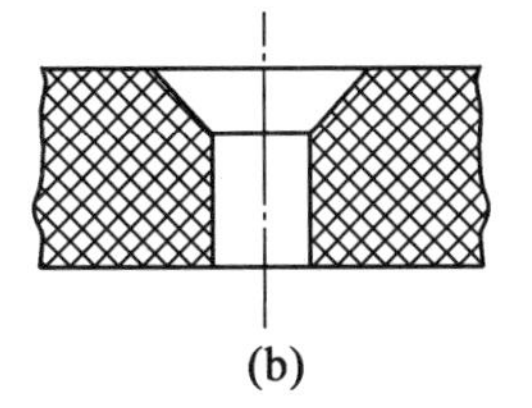

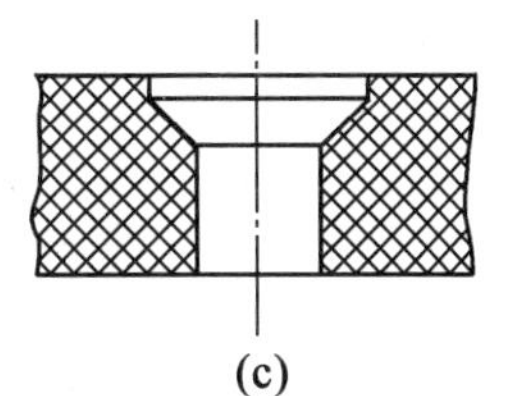

图 2.24　固定孔的形式

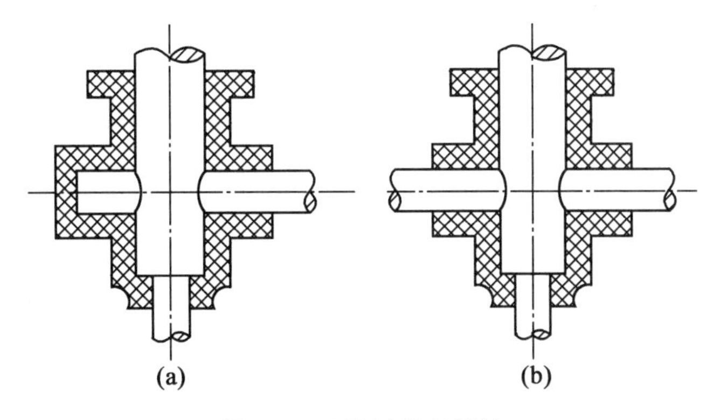

图 2.25　两相交孔的设计

8. 塑件上的花纹、标记、符号及文字

(1)塑件上的花纹。塑件上的花纹(如凸纹、凹纹、皮革纹等)的作用是:①增大接触面积,防止使用中发生滑动;②装饰或掩饰塑件的某些结合部位;③增加装配时的结合牢固性。

设计的花纹应易于成型和脱模,便于模具制造。为此,凸凹纹方向应与脱模方向一致。图 2.26(a)、(d)所示的设计塑件脱模麻烦,模具结构复杂;图 2.26(c)所示的设计在分型面处的飞边不易清除;而图 2.26(b)、(e)所示的设计则脱模容易,模具结构简单,制造方便,而且分型面处的飞边为圆形,容易去除。塑件侧表面的皮革纹等是依靠侧壁斜度来保证脱模的。

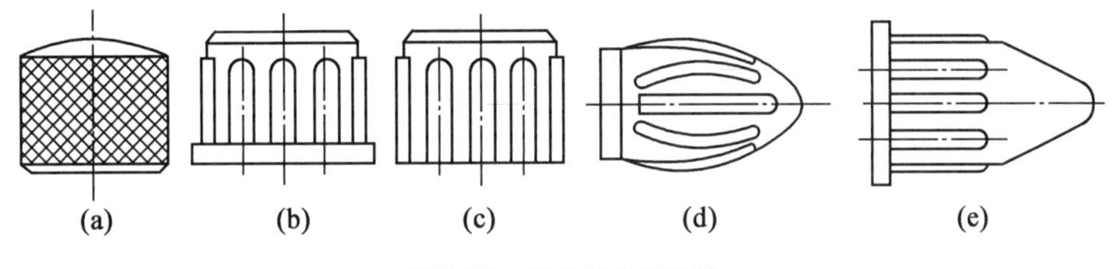

图 2.26　塑件花纹的设计

(2)塑件上的标记、符号及文字。塑件上的标记、符号及文字可以设计成三种不同的形式。

①塑件上是凸字(模具上为凹字),如图 2.27(a)所示。它在模具制造时比较方便,可用机械或手工将字雕刻在模具上,但使用过程中凸字容易损坏。

②塑件上是凹字(模具上为凸字),如图 2.27(b)所示。它可以涂上各种颜色的油漆,使字迹更为鲜明,但这种形式如果用机械加工模具则较麻烦,现在多采用电铸、冷挤压或电火花加工等方法来制造模具。

③凹坑凸字,在凸字的周围加上凹入的装饰框,如图 2.27(c)所示。制造这种结构形式的模具可以采用镶块,在镶块中刻凹字,然后镶入模体中。这种结构形式的凸字在使用时不易损

坏,模具制造也比较方便。

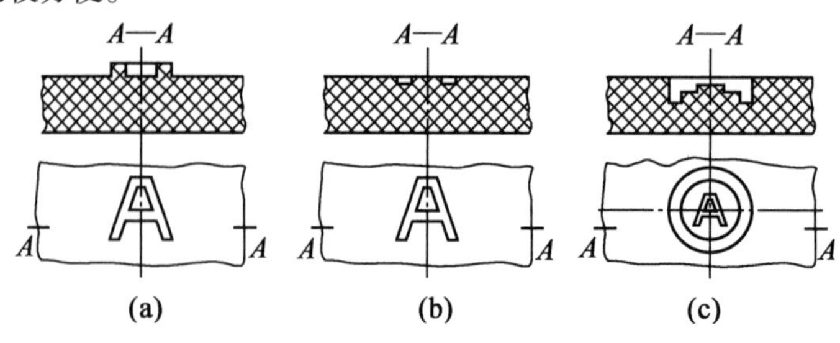

图 2.27 塑件上的文字结构形式

2.4.3 螺纹、齿轮与嵌件

1. 螺纹

塑件上的螺纹可以直接成型,也可以在成型后进行机械加工,对于经常拆装或受力较大的螺纹则应采用金属的螺纹嵌件。

设计塑件中直接成型螺纹时有以下要求:

(1)塑料的螺纹应选用螺牙尺寸较大者,当螺纹直径较小时就不宜采用细牙螺纹(见表 2.10)。特别是用纤维或布基做填料的塑料成型的螺纹,其螺牙尖端部分多为强度不高的纯树脂所充填,如螺牙过细将会影响使用强度。

(2)成型的外螺纹直径不宜小于 4 mm,内螺纹直径不宜小于 2 mm。模塑的螺纹达不到高精度,一般不超过 GB/T 197—2003《普通螺纹 公差》规定的公差等级 5 ~ 6 级。如果模具螺纹的螺距未考虑塑料的收缩值,则塑料螺纹与金属螺纹的配合长度不能太长,一般不大于螺纹直径的 2 倍。否则会因干涉造成附加内应力,使螺纹连接强度降低。

表 2.10 螺纹选用范围

螺纹公称直径 d/mm	螺纹种类				
	公制标准螺纹	1 级细牙螺纹	2 级细牙螺纹	3 级细牙螺纹	4 级细牙螺纹
3 以下	+	-	-	-	-
3 ~ 6	+	-	-	-	-
6 ~ 10	+	+	-	-	-
10 ~ 18	+	+	+	-	-
18 ~ 30	+	+	+	+	-
30 ~ 50	+	+	+	+	+

注:表中“ - ”为建议不采用的范围

(3)为了使塑件上的螺纹始端和末端在使用中不致崩裂或变形,其始、末端应按图 2.28 所示的螺纹始端和末端的过渡结构来进行设计。螺纹始端和末端的过渡长度 l 可按表 2.11 塑件上螺纹的始末过渡部分长度选取,在过渡长度内,螺纹是逐步消失的。

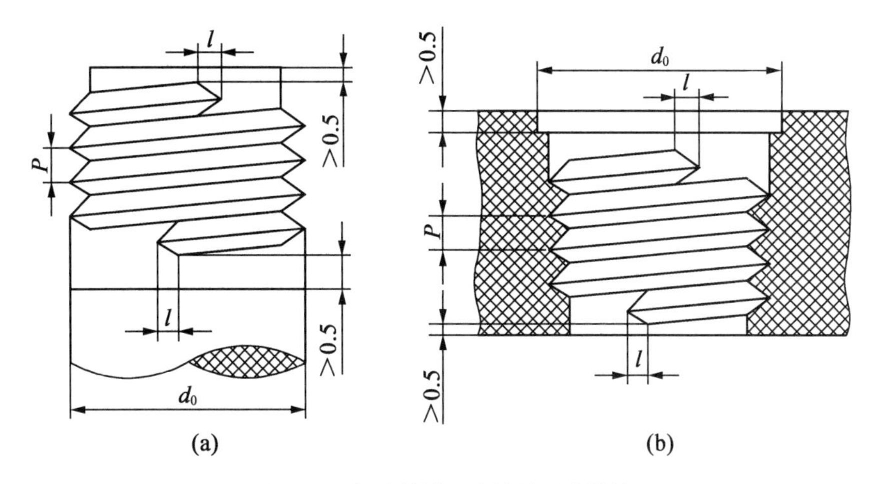

图2.28　螺纹始端和末端的过渡结构

P—螺距；*l*—始末过渡部分长度

表2.11　塑件上螺纹始末过渡部分长度 *l*　mm

螺纹直径 d_0	螺距 *P*		
	0～1	1～2	>2
	始末部分尺寸 *l*		
0～10	2	3	4
10～20	3	4	5
20～30	4	6	8
30～40	6	8	10

注:始末过渡部分长度相当于车制金属螺纹时的退刀长度

(4)在同一塑件的同一轴线上有两段螺纹时,应使两段螺纹方向相同,螺距相等,如图2.29(a)所示。当方向相反或螺距不等时,就应采用两段螺纹型芯组合使用,成型后分段拧下,如图2.29(b)所示。

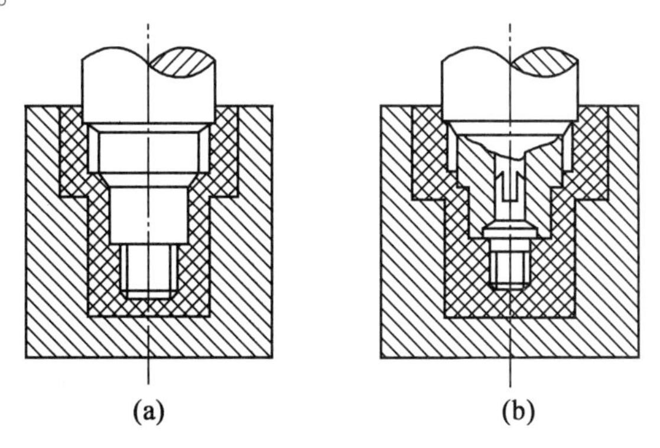

图2.29　具有两段同轴螺纹的塑件

2. 齿轮

塑料齿轮主要用于精度和强度要求不太高的齿轮传动,其噪声低,自润滑性好。常用的塑料有尼龙、聚碳酸酯、聚甲醛、聚砜等。

为了使塑料齿轮适应注射成型工艺,对齿轮各部分尺寸(图2.30)做出如下规定:轮缘宽度 t_1 最小应为齿高 t 的3倍;辐板厚度 H_1 应等于或小于轮缘厚度 H;轮毂厚度 H_2 应等于或大于轮缘厚度 H,并相当于轴孔直径 D;轮毂外径 D_1 最小应为轴孔直径 D 的1.5~3倍。

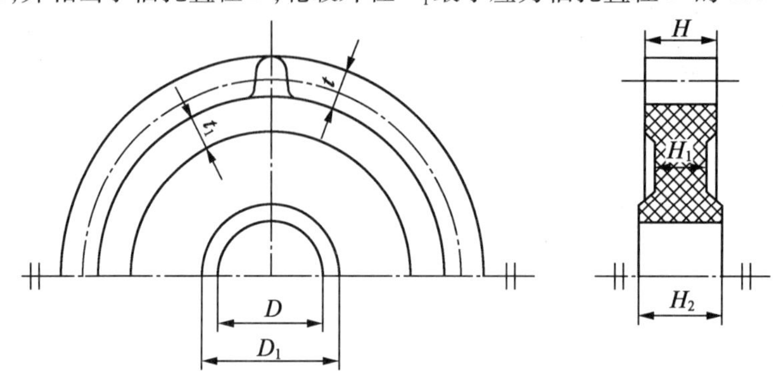

图2.30 齿轮各部分尺寸

设计塑料齿轮时还应注意如下问题:

(1)为减小尖角处的应力集中及齿轮在成型时成型应力的影响,应尽量避免截面的突然变化,尽可能加大圆角及过渡圆弧的半径。

(2)为避免装配时产生应力,轴与孔应尽可能不采用过盈配合,而采用过渡配合。此时,塑料齿轮与轴固定形式如图2.31所示。其中,图2.31(a)表示轴与孔成月形配合,图2.31(b)表示轴与齿轮用两个定位销固定,前者较为常用。

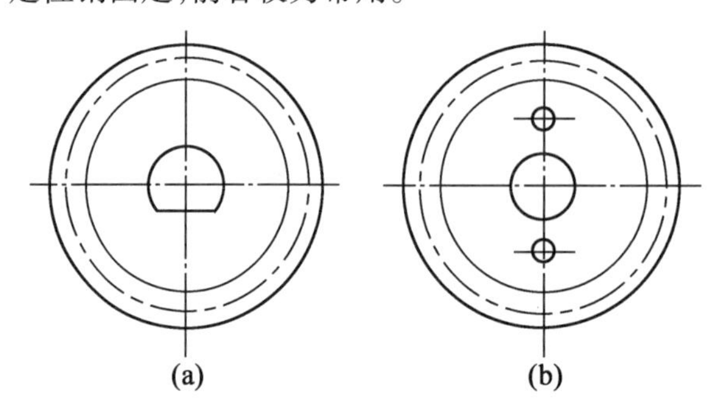

图2.31 塑料齿轮与轴固定形式

(3)为避免齿形因收缩而变形,还必须注意齿轮厚度的均匀性和轮辐结构等的设计。

(4)塑料的收缩会影响啮合性能,相互啮合的塑料齿轮宜用相同的塑料制成。

(5)对于薄型齿轮,厚度不均匀会引起齿形歪斜。如果采用无毂无轮缘的齿轮,则可以很好地改善这种情况。但如果在辐板上有大孔时,如图2.32(a)所示,因孔在成型时很少向中心收缩,所以会使齿轮歪斜,如采用图2.32(b)所示的形式,即轮毂和轮缘之间采用薄筋时,则能保证轮缘向中心收缩。

3. 嵌件

(1)嵌件的用途。塑料成型过程中,在塑件内嵌入不同材质的零件形成不可卸的连接,嵌入的零件称为嵌件。塑件中镶入嵌件的目的是:①增强塑件局部的强度、硬度、耐磨性、导电性、导磁性;②增加塑件的尺寸和形状的稳定性,提高精度;③为了降低塑料的消耗以及满足其他多种要求。但成型带有嵌件的塑件,会使模塑操作变得繁杂,周期加长,生产效率降低。

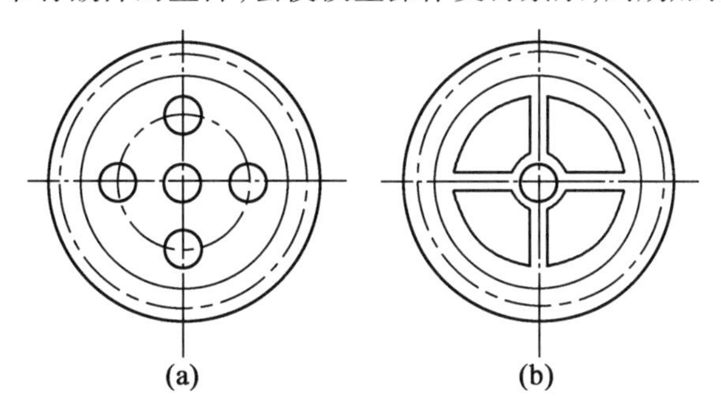

图2.32　塑料齿轮辐板的形式

(a)不合理的形式;(b)合理的形式

嵌件的材料有金属、玻璃、木材和已成型的塑料等,其中,金属嵌件最为普遍。

(2)嵌件的形式。图2.33所示为常见的嵌件种类。其中,图2.33(a)所示为圆筒形嵌件,有螺纹套、轴套和薄壁套管等,带螺纹孔的嵌件最为常见,它主要用于经常拆卸或受力较大的场合或导电部位的螺纹连接;图2.33(b)所示为圆柱形嵌件,有螺杆、轴销、接线柱等;图2.33(c)所示为片状嵌件,它常用作塑件内的导体和焊片等;图2.33(d)所示为细杆状贯穿嵌件,它常用在汽车方向盘塑件中,加入金属细杆可以提高方向盘的强度和硬度;图2.33(e)所示为有机玻璃表壳中嵌入黑色ABS塑料,属于非金属嵌件。

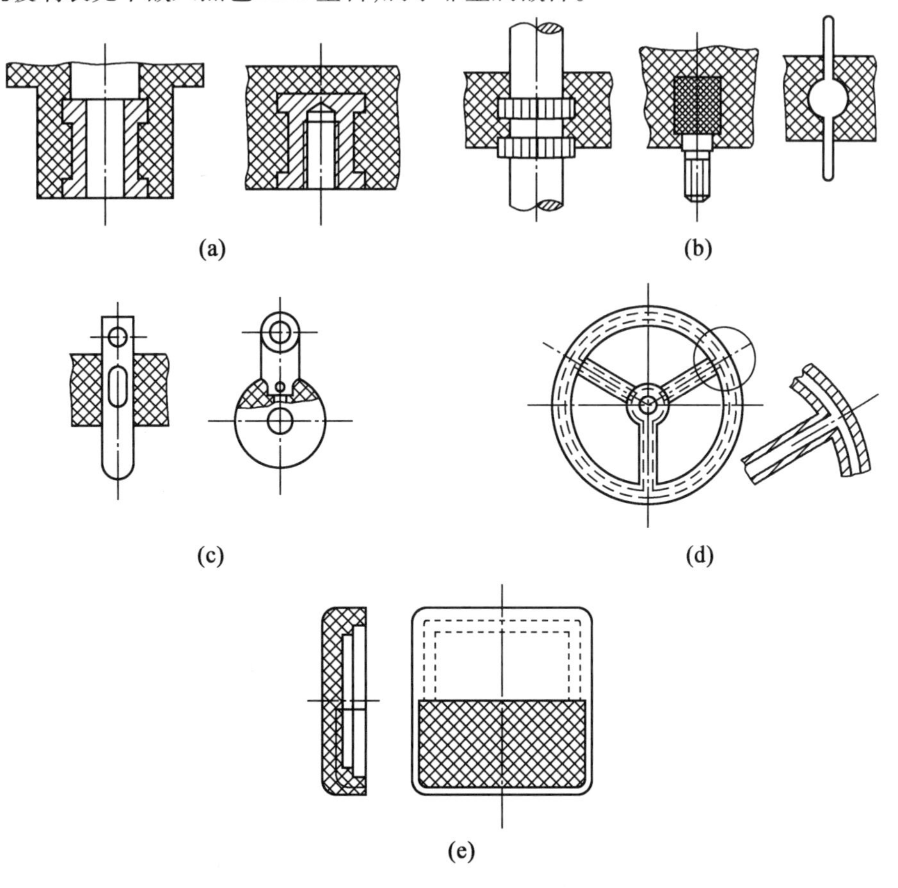

图2.33　常见的嵌件种类

(3)带嵌件的塑件的设计要点。设计带嵌件的塑件时,应注意的主要问题是嵌件固定的牢靠性、塑件的强度以及成型过程中嵌件定位的稳定性。解决以上问题的关键是嵌件的结构设计及其与塑件的配合关系。现就一些有关问题说明如下。

①嵌件材料及嵌入部分的结构。

a. 嵌件材料与塑件材料的膨胀系数应尽可能地接近。

b. 为了使嵌件能牢固地固定在塑件中,防止嵌件受力时在塑件内转动或拔出,嵌件表面必须设计有适当的凸状或凹状部分。其结构有以下几种:图 2.34(a)所示为最常用的菱形滚花,无论从抗拉还是抗扭来看,其固定力是令人满意的;图 2.34(b)所示为直纹滚花,这种滚花在嵌件较长时可允许塑件少许的轴向伸长,以降低这个方向的应力,但在这种嵌件上必须开有环形沟槽,以免在受力时被拔出;图 2.34(c)所示为六角嵌件,因其尖角处易产生应力集中,目前已较少采用;图 2.34(d)所示为通过切口、打眼或局部折弯来固定片状嵌件;薄壁管状嵌件也可将端部翻边以便固定,如图 2.34(e)所示;图 2.34(f)所示为针状嵌件,采用砸扁其中一段或折弯的办法固定。

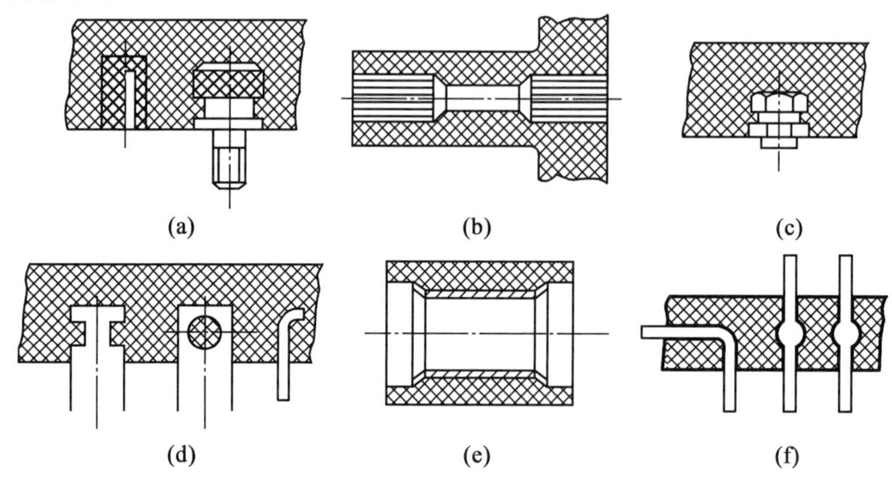

图 2.34 嵌件嵌入部分的结构形式

②嵌件周围塑料层的设计。

设置嵌件会在嵌件周围塑料中产生内应力,内应力大小与塑料特性、嵌件材料、塑料膨胀系数差异以及嵌件结构有关,内应力大的会导致塑件开裂。为此,嵌件周围塑料必须有足够的厚度。

③嵌件在模具中的安放与定位。

a. 嵌件的安放与定位要求。

不能因设备的运动或振动而松动甚至脱落;在高压塑料熔体的冲击下不能产生位移和变形;嵌件与模具的配合部分应能防止溢料,避免出现毛刺,影响使用性能。

b. 圆柱形(轴类、孔类)嵌件的安放与定位。

圆柱形(轴类)嵌件一般插入模具相应孔中加以固定。为了增加嵌件固定的稳定性和防止塑料挤入螺纹线中,宜采用图 2.35 所示的圆柱形(轴类)嵌件在模具内的固定方法。

对于不通孔的螺纹嵌件,可将嵌件插入模具中的圆形光杆上,如图 2.36(a)所示。为了增强稳固性,可采用外部凸台或内部台阶与模具密切配合,如图 2.36(b)、(c)、(d)所示。对于通孔的螺纹嵌件,可将其拧在具有外螺纹的插入嵌件上,如图 2.36(e)所示。对于注射压力不大、螺纹细小（M3.5 以下）的通孔嵌件，也可直接插在光杆上。

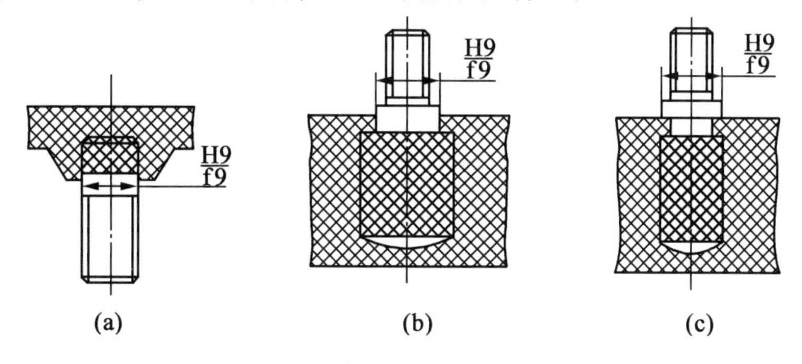

图 2.35　圆柱形（轴类）嵌件在模具内的固定方法

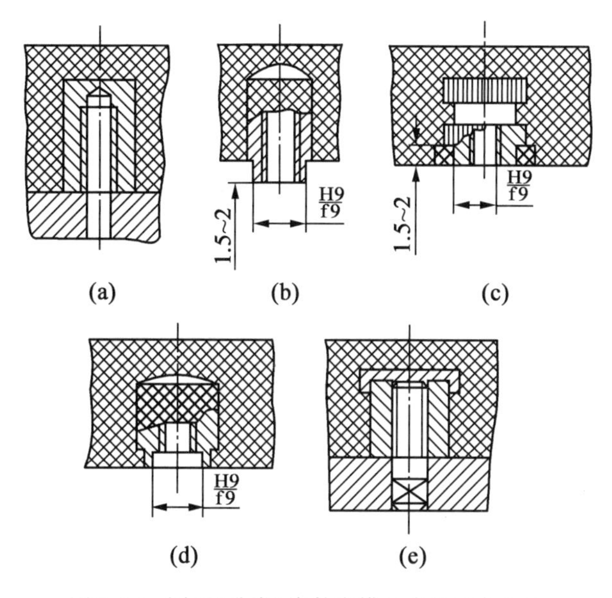

图 2.36　圆环（孔类）嵌件在模具内的固定方法

c. 杆形或环形嵌件的安放与定位。对于杆形或环形嵌件，其在模具中伸出的自由长度均不应超出定位部分直径的 2 倍，否则，在成型时熔体压力会使嵌件产生位移或变形。当嵌件过高或使用细杆状、片状的嵌件时，应在模具上设置支柱予以支承，如图 2.37 所示，但支柱在塑件上留下的孔应不影响塑件的使用。薄片嵌件还可在熔体流动方向上设孔，以降低熔体对嵌件的压力，如图 2.37（c）所示。

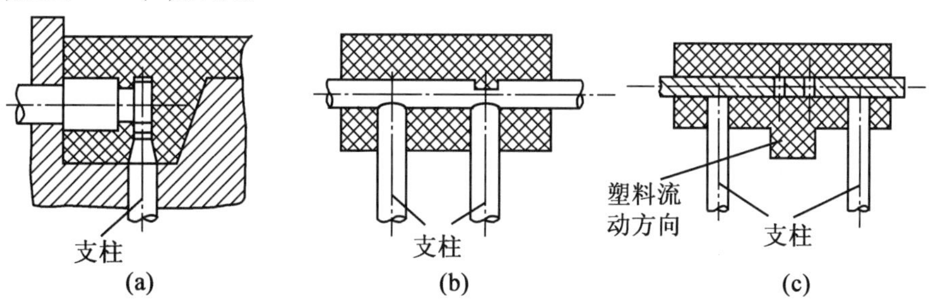

图 2.37　细长嵌件在模具内的支承方法

d. 为了提高塑件的强度，嵌件通常设置在凸耳或凸起部分，同时嵌件应比凸耳部分长一些。嵌件设置位置及尺寸要求如图 2.38 所示（H 为凸耳的高度）。

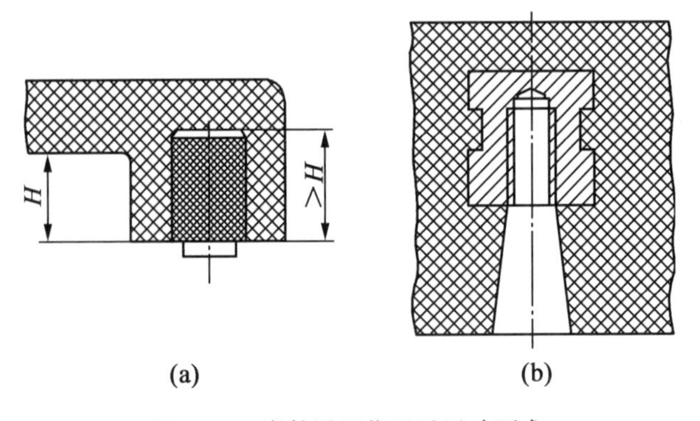

图 2.38　嵌件设置位置及尺寸要求

e. 当嵌件为通孔而且嵌件高度与塑件高度一致时，因嵌件高度有公差，合模时易将嵌件压变形，如图 2.39(a)所示，故塑件高度应设计高于嵌件 0.05 mm 以上，如图 2.39(b)所示。

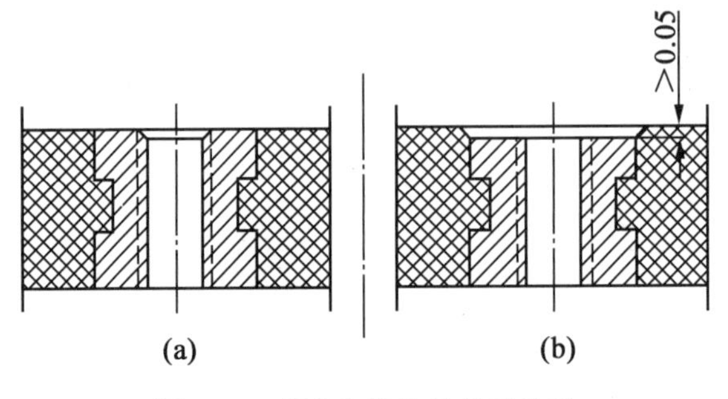

图 2.39　塑件与嵌件的高度关系

f. 为了使嵌件与塑件牢固地连接在一起，嵌件的表面应具有止动部分，防止嵌件移动。嵌件与塑件的连接方式如图 2.40 所示。

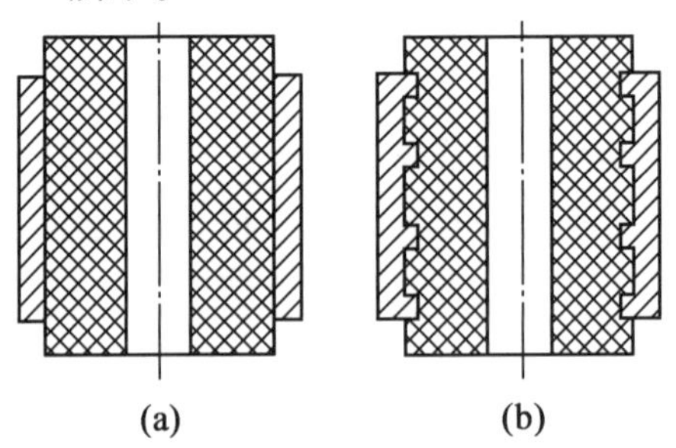

图 2.40　嵌件与塑件的连接方式

(a)不合理的连接方式；(b)合理的连接方式

综上所述，在设计带嵌件的塑件时，主要应保证嵌件固定的牢靠性和塑件的强度。除此之外，还应注意嵌件在成型过程中对熔体流动造成的阻力，及影响熔体流动状态和充满模腔等情况。

2.5　塑料模塑成型工艺

塑料的种类很多,其模塑成型方法也很多,有压缩成型、注射成型、挤出成型、压注成型、真空成型、压缩空气成型、浇铸成型及泡沫成型等。

2.5.1　塑料压缩成型工艺

压缩成型又称为模压成型或压制。这是热固性塑料成型的一种主要方法,压缩成型所用的设备为压力机。

1. 压缩成型的原理和特点

(1)压缩成型的原理(图 2.41)。

①加料。将粉状、粒状或预压成型的锭料塑料放到成型温度下的模具加料腔中,如图 2.41(a)所示。

②合模加压。上凸模在压力机的作用下进入凹模并压实,随着温度和压力的增加,熔融塑料开始固化成型,如图 2.41(b)所示。

③脱模。塑件固化定型后,采用一定的脱模方式将塑件取出,获得所需的塑件,如图 2.41(c)所示。

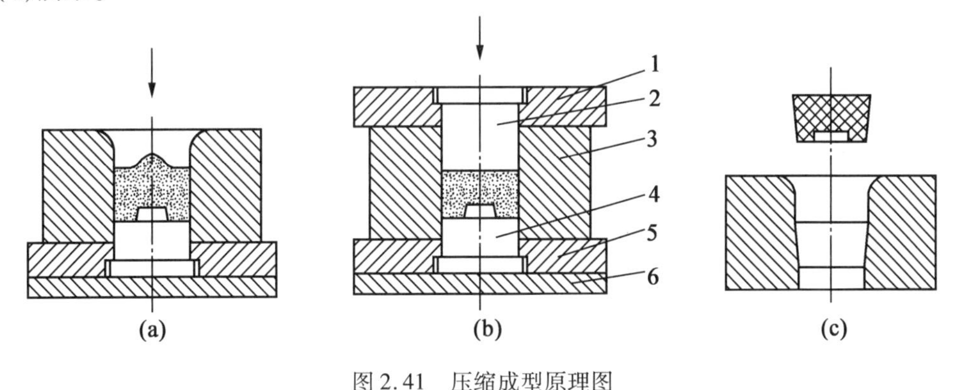

图 2.41　压缩成型原理图

(a)加料;(b)合模加压;(c)脱模

1—凸模固定板;2—上凸模;3—凹模;4—下凸模;5—凸模固定板;6—垫板

压缩成型主要用于热固性塑料的成型,也可用于热塑性塑料的成型。压制热固性塑料时,置于模腔中的热固性塑料在高温高压作用下,由固态变为黏流状态,并在这种状态下充满型腔,同时高聚物产生交联反应,随着交联反应的深化,黏流态的塑料逐步变为固体,最后脱模获得塑件。

热固性塑料压缩成型的工作循环图如图 2.42 所示。

热塑性塑料的模压成型同样存在由固态变为黏流态而充满型腔,但不存在交联反应。所以,在充满型腔后,需要将模具冷却使其凝固,才能脱模而获得塑件。由于热塑性塑料模具压成型时模具需要交替地加热和冷却,生产周期长、效率低,因此,热塑性塑料的成型采用注射成型更经济,只有不宜用高温注射成型的硝化纤维塑件以及一些流动性很差的塑料(如聚四氟乙烯等)才采用压缩成型。

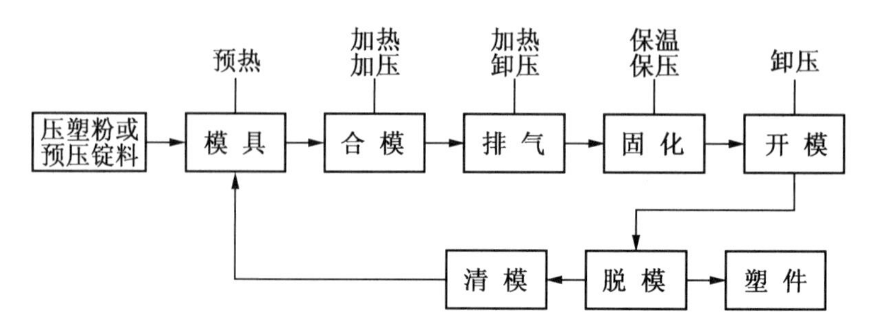

图2.42 热固性塑料压缩成型的工作循环图

(2)压缩成型的特点。

①塑料直接加入型腔内,压力机的压力是通过凸模直接传递给塑料,加料前模具是敞开的,模具是在塑料最终成型时才完全闭合。

②模具结构比较简单,没有浇注系统,也不需复杂的顶出装置。

③料耗少,由于没有浇注系统,减少了浇道凝料。

④用的设备为一般的压力机,可以压制较大平面的塑件或利用多型腔模,一次压制多个塑件。

⑤压力损失小。压力机的压力直接通过凸模传递到型腔,其损失大大减少。由于塑料在型腔内直接受压成型,所以有利于模压成型流动性较差的以纤维为填料的塑料,而且塑件收缩较小、变形小,各向性能比较均匀。

⑥生产周期长,效率低。

⑦塑件受到的限制多:不容易压制形状复杂、壁厚相差较大的塑件;不容易获得尺寸精确,尤其是高度尺寸精确的塑件;而且一般不能压制带有精细和易断嵌件的塑件。

⑧模具的磨损比较大。

用于压缩成型的塑料有酚醛塑料、氨基塑料、不饱和聚酯塑料、聚酰亚胺等。其中,酚醛塑料和氨基塑料使用最广泛。

2. 压缩成型工艺过程

(1)压缩成型前的准备。

①预压。压缩成型前,为了成型时操作方便和提高塑件的质量,可利用预压模将粉状或纤维状的热固性塑料在预压机上压成质量一定、形状一致的锭料。锭料的形状一般以既能用整数,又能十分紧凑地放入模具中以便于预热为宜。锭料应用较多的有圆片状锭料,也有长条形、扁球形、空心体或与塑件形状相似的锭料。预压的压力范围为40~200 MPa,经预压后的锭料的密度以达到塑件最大密度的80%为最佳。这样的锭料预热效果好,并且具有足够的强度。

②预热和干燥。有的塑料在成型前需要进行加热。加热的目的有两个:一是去除水分和挥发物;二是为压缩成型提供热塑料。前者为干燥,后者为预热。通过预热和干燥可以缩短压缩成型周期,提高塑件内部固化的均匀性,从而提高塑件的物理性能和力学性能。同时,还能提高塑料熔体的流动性,降低成型压力,减少模具磨损和塑件废品率。预热和干燥的常用设备为烘箱或红外线加热炉。

(2)压缩成型过程。

压缩成型过程为加料、闭模、排气、固化、脱模、模具清理等。如果塑件有嵌件,则在加料前应将嵌件安放好。首件生产前需将压缩模放在压力机上预热至成型温度。

①嵌件的安放。塑件中的嵌件通常是作为导电或使制件与其他零件连接用。常用的嵌件有轴承、螺钉、螺母和接线柱等。嵌件在安放前应放在预热设备或压力机加热板上预热,小型嵌件可以不预热。安放时要求位置正确和平稳,以免造成废品或损坏模具。

②加料。加料就是在模腔内加入已预热的定量的物料。加料的关键是加料量。因为加料量的多少直接影响着塑件的尺寸和密度,所以必须严格定量。常用的加料方法有质量法、容量法、计数法三种。质量法比较准确,但比较麻烦,每次加料前必须称料;容量法不如质量法准确,但操作方便;计数法只用于预压锭料的加料,实际上也是容量法。塑料加入型腔时应根据成型时塑料在型腔中的流动情况和各部位需要量的大致情况做合理的堆放,以免出现塑件密度不均或缺料现象等,对于流动性差的塑料更应注意。

③闭模。加料完成后进行闭模,即通过压力使模具内成型零件闭合成与塑件形状一致的模腔。闭模分两步:第一步,当凸模尚未接触塑料前,为了缩短成型周期和避免塑料在闭模前发生化学反应,应尽量加快速度;第二步,当凸模触及塑料之后,为了避免嵌件或模具成型零件的损坏,并使模具型腔内空气充分排除,应放慢闭模速度。闭模时间一般为几秒到几十秒不等。

④排气。压缩热固性塑料时,必须排除塑料中的水分和低分子挥发物气体以及化学反应时产生的副产物,以免影响塑件的性能和表面质量。因此,在闭模之后,最好将压缩模松动少许时间,以便排出气体。排气操作应力求迅速,并要在塑料处于可塑状态下进行。排气的次数和时间根据实际需要而定,通常排气次数为 1 ~ 2 次,每次时间为 3 ~ 20 s。

⑤固化。压缩热固性塑料时,塑料依靠交联反应固化定型的过程称为固化或硬化。成型时对固化阶段的要求是,在成型压力与温度下保持一定时间,使高分子交联反应进行到要求的程度,塑件性能好,生产效率高。在固化过程中要注意固化速度和固化程度(聚合物交联程度)两方面问题。

固化速度通常以试样硬化 1 mm 厚度所需要的时间表示。在一定的塑料和塑件条件下,可以通过调整成型工艺条件、预热、预压锭料来控制固化速度。固化速度慢,成型周期长,生产效率低;固化速度过快,塑料未充满型腔就已经固化,不能成型形状复杂的塑件。

固化程度对塑件的质量影响很大,固化程度不足(俗称“欠熟”)或固化过度(俗称“过熟”)的塑件质量都不好。固化不足的热固性塑件,其力学强度、耐蠕变性、耐热性、耐化学性、电绝缘性等均下降,热膨胀、后收缩增加,有时还会产生裂纹;固化过度,其力学强度不高,脆性大,变色,表面出现密集小泡等。

⑥脱模。脱模方法有机动推出脱模和手动推出脱模。带有侧向型芯或嵌件的塑件,需要先将成型杆拧脱,然后再脱模。如果塑件由于冷却不均匀产生翘曲,则可将脱模后的塑件放在形状与之相吻合的型面间,在加压的情况下冷却。有的塑件由于冷却不均匀内部会产生较大的内应力,对此,可将塑件放在烘箱中进行缓慢冷却。

⑦模具的清理。脱模后,必要时需用铜刀或铜刷去除残留在模具内的碎屑、飞边,然后用压缩空气吹净模具。

3. 压缩成型工艺条件的选择

压缩成型工艺条件主要是压缩成型温度、压缩成型压力和压缩时间。

(1)压缩成型温度。成型温度是指压制时所需要的模具温度。在这个温度下,塑料由玻璃态变为黏流态,再变为固态。与热塑性塑料成型相比,热固性塑料成型模具的温度更重要。

模具温度不等于型腔内塑料的温度。有关实验表明,塑料的最高温度比模具温度高,这是塑料交联反应时放热产生的结果。而热塑性塑料模具压成型时,型腔中塑料的温度则以模具温度为上限。

塑件强度随模压成型时间而变化,时间过长会使塑件强度下降。在一定的成型压力下,不同的成型温度所得的强度变化规律是一样的,但强度最大值是不同的,过高或过低的成型温度都会使强度最大值降低。而且成型温度过高,虽然固化加快,模压时间短,但充满型腔困难,还会使塑件表面暗淡、无光泽,甚至使塑件发生肿胀、变形、开裂;若成型温度低,则固化速度慢,模压时间长。

(2)压缩成型压力。成型压力是指模压时压力机对塑件单位投影面积上的压力。其作用是迫使塑料充满型腔和让黏流态的塑料在压力作用下固化。压力大小可用下式计算:

$$p = \frac{p_b \pi D^2}{4A} \tag{2.1}$$

式中　p——成型压力,一般为15~30 MPa;

p_b——压力机工作液压缸表压力(MPa);

D——压力机主缸活塞直径(mm);

A——塑件与凸模接触部分在分型面上的投影面积(mm^2)。

成型压力主要是根据塑料的种类、塑料的形态(粉料和锭料)、塑件的形状及尺寸、成型温度和压缩模的结构等因素而定。塑料的流动性越小,固化速度越快,填料纤维越长,成型压力越大;塑料压缩率高所需的成型压力比压缩率低的大;经过正确预热的塑料所需要的成型压力比不预热或预热温度过高的小;塑件复杂,厚度大,压缩模型腔深所需要的成型压力大;在一定的温度范围内,提高模具温度有利于降低成型压力,但模温过高,靠近模壁的塑料会提前固化,不利于降低成型压力,同时还可能使塑料过热,影响塑件的性能。

综上所述,提高成型压力有利于提高塑料流动性,并有利于充满型腔,促使交联固化速度加快。但成型压力过高,消耗能量多,易损坏嵌件和模具等,因而模压成型时应选择适当的成型压力。

(3)压缩时间。成型温度越高,模压时间越短。所以,在保证塑件质量的前提下,提高成型温度,可以缩短模压成型时间,从而提高生产率。模压成型的时间不仅取决于成型温度,而且与塑料的种类、塑件的形状及厚度、压缩模的结构、预压和预热、成型压力等因素都有关。对于复杂的塑件,由于塑料在型腔中受热面积大,塑料流动时摩擦热多,所以模压时间反而短,但应控制适当的固化速度。对于不溢式压缩模,排出气体和挥发物困难,所以模压时间比溢式压缩模的模压时间长。对于经过预压成锭料和预热的塑件,模压时间比粉料和不预热的要短。另外,成型压力大的模压时间短。

表2.12列出了热固性塑料压缩成型工艺参数。

表2.12　热固性塑料压缩成型工艺参数

工艺参数	酚醛塑料			氨基塑料
	一般工业用	高压绝缘用	耐高频绝缘用	
压缩成型温度/℃	150~165	150~170	180~190	140~155
压缩成型压力/MPa	25~35	25~35	>30	25~35
压缩时间/(min·mm^{-1})	0.8~1.2	1.5~2.5	2.5	2.7~1.0

2.5.2　塑料注射成型工艺

1. 注射成型的原理和特点

注射成型又称为注塑成型,它是热塑性塑件生产的一种重要方式。到目前为止,除氟塑料外,几乎所有的热塑性塑料都可以用注射成型的方法生产塑件。如今,注射成型不但用于热塑性塑料的成型,而且已成功应用于热固性塑料的成型。

注射成型主要通过注射机和模具来实现。注射机种类很多,其基本作用有两个:其一是加热熔融塑料,使其达到黏流状态;其二是对黏流态的塑料施加高压,使其射入模具型腔内。

根据使用的注射机类型的不同,注射成型可分为柱塞式注射机注射成型和螺杆式注射机注射成型。柱塞式注射机结构简单,但注射成型中一般存在塑化不均匀、注射压力损失大、注射量小(一般在 60 g 以下)、塑料流动状态不太理想和料筒清理较困难等方面的缺陷,所以柱塞式注射机正逐步被螺杆式注射机替代。

螺杆式注射机注射成型工作原理图如图 2.43 所示。

首先,模具的动模与定模闭合,然后液压缸活塞带动螺杆以一定的压力和速度将已经塑化好呈熔融状态并积存于料筒前端的熔体经注射机喷嘴射入模具型腔。此时,螺杆保持不转动,如图 2.43(a)所示。

当熔融的塑料充填模具型腔后,螺杆对熔体保持一定的压力(保压),阻止塑料的倒流,并向型腔内补充因塑件冷却收缩所需的塑料,如图 2.43(b)所示。

经过一定时间的保压后,注射油缸活塞的压力消失,螺杆开始转动。此时料斗落入的塑料随螺杆向前输送。在塑料向料筒前端输送的过程中,塑料受加热器加热和螺杆剪切摩擦热的作用而逐渐升温熔融成黏流状态,并建立起一定的压力。当螺杆头部压力达到能克服液压缸活塞退回的阻力时,螺杆在转动的同时,逐步向后退回,料筒前端的熔体逐渐增多,当螺杆退回到与调整好的行程开关接触,即停止转动和后退时,具有模具一次注射量的塑料预塑与储料(即料筒前部熔融塑料的储量)结束。预塑过程与保压过程于同一时间内完成。

在预塑过程或再稍长一些的时间内,已成型的塑件在模具内冷却定型。当塑件冷却定型后开模,在推出机构作用下,塑件被推出模外,完成一个工作循环,如图 2.43(c)所示。

螺杆式注射机注射成型工作循环图如图 2.44 所示。

与柱塞式注射机注射成型相比较,螺杆式注射机注射成型由于螺杆的剪切作用,塑料混合均匀,塑化效果好,改善了成型工艺,提高了塑件质量。同时扩大了注射成型塑料品种的范围和提高了最大注射量。因此,对于热敏性和流动性差的塑料和大、中型塑件,一般可用移动螺杆式注射机成型。

注射成型周期短、生产率高,可采用微机控制,容易实现自动化生产,能成型形状复杂、尺寸精确、带有金属或非金属嵌件的塑件。但其模具结构复杂,成型设备昂贵,生产成本高,不适于单件小批量塑件的生产。

2. 注射成型工艺过程

注射成型工艺过程的确定是注射工艺规程制定的中心环节,它包括注射成型前的准备、注射过程和塑件的后处理。

(1)注射成型前的准备。为了使注射成型顺利进行,保证塑件质量,在注射成型之前应进行如下准备工作。

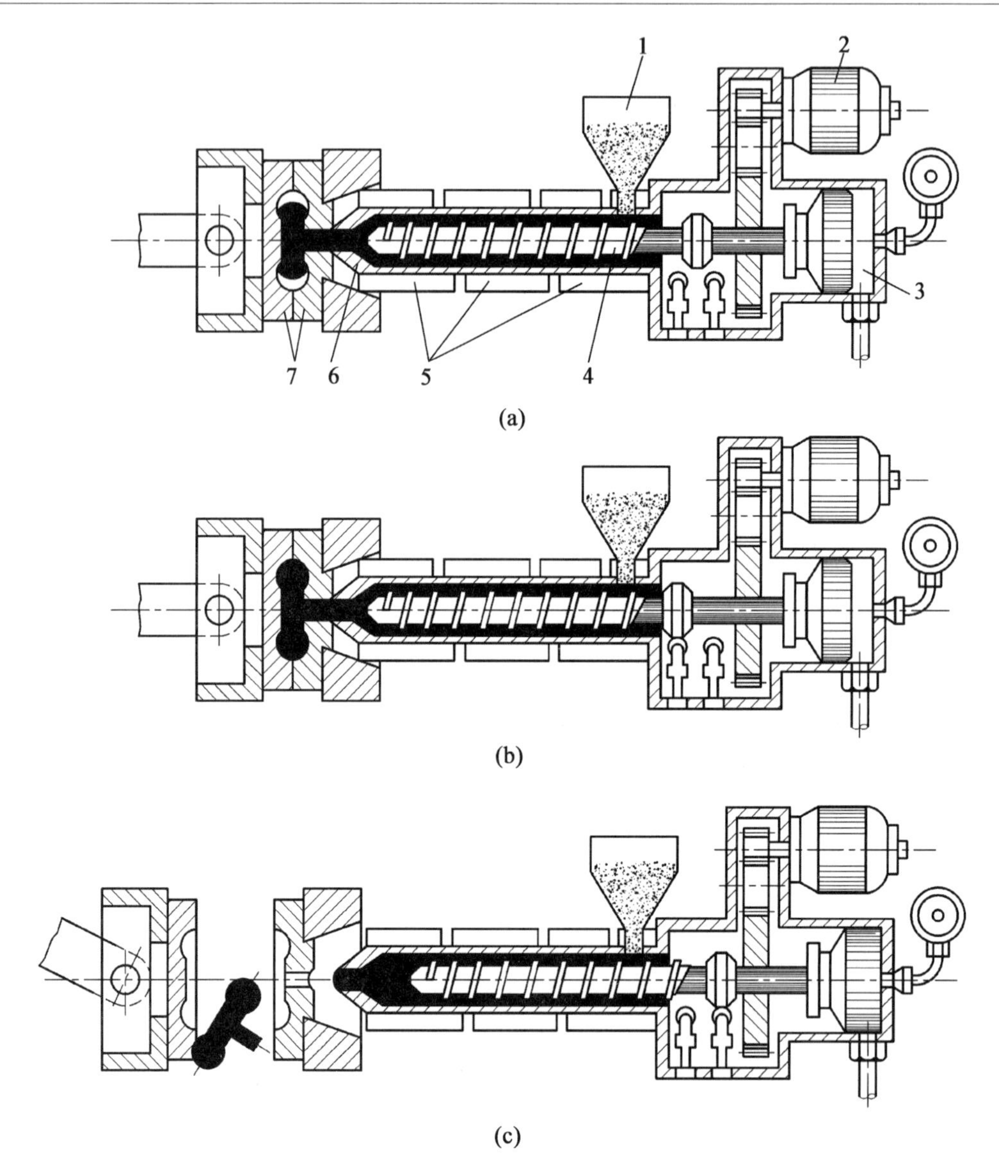

图 2.43 螺杆式注射机注射成型工作原理图

1—料斗;2—螺杆传动装置;3—注射液压缸;4—螺杆;5—加热器;6—喷嘴;7—模具

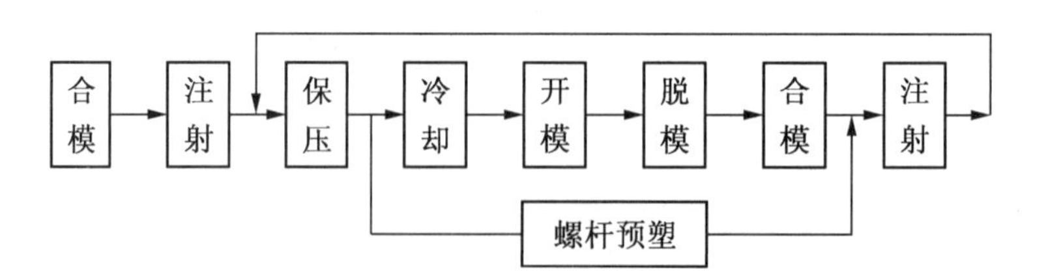

图 2.44 螺杆式注射机注射成型工作循环图

①塑料原材料的检验和预处理。在成型前应对原料进行外观和工艺性能检验,内容包括色泽、粒度及均匀性、流动性(熔体流动速度、黏度)、热稳定性、收缩性、含水量等。

对于吸水性强的塑料(如聚碳酸酯、聚酰胺、聚砜、聚甲基丙烯酸甲酯等),在成型前必须进行干燥处理，去除物料中过多的水分及挥发物，防止成型后塑件表面出现斑纹、银丝和气泡等缺陷。

②嵌件的预热。成型前应对金属嵌件进行预热，降低它与塑料熔体的温差，减少内应力。

③料筒的清洗。生产中，如需改变塑料品种、调换颜色，或发现成型过程中出现热分解或降解反应，则应对注射机料筒进行清洗。

对于螺杆式注射机，通常采用对空注射法换料清洗。换料清洗时，必须掌握料筒中的塑料和欲换的新塑料的特性，然后采用正确的清洗步骤。预更换塑料成型温度高于料筒内残存塑料的成型温度时，应将料筒温度升高到新料的最低成型温度，然后加入新料或其回料，连续对空注射，直到残存塑料全部清洗完毕，再调整温度进行正常生产。如果预更换的塑料的成形温度比料筒内残存塑料的成型温度低，应将料筒温度升高到新料的最高成型温度后切断电源，用新料在降温下进行清洗。如果新料成型温度高，而料筒中残存塑料又是热敏性塑料（如聚氯乙烯、聚甲醛和聚三氟氯乙烯等），则应选热稳定性好的塑料（如聚苯乙烯、低密度聚乙烯等）作为过渡换料，先换出热敏性塑料，再用新料换出热稳定性好的过渡料。

柱塞式注射机的料筒存量大，必须将料筒拆卸清洗。

④脱模剂的选用。注射成型时，如果工艺条件合理，模具设计正确，则塑件脱模比较顺利。但工艺条件控制的不稳定性或塑件本身的复杂性，可能造成脱模困难，所以在实际生产中通常使用脱模剂。

常用的脱模剂有三种：硬脂酸锌、液状石蜡（石油）和硅油。使用脱模剂时，喷涂应均匀、适量，以免影响塑件的外观及性能，尤其是在注射成型透明塑料时更应注意。

（2）注射过程。完整的注射过程包括加料、塑化、充模、保压、倒流、冷却和脱模等几个阶段。

①加料。将粉状或粒状的塑料加入注射机料斗，由柱塞或螺杆带入料筒内加热。

②塑化。塑化是成型塑料在注射机料筒内经加热、压实以及混料等作用，由松散的粉状颗粒或粒状的固态转变为连续的均化熔体的过程。对塑化的要求是在规定的时间内塑化出足够数量的熔融塑料。塑料熔体进入模具型腔内之前应达到规定的成型温度，而且熔体各点温度应均匀一致，避免局部温度过低或过高。

③充模。塑化好的塑料在注射机的螺杆或柱塞的快速推进作用下，以一定的压力和速度经注射机喷嘴和模具的浇注系统进入并充满模具型腔。

④保压（压实）。充模结束后，在注射机柱塞或螺杆推动下，熔体仍然保持压力进行补料，使料筒中的熔体继续进入型腔，以补充型腔中塑料的收缩需要，保持型腔内压力不变。保压对提高塑件密度、减少塑件的收缩、克服塑件的表面缺陷都有重要意义。

⑤倒流。保压结束后，由于螺杆或柱塞后退，型腔内的压力比浇注系统流道内的高，因此塑料熔体从型腔内倒流，型腔内压力迅速下降。如果螺杆或柱塞后退时浇口已冻结或在喷嘴内装有止逆阀，则倒流不存在。倒流是否存在和倒流多少与保压时间有关。一般来说，保压时间越长，保压压力对模腔内熔体作用时间越长，倒流较少，塑件收缩情况会减轻。

⑥冷却。塑件在模内冷却过程指从浇口处的塑料熔体完全冻结时到塑件从模腔内推出为止的全部过程。在这一阶段，补缩和倒流均不再继续进行。型腔内的塑料继续冷却、硬化定型。当脱模时，塑件具有足够的刚度，不会产生翘曲变形。在冷却阶段，随着温度的迅速下降，型腔内塑料体积收缩，压力下降。到开模时，型腔内的压力并不一定等于外界大气压力。型腔内压力与外界大气压力之差称为残余压力。当残余压力为正值时，脱模比较困难，塑件容易被

刮伤甚至破裂;当残余压力为负值时,塑件表面易出现凹陷或内部有真空泡。因此,只有残余压力接近为0时,脱模才会较顺利,而且可获得较满意的塑件。塑件的冷却速度应适中,冷却速度过快或模温不均匀,都会导致冷却不均和收缩得不一致,使塑件内部产生内应力,出现翘曲变形。

⑦脱模。塑件冷却后开模,在推出机构的作用下,塑件被推出模外。

(3)塑件的后处理。由于塑化不均匀或塑料在型腔中的结晶、定向和冷却不均匀,因此塑件各部分收缩不一致,或因为金属嵌件的影响和塑件的二次加工不当等原因,塑件内部不可避免地存在一些内应力。内应力的存在会导致塑件在使用过程中产生变形或开裂,因此应设法消除。根据塑料的特性和使用要求,塑件可进行退火处理和调湿处理。

退火处理的方法是把塑件放在一定温度的烘箱中或液体介质(如热水、热矿物油、甘油、乙二醇和液状石蜡等)中一段时间,然后缓慢冷却。退火的温度一般控制在高于塑件的使用温度10~20 ℃或低于塑料热变形温度10~20 ℃。温度不宜过高,否则塑件会产生翘曲变形;温度也不宜过低,否则达不到后处理的目的。退火的时间取决于塑料品种、加热介质的温度、塑件的形状和壁厚、塑件精度要求等因素,一般取4~24 h。

调湿处理主要是用于聚酰胺类塑料的塑件。因为聚酰胺类塑件脱模时,在高温条件下接触空气容易氧化变色。另外,这类塑件在空气中使用或存放又容易因吸水而膨胀,需要经过很长时间,尺寸才能稳定下来。所以,将刚脱模的这类塑件放在沸水或醋酸钾水溶液中处理,一方面隔绝空气,防止氧化,消除内应力;另一方面还可以加速达到吸湿平衡,稳定其尺寸,故称为调湿处理。经过调湿处理,还可改善塑件的冲击强度,使冲击强度和抗拉伸强度有所提高。调湿处理的温度一般为100~120 ℃,调湿处理的时间取决于塑料的品种、塑件形状与壁厚及结晶度大小。

凡是退火或调湿处理的塑件,在达到所需的温度和时间后,应缓慢降温至室温。如果突然冷却或冷却速度过快,则塑件内部又会产生新的内应力。

3. 注射成型工艺条件选择

对于一定的塑件,当选择了适当的塑料品种、成型方法及成型设备,设计了合理的成型工艺过程和塑料模具结构之后,在生产中,工艺条件的选择和控制就是保证成型顺利进行和塑件质量的关键。注射成型最主要的工艺参数是温度、压力和时间。

(1)温度。在注射成型中需要控制的温度有料筒温度、喷嘴温度和模具温度等。前两种温度主要影响塑料的塑化和塑料充满型腔;后一种温度主要影响充满型腔和冷却固化。

①料筒温度。关于料筒温度和选择,涉及的因素很多,主要应考虑以下几方面:

a. 塑料的黏流温度或熔点。不同塑料,其黏流温度或熔点是不同的,对于非结晶型塑料,料筒的末端温度应控制在它的黏流温度以上;对于结晶型塑料则应控制在熔点以上。但不论是非结晶型塑料还是结晶型塑料,料筒温度均不能超过塑料本身的分解温度。也就是说,料筒温度应控制在黏流温度(或熔点)与分解温度之间。

b. 聚合物的分子质量及分子质量分布。同一种塑料,平均分子质量高的、分子质量分布较窄的,熔体黏度大,料筒温度应高些;而平均分子质量低的、分布宽的,熔体黏度小,料筒温度可低些。玻璃纤维增强塑料,随着玻璃纤维质量分数的增加,熔体流动性下降,因而料筒温度要相应地提高。

c. 注射机的类型。柱塞式注射机中,塑料的加热仅靠料筒壁和分流梭表面传热,而且料层较厚,升温较慢,因此,料筒的温度要高些;螺杆式注射机中,塑料受到螺杆的搅拌混合作用,获得较多的剪切摩擦热,料层较薄,升温较快,因此,料筒温度可以低于柱塞式温度的 10 ~20 ℃。

d. 塑件及模具结构特点。对于薄壁塑件,其相应的型腔狭窄,熔体充模的阻力大,冷却快,为了提高熔体流动性,便于充满型腔,料筒温度应取高些。反之,对于厚壁塑件,料筒温度可取低一些。对于形状复杂或带有嵌件的塑件,或熔体充模流程较长、曲折较多的,料筒温度也应取高一些。

②喷嘴温度。喷嘴温度通常比料筒的温度低,防止熔体在直通式喷嘴上可能发生的流涎现象。但喷嘴温度也不能太低,否则,喷嘴处的塑料可能产生凝固而将喷嘴堵死,或将凝料注入型腔成为零件的一部分而影响塑件的质量。

选择料筒和喷嘴温度需要考虑的因素很多,在生产中可根据经验数据,结合实际条件,初步确定适当的温度,然后通过对塑件的直观分析和熔体的对空注射进行检查,再对料筒和喷嘴的温度进行调整。

③模具温度。模具温度对塑料熔体充型能力和塑件的内在性能及外观质量影响很大。

模具温度由通入一定温度的冷却介质来控制,也有靠熔体注入模具自然升温和自然散热达到平衡而保持一定模温的。一般情况下,根据不同塑料成型时所需模具温度,确定需要设置的冷却或加热系统。

模具温度的选定主要取决于塑料的特性、塑件的结构与尺寸、塑件的性能要求及成型的工艺条件。对于非结晶型的塑料,模具的温度主要影响熔体黏度,从而影响熔体充满型腔的能力和冷却时间。在保证顺利充满型腔的前提下,采用较低的温度,可以缩短冷却时间,从而提高生产率。所以,对于熔体黏度低的或中等的塑料(如聚苯乙烯、醋酸纤维素等),模具温度可以偏低些。而对于熔体黏度高的塑料(如聚碳酸酯、聚苯醚、聚砜等),可采用较高的模温。对于结晶型的塑料,其结晶度受冷却速度的影响,而冷却速度又受模具温度的影响,也就是说,模具温度直接影响塑件的结晶度和结晶构造,从而影响塑件的性能。因此对于结晶型塑料,选择模具温度不仅要考虑熔体充满型腔和成型周期问题,还要考虑塑件的结晶及其对性能的影响。一般说来,模具温度高,冷却速度慢,为结晶充分进行创造了条件,因此得到的塑件结晶度较高,塑件的硬度高,刚度大,耐磨性较好,但成型周期长,收缩率较大,塑件较脆。当模具温度较低时,冷却速度大,塑件内结晶度较低。总之,对结晶型塑料,模具的温度以中等为宜。模具温度还要根据塑件的壁厚选择,壁厚大的,模具温度一般较高,以减小内应力和防止塑件出现凹陷等缺陷。

(2)压力。注射成型的过程需要控制的压力有塑化压力和注射压力。

①塑化压力。塑化压力是指采用螺杆式注射时,螺杆顶部熔体在螺杆转动后退时所受到的压力。塑化压力又称背压。背压大小可以通过液压系统中的溢流阀来调整。

塑化压力大小对熔体实际温度、塑化效率及成型周期等均有影响。在其他条件相同的情况下,增加塑化压力,会提高熔体温度及温度的均匀性,有利于色料的均匀混合,有利于排除熔体中的气体。但塑化压力升高会降低塑化效率,从而延长成型周期,甚至可能导致塑料的降解。因此,塑化压力一般在保证塑件质量的前提下,以低些为好,通常很少超过 2 MPa。

塑化压力大小应根据塑料品种而定,对于热敏性塑料(如聚氯乙烯、聚甲醛、聚三氟氯乙烯等),塑化压力应低些,以防塑料过热分解;而对聚乙烯等热稳定性高的塑料,塑化压力高些不会有分解的危险;对于熔体黏度大的塑料(如聚碳酸酯、聚砜、聚苯醚等),塑化压力高,螺杆传动系统容易超载;注射熔体黏度很低的塑料(如聚酰胺)时,塑化压力要低些,否则塑化效率会很快降低。由上述可见,塑化压力总体来说应低一些。

料筒中熔体的实际温度除了与料筒温度直接有关外,还与塑化压力、螺杆转速、螺杆结构与长度等因素有关。塑化压力对熔体温度的影响如上所述，螺杆转速增大，熔体温度也会升高。采用长径比小的螺杆时应选较高的塑化压力和螺杆转速，相反，采用长径比大的螺杆时，可选用较低的塑化压力和螺杆转速。既然螺杆转速与熔体温度有关，因此应适当控制螺杆转速，一般来说，在不影响生产效率的前提下，螺杆转速以低为宜，对于热敏性塑料或熔体黏度大的塑料更应如此。

②注射压力。注射压力是指柱塞或螺杆顶部对塑料熔体所施加的压力。其作用是克服熔体从料筒流向型腔的流动阻力，给予熔体一定的充满型腔的速度以及对熔体进行压实。因此，注射压力和保压时间对熔体充模及塑件的质量影响极大。在注射机上常用表压指示注射压力大小，压力大小可通过注射机的控制系统调节。对于一般性的工程塑料，其注射压力大都在 40～130 MPa 范围内。

注射压力的大小取决于塑料品种、注射机类型、模具结构、塑件的壁厚和流程及其他工艺条件，尤其是浇注系统的结构和尺寸。在其他条件相同的情况下，柱塞式注射机因料筒内压力损失较大，故注射压力应比螺杆式注射机的压力高；对壁薄、面积大、形状复杂及成型时熔体流程长的塑件，注射压力也应该高；模具结构简单、浇口尺寸较大的，注射压力可较低；料筒温度高、模具温度高的，注射压力也可以较低。

由于影响注射压力的因素很多，关系较复杂，在实际生产中可以从较低注射压力开始注射试成型，再根据塑件的质量，酌量增减，最后确定注射压力的合理值。

模具型腔充满之后，注射压力的作用全在于对模内熔体的压实。在生产中，压实时的压力有等于注射压力的，也有适当降低的。压力高，可得到密度较高、尺寸收缩小、力学性能较好的塑件，但压力高，脱模后的塑件内残余应力较大，压缩强烈的塑件在压力解除后还会产生较大的回弹，可能卡在型腔内，造成脱模困难。因此，压力应适当。

(3)时间(成型周期)。完成一次注射模塑的过程所需的时间称为成型周期。它所包括的部分如下：

- 成型周期
  - 注射时间
    - 充模时间(柱塞或螺杆前进的时间)
    - 保压时间(柱塞或螺杆停留在前进位置的时间) } 总冷却时间
  - 闭模冷却时间(柱塞后退或螺杆转动后退的时间) } 总冷却时间
  - 其他时间(开模、脱模、涂脱模剂、安放嵌件和合模的时间)

成型周期直接影响生产效率和设备利用率，应在保证产品质量的前提下，尽量缩短成型周期中各阶段的时间。在整个成型周期中，注射时间和冷却时间最重要，对塑件的质量有决定性的影响。注射时间中的充模时间与充模速度成正比，充模速度取决于注射速度，所以为保证塑件质量，应控制好充模速度。对于熔体黏度高、玻璃化温度高、冷却速度快的塑件和玻璃纤维增强塑件、低发泡塑件应采用快速注射(即高压注射)。在生产中，充模时间一般不超过10 s。注射时间中的保压时间(即压实时间)，在整个注射时间内所占的比例较大，一般为 20～120 s，壁厚特别大的可达 5～10 min。其值不仅与塑件的结构尺寸有关，还与料温、模温、主流道及浇口大小有密切关系。如果工艺条件正常，主流道及浇口尺寸合理，通常以塑件收缩率波动范围最小的保压时间为最佳值。冷却时间主要取决于塑件的壁厚、模具的温度、塑料的热性能和结晶性能。冷却时间的长短应以保证塑件脱模时不引起变形为原则，一般为 30～120 s。冷却时间过长，不仅延长了成型周期，有时还会造成塑件脱模困难，若强行脱模则会导致塑件应力过大而破裂。成型周期中的其他时间与生产自动化程度和生产组织管理有关。应尽量减少这些时间，以缩短成型周期，提高劳动生产效率。

2.5.3　塑料挤出成型工艺

挤出成型在热塑性塑料成型中,是一种用途广泛、所占比例很大的加工方法。挤出成型主要用于管材、棒材、片材、板材、线材、薄膜等连续型材的生产,也可以用于中空塑件型坯、粒料等的加工。挤出成型还可用于酚醛、脲甲醛等不含矿物质、石棉、碎布等填料的热固性塑料的成型,但能采用挤出成型的热固性塑料的品种和挤出塑件的种类有限。

1. 挤出成型的原理

管材挤出成型的原理如图 2.45 所示。首先将粒状或粉状塑料加入料斗中,在挤出机螺杆的作用下,加热塑化的塑料沿螺杆的螺旋槽向前输送。在此过程中,塑料不断接受外加热和螺杆与物料之间、物料与物料之间及物料与料筒之间的摩擦剪切热,逐渐融化成黏流态,然后在挤压系统作用下,塑料熔体通过具有一定形状的挤出模具(机头)口模及一系列辅助装置(定型、牵引、切割等装置),从而获得一定形状的塑料型材。

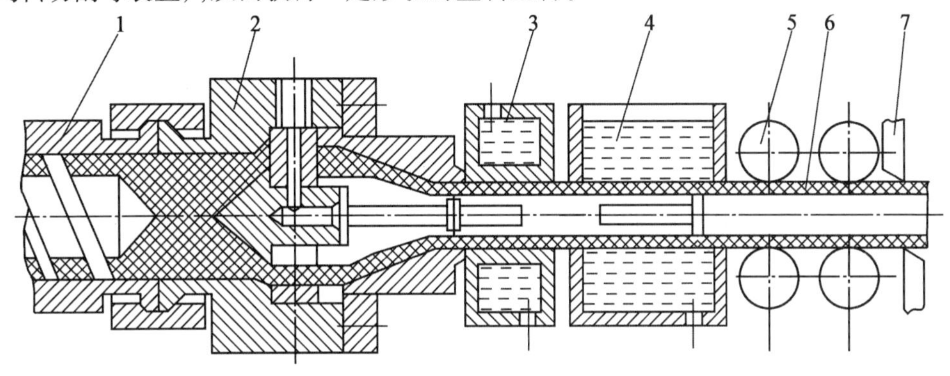

图 2.45　管材挤出成型的原理

1—挤出机料筒;2—机头;3—定型套;4—冷却装置;5—牵引装置;6—管材;7—切割装置

挤出成型所用的设备为挤出机。在挤出成型过程中,塑件的形状和尺寸取决于机头,因此机头的设计和制造是保证塑件形状和尺寸的关键。

从上述原理可以看出,挤出成型具有以下特点:①生产过程连续性强,生产率高,投资少,成本低;②工艺条件容易控制,塑件内部组织均衡紧密,尺寸稳定性好;③塑件横截面形状恒定,因此口模的设计和制造维修方便;④适应性强,除氟塑料外,几乎所有的热塑性塑料都可采用挤出成型,部分热固性塑料也可采用挤出成型。

2. 挤出成型的工艺过程

挤出成型过程一般分为三个阶段:第一阶段是固态塑料的塑化,即通过挤出机加热器的加热和螺杆、料筒对塑料的混合、剪切作用所产生的摩擦热使固态塑料变成均匀的黏流态塑料;第二阶段是成型,即黏流态塑料在螺杆推动下,以一定的压力和速度连续通过成型机头,从而获得一定截面形状的连续形体;第三阶段是定型,通过冷却等方法使已成型的形状固定下来,成为所需要的塑件。

上述挤出过程中,加热塑化、加压成型、定型都是在同一设备内进行,采用这种塑化方式的挤出工艺称为干法挤出。另一种是湿法挤出,湿法挤出的塑化方式是用有机溶剂将塑料充分塑化,塑化和加压成型是两个独立的过程。其塑化较均匀,并避免了塑料的过度受热,但定型处理时必须脱除溶剂和回收溶剂,工艺过程较复杂。故湿法挤出的适用范围仅限于硝酸纤维素等的挤出。

现详细介绍热塑性塑料的干法塑化挤出成型工艺过程。

(1)原材料的准备。挤出成型的材料大部分是粒状塑料,粉状塑料用得比较少,物料都会吸收一定的水分,所以在成型前必须进行干燥处理,将原材料的含水量控制在0.5%以下。原料的干燥一般在烘箱或烘房中进行。此外,在准备阶段还要尽可能地去除塑料中存在的杂质。

(2)挤出成型。将挤出机预热到规定温度后,启动电动机带动螺杆旋转输送物料,同时向料筒中加入塑料。料筒中的塑料在外加热和摩擦剪切热作用下熔融塑化,由于螺杆旋转时对塑料不断推挤,迫使塑料经过过滤板上的过滤网,再由机头成型为与口模形状一致的连续型材。初期的挤出物质量较差,外观也欠佳,要调整工艺条件及设备装置直到正常状态后才能投入正式生产。在挤出成型的过程中,要特别注意温度和剪切摩擦热两个因素对塑件质量的影响。

(3)定型冷却。热塑性塑件在离开机头口模后,应立即进行定型和冷却,否则,塑件在自身重力作用下会变形,出现凹陷或扭曲等现象。一般定型和冷却都是同时进行的。只有在挤出各种棒料或管材时,才有一个独立的定型过程,而挤出薄膜、单丝等无须定型,仅通过冷却即可。挤出板材与片材,有时还需经过一对压辊压平,也有定型和冷却的作用。冷却一般采用空气冷却或水冷却,冷却速度对塑件性能有很大的影响。硬质塑件不能冷却过快,否则容易产生残余内应力,会影响到塑件的外观质量。软质或结晶型塑件要求及时冷却,以免塑件变形。

(4)塑件的牵引、卷取和切割。塑件自口模挤出后,一般会因压力突然解除而发生离模膨胀现象,而冷却后又会发生收缩现象,从而使塑件的尺寸和形状发生变化。由于塑件被连续挤出,质量越来越大,如果不加以引导,会造成塑件停滞,则塑件不能顺利挤出。所以在冷却的同时,要连续均匀地将塑件引出,这就是牵引。牵引过程由挤出机的辅机——牵引装置完成。牵引速度要与挤出速度相适应。

3. 挤出成型工艺参数

挤出成型主要的工艺参数有温度、压力、挤出速度和牵引速度。

(1)温度。温度是挤出成型得以顺利进行的重要条件之一。塑料从加入料斗到最后成为塑件,经历的是一个复杂的温度变化过程。实践表明,塑料的温度曲线、料筒的温度曲线、螺杆的温度曲线各不相同。一般情况下是测定料筒的温度轮廓曲线,而测定塑料温度较困难。

为了使塑料在料筒中输送、熔融、均化和挤出过程能够顺利进行,以便高效地生产高质量的塑件,每种塑料的挤出过程都应有一条合适的能够调节的温度轮廓曲线。为此,温度必须能够进行调节。而温度的调节主要是依靠挤出机加热和冷却装置及其控制系统来保证的。一般来说,加料段温度不宜过高,有时还要冷却,而压缩段和均化段的温度应该较高。具体数值应根据塑料特性和塑件要求等因素来确定。

有关测定结果表明,塑料温度不仅在流动方向上有波动,而且垂直于流动方向的截面内各点的温度有时也不一致(通常称为径向温差)。这种温度波动和温差,尤其在机头或螺杆端部的温度波动和温差,会给挤出塑件带来不良的后果,使塑件产生残余应力,产生各点强度不均匀和表面灰暗无光泽等缺陷。所以,应尽可能减小或消除这种波动和温差。产生上述波动和温差的因素很多,影响最大的是螺杆结构设计,其次是加热和冷却系统工作不稳定,螺杆转速变化等。所以,在挤出过程中保持螺杆转速等工艺参数的相对稳定是非常重要的。

(2)压力。在挤出过程中,由于料流的阻力,螺杆螺旋槽深度的改变,滤网、过滤板、分流器和口模的阻力,因此沿料筒轴线方向,在塑料内部建立起一定的压力。这种压力是因塑料发生熔融而得到均匀熔体,最后挤出成型的重要条件之一。

与温度一样，压力也随时间变化呈周期波动，会导致塑件出现局部疏松、弯曲、表面不平等缺陷。产生压力波动的主要因素是螺杆转数的变化，加热、冷却的不稳定等，还有机头、滤网、过滤板的阻力大小等。因此，应控制螺杆转速变化和加热、冷却系统的稳定性，尽量减小压力的波动。

（3）挤出速度。挤出速度是指每个单位时间由挤出机口模挤出的塑化好的塑料质量（kg/h）或长度（m/min）。挤出速度大小表征着挤出机生产率的高低。影响挤出速度的因素很多，如机头的阻力、螺杆和料筒的结构、螺杆转速，加热、冷却系统结构及塑料的特性等。根据理论计算和实际检测结果，挤出速度随螺杆直径、槽深、均化段长度和螺杆转速的增大而增大，而随着螺杆末端熔体压力和螺杆与料筒之间间隙的增大而减小。在挤出机结构和塑料品种及塑件类型已确定的情况下，挤出速度仅与螺杆转速有关。所以，调整螺杆转数是控制挤出速度的主要措施。

挤出速度也有波动现象。挤出速度波动对产品的成型也有不良的影响，如造成挤出速度不均匀，影响塑件的几何形状和尺寸。因此，除了正确设计螺杆外，还应严格控制螺杆转速，保持加热与冷却系统的稳定性，并注意加料情况的正常性等。

（4）牵引速度。挤出成型主要是生产连续型材，所以必须设置牵引装置。牵引速度直接影响型材形状、尺寸的精确性，牵引速度必须与挤出速度相适应，其通常比挤出速度稍快些。牵引速度与挤出速度的比值称为牵引比，其值必须等于或大于 1。

表 2.13 是几种塑料管材的挤出成型工艺参数。

表 2.13　几种塑料管材的挤出成型工艺参数

管材工艺参数		塑料					
		硬聚氯乙烯（HPVC）	软聚氯乙烯（LPVC）	低密度聚乙烯（LDPE）	ABS	聚酰胺（PA－1010）	聚碳酸酯（PC）
管材外径/mm		95	31	24	32.5	31.3	32.8
管材内径/mm		85	25	19	25.5	25	25.5
管材厚度/mm		5	3	2	3	—	—
机筒温度	后段	80～100	90～100	90～100	160～165	250～260	200～240
	中段	140～150	120～130	110～120	170～175	260～270	240～250
	前段	160～170	130～140	120～130	175～180	260～280	230～255
机头温度/℃		160～170	150～160	130～135	190～195	220～240	200～220
口模温度/℃		160～180	170～180	130～140	10.5	200～210	200～210
螺杆转数/（$r\cdot min^{-1}$）		12	20	16	33	15	10.5
口模内径/mm		90.7	32	24.5	26	44.8	33
芯模内径/mm		79.7	25	19.1	50	38.5	26
稳流定型段长度/mm		120	60	60	1.02	45	87
牵引比		1.04	1.2	1.1	1.02	1.5	0.97
真空定径套内径/mm		96.5	—	25	33	31.7	33
定径套长度/mm		300	—	160	250	—	250
定径套与口模间距/mm		—	—	—	25	20	20

2.5.4 其他成型工艺概述

1. 压注成型

压注成型又传递成型或挤塑成型,是在改进压缩成型的缺点,吸收注射成型有浇注系统优点的基础上发展起来的一种热固性塑料成型方法。其使用设备为普通压力机。

(1)压注成型原理(图2.46)。将预压的锭料或预热的塑料装入模具加料腔内,并加热使其成为黏流态,如图2.46(a)所示。在压料柱的压力作用下,黏流态的塑料通过加料室底部的浇注系统,进入并充满闭合的模具型腔,塑料在型腔内受热受压,经一定时间而固化定型,如图2.46(b)所示。塑件完全固化后,脱模将塑件取出,如图2.46(c)所示。

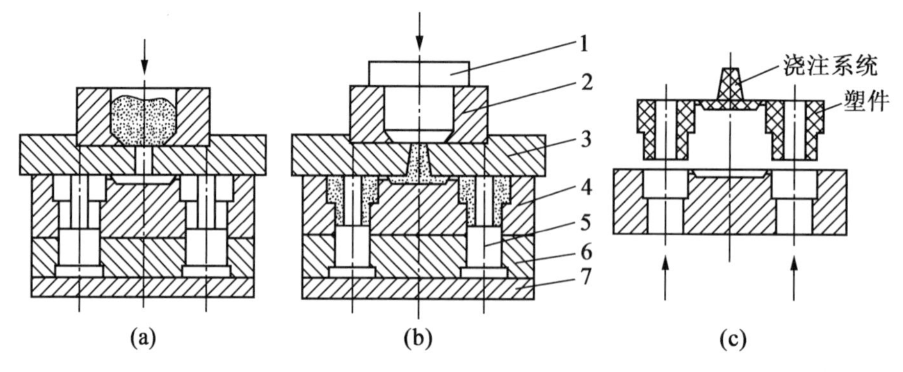

图2.46 压注成型原理

1—柱塞;2—加料腔;3—上模板;4—凹模;5—型芯;6—型芯固定板;7—垫板

(2)压注成型工艺条件的选择。压注成型工艺参数包括成型压力、成型温度和成型周期等。

①成型压力。成型压力是指压力机通过压料柱或柱塞对加料室熔体施加的压力。因为熔体通过浇注系统时有压力损失,所以压注成型压力一般较大,为压缩成型时的2~3倍。

②成型温度。成型温度包括加料室内物料温度和模具本身温度。为保证物料有良好的流动性,料温应适当低于交联温度10~20 ℃。因为塑料通过浇注系统时从中获取一部分摩擦热,所以压注成型的模具温度比压缩成型的模具温度低15~30 ℃,一般为130~190 ℃。

③成型周期。成型周期包括加料时间、充模时间、交联固化时间、脱模和清模时间等。一般情况下,充模时间控制在加压后10~30 s内将塑料充满型腔。与压缩成型时间比较,交联固化时间可以短些,因为塑料在热和压力的作用下,通过浇口的料流少,加热快且均匀,塑料化学反应也较均匀,所以当塑料进入型腔时已临近树脂固化的最后温度。

2. 中空吹塑成型

中空吹塑成型是在闭合的模具内利用压缩空气将熔融状态的塑料坯吹胀,使之紧贴于模具型腔壁上,冷却定型后得到一定形状的中空塑件的加工方法。

根据中空吹塑成型方法不同,可将其分为挤出吹塑、注射吹塑、拉伸吹塑和多层吹塑等。其中,挤出吹塑是我国目前中空吹塑成型的主要方法。

(1)挤出吹塑成型。图2.47所示为挤出吹塑成型工艺过程示意图。首先由塑料挤出机挤出管状型坯,如图2.47(a)所示;截取一段管坯趁热放入对开的模具中,闭合模具,同时夹紧型坯上下两端,如图2.47(b)所示;然后用吹管通入压缩空气,吹胀型坯并贴于型腔表壁,如图

2.47(c)所示;最后经保压和冷却定型,便可排出压缩空气并开模取出塑件,如图 2.47(d)所示。

挤出吹塑成型模具结构简单,投资少,操作容易,适用于多种塑料的中空吹塑成型。缺点是壁厚不易均匀,塑件需进行后加工以去除飞边和余料。

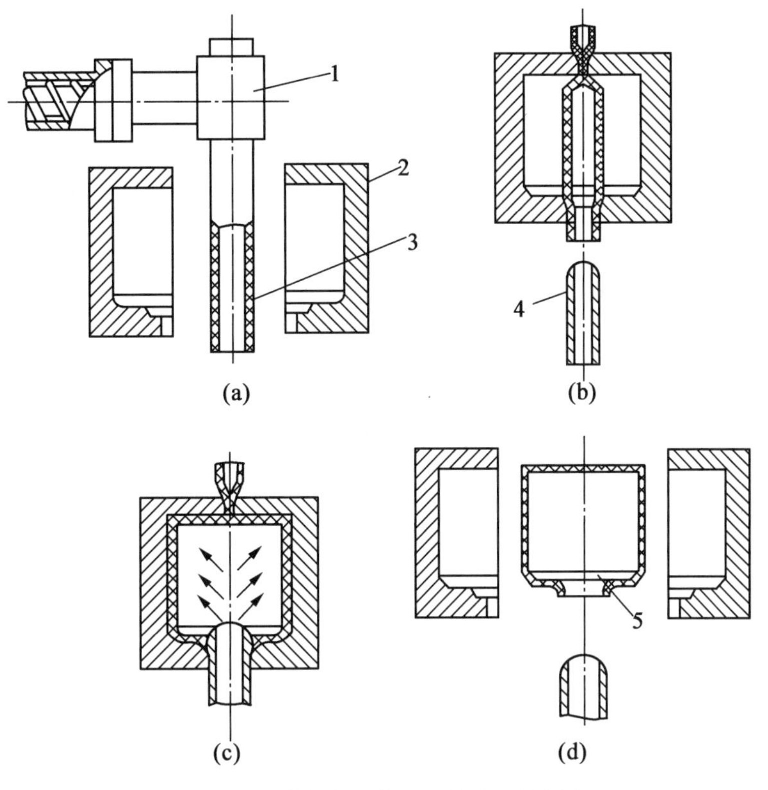

图 2.47　挤出吹塑成型工艺过程示意图

1—挤出机头;2—吹塑模;3—管状型坯;4—压缩空气吹管;5—塑件

(2)注射吹塑成型。图 2.48 所示为注射吹塑成型工艺过程示意图。首先注射机将熔融塑料注入注射模内形成管坯,管坯成型在周壁带有微孔的空心型芯上,如图 2.48(a)所示;接着趁热移入吹塑模内,如图 2.48(b)所示;然后从芯棒的管道内通入压缩空气,使型坯膨胀并贴于模具的型腔壁上,如图 2.48(c)所示;最后经保压、冷却定型后放出压缩空气,并开模取出塑件,如图 2.48(d)所示。

这种成型方法的优点是壁厚均匀,无飞边,不需进行后加工。由于注射型坯有底,故塑件底部没有拼合缝,不仅美观而且强度高。但设备与模具的投资较大,多用于小型塑件的大批量生产。

(3)拉伸吹塑成型。按成型方法不同,其又可分为挤出拉伸吹塑与注射拉伸吹塑,它们分别采用挤出与注射方法成型型坯;按成型所用设备不同,可分为一步法与二步法,一步法型坯的成型、冷却、加热、拉伸与吹塑、取出塑件均在同一设备上完成,二步法则先采用挤出或注射方法成型型坯,并使之冷却至室温,成为半成品,然后再对其进行加热、拉伸、吹塑,型坯的生产与拉伸吹塑在不同的设备上完成。

图 2.49 所示为注射拉伸吹塑成型工艺过程。首先在注射工位注射成空心带底型坯,如图 2.49(a)所示;然后打开注射模将型坯迅速移到拉伸和吹塑工位,用拉伸芯棒进行拉伸(图 2.49(b))并吹塑成型(图 2.49(c));最后经保压、冷却后开模取出塑件,如图 2.49(d)所示。

经过拉伸吹塑的塑件,其透明度、冲击强度、刚度、表面硬度都有很大的提高,但透气性有所降低。采用注射拉伸吹塑成型制备的典型产品是聚酯饮料瓶。

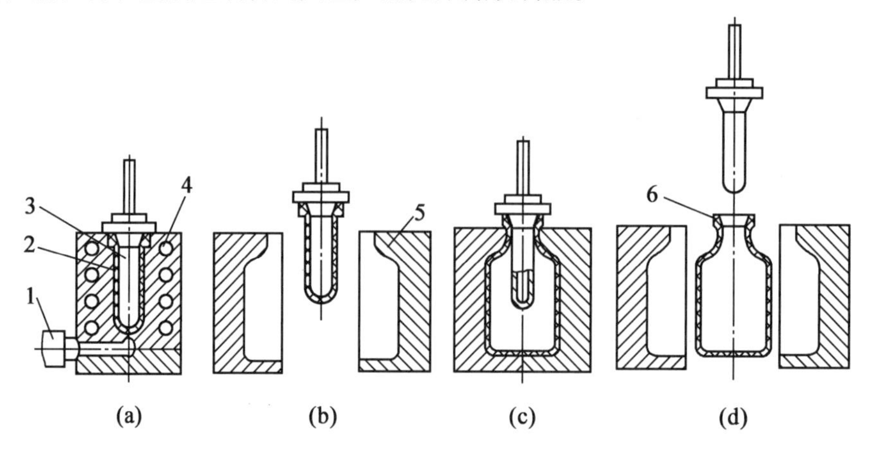

图 2.48 注射吹塑成型工艺过程示意图

1—注塑机喷嘴;2—型坯;3—空心型芯;4—加热器;5—吹塑模;6—塑件

(4)多层吹塑成型。多层吹塑是指将不同种类的塑料,经特定的挤出机头形成一个型坯壁分层而又黏接在一起的型坯,再经中空吹塑获得壁部多层的中空塑件的成型方法。

发展多层吹塑成型的目的是解决单一塑料不能满足使用要求的问题。例如,聚乙烯容器虽然无毒,但气密性较差,所以不能装有香味的食品,而聚氯乙烯的气密性优于聚乙烯但有毒,所以可以采用双层吹塑获得外层为聚氯乙烯、内层为聚乙烯的容器,其既无毒,气密性又好。

多层吹塑的主要问题是层间的熔接质量及接缝强度。为此,除了注意选择塑料品种以外,还要严格控制工艺条件及挤出型坯的质量。另外,因多种塑料的复合,塑料的回收利用较困难,擅出机头结构复杂,设备投资大。

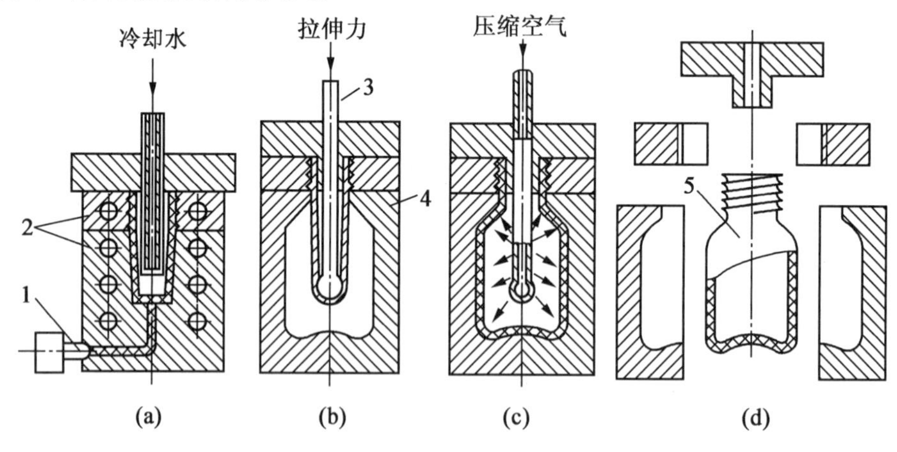

图 2.49 注射拉伸吹塑成型工艺过程

1—注射机喷嘴;2—注射模;3—拉伸芯棒;4—吹塑模;5—塑件

3. 真空成型

真空成型的过程是把热塑性塑料板(片)固定在模具上,用辐射加热器对其进行加热,当加热到软化温度时,用真空泵把板(片)材与模具之间的空气抽掉,借助大气压力,使板材贴模成型,冷却后借助压缩空气使塑件从模具内脱出。真空成型的方法有凹模真空成型、凸模真空成型、凹模与凸模先后抽真空成型和吹泡真空成型等。应用最早也最简单的是凹模真空成型,如图2.50所示。其中,图2.50(a)所示为板材固定在凹模上方,并把加热器移至夹紧的塑料板上方;图2.50(b)所示为塑料板加热软化后移开加热器,把型腔内的空气抽掉,塑料贴在凹模型腔上成型;图2.50(c)所示为冷却后取出塑件。

真空成型只需要单个凸模或凹模,模具结构简单,制造成本低,塑件形状清晰,但壁厚不够均匀,尤其是模具上的凸、凹部位。真空成型广泛用于家用电器、药品和食品等行业中生产各种薄壁塑件。

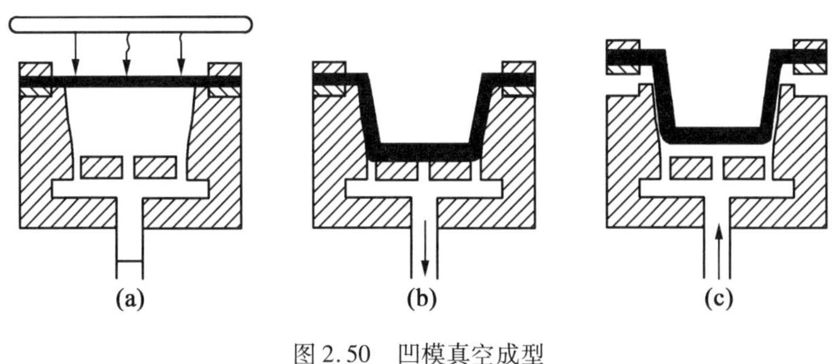

图2.50 凹模真空成型

4. 压缩空气成型

压缩空气成型是借助压缩空气的压力,将加热软化后的塑料板压入型腔而贴模成型的方法,其工艺过程如图2.51所示。图2.51(a)为开模状态;图2.51(b)为闭模后加热,此时从型腔内通入低压空气,使塑料板接触加热板而加热;图2.51(c)为通过加热板通入一定压力的预热空气,迫使已经软化的坯料贴紧型腔表面;图2.51(d)为塑件在型腔内冷却定型后,加热板下降,切除余料;图2.51(e)为利用压缩空气使塑件脱模。

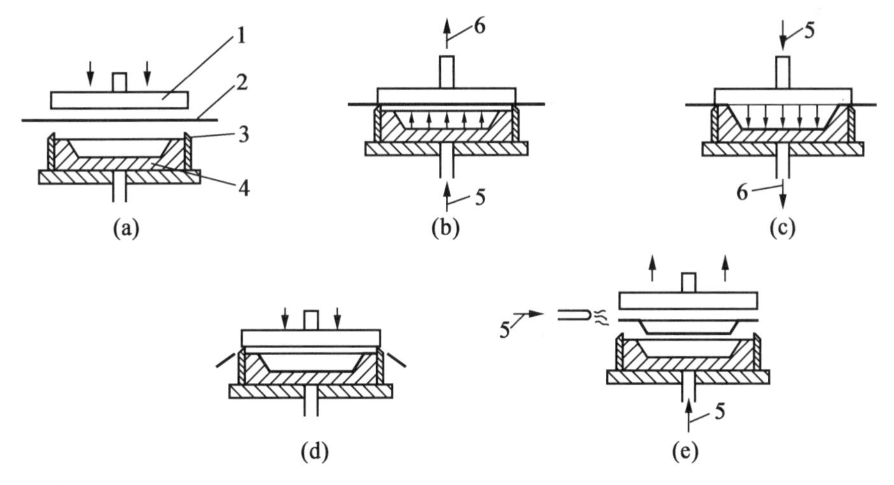

图2.51 压缩空气成型工艺过程

1—加热板;2—塑料板;3—切边刃口;4—凹模;5—进气;6—排气

压缩空气成型的成型压力一般为0.3~0.8 MPa,最大可达3 MPa。与真空成型相比,它可以成型壁厚较大、形状较复杂的塑件(塑料板厚度一般为1~5 mm,最大不超过8 mm)。压缩空气成型生产率较高(比真空成型高3倍以上),并且可以在成型后进行切边,塑件精度较高,但设备及控制系统较复杂,投资较大。

5. **塑料浇铸成型**

浇铸又称为铸塑,它是应用金属的浇铸原理而产生的一种塑料模塑方法。其方法是将已准备好浇铸的塑料原料注入一定的模具型腔中,经固化而得到与模具型腔相似的塑件。塑料的浇铸方法有静态铸塑、嵌铸、流延铸塑、搪塑、滚塑等。

静态铸塑法和离心浇铸法的原理与相应的金属铸造法相似。

嵌铸又称封入成型,它是将各种非塑料物件包封在塑料中的一种模塑方法。如用透明塑料包封各种生物标本、商品样本等;将某些电气元件包封起来以便起到绝缘、防腐蚀等作用。

流延铸塑的过程是将配成一定黏度的塑料溶液,以一定的速度流布在连续回转的基材(一般为不锈钢带)上,经加热脱除溶剂和固化,从而得到厚度很小的薄膜。此法多用于制造光学性能要求很高的塑料薄膜,如电影胶卷等。

搪塑又称为涂凝模塑或涂凝成型。其方法是将糊状塑料倾倒到预先加热至一定温度的模具型腔中,接触或接近模壁的塑料即因受热而胶凝,然后将没有胶凝的塑料倒出,并将附在模具上的塑料进行热处理(烘熔),经冷却即可从模具中取出中空软塑件(如玩具等)。

滚塑又称旋转成型。其方法是将定量的塑料加入模具型腔中,通过对模具的加热和模具的纵、横向的滚动旋转,使塑料熔融塑化并借助自身的重力作用均匀地布满模具型腔的整个表面,待冷却后脱模即可获得中空塑件。滚塑与离心铸塑的区别是滚塑转速不高,设备简单。滚塑可生产大型中空塑件,亦可生产玩具、皮球等小型塑件。

6. 发泡成型

泡沫塑件是一类带有许多均匀分散气孔的塑件。按泡沫塑料的生产方法,可将其分为机械法、物理法和化学法;按气孔的结构不同,可将其分为开孔(孔与孔之间大多是相通的)和闭孔(多数孔是不相通的);按塑料软硬程度不同,可将其分为软质、半硬质和硬质泡沫塑料;按其密度的不同,又可将其分为低发泡、中发泡和高发泡。低发泡是指其密度为 0.4 g/cm^3 以上;中发泡是指其密度为 0.1 ~ 0.4 g/cm^3;高发泡是指其密度为 0.1 g/cm^3 以下。

化学发泡塑料的模塑方法有压制成型、低发泡塑料注射成型等。

压制成型过程是先将发泡剂和树脂、增塑剂、溶剂、稳定剂等混合研磨成糊状,或经捏合辊压成片状,硬质塑件也可以经球磨成为粉状混合物,然后将其加入压制模内,闭模加热加压,使发泡剂分解,然后通入冷却水进行冷却,待冷透后开模脱出中间产品,再将中间产品放在 100 ℃的热空气循环烘箱或放入通入蒸汽的蒸汽室内,使塑件内微孔充分胀大而获得泡沫塑件。这种模塑方法通常仅限于用化学法生产闭孔的泡沫塑料,如聚氯乙烯软(硬)泡沫塑料、聚苯乙烯泡沫塑料和聚烯烃泡沫塑料等。

低发泡塑料注射成型是在塑料中加入一定量的发泡剂,采用特殊的注射机、模具和成型工艺来成型泡沫塑件。低发泡塑料又称为硬质发泡体、结构泡沫塑料或合成木材。这种成型方法可用于生产家具、汽车和电器零件、建材、仪表外壳、工艺品框架、包装箱等塑件。

至今,几乎所有热固性塑料和热塑性塑料都能制成泡沫塑料,最常用的有聚苯乙烯、聚氨基甲酸酯、聚氯乙烯、聚乙烯、脲甲醛等。

2.5.5 塑料模塑成型工艺规程的编制

根据塑件的使用要求及塑料的工艺特性,合理设计产品,选择原材料,正确选择成型方法,确定成型工艺过程及成型工艺条件,合理设计塑料模具及选择成型设备,保证成型工艺的顺利进行,保证塑件达到质量要求,这一系列工作通常称为制定塑件的工艺规程。这里着重介绍压缩成型和注射成型等工艺规程制订的要点。

塑料成型工艺规程是塑件生产的纲领性文件,它指导塑件的生产准备及生产全过程。其制订步骤如下:

(1)塑件的分析;

(2)塑件成型方法及工艺流程的确定;

(3)塑料模具类型和结构形式的确定;

(4)成型工艺条件的确定;

(5)设备和工具的选择;

(6)工序质量标准和检验项目及方法的确定;

(7)技术安全措施的制订;

(8)工艺文件的制订。

下面就塑料成型工艺规程的主要内容说明如下。

1. 塑件的分析

(1)塑件所用塑料的分析。检查和分析塑料的使用性能能否满足塑件的实际使用要求。分析塑料的工艺性能是否适应成型工艺的要求。对塑料的使用性能和工艺性能的分析可以明确所用塑料对模具设计的限制条件,从而对模具设计及成型设备的选择提出要求。

(2)塑件结构、尺寸及公差、表面质量、技术标准的分析。塑件的结构、尺寸及公差、表面质量和技术标准等必须符合成型工艺性要求。正确的塑件结构、合理的公差和技术标准能够使塑件成型容易,质量高且成本低。否则,不仅塑件成本高,质量差,甚至可能无法成型。

模具的尺寸及公差根据塑件尺寸及公差和塑料的收缩率等因素而定。为降低模具制造成本,在满足使用要求的前提下应尽量放宽塑件的尺寸公差。对于那些表面无特殊要求的塑件,对其表面光泽度不应提出过高的要求。对于塑件的壁厚,在满足强度和成型需要的前提下,应尽量薄且均匀。

总之,通过塑件结构、尺寸及公差、表面质量和技术标准等的分析,不仅可以明确塑件成型加工的难易程度,找到成型工艺及模具设计的难点所在,而且对于不合理的结构及要求可以在满足使用要求的前提下,提出修改意见。

(3)塑件热处理和表面处理分析。某些塑件在成型后需要热处理和表面处理,必须注意这些处理对塑件尺寸的影响,从而在成型零件尺寸计算时予以必要的考虑,工艺过程中给予恰当安排。

2. 塑件成型方法及工艺流程的确定

在塑件分析的基础上,根据塑料的特性及塑件的要求可以确定塑件的一般成型方法。对于可以用两种或以上方法成型的塑件,则应根据生产的具体条件而定。

在确定了塑件的成型方法之后,就应确定其工艺流程。确定塑件的工艺流程必须充分考虑塑料特性,保证必要的成型工序,安排好上、下工序的联系,做到既保证塑件的质量又提高生产效率。

塑件的工艺流程不仅包括塑件的成型过程,还包括成型前的准备和成型后的处理及二次加工。在安排塑件的工艺流程时,应根据需要把有关的工序安排在适当的位置上。

3. **成型工艺条件的确定**

热固性塑料和热塑性塑料的各种成型方法都应在适当的工艺条件下才能成型出合格的塑件。从各种成型方法工艺条件的分析中可以看出,由于塑料成型工艺的影响因素很多,需要控制的工艺条件也不少,而且各工艺条件之间关系又很密切,所以确定工艺条件时必须根据塑料的特性和实际情况进行全面分析,确定一个初步的试模工艺条件,根据试模的实际情况和塑件的检验结果及时予以修正。最后确定正式生产的工艺条件,并提出工艺条件的控制要求。

各种成型方法及其各工序需要确定的工艺条件项目虽有差别,但总体来说,温度(包括模具温度)、压力、时间是主要的,尤其是温度。因此,一般的成型方法对温度、压力和时间都有明确的规定。

4. **设备和工具的选择**

对于压缩成型,首先应根据成型压力和型腔布置等计算出总压力,选择能满足压力要求的压力机类型及技术参数,然后进行有关参数的校核;对于注射成型,一般按塑件成型所需要的塑料总体积(或质量)或锁模力选择相应注射量或锁模力的注射机,然后进行有关参数的校核;对于挤出成型,应根据挤出塑件的形状、尺寸及生产率来选用。

除了成型工序用的设备需要选用外,其他工序的设备也要选择。然后按工序注明所用设备的型号和技术参数。

各工序所用的工具名称、规格也应在工艺文件中注明。

在上述各项确定之后,还要确定每道工序的质量标准和检验项目及检验方法。

5. **工艺文件的制订**

工艺文件的制订就是把工艺规程编制的内容和参数汇总,并以适当的工艺文件的形式确定下来,作为生产准备和生产过程的依据。

目前,生产中最主要的工艺文件是塑料零件生产工艺过程卡片。根据生产纲领不同,工艺卡片所包含的内容有所不同,但基本内容必须具备。

塑料成型工艺规程格式及填写规则可参照 JB/Z 187.3—1988《机械加工工序卡片》,其格式见附表 K 和附表 L。

思考与练习题

2.1 塑料的主要成分有哪些?

2.2 热塑性塑料和热固性塑料的本质区别是什么?写出你知道的热塑性塑料和热固性塑料制件的名称及采用的材料。

2.3 常用的热塑性塑料和热固性塑料有哪些(分别写出中文名称和缩写代号)?

2.4 什么是塑料的使用性能和塑料的工艺性能?其各包含哪些内容?

2.5 简述拉西格流动性测量的原理。

2.6 设计塑件时为什么要考虑工艺性?对图 2.52 所示制件的设计进行工艺性分析,并对不合理的设计进行修改。

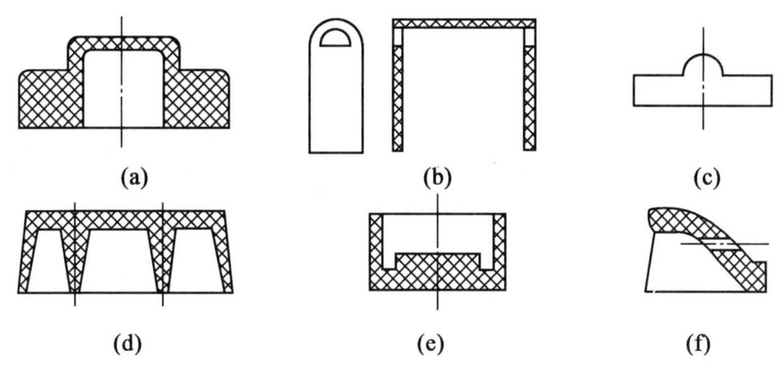

图 2.52　2.6 题图

2.7　注射成型的工艺过程包括哪些内容？成型工艺条件如何确定？

2.8　压缩成型与压注成型各有什么特点？

2.9　挤出成型有什么特点？比较挤出成型与注射成型的不同。

2.10　气动成型的方法有哪些？

2.11　塑料成型工艺规程的制订包括哪些内容？

2.12　已知图 2.53 所示的塑件，根据塑件的要求和塑料的工艺特性，按下列程序编制塑件模塑成型的工艺规程。

(1)分析塑件的工艺性。

(2)确定该塑件的成型方法及工艺流程。

(3)确定成型工艺条件。

(4)选择设备、工具和量具。

(5)填写塑件成型工艺过程卡片。

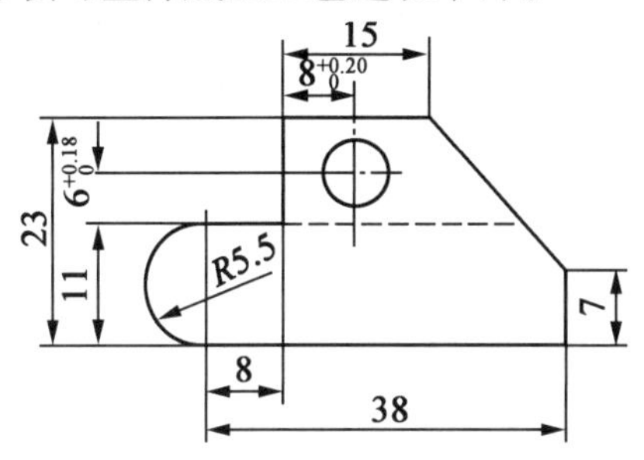

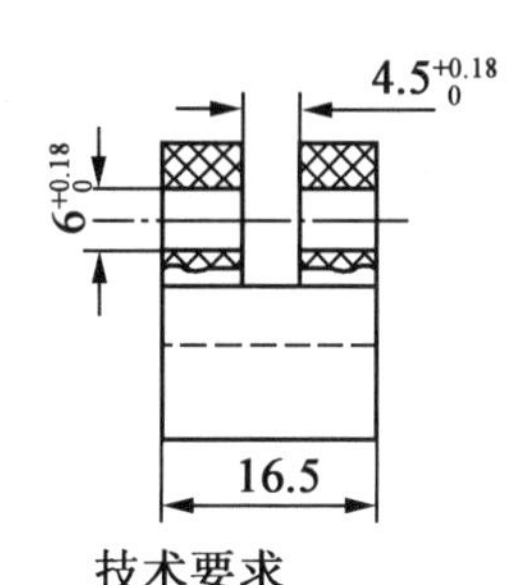

技术要求

1.未注尺寸公差按GB/T 14486—1993中的MT5级。

2.材料ABS。

图 2.53　2.12 题图

第 3 章　塑料模具的基本结构及零部件设计

3.1　塑料模具的分类与基本结构

3.1.1　塑料模具的分类

塑料模具的种类繁多,分类方法也不尽相同,现介绍几种常用的塑料模具分类方法。

1. 按成型方式分类

(1)压缩模。压缩模又称为压塑模或压模,是在液压机上采用压缩工艺来成型塑件的模具。这种模具主要用于热固性塑件的成型,也可以用于热塑性塑件的成型。

(2)压注模。压注模又称为传递模、挤塑模,是在液压机上采用压注工艺来成型塑件的模具。这种模具用于热固性塑件的成型。

(3)注射模。注射模又称为注塑模,是在注射机上采用注射工艺来成型塑件的模具。它主要用于热塑性塑件的成型,也可用于热固性塑件的成型。

(4)挤出机头。机头是挤出成型模具的主要部件。塑料在挤出机内熔融塑化通过机头成为所需的形状,经冷却定型设备冷却硬化而定型。挤出机头主要用于热塑性型材塑件的成型。

2. 按模具在成型设备上的安装方式分类

(1)移动式模具。移动式模具又称为机外装卸式模具。这种模具不固定安装在成型设备上,在整个成型周期中,只有加热和加压是在设备上进行,而安装嵌件、装料、合模、开模、取出塑件、清理模具等均在机外进行。常见的移动式模具有生产批量不大的小型热固性塑件成型用的压缩模、压注模和立式注射机上的小型注射模。

移动式模具结构一般较简单,造价低,便于成型带有较多嵌件和形状复杂的塑件,但工人劳动强度大,模具质量受工人体力限制,一般为单型腔模具,生产效率较低,成型温度波动大,能源利用率较低,模具容易磨损,寿命较低。

(2)固定式模具。固定式模具又称为机上装卸式模具。这种模具是固定地安装在成型设备上,在整个成型周期内的动作都在设备上进行,它在生产中广泛应用。

固定式模具的质量不受人工体力限制,其成型的塑件大小只受设备能力的限制。根据设备类型和规格不同,可以成型不同生产批量和大小的塑件,可以实现自动化生产,且操作简单,生产效率高,工艺条件波动小,能源利用率高,模具磨损小,寿命较长。但模具较复杂,造价高,不便成型嵌件较多的塑件,更换产品时换模与调整比较麻烦。

(3)半固定式模具。这种模具的一部分在开模时可以移出,一部分则始终固定在设备上。通常凹模做成瓣合式,开模时瓣合凹模可以移出,以便取出塑件并清理模腔。这类模具兼有移动式和固定式模具各自的一些优点。半固定式模具多见于热固性塑件成型的压缩模和压注模中。

3. 按型腔数目分类

(1)单型腔模具。单型腔模具是一副塑料模具中只有一个型腔,一个模塑周期生产一个塑件的模具。这种模具与多型腔模具相比，结构较简单，造价较低，但生产效率较低，往往不能充分发挥设备潜力。单型腔模具主要用于大型塑件、形状复杂或嵌件多的塑件的生产，或生产批量不大的场合。

(2)多型腔模具。多型腔模具是一副塑料模具中有两个以上型腔，一个模塑周期能够同时生产两个以上塑件的模具。这种模具生产效率高，但结构较复杂，造价较高。多型腔模具主要用于塑件较小、生产批量较大的场合。

目前常规设计都是单层型腔，无论型腔多少都处于同一层面。现在已有向多层型腔技术发展的趋势。多层型模具的特点是在模板面积大小基本不变、使用设备不变的情况下，获得加倍数量的产品，达到经济生产。但模具厚度较大。

除了按上述分类方法的分类外，各种成型方法还可根据使用的设备或模具的结构特点进行分类。

3.1.2　塑料模具的基本结构

塑料模具的结构很多，针对不同要求的塑件，可设计由不同零件构成的模具。但任何一副塑料模具的基本结构都可看成由动模(下模)和定模(上模)两部分组成，都可将其组成零件按其用途进行分类。设计模具时，可根据各类零件的用途和要求，在结构及几何参数的设计计算上找到共同的规律。

1. 塑料模具的组成零件

塑料模具的组成零件按其用途可以分为成型零件与结构零件两大类。

(1)成型零件。成型零件是直接与塑料接触并决定塑件形状和尺寸精度的零件，即构成型腔的零件。它是塑料模具的关键零件，如压缩模、压注模和注射模的凹模、凸模、型芯、螺纹型芯、螺纹型环及镶件等，挤出机头中的口模、芯模、定型套等。

(2)结构零件。结构零件一般指在模具中起安装、定位、导向、装配等作用的零件。通常根据其作用功能的不同，结构零件可细分为支承与固定零件、推出零件、抽芯零件、导向零件、定位和限位零件、冷却和加热零件、浇注系统零件或加料室零件及模架等。由于模具类型及复杂程度不同，其各结构中所组成的零部件的种类有一定差别。

2. 塑料模具的基本结构

现分别以一副典型的压缩模和注射模为例来说明塑料模具的基本结构。

图 3.1 所示为移动式压缩模的基本结构。这是一副结构较简单的单型腔移动式模具。它的成型零件有凹模 2、型芯 6、螺纹型芯 5、螺纹型环 7 和模套 8，这些工作零件构成了成型旋钮所需要的型腔。它的结构零件有导向零件(导柱 4 和模套上的导向孔)，支承零件(上模座板 1、下模座板 9、凹模固定板 3)，还有移动操作需要的手柄 10 等零件。上模座板、凹模、凹模固定板、导柱等零件构成上模；模套、型芯、下模座板等零件构成下模。

工作时，先将螺纹型芯 5 插入型芯 6 的定位孔中，螺纹型环 7 放入模套 8 的底部，加入塑料后，上、下模闭合，然后将整副模具移到压力机中进行压制。压制结束，将模具移出压力机，利用专用卸模架将上、下模分开。同时，利用卸模架中的推杆将螺纹型环、塑件和螺纹型芯一同推出模套，最后手工操作拧下螺纹型芯和螺纹型环，即获得塑件。将螺纹型芯和螺纹型环再放入模内，又进入下一模塑的工作循环。

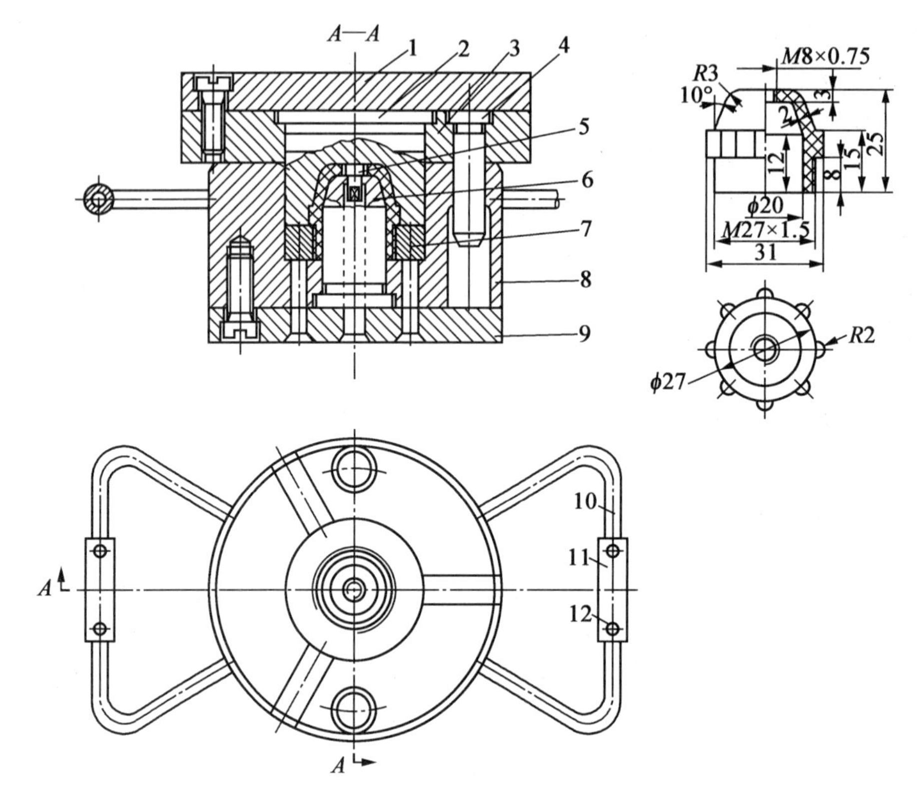

图 3.1 移动式压缩模的基本结构

1—上模座板;2—凹模;3—凹模固定板;4—导柱;5—螺纹型芯;6—型芯;
7—螺纹型环;8—模套;9—下模座板;10—手柄;11—套管;12—销钉

图 3.2 所示为固定式注射模的基本结构,该模具为一模两腔的固定式模具。根据组成模具的各零件作用,该模具的零件归类如下:

成型零件——型芯 4、凹模 6、镶件 11。

浇注系统零件——浇口套 14、拉料杆 21。

导向零件——导柱 16、导套 30、导套 31。

推出零件——连接推杆 15、推杆固定板 24、推件板 29、推板导柱 20、导套 25。

支承零件与固定零件——定模座板 8、动模座板 17、定模板 32、型芯固定板 28、支承板 27、垫块 26。

冷却装置——水管 10、水嘴 23。

该注射模分为动模(由与动模座板 17 固定在一起的零件构成)和定模(由与定模座板 8 固定在一起的零件构成)两大部分。动模安装在注射机移动模板上,定模安装在注射机固定模板上。工作时,动模与定模闭合构成型腔和浇注系统,从注射机喷嘴射出的熔融塑料经模具浇注系统充满型腔成型塑件。开模时动模与定模分开,由注射机推杆通过模具推出零件将塑件从型芯上推出。

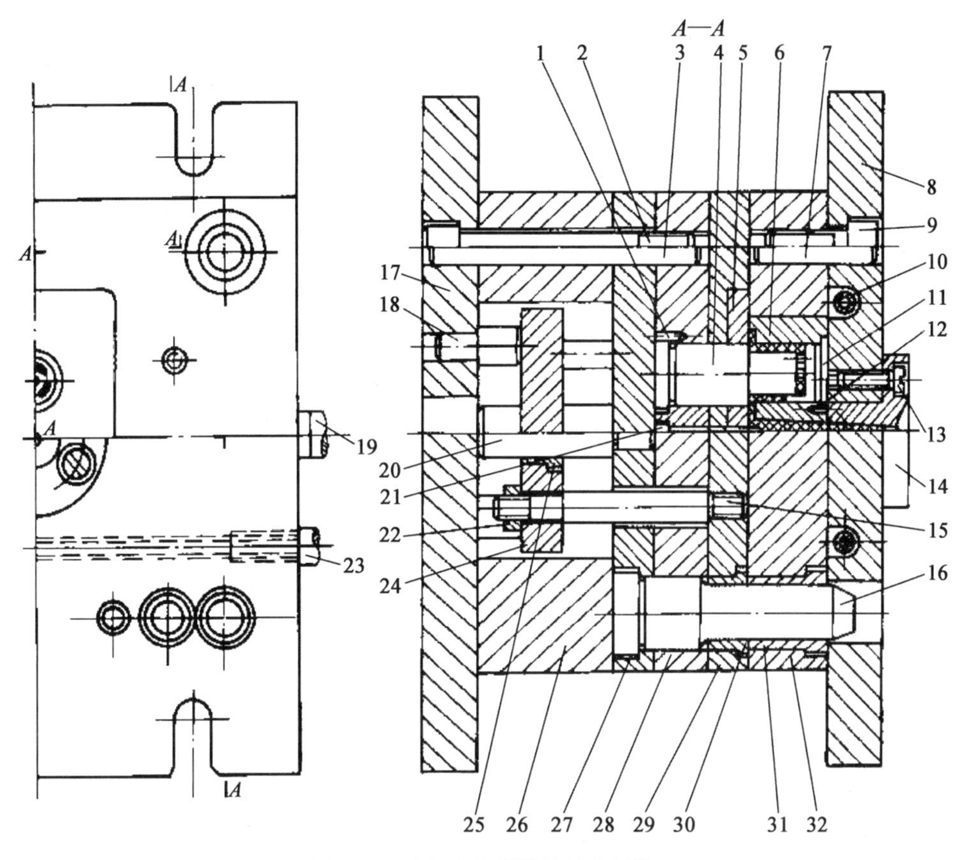

图3.2 固定式注射模的基本结构

1,12—止转销;2,9,13—螺钉;3,7—销钉;4—型芯;5—镶块;6—凹模;8—定模座板;10—水管;11—镶件;14—浇口套;15—连接推杆;16—导柱;17—动模座板;18—限位钉;19—吊钩;20—推板导柱;21—拉料杆;22—螺母;23—水嘴;24—推杆固定板;25,30,31—导套;26—垫块;27—支承板;28—型芯固定板;29—推件板;32—定模板

3.2 成型零件的设计

塑料模具成型零件工作时,直接与塑料熔体接触,承受熔体料流的高压冲刷和塑件脱模时的摩擦等,因此成型零件不仅要求有正确的几何形状,较高的尺寸精度和较低的表面粗糙度,还要求有合理的结构,较高的强度、刚度及较好的耐磨性。

设计成型零件时,应根据塑件的塑料性能、使用要求和几何结构,并结合分型面和浇口位置的选择、塑件推出方式和排气位置的考虑来确定型腔的整体结构,进而根据塑件的尺寸计算成型零件的工作尺寸,确定型腔的组合方式,最后根据成型零件的加工、热处理和装配等要求确定成型零件的具体结构与尺寸,对关键的部位还应进行强度和刚度的校核。

3.2.1 分型面的选择

为了塑件的脱模和安放嵌件的需要,模具型腔必须分成两部分或更多部分。模具上用以取出塑件和浇注系统凝料的可分离的接触表面,称为分型面。一副模具根据需要可能有一个或一个以上的分型面。分型面可能是垂直于合模方向或倾斜于合模方向(称为水平分型面),

也可能是平行于合模方向(称为垂直分型面)。

分型面是决定模具结构型式和模具成型零件结构的一个重要因素,因此分型面的选择是塑料模具设计的一个重要内容。

1. 分型面的形状

分型面的形状有平面、斜面、阶梯面、曲面,如图 3.3 所示。分型面应尽量选择平面,但是为了迎合塑件成型的需要与便于塑件脱模,也可采用后三种分型面。后三种分型面虽然加工较麻烦,但型腔加工却比较容易。

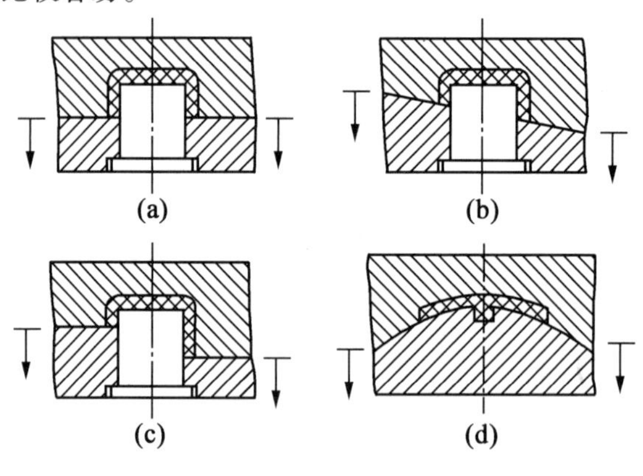

图 3.3　分型面的形状

在模具装配图上,分型面的标示一般采用如下方法:模具开模时,分型面两边的模板都移动时,用"◄|►"表示;若只有一边模板移动,则用"|►"表示,箭头指向移动方向;有多个分型面时,应按分型的先后顺序,分别标出"*A*""*B*""*C*"等。

2. 分型面的选择

分型面的选择受到塑件的形状、壁厚、尺寸精度、嵌件位置及其形状、塑件在模具内的成型位置、脱模方法、浇口的形式及位置、模具类型、模具排气、模具制造及其成型设备结构等因素的影响。因此,在选择分型面时,应多选几种方案进行比较与分析,从中选出一个较为合理的方案。

选择模具分型面时,通常应考虑以下几个基本原则:

(1)便于塑件的脱模。

①在开模时塑件应尽可能留于下模或动模内。

②应有利于侧面分型和抽芯。

③应合理安排塑件在型腔中的方位。

(2)考虑塑件的外观。

(3)保证塑件尺寸精度的要求。

(4)有利于防止溢料和考虑飞边在塑件上的部位。

(5)有利于排气。

(6)考虑脱模斜度对塑件尺寸的影响。

(7)尽量使成型零件便于加工。

有时,对于某一塑件,以上分型面的选择原则可能发生矛盾,不能全部符合上述选择原则,在这种情况下,应根据实际情况,以满足塑件的主要要求来确定。

表 3.1 列出了一些分型面选择实例分析,供选择分型面时参考。

表 3.1　分型面选择实例分析

序号	推荐形式	不妥形式	说明
1	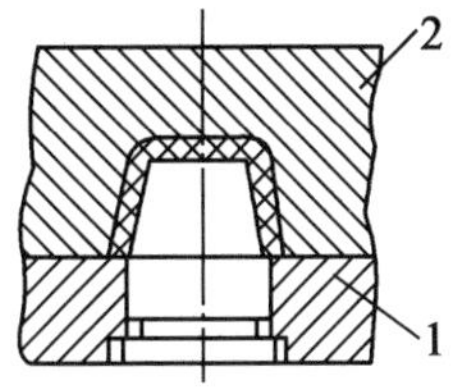	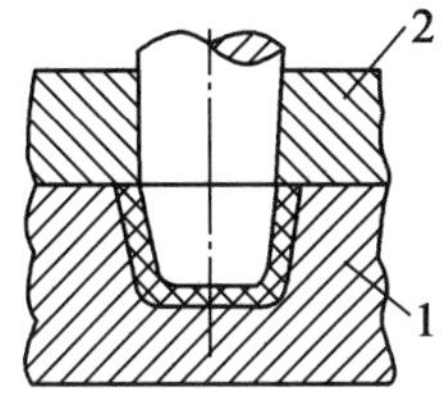	分裂面选择应满足动模(或下模)分离后,塑件尽可能留在动模(或下模)内,因为脱模机构一般都在动模(或下模)部分,否则会增加脱模的困难,势必使模具结构复杂化
2	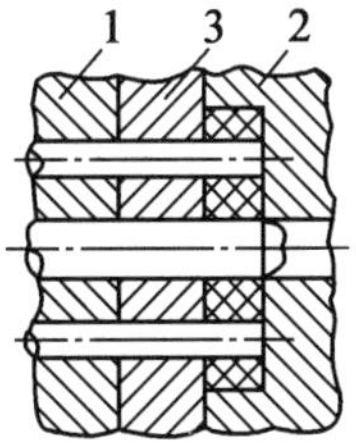	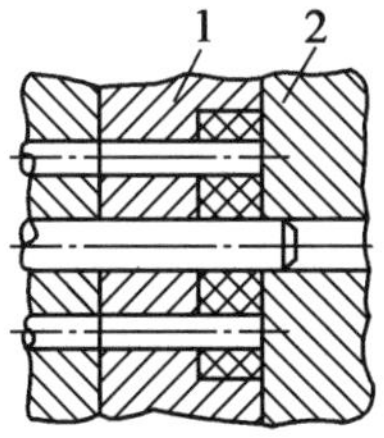	塑件外形较简单,但内形有较多的孔或复杂孔时,塑件成型收缩后必留于型芯上。这时型腔可设在定模(或上模)内,采用推件板,即可完成脱模,且模具结构简单
3	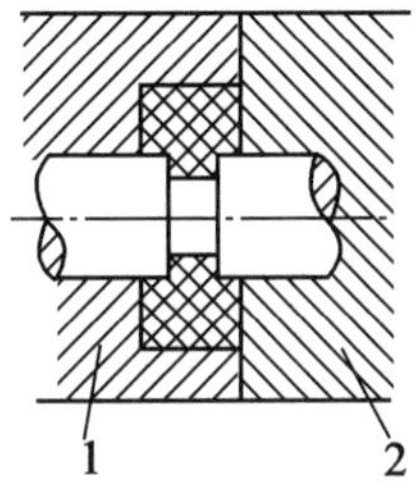	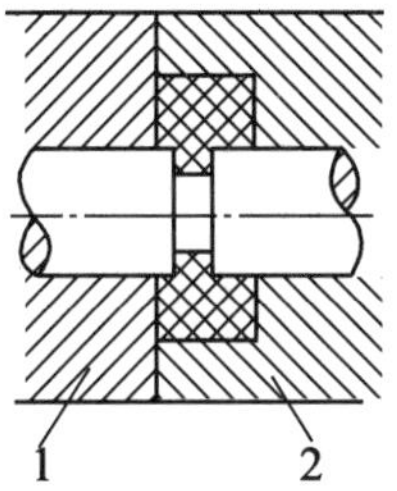	当塑件的型芯对称分布时,如果要迫使塑件留在动模(或下模)内,可将型腔和大部分型芯设在动模(或下模)内,可采用推管脱模
4	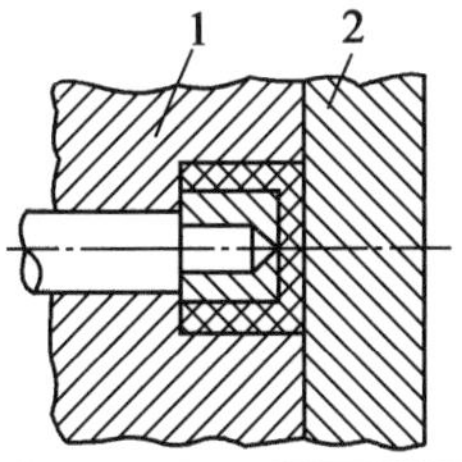	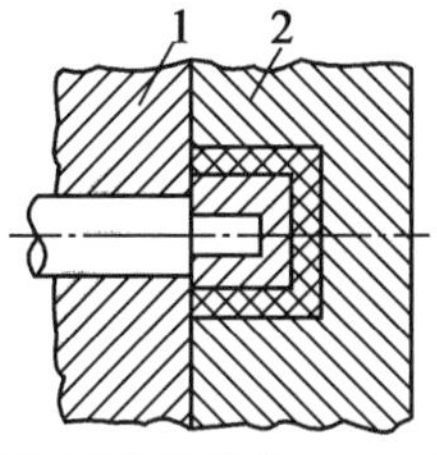	当塑件设有金属嵌件时,由于嵌件不会收缩,对型芯无包紧力,所以带嵌件的塑件留在型腔内,而不会留在型芯上。采用左图形式脱模比较容易
5	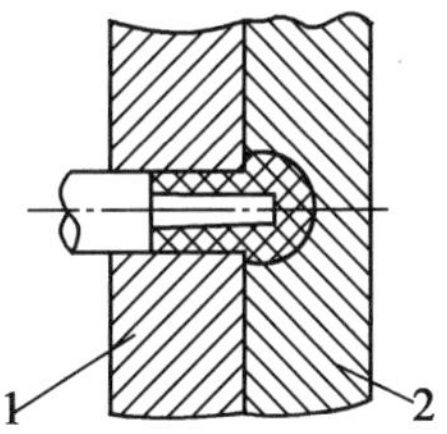	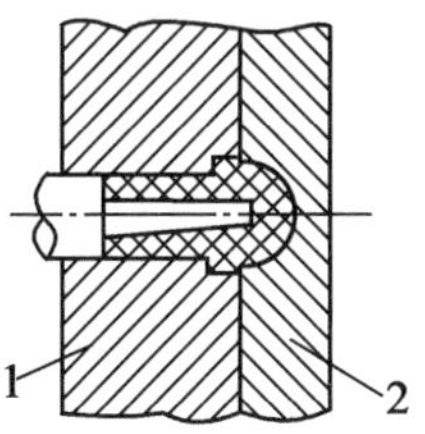	当塑件头部带有圆弧时,如果采用圆弧部分分型,会损伤塑件表面质量,若改用左边的推荐形式,塑件表面质量较好
6	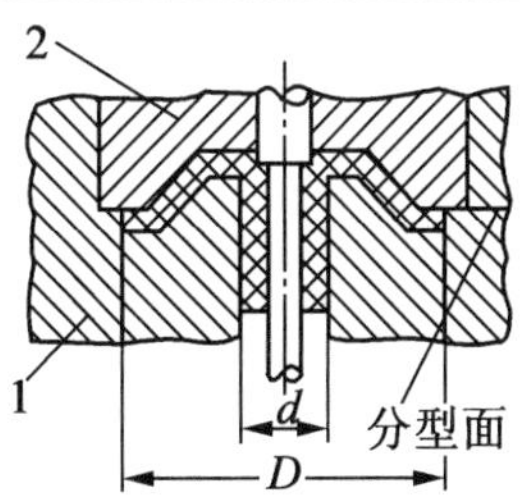 分型面	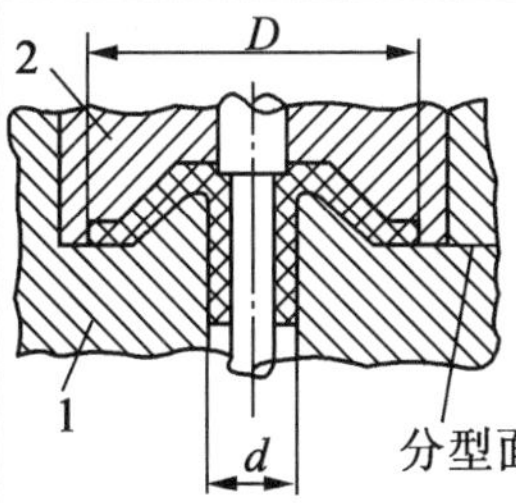 分型面	为了满足塑件同轴度的要求,尽可能将有同轴度要求的部分设在同一模板内,如采用右图形式,必须提高模具的同轴度

续表 3.1

序号	推荐形式	不妥形式	说明
7	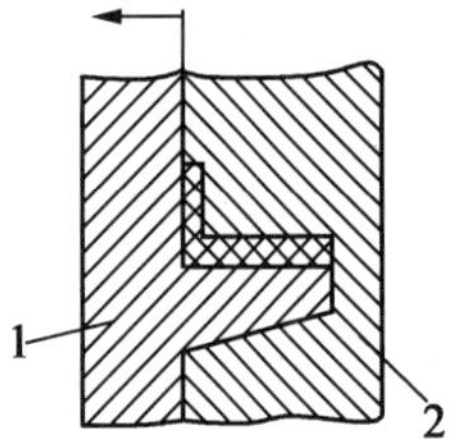	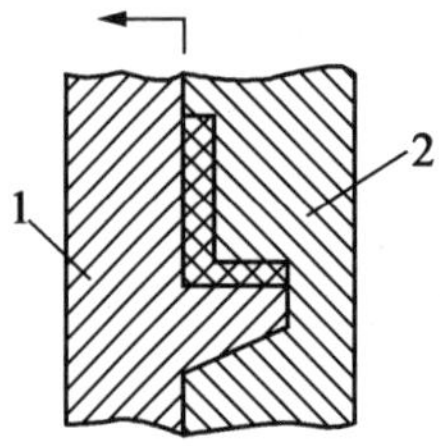	当塑件在分型面上的投影面积超过机床允许的投影面时,会造成锁模困难,发生严重溢料,此时应尽可能选择投影面积小的一方
8	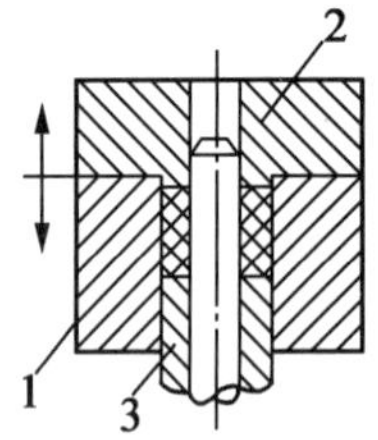	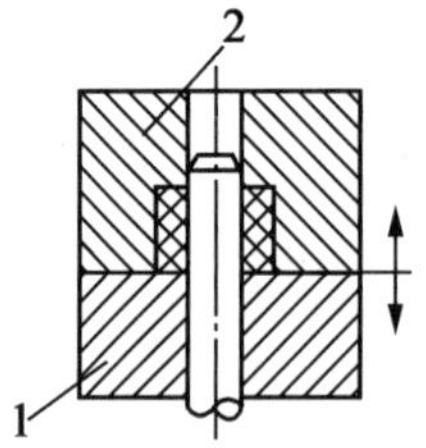	如塑件采用流动性好的材料时,由于成型时溢边较严重,因此采用推管结构形式
9	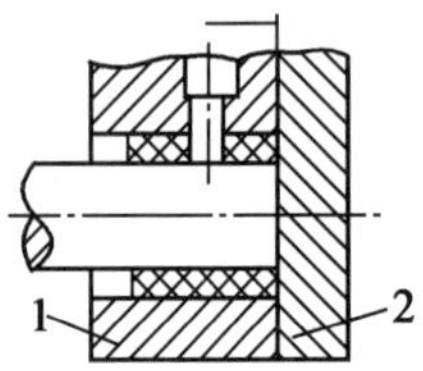	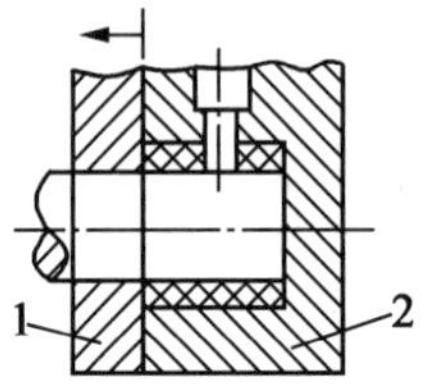	当塑件有侧抽芯时,应尽可能放在动模部分,避免定模抽芯
10	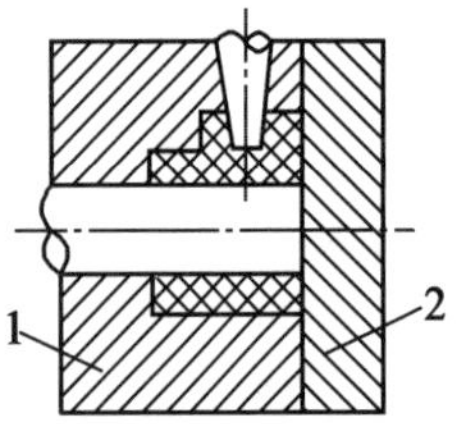	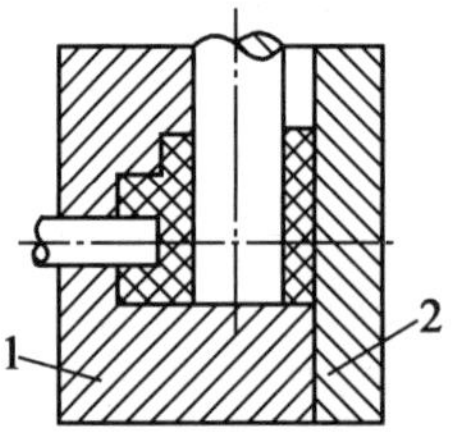	当塑件有多组抽芯时,应尽量避免大端侧向抽芯。因为除了液压抽芯机构能获得较大的抽拔距离外,一般的侧向分型抽芯的抽拔距离较小,故在选择分型面时,应将抽芯或分型距离大的放在开模方向上
11	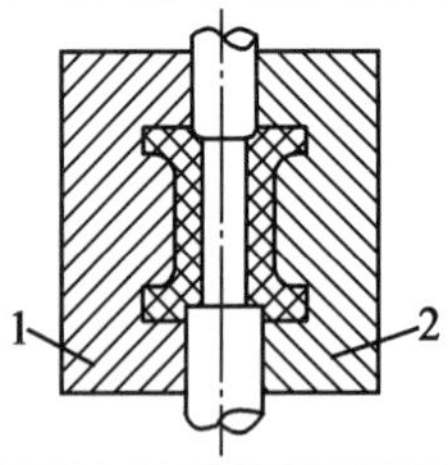	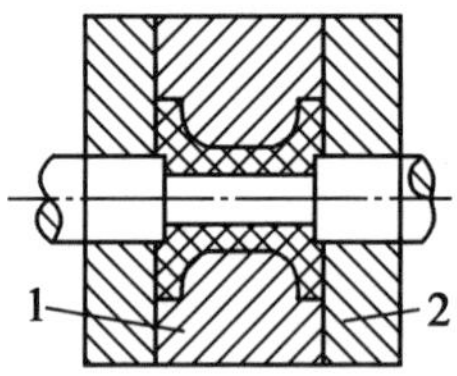	大型线圈骨架塑件的成型,采用拼块形式,当拼块的投影面积较大时,会造成锁模不紧,产生溢边,因此最好将型腔设于动、定模上,在受力小的侧面抽芯
12	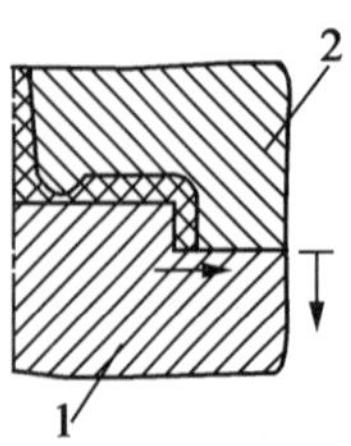	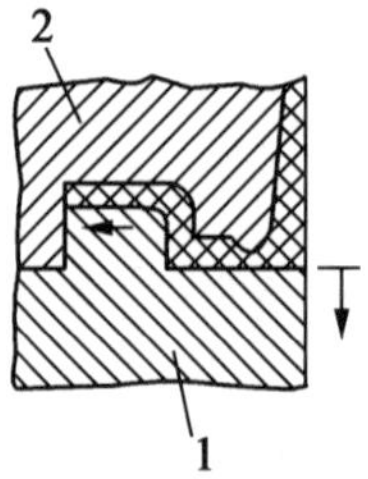	一般分型面应尽可能设在塑料流动方向的末端,以利于排气

续表 3.1

序号	推荐形式	不妥形式	说明
13	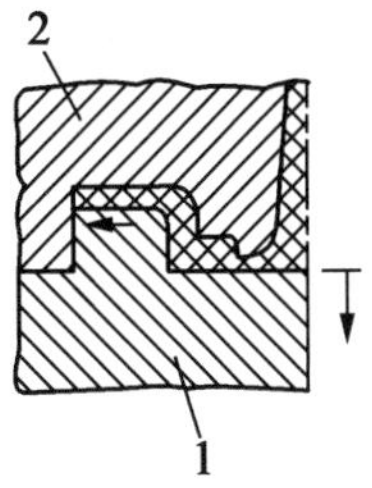	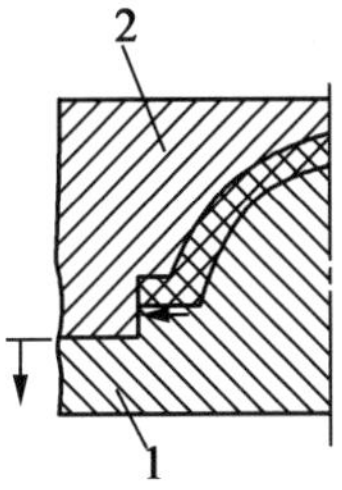	一般分型面应尽可能设在塑料流动方向的末端,以利于排气
14	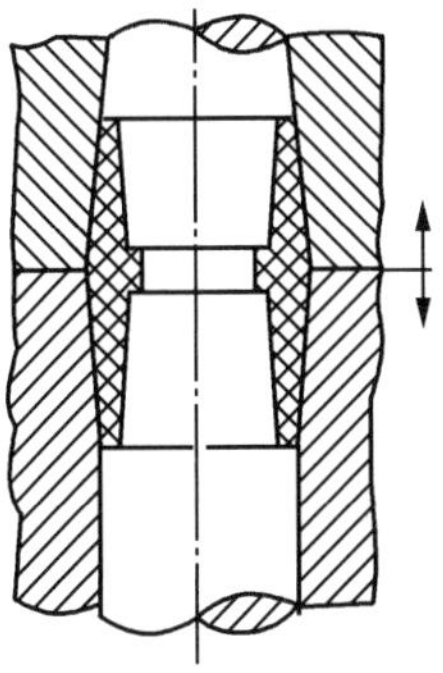	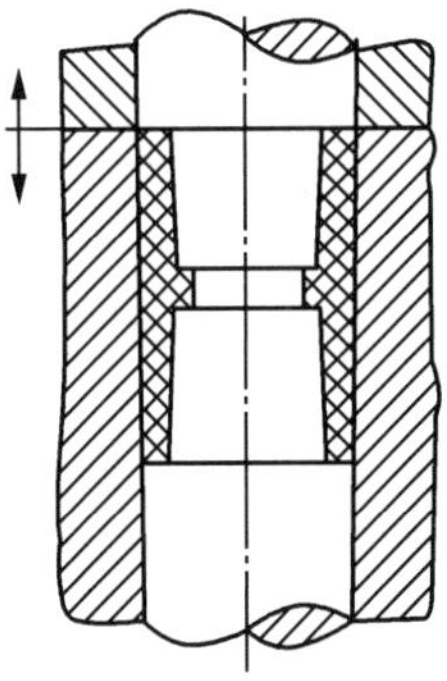	选择分型面时,应考虑减小由于脱模斜度造成塑件的大小端尺寸差异。若塑件对外观无严格要求,可将分型面选在塑件中部

注:1—动模(下模);2—定模(上模);3—推件板(推管)

3.2.2　成型零件的结构设计

1. 凹模的结构设计

(1)凹模的结构形式。凹模是成型塑件外表面的零件。根据塑件成型的需要和加工与装配的工艺要求,凹模的基本结构一般可分为以下几种形式。

①整体式凹模。它是由整块材料加工制成,如图3.4所示。其特点是:凹模结构简单牢固,强度高,成型的塑件质量较好。但对于形状复杂的凹模,其加工工艺性较差,且凹模局部受损后维修也困难。因此,在先进的型腔加工机床尚未普遍应用之前,整体式凹模多适用于小型且形状简单的塑件的成型。

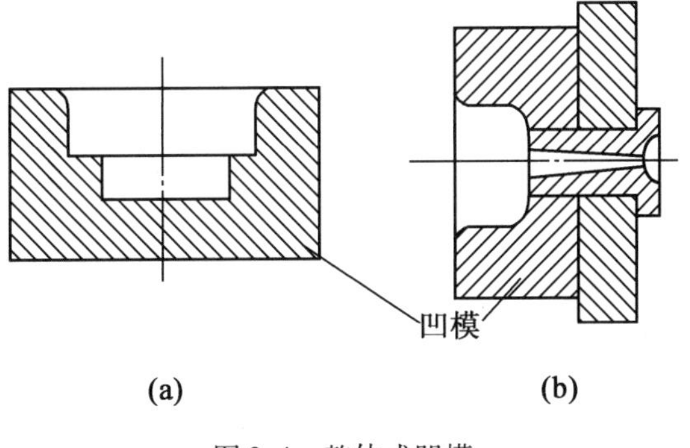

图3.4　整体式凹模

②整体嵌入式凹模。对于小型塑件采用多型腔塑料模具成型时,各单个凹模通常采用冷挤压、电加工、电铸或超塑性成型等方法制成,然后整体嵌入模板(即凹模固定板)中,这种凹

模称为整体嵌入式凹模。整体嵌入式凹模及其固定如图3.5所示。这种结构的凹模形状和尺寸一致性好,更换方便。凹模的外形通常是采用带台阶的圆柱形,从模板的下部嵌入(图3.5(a)、(b))。若塑件不是旋转体,而凹模外表面为旋转体时,则应考虑止转定位(图3.5(b))。图3.5(c)、(d)所示为凹模从上面嵌入固定板中,这种结构可省去垫板,但图3.5(c)的形式因其表面有间隙,不宜设分流道。

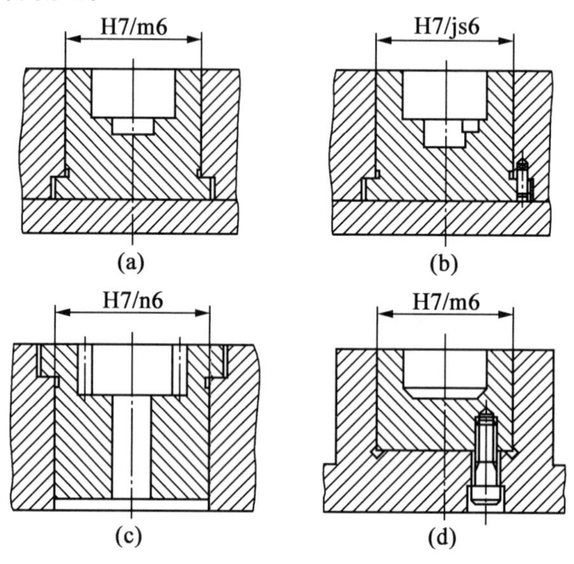

图3.5 整体嵌入式凹模及其固定

③局部镶嵌式凹模。为了便于加工和易更换凹模中容易磨损的某一部位,常把凹模易磨损部位做成镶件,然后嵌入凹模板。图3.6所示为局部镶嵌式凹模。

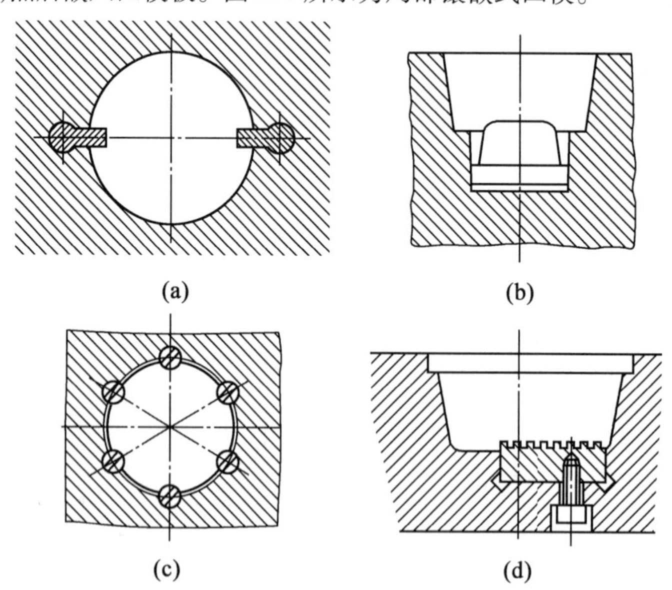

图3.6 局部镶嵌式凹模

(a)镶件成型塑件沟槽;(b)镶件构成塑件圆环形筋槽;(c)嵌入圆销成型塑件表面直纹;(d)镶件成型塑件底部复杂形状

④拼块组合式凹模。拼块组合式凹模是由许多拼块镶接而成的凹模。组合镶拼的目的是便于机械加工、抛光、研磨和热处理。这种形式广泛用于大型模具上。

组合式凹模根据镶拼方式不同,可分为凹模底部镶拼结构、凹模侧壁镶拼结构和瓣合式凹模。

a. 凹模底部镶拼结构(图 3.7)。对于形状复杂或尺寸较大的型腔时,可把凹模做成通孔型的,再镶上底部。

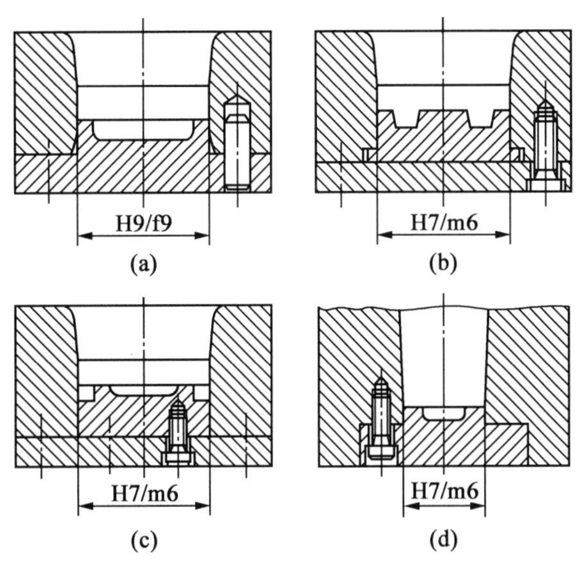

图 3.7　凹模底部镶拼结构

b. 凹模侧壁镶拼结构。对于大型凹模,为了便于加工和热处理淬透,减少热处理变形和节省模具钢,凹模侧壁也采用拼块结构,如图 3.8 所示。图 3.8(b)中侧壁之间采用扣锁连接保证装配的准确性,减少塑料挤入接缝。

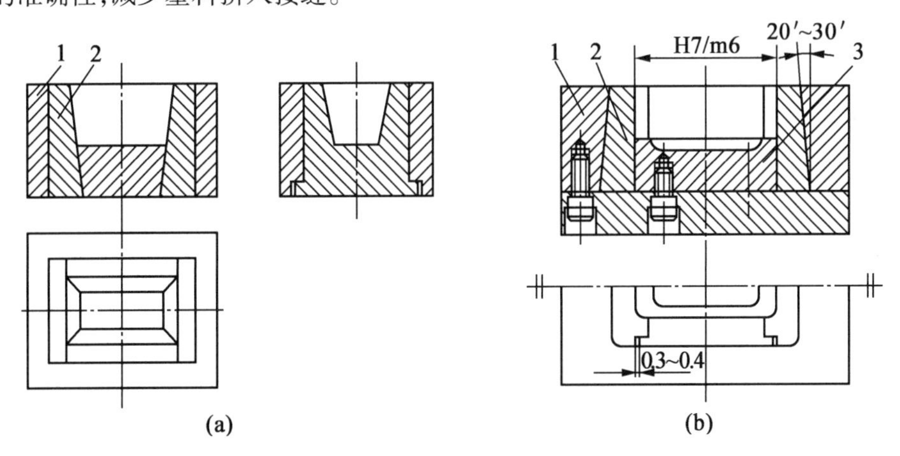

图 3.8　凹模侧壁镶拼结构

1—模套;2—拼块;3—模底

c. 瓣合式凹模。对于侧壁带凹凸形的塑件,为了便于塑件脱模,可将其凹模做成两瓣或多瓣组合式,成型时瓣合,脱模时瓣开。常见的瓣合式凹模是两瓣组合式(通常又称为哈夫

(Half)凹模),它由两瓣对拼镶块、定位导销和模套组成,如图3.9所示。其中,图3.9(a)为圆锥形瓣合拼块,适用于单型腔压制小型塑件且成型压力不大的场合;图3.9(b)为矩形瓣合拼块,适用于多型腔的凹模;图3.9(c)、(d)为封闭式模套的瓣合模,在推出凹模拼块时,利用图示的12°斜面或斜滑槽,使拼块分开来,以便取出塑件。这种结构的凹模用于成型尺寸较大的塑件或多型腔一次成型且成型压力较大的场合。

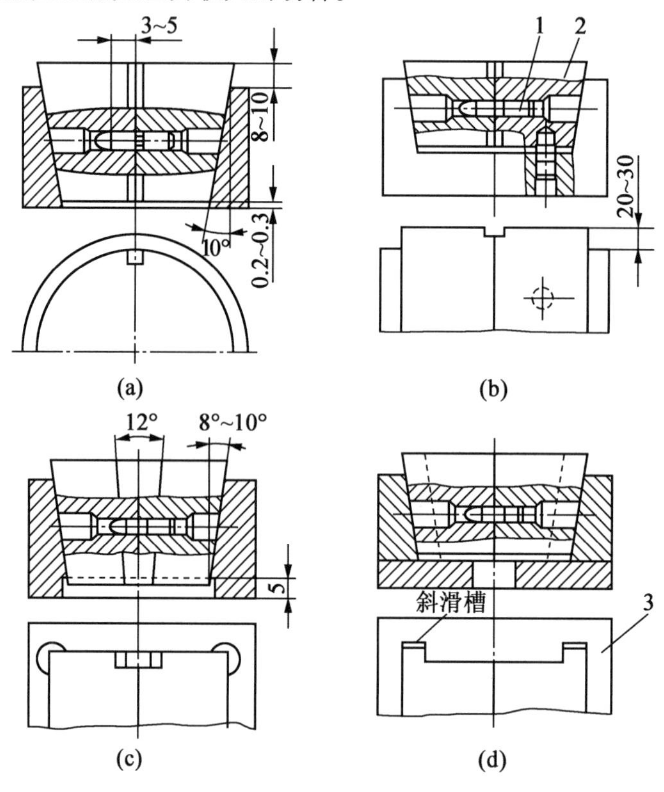

图3.9　瓣合式凹模

1—导销;2—拼块(瓣);3—模套

组合式凹模的优点是简化了复杂凹模的加工工艺,减少了热处理变形,有利于排气,便于模具的维修,节约贵重的模具钢。但为了保证组合式模具型腔精度和装配的牢固性,减少塑件上留下镶拼的痕迹,提高塑件的质量,对于拼块的尺寸、形状和位置公差要求较高,组合结构必须牢靠,拼块加工工艺性要好,成型时操作必须方便。

(2)凹模的技术要求。

①凹模的材料。对结构形状较简单的凹模常采用T8、T10、T10A钢;对形状较复杂的凹模常采用T10A、CrWMn、5CrMnMo、12CrMo、Cr6WV、5CrNiMo、9Mn2V等钢;对成型用模套常用T8、T10、Ti0A、CrWMn钢;对加强用模套则常用45、50钢或T8、T10钢;对冷挤凹模则多用10、20钢或20Cr、40Cr钢,渗碳后淬硬HRC40~45,渗碳层深度0.5~0.8 mm。

②凹模的热处理硬度。对结构形状比较简单的凹模热处理硬度要求达HRC45~50;对形状比较复杂的凹模则要求热处理硬度达HRC40~45;一般拼块硬度达HRC45~50;模套硬度达HRC40~45。

③凹模的表面粗糙度。凹模表面粗糙度一般应达 $Ra0.2\ \mu m \sim Ra0.1\ \mu m$,当塑件表面粗

糙度要求较低或塑料流动性不良时应达 $Ra0.1\ \mu m \sim Ra0.025\ \mu m$。组合结构的配合面应达 $Ra0.8\ \mu m$,拼块间接合面应达 $Ra0.8\ \mu m$,凹模或模套上下面为 $Ra0.8\ \mu m$,其余为 $Ra6.3\ \mu m \sim Ra3.2\ \mu m$。

④凹模的表面处理。成形表面一般应镀铬,镀铬层深度为0.015~0.02 mm,镀铬前后应抛光,才能达到上述表面粗糙度要求。

2. 型芯的结构设计

(1)型芯的结构形式。型芯是成型塑件内表面的成型零件。根据型芯所成型零件内表面大小不同,通常又将型芯分为型芯(压缩模中称为凸模)和成型杆。型芯一般是指成型塑件中较大的主要内型的成型零件,又称为主型芯;成型杆一般是指成型塑件上较小孔的成型零件,又称为小型芯。

下面介绍型芯和成型杆的主要结构形式。

①型芯。型芯分为整体式和组合式两类。

图3.10所示为整体式型芯。其中,图3.10(a)表示型芯与模板为一个整体,其结构牢固,成型的塑件质量较好,但消耗贵重模具钢多,不便加工,主要用于形状简单的型芯;图3.10(b)、(c)、(d)表示型芯与模板(型芯固定板)采用不同材料分开制造,可节约贵重模具钢,便于加工。其中,图(b)、图(c)用螺钉、销钉连接或局部嵌入固定,结构较简单,常用于尺寸较大的型芯;图(d)采用台肩固定,连接牢固可靠,是一种常用的连接固定方法。图(d)中若型芯的固定部分为圆形而成型部分为非圆形时,则必须在台肩缝隙处打入防转销钉。

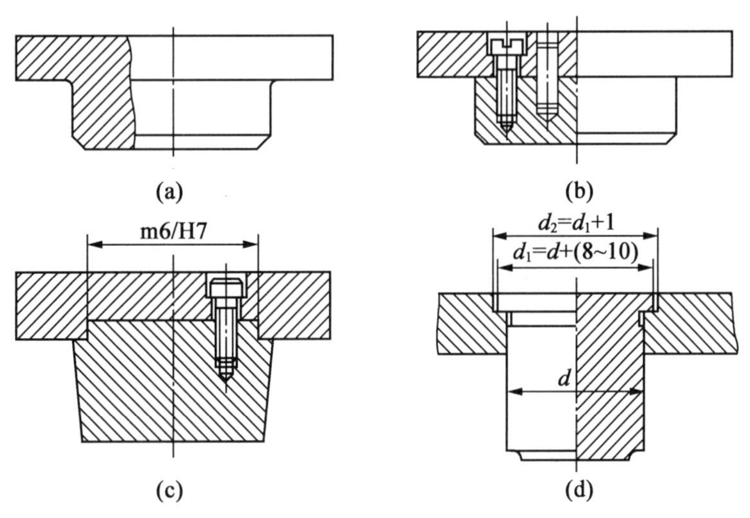

图3.10　整体式型芯

图3.11为镶拼组合式型芯。采用组合式型芯的优缺点与组合式凹模的基本相同。设计和制造这类型芯时,必须注意提高拼块的加工和热处理工艺性,拼接必须牢靠严密。如图3.11(a)中,若两个小型芯靠得太近,则不宜采用这种结构,而应采用图3.11(b)所示的结构,以免热处理时薄壁处开裂。

②成型杆(小型芯)。塑件上的孔或槽通常用小型芯来成型。通孔的成型方法如图3.12所示,其中,图3.12(a)表示由一端固定的型芯成型,这种结构的型芯容易在孔的一端形成难以去除的飞边,如果孔较深则型芯较长,容易弯曲;图3.12(b)是由两个直径相差0.5~1 mm的型芯来成型,采用这种结构时即使两个型芯稍有不同心,也不致影响其装配和使用,而且每

个型芯长度较短,稳定性较好;图 3.12(c)是较常用的一种,其型芯一端为固定,一端为导向支承,强度和刚度较好,如果因溢料形成圆形飞边,也较容易去除。

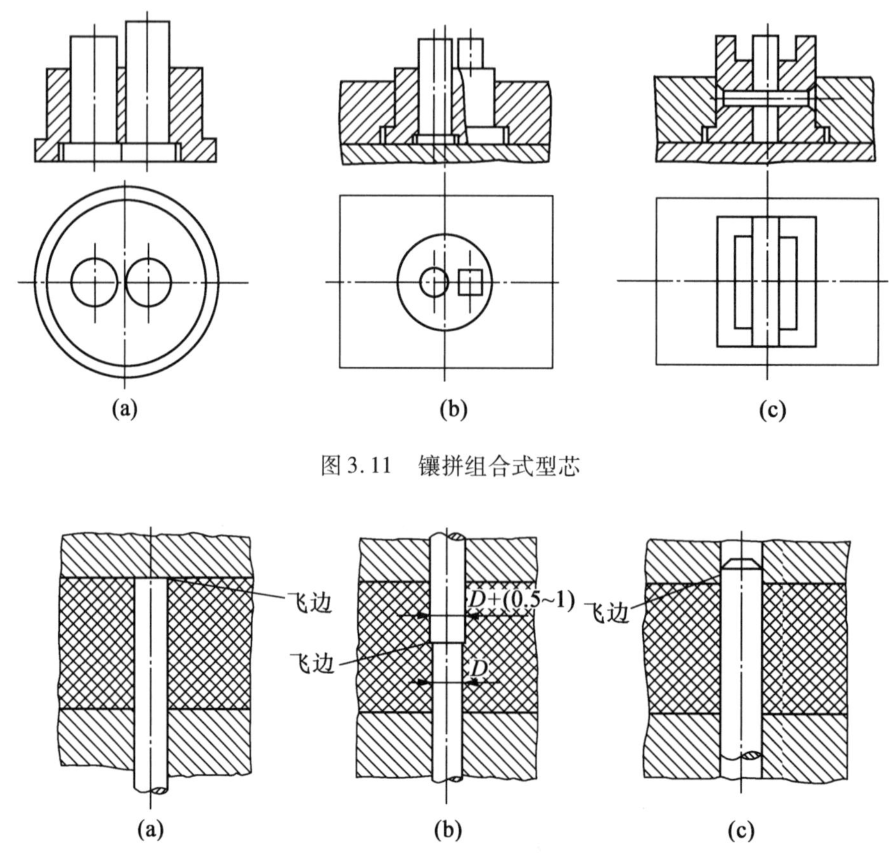

图 3.11 镶拼组合式型芯

图 3.12 通孔的成型方法

不通孔的成型方法只能用一端固定的型芯来成型。为保证型芯具有足够的稳定性,孔不宜太深。对于注射模塑和压注模塑,孔的深度应小于孔径的 4 倍;对于压缩模塑,平行压制方向的孔的深度应小于孔径的 2.5 倍,垂直于压制方向的孔深度应小于孔径的 2 倍。直径过小或深度过大的孔宜在成型后用机械加工的方法得到。如果确系需要成型较深的孔,为了防止型芯在成型时弯曲,应采用图 3.13 所示的型芯支柱予以加强。

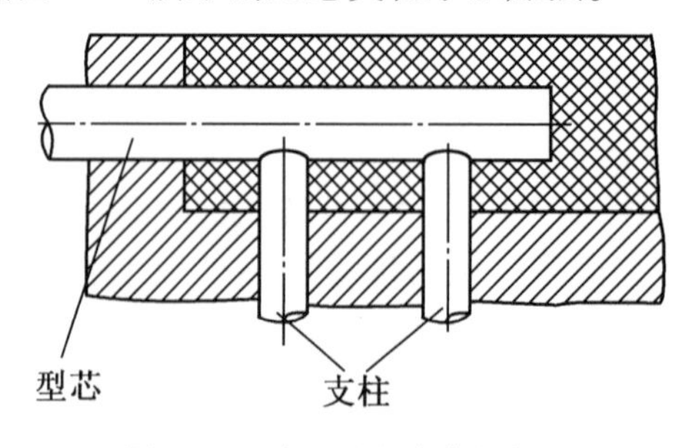

图 3.13 防止型芯弯曲的方法

对于形状复杂的孔,可以采用型芯拼合的方法来成型,如图 3.14 所示。

由孔或槽的成型方法可知,小型芯一般单独制造,然后再嵌入模板中固定。圆形小型芯的固定方法如图 3.15 所示。其中,图 3.15(a)为台肩固定,适应于型芯固定板不太厚的场合;图 3.15(b)、(c)、(d)是当固定板较厚时,为提高小型芯的强度或刚度,采用将型芯下段加粗或带顶销或螺塞的固定方法,是常用的固定方式;图 3.15(e)为铆接固定。

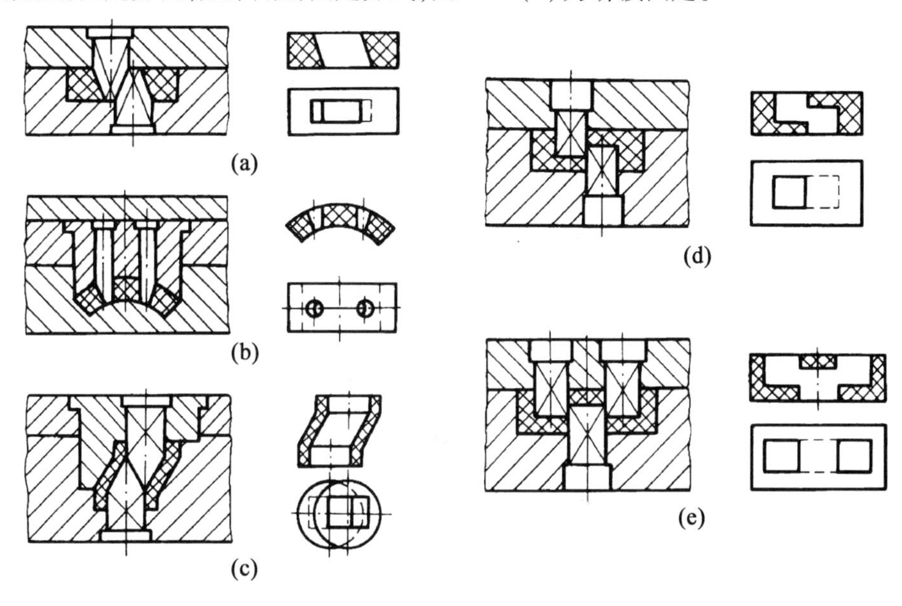

图 3.14　复杂孔的成型方法

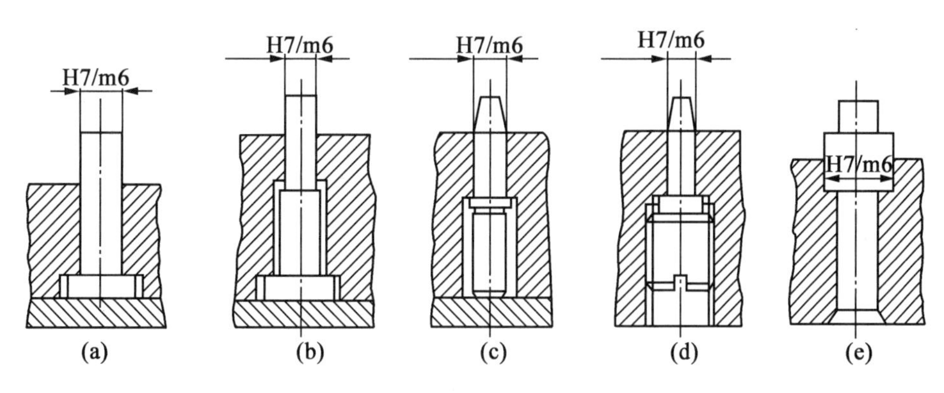

图 3.15　圆形小型芯的固定方法

对于非圆形的型芯,为了制造方便,其连接固定部分一般做成圆形,并以台阶固定,如图 3.16(a)所示,或用螺母和弹簧垫圈固定,如图 3.16(b)所示。

对于多个互相靠近的小型芯,当采用台肩固定时,如果台肩互相干涉,可将干涉的一面磨去,并将型芯固定板的台阶孔加工成大圆台阶孔或长圆台阶孔,如图 3.17 所示。

(2)型芯的技术要求。

①型芯的材料。型芯的材料常用 T8、T7A、T10、T10A、Crl2。

②型芯的热处理硬度。型芯的热处理硬度应达 HRC45 ~ 50。

③型芯的表面粗糙度。型芯的表面粗糙度成型部分应达 *Ra*0.1 μm ~ *Ra*0.025 μm,配合部分应达 *Ra*0.8 μm,其余部分为 *Ra*6.3 μm ~ *Ra*1.6 μm。

④型芯的表面处理。成型部分应镀铬,镀铬层深度为 0.015 ~ 0.020 mm,镀铬前后应进行抛光处理。

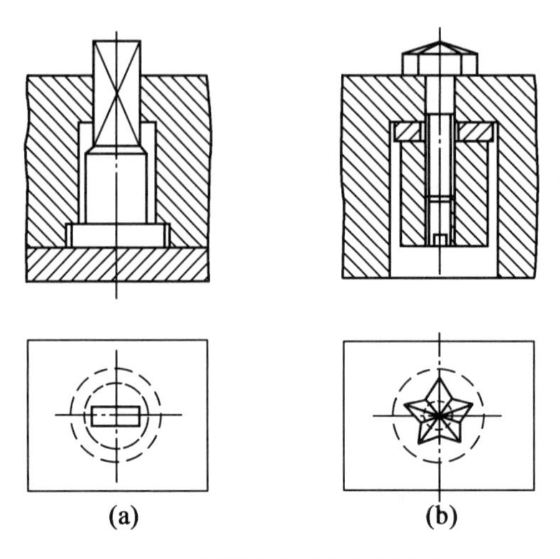

图 3.16 非圆形小型芯的固定方法

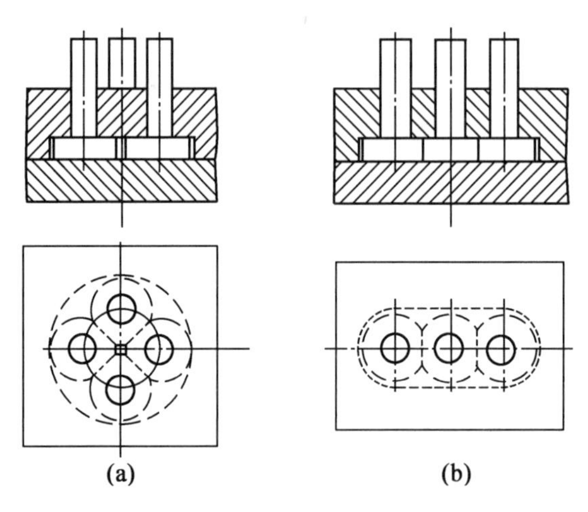

图 3.17 多个互相靠近的小型芯的固定

3. 螺纹成型零件的结构设计

螺纹成型零件主要包括螺纹型芯和螺纹型环。成型塑件内螺纹的零件称为螺纹型芯,成型塑件外螺纹的零件称为螺纹型环。二者还可以用来固定带螺孔和螺杆的嵌件。无论螺纹型芯还是螺纹型环,成型后将其从塑件中卸除的方法有两种,一种是在模具上自动卸除,另一种是在模外手动卸除。此处仅介绍手动卸除的结构。

(1)螺纹型芯。螺纹型芯按其用途分为直接成型塑件上的螺孔和固定螺母嵌件两种。两种螺纹型芯在结构上没有原则区别,但前一种螺纹型芯在设计时必须考虑塑料的收缩率,且表面粗糙度要小(Ra 0.1 μm),始端和末端应按塑件结构要求设计;而后一种不必考虑塑料收缩率,表面粗糙度可以大些(Ra 0.8 μm 即可)。

①固定在下模或定模上的螺纹型芯结构及其固定方法。固定在下模或定模上的螺纹型芯结构及其固定方法如图 3.18 所示,螺纹型芯与安装孔的配合通常采用 H8/h8 间隙配合。

图 3.18(a)利用锥面起定位和密封作用,其定位准确并可防止熔体挤入配合面中而使螺纹型芯抬起;图 3.18(b)将型芯做成圆柱形台阶,定位可靠并能防止螺纹型芯下沉;图 3.18(c)为防止螺纹型芯下沉,孔的下面加支承垫板。

当螺纹型芯是用来固定带螺纹孔嵌件时，可采用图3.18(d)、(e)、(f)、(g)、(h)所示结构。这些结构均可防止螺纹型芯下沉，但图3.18(d)所示结构成型时可能产生浮动，因为在成型压力作用下塑料熔体可能会挤入嵌件与模面之间，使螺纹型芯抬起，导致嵌件沉入塑件表面之内。此外，螺纹型芯拧入嵌件的深度不易控制。而图3.18(e)和图3.18(f)所示的结构克服了上述缺点，但螺纹型芯的结构比图3.18(d)所示的结构复杂。图3.18(g)所示是将嵌件的下端嵌入模体，这样可增加嵌件的稳定性，同时又能可靠地阻止熔体挤入嵌件的螺纹孔中。这种结构尤其适应直径小于3 mm的螺纹型芯，能避免螺纹型芯在成型时产生弯曲变形。当螺纹嵌件不是通孔或虽是通孔但属于小螺纹(M3.5以下)，而且成型时冲击力不大时，可将嵌件直接插入固定于模具的光成型杆上，如图3.18(h)所示。采用这种结构省去了卸下螺纹型芯的操作，但使用不当时嵌件容易发生移动和脱落。

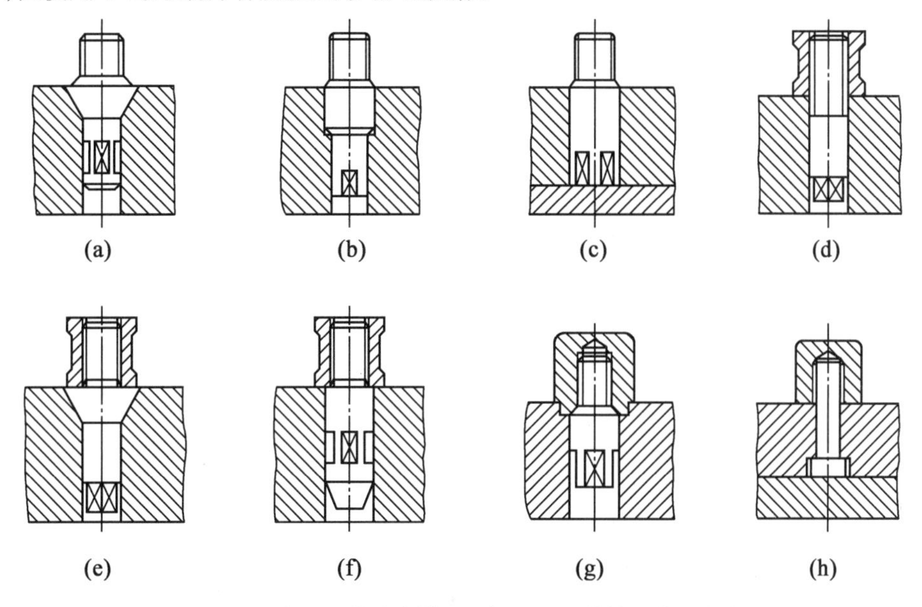

图3.18　固定在下模或定模上的螺纹型芯结构及其固定方法

②固定在上模或动模上的螺纹型芯结构及固定方法。固定在上模或动模上的螺纹型芯结构及固定方法如图3.19所示，其型芯与模孔的配合也为H8/h8。图中各结构的最大特点是采用具有弹力的豁口柄和其他弹性装置，将螺纹型芯支承在孔内，以防成型时螺纹型芯移动或脱落，成型后随塑件一起顶出。

当螺纹型芯的直径小于8 mm时，可采用如图3.19(a)、(b)所示的豁口柄结构；当型芯螺纹直径为5～10 mm时，可采用如图3.19(c)、(d)所示的弹簧装置；当螺纹型芯直径大于10 mm时，可采用图3.19(e)所示的结构；当螺纹型芯直径大于15 mm时，可采用图3.19(f)所示的结构。图3.19(g)所示的结构是利用弹簧卡圈装在型芯杆的圆周沟槽内，其结构简单，适用于直径较大的螺纹型芯；图3.19(h)是弹簧夹头连接，这种结构使用可靠，但因结构复杂，制造费较麻烦。对于图3.19(i)所示的结构，嵌件固定最牢固，而且能按成型工艺要求将塑件强制留在上模或动模，但是在成型之前安装嵌件不方便，在塑件安全脱模之前必须先拧下螺纹型芯，操作麻烦，因此这种结构仅适用于移动式模具。

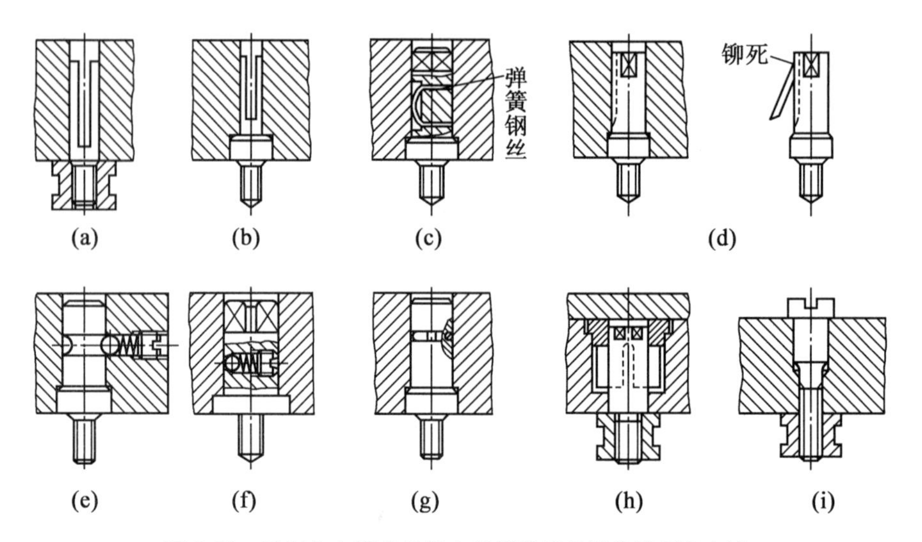

图 3.19 固定在上模或动模上的螺纹型芯结构及固定方法

(2)螺纹型环。螺纹型环按其用途也有两种,一种是直接用于成型塑件外螺纹(图 3.20(a));另一种是固定带有外螺纹的嵌件(图 3.20(b)),后者又称为嵌件环。

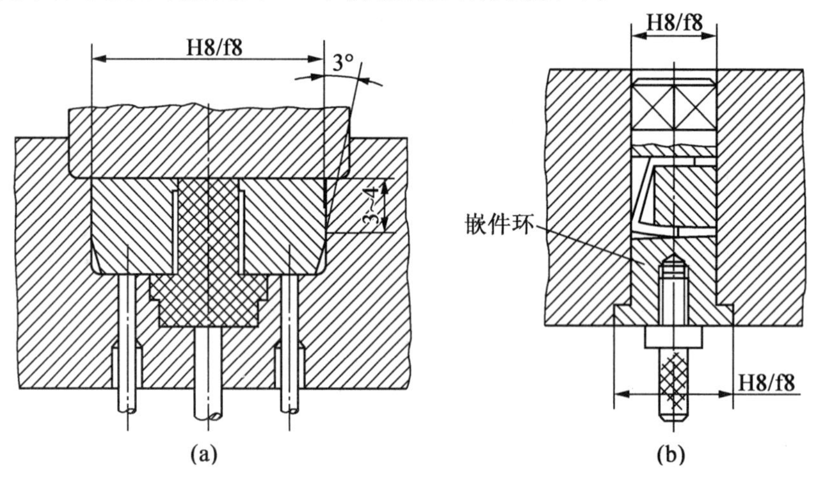

图 3.20 螺纹型环的类型及固定

螺纹型环的结构有两种,如图 3.21 所示。其中,图 3.21(a)为整体式的,其几何参数如图所示。图 3.21(b)是组合式的,它是由两瓣拼合而成,以销钉定位。从塑件上卸下螺纹型环的方法是采用尖劈状卸模器楔入螺纹型环两边的楔形槽内,使螺纹型环两瓣分开。由于在塑件螺纹上会留下难以修整的型环接缝处的溢边,所以这种结构的螺纹型环适用于精度要求不高的粗牙螺纹的成型。

(3)螺纹成型零件的技术要求。

①螺纹型芯与型环。

a. 材料及热处理。常采用 T8A、T10A 钢,热处理后硬度达 HRC40 ~45。

b. 表面粗糙度。成型部分表面粗糙度要求达 $Ra0.20\ \mu m \sim Ra0.10\ \mu m$;配合部分应达 $Ra0.8\ \mu m \sim Ra0.4\ \mu m$;其余部分应达 $Ra6.3\ \mu m \sim Ra1.6\ \mu m$。

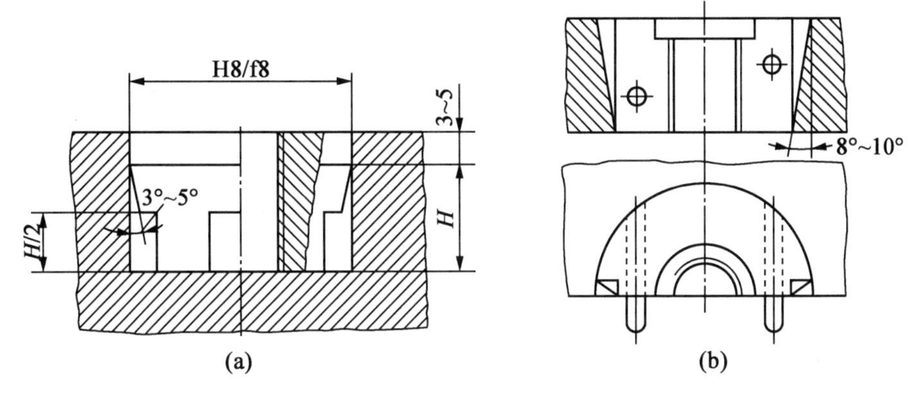

图 3.21　螺纹型环的结构

c. 表面处理。成型部分表面镀铬,镀铬层深度为 0.015 ~ 0.020 mm,镀铬前后应进行抛光处理。

②嵌件杆及嵌件环。

a. 材料及热处理。常采用 Crl2、T10A 钢,热处理硬度达 HRC40 ~ 45。

b. 表面粗糙度。与嵌件配合部分及安装孔配合部分要求达 $Ra0.80$ μm ~ $Ra0.40$ μm;其余部分应达 $Ra6.3$ μm ~ $Ra1.6$ μm。

3.2.3　成型零件工作尺寸的计算

成型零件的工作尺寸是指成型零件上直接用以成型塑件部分的尺寸,主要有凹模和型芯的径向尺寸(包括矩形和异形零件的长和宽)、凹模和型芯的深度尺寸和中心距尺寸等。

模具成型零件工作尺寸必须保证所成型塑件的尺寸和公差达到要求。但影响塑件的尺寸及公差的因素很复杂,因此确定成型零件尺寸时应综合考虑各种影响因素。

1. 影响塑件尺寸公差的因素

(1)成型零件的制造误差。成型零件的制造误差直接影响塑件的尺寸公差。实验表明,成型零件的制造公差约占塑件总公差的 1/3,因此在确定成型零件的工作尺寸公差值时可取塑件公差的 1/3,即取 $\delta_z = \Delta/3$(δ_z 为成型零件的制造公差,Δ 为塑件的公差)。

组合式成型零件的制造公差应根据尺寸链加以确定。

(2)成型零件的磨损。磨损的结果是凹模尺寸变大,型芯尺寸变小,中心距基本保持不变。影响成型零件磨损的因素有脱模过程中塑件与成型零件表面的相对摩擦,熔体在充模过程中的冲刷,成型过程可能产生的腐蚀性气体的锈蚀作用,以及因为上述原因造成表面粗糙度值增大而采取打磨抛光后导致零件实体尺寸的减少。磨损量大小还与塑料的品种和模具材料及热处理有关。上述影响磨损的诸多因素中,塑件脱模过程的摩擦磨损是主要的。因此,为了简化计算,凡是平行于脱模方向的表面应考虑磨损,凡是垂直于脱模方向的成型零件表面可不考虑磨损。

计算成型零件的尺寸时,磨损量应根据塑件的产量,再结合影响磨损的因素来确定。对于小批量生产,磨损量取小值,甚至不考虑磨损量;对于玻璃纤维等增强塑料,磨损量应取较大值;对于摩擦系数小的热塑性塑料(如聚乙烯、聚丙烯、聚酰胺、聚甲醛等),磨损量应取小值;模具材料耐磨性好,对于表面进行镀铬或氮化等强化处理的,磨损量可取小值。对于中小型塑件，最大磨损量可取塑件公差的1/6，即 $\delta_c = \Delta/6$（δ_c 为最大允许的磨损量）；对于大型塑件，则取 $\Delta/6$ 以下。

（3）成型收缩率的偏差和波动。成型收缩率是指室温时塑件与模具型腔两者尺寸的相对差，它可按下式求得

$$S = \frac{A - B}{A} \times 100\% \tag{3.1}$$

式中 S——塑料成型收缩率（%）；

A——模具型腔在室温下的尺寸；

B——塑件在室温下的尺寸。

由式（3.1）忽略高次项，可得

$$A \approx B + SB \tag{3.2}$$

式（3.2）可作为模具成型零件尺寸计算的基本公式，但有一定误差。

实践证明，因为影响收缩的因素很复杂，所以要定出准确的收缩率是不容易的，但可以参照试验数据，根据实际情况，分析影响收缩的因素，选择适当的平均收缩值。

影响塑件收缩的因素可归纳为四个方面：

①塑料的品种。各种塑料都具有各自的收缩率，热塑性塑料的收缩率一般比热固性塑料的收缩率大，方向性明显，成型后收缩及退火或调湿后的收缩也较大。对于同一种塑料，其树脂质量分数、相对分子质量、添加剂等的不同，收缩率也不同，树脂质量分数多、相对分子质量高、以有机化合物为填料的，收缩率大。

②塑件的特点。塑件的形状、尺寸、壁厚、有无嵌件和嵌件数量及其分布等对收缩率的影响比较大，如形状复杂、壁薄、有嵌件且嵌件分布均匀的收缩率较小。

③模具结构。模具分型面、加压方向、浇注系统结构形式、浇口布局及尺寸对收缩率及收缩的方向性影响很大。

④成型方法及工艺条件。挤出成型和注射成型的收缩率一般较大。塑料预热情况、成型温度、成型压力、保压时间、模具温度都对收缩率有影响。对于热固性塑料压缩模塑，采用锭料，适当提高塑料预热温度，降低成型温度，提高成型压力，适当延长保压时间等均可减小收缩率。对于热塑性塑料注射模塑，熔体温度高，收缩大，但方向性小；注射压力高，保压压力较高，时间长，收缩小；模具温度高，收缩大。

综上所述，由于塑料、塑件的特点、成型条件、模具结构等的变化，都会引起收缩率的波动，加上设计计算时收缩率估计的误差，这一切都会导致塑件尺寸误差，其误差值为

$$\delta_s = (S_{max} - S_{min})B \tag{3.3}$$

式中 δ_s——收缩率波动所引起的塑件尺寸的误差值；

S_{max}——塑料的最大收缩率（%）；

S_{min}——塑料的最小收缩率（%）。

（4）模具的安装配合误差。由于模具成型零件的安装误差或在成型过程中成型零件配合间隙的变化，都会影响塑件尺寸的精确性。例如，上模与下模或动模与定模合模位置的不准确，就会影响塑件壁厚等尺寸误差，又如螺纹型芯如果按间隙配合安放在模具中，则塑件中螺纹孔位置公差就会受配合间隙的影响。安装配合误差以 δ_j 表示。

（5）水平飞边厚度的波动。对于压缩模塑，如果采用溢料式或半溢料式模具，其飞边厚度常因成型工艺条件的变化而有所变化，从而导致塑件高度尺寸的误差。对于压注模塑和注射

模塑，水平飞边厚度很薄，甚至没有飞边，故对塑件高度尺寸影响不大。水平飞边厚度的波动所造成的误差以 δ_f 表示。

综上所述，塑件可能产生的最大误差为上述各种误差的总和，即

$$\delta = \delta_z + \delta_c + \delta_s + \delta_j + \delta_f \tag{3.4}$$

由此可知，设计塑件时，其公差的选择不仅要从塑件的装配和使用需要出发，而且要充分考虑塑件在成型过程中可能产生的误差。也就是说，塑件的公差要求受可能产生的误差限制。塑件的公差值应大于或等于上述各因素所引起的积累误差，即

$$\Delta \geqslant \delta \tag{3.5}$$

否则将给模具制造和成型工艺条件的控制带来困难。

在一般情况下，以上影响塑件公差的因素中，模具制造误差、成型零件磨损和收缩率的波动是主要的。而且并不是塑件的所有尺寸都受上述各因素的影响。例如，用整体式凹模成型塑件时，其外径（宽或长）只受 δ_z、δ_c、δ_s 的影响，而高度尺寸则受 δ_z、δ_s 的影响（压缩模塑塑件的高度尺寸还受 δ_f 的影响）。

还应该注意到，收缩率波动引起的误差值 δ_s 是随着塑件尺寸的增大而增大。因此，当生产大型的塑件时，收缩率的波动对塑件公差的影响很大。在这种情况下，应着重设法稳定工艺条件和选择收缩率波动较小的塑料，单靠提高成型零件的制造精度是不经济的。相反，当生产小型塑件时，模具成型零件的制造精度和磨损对塑件公差的影响较突出，因此，应注意提高成型零件的制造精度和减少磨损量。在精密成型中，减小成型工艺条件的波动是一个很重要的问题，单纯地根据塑件的公差来确定模具成型零件的尺寸公差是难以达到要求的。

2. 成型零件工作尺寸计算方法

由于在一般情况下，模具制造公差、磨损和成型收缩波动是影响塑件公差的主要因素，因此，计算成型零件时应主要考虑以上三项因素的影响。

成型零件工作尺寸计算的方法有两种，一种是平均值法，即按平均收缩率、平均制造公差和平均磨损量进行计算；另一种是极限值法，即按极限收缩率、极限制造公差和极限磨损量进行计算。前一种计算方法比较简便，但可能有误差，在精密塑件的模具设计中受到一定限制；后一种计算方法能保证成型的塑件在规定的公差范围内，但计算比较复杂。以下介绍按平均值法计算的计算方法。

在计算成型零件凹模和型芯的尺寸时，塑件和成型零件的尺寸均按单向极限偏差标注，如果塑件上的公差是双向分布的，则应按这个要求加以换算。而孔中心距尺寸则按公差带对称分布的原则进行计算。

图3.22所示为模具成型零件工作尺寸与塑件尺寸间的关系。

3. 凹模和型芯径向尺寸的计算

(1)凹模径向尺寸。已知塑件尺寸为 $(L_s)_{-\Delta}^{\ 0}$，平均收缩率为 S_{cp}，设凹模径向尺寸为 $(L_m)_{\ 0}^{+\delta_z}$，取凹模制造公差 $\delta_z = \Delta/3$，按平均值计算方法可得凹模径向尺寸为

$$L_m = \left(L_s + L_s S_{cp} - \frac{3}{4}\Delta\right)_{\ 0}^{+\delta_z} \tag{3.6}$$

(2)型芯的径向尺寸。已知塑件尺寸为 $(l_s)_{\ 0}^{+\Delta}$，平均收缩率为 S_{cp}（单位为%），设型芯径向尺寸为 $(l_m)_{-\delta_z}^{\ 0}$，取凹模制造公差 $\delta_z = \Delta/3$，则型芯径向尺寸为

$$l_m = \left(l_s + l_s S_{cp} + \frac{3}{4}\Delta\right)_{-\delta_z}^{\ 0} \tag{3.7}$$

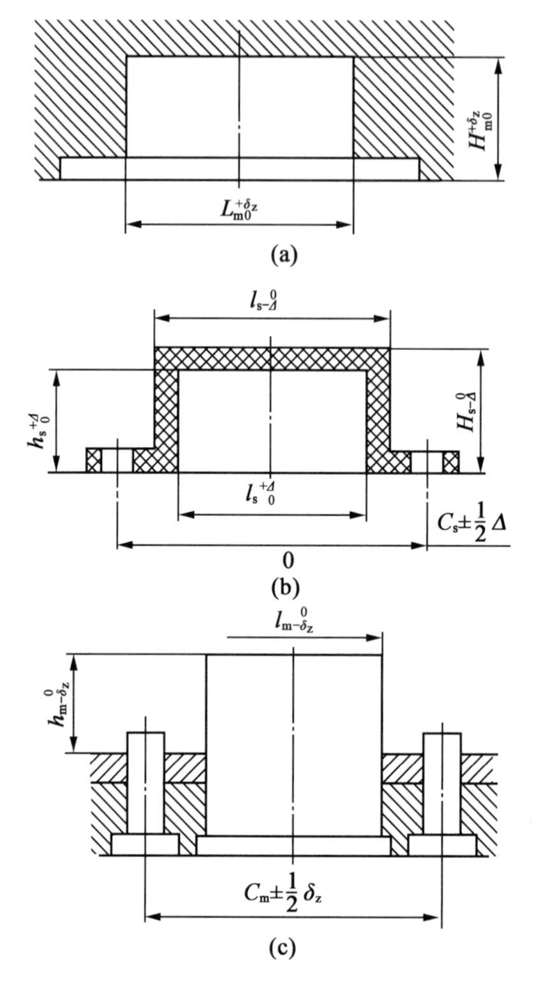

图 3.22 模具成型零件工作尺寸与塑件尺寸间的关系

(a)凹模;(b)塑件;(c)型芯

应该指出的是,由于制造公差 δ_z 和磨损量 δ_c(上述公式按 $\delta_c=\Delta/6$ 推出)与塑件的公差 Δ 的关系随塑件的尺寸及公差大小而变化。因此,式(3.6)和式(3.7)中 Δ 项的系数可取 1/2 ~ 3/4,塑件尺寸及公差大的取小值,相反则取大值。

当脱模斜度不包括在塑件公差范围内时,塑件外形只检验大端尺寸,内形检验小端尺寸,检验结果符合图样尺寸即可。此时,凹模大端尺寸即按式(3.6)计算得到,型芯小端尺寸即按式(3.7)计算得到。而凹模小端尺寸和型芯大端尺寸决定于脱模斜度。

当脱模斜度包括在塑件公差范围内时,则凹模小端尺寸按式(3.6)计算,凹模大端尺寸应按下式计算

$$L_{m,\max}=\left[L_m+\left(\frac{1}{4}\sim\frac{1}{2}\right)\Delta\right]_{0}^{+\delta_z} \tag{3.8}$$

式中 L_m——按式(3.6)计算的凹模尺寸。

型芯大端尺寸按式(3.7)计算,型芯小端尺寸按下式计算:

$$l_{m,\min}=\left[l_m-\left(\frac{1}{4}\sim\frac{1}{2}\right)\Delta\right]_{-\delta_z}^{0} \tag{3.9}$$

式中　l_m——按式(3.7)计算的型芯尺寸。

式(3.8)和式(3.9)中一般取$\Delta/4$,如要加大脱模斜度则取$\Delta/2$。

根据式(3.8)和式(3.9)的计算可以保证有一定的脱模斜度,并保证脱模斜度在公差范围内。

应用以上公式进行凹模和型芯径向尺寸计算时应注意塑件的具体结构,如带有嵌件或孔的塑件,其收缩率较实体塑件小,因而在计算时对塑件的计算尺寸和收缩率应做必要的修正,如果没有把握,则在模具设计和制造时,应留有一定的修模量,以便试模后修正。

4. 凹模深度和型芯高度尺寸计算

(1)凹模深度尺寸。已知塑件尺寸$(H_s)_{-\Delta}^{0}$,平均收缩率为S_{cp},设凹模深度尺寸为$(H_m)_{0}^{+\delta_z}$,取$\delta_z=\Delta/3$,按平均值计算方法可得凹模深度尺寸为

$$H_m=\left(H_s+H_sS_{cp}-\frac{2}{3}\Delta\right)_{0}^{+\delta_z} \tag{3.10}$$

(2)型芯高度尺寸。已知塑件尺寸为$(h_s)_{0}^{+\Delta}$,平均收缩率为S_{cp},设型芯高度尺寸为$(h_m)_{-\delta_z}^{0}$,取$\delta_z=\Delta/3$,则型芯高度尺寸为

$$h_m=\left(h_s+h_sS_{cp}+\frac{2}{3}\Delta\right)_{-\delta_z}^{0} \tag{3.11}$$

有的资料取凹模深度和型芯高度的计算公式中Δ的系数为1/2。

凹模和型芯尺寸计算应注意的事项如下:

①凹模和型芯径向尺寸的计算公式中考虑了成型收缩率、磨损和模具成型零件的制造误差的影响,而凹模深度和型芯高度尺寸的计算中只考虑收缩率和成型零件制造误差的影响,由于磨损对其影响甚小,故不考虑。但在压缩模塑中,如果采用溢式和半溢式模具成型时,不可忽视飞边厚度波动对塑件高度的影响,故在必要时,凹模深度的计算需考虑飞边厚度对塑件高度所造成的误差δ_f。δ_f一般取0.1~0.2 mm,以纤维为填料的塑料取0.2~0.4 mm。

②对于成型收缩率很小的塑料(如聚苯乙烯、醋酸纤维素等),在注射成型薄壁塑件时,可以不考虑收缩率对模具成型零件尺寸的影响。

③设计计算成型零件工作尺寸时,必须深入了解塑件的要求,对于配合尺寸应认真设计计算,对于不重要的尺寸,可以简化计算,甚至可用塑件的基本尺寸作为模具成型零件的相应尺寸。

对于精度要求高的塑件尺寸,成型零件相应尺寸取小数点后的第二位,第三位四舍五入。精度要求低的塑件尺寸,成型零件相应尺寸取小数点后第一位,第二位四舍五入。

5. 型芯之间或成型孔之间中心距的计算

模具上型芯的中心距与塑件上相应孔的中心距是对应的。同样,模具上成型孔的中心距与塑件上相应凸台部分的中心距也是对应的。同时还可以看出,塑件上中心距的公差带分布一般是双向对称的,以$\pm\Delta/2$表示。模具成型零件上的中心距公差带分布也是双向对称的,以$\pm\delta_z/2$表示。

由于塑件中心距和模具成型零件的中心距公差带都是对称分布的,同时磨损的结果不会使中心距发生变化,因此,塑件上中心距的基本尺寸C_s和模具上相应中心距的基本尺寸C_m就是塑件中心距和模具中心距的平均尺寸。由此可得,模具型芯中心距或孔中心距的计算公式为

$$C_m=(C_s+C_sS_{cp})\pm\delta_z/2 \tag{3.12}$$

模具型芯中心距取决于安装型芯的孔心距。用普通方法加工孔时,所得孔间距公差见表3.2,它与孔心距的尺寸大小有关。在坐标镗床上加工孔时,所得孔心距取决于坐标镗床的精度,孔轴线位置偏差一般不会超过±(0.015~0.02)mm,而且与孔心距基本尺寸大小无关。

表3.2 孔间距公差

孔间距/mm	制造公差/mm	孔间距/mm	制造公差/mm
<80	±0.01	220~360	±0.03
80~220	±0.02		

如果型芯与模具孔为间隙配合(螺纹型芯就是这样),其配合间隙将使型芯中心距尺寸产生波动,从而使塑件中心距产生误差,其误差值最大为 δ_j。对于一个型芯来说,中心距偏差最大为 $0.5\delta_j$。

6. 型芯(或成型孔)中心到成型面距离的计算

图3.23表示了安装在凹模中的型芯(或孔)中心到成型面的距离和安装在型芯中的小型芯(或孔)中心到型芯侧面的距离与塑件中相应尺寸的关系。

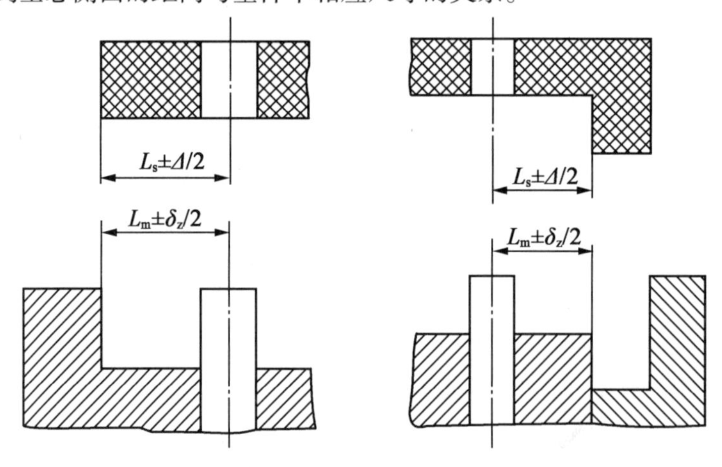

图3.23 型芯中心到成型面的距离

(1)凹模内的型芯或孔中心到侧壁距离的计算。由图3.23可知,塑件上的孔中心到侧边的尺寸为 L_s,模具型芯中心到凹模侧壁尺寸为 L_m。

型芯在使用过程中的磨损并不影响 L_m,而凹模在使用过程中的磨损会影响 L_m,其单边最大磨损量为 $\delta_c/2$。设模具制造公差为 δ_z,塑料收缩率为 S_{cp}(单位为%),取 $\delta_c=\Delta/6$,按平均值计算方法可以求得

$$L_m=\left(L_s+L_sS_{cp}-\frac{\Delta}{24}\right)\pm\delta_z/2 \tag{3.13}$$

(2)型芯上的小型芯或孔的中心到型芯侧面距离的计算。型芯的磨损将使距离变小,其单边最大磨损量为 $\delta_c/2$,而小型芯的磨损则不改变这个距离。按平均计算法可得

$$L_m=\left(L_s+L_sS_{cp}+\frac{\Delta}{24}\right)\pm\delta_z/2 \tag{3.14}$$

7. 螺纹型芯和螺纹型环尺寸的计算

螺纹连接的种类很多,配合性质也不相同。对于塑件螺纹来说,影响其连接的因素很复杂,目前尚无塑料螺纹的统一标准,也没有成熟的计算方法,因而很难满足塑料螺纹配合的准确要求。

下面介绍公制普通螺纹型芯和螺纹型环的计算方法(图 3.24)。

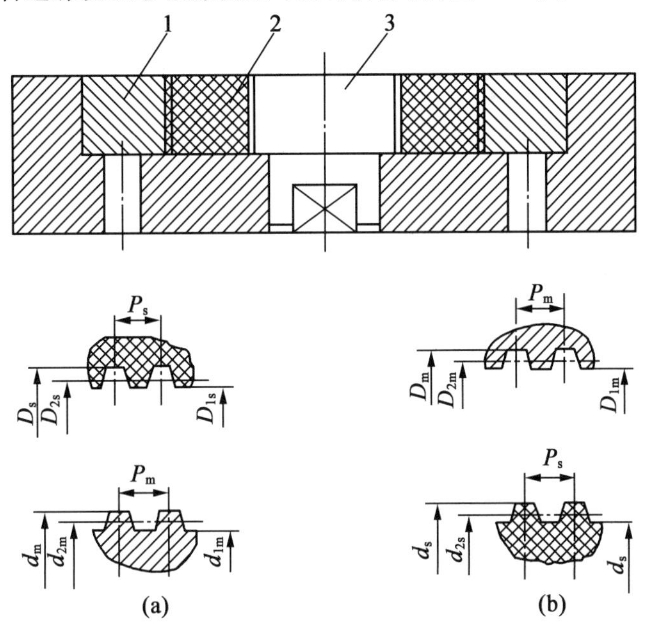

图 3.24　螺纹型芯和螺纹型环的几何参数

1—螺纹型环;2—塑件;3—螺纹型芯

(1)螺纹型芯工作尺寸的计算(图 3.24(a))。

①螺纹型芯中径。螺纹中径是决定螺纹配合性质的最重要的尺寸,按平均收缩率计算螺纹型芯的中径:

$$d_{2m} = (D_{2s} + D_{2s}S_{cp} + b)_{-\delta_z}^{\ 0} \tag{3.15}$$

式中　d_{2m}——螺纹型芯中径;

D_{2s}——塑件内螺纹中径基本尺寸;

S_{cp}——平均收缩率(%);

b——塑件螺纹中径公差,目前因为我国尚无塑件螺纹的公差标准,可参照金属螺纹公差标准中精度最低者选用,其值可查公差标准(GB/T 197—2003《普通螺纹　公差》);

δ_z——螺纹型芯中径制造公差,公差值应小于塑件公差值,一般取 $\delta_z = b/5$ 或查表 3.3。

表 3.3　普通螺纹型芯和型环的直径制造公差　mm

螺纹类型	螺纹直径 d 或 D	制造公差 δ_z			螺纹类型	螺纹直径 d 或 D	制造公差 δ_z		
		大径	中径	小径			大径	中径	小径
粗牙	3~12	0.03	0.02	0.03	粗牙	36~45	0.05	0.04	0.05
	14~33	0.04	0.03	0.04		48~68	0.06	0.05	0.06

续表 3.3

螺纹类型	螺纹直径 d 或 D	制造公差 δ_z			螺纹类型	螺纹直径 d 或 D	制造公差 δ_z		
		大径	中径	小径			大径	中径	小径
细牙	4~22	0.03	0.02	0.03	细牙	6~27	0.03	0.02	0.03
	24~52	0.04	0.03	0.04		30~52	0.04	0.03	0.04
	56~68	0.05	0.04	0.05		56~72	0.05	0.04	0.05

②螺纹型芯大径。螺纹型芯大径的计算公式为

$$d_m = (D_s + D_s S_{cp} + b)_{-\delta_z}^{0} \quad (3.16)$$

式中 d_m——螺纹型芯大径；

D_s——塑件内螺纹大径基本尺寸；

δ_z——螺纹型芯大径制造公差，其值取 $b/4$ 或查表 3.3。

③螺纹型芯小径。螺纹型芯小径的计算公式为

$$d_{1m} = (D_{1s} + D_{1s} S_{cp} + b)_{-\delta_z}^{0} \quad (3.17)$$

式中 d_{1m}——螺纹型芯小径；

D_{1s}——塑件内螺纹小径基本尺寸；

δ_z——螺纹型芯小径制造公差，其值一般取 $b/4$ 或查表 3.3。

④螺纹型芯螺距。螺纹型芯螺距的计算公式为

$$P_m = (P_s + P_s S_{cp}) \pm \delta_z'/2 \quad (3.18)$$

式中 P_m——螺纹型芯螺距；

P_s——塑件内螺纹螺距基本尺寸；

δ_z'——螺纹型芯螺距制造公差，其值可查表 3.4。

表 3.4 螺纹型芯和型环的螺距制造公差 mm

螺纹直径 d 或 D	配合长度 L	制造公差 δ_z
3~10	<12	0.01~0.03
12~22	12~20	0.02~0.04
24~68	>20	0.03~0.05

(2)螺纹型环工作尺寸的计算(图 3.24(b))。

①螺纹型环中径。螺纹型环中径的计算公式为

$$D_{2m} = (d_{2s} + d_{2s} S_{cp} - b)_{0}^{+\delta_z} \quad (3.19)$$

式中 D_{2m}——螺纹型环中径；

d_{2s}——塑件外螺纹中径基本尺寸；

δ_z——螺纹型环中径制造公差，值取 $b/5$ 或查表 3.3。

②螺纹型环大径。螺纹型环大径的计算公式为

$$D_m = (d_s + d_s S_{cp} - b)_{0}^{+\delta_z} \quad (3.20)$$

式中 D_m——螺纹型环大径；

d_s——塑件外螺纹大径基本尺寸；

δ_z——螺纹型环大径制造公差,其值取 $b/4$ 或查表3.3。

③螺纹型环小径。螺纹型环小径的计算公式为

$$D_{1m} = (d_{1s} + d_{1s}S_{cp} - b)^{+\delta_z}_{0} \tag{3.21}$$

式中　D_{1m}——螺纹型环小径;

d_{1s}——塑件外螺纹小径基本尺寸;

δ_z——螺纹型芯小径制造公差,其值取 $b/4$ 或查表3.3。

螺纹型环螺距的计算方法与螺纹型芯螺距的计算的方法相同。

(3)螺纹型芯和螺纹型环工作尺寸计算的注意事项。

①由于塑料成型存在收缩不均匀性和收缩率波动,对塑料螺纹的几何形状及尺寸都有较大的影响,从而影响了螺纹的连接。因此,虽然螺纹型芯和螺纹型环径向尺寸的计算分别与一般型芯和凹模尺寸计算公式原则上是一致的,但应有所区别。区别在于计算公式中塑件公差值前面的系数较大,不是3/4b 而是 b。其目的是有意增大塑件螺孔的中径、大径和小径,或有意减少塑件外螺纹的中径、大径和小径,用以补偿因收缩不均匀或收缩波动对螺纹连接的影响。但必须指出,有关资料虽然都力图按以上原则进行计算,但所取系数不尽相同,螺纹型芯或螺纹型环各尺寸的制造公差值也不尽相同。在生产实际中应根据具体要求酌情确定。

②螺纹型芯和螺纹型环螺距计算与成型零件中心距计算完全相同,但考虑了塑料的收缩率,所以计算所得的螺距数值是一个不规则小数,加工这样的螺纹型芯和螺纹型环是很困难的。为此,当收缩率相同或相近的塑件外螺纹与塑件内螺纹相配合时,计算螺距时可以不考虑收缩率。当塑件螺纹与金属螺纹配合时,可在中径公差范围内,用上述方法加大型芯中径或缩小型环中径(大径和小径也同样按比例增大或减小)来补偿塑件螺距的累计误差(图3.25),因此不再计算塑件螺距的收缩率。但配合使用的螺纹长度 L 有一定的限制,其极限值为

$$L_{max} \leqslant \frac{0.432b}{S_{cp}} \tag{3.22}$$

式中　L_{max}——配合使用的螺纹极限长度;

b——螺纹中径公差。

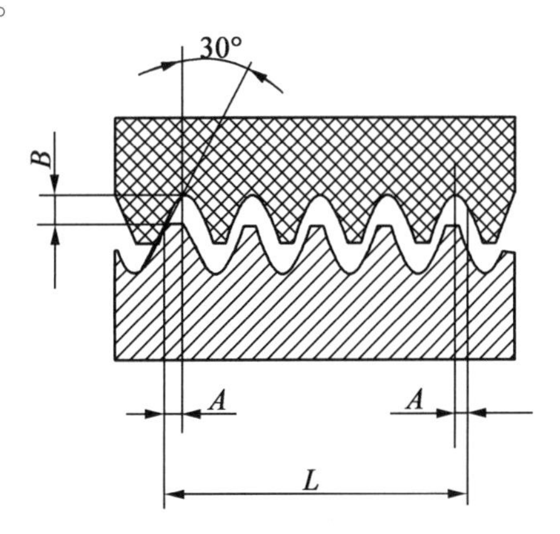

图3.25　塑件螺纹与金属螺纹配合情况

A—塑料螺距积累误差(与金属标准螺距相比);B—螺纹中径加大值

当然,虽然带小数点特殊螺距的螺纹型芯和螺纹型环加工更加困难,但必要时还是可以采用在车床上配置特殊齿数的变速挂轮等方法进行加工。

8. 成型零件工作尺寸计算实例

例 3.1 图 3.26(a)所示塑件的材料为玻纤增强聚丙烯,收缩率为 0.4% ~0.8%,试计算该塑件的成型零件工作尺寸。

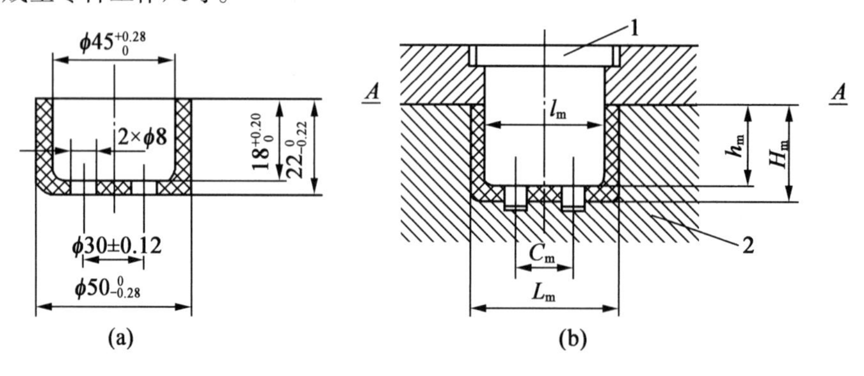

图 3.26 塑件及成型零件工作尺寸计算图

(a)塑件;(b)成型零件工作尺寸计算图

解 根据塑件结构,绘制模具成型零件工作尺寸计算图,如图 3.26(b)所示,分型面在 A—A 处,型芯在动模,凹模在定模。

根据已知条件,由凹模成型的塑件尺寸有:$L_s = 50\,_{-0.28}^{\ 0}$ mm,$H_s = 22\,_{-0.22}^{\ 0}$ mm;由型芯成型的塑件尺寸有:$l_{s1} = 45\,_{\ 0}^{+0.28}$ mm,$l_{s2} = 8\,_{\ 0}^{+0.4}$ mm(未注公差尺寸的公差按 SJ 1372—78《塑料制品的尺寸精度等级》,取 7 级),$h_s = 18\,_{\ 0}^{+0.20}$ mm,$C_s = (30 \pm 0.12)$ mm。塑料的平均收缩率 $S_{cp} = (0.4 + 0.8)/2 \times 100\% = 0.6\%$,型芯与凹模的制造公差取 $\delta_z = \Delta/3$。

(1)凹模尺寸。

凹模径向尺寸

$$\begin{aligned} L_m &= \left(L_s + L_s S_{cp} - \frac{3}{4}\Delta\right)_{\ 0}^{+\delta_z} \\ &= \left(50 + 50 \times 0.6\% - \frac{3}{4} \times 0.28\right)_{\ 0}^{+0.28/3} \\ &= 50.09\,_{\ 0}^{+0.09}\ (\text{mm}) \end{aligned}$$

凹模高度尺寸

$$\begin{aligned} H_m &= \left(H_s + H_s S_{cp} - \frac{2}{3}\Delta\right)_{\ 0}^{+\delta_z} \\ &= \left(22 + 22 \times 0.6\% - \frac{2}{3} \times 0.22\right)_{\ 0}^{+0.22/3} \\ &\approx 21.99\,_{\ 0}^{+0.07}\ (\text{mm}) \end{aligned}$$

(2)型芯尺寸。

型芯径向尺寸

$$\begin{aligned} l_{m1} &= \left(l_{s1} + l_{s1} S_{cp} + \frac{3}{4}\Delta\right)_{-\delta_z}^{\ 0} \\ &= \left(45 + 45 \times 0.6\% + \frac{3}{4} \times 0.28\right)_{-0.28/3}^{\ 0} \\ &= 45.48\,_{-0.09}^{\ 0}\ (\text{mm}) \end{aligned}$$

$$
\begin{aligned}
l_{m2} &= \left(l_{s2} + l_{s2}S_{cp} + \frac{3}{4}\Delta\right)_{-\delta_z}^{0} \\
&= \left(8 + 8 \times 0.6\% + \frac{3}{4} \times 0.4\right)_{-0.4/3}^{0} \\
&= 8.348_{-0.13}^{0}\,(\text{mm})
\end{aligned}
$$

型芯高度尺寸

$$
\begin{aligned}
h_m &= \left(h_s + h_sS_{cp} + \frac{2}{3}\Delta\right)_{-\delta_z}^{0} \\
&= \left(18 + 18 \times 0.6\% + \frac{2}{3} \times 0.2\right)_{-0.2/3}^{0} \\
&\approx 18.24_{-0.07}^{0}\,(\text{mm})
\end{aligned}
$$

(3)小孔中心距。

$$
\begin{aligned}
C_m &= (C_s + C_sS_{cp}) \pm \delta_z/2 \\
&= (30 + 30 \times 0.6\%) \pm [0.24/(3 \times 2)] \\
&= 30.18 \pm 0.04\,(\text{mm})
\end{aligned}
$$

3.2.4　成型零件的强度与刚度计算

1. 型腔的强度与刚度

在塑料模塑过程中,型腔主要承受塑料熔体的压力。在塑料熔体的压力作用下,型腔将产生内应力及变形。如果型腔壁厚和底板厚度不够,当型腔中产生的内应力超过型腔材料的许用应力时,型腔即发生强度破坏。与此同时,刚度不足则发生过大的弹性变形,从而产生溢料和影响塑件尺寸及成型精度,也可能导致脱模困难等。因此,有必要建立型腔强度和刚度计算方法,尤其对重要的、塑件精度要求高的和大型塑件的型腔,不能单凭经验确定型腔侧壁和底板厚度,而应通过强度和刚度的计算来确定。

型腔刚度和强度计算的依据可归纳为如下几个方面:

(1)成型过程不发生溢料。当型腔内受塑料熔体高压作用时,模具成型零件由于产生弹性变形而在分型面和某些配合面可能产生足以溢料的间隙。这时,应根据塑料的黏度不同,在不产生溢流的情况下,将允许的最大间隙值 δ_p 作为塑料模具型腔的刚度条件。常用塑料不产生溢料的 δ_p 值见表 3.5。

表 3.5　常用塑料不产生溢料的 δ_p 值

黏度特性	塑料品种	允许变形值 δ_p/mm
低黏度塑料	PA、PE、PP、POM	0.025 ~ 0.04
中黏度塑料	PS、ABS、PMMA	≤0.05
高黏度塑料	PC、PPO、PSF	0.06 ~ 0.08

(2)保证塑件的精度。型腔侧壁及其底板应有较好的刚度,以保证在型腔受到熔体高压作用时不产生过大的弹性变形。此时,型腔的允许变形量 δ_p 受塑件尺寸和公差值的限制,一般取塑件公差值的 1/5 左右,或 0.025 mm 以下。

（3）保证塑件顺利脱模。型腔的刚度不足，则模塑成型时变形大，不利于塑件脱模。当变形量大于塑件的收缩值时，塑件将被型腔包紧而难以脱模。此时，型腔的允许变形量 δ_p 受塑件收缩值限制，即

$$\delta_p \leqslant St \tag{3.23}$$

式中　S——塑件材料的成型收缩率（%）；

t——塑件的壁厚（mm）。

在一般情况下，型腔的变形量不会超过塑料的冷却收缩值，因而型腔的刚度主要由不溢料和塑件精度决定。

必须注意，不论是强度计算还是刚度计算，都应以型腔所受最大压力为准，而最大压力是在注射（或压制）过程中，熔体充满型腔的瞬间。

型腔尺寸是以强度还是以刚度计算的分界值取决于型腔的形状、型腔内熔体的最大压力、模具材料的许用应力及型腔允许的变形量等。当以强度计算和刚度计算所算出的型腔尺寸相等时，此值即为分界值。在分界值未知的情况下，则应分别按强度条件和刚度条件计算型腔壁厚，然后取大者为型腔的壁厚。一般来说，对于大尺寸型腔，通常以刚度计算为主；对于小尺寸型腔，因在发生大的弹性变形前，其内应力往往已超过材料的许用应力，应以强度计算为主。刚度条件通常是保证不溢料，但当塑件精度要求较高时，应按塑件精度要求确定刚度条件。

2. 成型零件的强度与刚度计算

成型零件的强度与刚度计算主要是根据强度和刚度条件，计算凹模的侧壁与底板厚度、型芯的直径或半径等。由于精确计算是相当困难的，因此在工程设计上常采用表3.6所列计算公式来近似地进行计算。其中，表3.6所示的计算公式中的四个系数 c、c'、a、a'见表3.7～表3.10。

表中所列公式是以较简单的圆形和矩形型腔为例推出的，其他形状的型腔尺寸可先简化成近似的矩形或圆形后，再参照表中所列公式计算。

表3.6　成型零件的强度与刚度计算

类型		图示	部位	按强度计算	按刚度计算
圆形凹模	整体式	t_c, t_h, R, r	侧壁	$t_c = r\left(\sqrt{\frac{\sigma_p}{\sigma_p - 2p_m}} - 1\right)$	$t_c = r\left(\sqrt{\frac{\frac{E\delta_p}{rp_m} - (\mu - 1)}{\frac{E\delta_p}{rp_m} - (\mu + 1)}} - 1\right)$
			底部	$t_h = \sqrt{\frac{3p_m r^2}{4\sigma_p}}$	$t_h = \sqrt[3]{\frac{0.175\ 8p_m r^4}{E\delta_p}}$
	镶拼组合式	t_c, t_h, R, r	侧壁	$t_c = r\left(\sqrt{\frac{\sigma_p}{\sigma_p - 2p_m}} - 1\right)$	$t_c = r\left(\sqrt{\frac{\frac{E\delta_p}{rp_m} - (\mu - 1)}{\frac{E\delta_p}{rp_m} - (\mu + 1)}} - 1\right)$
			底部	$t_h = r\sqrt{\frac{1.22p_m}{\sigma_p}}$	$t_h = \sqrt[3]{\frac{0.74p_m r^4}{E\delta_p}}$

续表 3.6

类型		图示	部位	按强度计算	按刚度计算
矩形凹模	整体式		侧壁	$t_c = h\sqrt{\dfrac{ap_m}{\sigma_p}}$	$t_c = \sqrt[3]{\dfrac{p_m h^4}{E\delta_p}}$
			底部	$t_h = b\sqrt{\dfrac{a'p_m}{\sigma_p}}$	$t_h = \sqrt[3]{\dfrac{c'p_m h^4}{E\delta_p}}$
	镶拼组合式		侧壁	$t_c = l\sqrt{\dfrac{p_m h}{2H\sigma_p}}$	$t_c = \sqrt[3]{\dfrac{p_m h l^4}{32EH\delta_p}}$
			底部	$t_h = l\sqrt{\dfrac{3p_m b}{4B\sigma_p}}$	$t_h = \sqrt[3]{\dfrac{5p_m b l^4}{32EB\delta_p}}$
凸模、型芯	悬臂式		半径	$r = 2L\sqrt{\dfrac{p_m}{\pi\sigma_p}}$	$r = \sqrt[3]{\dfrac{p_m L^4}{\pi E\delta_p}}$
	悬壁+简支		半径	$r = L\sqrt{\dfrac{p_m}{\pi\sigma_p}}$	$r = \sqrt[3]{\dfrac{0.043\,2p_m L^4}{\pi E\delta_p}}$

注：p_m—模腔压力（MPa）；E—材料的弹性模量（MPa）；σ_p—材料许用应力（MPa）；μ—材料的泊松比；δ_p—成型零部件的许用变形量（mm）；r—凹模型腔内孔或凸模、型芯外圆的半径（mm）；R—凹模的外部轮廓半径（mm）；l—凹模型腔的内孔（矩形）长边尺寸（mm）；L—凸模、型芯的长度或模具支承块（垫块）的间距（mm）；h—凹模型腔的深度（mm）；H—凹模外侧的高度（mm）；b—凹模型腔的内孔（矩形）短边尺寸或其底面的受压宽度（mm）；B—凹模外侧底面的宽度（mm）；t_c—凹模型腔侧壁的计算厚度（mm）；t_h—凹模型腔底部的计算厚度（mm）

表 3.7　系数 c

h/l	c	h/l	c	h/l	c
0.3	0.930	0.7	0.177	1.2	0.015
0.4	0.570	0.8	0.073	1.5	0.006
0.5	0.330	0.9	0.045	2.0	0.002
0.6	0.188	1.0	0.031		

表 3.8　系数 c'

l/b	c'	l/b	c'	l/b	c'
1.0	0.013 8	1.4	0.022 6	1.8	0.026 7
1.1	0.016 4	1.5	0.024 0	1.9	0.027 2
1.2	0.018 8	1.6	0.025 1	2.0	0.027 7
1.3	0.020 9	1.7	0.026 0		

表 3.9　系数 a

L/h	0.25	0.50	0.75	1.0	1.5	2.0	3.0
a	0.020	0.081	0.173	0.321	0.727	1.226	2.105

表 3.10　系数 a'

L/b	1.0	1.2	1.4	1.6	1.8	2.0	>2.0
a'	0.307 8	0.383 4	0.435 6	0.468 0	0.487 2	0.497 4	0.500 0

生产实际中,也常用经验数据或有关表格进行对凹模侧壁和底板厚度的设计。表 3.11 列举了矩形凹模壁厚尺寸的经验推荐数据,表 3.12 列举了圆形凹模壁厚尺寸的经验推荐数据,可供设计时参考。

表 3.11　矩形凹模壁厚尺寸　　mm

矩形凹模内壁短边长 b	整体式凹模侧壁厚 t_c	镶拼组合式凹模	
		凹模侧壁厚 t_{c1}	模套壁厚 t_{c2}
<40	25	9	22
40 ~ 50	25 ~ 30	9 ~ 10	22 ~ 25
50 ~ 60	30 ~ 35	10 ~ 11	25 ~ 28
60 ~ 70	35 ~ 42	11 ~ 12	28 ~ 35
70 ~ 80	42 ~ 48	12 ~ 13	35 ~ 40
80 ~ 90	48 ~ 55	13 ~ 14	40 ~ 45
90 ~ 100	55 ~ 60	14 ~ 15	45 ~ 50
100 ~ 120	60 ~ 72	15 ~ 17	50 ~ 60
120 ~ 140	72 ~ 85	17 ~ 19	60 ~ 70
140 ~ 160	85 ~ 95	19 ~ 21	70 ~ 80

表 3.12　圆形凹模壁厚尺寸　mm

圆形凹模内壁直径 $2r$	整体式凹模侧壁厚 $t_c = R - r$	镶拼组合式凹模	
		凹模侧壁厚 t_{c1}（$t_{c1} = R - r$）	模套壁厚 t_{c2}
<40	20	8	18
40 ~ 50	25	9	22
50 ~ 60	30	10	25
60 ~ 70	35	11	28
70 ~ 80	40	12	32
80 ~ 90	45	13	35
90 ~ 100	50	14	40
100 ~ 120	55	15	45
120 ~ 140	60	16	48
140 ~ 160	65	17	52
160 ~ 180	70	19	55
180 ~ 200	75	21	58

3.3　结构零件的设计

本节仅介绍合模导向装置和支承零件的设计，其他结构零件在后面有关章节中再进行介绍。

3.3.1　合模导向装置的设计

合模导向装置是保证动模与定模或上模与下模合模时正确定位和导向的重要零件。主要零件包括导柱和导套，有的不用导套而在模板上镗孔代替导套，该孔俗称导向孔。合模导向的形式主要有导柱导向和锥面定位两种，通常采用导柱导向。模具的导柱导向装置如图 3.27 所示。

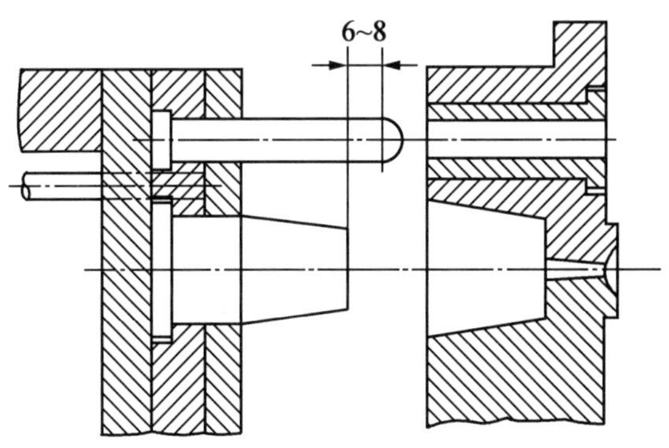

图 3.27　模具的导柱导向装置

1. 导向装置的作用

(1)导向作用。当动模和定模或上模和下模合模时,首先是导向零件导入,引导动、定模或上、下模准确合模,避免型芯先进入型腔可能会造成型芯或型腔损坏。

(2)定位作用。导向装置直接起到了保证动、定模或上、下模合模位置的正确性,保证模具型腔的形状和尺寸的精确性,从而保证塑件的精度。导向装置在模具装配过程中也起到了定位作用,便于装配和调整。

(3)承受一定的侧向压力。由于塑料熔体在充模过程或成型设备精度低的影响,都可能对导柱在工作过程中产生一定的侧向压力,因而在模塑过程中需要导向装置承受一定的单向侧压力,保证模具正常工作。

2. 导向装置的设计原则

(1)导向装置类型的选用。合模导向通常采用导柱导向。当模塑为大型、精度要求高、需要深型腔成型的塑件,尤其是薄壁容器和非轴对称的塑件时,模塑过程会产生较大的侧压力,如果单纯由导柱承受,导柱导套会卡住和损坏,因而所用模具应增设锥面定位结构。

(2)导柱数量、大小及其布置。根据模具结构形状及尺寸,一副塑料模具导柱数量一般需要2~4个。尺寸较大的模具一般采用4个导柱;小型模具通常用2个导柱。导柱直径应根据模具尺寸选用,必须保证有足够的强度和刚度。导柱的布置形式如图3.28所示。对于动、定模或上、下模合模时无方位要求的,可以采用直径相同并对称布置(图3.28(a));对于合模时有方位要求的,则应采用直径不同的导柱(图3.28(b))或直径相同但导柱不对称布置(图3.28(c));对于大中型模具,为了简化加工工艺,可采用3个或4个直径相同但不对称布置(图3.28(d)),或对称布置但中心距不同(图3.28(e))。导柱在模具中的安装位置,需根据具体情况而定。一般情况下,若不妨碍脱模,导柱通常安装在主型芯周围。

(3)导向零件的设置必须注意模具的强度。导柱和导向孔的位置应避开型腔底板在工作时应力最大的部位。导柱和导向孔中心至模板边缘应有足够距离,保证模具强度和导向刚度,防止模板变形。

(4)导向零件应考虑加工工艺性。如导柱固定端的直径与导套固定端的外径应相等,便于孔的加工,有利于保证同轴度和尺寸精度。

(5)导向零件的结构应便于导向。如导柱的先导部分应做成球状或锥度,导套的前端应有倒角,以便导柱能顺利进入导套;导柱的导向部分应比型芯稍高(图3.27),以免型芯进入型腔时与型腔相碰而损坏;为了保证分型面很好地贴合,导柱和导套在分型面处应具有承屑槽(图3.29);各导柱、导套轴线的相互平行度及与模板的垂直度均应达到一定要求。

(6)导向零件应有足够耐磨性。导柱和导套的导向表面应硬而耐磨,而芯部具有足够的韧性。因此,多采用20低碳钢经渗碳淬火处理,其硬度为HRC48~55;也可采用T8或T10碳素工具钢经淬火处理。此外,导柱和导套的导向部分表面粗糙度要小,一般取$Ra0.4$ μm。

3. 导柱的结构及固定形式

导柱的结构形式随模具的结构、大小及塑件生产批量要求的不同而异,常用的结构有以下几种。

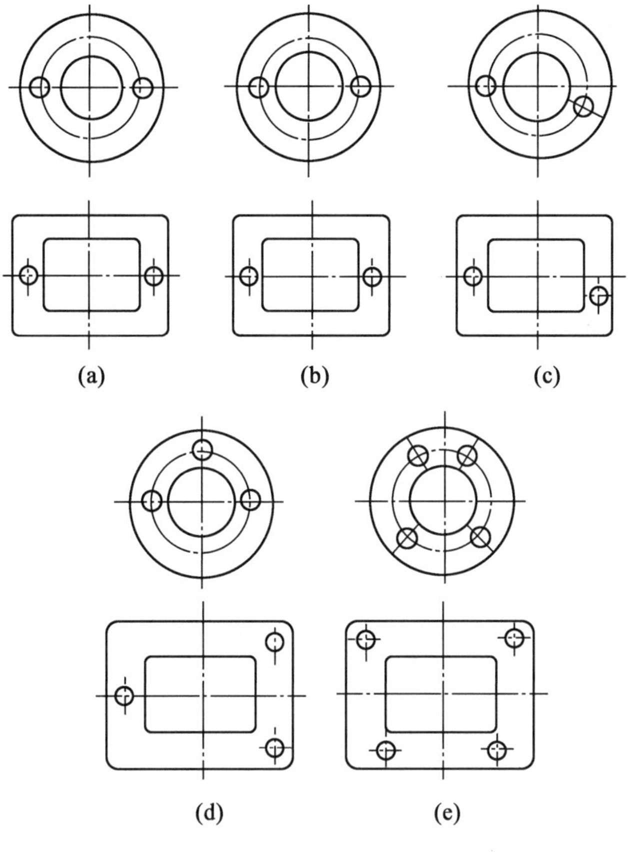

图 3.28　导柱的布置形式

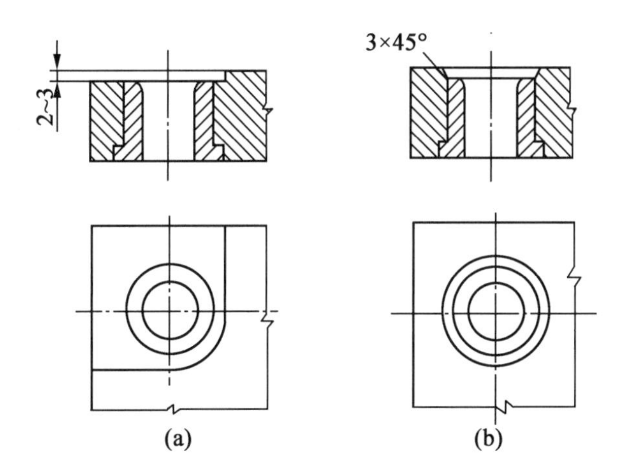

图 3.29　导向装置的结构要求

(1)带头导柱。其结构形式如图 3.30(a)所示。带头导柱一般用于简单模具的小批量生产。带头导柱的固定方式如图 3.31(a)、(b)所示。

(2)带肩导柱。带肩导柱有两种类型(Ⅰ型和Ⅱ型),其结构形式如图 3.30(b)所示。带肩导柱一般用于大型或精度要求高、生产批量大的模具。带肩导柱的固定方式如图 3.31(c)、(d)所示。

(3)铆合式导柱。对于小型简单的移动式模具,可采用铆合式导柱,即导柱以过渡配合装入固定板后，再通过铆接固定的方式固定，铆合式导柱如图 3.32 所示。

4. 导套的结构及固定形式

导套的主要结构形式有直导套和带头导套，如图 3.33 所示。

(1)直导套。直导套是指不带轴向定位台阶的导套(图 3.33(a))。其结构简单，制造方便，用于小型简单模具。直导套的固定方式如图 3.34(a)、(b)、(c)所示。

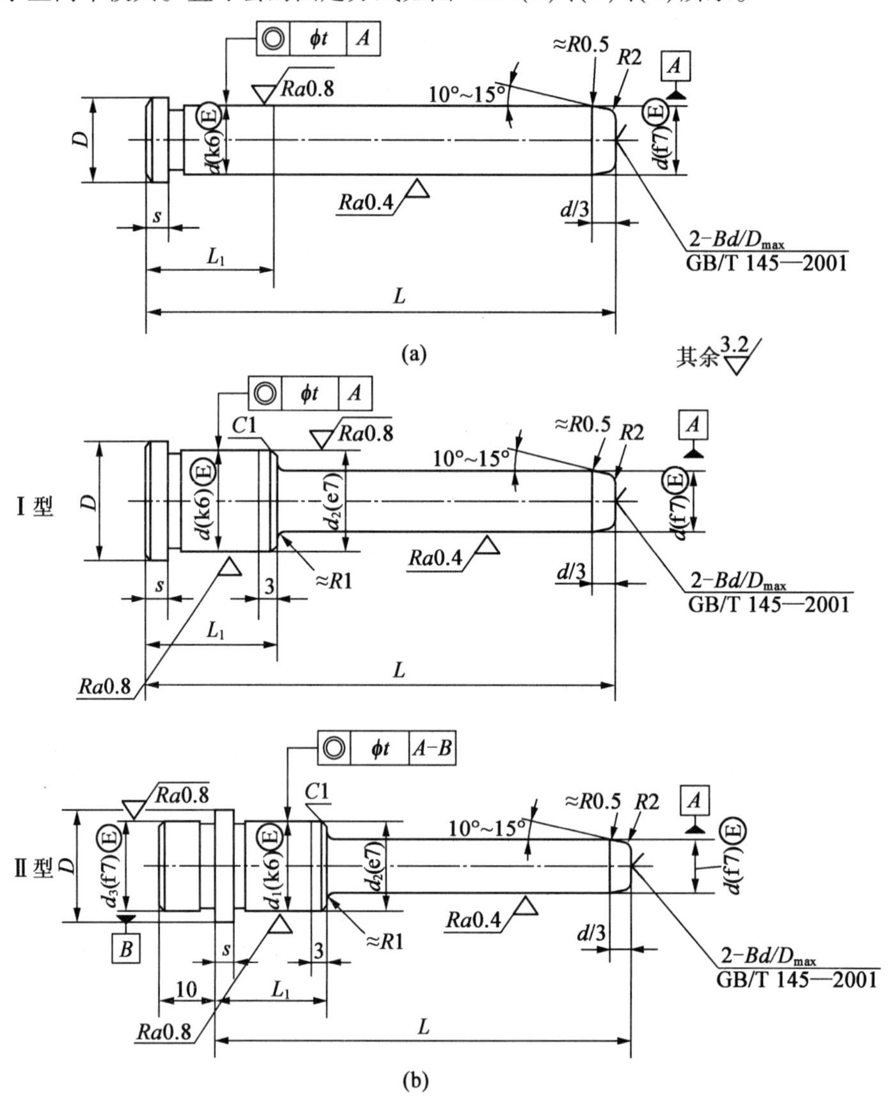

图 3.30　导柱的结构形式

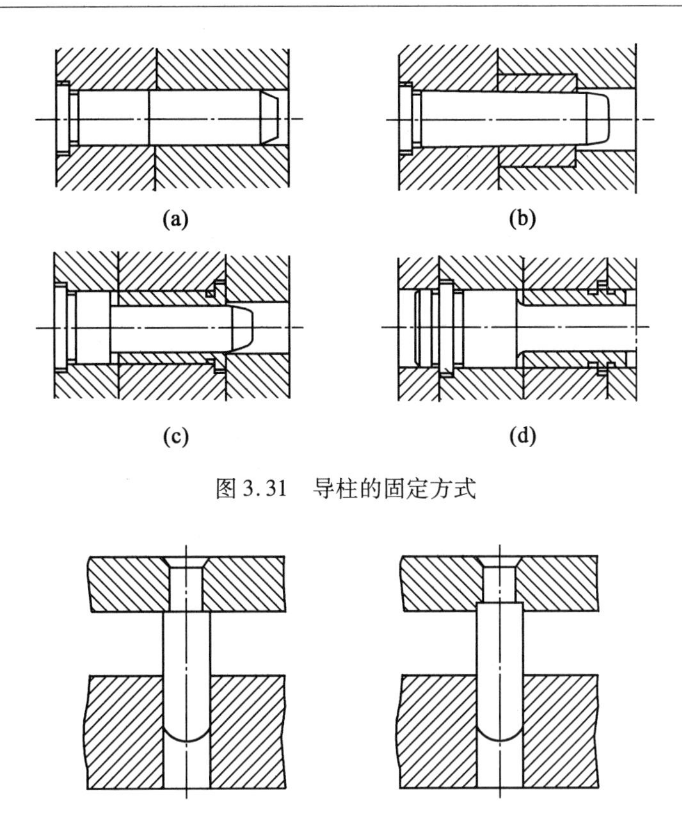

图 3.31　导柱的固定方式

图 3.32　铆合式导柱

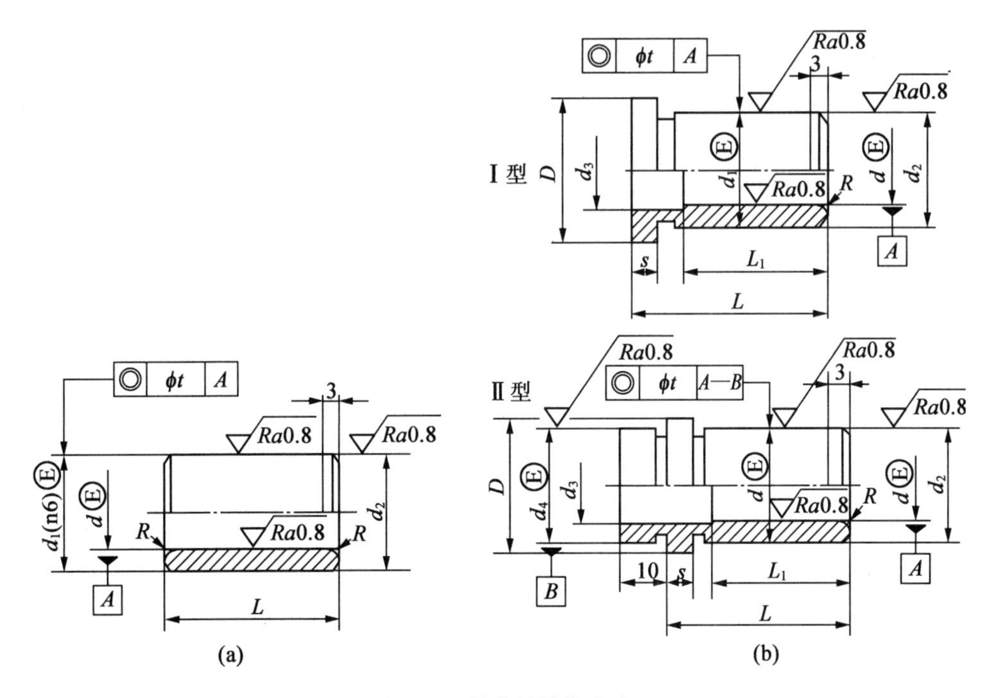

图 3.33　导套的结构形式

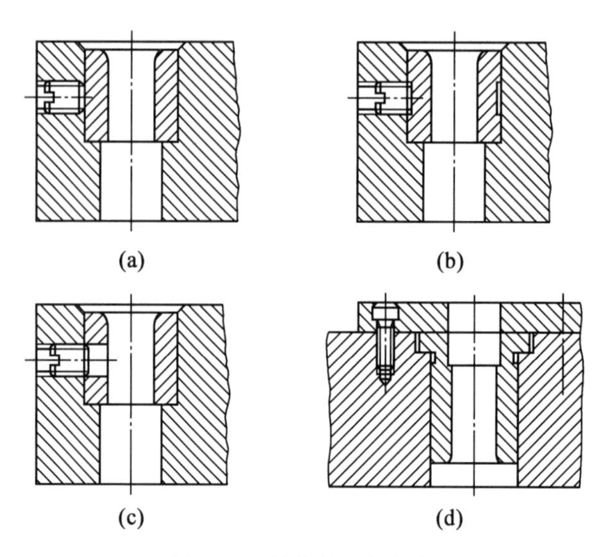

图 3.34　导套的固定方式

(2)带头导套。带头导套是指带有轴向定位台阶的导套,也有Ⅰ型和Ⅱ型两种类型(图 3.33(b))。其结构较复杂,是主要用于精度较高的大型模具。对于大型注射模具或压缩模,为防止导套拔出,导套头部采用图 3.31(c)、(d)所示的固定方式。如果导套头部无垫板时,则应在头部加装盖板,如图 3.34(d)所示。

在实际生产中,可根据需要,在导套的导滑部分开设油槽。

导柱和导套的尺寸可参照国家标准 GB/T 4169.1—2006《塑料注射模零件　推杆》和 GB/T 4169.5—2006《塑料注射模零件　第 5 部分:带肩导柱》选取。

5. 锥面定位机构设计

在成型精度要求高的大型、薄壁、深腔塑件时,型腔内的侧压力往往引起型芯或型腔的偏移,如果这种侧压力完全由导柱来承受,则会导致导柱卡住或损坏,因此这时应增设锥面定位结构,如图 3.35 所示。锥面配合有两种形式,一种是两锥面之间镶上经淬火的零件;另一种是两锥面直接配合。此时,两锥面均应热处理达到一定硬度,增加耐磨性。

此外,对于具有垂直分型面的模具,为了保证模套中的对拼型腔相对位置准确,常采用合模销,如图 3.36 所示。现已有圆锥定位件国家标准 GB/T 4169.11—2006《塑料注射模零件　第 1 部分:圆形定位元件》。

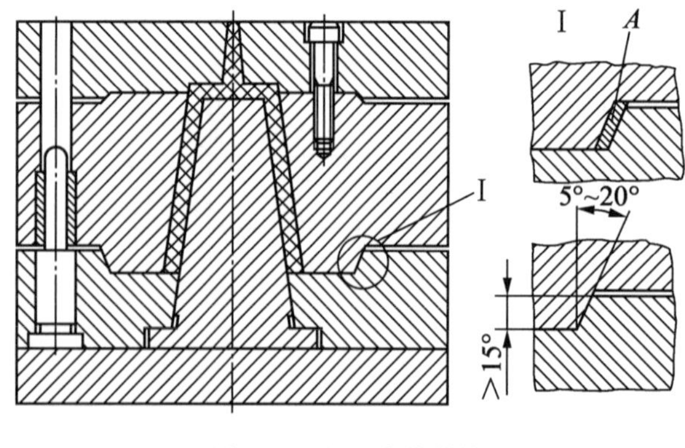

图 3.35　锥面定位结构

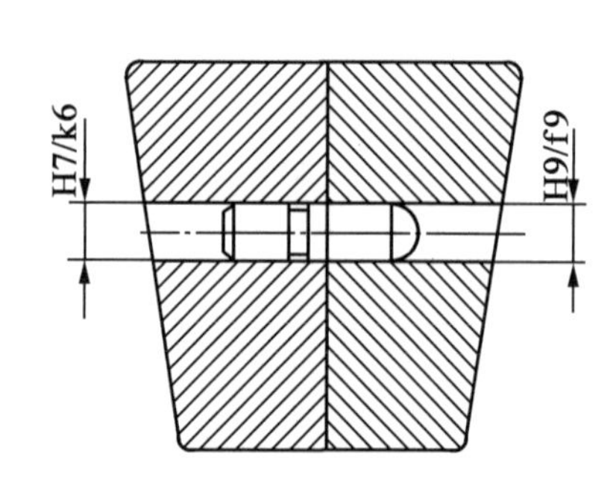

图 3.36　合模销

3.3.2　支承零件的设计

塑料模具的支承零件包括动模(或上模)座板、定模(或下模)座板、动模(或上模)板、定模(或下模)板、支承板、垫块等。塑料注射模支承零件的典型组合如图 3.37 所示。塑料模具的支承零件起装配、定位及安装作用。

1. 动模(上模)座板和定模(下模)座板

动模(上模)座板和定模(下模)座板是动模(上模)和定模(下模)的基座,也是固定式塑料模具与成型设备连接的模板。因此,座板的轮廓尺寸和固定孔必须与成型设备上的模具安装板相适应。此外,座板应具有足够的机械强度,一般小型模具的座板厚度不应小于 13 mm,大型模具的座板厚度有时可达 75 mm 以上。

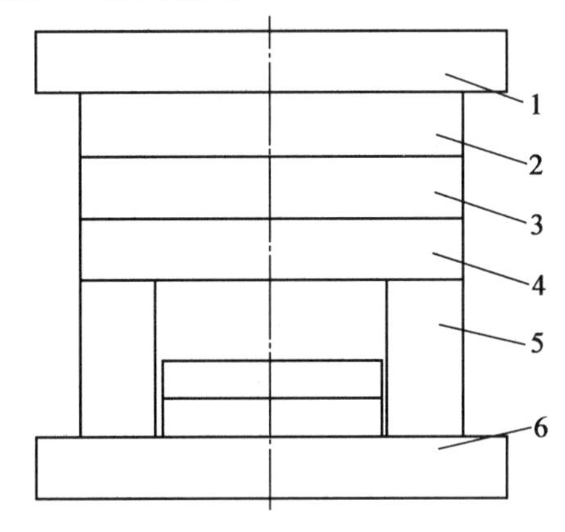

图 3.37　支承零件的典型组合

1—定模座板;2—定模板;3—动模板;4—支承板;5—垫块;6—动模座板

2. 动模(上模)板、定模(下模)板

动模(上模)板、定模(下模)板是用以固定型芯(或凸模)、凹模、导柱、导套等零件,故又称为固定板。塑料模具的种类及结构不同,固定板的工作条件也有所不同。对于移动式压缩模,开模力一般作用在固定板上,因此要求固定板有足够的强度和刚度。但无论哪种模具,为了保证凹模、型芯(或凸模)及其他零件固定稳固,固定板应有足够的厚度。

固定板与型芯(或凸模)、凹模的连接方式如图 3.38 所示。其中,图 3.38(a)所示为台阶孔固定,装卸方便,是常用的固定方式;图 3.38(b)所示为沉孔固定,可以不用支承板,但固定板需加厚,对沉孔的加工还有一定要求,以保证型芯与固定板的垂直度;图 3.38(c)所示为螺钉与销钉直接固定,即不需要支承板,又不需要加工沉孔,但必须有足够安装螺钉和销钉的位置,一般用于固定较大尺寸的型芯或凹模。

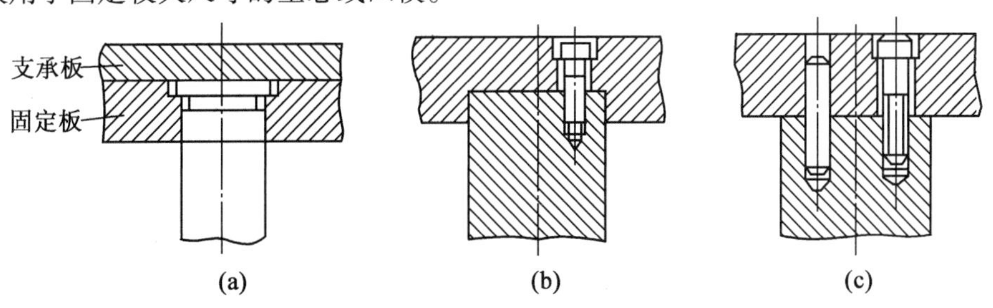

图 3.38　固定板与型芯(或凸模)、凹模的连接方式

3. **支承板**

支承板是垫在固定板背面,防止成型零件和导向零件发生轴向移动,并承受一定的成型压力的模板。支承板与固定板的连接通常用螺钉和销钉紧固,也有用铆接的。

支承板应具有足够的强度和刚度,以承受成型压力而不过量变形。设计时需进行强度和刚度计算,其计算方法与凹模底板厚度的计算方法相似。

4. **垫块**

垫块的作用是形成推出机构所需的推出空间或调节模具闭合高度,以适应成型设备上模具安装空间对模具总高的要求。垫块的高度在形成推出机构的推出空间时,应根据推出机构的推出行程来确定,一般应使推件板(或推杆)将塑件推出高于型芯或凹模 10 ~ 15 mm。

垫块与支承板和座板的组装方法如图 3.39 所示,两边垫块高度应一致,保证组装后的模具上、下表面平行。

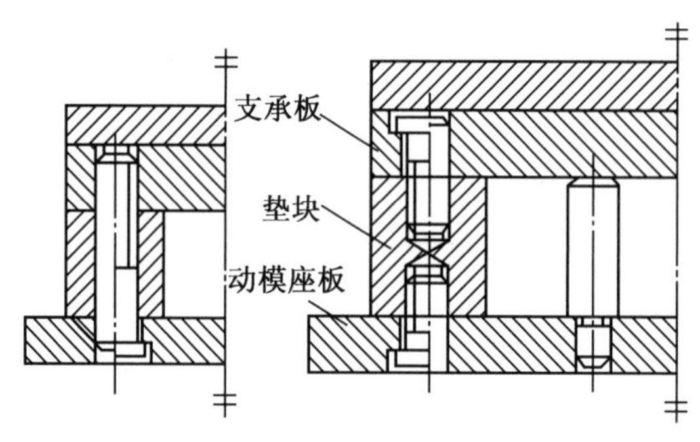

图 3.39 垫块与支承板和座板的组装方法

3.4 加热与冷却装置的设计

3.4.1 模具温度控制的重要性及基本要求

1. **模具温度控制的重要性**

在塑料成型工艺过程中,模具温度对塑件质量和生产率影响都很大。

模温过低,熔体流动性差,塑料成型性能差,塑件轮廓不清晰,表面产生明显的银丝、云纹,甚至充不满型腔或形成熔接痕,塑件表面不光泽,缺陷多,机械强度降低。对于热固性塑料,模温过低造成固化程度不足,降低塑件的物理、化学和力学性能。对于热塑性塑料注射成型时,在模温过低、充模速度又不高的情况下,塑件内应力增大,易引起翘曲变形或应力开裂,尤其是黏度大的工程塑料。模温过高,成型收缩率大,脱模和脱模后塑件变形大,并且易造成溢料和粘模。对于热固性塑料,会产生过热,导致变色、发脆、强度低等。对于黏度大的刚性塑料,使用高模温有利于充模,可使其应力开裂现象减少。模具温度不均匀,型芯和凹模温度差过大,塑件收缩不均匀,导致塑件翘曲变形,影响塑件的形状及尺寸精度。因此,为保证塑件质量,模温必须适当、稳定、均匀。

据统计,对于注射模塑,注射时间约占成型周期的 5%,冷却时间约占成型周期的 80%,推出(脱模)时间约占成型周期的 15%。可见,模塑周期主要取决于冷却定型时间,而缩短冷却时间,可通过调节塑料和模具的温差。因此在保证塑件质量和成型工艺顺利进行的前提下,通过降低模具温度有利于缩短冷却时间,提高生产效率。

综上所述,模具温度对塑料成型和塑件质量以及生产效率是至关重要的。塑料模具既是塑料成型不可缺少的工艺装备,同时又是一个热交换器。输入热量的方式是加热装置的加热和塑料熔体带进的热量;输出热量的方式是自然散热和向外热传导,其中 95% 的热量是靠传递介质(冷却水)带走。在成型过程中,要保持模具温度稳定,就要保持模具自身输入和输出热量的平衡。因此,必须设置模具温度控制系统,对模具进行加热和冷却,调节模具温度。

2. 对模具温度控制系统的基本要求

(1)模具温度控制系统应能使型腔和型芯的温度保持在规定的范围之内,并保持均匀的模温,使成型工艺得以顺利进行。

对于不同特性的塑料,在模塑成型时对模具温度的要求是不同的。对于黏度低的塑料,宜采用较低的模具温度;对于黏度高的塑料,必须考虑熔体充模和减小塑件应力开裂的需要,模具温度较高些为宜;对于结晶型塑料,模具温度必须考虑对结晶度及其物理、化学和力学性能的影响。常用塑料的模具成型温度见表 3.13 和表 3.14。

表 3.13　常用热固性塑料压缩成型模温

塑料	t/℃	塑料	t/℃
酚醛塑料	150 ~ 190	环氧塑料	177 ~ 188
脲醛塑料	150 ~ 155	有机硅塑料	165 ~ 175
三聚氰胺甲醛塑料	155 ~ 175	硅酮塑料	160 ~ 190
聚邻(对)苯二甲酸二丙烯酯	166 ~ 177		

表 3.14　常用热塑性塑料注射成型模温

塑料	t/℃	塑料	t/℃
低压聚乙烯	60 ~ 70	尼龙 6	40 ~ 80
高压聚乙烯	35 ~ 55	尼龙 610	20 ~ 60
聚乙烯	40 ~ 60	尼龙 1010	40 ~ 80
聚丙烯	55 ~ 65	聚甲醛*	90 ~ 120
聚苯乙烯	30 ~ 65	聚碳酸酯*	90 ~ 120
硬聚氯乙烯	30 ~ 60	氯化聚醚*	80 ~ 110
有机玻璃	40 ~ 60	聚苯醚*	110 ~ 150
ABS	50 ~ 80	聚砜*	130 ~ 150
改性聚苯乙烯	40 ~ 60	聚三氟氯乙烯*	110 ~ 130

注:* 表示模具应进行加热

(2)模温调节方法要与塑料种类、成型方法与模具大小相适应。

对于热固性塑料的压缩与压注模塑,一般在较高温度下成型,要求模具温度较高,促使塑料在模内完成交联反应,因此必须对模具加热。对于热塑性塑料的注射模塑,黏度低、流动性好的塑料,如聚乙烯、聚丙烯、聚氯乙烯、聚苯乙烯、有机玻璃等,成型时要求模具温度不太高,所以常用常温水对模具进行冷却。如果成型的是小型薄壁塑件,其模具可依靠自然冷却保持热平衡,但如果成型大型厚壁塑件时,则应设置冷却系统进行冷却,提高生产效率。对于黏度高、流动性差的塑料,注射成型时要求模具温度在 80 ℃以上的,如聚碳酸酯、聚甲醛、聚砜等,在成型时则应对模具进行加热。对于热固性塑料,如酚醛塑料、脲甲醛塑料等的注射成型,其模具温度要加热到 160 ~ 190 ℃。对于热流道模具,为使塑料熔体在模具流道内始终保持熔融状态,必须对模具的流道板加热。至于注射成型的初始阶段,小型模具可以利用熔体注入来加热模具,但对于大型模,在开机前必须利用热水或热油将模具预热到某一适宜温度。

(3)模具控制系统要尽量做到结构简单、加工容易、成本低廉。

(4)性能、外观和尺寸精度要求高的塑件,对模具温度控制系统的要求也高。为了满足塑件对模具的要求,现代化生产中多采用模具恒温器,以闭路循环冷却介质对模温进行控制。

3.4.2 模具加热装置的设计

模具的加热方式有电加热、油加热、蒸汽或过热水加热、煤气或天然气加热等。电加热又有电阻加热和工频感应加热。最常用的模具加热方法是电阻加热法。

1. 电阻加热

(1)电阻加热的形式。

①电热元件插入电热板中加热。图 3.40 所示为电热元件及其在加热板内的安装图,它是将一定功率的电阻丝密封在不锈钢管内,做成标准的电热棒(图 3.40(a))。使用时根据需要的加热功率选用电热棒的型号和数量,然后安装在电热板内(图 3.40(b))。这种加热方式的电热元件使用寿命长,更换方便。

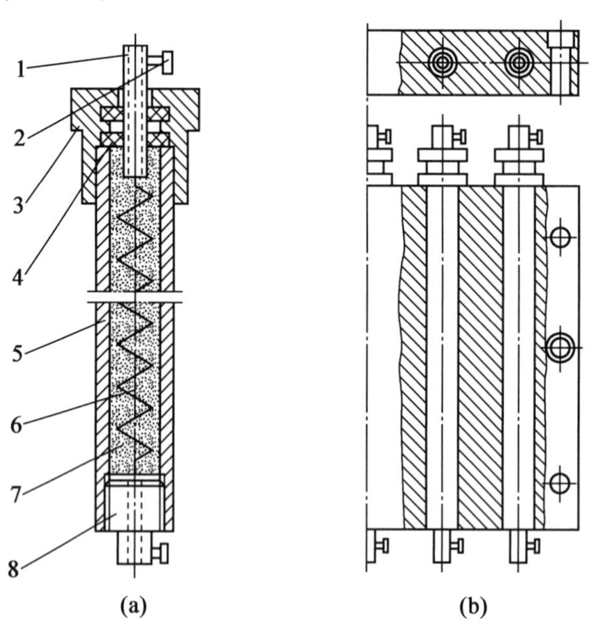

图 3.40 电热元件及其在加热板内的安装图

1—接线柱;2—螺钉;3—帽;4—垫圈;5—外壳;6—电阻丝;7—石英砂;8—塞子

②电热套或电热板加热。图 3.41 所示为电热套和电热板,电热套和电热板均用扁状电阻丝绕在云母片上,然后装在特制的金属壳内而构成。电热套和电热板加热的热损失比电热棒大。

③直接用电阻丝作为加热元件。螺旋弹簧状的电阻丝构成的各种加热板或加热套(图3.42),这种装置结构简单,但热损失大,不够安全。

(2)电阻加热的计算。

电阻加热计算的任务是根据实际需要计算出电功率,选用电热元件或设计电阻丝的规格。

要得到所需电功率的数值,应做热平衡计算,即通过单位时间内供给塑料模具的热量与塑料模具消耗的热量平衡,进而求出所需电功率。这种计算方法很复杂,计算参数的选用也不一定符合实际,因而计算结果也是近似的。在实际生产中广泛应用简化计算方法,并有意适当增大计算结果,通过电控装置加以控制与调节。

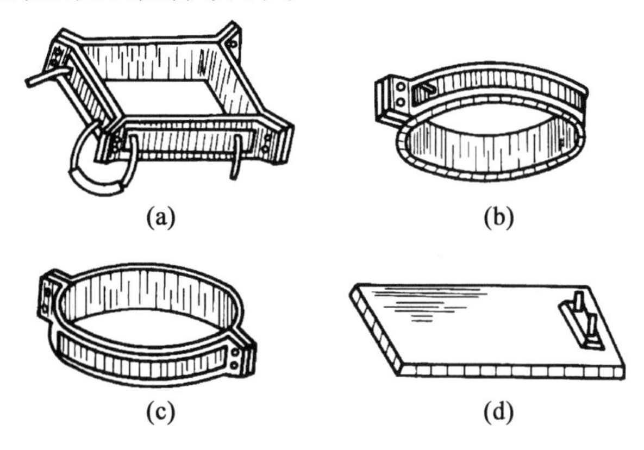

图3.41　电热套和电热板

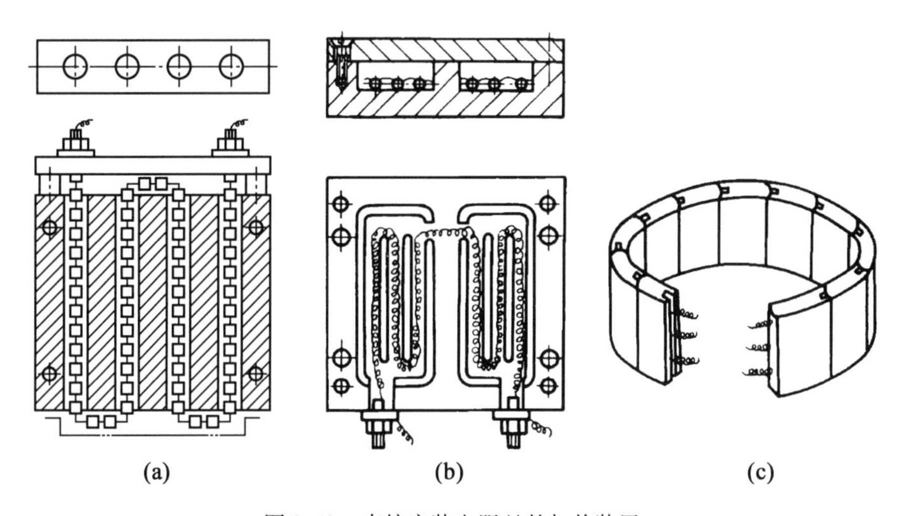

图3.42　直接安装电阻丝的加热装置

加热模具所需要的电功率可按如下经验公式计算:

$$P=qm \tag{3.24}$$

式中　P——电功率(W);

m——模具质量(kg);

q——单位重量模具维持成型温度所需要的电功率(W/kg),q 值见表3.15。

表 3.15　q 值

模具类型	$q/(\mathrm{W}\cdot\mathrm{kg}^{-1})$	
	采用加热棒	采用加热圈
小型	35	40
中型	30	50
大型	25	60

总的电功率计算之后，即可根据电热板的尺寸确定电热棒的数量，进而计算每个电热棒的功率。设电热棒采用并联接法，则

$$P_1 = P/n \tag{3.25}$$

式中　P_1——每根电热棒的功率；

　　　n——电热棒根数。

根据 P 可查表 3.16 选择标准电热棒尺寸，也可以先选择适当的功率再计算电热棒的数量。在选择电热棒时，所选电热棒的直径和长度应与安装加热元件的空间相符合。如果不符，则要反复计算。

表 3.16　标准电热棒外形尺寸与功率

尺寸	5±0.3　1±0.5　100　l　d_1　h　d_2							
公称直径 d_1/mm	13	16	18	20	25	32	40	50
允许公差 Δ/mm	±0.1		±0.12		±0.2		±0.3	
盖板直径 d_2/mm	8	11.5	13.5	14.5	18	26	34	44
槽深 h/mm	1.5	2	3			5		
长度 l/mm	电功率 P_1/W							
60_{-3}^{0}	60	80	90	100	120			
80_{-3}^{0}	80	100	125	125	160			
100_{-3}^{0}	100	125	140	160	200	250		
125_{-4}^{0}	125	160	175	200	250	320		
160_{-4}^{0}	160	200	225	250	320	400	500	

续表 3.16

长度 l/mm	电功率 P_1/W							
200_{-4}^{0}	200	250	280	320	400	500	600	
250_{-5}^{0}	250	320	350	400	500	600	800	1 000
300_{-5}^{0}	300	375	420	480	600	750	1 000	1 250
400_{-5}^{0}		500	550	630	800	1 000	1 250	1 600
500_{-5}^{0}			700	800	1 000	1 250	1 600	2 000
650_{-6}^{0}				900	1 250	1 600	2 000	2 500
800_{-8}^{0}					1 600	2 000	2 500	3 200
$1\ 000_{-10}^{0}$					2 000	2 500	3 200	4 000
$1\ 200_{-10}^{0}$						3 000	3 800	4 750

如果买不到合适的电热棒，则要自行制造加热元件。已知每根电热元件的电功率和电源电压，即可按一般的电工计算方法求出电流并选择适当的电阻丝规格，见表 3.17。

表 3.17　电阻丝规格

圆形镍铬电阻丝直径 d/mm	断面积 A/mm^2	最大允许电流 I/A	当加热至 400 ℃时每米电阻丝的电阻 $R/(\Omega\cdot\text{m}^{-1})$	每米电阻丝的质量 $m/(\text{g}\cdot\text{m}^{-1})$
0.5	0.196	4.2	6	1.61
0.6	0.283	5.5	4	2.31
0.8	0.503	8.2	2.25	4.12
1.0	0.785	11	1.5	6.44
1.2	1.131	14	1	9.27
1.5	1.767	18.5	0.61	14.5
1.8	2.545	23	0.45	20.9
2.0	3.142	25	0.36	25.8
2.2	3.801	28	0.29	31.2

（3）电阻加热的基本要求。

①电热元件功率应适当，不宜过小，也不宜过大。若功率过小，模具不能加热到或保持在规定的温度；若功率过大，即使采用温度调节器仍难以使模温保持稳定。这是由于电热元件附近温度比模具型腔的温度高得多，即使电热元件断电，其周围积聚的大量热量仍继续传到型腔，使型腔继续保持高温，这种现象称为加热后效，电热元件功率越大，加热后效越显著。

②合理布置电热元件，使模温趋于均匀。

③注意模具温度的调节，保持模温的均匀和稳定。加热板中央和边缘可采用两个调节器。对于大型模具最好将电热元件分成两组，即主要加热组和辅助加热组，称为双联加热器。主要加热组的电功率占总电功率的 2/3 以上，它处于连续不断的加热状态，但只能维持稍低于规定

的模具温度。当辅助加热组也接通时,才能使模具达到规定的温度。调节器控制着辅助加热组的接通或断开。这种双联加热器与单联相比,优势在于模温波动较小。

总之,电加热装置简单、紧凑、投资小,便于安装、维修和使用,温度调节容易,易于实现自动控制,故在模具加热中应用最广泛。但电加热装置升温较慢,不能在模具中轮换地加热和冷却,会产生加热后效现象。

2. 其他加热

(1)蒸汽加热。这种加热方法是将高温蒸汽通过模具加热板的通道,依靠对流传热而把模具加热到要求的温度。它的优点是升温迅速,模温容易保持恒定。当需要冷却模具时,只要关闭蒸汽,改以冷却水通入通道,就能很快使模具冷却,但蒸汽加热设备复杂、投资大。

(2)热水加热。加热原理与蒸汽加热相似,水的比热较大,传热效率高,但模温不宜超过75 ℃。因为水在75 ℃以上容易蒸发成水蒸气,而水蒸气混在水中传热效果不佳。

(3)热油加热。这种方法是用电加热器加热油,再以热油通过模具上开设的通道加热模具。这一般用于大型模具的初始加热和保温加热,加热温度保持在150 ℃以下。当模具达到指定温度后,进行正常的模塑成型时改用水冷却,这就需要配备调节装置。

(4)煤气和天然气加热。是通过煤气和天然气燃烧释放热量加热模具,加热成本低廉,但由于温度难以控制,劳动条件差,所以应用很少。

3.4.3 模具冷却装置的设计

模具的冷却就是将熔融状态的塑料传给模具的热量尽可能迅速地全部带走,以便塑件冷却定型,并获得最佳的塑件质量。

模具的冷却方法有水冷却、空气冷却和油冷却等,但常用的是水冷却。

冷却形式一般在型腔、型芯等部位合理的设置冷却通道,并通过调节冷却水流量及流速来控制模温,冷却水一般为室温冷水,必要时也有采用强迫通水或低温水来加强冷却效率。

1. 冷却装置的设计原则

冷却装置的设计需考虑模具结构形式、模具大小、镶块位置以及塑件熔接痕位置等诸多因素,其设计原则如下:

(1) 冷却通道离型腔壁不宜太远或太近,以免影响冷却效果和模具的强度,其距离一般为冷却通道直径的1~2倍。

(2) 在模具结构允许的情况下,冷却通道的孔径要尽量大,冷却回路的数量应尽量多,这样冷却就越均匀(图3.43)。

(3) 冷却通道应与塑件厚度相适应。塑件壁厚基本均匀时,冷却通道与型腔表面的距离最好相同,分布尽量与型腔轮廓相吻合,如图3.44(a)所示。塑件壁厚不均时,应在厚壁处加强冷却,一般减小冷却通道间距并较靠近型腔,如图3.44(b)所示。

(4) 一般浇口附近温度最高,因而应加强浇口附近的冷却,通常应使冷却水先流经浇口附近,然后再流向浇口远端,如图3.44(c)、(d)所示。

(5) 冷却通道不应通过镶块和镶块接缝处,防止漏水。

(6) 冷却通道内不应有存水和产生回流的部位,应畅通无阻。冷却通道直径一般为8~12 mm。进水管直径的选择应使进水处的流速不超过冷却通道中的水流速度,要避免过大的压力降。

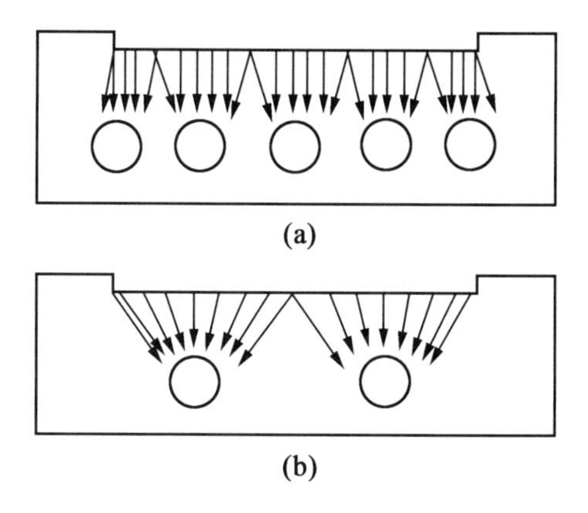

图 3.43　冷却回路的数量及尺寸对散热的影响

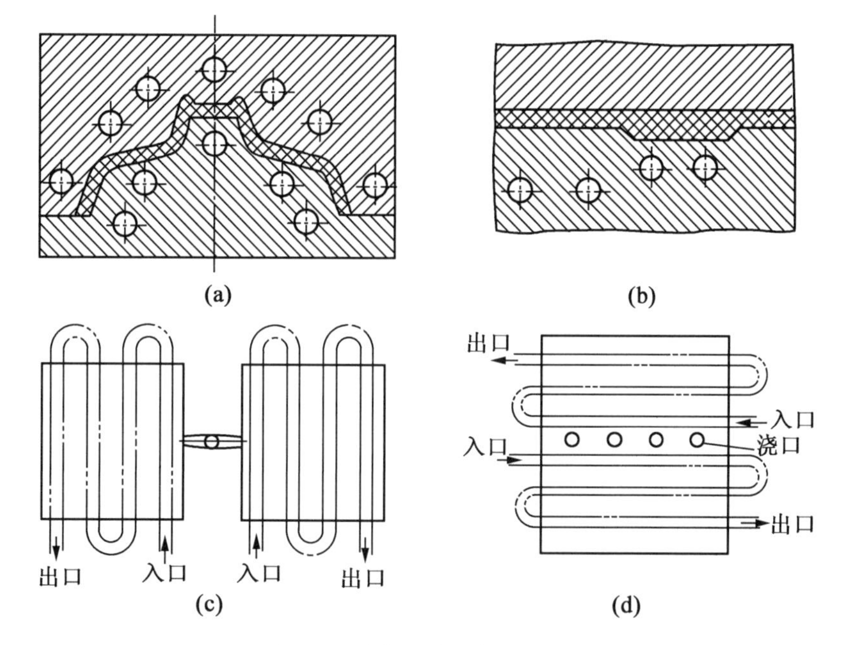

图 3.44　冷却通道的布置示意图

(7) 冷却通道要避免接近塑件的熔接部位,以免使塑件产生熔接痕,降低塑件强度。

(8) 进出口冷却水温差不宜过大,避免造成模具表面冷却不均匀,图 3.45(b)所示的排列形式比图 3.45(a)所示的排列形式好。

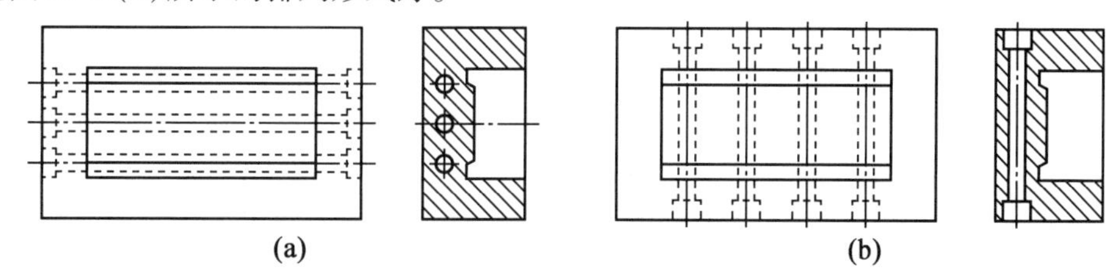

图 3.45　控制冷却水温差的通道排列形式

(9) 型腔与凸模要分别冷却,并保证冷却的平衡。对凸模内部的冷却要注意水道穿过凸模与模板接缝处时进行密封,以防漏水。

（10）要防止冷却通道中的冷却水泄漏，水管与水嘴连接处必须密封。水管接头的部位要设置在不影响操作的方向，通常朝向注射机的背面。

2. 冷却装置的结构形式

塑料模具冷却装置结构形式取决于塑件的形状、尺寸模具结构、浇口位置、型芯与型腔内温度分布情况等。常见的结构形式如下。

（1）直流式和直流循环式。这种形式结构简单，制造方便，适用成型较浅而面积较大的塑件（图3.46）。

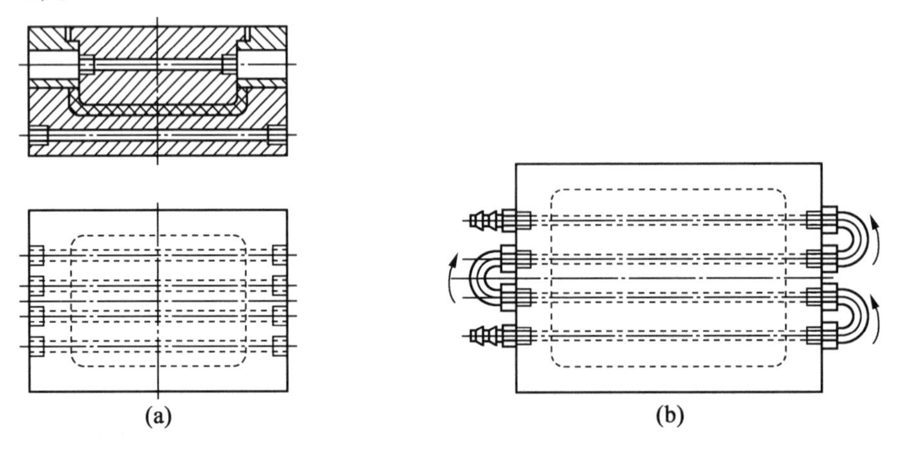

图3.46　直流式和直流循环式冷却装置

（2）循环式。循环式冷却装置如图3.47所示，这种结构形式冷却效果较好，对型腔和凸模均可用，但制造比较复杂，通道较难加工，成本高，主要用于中、小型注射模具。

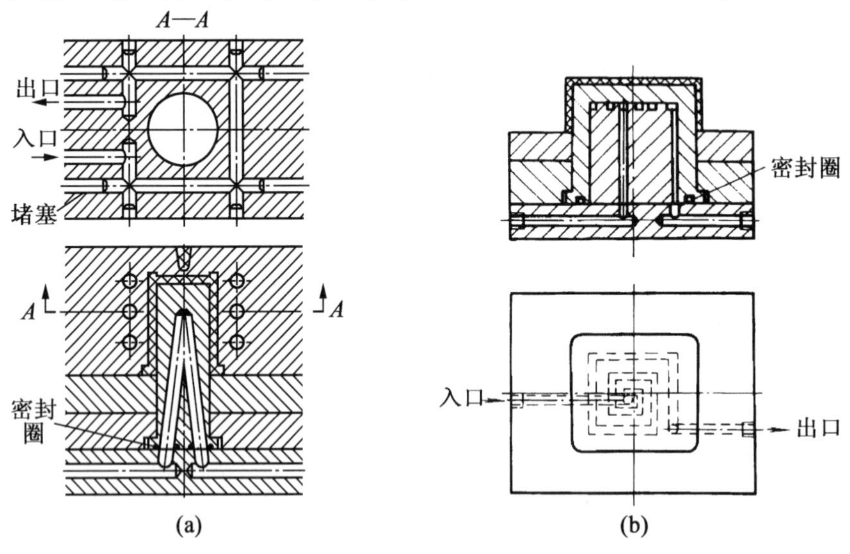

图3.47　循环式冷却装置

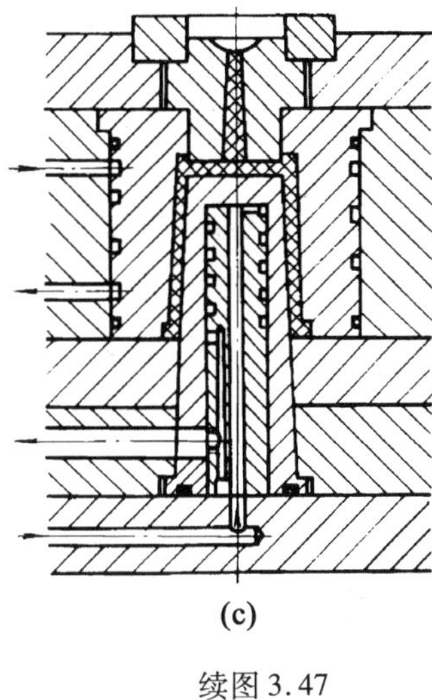

(c)

续图3.47

(3)喷流式。喷流式冷却装置如图3.48所示,是在型芯中间装设一个喷水管,冷却水从喷水管喷出,分流向周围冷却型芯壁。这种结构形式主要用于较长型芯的冷却,且大、小型芯都适合。

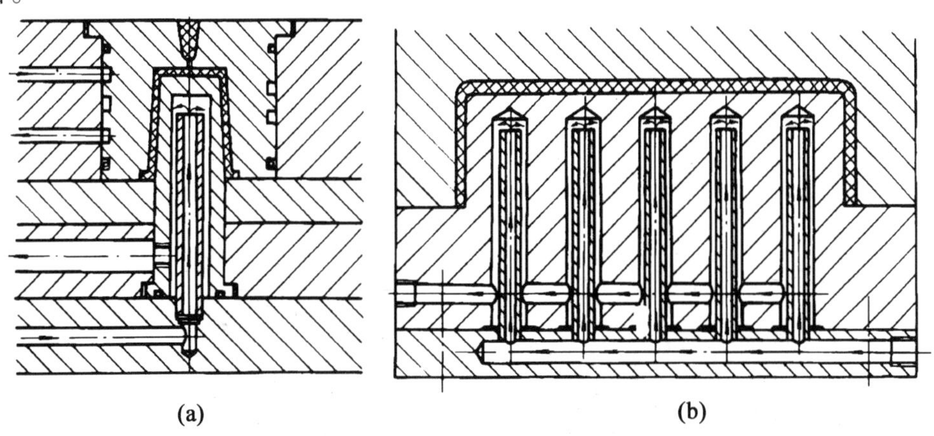

(a) (b)

图3.48 喷流式冷却装置

(4)隔板式。隔板式冷却装置如图3.49所示,这种形式结构简单,可用于大而高的型芯的冷却,但冷却水流程较长。

(5)间接冷却式。对于细长的型芯,可以在型芯上镶入导热性好的铍铜合金,冷却水通入型芯固定部位,铍铜合金表面积大的一端与冷却水接触,热量通过铍铜合金间接地传给冷却水,如图3.50(a)所示;也可以直接用铍铜合金作为小型芯材料,如图3.50(b)所示。

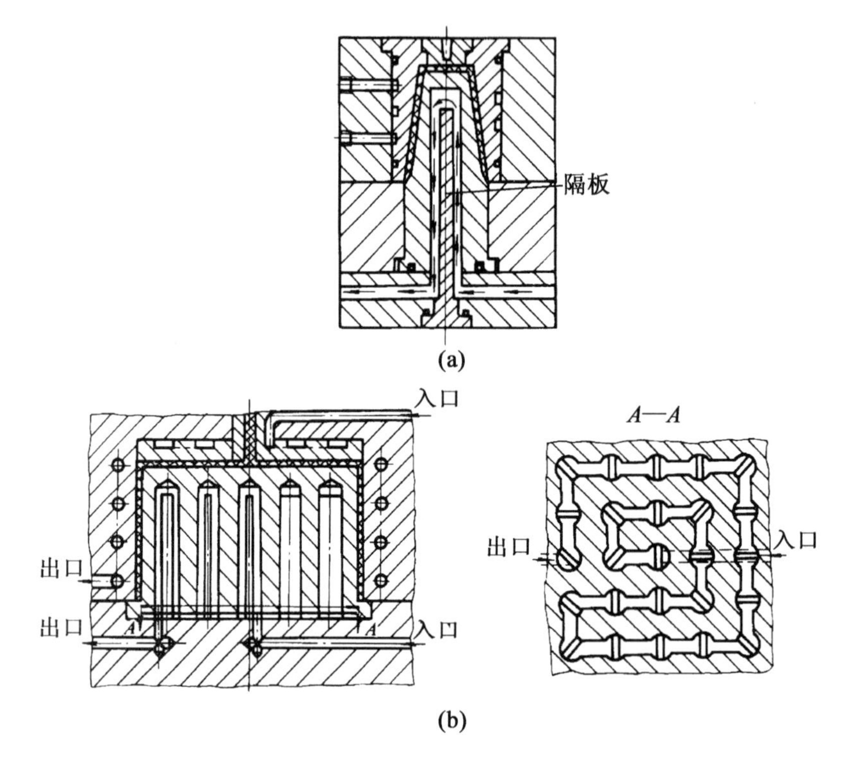

图 3.49 隔板式冷却装置

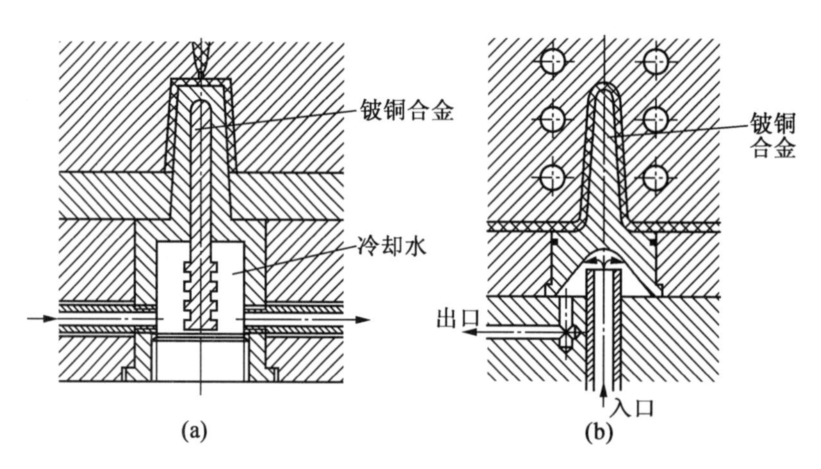

图 3.50 间接冷却装置

3. **冷却装置的计算**

塑料注射模冷却时所需冷却水的流量可按下式计算:

$$m=\frac{nm_1\Delta h}{c_p(t_1-t_2)} \tag{3.26}$$

式中 m——所需冷却水流量(kg/h);

n——单位时间注射次数(次/h);

m_1——包括浇注系统在内的每次注入模具的塑料量(kg/次);

c_p——冷却水的比定压热容[kJ/(kg·℃)],当水温 20 ℃时,c_p =4.183 kJ/(kg·℃);

当水温 30 ℃时，$c_p = 4.174\ \text{kJ/(kg·℃)}$；

t_1——冷却水出口温度(℃)；

t_2——冷却水进口温度(℃)；

Δh——从熔融状态的塑料进入型腔时的温度至塑件冷却到脱模温度为止，塑料所放出的热焓量(kJ/kg)，见表 3.18。

表 3.18　常用塑料在凝固时所放出的热焓量

塑料	$\Delta h/(\text{kJ·kg}^{-1})$	塑料	$\Delta h/(\text{kJ·kg}^{-1})$
高压聚乙烯	583.33～700.14	尼龙	700.14～816.48
低压聚乙烯	700.14～816.48	聚甲醛	420.00
聚丙烯	583.33～700.14	醋酸纤维素	289.38
聚苯乙烯	280.14～349.85	丁酸－醋酸纤维素	259.14
聚氯乙烯	210.00	ABS	326.76～396.48
有机玻璃	285.85	AS	280.14～349.85

冷却水孔壁与冷却水交界膜的传热系数可按以下简化公式计算：

$$\alpha = 7\,348(1 + 0.015t_{\text{ave}})\frac{v^{0.87}}{d^{0.13}} \tag{3.27}$$

式中　α——冷却水孔壁与冷却水交界膜的传热系数[kJ/(m²·h·℃)]；

v——冷却水平均流速(m/s)，$v^{0.87}$可查表 3.19；

d——冷却水孔直径(m)，$d^{0.13}$可查表 3.19；

t_{ave}——冷却水平均温度(℃)。

表 3.19　冷却水孔直径和湍流最低流速及流量

水孔直径 d/m	$d^{0.13}$	湍流时 $Re>4\,000$			有摩擦阻抗时 $Re\leq 4\,000$		
		最低流速 $v/(\text{m·s}^{-1})$	$v^{0.87}$	流量 $m/(\text{kg·h}^{-1})$	最低流速 $v/(\text{m·s}^{-1})$	$v^{0.87}$	流量 $m/(\text{kg·h}^{-1})$
0.006	0.514	0.78	0.81	80	1.00	1.00	
0.008	0.534	0.66	0.70	120	1.26	1.22	230
0.010	0.550	0.52	0.57	150	1.55	1.46	440
0.012	0.563	0.44	0.49	180	1.80	1.67	732
0.015	0.579	0.35	0.40	224	2.00	1.83	1 267
0.020	0.601	0.26	0.31	295	2.31	2.07	2 610

冷却水孔传热总面积按下式计算：

$$A = \frac{g}{\alpha(t_{\text{hole}} - t_{\text{ave}})} = \frac{nm_1\Delta h}{\alpha(t_{\text{hole}} - t_{\text{ave}})} \tag{3.28}$$

式中　A——冷却水孔传热总面积(m²)；

g——塑料单位时间放出的热量,即冷却水带走的热量(kJ/h);

t_{hole}——冷却水孔壁平均温度(℃);

t_{ave}——冷却水平均温度(℃)。

冷却水孔的有效长度 L 按下式计算:

$$L = A/\pi d \tag{3.29}$$

式中 d——冷却水孔直径(m)。

求出 L 后,根据冷却水道的排列方式即可计算出水道的数量。

必须指出的是,以上计算传热面积,没有考虑空气自然对流散热、辐射散热、注射机固定模板散热等,也就是假想塑料放出的热量全部由冷却水带走了。这样计算的结果偏大,为水温及流量调节提供了更大的范围。还应指出,由于冷却水道的位置、结构形式、孔径、表面状态、水的流速、模具材料等均会影响模具的热量向冷却水传递,精确计算比较困难,总的传热面积计算比较烦琐,计算结果与实际会有出入,甚至出入较大。上面提供的是简化了的计算公式,设计时还可参考有关资料。

4. 冷却水道计算实例

例 3.2 注射成型高密度聚乙烯矩形塑料盒,包括浇注系统在内的每次注入模具的塑料量为 0.2 kg,注射周期为 45 s,即 $n=80$ 次/h。试设计计算冷却水道的孔径和总长。设冷却水的入口温度 $t_2=20$ ℃,出口温度 $t_1=30$ ℃,平均水温 $t_{ave}=25$ ℃。

解 查得 $\Delta h=583.33$ kJ/kg,平均水温 $t_{ave}=25$ ℃时的比定压热容 $c_p=4.178$ kJ/(kg·℃)。

塑料注射模所需冷却水流量为

$$m=\frac{nm_1\Delta h}{c_p(t_1-t_2)}=\frac{80\times0.2\times583.33}{4.178\times(30-20)}=\frac{9\ 333.3}{41.78}=223.4(\mathrm{kg\cdot h^{-1}})$$

根据冷却水流量 $m=223.4\ \mathrm{kg\cdot h^{-1}}$,查表 3.19,选水孔直径 $d=0.015$ m,得 $d^{0.13}=0.579$。为保证获得湍流,从而得到良好的传热效果,取 $v=0.44$ m/s,则 $v^{0.87}=0.49$。将以上参数代入式(3.27)得

$$\begin{aligned}\alpha &=7\ 348(1+0.015t_{ave})\frac{v^{0.87}}{d^{0.13}}\\ &=7\ 348(1+0.015\times25)\times\frac{0.49}{0.579}\\ &=8\ 550.5(\mathrm{kJ\cdot m^{-2}\cdot h^{-1}\cdot ℃^{-1}})\end{aligned}$$

高密度聚乙烯注射成型模具温度 $t_{hole}=60$ ℃,冷却水传热面积为

$$A=\frac{nm_1\Delta h}{\alpha(t_{hole}-t_{ave})}=\frac{9\ 333.3}{8\ 550.5\times(60-25)}=0.031(\mathrm{m^2})$$

冷却水孔有效长度为

$$L=A/\pi d=0.031/(3.14\times0.015)=0.658(\mathrm{m})$$

最后根据注射模结构及加工工艺性,合理布置冷却水回路。应该注意的是,冷却水道的实际长度应大于有效长度。

3.5 塑料模具材料及热表处理

合理选择塑料模具的材料及热处理和表面处理，是塑料模具设计的关键问题之一，它对提高模具寿命、降低成本、提高塑件的质量等有着很重要的意义。

3.5.1 对塑料模具材料的要求及常用塑料模具材料

1. 对塑料模具材料的要求

塑料模具工作时受一定的外力和热的作用，有的还受成型过程中分解出来的腐蚀气体的腐蚀，导致模具可能产生磨损、过量变形、破裂、表面腐蚀等。其中，成型零件的工作条件最恶劣，塑料模具的失效主要表现为成型零件的失效，因而对塑料模具材料的要求主要是保证塑料模具成型零件的材料应该达到的要求。

对塑料模具成型零件的材料有以下基本要求：

(1)具有足够的强度、刚度、耐疲劳性和足够的硬度与耐磨性。对于成型含有硬质填料的增强塑料应具有更高的耐磨性。

(2)具有一定的耐热性和小的热膨胀系数。尤其是聚碳酸酯、聚砜、聚苯醚等成型温度高的塑料，要求模具有良好的热稳定性，即在较高温度下强度、硬度没有明显的变化。

(3)热处理变形和开裂倾向小，在使用过程中尺寸稳定性好，对高精度的塑件(如光学镜片等)，模具尺寸只允许微小的变化。

(4)具有优良的切削加工性、抛光性及表面装饰纹加工性。

(5)耐腐蚀性好，尤其在模塑成型中会产生腐蚀性气体的塑料，对模具的耐腐蚀性要求较高。

2. 常用塑料模具材料

我国的塑料模具工业正在迅速发展，但毕竟还处在兴起与发展阶段。目前，塑料模具材料大多数是沿用传统的结构钢和工具钢。但为适应塑料加工工业的发展，已研制了不少新型塑料模具钢种。下面除简要介绍目前常用的塑料模具钢外，还介绍了一些新型塑料模具钢。

(1)塑料模具钢。塑料模具钢分类见表3.20。

表3.20 塑料模具钢分类

类别	钢号
渗碳钢	10、20、20Cr、12CrNi2、12CrNi3、12Cr2Ni4、20Cr2Ni4
调质钢	45、55、40Cr、3Cr2Mo、4Cr3Mo3SiV、4Cr5MoSiV、4Cr5MoSiV1、5CrNiMo、5CrMnMo
高碳工具钢	T10、T12、7CrMn2WMo、7CrMnNiMo、Cr2Mn2SiWMoV、Cr6WV、Cr12、Cr12MoV、9Mn2V、CrWMn、MnCrWV、Cr2(GCr15)
耐蚀钢	4Cr13、9Cr18、Cr18MoV、Cr14Mo、Cr14Mo4V、1Cr17Ni2
超低碳高镍马氏体时效钢	18Ni－250、18Ni－300、18Ni－350

从表中可以看出，我国目前用于制造塑料模具的材料基本上是结构钢和一些工具钢。这

些钢能够在不同程度上适应塑料模塑成型对塑料模具材料的性能要求,但在不同程度上存在不能很好地适应塑料模具制造对加工工艺性的要求。

超低碳高镍马氏体时效钢具有很高的强度和很好的韧性,而且还具有热膨胀系数小、热疲劳性能高、固溶处理状态的切削加工性能好、无冷作硬化效应、时效热处理变形小、焊接性好以及表面可以进行渗氮等优点。因此,可以制造要求高耐磨、高精度、型腔复杂的塑料模具。

(2)新型塑料模具材料。随着塑料加工工业的发展,对塑料模具材料提出新的更高的要求,如大型、复杂、精密和表面粗糙度值低的塑件,其相应的塑料模具需要用微变形、加工性与抛光性好,适应各种塑料物化特性要求的模具材料来制造。

目前,塑料模具钢主要是向易切削钢、预硬钢、时效硬化钢、耐蚀钢、冷挤压成型钢以及精密、镜面塑料模具钢等趋势发展。下面简单介绍几类我国研制的新型塑料模具钢。

①易切削钢。对于形状复杂、要求热处理变形小的型腔、型芯或流动性差、低塑性的塑料和一些添加无机纤维的增强塑料的成型模具,要求成型零件具有高硬度和高耐磨性,因此往往采用合金工具钢等钢种制造。但这些钢的冷、热加工性不佳,为改善这些钢的切削加工性,在钢中加入硫、硒、钙等元素,成为易切削塑料模具钢。易切削塑料模具钢在更高的硬度范围内仍具有良好的切削加工性。例如,在4Cr5MoSiV1中加入0.08%~0.12%的S,其即成为易切削钢,这种钢经调质处理后(硬度为HRC40~45)进行切削加工非常容易,可获得很小的表面粗糙度。

8Cr2MnWmoVS(简称8Cr2S)在调质状态(HRC40~45)下可顺利进行各种切削加工,精加工后可不再进行热处理,可用于制造精密塑料模具。

Y55CrNiMnMoV(简称SM1)和5CrNiMnMoVSCa(简称5NiSCa)也是属于这一类型的钢。其中,SM1钢性能优越、稳定,使用寿命长,还具有耐腐蚀性好和可渗氮等优点;5NiSCa钢的镜面抛光性和花纹蚀刻性好,淬透性也较好,可做型腔复杂、质量要求高的塑料模具。

②预硬钢。预硬钢是热处理到一定硬度(HRC25~35或更高)供货的钢。这种钢用作塑料模具成型零件,加工后直接使用而不再进行热处理,避免了热处理变形,保证了模具精度。

属于这类钢的有3Cr2Mo(P20)、3Cr2NiMo(P4410)等。其中,P20钢适合制造电视机、大型收录机外壳及洗衣机面板盖等大型塑料模具;P4410钢是P20钢的改进型,适合制造大型、复杂、精密塑料模具,也可采用渗氮、渗硼等化学处理,处理后可获得更高的表面硬度,用于制造高精密的塑料模具。

从预硬钢的意义来说,上述的易切削钢也属于预硬钢,因为这类钢也是在预硬状态下加工,加工后直接使用。

③时效硬化钢。这类钢在固溶处理状态,硬度低,具有良好的加工性,加工后进行时效处理,硬度等力学性能大大提高(硬度达HRC40左右),变形很小,最后进行抛光,满足了塑料模具的制造和使用要求。如果采用真空炉进行处理,则可在镜面抛光后进行时效处理。

10Ni3CuAlMoS(PMS)是时效硬化型高精度、镜面塑料模具钢。它具有优良的冷、热加工性,抛光时间短,表面粗糙度(Ra)可达到0.025 μm以下,模具使用温度在400 ℃以下。这种钢还适合进行表面渗氮处理,处理后的硬度可达HRC50,进一步扩大了它的应用范围。PMS在固溶软化状态还可以进行冷挤压成型塑料模具型腔。

PMS可用于制造复杂、精密和镜面的塑料模具,以及要求具有一定的热稳定性和耐磨性的塑料模具。

25CrNi3MoAl属于低镍无钴时效硬化钢,经固溶、调质处理后进行粗加工、半精加工,去应力处理，精加工，时效处理，最后进行研磨、抛光。它可以用来制造高精密的塑料模具。

06Ni6CrMoVTiAl(06Ni)、Y20CrNi3AlMnMo(SM2)也是时效硬化模具钢。

④耐蚀钢。如前所述，添加阻燃剂的热塑性塑料和聚氯乙烯等塑料进行模塑成型时，其模具必须具有良好的耐腐蚀性能。使模具具有耐腐蚀性能的方法有镀铬或采用不锈钢耐蚀塑料模具钢。不锈钢虽然具有一定的耐腐蚀性能，但在力学性能或工艺性能上都存在一些缺点，如奥氏体不锈钢强度和硬度较低，马氏体不锈钢热处理变形较大等。

我国研制的 0Cr16Ni4Cu3Nb(PCR)耐蚀塑料模具钢是一种时效硬化不锈钢。它淬火后硬度为 HRC32 ~ 35，可进行切削加工，时效处理后具有较好的综合力学性能(硬度为 HRC42 ~ 46)。这种钢不仅在含氟、氯等腐蚀介质中具有优良的耐腐蚀性，而且具有较高的强度，同时还具有较好的热处理、切削加工及抛光性能。因此，这种钢适合制造精密耐蚀塑料模具。

此外，我国还研制了冷挤压成型钢、空冷 12 钢等满足塑料模具对加工工艺性的要求和高精度高寿命的要求。

除了上述新型塑料模具材料外，还可利用粉末冶金材料直接模压成为塑料模具型腔或利用粉末冶金方法制造粉末高速钢，用于注射成型以玻璃纤维或金属粉末为填料的增强塑料的模具上。

3.5.2　塑料模具材料的选用及热处理要求

选用塑料模具材料与确定热处理要求的基本原则如下：

(1)根据模具各零件的功用，合理选择材料和正确确定热处理要求。对于与熔体接触并受熔体流动摩擦的零件(成型零件和浇注系统零件)和工作时有相对运动摩擦的零件(导向零件、推出和抽芯零件)及重要的定位零件等，应分不同情况选用优质碳素结构钢、合金结构钢或工具钢等，并根据其工作条件提出热处理要求。对于其他结构零件，视其重要性可选用优质碳素结构钢或普通碳素结构钢，较重要的需经过热处理，有的不需要提出热处理要求。

(2)成型零件的材料应根据塑料特性、塑件大小与复杂性、尺寸精度与表面质量要求、产量大小、模具加工工艺性要求等选择。

对于要求表面有高的耐磨性而芯部有好的韧性、形状不太复杂的模具，可选用低碳低合金渗碳钢，采用冷挤压法制造型腔，挤压成型后进行渗碳、淬火及回火处理。

对于形状较简单、精度要求不高、产量又不大的塑料模具成型零件，可以选用优质碳素调质钢(一般为 45 钢)。而对于产量大，尤其是大型、复杂的塑料模具，可选用 5CrNiMo、5CrMnMo、4Cr5MoSiV、4Cr5MoSiV1、4Cr3Mo3SiV 等。用这些钢制造成型零件时，先在退火状态下粗加工，然后进行调质处理，最后进行精加工。

对于高精度、大产量的塑料模具，可选用微变形钢、易切削钢、预硬钢和时效硬化钢，如 3Cr2Mo、8Cr2MnWMoVS、4Cr5MoSiVS 等。

对于以玻璃纤维等硬质材料为填料的塑料模具，通常选用 7CrMn2WMo、7CrMnNiMo、Cr2Mn2SiWMoV、Cr6WV、Cr12、Cr12MoV、9Mn2V、CrWMn、MnCrWV、GCr15 等，也可以选用预硬钢。

对于需要耐蚀的塑料模具，常采用镀铬或耐蚀钢。

当制造高精度、超镜面、型腔复杂、大截面的模具，并在大批量生产情况下，可采用超低碳马氏体时效钢，如 18Ni－250、18Ni－300、18Ni－350 等。但这类钢价格昂贵，应用受到限制。

我国研制的新型塑料模具钢的使用性能及加工工艺性有独特的优点，应根据实际情况加以推广应用。

表3.21所示为塑料模具零件的常用材料及热处理要求,供设计时参考。

表3.21 塑料模具零件的常用材料及热处理要求

零件类别	零件名称	材料牌号	热处理方法	硬度	说明
成型零件	凹模 型芯(凸模) 螺纹型芯 螺纹型环 成型镶件 成型推杆等	T8A、T10A	淬火	HRC54~58	用于形状简单的小型芯、型腔
		CrWMn 9Mn2V Cr2Mn2SiWMoV	淬火	HRC54~58	用于形状复杂、要求热处理变形小的型腔、型芯或镶件和增强塑料的成型模具
		Cr12 Cr4W2MoV			
		20CrMnMo 20CrMnTi	渗碳、淬火		
		5CrMnMo 40CrMnMo	渗碳、淬火	HRC54~58	用于高耐磨、高强度和高韧性的大型型芯、型腔等
		3Cr2W8V 38CrMoAl	调质、渗氮	HV1 000	用于形状复杂、要求耐腐蚀的高精度型腔、型芯等
		45	调质	HRC22~26	用于形状简单、要求不高的型腔、型芯
			淬火	HRC43~48	
		20 15	渗碳、淬火	HRC54~58	用于冷压加工的型腔
模体零件	垫板(支承板) 浇口板 锥模套	45	淬火	HRC43~48	
	动、定模板 动、定模座板	45	调质	HB230~270	
	固定板	45	调质	HB230~270	
		Q235			
	推件板	T8A、T10A	淬火	HRC54~58	
		45	调质	HB230~270	
浇注系统零件	主流道衬套 拉料杆 拉料套 分流锥	T8A、T10A	淬火	HRC50~55	
导向零件	导柱	20	渗碳、淬火	HRC56~60	
	导套	T8A、T10A	淬火	HRC50~55	
	限位导柱 推板导柱 推板导套 导钉	T8A、T10A	淬火	HRC50~55	

续表 3.21

零件类别	零件名称	材料牌号	热处理方法	硬度	说明
抽芯机构零件	斜导柱 滑块 斜滑块	T8A、T10A	淬火	HRC54~58	
	楔紧块	T8A、T10A	淬火	HRC54~58	
		45		HRC43~48	
推出机构零件	推杆(卸模杆) 推管	T8A、T10A	淬火	HRC54~58	
	推块 复位杆	45	淬火	HRC43~48	
	挡板	45	淬火	HRC43~48	或不淬火
	推杆固定板 卸模杆固定板	45、Q235			
定位零件	圆锥定位件	T10A	淬火	HRC58~62	
	定位圈	45			
	定距螺钉 限位钉 限制块	45	淬火	HRC43~48	
支承零件	支承柱	45	淬火	HRC43~48	
	垫块	45、Q235			
其他零件	加料圈 柱塞	T8A、T10A	淬火	HRC50~55	
	手柄 套筒	Q235			
	喷嘴 水嘴	45、黄铜			
	吊钩	45			

注:螺纹型芯的热处理硬度也可取 HRC40~45

3.5.3 塑料模具的表面处理

塑料模具的工作条件要求模具工作表面应具有一定的耐磨性和很小的表面粗糙度,利于熔体充满型腔和塑件的脱模,获得表面光亮的塑件。对于成型时会产生腐蚀气体的塑料模具,其工作表面还应具有耐腐蚀性。为了满足上述要求,除了必须合理选择模具材料和对模具型腔进行精细的光整加工(抛光)以外,必要时还要进行表面处理。塑料模具表面处理的方法主要有电镀(镀铬)、渗氮、渗碳、渗硼、渗金属等,还有激光强化表面处理、物理气相沉积(PVD)

和化学气相沉积(CVD)等表面处理新技术。

镀铬是塑料模具中一种应用最多的表面处理方法,镀铬层在大气中具有强烈的钝化能力,能长久保持金属光泽,在多种酸性介质中均不发生化学反应。因此,在塑料模具型腔表面上镀铬,能提高型腔的光滑度和耐腐蚀性。此外,镀层硬度可达 HV1 000,因此能使镀铬表面具有优良的耐磨性。镀铬层还具有较高的耐热性,在空气中加热到 500 ℃时其外观和硬度仍无明显变化。

渗氮具有处理温度低(一般为 550 ~ 570 ℃),模具变形甚微和渗层硬度高(可达 HV 1 000 ~ 1 200)等优点,因此也非常适合塑料模具的表面处理。含有铬、钼、铝、钒和钛等合金元素的钢种比碳钢有更好的渗氮性能,用作塑料模具时进行渗氮处理可大大提高耐磨性。

必须重视对塑料模具的表面处理,它有强化的目的,还可提高模具的光滑度和耐蚀性。后者对于塑料模具来说很重要,在一定场合下还是至关重要的。因此,在生产中应根据所选用的模具材料和实际需要及可能性,正确选用表面处理方法。低温、微变形、快速和多元共渗是模具表面处理的发展方向。

思考与练习题

3.1　塑料模具一般由哪几个部分组成?

3.2　选择模具分型面时,需考虑哪些因素?

3.3　影响塑件公差的因素有哪几个方面?其主要因素是哪些?

3.4　凹模和型芯的结构形式各有哪些?各种结构形式分别用在什么场合?

3.5　合模导向装置的作用是什么?有哪些结构类型?锥面定位机构适用于什么场合?

3.6　对塑料模具型腔侧壁和底板厚度进行强度和刚度计算的目的是什么?其计算依据是什么?

3.7　模具温度及其调节具有什么重要性?温度控制系统有些什么功能?

3.8　对塑料模具电加热基本要求有哪些?塑料模具冷却装置设计要遵循什么原则?

3.9　模具成型零件的材料要满足哪些基本要求?常用的材料有哪些类型?试举出 2 ~ 3 个钢的牌号。

3.10　为什么要对塑料模具进行表面处理?表面处理的方法有哪些?

3.11　一圆形压缩模具,其直径为 350 mm,高度为 200 mm,质量为 80 kg,成型酚醛塑件,成型时模具温度为 190 ℃,试确定加热电棒根数及直径 d 和长度 l。

3.12　已知图 2.53 所示的塑件,根据塑件的要求回答下列问题:

(1)确定成型零件的结构及外形尺寸。

(2)计算成型零件的工作尺寸。

(3)选择加热或冷却方式,并进行计算。

第4章　塑料压缩模设计

4.1　压缩模的类型与结构组成

4.1.1　压缩模的类型

压缩模又称为压制模或压塑模,主要用于成型热固性塑料制件。压缩模的分类方法主要有两种,可按模具在压力机上的固定方式分类,也可按压缩模的上、下模配合结构特征分类。

1.按模具在压力机上的固定方式分类

(1)移动式压缩模。移动式压缩模如图4.1所示。这种压缩模的特点是模具不固定在压力机上,成型后移出压力机,用卸模工具(如卸模架)开模,取出塑件,故结构简单、制造周期短。但由于加料、开模、取件等工序均为手工操作,模具易磨损、劳动强度大,因此模具质量不宜超过20 kg。它适用于成型批量不大的中小型塑件以及形状复杂、嵌件较多、加料困难、带螺纹的塑件。

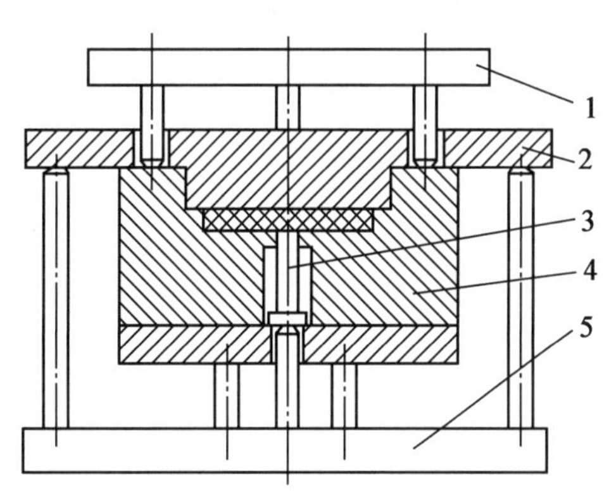

图4.1　移动式压缩模

1—上卸模架;2—凸模;3—推杆;4—凹模;5—下卸模架

(2)半固定式压缩模。半固定式压缩模如图4.2所示。这种压缩模的特点是开合模在机内进行,一般将上模固定在压力机上,下模可沿导轨滑动,用定位块定位,合模时靠导向机构定位。也可按需要采用下模固定的形式,成型后移出上模,用手工或卸模架取件。该结构便于安放嵌件和加料,降低劳动强度,当移动式模具过重或嵌件较多时,为便于操作,可采用此类模具。

(3)固定式压缩模。固定式压缩模的上、下模均固定在压力机上,开模、合模、脱模等工序均在机内进行,生产率较高,操作简单,劳动强度小,模具寿命长,但结构复杂,成本高,且安放嵌件不方便,适用于成型批量较大或尺寸较大的塑件。

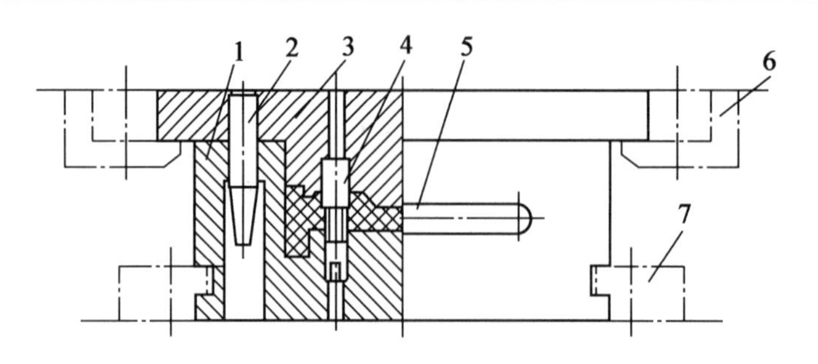

图 4.2　半固定式压缩模

1—凹模(加料腔);2—导柱;3—凸模;4—型芯;5—手柄;6—压板;7—导轨

2. 按上、下模配合结构特征分类

(1)溢式压缩模(敞开式压缩模)。溢式压缩模如图 4.3 所示。这种压缩模无加料腔,型腔总高度 h 基本上就是塑件的高度。由于凸模与凹模无配合部分,完全靠导柱定位,故压缩成型时,塑件的径向壁厚尺寸精度不高,而高度尺寸尚可。压制时过剩的塑料极易从分型面溢出。宽度为 b 的环形面是挤压面,因其宽度比较窄,可减薄塑件的飞边。合模时塑料受压缩,而挤压面在合模终点才完全闭合。因此,挤压面在压缩阶段仅能产生有限的阻力,致使塑件的密度不高、强度差。如果模具闭合太快,会造成溢料量增加,既浪费原料,又降低塑件密度。相反,如果模具闭合太慢,又会造成飞边增厚。

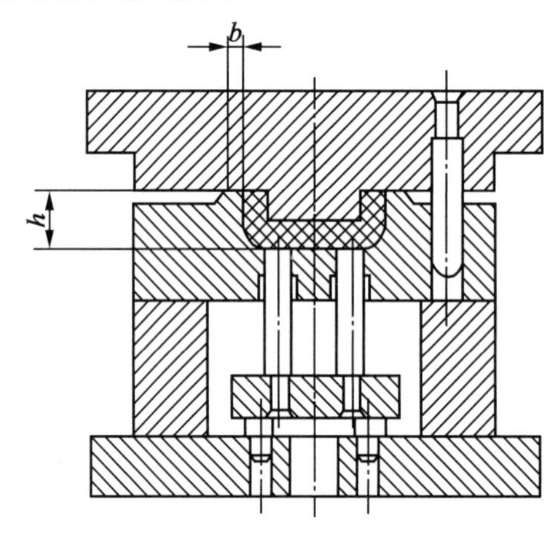

图 4.3　溢式压缩模

由于该模具成型的塑件飞边总是水平的(平行于挤压面),因此去除比较困难,去除后还影响塑件的外观。这种模具不适用于压缩率高的塑料,如带状、片状或纤维填料的塑料,最好采用颗粒料或预压锭料进行压制。

溢式压缩模的凸模和凹模的配合完全靠导柱定位,没有其他的配合面。因此,不宜成型薄壁或壁厚均匀性要求很高的塑件,且用这种模具成批生产的塑件的外形尺寸和强度很难达到一致。此外,溢式压缩模要求加料量大于塑件的质量(在 5% 以内),故原料有一定的浪费。

溢式压缩模的优点是结构简单、造价低廉、耐用;塑件易取出,特别是扁平塑件可以不设推出机构;由于无加料腔,操作者容易接近型腔底部,安放嵌件方便。它适于压制扁平的塑件,特别是强度和尺寸无严格要求的塑件,如纽扣、装饰品等。

(2)半溢式压缩模(半封闭式压缩模)。半溢式压缩模如图 4.4 所示。该模具的特点是在型腔上方设一截面尺寸大于塑件尺寸的加料腔,凸模与加料腔成间隙配合。加料腔与型腔分界处有一环形挤压面,其宽度约4～5 mm,凸模下压到与挤压面接触为止。在每一压制循环中,加料量稍有过量,过剩的原料通过配合间隙或在凸模上开设专门的溢料槽排出。溢料速度可通过间隙大小和溢料槽多少进行调节,其塑件的致密度比溢式压缩模的好。半溢式压缩模操作方便,加料时只需按体积计量,而塑件的高度尺寸由型腔高度 h 决定,可得到高度基本一致的塑件。此外,由于加料腔的截面尺寸比塑件大,凸模不沿着模具型腔壁摩擦,不会划伤型腔壁表面,推出时也不会损伤塑件外表面。当塑件外轮廓形状复杂时,可将凸模与加料腔周边配合面的形状简化,以简化加工工艺。

由于这种压缩模具有以上优点,因此使用较广泛。它适用于成型流动性较好的塑料及形状较复杂的、带有小型嵌件的塑件。但半溢式压缩模由于有挤压边缘,不适于压制以布片或长纤维作为填料的塑料。

(3)不溢式压缩模(封闭式压缩模)。不溢式压缩模如图4.5所示。该模具的加料腔是型腔上部截面的延续,凸模与加料腔有较高精度的间隙配合,故塑件径向壁厚尺寸精度较高。理论上压力机所用的压力将全部作用在塑件上,塑料的溢出量很少,塑件在垂直方向上可能形成很薄的飞边。凸模与凹模的配合高度不宜过大,不配合部分可以像图中所示那样将凸模上部截面尺寸减小,也可将凹模对应部分尺寸逐渐增大形成锥面(15′～20′)。

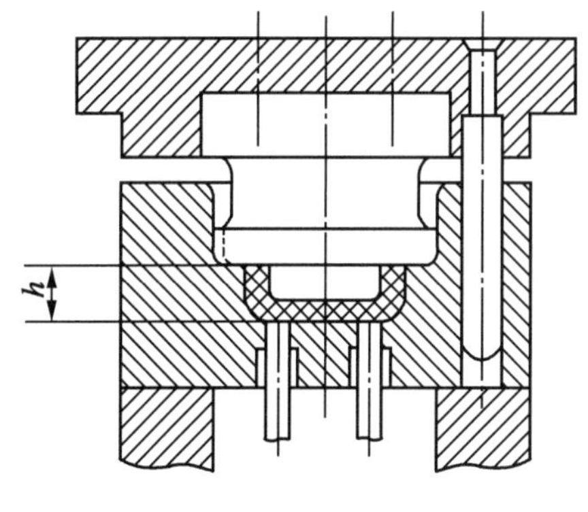

图4.4　半溢式压缩模

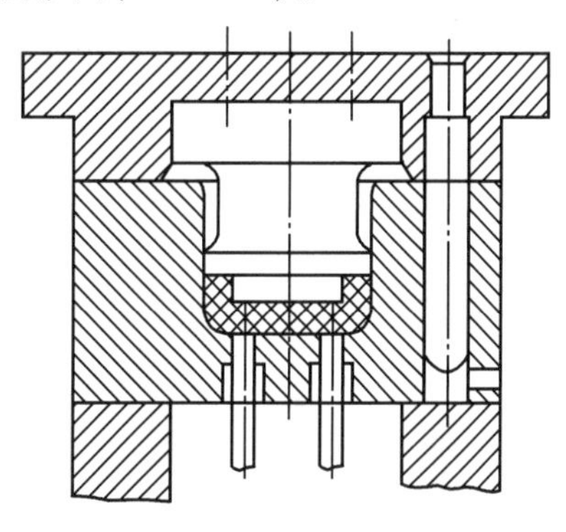
图4.5　不溢式压缩模

不溢式压缩模的最大特点是塑件承受压力大,故致密性好、强度高。因此,适用于压制形状复杂、薄壁、深形塑件以及流动性特别小、单位压力高、表观密度小的塑料。用它压制棉布、玻璃布或长纤维填充的塑料是可行的。这不仅是因为这些塑料的流动性差、要求的单位压力高,还因为在采用带挤压面的模具时,进入挤压面上的布片或纤维填料会妨碍模具闭合,造成飞边增厚和塑件高度尺寸不准确,后加工时,这种夹有纤维或布片的飞边很难去除。而溢式压缩模没有挤压面,故所制得的塑件不但飞边极薄,而且飞边在塑件上呈垂直分布,可采用平磨等方法去除。

不溢式压缩模的缺点是由于塑料溢出量极少,加料量多少直接影响塑件的高度尺寸,每次加料都必须准确称量。因此,流动性好,容易按体积计量的塑料一般不采用不溢式压缩模。另外,这种模具的凸模与加料腔内壁有摩擦,不可避免地擦伤加料腔内壁。由于加料腔截面尺寸与型腔截面尺寸相同,在推出时,带有划伤痕迹的加料腔会损伤塑件外表面。不溢式压缩模必须设置推出装置,否则塑件很难取出。这种压缩模一般为单型腔,因为多型腔如加料不均衡,会造成各型腔压力不等,导致一些塑件欠压。

4.1.2　压缩模的结构组成

典型压缩模的结构如图4.6所示。该模具可分为固定于压力机动压板的上模和固定于工作台上的下模两大部分，上、下模靠导柱、导套导向。开模时，上模部分上移，凹模3脱离下模一段距离，以手工将侧型芯20旋转抽出，推板17推动推杆11将塑件推出。加料前，先将侧型芯复位，加料、合模后，热固性塑料在加料腔和型腔中受热受压，成为熔融状态而充满型腔，固化后开模，取出塑件，依此循环，进行压缩模塑成型。

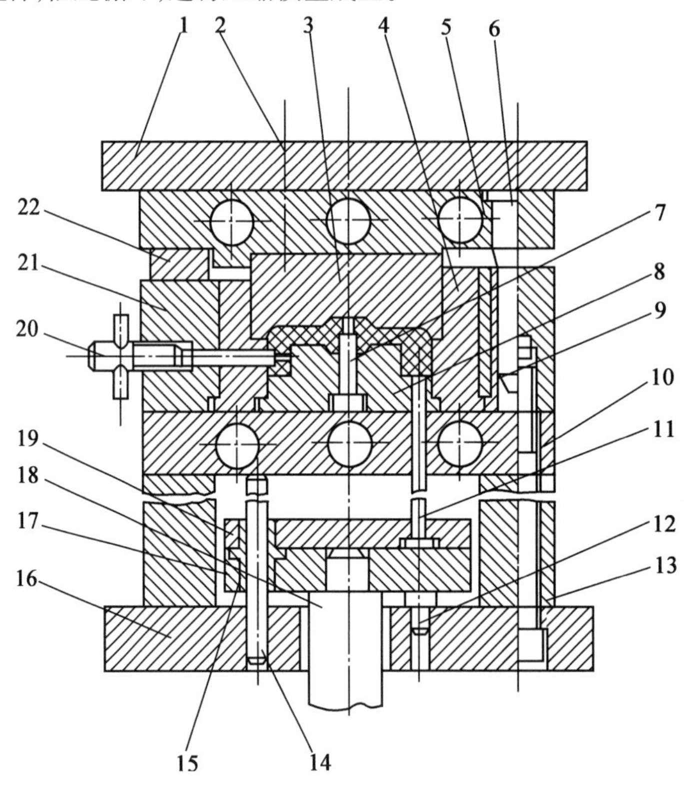

图4.6　典型压缩模的结构

1—上模座板；2—螺钉；3—凹模；4—凹模镶件；5—加热板；6—导柱；7—型芯；8—凸模；9—导套；10—加热板；11—推杆；12—挡钉；13—垫块；14—推板导柱；15—推板导套；16—下模座板；17—推板；18—压力机顶杆；19—推杆固定板；20—侧型芯；21—凹模固定板；22—承压板

压缩模按构成零件的作用不同，一般分为以下几部分。

1. 成型零件

成型零件是直接成型塑件的零件，加料时与加料腔一同起装料的作用，模具闭合时形成所要求的型腔。在图4.6中，凹模3、型芯7、凸模8、凹模镶件4、侧型芯20为成型零件。

2. 加料腔

加料腔指装填塑料原料的部分。图4.6中为凹模镶件4的上半部。由于塑料原料与塑件相比密度较小，成型前单靠型腔往往无法容纳全部原料，因此在型腔之上设一段加料腔。对于多型腔压缩模，其加料腔有两种结构形式，如图4.7所示。一种是每个型腔都有自己的加料腔，且彼此分开(图4.7(a)和图4.7(b))，其优点是凸模对凹模的定位较方便，如果个别型腔损坏,可以修理、更换或停止对该型腔的加料,因而不影响压缩模的继续使用。但这种模具要求每个加料腔加料准确,因而费时。另外,模具外形尺寸较大,装配要求较高。另一种结构形式是多个型腔共用一个加料腔(图4.7(c))。其优点是加料方便迅速,飞边把各个塑件连成一体,可以一次推出,模具轮廓尺寸较小,但个别型腔损坏时,会影响整副模具的使用。当统一加料时,边角上的塑件往往缺料。

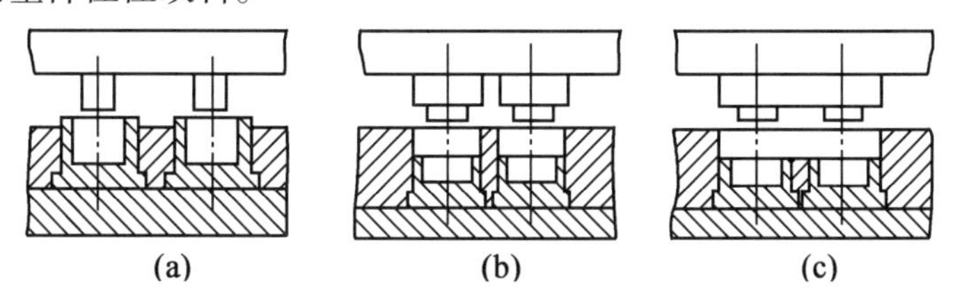

图4.7　多型腔模及其加料腔

3. 导向机构

导向机构用来保证上、下模合模的对中性。在图4.6中,导向机构由布置在模具上模周边的导柱6和下模的导套9组成。为了保证推出机构顺利地上、下滑动,该模具还在下模座板16上设有两根推板导柱14,在推板17和推杆固定板19上装有推板导套15。

4. 侧向分型抽芯机构

当压制带有侧孔和侧凹的塑件时,模具必须设有各种侧向分型抽芯机构,塑件才能脱出。图4.6所示的塑件带有侧孔,在推出前用手转动丝杆抽出侧型芯20。

5. 推出机构

在图4.6中,推出机构由推杆11、推杆固定板19、推板17、压力机顶杆18等零件组成。

6. 加热系统

热固性塑料压制成型需要在较高的温度下进行,因此,模具必须加热。常见的加热方法是电加热。图4.6中加热板5、10分别对凹模、凸模进行加热,加热板圆孔中插入电加热棒。

4.2　压缩模与压力机的关系

4.2.1　塑料压缩模塑用压力机的种类

1. 塑料压缩模塑用压力机种类

压力机是压制成型的主要设备。根据传动方式不同,压力机可分为机械式和液压式两种。机械式压力机常使用螺旋压力机,结构简单,但技术性能不够稳定,因此,正逐渐被液压式压力机(简称液压机)所取代。

液压机是热固性塑料压缩模塑用的主要设备。根据机身结构不同,液压机可分为框架连接及立柱连接两类。框架式(图4.8)一般用于中、小型压力机。立柱式(图4.9)常用于大、中型压力机。加压形式大部分为上压式。上、下模分别安装在上压板(滑块)、下压板(工作台)上。工作时上压板带动上模下行进行压制。工作台下设有机械或液压顶出系统。开模后顶杆上升推动推出机构而推出塑件。该类压力机一般可进行半自动化工作。

2. 国产塑料压缩模塑用液压机的技术参数

图4.8和图4.9所示分别为Y71-100型塑件液压机和YB32-200型四柱万能液压机装

模部分的参数。为保证压缩模塑的正常进行,在模具设计时应选用适当的压力机。液压机的主要技术参数见附录 E。

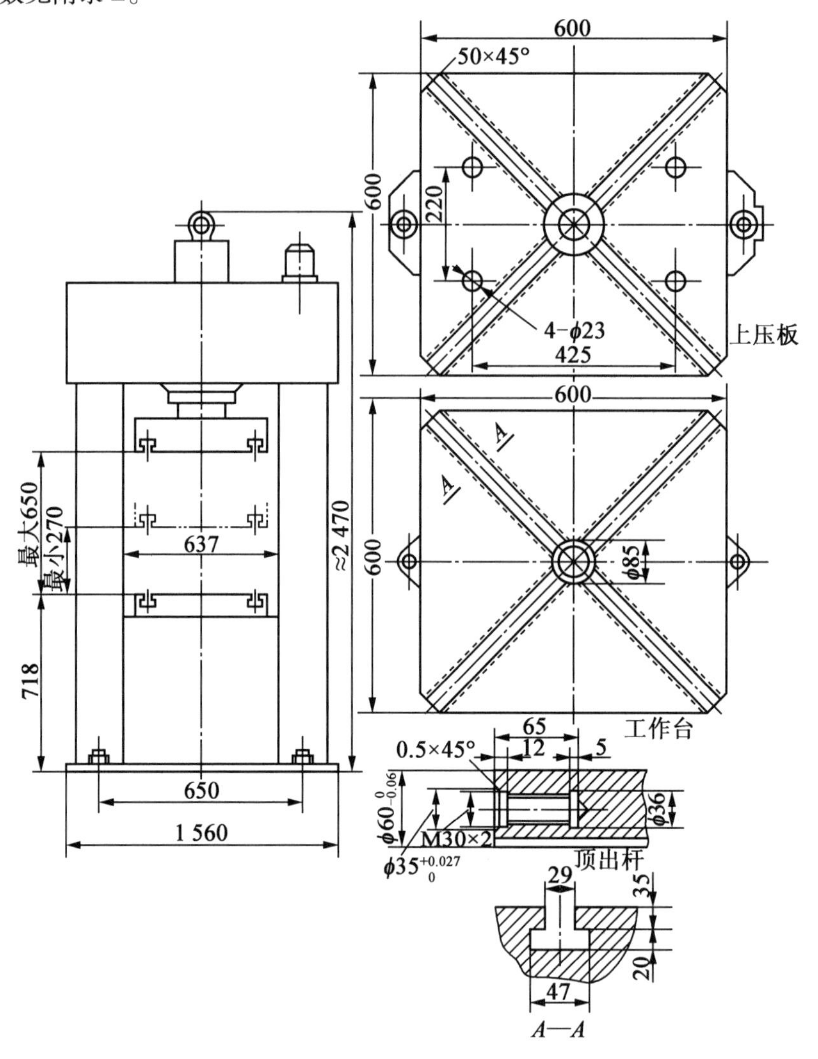

图 4.8　Y71－100 型塑件液压机

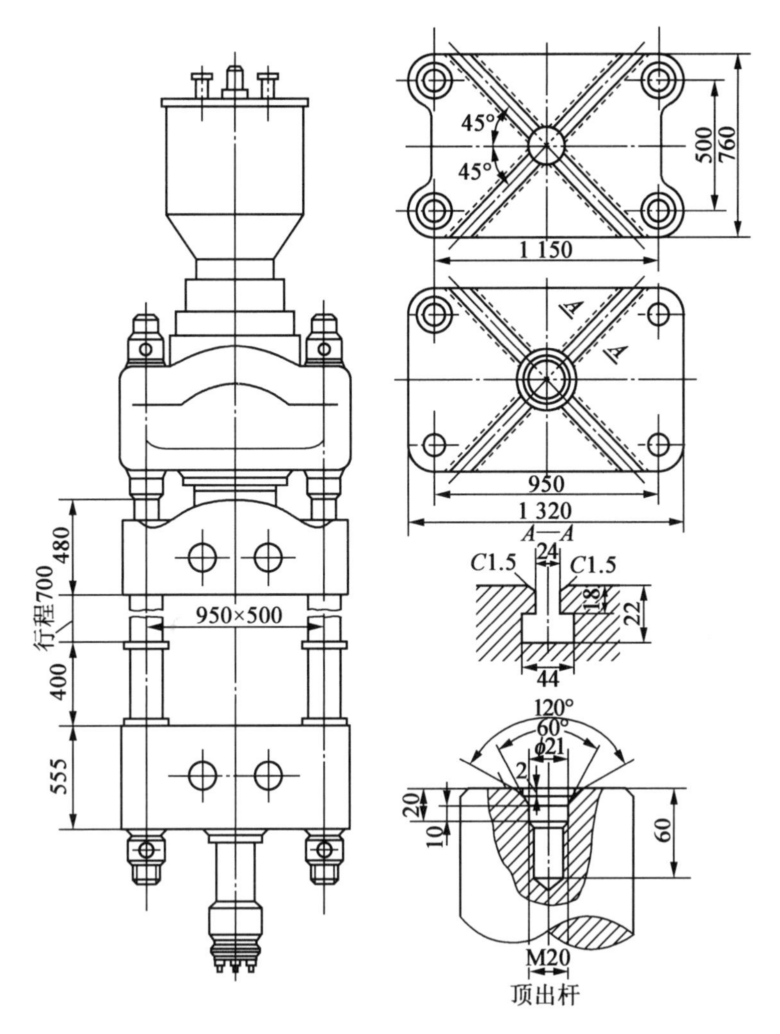

图 4.9　YB32－200 型四柱万能液压机

4.2.2　压力机有关工艺参数的校核

1. 压力机最大压力的校核

校核压力机最大压力是为了在已知压力机公称压力和塑件尺寸的情况下，计算模具内开设型腔的数目，或在已知型腔数和塑件尺寸时，选择压力机的公称压力。

压制塑件所需要的总成型压力应小于或等于压力机公称压力。其关系式有

$$F_m \leqslant KF_g \tag{4.1}$$

式中　F_m——压制塑件所需的总压力；

F_g——压力机公称压力；

K——修正系数，$K=0.75 \sim 0.90$，根据压力机新旧程度而定。

F_m 可按下式计算：

$$F_m = pAn \tag{4.2}$$

式中　A——单个型腔水平投影面积。对于溢式和不溢式压缩模，A 等于塑件最大轮廓的水平投影面积；对于半溢式压缩模，A 等于加料腔的水平投影面积；

n——压缩模内加料腔个数；对于单型腔压缩模，$n=1$；对于共用加料腔的多型腔压缩模，n 亦取 1，这时 A 为加料腔的水平投影面积；

p——压制时单位成型压力。其值可根据表 4.1 选取。

表 4.1 压制时单位成型压力 p MPa

塑件的特征	粉状酚醛塑料		布基填料的酚醛塑料	氨基塑料	酚醛石棉塑料
	不预热	预热			
扁平厚壁塑件	12.26 ~ 17.16	9.81 ~ 14.71	29.42 ~ 39.23	12.26 ~ 17.16	44.13
高 20 ~ 40 mm，壁厚 4 ~ 6 mm	12.26 ~ 17.16	9.81 ~ 14.71	34.32 ~ 44.13	12.26 ~ 17.16	44.13
高 20 ~ 40 mm，壁厚 2 ~ 4 mm	12.26 ~ 17.16	9.81 ~ 14.71	39.23 ~ 49.03	12.26 ~ 17.16	44.13
高 40 ~ 60 mm，壁厚 4 ~ 6 mm	17.16 ~ 22.06	12.26 ~ 15.40	49.03 ~ 68.65	17.16 ~ 22.06	53.94
高 40 ~ 60 mm，壁厚 2 ~ 4 mm	22.06 ~ 26.97	14.71 ~ 19.61	58.84 ~ 78.45	22.06 ~ 26.97	53.94
高 60 ~ 100 mm，壁厚 4 ~ 6 mm	24.52 ~ 29.42	14.71 ~ 19.61	—	24.52 ~ 29.42	53.94
高 60 ~ 100 mm，壁厚 2 ~ 4 mm	26.97 ~ 34.32	17.16 ~ 22.06	—	26.97 ~ 34.32	53.94

当选择需要的压力机公称压力时，将式(4.2)代入式(4.1)可得

$$F_g \geqslant \frac{pAn}{K} \tag{4.3}$$

当压力机已定，可按下式确定多型腔模的型腔数：

$$n \leqslant \frac{kF_g}{pA} \tag{4.4}$$

当压力机的公称压力超出成型需要的压力时，需调节压力机的工作液体压力，此时压力机的压力由压力机活塞面积和工作液体的工作压力确定：

$$F_g = p_1 A_s \tag{4.5}$$

式中 p_1——压力机工作液体的工作压力(可从压力表上得到，MPa)；

A_s——压力机活塞横截面积(mm)。

2. 开模力的校核

开模力的大小与成型压力成正比，其值大小关系到压缩模连接螺钉的数量及大小。因此，对大型模具在布置螺钉前需计算开模力。

(1)开模力的计算公式为

$$F_k = K_1 F_m \tag{4.6}$$

式中 F_k——开模力；

F_m——压缩成型所需的总压力；

K_1——压力系数，对于形状简单的塑件，配合环不高时取 0.1；配合环较高时取 0.15；对于形状复杂的塑件，配合环较高时取 0.2。

(2)螺钉数的确定。

$$N = \frac{F_k}{f} \tag{4.7}$$

式中 N——螺钉数量；

f——每个螺钉所承受的负荷,查表 4.2。

表 4.2　螺钉负荷表

公称直径	材料:45	材料:T10A	备注
	δ_b/MPa	δ_b/MPa	
M5	1 323.90	2 598.76	对于成型压力大于 500 kN 的大型模具,连接螺钉用的材料可选 T10A、T10,但不应淬火
M6	1 814.23	3 628.46	
M8	3 432.33	6 766.59	
M10	5 393.66	10 787.32	
M12	7 943.39	15 788.71	
M14	10 787.32	21 770.76	
M16	15 200.31	30 302.55	
M18	18 240.37	36 480.74	
M20	23 634.03	47 268.05	
M22	29 714.15	59 428.30	
M24	34 127.14	68 156.22	

3. 脱模力的校核

脱模力可按式(4.8)计算。选用压力机的顶出力应大于脱模力。

$$F_T = A_1 P_1 \tag{4.8}$$

式中　F_T——塑件的脱模力(推出力);

A_1——塑件侧面积之和;

P_1——塑件与金属的结合力,一般木纤维和矿物填料取 0.49 MPa,玻璃纤维取 1.47 MPa。

4. 压力机的闭合高度与压缩模闭合高度关系的校核

压力机上(动)压板的行程和上、下压板间的最大、最小开距直接关系到能否完全开模取出塑件。模具设计时可按下式进行计算(图 4.10):

$$h \geqslant H_{min} + (10 \sim 15)\text{mm} \tag{4.9}$$

$$h = h_1 + h_2 \tag{4.10}$$

式中　H_{min}——压力机上、下压板间的最小距离;

h——压缩模闭合高度;

h_1——凹模高度;

h_2——凸模台肩高度。

如果 $h < H_{min}$,则上、下模不能闭合,这时应在上、下压板间加垫板,保证 h + 垫板厚度 $\geqslant H_{min} + (10 \sim 15)\text{mm}$。

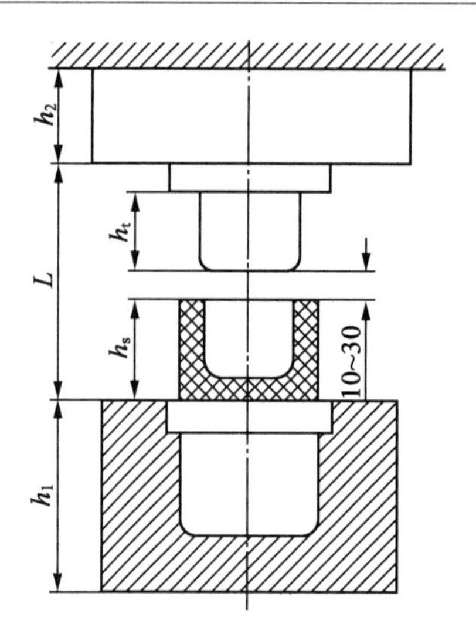

图 4.10 模具闭合高度与开模行程

除满足式(4.9)外,还应满足

$$H_{max} \geqslant h + L \tag{4.11}$$

$$L = h_s + h_t + (10 \sim 30)\,\text{mm} \tag{4.12}$$

将式(4.12)代入式(4.11)得

$$H_{max} \geqslant h + h_s + h_t + (10 \sim 30)\,\text{mm} \tag{4.13}$$

式中 H_{max}——压机上、下压板间的最大距离;

h_s——塑件高度;

h_t——凸模高度;

L——模具最小开距。

对于利用开模力完成侧向分型与侧向抽芯的模具,以及利用开模力脱出螺纹型芯等场合,模具所要求的开模距离可能还要长一些,需视具体情况而定。对于移动式模具,当卸模架安放在压力机上脱模时,应考虑模具与上、下卸模架组合后的高度,以能放入上、下加热板之间为宜。

5. 压力机的台面结构及尺寸与压缩模关系的校核(图 4.8 和图 4.9)

压缩模的宽度应小于压力机立柱或框架间的距离,使压缩模顺利通过立柱和框架之间。压缩模的最大外形尺寸不宜超出压力机上、下压板尺寸,便于压缩模安装固定。

压力机的上、下压板上常开设有平行的或沿对角线交叉的 T 形槽。压缩模的上、下模座板可直接用螺钉分别固定在压力机的上、下压板上,此时模具上的固定螺钉孔(或长槽、缺口)应与压力机上、下压板上的 T 形槽对应。压缩模也可用压板、螺钉压紧固定,这时压缩模的座板尺寸比较自由,只需设有宽 15 ~30 mm 的凸缘台阶即可。

6. 压力机的顶出机构与压缩模推出装置关系的校核

固定式压缩模塑件推出一般由压力机顶出机构驱动模具推出装置来完成(图 4.11),压力机顶出机构通过尾轴或中间接头、拉杆等零件与模具推出装置相连。因此,模具设计时,应了解压力机顶出系统和连接模具推出机构的方式及有关尺寸,使模具的推出机构与压力机顶出机构相适应。即模具所需的推出行程(图 4.11)应小于压力机最大顶出行程,同时压力机的顶出行程必须保证塑件能推出型腔,并高出型腔表面 10 mm 以上,以便取件,其关系见式(4.14)。

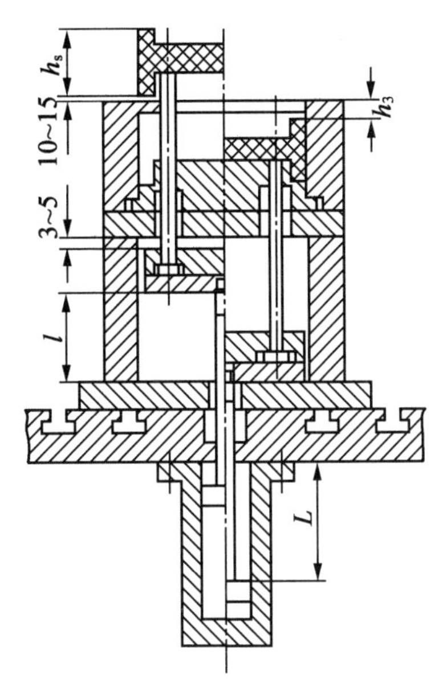

图 4.11　塑件推出行程

$$l = h_s + h_3 + (10 \sim 15)\,\text{mm} \leqslant L \tag{4.14}$$

式中　L——压力机顶杆最大行程；

l——塑件所需推出高度；

h_s——塑件最大高度；

h_3——加料腔高度。

4.3　压缩模的设计

4.3.1　塑件在模具内加压方向的确定

加压方向即凸模作用方向。加压方向对塑件的质量、模具的结构和脱模的难易都有较大的影响，所以在确定加压方向时，应考虑以下因素：

(1)有利于压力传递。在加压过程中，要避免压力传递距离过长导致的压力损失过大。圆筒形塑件一般顺着轴线加压，如图 4.12(a)所示。

当圆筒太长，则成型压力不易均匀地作用在全长范围内，若从上端加压，则塑件下部压力小，易产生塑件下部疏松或角落填充不足等现象。这种情况下，可采用不溢式压缩模，增大型腔压力或采用上、下凸模同时加压，以增加塑件底部的密度。但当塑件仍由于长度过长而在中段出现疏松时，可将塑件横放，采用横向加压的方法(图 4.12(b))，即可克服上述缺陷，但在塑件外圆上将会产生两条飞边，影响外观。

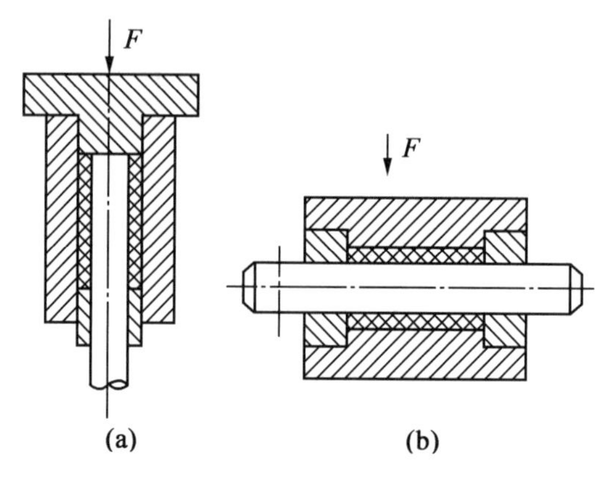

图 4.12　有利于传递压力的加压方向

(2)便于加料。图 4.13 所示为加料的加压方向。图 4.13(a)所示的加料腔直径大而浅,便于加料。图 4.13(b)所示的加料腔直径小而深,不便于加料。

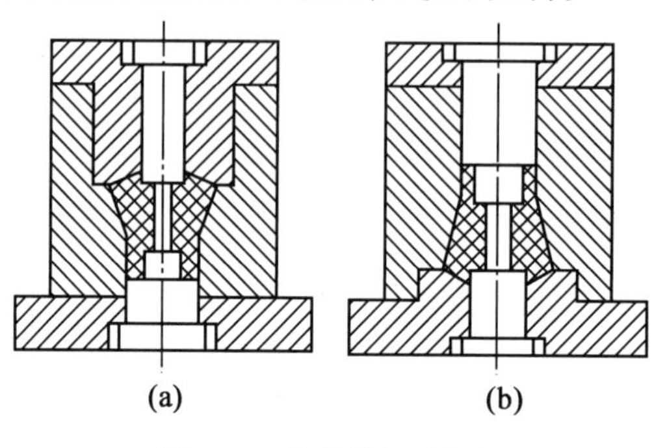

图 4.13　加料的加压方向

(3)便于安装和固定嵌件。当塑件上有嵌件时,应优先考虑将嵌件安装在下模。若将嵌件装在上模(图 4.14(a)),既不方便,又可能因安装不牢而落下,导致模具损坏。将嵌件安装在下模(图 4.14(b)),不但操作方便,而且可利用嵌件推出塑件,在塑件表面不留下推出痕迹。

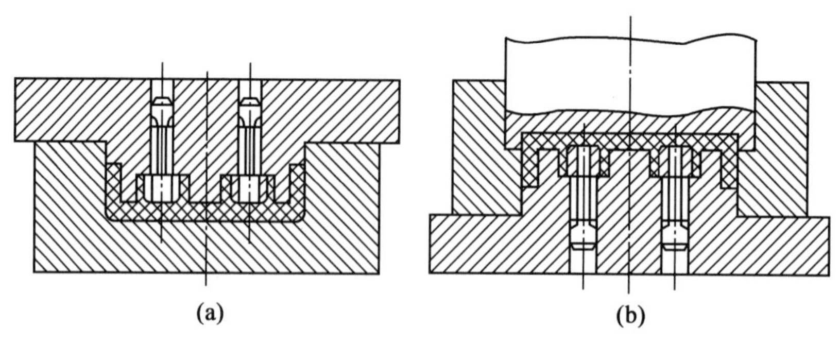

图 4.14　安放嵌件的加压方向

(4)保证凸模强度。有的塑件无论从正面或反面加压都可以成型,但加压时,上凸模受力较大,故上凸模形状越简单越好。加强凸模强度的加压方向如图 4.15 所示,图 4.15(a)比图 4.15(b)好。

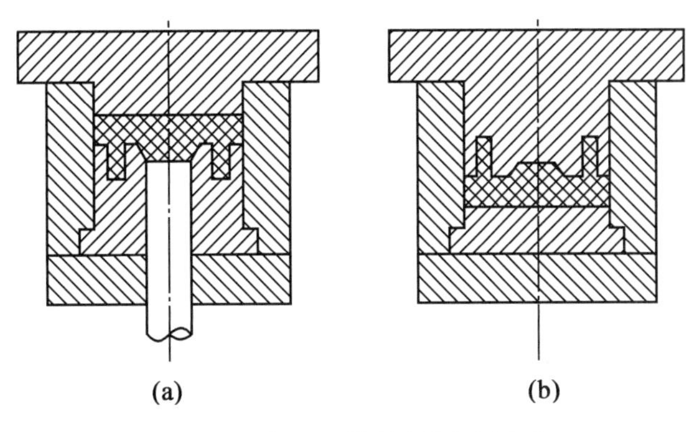

图 4.15　加强凸模强度的加压方向

(5)长型芯位于加压方向。当利用开模力做侧向机动分型抽芯时,宜把抽拔距离长的放在加压方向上(即开模方向),而把抽拔距离短的放在侧向,做侧向分型抽芯。

(6)保证重要尺寸精度。沿加压方向的塑件的高度尺寸会因飞边厚度不同和加料量不同而变化(特别是不溢式压缩模),故精度要求很高的尺寸不宜设计在加压方向上。

(7)便于塑料的流动。要使塑料便于流动,应使料流方向与加压方向一致。塑料流动的加压方向如图 4.16 所示,图(b)所示的型腔设在下模,加压方向与料流方向一致,能有效利用压力。图(a)所示的型腔设在上模,加压时塑料逆着加压方向流动,而且在分型面上产生飞边,故需增大压力。

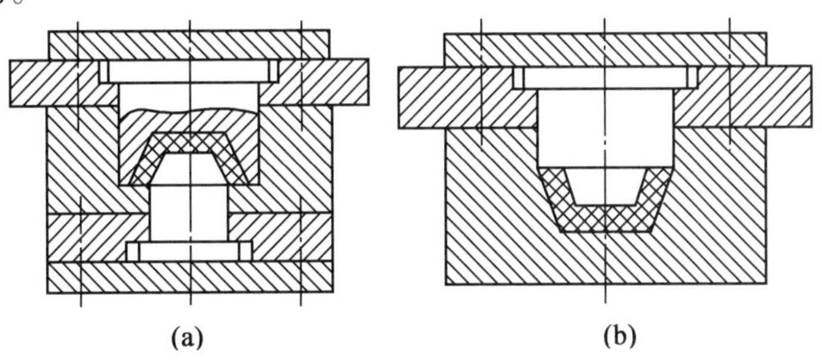

图 4.16　塑料流动的加压方向

4.3.2　凸模与凹模配合的结构形式

1. 凸模与凹模组成部分及其作用

图 4.17、图 4.18 分别为不溢式压缩模与半溢式压缩模的常用组合形式。其各部分的作用及参数如下。

(1)引导环(l_2)。它的作用是导正凸模进入凹模部分。除加料腔很浅(小于 10 mm)的凹模外,一般在加料腔上部均设有一段长为 l_2 的引导环。引导环都有一斜角 α,并有圆角 R,以便引入凸模,减少凸、凹模侧壁摩擦,延长模具寿命,避免推出塑件时损伤其表面,并有利于排气。圆角一般取 $R=1.5\sim3$ mm。移动式压缩模 $\alpha=20'\sim1°30'$,固定式压缩模 $\alpha=20'\sim1°$,有上、下凸模的,为了加工方便,α 可取 $4°\sim5°$。l_2 一般取 5 ~ 10 mm,当 $h_1>30$ mm 时,l_2 取 10 ~ 20 mm。总之,引导环 l_2 值应保证压塑粉熔融时,凸模已进入配合环。

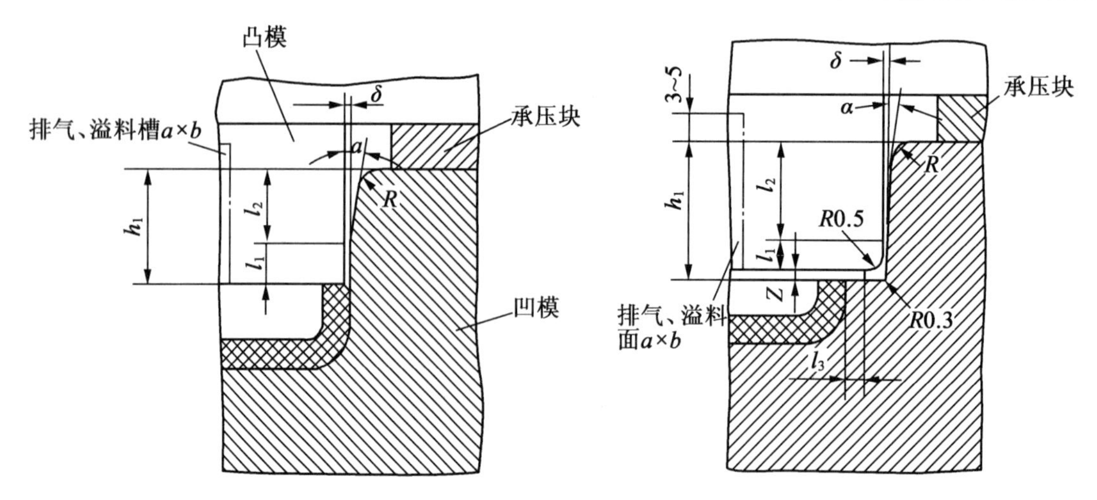

图 4.17 不溢式压缩模的常用组合形式　　图 4.18 半溢式压缩模的常用组合形式

（2）配合环(l_1)。它是与凸模配合的部位,保证凸、凹模正确定位,阻止溢料,通畅地排气。

凸、凹模的配合间隙(δ)以不产生溢料和不擦伤模壁为原则,单边间隙一般取 0.025 ~ 0.075 mm,也可采用 H8/f8 或 H9/f9 配合,移动式模具间隙取小值,固定式模具间隙取较大值。

配合长度 l_1,对于移动式模具取 4 ~ 6 mm;对于固定式模具,当加料腔高度 $h_1 \geqslant 30$ mm 时,可取 8 ~ 10 mm。间隙小取小值,间隙大取大值。

（3）挤压环(l_3)。它的作用是在半溢式压缩模中用以限制凸模下行位置,并保证最薄的飞边。挤压环 l_3 值根据塑件大小及模具用钢而定。一般中小型塑件,模具用钢较好时,l_3 可取 2 ~ 4 mm,大型模具,l_3 可取 3 ~ 5 mm。采用挤压环时,凸模圆角 R 取 0.5 ~ 0.8 mm,凹模圆角 R 取 0.3 ~ 0.5 mm,这样可增加模具强度,便于凸模进入加料腔,防止损坏模具,同时便于加工,便于清理废料。

（4）储料槽(Z)。凸、凹模配合后留有高度为 Z 的小空间以储存排出的余料,若 Z 过大,易发生塑件缺料或不致密,过小则影响塑件精度及飞边增厚。半溢式压缩模储料槽(图 4.18),不溢式压缩模的储料槽(图 4.23)。

（5）排气溢料槽。为了减小飞边,保证塑件质量,成型时必须将产生的气体及余料排出模外。一般可通过压制过程中安排排气操作或利用凸、凹模配合间隙排气。但当压制形状复杂的塑件及流动性较差的纤维填料的塑料时,则应在凸模上选择适当位置开设排气溢料槽。一般可按试模情况决定是否开设排气溢料槽及其尺寸,槽的尺寸及位置要适当。排气溢料槽如图 4.19 所示。

（6）加料腔。它用于装塑料。其容积应保证装入压制塑件所用的塑料后,还留有5 ~ 10 mm 深的空间,以防止压制时塑料溢出模外。加料腔可以是型腔的延伸,也可根据具体情况按型腔形状扩大成圆形、矩形等。

（7）承压面。承压面的作用是减轻挤压环的载荷,延长模具使用寿命。压缩模承压面的结构形式如图 4.20 所示。图 4.20(a)是以挤压环为承压面,承压部位易变形甚至压坏,但飞边较薄;图4.20(b)表示凸、凹模间留有 0.03 ~ 0.05 mm 的间隙,由凸模固定板与凹模上端面作为承压面,承压面大变形小,但飞边较厚,主要用于移动式压缩模。对于固定式压缩模最好采用图 4.20(c)所示的结构形式,可通过调节承压块厚度控制凸模进入凹模的深度,以减小飞边厚度。

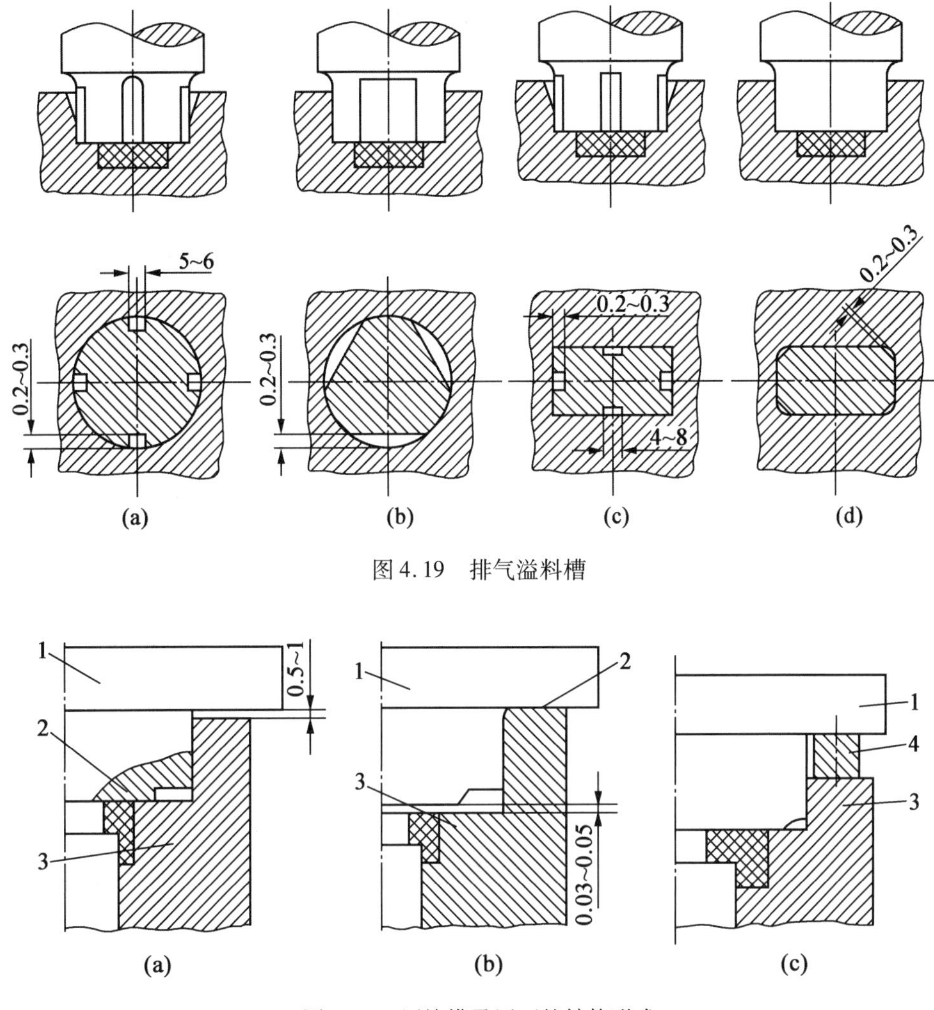

图4.19　排气溢料槽

图4.20　压缩模承压面的结构形式

1—凸模;2—承压面;3—凹模;4—承压块

2. 凸模与凹模配合的结构形式

压缩模凸模与凹模配合形式及尺寸是压缩模设计的关键。配合形式和尺寸依压缩模种类不同而不同。

(1)溢式压缩模的凸模与凹模的配合。溢式压缩模没有配合段,凸模与凹模在分型面水平接触。为减少溢料,接触面应光滑平整。为减小飞边厚度,接触面积不宜太大,一般设计成宽度为3~5 mm的环形面,过剩料可通过环形面溢出,如图4.21(a)所示。

由于环形面面积较小,如果单靠它承受压力机的余压会导致环形面过早变形和磨损,使塑件脱模困难。为此在环形面之外再增加承压面或在型腔周围距边缘3~5 mm处开设溢料槽,槽外为承压面,槽内为溢料面,如图4.21(b)所示。

(2)不溢式压缩模的凸模与凹模的配合。不溢式压缩模型腔配合形式如图4.22所示。其加料腔截面尺寸与型腔截面尺寸相同,二者之间不存在挤压面。其配合间隙不宜过小、否则压制时型腔内气体无法通畅地排出,且模具是在高温下使用,间隙小,凸、凹模极易擦伤、咬死。反之,过大的间隙会造成严重的溢料,不但影响塑件质量,而且飞边难以去除。为了减少摩擦面积,易于开模,凸模和凹模配合环高度不宜太大,但也不宜太小。

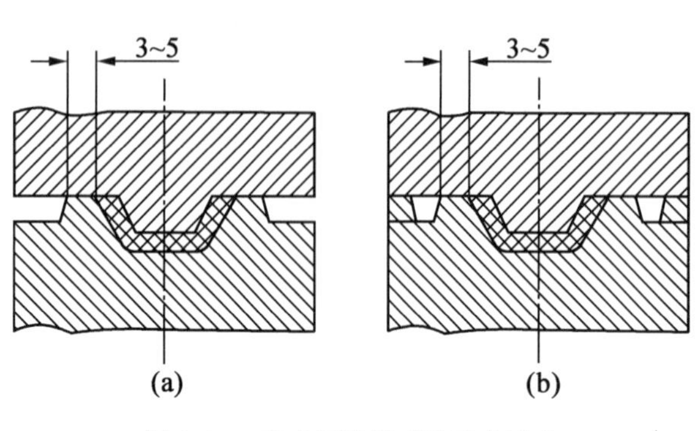

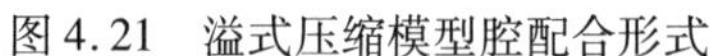

图 4.21 溢式压缩模型腔配合形式

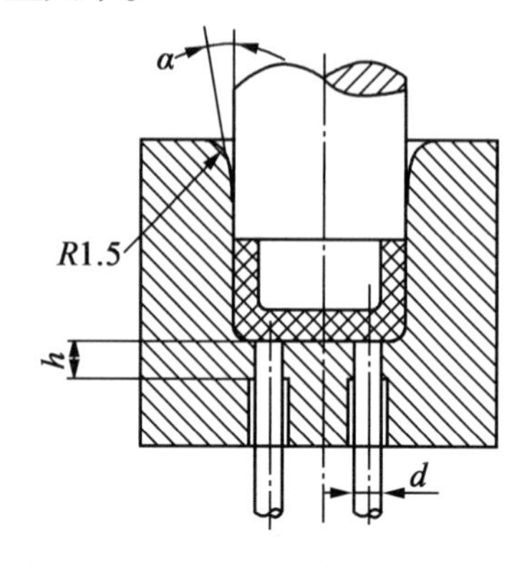

图 4.22 不溢式压缩模型腔配合形式

固定式模具的推杆或移动式模具的活动下凸模,与对应孔之间的配合长度不宜过长,其有效配合长度 h 按表 4.3 选取。孔的下段不配合部分可加大孔径,或将该段做成 4°~5°的锥孔。

表 4.3 推杆或凸模直径与配合高度的关系

顶杆或凸模直径 d/mm	<5	5~10	10~50	>50
配合长度 h/mm	4	6	8	10

上述不溢式压缩模凸、凹模配合形式的最大缺点是凸模与加料腔侧壁有摩擦。这样不但塑件脱模困难,且塑件的外表面也会被粗糙的加料腔侧壁擦伤。为了解决这一问题,可采用下面几种方法:

①如图 4.23(a)所示,将凹模内成型部分垂直向上延伸 0.8 mm,然后向外扩大 0.3~0.5 mm,以减小脱模时塑件与加料腔侧壁的摩擦。此时在凸模和加料腔之间形成了一个环形储料槽。设计时凹模上的 0.8 mm 和凸模上的 1.8 mm 可适当增减,但不宜变动太大,若将尺寸 0.8 mm 增大太多,则单边间隙 0.1 mm 部分太高,凸模下压时环形储料槽中的塑料不易通过间隙进入型腔。

②如图 4.23(b)所示,这种配合形式最适于压制带斜边的塑件。将型腔上端按塑件侧壁相同的斜度适当扩大,高度增加 2 mm 左右,横向增加值由塑件侧壁斜度决定。因此,塑件在脱模时不再与加料腔侧壁摩擦。

(3)半溢式压缩模凸模与凹模的配合。如图 4.24 所示,半溢式压缩模的最大特点是带有水平的挤压面。挤压面的宽度不应太小,否则,压制时所承受的单位压力太大,导致凹模边缘向内倾斜而形成倒锥,阻碍塑件顺利脱模。

为了使压力机的余压不致全部由挤压面承受,在半溢式压缩模上还必须设计承压面(图 4.20)。其中,固定式半溢式压缩模采用图 4.20(c)所示的结构形式,即在上模与加料腔上平面之间设置承压块。

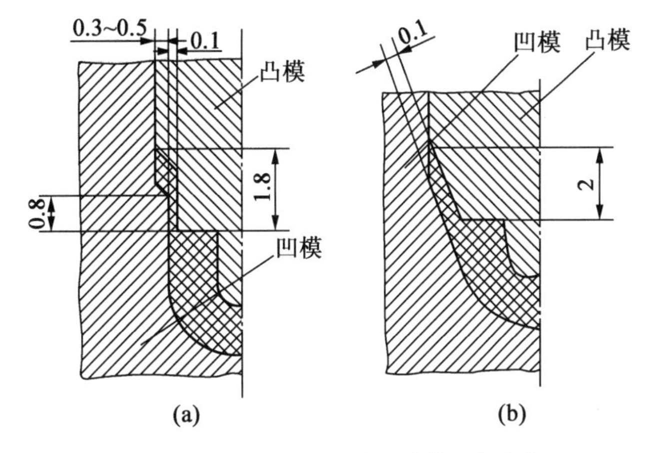

图 4.23　改进后的不溢式压缩模配合形式

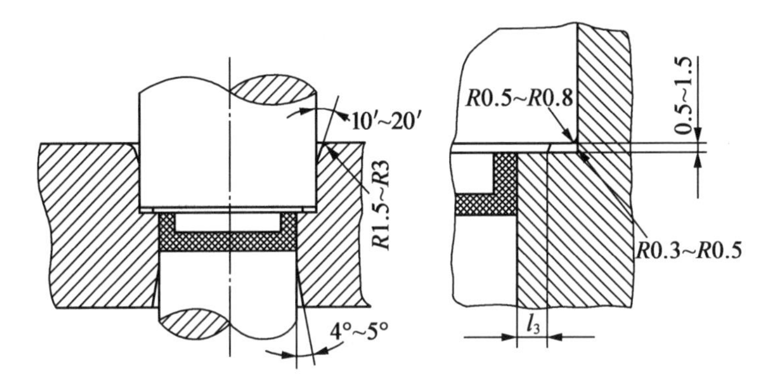

图 4.24　半溢式压缩模型腔配合形式

承压块通常只有几小块，对称布置在加料腔上平面。其形状可为圆形、矩形或弧形，如图 4.25 所示。承压块厚度一般为 8 ~ 10 mm。

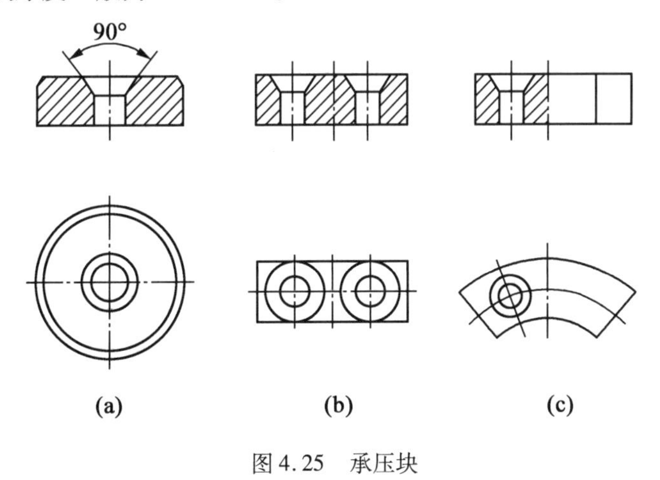

图 4.25　承压块

4.3.3　凹模加料腔尺寸的计算

压缩模加料腔是装塑料原料用的，其容积要足够大，以防在压制时原料溢出模外。加料腔参数计算如下。

1. **塑料体积的计算**

$$V_L = mv = V\rho v \tag{4.15}$$

式中 V_L——塑件所需塑料原料的体积；

V——塑件体积；

v——塑料的比体积,查表4.4；

ρ——塑件密度,查表4.5；

m——塑件质量(包括溢料)。

塑料体积也可按塑料原料在成型时的体积压缩比来计算：

$$V_L = VK \tag{4.16}$$

式中 V_L——塑件所需塑料原料的体积；

V——塑件体积(包括溢料)；

K——塑料压缩比,查表4.5。

表4.4 各种压制用塑料的比体积

塑料种类	比体积 $v/(cm^3 \cdot g^{-1})$
酚醛塑料(粉料)	1.8~2.8
氨基塑料(粉料)	2.5~3.0
碎布塑料(片状料)	3.0~6.0

表4.5 常用热固性塑料的密度和压缩比

塑料		密度 $\rho/(g \cdot cm^{-3})$	压缩比 K
酚醛塑料	木粉填充	1.34~1.45	2.5~3.5
	石棉填充	1.45~2.00	2.5~3.5
	云母填充	1.65~1.92	2.0~3.0
	碎布填充	1.36~1.43	5.0~7.0
脲醛塑料纸浆填充		1.47~1.52	3.5~4.5
三聚氰胺甲醛塑料	纸浆填充	1.45~1.52	3.5~4.5
	石棉填充	1.70~2.00	3.5~4.5
	碎布填充	1.5	6.0~10.0
	棉短线填充	1.5~1.55	4.0~7.0

2. **加料腔高度的计算**

对于各种典型的塑件成型情况,其加料腔的高度(图4.26)可分别按以下各式进行计算。

(1)图4.26(a)所示为不溢式压缩模,其加料腔高度 H 按下式计算：

$$H = \frac{V_L + V_1}{A} + (5 \sim 10)\,\text{mm} \tag{4.17}$$

式中 H——加料腔高度；

V_L——塑件所需塑料原料的体积；

V_1——下凸模凸出部分的体积；

A——加料腔横截面积。

5～10 mm 为不装塑料的导向部分，可避免在合模时塑料飞溅出来。

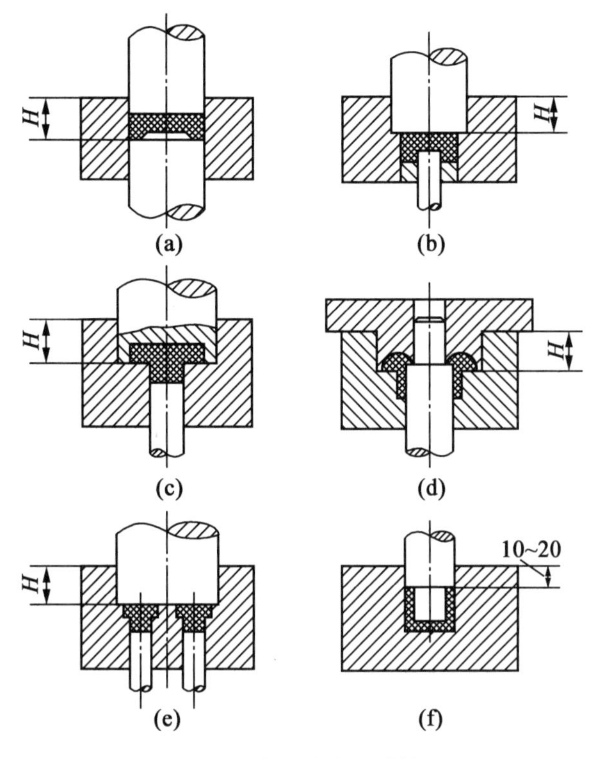

图 4.26　加料腔高度计算图

(2)图 4.26(b)所示为半溢式压缩模，塑件在加料腔下面成型，其加料腔高度为

$$H=\frac{V_L-V_0}{A}+(5\sim10)\text{mm} \tag{4.18}$$

式中　V_0——加料腔以下型腔的体积。

(3)图 4.26(c)所示为半溢式压缩模，塑件的一部分在挤压环以上成型，其加料腔高度为

$$H=\frac{V_L-(V_2+V_3)}{A}+(5\sim10)\text{mm} \tag{4.19}$$

式中　V_2——塑件在凹模中的体积；

V_3——塑件在凸模凹入部分的体积。

在合模时塑料不一定先充满凸模的凹入部分，因此在计算时常不扣除 V_3，即

$$H=\frac{V_L-V_2}{A}+(5\sim10)\text{mm} \tag{4.20}$$

(4)图 4.26(d)所示为带中心导柱的半溢式压缩模，其加料腔高度为

$$H=\frac{V_L+V_4-(V_2+V_3)}{A}+(5\sim10)\text{mm} \tag{4.21}$$

式中　V_4——加料腔内导柱的体积。

与图4.26(c)所示一样,也可不扣除凸模凹入部分体积 V_3,这时按下式计算较为保险:

$$H=\frac{V_L+V_4-V_2}{A}+(5\sim10)\text{mm} \tag{4.22}$$

(5)图4.26(e)所示为多型腔压缩模,其加料腔高度为

$$H=\frac{V_L-nV_5}{A}+(5\sim10)\text{mm} \tag{4.23}$$

式中 V_5——单个型腔能容纳塑料的体积;

n——在一个共用加料腔内压制的塑件数量。

(6)图4.26(f)所示为不溢式压缩模,在压制壁薄而高的杯形塑件时,由于型腔体积大,塑料原料体积少,原料装入后不能达到塑件高度,这时型腔(包括加料腔)总高度为

$$H=h+(10\sim20)\text{mm} \tag{4.24}$$

式中 h——塑件高度。

4.3.4 压缩模推出机构的设计

压缩模推出机构的作用是推出留在凹模内或凸模上的塑件。设计时应根据塑件的形状和所选用的压力机等而采用不同的推出机构。

1. 塑件的脱模方法及常用推出机构的分类

塑件的脱模方法有手动、机动和气动等。常用的推出机构有以下几种:

(1)移动式、半固定式模具的推出机构。

①卸模架。塑件压制成型后从压力机移出压缩模并放置在卸模架上,以人工撞击脱模或把压缩模和卸模架一起再推入压力机内加压脱模。

②机外脱模装置。该装置是安装在压力机前面的一种通用的推出装置。它主要用于移动式或半固定式压缩模,以减少体力劳动、保证塑件质量。推出装置有液压和机械等形式。

(2)固定式模具的推出机构。

①下推出机构。下推出机构包括推杆推出机构、推管推出机构、推件板推出机构等,有的也采用二级推出机构。

②上推出机构。开模后,如果塑件留在上模,则应设置上出推机构。有些塑件开模后留在上模或下模的可能都有,为了可靠起见,除设置下推出机构外,还需设计上推出机构以作备用。其中包括上推件板定距推出机构、上套筒定距推出机构、杠杆手柄推杆推出机构等。

2. 压缩模的推出机构与压力机顶出杆的连接方式

设计固定式压缩模的推出机构时,必须了解压力机顶出系统与压缩模推出机构的连接方式。

多数压力机都带有顶出系统,但每台压力机的最大顶出行程都是有限的。当压力机带有液压顶出系统时,液压缸的活塞杆即是压力机的顶出杆,顶杆上升的极限位置是其头部与工作台表面相平齐。当压力机带有托架顶出装置或装有齿轮传动的手动顶出装置时,顶杆可以伸出压力机工作台面。压力机顶杆头部有的带中心螺纹孔、有的带T形槽等,如图4.8、图4.9所示。

压力机的顶杆与压缩模的推出机构有以下两种连接方式。

(1)间接连接。即压力机的顶杆与压缩模的推出机构不直接连接(图4.27)。如果压力机顶杆能伸出压力机工作台面而且伸出的高度足够时,将模具装好后直接调节顶杆顶出距离

就可以了。当压力机顶杆端部上升极限位置与工作台面平齐时,必须在压力机顶杆端部旋入一适当长度的尾轴,尾轴长度等于塑件推出长度加上压缩模座板厚度和挡销厚度,如图4.27(a)所示。在模具装上压力机前可预先将尾轴装在压力机顶杆上,由于尾轴可以沉入压力机工作台面,并不与压缩模相连接,故模具安装较为方便。这种连接方式仅在压力机顶杆上升时起作用。顶杆返回时,尾轴与压缩模的推板脱离。压缩模的推板和推杆的复位靠压缩模的复位杆复位。

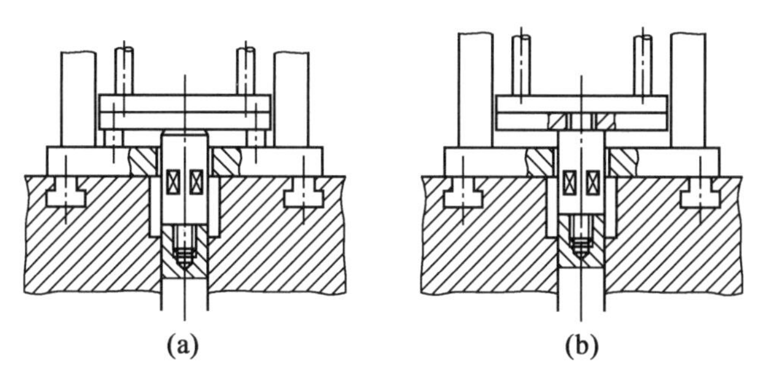

图4.27　与尾轴间接连接的推出机构

(2)直接连接。即压力机的顶杆与压缩模的推出机构直接连接(图4.28)。压力机的顶杆不仅在推出塑件时起作用,而且在回程时亦能将压缩模的推板和推杆拉回,模具不需设复位机构。

图4.28(a)所示是用尾轴的轴肩连接在推板上,尾轴可在推板内旋转,以便装模时将其螺纹一端旋入顶杆螺纹孔中。当压力机顶杆头部为T形槽时,可采用如图4.28(b)所示的连接方式,也可在带中心螺纹孔的顶杆端部连接一个带T形槽的轴,然后再与尾轴连接,如图4.28(c)所示。尾轴结构尺寸如图4.29所示。

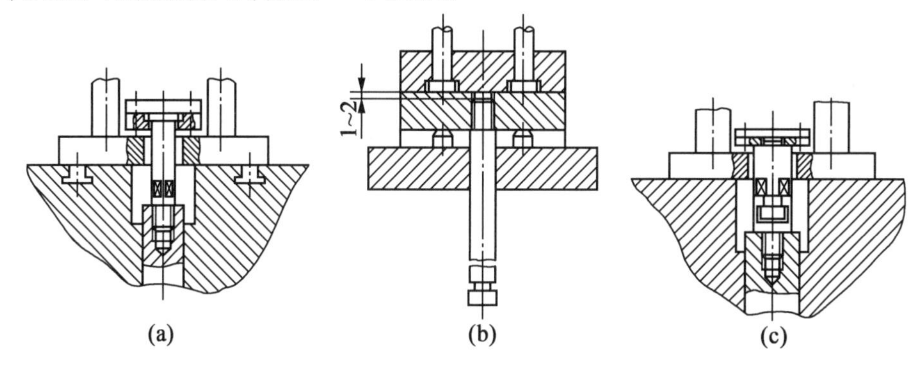

图4.28　与尾轴直接连接的推出机构

尾轴在推板上连接的螺纹直径视具体情况而定,一般选M16~M30为宜,连接螺纹长度l应比压缩模推板厚度小0.5~1.0 mm。尾轴直径D比压力机顶杆直径小1.0~2.0 mm。尾轴细颈部分直径D_1和接头直径D_2比T形槽相应尺寸小1.0~2.0 mm。尾轴细颈部分高度h_1比T形槽对应尺寸大0.5~1.0 mm,接头高度h_2比T形槽对应尺寸小0.5~1.0 mm。尾轴高度h应由顶出高度和压缩模座板厚度等决定。

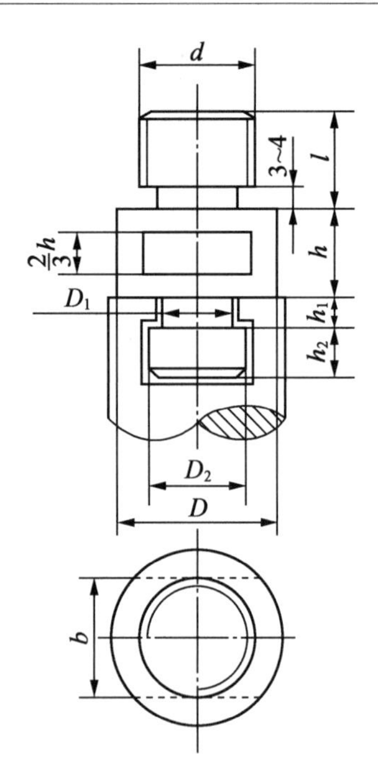

图 4.29　尾轴结构尺寸

3. 固定式压缩模的推出机构

固定式压缩模的推出机构种类很多,常用的有以下几种。

(1)推杆推出机构。由于常用的热固性塑件具有良好的刚性,因此,推杆推出是压制热固性塑件时最常用的推出机构。该机构结构简单,制造容易,但在塑件上会留下推杆痕迹。选择推出位置时应注意塑件的外观及安装基面,如果推杆设置在塑件的安装基面时,应深入塑件 0.1 mm 左右。

图 4.30 所示是一种常见的推杆推出机构,这种机构用于推杆直径 $d \leqslant 8$ mm 的中、小型固定式压缩模。为防止模具受热膨胀卡死推杆,采用推杆能自由调整中心的结构,为此,推杆与其固定孔间应留 0.5 ~ 1.0 mm 的间隙。

图 4.31 所示为常用推杆固定方法及配合。

(2)推管推出机构。这种推出机构常用于空心薄壁塑件,其特点是塑件受力均匀,运动平稳可靠。推管推出机构如图 4.32 所示。

(3)推件板推出机构。对于脱模容易产生变形的薄壁零件,开模后塑件留在型芯上时,可采用推件板推出机构。由于压缩模的凸模多设在上模,因此推件板也多装在上模(图 4.33)。若凸模装在下模,则推件板也装在下模。

推件板运动距离 l 由限位螺母调节。这种推出机构适用于单型腔或型腔数少的压缩模。因为型腔数较多时,推件板可能由于热膨胀不均匀而卡死在凸模上。

(4)其他推出机构。

①凹模推出机构。图 4.34 所示为凹模推出机构,上模分型后,塑件留在凹模内,然后利用推出机构将凹模推起,进行二次分型。塑件因冷却收缩,故很容易从凹模内取出。

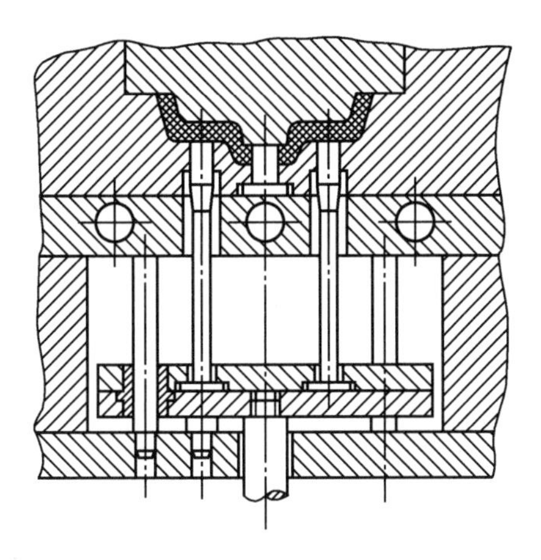

图4.30　推杆推出机构

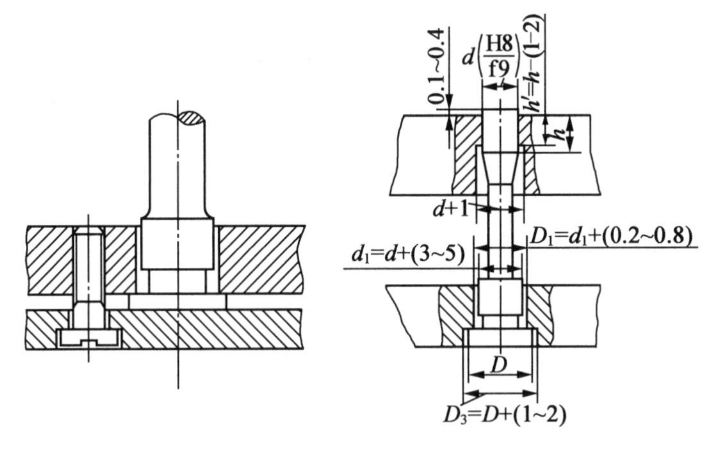

图4.31　常用推杆固定方法及配合

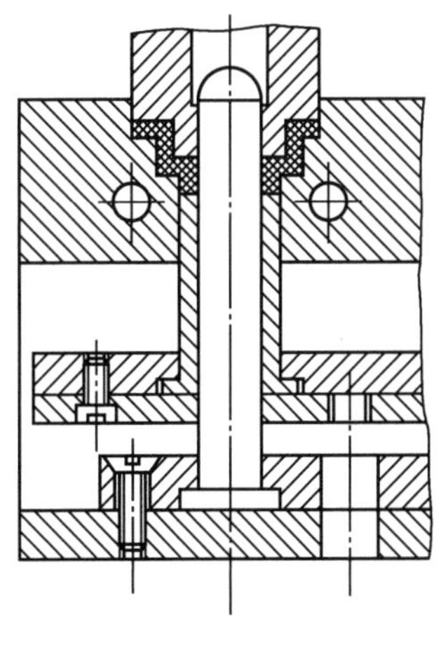

图4.32　推管推出机构

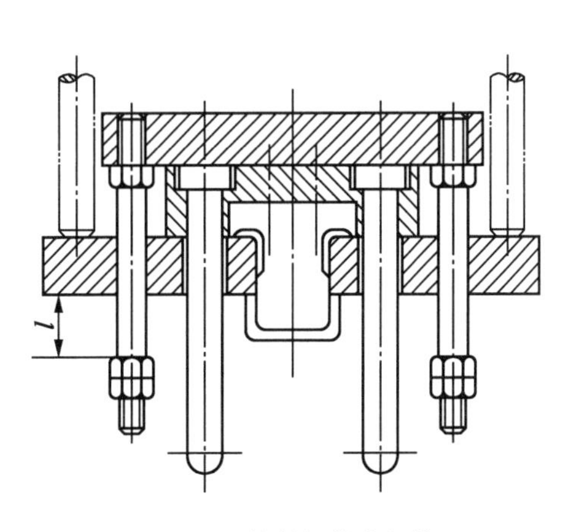

图4.33　推件板推出机构

②二级推出机构。如图4.35所示,因为塑件表面带筋,所以压制后用一次推出机构脱模比较困难,因而采用二次推出机构。开始推出时,推板上的固定推杆1和弹簧支承的推杆2同时作用,将塑件连同活动下模4推起,使塑件的外表面与型腔分离,待推杆2上的螺母碰到加热板(支

撑板)3 后,推杆 2 与活动下模 4 停止运动,固定推杆 1 继续上行,使塑件与活动下模分离而脱模。

4. 移动式压缩模的卸模架

移动式压缩模普遍采用特制的卸模架,利用压力机的压力将模具分开并推出塑件。与手工撞击法脱模相比,虽然生产率低,但开模动作平稳,模具使用寿命长,并能减轻劳动强度。

卸模架的结构形式有以下几种:

(1)一个水平分型面的压缩模采用上、下卸模架进行脱模时,单分型面压缩模卸模架结构如图 4.36 所示。

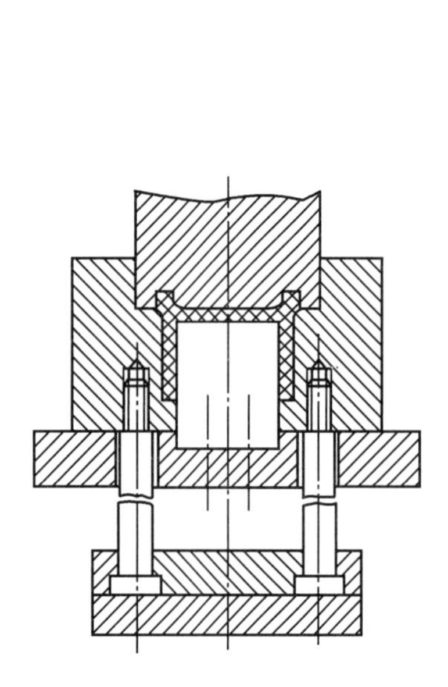

图 4.34　凹模推出机构

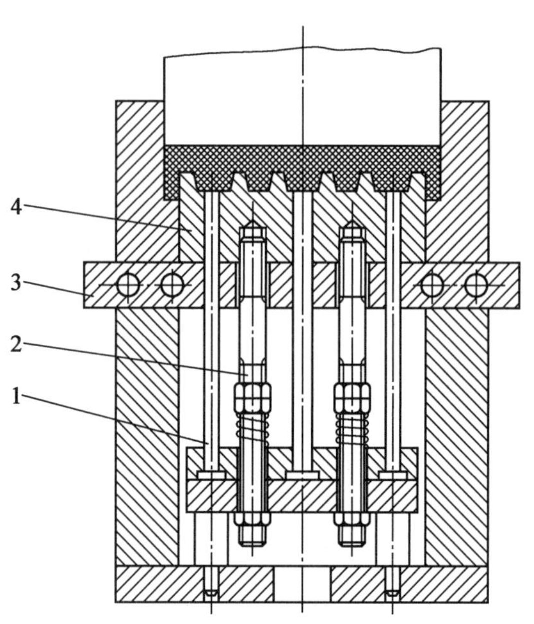

图 4.35　二级推出机构

1—固定推杆;2—推杆;3—加热板;4—活动下模

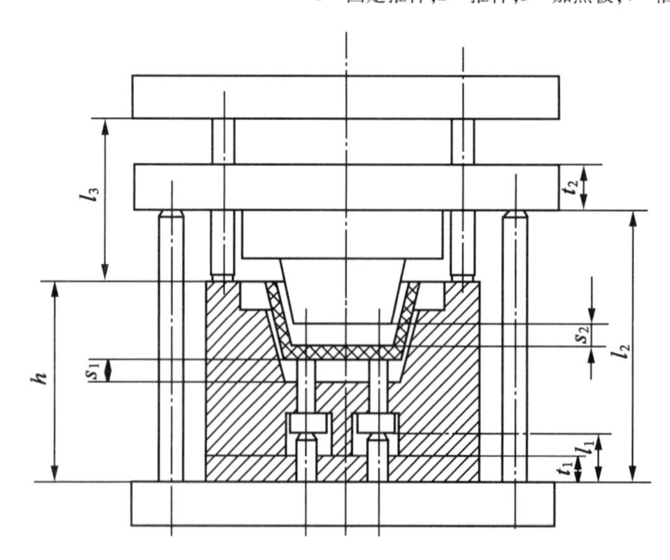

图 4.36　单分型面压缩模卸模架

下卸模架推出塑件的推杆长度为

$$l_1 = s_1 + t_1 + 3(\text{mm}) \tag{4.25}$$

式中 s_1——塑件与型腔脱开的最小距离；

t_1——卸模架推杆进入模具的导向长度（即从开始进入模具到与模具推杆相接触的行程）。

下卸模架分模推杆长度为

$$l_2 = s_1 + s_2 + h + 5(\text{mm}) \tag{4.26}$$

式中 s_2——上凸模与塑件脱开所需的距离；

h——凹模高度。

上卸模架分模推杆长度为

$$l_3 = s_1 + s_2 + t_2 + 10(\text{mm}) \tag{4.27}$$

式中 t_2——上凸模固定板厚度。

（2）两个水平分型面的移动式压缩模采用上、下卸模架脱模时，双分型面压缩模的卸模架结构如图4.37所示。

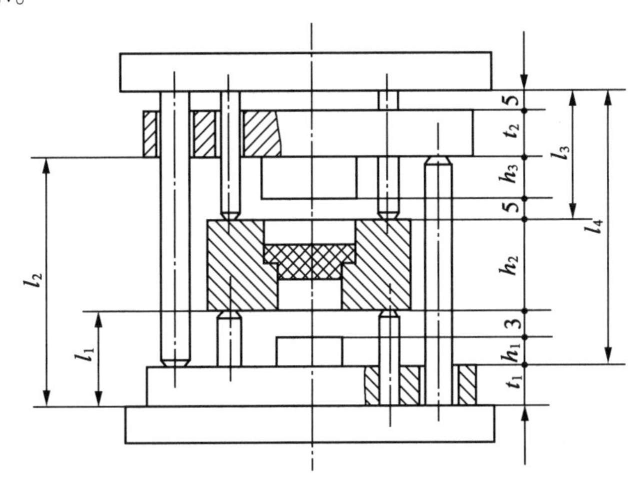

图4.37 双分型面压缩模的卸模架结构

卸模时，应将上凸模、下凸模、凹模三者分开，然后从凹模中推出塑件。

下卸模架短推杆的长度为

$$l_1 = t_1 + h_1 + 3(\text{mm}) \tag{4.28}$$

式中 h_1——下凸模必须脱出的长度，在此等于下凸模高度，有时所需脱出长度可小于下凸模总高度；

t_1——下凸模固定板厚度。

下卸模架长推杆长度为

$$l_2 = t_1 + h_1 + h_2 + h_3 + 8(\text{mm}) \tag{4.29}$$

式中 h_2——凹模高度；

h_3——上凸模必须脱出的高度，在此等于上凸模总高度，有时可小于上凸模总高度。

上卸模架短推杆长度为

$$l_3 = h_3 + t_2 + 10(\text{mm}) \tag{4.30}$$

式中 t_2——上凸模固定板厚度。

上卸模架长推杆长度为

$$L_4 = h_1 + h_2 + h_3 + t_2 + 13(\mathrm{mm}) \tag{4.31}$$

(3)两个水平分型面并带有瓣合凹模的压缩模采用上、下卸模架脱模时,应将上凸模、下凸模、模套、瓣合凹模四者分开,塑件留在瓣合凹模内,最后打开瓣合凹模,取出塑件。这时上、下卸模架都装有长短不等的两类推杆。瓣合凹模卸模架如图 4.38 所示。

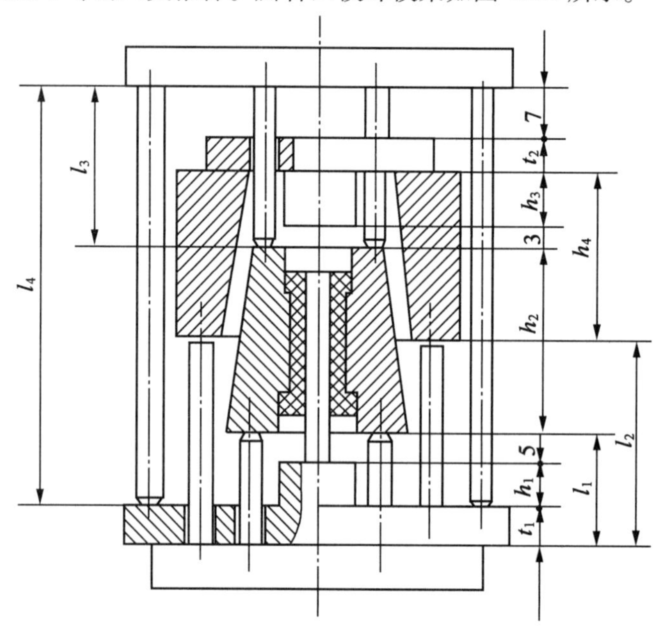

图 4.38 瓣合凹模卸模架

下卸模架短推杆长度为

$$l_1 = h_1 + t_1 + 5(\mathrm{mm}) \tag{4.32}$$

式中 h_1——下凸模必须脱出的长度,在此等于下凸模高度,有时所需脱出长度小于下凸模总高度;

t_1——下凸模固定板厚度。

这里所设中间主型芯有锥度,因此只需抽出 $h_1 + 5(\mathrm{mm})$的距离,塑件即可从主型芯上松开。锥形瓣合凹模小端与模套平齐,由下卸模架的推杆推起模套和上凸模,则下卸模架长推杆长度为

$$l_2 = h_1 + h_2 + t_1 + h_3 - h_4 + 8(\mathrm{mm}) \tag{4.33}$$

式中 h_2——瓣合凹模高度;

h_3——上凸模与瓣合凹模脱开所需的距离,小于或等于上凸模高度;

h_4——模套高度。

上卸模架短推杆长度为

$$l_3 = h_3 + t_2 + 10(\mathrm{mm}) \tag{4.34}$$

上卸模架长推杆长度为

$$l_4 = h_1 + h_2 + h_3 + t_2 + 15(\mathrm{mm}) \tag{4.35}$$

式中 t_2——上凸模固定板厚度。

由以上各例可以看出,推杆可根据模具的分模要求进行计算。同一分型面上所使用的推杆高度必须一致,以免因推出偏斜而损坏模具或塑件。

用卸模架卸模的移动式压缩模必须安装手柄，以便操作者在卸模过程中搬动和翻转高温模具。

4.3.5　压缩模的侧向分型与抽芯机构

压缩模的侧向分型抽芯机构目前国内广泛使用手动分型抽芯机构，机动分型抽芯机构仅用于大批生产。

1. 机动侧向分型抽芯机构

(1)斜滑块分型抽芯机构(图 4.39)。当抽芯距离不大时，可采用这种结构，因为这种结构比较坚固，抽芯和分型两个动作可以同时进行，而且需要多面抽芯时，模具可做得简单紧凑，但由于受闭模高度和开模距离的限制，斜滑块间的开距不能太大。

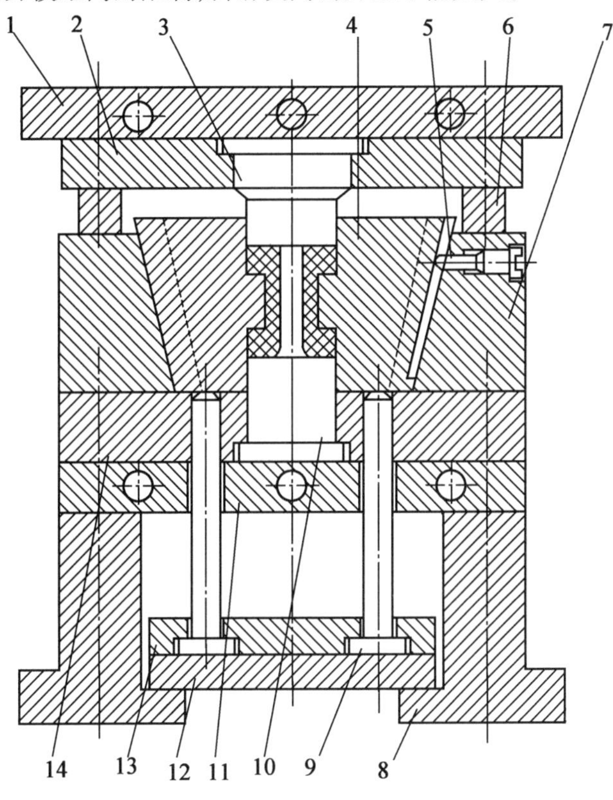

图 4.39　压缩模斜滑块分型抽芯机构

1—上模座板；2—凸模固定板；3—上凸模；4—斜滑块；5—定位螺钉；6—承压块；7—模框；8—支架；9—推杆；10—下凸模；11—加热板(支承板)；12—推板；13—推杆固定板；14—凸模固定板(垫板)

(2)弯销抽芯机构。弯销抽芯机构和斜导柱抽芯机构工作原理相似，图 4.40 所示为压缩模弯销侧抽芯机构。图中矩形滑块 4 上有两个侧型芯，在凸模下降到最低位置时，侧型芯向前运动才结束。弯销有足够的刚度，侧型芯截面积又不大，因此不再用楔紧块，滑块的抽出位置由限位块 3 定位。

2. 手动模外分型抽芯机构

目前，压缩模还是大量采用手动模外分型抽芯机构，因为采用这种分型抽芯方式的模具结构简单，但劳动强度大，效率低，如图 4.41 所示。

该模具压制的塑件内、外均有螺纹。凹模5由两瓣组成,由模套3紧固。塑件的内螺纹由上型芯6、下型芯8成型;外螺纹由凹模5成型。由于上、下型芯头部均带有内六角孔,开模时,首先用扳手旋出上型芯6、凹模连同塑件及下型芯8由模外卸模架推出,再旋出下型芯8,取出塑件。

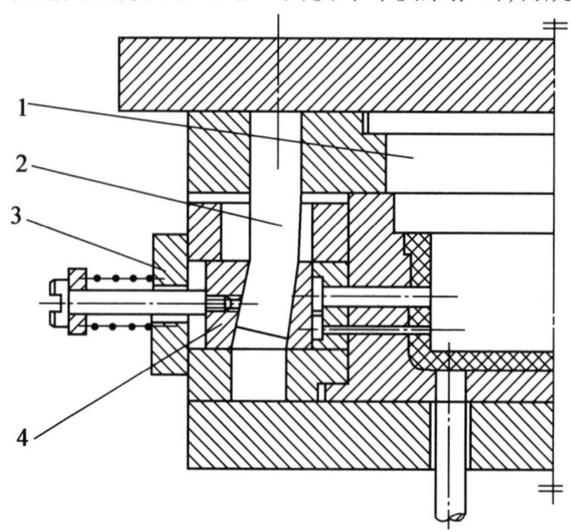

图4.40 压缩模弯销侧抽芯机构

1—凸模;2—弯销;3—限位块;4—滑块

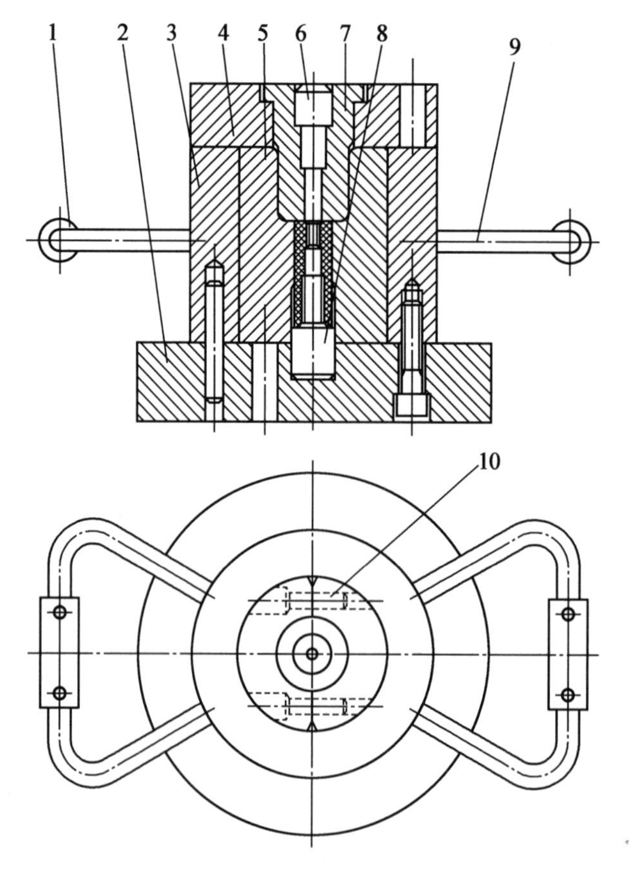

图4.41 手动模外分型抽芯压缩模

1—套筒;2—下模座板;3—模套;4—上模板;5—凹模;6—上型芯;7—凸模;8—下型芯;9—手柄;10—导销

4.3.6　压缩模设计实例

图 4.42 所示为一框架塑料件，材料为酚醛塑料，年产量约为 10 000 件，现对用于该塑件模塑成型的模具的设计过程叙述如下。

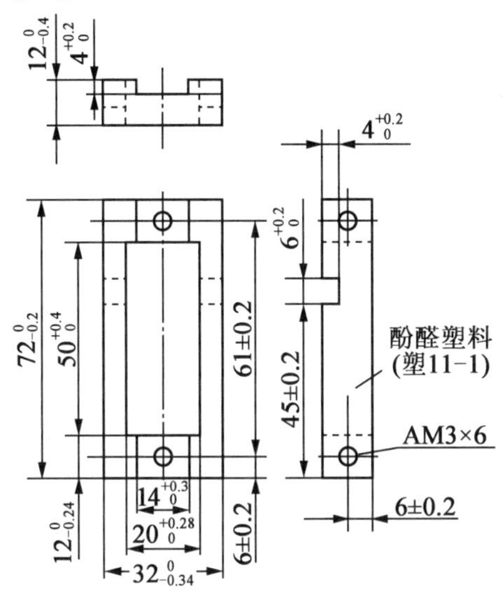

图 4.42　塑料件

1. 塑件的工艺性分析

(1) 对塑件的原材料分析。酚醛 11－1 热固性塑料具有优良的可塑性，压缩成型工艺性能良好，塑件表面光亮度较高，力学性能和电绝缘性优良，特别适合用作电器类零件的材料。该塑料的比体积为 $v=1.8\sim2.8\ cm^3/g$，压缩比为 $K=2.5\sim3.5$，密度为 $\rho=1.4\ g/cm^3$，收缩率为 $S=0.6\%\sim1\%$。该塑料的成型性较好，但收缩及收缩的方向性较大，硬化速度较慢，故压制时应注意。

(2) 塑件的结构、尺寸精度与表面质量分析。从结构上看，该塑件为框形，上、下表面各有一槽，并在塑件两侧面和上凹槽处镶嵌有 M3 的螺母。该塑件的最小壁厚为 6 mm，查表 2.4 可知，其满足该塑料的最小壁厚要求，其螺母嵌件周围塑料层厚度也均满足最小厚度要求。塑件的精度为 MT4 级以下，表面质量也无特殊要求。从整体上分析该塑件结构相对比较简单，精度要求一般，故容易压制成型。

2. 模塑方法选择及工艺流程的确定

酚醛 11－1 属于热固性塑料，既可用压缩方法成型也可用压注方法成型，但如采用压缩成型其性能比较优良，故采用压缩成型的方法比较理想。此外由于该塑件的年产量不高，采用简易的压缩模也比较经济。

其模塑工艺流程需经预热和压制两个过程，一般不需要进行后处理。

3. 模塑工艺参数的确定

查相关设计资料可得如下模塑工艺参数。

预热温度：(140±10)℃；

预热时间：4～8 min；

成型压力：30 MPa；

成型温度:(165 ±5)℃;

保持时间:0.8 ~1.0 min/mm。

4. 模塑设备型号与主要参数的确定

该塑件所用压缩模拟采用单型腔半溢式结构。压制设备采用液压机,现对液压机的有关参数选择如下。

(1)计算塑件水平投影面积。经计算得塑件水平投影面积 $A_1 = 13.04\ \text{cm}^2$。

(2)初步确定延伸加料腔水平投影面积。根据塑件尺寸和加料型腔的结构要求初步选定加料腔的水平投影面积为 $A = 32\ \text{cm}^2$。

(3)压力机公称压力的选择。

$$F_g \geq \frac{pAn}{K}$$

式中 p——成型压力,取 $p = 12$ MPa;

n——型腔个数,取 $n = 1$;

K——修正系数,取 $K = 0.85$。

代入上式得

$$F_g = \frac{12 \times 3\ 200 \times 1}{0.85} = 45\ 176(\text{N}) = 45.2\ \text{kN}$$

根据 F_g 查压机规格(附录 E),选型号为 45 的液压机。45 型液压机的主要参数如下:公称压力为 450 kN;封闭高度为 650 mm;滑块最大行程为 250 mm。

由封闭高度和滑块最大行程两参数可知压缩模的最小闭合高度需 400 mm。由于本压缩模压制的塑件较小,模具闭合高度不会太大,实际操作时可通过添加垫块的方式来达到压力机闭合高度的要求。

本模具拟采用移动式压缩模,故开模力和脱模力可不进行校核。

5. 压缩模的设计

(1)加压方向与分型面的选择。根据压缩模加压方向和分型面的选择原则及便于安放嵌件,采用图 4.43 所示的塑件的加压方向和分型面。

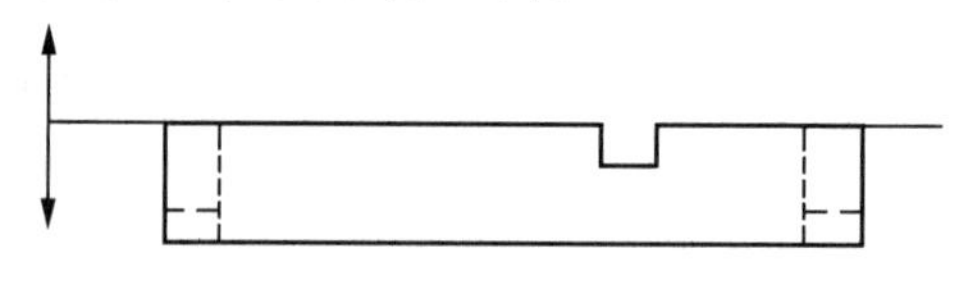

图 4.43 塑件的加压方向和分型面

选择这样的加压方向有利于压力传递,便于加料和安放嵌件,图示分型方式塑件外表面无接痕,保证了塑件质量。

(2)凸模与凹模配合的结构形式。为了便于排气、溢料,在凹模上设置一段引导环 l_2,斜角取 $\alpha = 30'$,圆角半径取 $R = 0.3$ mm。为使凸、凹模定位准确和控制溢料量,在凸、凹模之间,设置一段配合环,其长度取 $l_1 = 5$ mm,采用配合 H8/f7。此外,在凸模与加料腔接触表面处设有挤压环 l_3,其值取 $l_3 = 3$ mm。综上所述,本模具凸模与凹模配合的结构形式如图 4.44 所示。

(3)确定成型零件的结构形式。为了降低模具制造难度,本模具拟采用组合型腔的结构(图 4.45)。此外由于塑件上需嵌入螺母,型腔结构需在凹模 2,型芯拼块 3 上设置嵌件安装的零件。

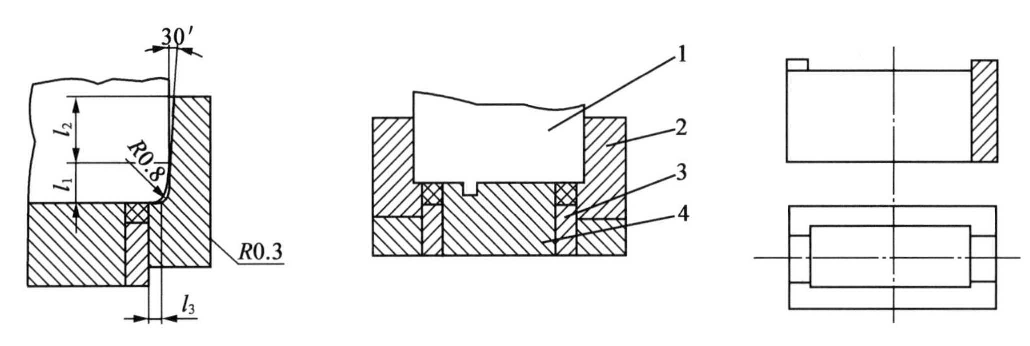

图 4.44　凸模与凹模配合的结构形式

图 4.45　模具型腔结构示意图及型芯拼块结构

1—上型芯;2—凹模;3—型芯拼块;4—下型芯

6. 模具设计的有关计算

(1)凹模、型芯工作尺寸计算。

酚醛 11 -1 的平均收缩率为 $S_{cp}=\frac{0.6+1.0}{2}\times 100\%=0.8\%$。型腔、型芯工作尺寸计算见表4.6。

表 4.6　型腔、型芯工作尺寸计算

类别		塑件尺寸	计算公式	型腔或型芯的工作尺寸
凹模工作尺寸计算	径向尺寸	$72_{-0.2}^{0}$	$L_m=\left(L_s+L_sS_{cp}-\frac{3}{4}\Delta\right)_{0}^{+\delta_z}$	$72.4_{0}^{+0.05}$
		$32_{-0.34}^{0}$		$32_{0}^{+0.085}$
	深度尺寸	$12_{-0.4}^{0}$	$H_m=\left(H_s+H_sS_{cp}-\frac{2}{3}\Delta\right)_{0}^{+\delta_z}$	$11.83_{0}^{+0.1}$
型芯工作尺寸计算	下型芯	$20_{0}^{+0.28}$	$l_m=(l_s+l_sS_{cp}+\frac{3}{4}\Delta)_{-\delta_z}^{0}$	$20.37_{-0.07}^{0}$
		$50_{0}^{+0.4}$		$50.7_{-0.1}^{0}$
	型芯拼块	$14_{0}^{+0.3}$	$l_m=(l_s+l_sS_{cp}+\frac{3}{4}\Delta)_{-\delta_z}^{0}$	$14.3_{-0.075}^{0}$
型芯工作尺寸计算	型芯拼块	$4_{0}^{+0.2}$	$h_m=(h_s+h_sS_{cp}+\frac{2}{3}\Delta)_{-\delta_z}^{0}$	$4.17_{-0.05}^{0}$
	上型芯	$6_{0}^{+0.2}$	$l_m=(l_s+l_sS_{cp}+\frac{3}{4}\Delta)_{-\delta_z}^{0}$	$6.2_{-0.05}^{0}$
		$4_{0}^{+0.2}$	$h_m=(h_s+h_sS_{cp}+\frac{2}{3}\Delta)_{-\delta_z}^{0}$	$4.17_{-0.05}^{0}$

(2)凹模加料腔尺寸计算。

①塑件体积计算。通过计算,塑件的体积为 14.13 cm^3。考虑压缩过程中会有少量溢料(约 5%),则考虑溢料情况下塑件的体积为 14.84 cm^3。

②塑料体积计算。根据式(4.15)可求得

$$\begin{aligned} V_L = mv &= V\rho v \\ &= 14.84 \times 1.4 \times 2.8 \\ &= 62.33(\text{cm}^3) \end{aligned}$$

③加料腔高度计算。根据凸模与凹模配合形式中所确定的挤压环 $l_2 = 3$ mm,加料腔底面与加料腔侧壁用 $R = 0.3$ mm 的圆角过渡,可算得加料腔的截面积为 30.33 cm^2。再根据半溢式压缩模加料腔计算公式,可计算加料腔的高度尺寸

$$\begin{aligned} H &= \frac{V_L - V_0}{A} + (5 \sim 10) \\ &= \frac{62.33 \times 10^3 - 14.13 \times 10^3}{30.33 \times 10^2} + (5 \sim 10) \\ &= 16 + (5 \sim 10)(\text{mm}) \end{aligned}$$

取 $H = 23$ mm。

(3)型腔壁厚计算。

根据表3.6中矩形凹模侧壁厚度的计算公式:

$$t_c = \sqrt[3]{\frac{p_m h l^4}{32EH\delta_p}}$$

式中,各参数的取值为:$p_m = 35$ MPa,$h = 12$ mm,$l = 72$ mm,$E = 2.1 \times 10^5$ MPa,$H = 50$ mm,$\delta_p = 0.03$ mm。代入各值计算得

$$t_c \approx 10 \text{ mm}$$

(4)模具加热与冷却系统设计。由于本例压制的是热固性塑料,故必须对模具进行加热和冷却。本模具拟采用专用加热板并采用电加热棒方式对模具进行加热。

①加热所需电功率计算。根据公式

$$P = qm$$

式中,取 $q = 35$ W/kg,$m = 10$ kg,得

$$P = 35 \times 10 = 350(\text{W})$$

②选择电加热棒的数量。根据初步估计本模具的外形尺寸,上、下加热板各用3根加热棒对模具进行加热。

③选用电加热棒的规格。采用6根电热棒,则每根电热棒的功率为

$$P_1 = P/n = 350 \div 6 \approx 58(\text{W})$$

查表3.16,选用直径 $d = 13$ mm,长度 $l = 60$ mm 的电热棒。

④冷却系统设计。由于本模具属于小型压缩模,发热量不大,散热条件比较好,故不需设专用的冷却水道。

7. 绘制模具总装图

热固性塑料移动式压缩模如图4.46所示。

本模具工作原理:模具打开,将称好的塑料原料加入型腔,然后闭模,将闭合模具移到液压机工作台面的垫板上(加入垫板是为了符合液压机闭合高度的要求)。对模具进行加压加热,待塑件固化成型后,将模具移出,在专用卸模架上脱模(卸模架对上、下模同时卸模)。

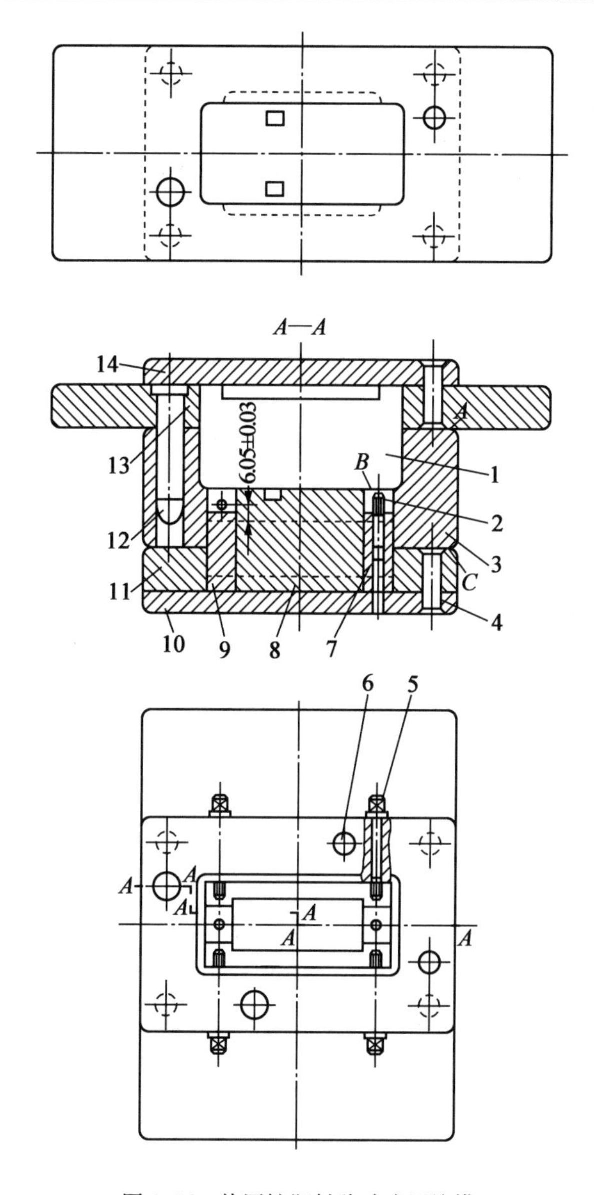

图 4.46　热固性塑料移动式压缩模

1—上型芯;2,5—嵌件螺杆;3—凹模;4—铆钉;6—导钉;7—型芯拼块;8—下型芯;9—型芯拼块;10—下模座板;11—下固定板;12—导钉;13—上固定板;14—上模座板

思考与练习题

4.1　塑料压缩模结构由哪些部分组成？主要类型有哪些？

4.2　压缩模设计时,需对压力机进行哪些参数的校核？

4.3　塑件在压缩模内的加压方向选择应考虑哪些因素？

4.4　为什么在压缩工艺流程中要安排排气操作？

4.5　溢式压缩模、半溢式压缩模与不溢式压缩模在结构上的主要区别是什么？各有哪些优缺点？

4.6 如何确定不溢式和半溢式压缩模加料腔的截面尺寸？

4.7 移动式压缩模和固定式压缩模常用的推出机构有哪些？

4.8 压缩模的侧向分型与抽芯机构设计的要点是什么？

4.9 已知图4.47所示的塑件，材料为环氧树脂，需大批量生产，试按下列程序设计压缩模。

(1)选择压缩模的类型，确定塑件在模具内的加压方向。

(2)选用液压机。

(3)设计凹模加料腔。

(4)设计加热系统。

(5)设计推出机构。

(6)画出模具结构草图。

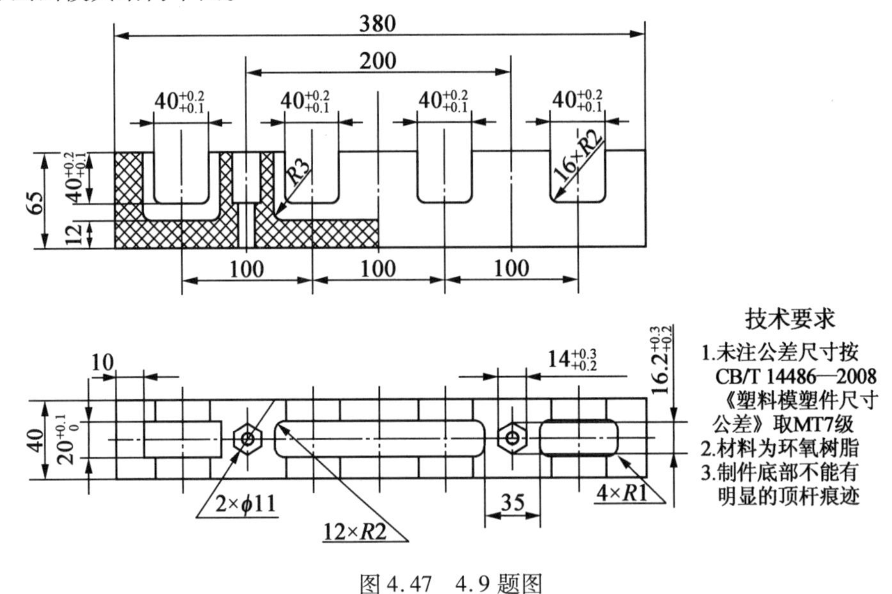

图4.47 4.9题图

第5章　塑料注射模设计

塑料注射成型是塑料制件中最主要的成型方法,至少半数以上的塑件(如家电、汽车、仪表、机械及日常生活用品等产品上的塑件)都是通过注射成型的。因此,塑料注射模的使用数量亦为其他各类塑料模具之首,约占塑料模具总量的50%以上。

塑料注射模设计是一项综合运用有关基本知识的技术工作,它与塑料性能、成型工艺、塑件结构与尺寸、注射成型设备、模具制造工艺等紧密关联。因此,学习塑料注射模设计,应在了解上述相关知识的基础上,注意理论与实践相结合,重视所安排的实训教学各环节,以掌握注射模具设计技能。

5.1　注射模的结构组成与类型

5.1.1　注射模的结构组成

注射模的结构是由注射机的形式和塑件的复杂程度及模具内的型腔数目所决定的。但无论是简单还是复杂,注射模均由定模和动模两大部分组成。定模安装在注射机固定模板上,动模安装在注射机移动模板上。注射时动模、定模闭合构成型腔和浇注系统,开模时动模、定模分离,取出塑件。图5.1为一典型的注射模的结构。

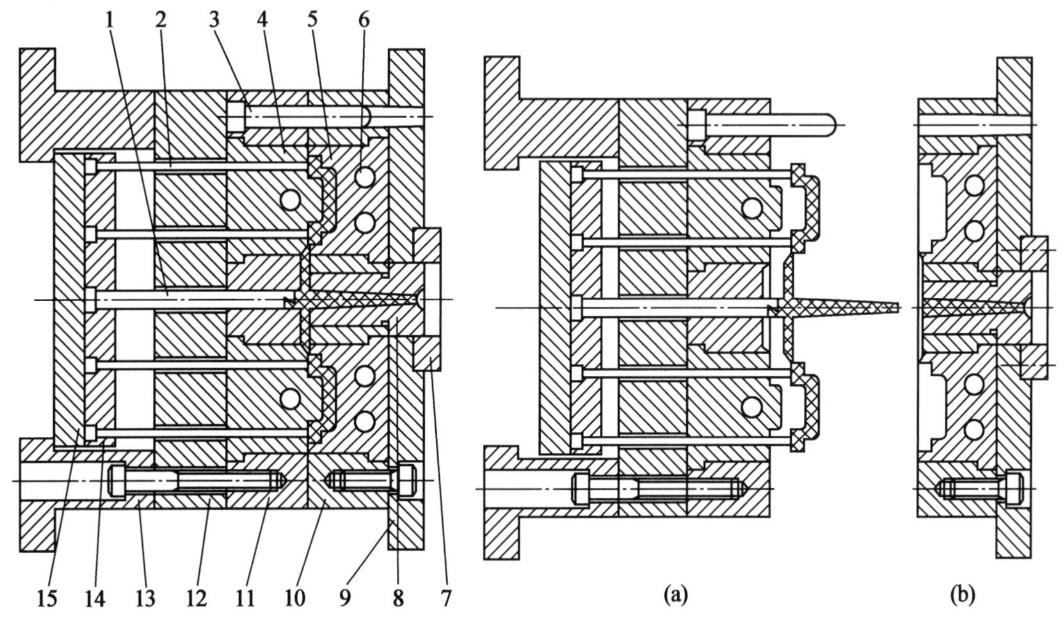

图5.1　注射模的结构

(a)动模;(b)定模

1—拉料杆;2—推杆;3—导柱;4—凸模(型芯);5—凹模;6—冷却水道;7—定位圈;8—主流道衬套;9—定模座板;10—定模板;11—动模板;12—支承板;13—支架(模脚);14—推杆固定板;15—推板

根据模具中各零件所起的作用,注射模又可细分为以下基本组成部分。

1. 成型零部件

成型零部件是构成模具型腔并直接决定塑件形状及尺寸公差的零件。它通常包括凸模或型芯(成型塑件的内形)、凹模(成型塑件的外形)及各种成型杆、镶块等。如图5.1中,型腔由凸模(型芯)4和凹模5等组成。

2. 浇注系统

浇注系统是熔融塑料从注射机喷嘴进入模具型腔所流经的通道。通常浇注系统由主流道、分流道、浇口和冷料穴四个部分组成。如图5.1中的主流道衬套8、定模板10与动模板11上的流道等。

3. 合模导向机构

合模导向机构是保证动模和定模在合模时准确对合,以保证塑件形状和尺寸的精确度,并避免模具中其他零部件发生碰撞和干涉。常用的合模导向机构由导柱和导套组成,有的舍去导套而直接在模板上开设导向孔,如图5.1中的导柱3和定模板10上的导向孔。

4. 推出机构

推出机构(又称为脱模机构)是指模具分型后将塑件及浇注系统凝料从模具中推出或拉出的装置。一般情况下,推出机构由推杆(或推管、推件板等)、推杆固定板、推板、复位杆、主流道拉料杆等组成。如图5.1中的拉料杆1、推杆2、推杆固定板14、推板15等。

5. 侧向分型与抽芯机构

当塑件上有侧孔或侧凹时,在开模推出塑件之前,必须先把成型塑件侧孔或侧凹的侧向型芯或瓣合模块从塑件上抽出或脱开,塑件方能顺利脱模。模具中完成这一功能的装置称为侧向分型与抽芯机构(图5.4)。

6. 加热与冷却系统

为了满足注射工艺对模具的温度要求,必须对模具的温度进行控制,故模具中常常设有冷却或加热系统。冷却系统一般是在模具上开设冷却水道(图5.1中6),加热系统则是在模具内部或四周安装加热组件。

7. 排气系统

为了在注射成型过程中将型腔中原有空气和塑料熔体中逸出的气体排出模外,在模具上需要设置排气系统。排气系统通常是在分型面上有目的地开设几条沟槽,有的利用推杆或活动型芯与模板之间的配合间隙排气。小型塑件的排气量小,可直接利用模具分型面排气。

8. 支承零部件

支承零部件是用来安装固定或支承成型零部件及前述的各部分机构的零部件。支承零部件组装在一起,可以构成注射模的基本骨架,如图5.1中的定模座板9、定模板10、动模板11、支承板12、支架(模脚)13等。

5.1.2 注射模的类型

注射模的类型很多。按成型的塑料不同可分为热塑性塑料注射模和热固性塑料注射模;按所用注射机的种类不同可分为卧式注射机用注射模、立式注射机用注射模和角式注射机用注射模;按采用的流道形式不同可分为普通流道注射模和热流道(或无流道)注射模;按模具的型腔数量不同可分为单型腔注射模和多型腔注射模等。

但通常是按模具总体结构上某一特征进行分类,可分为以下几种。

1. **单分型面注射模**

单分型面注射模又称为两板式注射模,它是注射模中最简单又最常用的一类。据统计,单分型面注射模约占注射模总量的 70%。图 5.1 即为典型的单分型面注射模,这种模具可根据需要设计成单型腔,也可以设计成多型腔。构成型腔的一部分在动模,另一部分在定模。主流道设在定模一侧,分流道设在分型面上。开模后由于拉料杆的拉料作用以及塑件因收缩包紧在型芯上,塑件连同浇注系统凝料一同留在动模一侧,动模上设置的推出机构用以推出塑件和浇注系统凝料。

2. **双分型面注射模**

双分型面注射模又称为三板式注射模。与单分型面注射模相比,在动模与定模之间增加了一个可定距移动的流道板(又称为中间板),塑件和浇注系统凝料从两个不同的分型面取出。双分型面注射模如图 5.2 所示,开模时,由于弹簧 2 的作用,流道板 13 与定模座板 14 首先沿 *A*—*A* 面做定距离分型,以便取出两板之间的浇注系统凝料。继续开模时,由于定距拉板 1 与限位钉 3 的作用,模具沿 *B*—*B* 面分型,进而由推出机构将塑件推出。

这种模具结构较复杂,质量大,成本高,主要用于采用点浇口的单型腔或多型腔注射模。

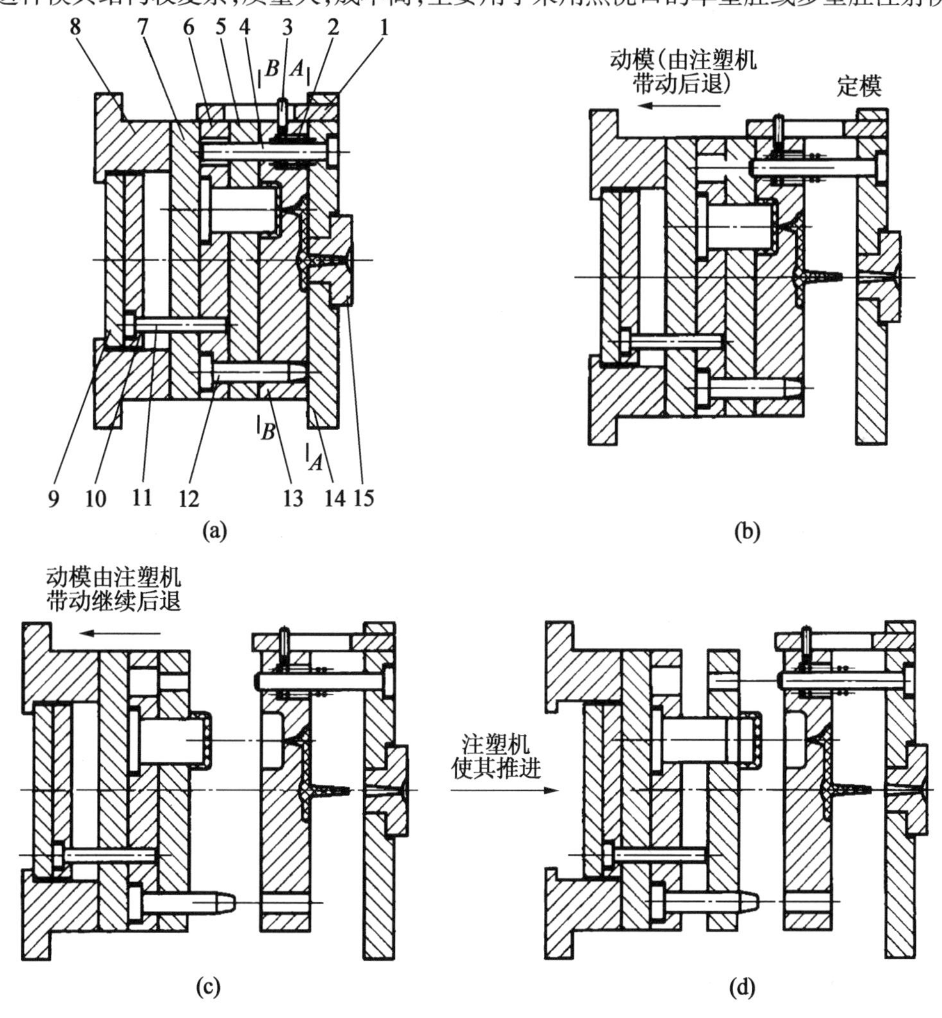

图 5.2　双分型面注射模

(a)合模状态;(b)第一次开模分型,拉出主流道凝料;(c)第二次开模分型,拉断点浇口;(d)推出塑件

1—定距拉板;2—弹簧;3—限位钉;4、12—导柱;5—推件板;6—型芯固定板;7—支承板;8—支架;9—推板;10—推杆固定板;11—推杆;13—流道板;14—定模座板;15—主流道衬套

3. 带活动镶件的注射模

由于塑件的特殊要求,因此需在模具上设置活动的型芯、螺纹型芯或镶件等。带活动镶件的注射模如图 5.3 所示,成型的塑件内侧带有凸台,为了便于取出塑件,模具上设置了活动镶件 3。开模时,塑件包在型芯 4 和活动镶件 3 上随动模部分向左移动而脱离定模板 1,分型到一定距离后,推出机构开始工作,推杆 9 将活动镶块连同塑件一起推出型芯脱模,再由人工将活动镶件从塑件上取下。合模时,推杆 9 在弹簧 8 的作用下复位,推杆复位后动模停止移动,由人工将活动镶件重新插入镶件定位孔中,再合模后进行下一次注射动作。

这种模具成型操作时安全性差,生产效率较低,常用于小批量生产。

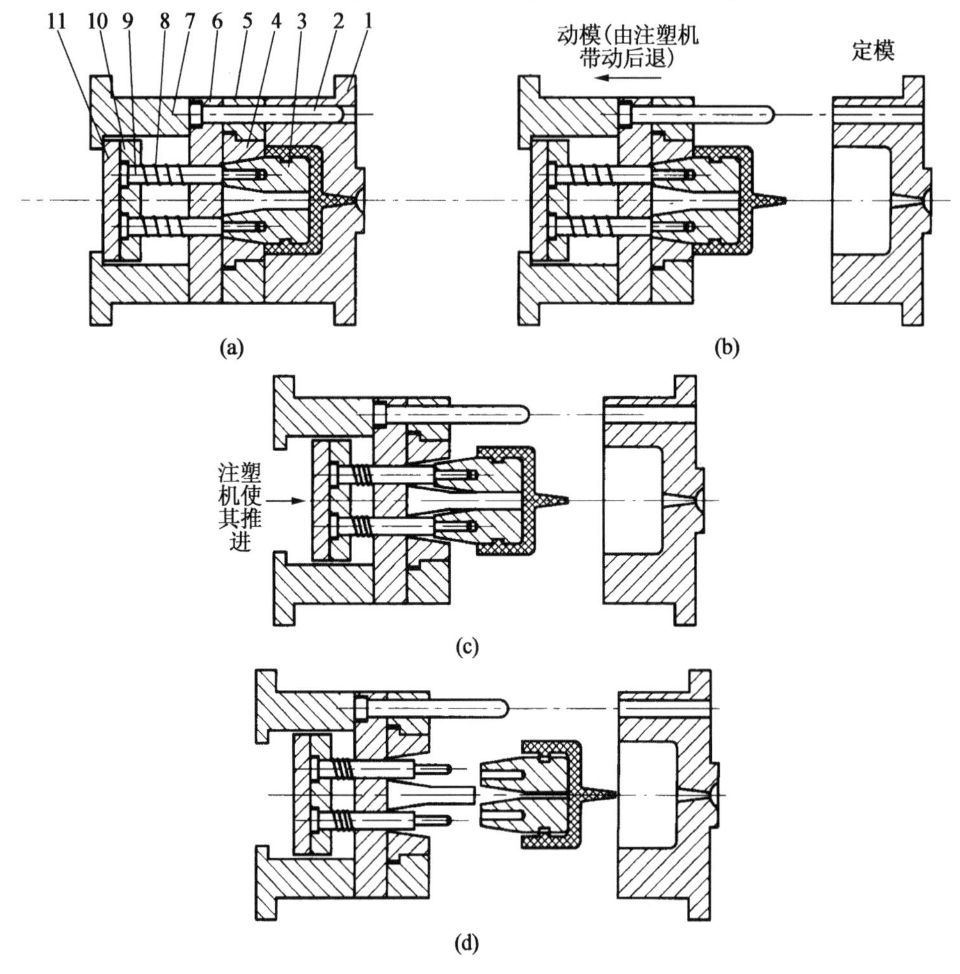

图 5.3 带活动镶件的注射模

(a)合模注射状态;(b)开模状态;(c)推出状态;(d)手工取出塑件

1—定模板;2—导柱;3—活动镶件;4—型芯;5—动模板;6—支承板;

7—支架;8—弹簧;9—推杆;10—推杆固定板;11—推板

4. 带侧向抽芯的注射模

侧向抽芯机构的种类很多,因而带侧向抽芯的注射模具结构也多种多样。图 5.4 所示为带侧向抽芯的注射模。开模时,斜导柱依靠开模力带动固定有侧型芯的滑块沿着动模上的导滑槽做侧向滑动,使侧型芯与塑件先分离,然后再由推出机构将塑件从主型芯上推出模外。

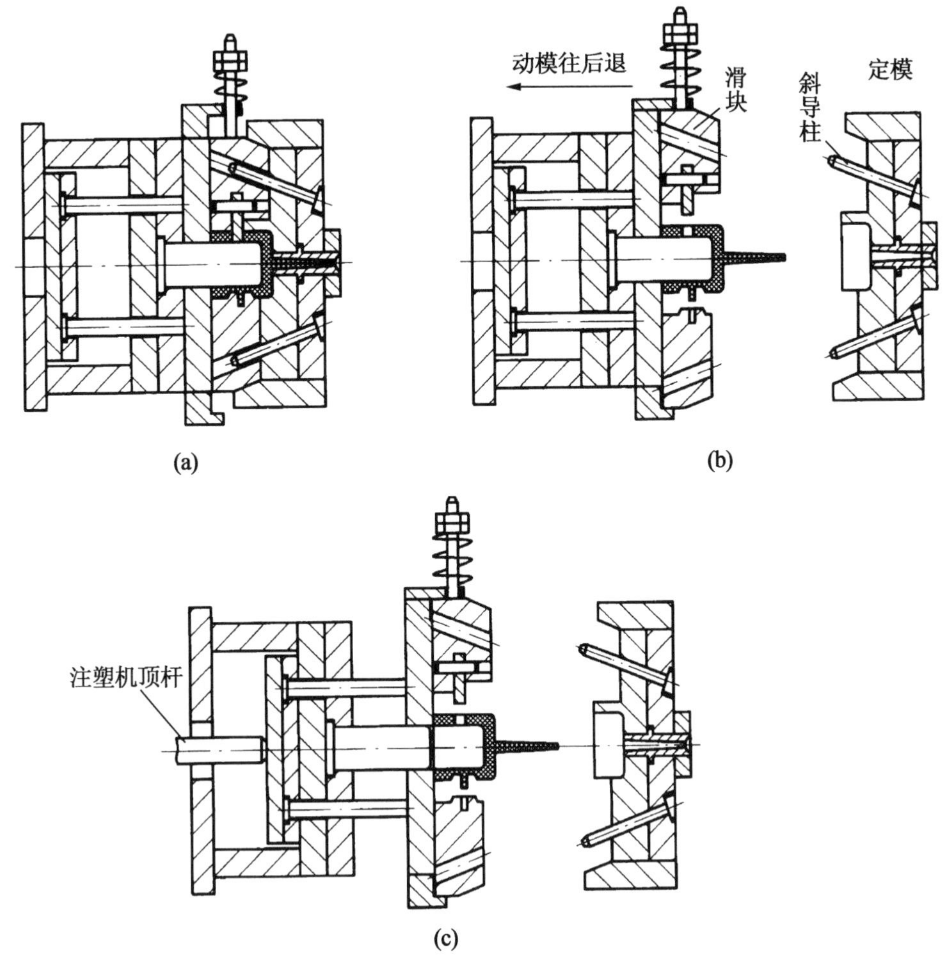

图 5.4　带侧向抽芯的注射模

(a)合模状态;(b)开模分型并侧抽芯;(c)推出塑件

5. 自动脱螺纹的注射模

对带有内螺纹或外螺纹的塑件,当要求自动脱螺纹时,可在模具中设置能转动的螺纹型芯或型环,利用注射机的往复运动或旋转运动,或设置专门的驱动和传动机构,带动螺纹型芯或型环转动,使塑件脱出。图 5.5 所示为直角式注射机上用的自动脱螺纹的注射模。开模时,*A—A* 面先分开,同时,螺纹型芯 1 随着注射机开合模丝杠 8 的后退而自动旋转。此时,螺纹塑件由于定模板 7 的止转作用并不移动,仍留在模腔内。当 *A—A* 面分开一段距离,螺纹型芯 1 在塑件内还有最后一牙时,定距螺钉 4 拉动动模板 5,使模具沿 *B—B* 分型。此时,塑件随型芯一道离开定模型腔,然后从 *B—B* 分型面两侧的空间取出。

6. 推出机构设在定模一侧的注射模

一般当注射模开模后,塑件均留在动模一侧,由设在动模一侧的推出机构脱模。但有时由于塑件的特殊要求或形状的限制,开模后塑件仍将留在定模一侧(或有可能留在定模一侧),这时就应在定模一侧设置推出机构。如图 5.6 所示的定模设推出机构的注射模,由于塑件的特殊形状,为了便于成型采用了直接浇口,开模后塑件滞留在定模上,故在定模一侧设有推件板 8,开模时由设在动模一侧的拉板 6 带动推件板,将塑件从定模中的型芯 9 上强制脱出。

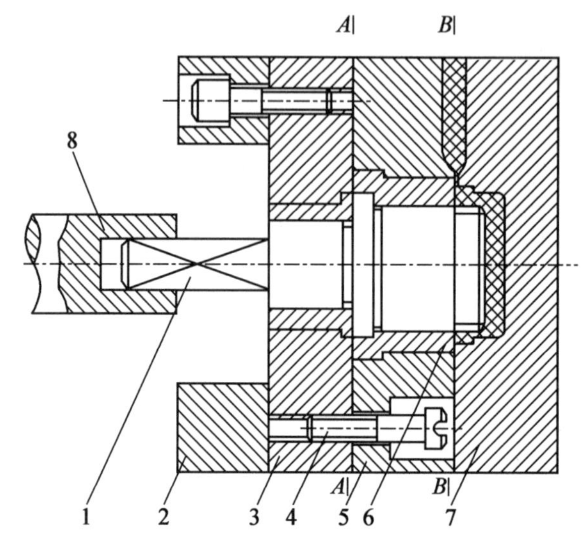

图 5.5 自动脱螺纹的注射模

1—螺纹型芯;2—支架;3—支承板;4—定距螺钉;5—动模板;6—衬套;7—定模板;8—注射机开合模丝杠

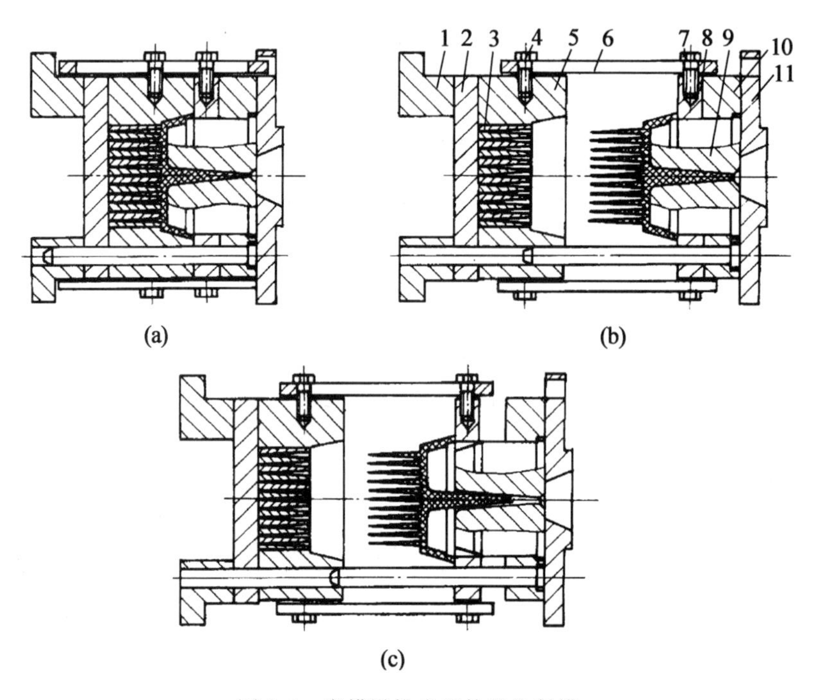

图 5.6 定模设推出机构的注射模

(a)合模状态;(b)开模分型,塑件脱离动模;(c)继续开模,塑件被推件板推出定模

1—支架;2—支承板;3—成型镶件;4、7—螺钉;5—动模板;6—拉板;8—推件板;9—型芯;10—型芯固定板;11—定模座板

7. 热流道注射模

热流道注射模又称为无流道凝料注射模,在成型过程中,模具浇注系统中的塑料始终保持熔融状态,成型后只需取出塑件而无流道凝料,如图 5.7 所示。塑料从注射机喷嘴 21 进入模具后,在流道中加热保温,使其仍保持熔融状态。每一次注射完毕,只有型腔中的塑料冷凝成型,取出塑件后又可继续注射,大大节省了塑料用量,提高了生产效率,有利于实现自动化生

产,保证塑件质量。但这类注射模结构复杂,造价高,模温控制要求严格,因此只适用于质量要求高、生产批量大的塑件成型。

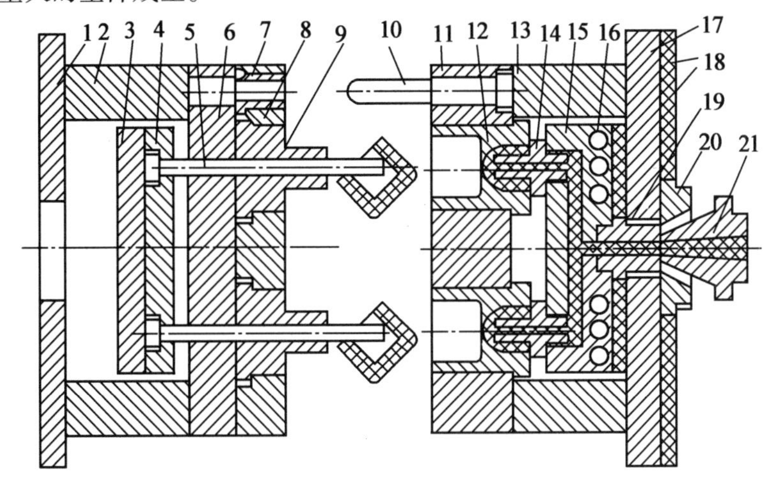

图5.7　热流道注射模

1—动模座板;2—垫块;3—推板;4—推杆固定板;5—推杆;6—支承板;7—导套;8—动模板;9—型芯;10—导柱;11—定模板;12—凹模;13—垫块;14—喷嘴;15—热流道板;16—加热器孔;17—定模座板;18—绝热层;19—浇口套;20—定位圈;21—注射机喷嘴

5.2　注射模与注射机的关系

注射模是安装在注射机上进行注射成型生产的,因此模具设计者在设计模具时应熟悉注射机有关技术规范和使用性能,并处理好注射模与注射机之间的关系。只有这样,设计出来的注射模才能在注射机上安装和使用。

5.2.1　注射机的基本结构与分类

1. 注射机的基本结构

注射机是注射成型所用的主要设备,按其外形可分为卧式、立式和直角式三种。图5.8所示为注射机的组成。注射成型时,注射模的动、定模分别安装在注射机的移动模板与固定模板上,由注射机的合模装置合模并锁紧,塑料在注射机料筒内加热呈熔融状态,并由注射装置将塑料熔体注入模具型腔,塑件在型腔内固化冷却后由合模装置开模,由顶出装置通过模具推出机构将塑件推出。

根据注射成型过程,注射机结构一般可分为以下几个组成部分。

(1)注射装置。注射装置的主要作用是将固态的塑料颗粒均匀地塑化成熔融状态,并以足够的压力和速度将塑料熔体注入闭合的模具型腔内。当熔料充满型腔后,仍需保持一定的压力和作用时间,使其在合适压力作用下冷却定型。注射装置包括料斗、料筒、加热器、计量装置、螺杆(柱塞式注射机为柱塞和分流梭)及其驱动装置、喷嘴等部件。

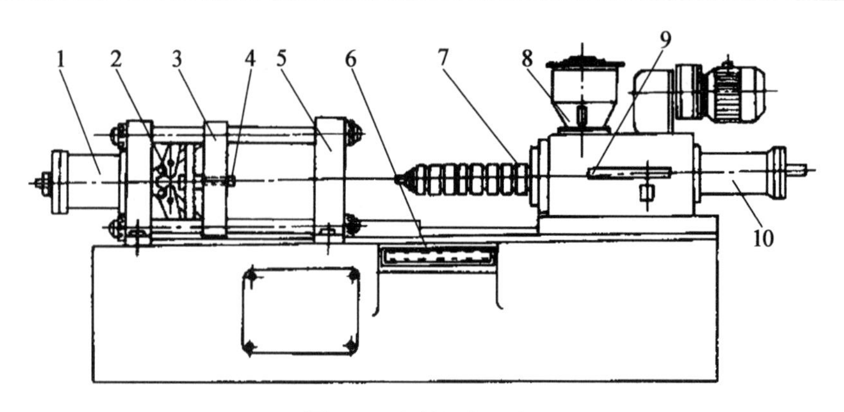

图 5.8 注射机的组成

1—合模液压缸；2—合模机构；3—移动模板；4—顶出装置；5—固定模板；6—控制面板；7—料筒及加热器；8—料斗；9—供料计量装置；10—注射液压缸

(2)合模装置。合模装置的作用有三个：一是实现模具的开、合动作；二是成型时提供足够的锁紧压力，保证注射时模具可靠地锁紧；三是开模时提供推件力推出模内塑件。合模装置有机械式、液压式和液压机械联合作用式等几种。

(3)液压系统与电气控制系统。液压系统与电气控制系统的作用是保证注射机按工艺过程的动作程序和预定的工艺参数(压力、速度、温度、时间等)准确有效地工作。二者有机地配合，为注射机提供动力和实现有效控制。

2. 注射机的分类

(1)按注射机的外形特征分类。

①卧式注射机。其注射装置和合模装置的轴线均沿水平方向布置，图 5.8 所示即为卧式注射机外形。其特点是机身低，便于操作和维修；机器重心低，安装稳定性好；塑件推出后可利用其自重而自动下落，容易实现自动操作。但模具安装和嵌件安放较麻烦，占地面积大。这类机器适用范围广，故应用广泛。

常用的卧式注射机型号有 XS-Z-30、XS-ZY-60、XS-ZY-125、XS-ZY-500、XS-ZY-1000 等。其中，XS 表示塑料成型机，Z 表示注射机，Y 表示螺杆式，30、60、125 等表示注射机的标称注射量(cm^3)。有的注射机型号规格中用标称注射量及合模力表示，例如 SZ-160/1000，表示该机型的标称注射量为 160 cm^3，合模力为 1 000 kN。

②立式注射机。其注射装置和合模装置的轴线均沿垂直方向布置，如图 5.9(a)所示。其特点是占地面积小，模具安装和嵌件安放较方便。但塑件推出后需人工取出，不易实现自动化；机身较高，机器稳定性较差，维修和加料也不方便。这类注射机一般多为注射量在 60 cm^3 以下的小型注射机。常用的立式注射机有 SYS-30、SYS-45 等。

③角式注射机。其注射装置和合模装置的轴线互相垂直，如图 5.9(b)、(c)所示。这类注射机的特点介于卧式和立式注射机之间。由于注射成型时熔料是从模具的侧面进入型腔，因此它特别适用于成型中心部位不允许留有浇口痕迹的塑件。常用的角式注射机是 SYS-45。

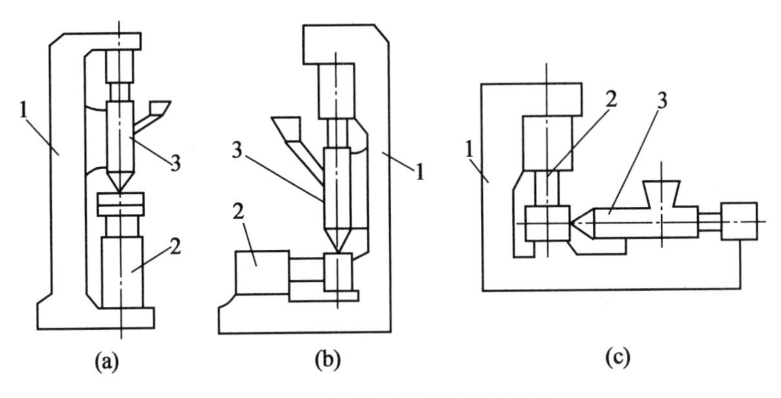

图 5.9　立式与角式注射机简图

1—机身;2—合模装置;3—注射装置

(2)按注射机的塑化方式分类。

①柱塞式注射机。通过柱塞依次将落入料筒的颗粒状塑料推向料筒前端的塑化室,依靠料筒外加热器的加热和料筒内分流梭的剪切与摩擦使塑料塑化,而后塑化成熔融状的塑料被柱塞注射到模具型腔。柱塞式注射机的塑化不太均匀,注射压力损失较大,不易提供稳定的工艺条件,且料筒清洗不方便,但其结构简单,在注射量不大时仍不失其应用价值。因此,这类注射机的注射量一般只在 60 cm^3 以下。

②螺杆式注射机。其塑料的塑化靠料筒外加热器的加热和螺杆旋转时的剪切与摩擦作用来完成。螺杆在料筒内旋转时,将料斗内的塑料卷入,逐步将其压实、排气、塑化,并不断将塑料熔体推向料筒前端,积存在料筒端部与喷嘴之间,同时螺杆本身受到熔体压力而缓慢后退。当积存的熔体达到预定注射量时,螺杆停止转动,继而在注射油缸的驱动下向前推进,将熔体注入模具型腔。螺杆式注射机的塑化效率和塑化质量均优于柱塞式注射机,且塑化能力大,注射压力损失少,料筒清洗较方便,是目前广泛应用的注射机。但注射机结构复杂,螺杆的设计与制造较困难。

5.2.2　注射机有关工艺参数的校核

从模具设计角度考虑,需要校核的注射机主要工艺参数有:标称注射量、注射压力、合模力、模具安装尺寸及开模与顶出行程等。在设计模具时,应查阅注射机生产厂家提供的“注射机使用说明书”上给定的技术规范。部分国产注射机的型号及技术参数可查附录 C、附录 D。

1. 标称注射量的校核

注射机的标称注射量是指注射机的柱塞或螺杆在做一次最大注射行程时,注射装置所能达到的最大注出量。目前我国已统一规定用加工聚苯乙烯塑料时注射机一次所能注出的熔体容积(cm^3)或质量(g)来表示。

为了保证正常的注射成型,注射机的标称注射量应大于塑件(包括浇注系统凝料)的体积或质量。根据生产经验,注射机的实际注射量最好在注射机标称注射量的 80% 以内。

当注射机标称注射量以容积(cm^3)表示时,按下式校核:

$$KV_g \geqslant V = nV_z + V_j \tag{5.1}$$

式中　K——注射机标称注射量的利用系数,一般取 $K=0.8$;

V_g——注射机以容积表示时的标称注射量(cm^3);

V——塑件(包括浇注系统凝料)的总体积(cm^3);

n——模具的型腔数量;

V_z——单个塑件的体积(cm^3);

V_j——浇注系统凝料的体积(cm^3)。

由于塑料在塑化前后的体积是不同的,与压缩比有关,故成型塑件所需的塑料原料的体积为

$$V_S = K_Y V \tag{5.2}$$

式中 V_S——塑料原料的体积(cm^3);

K_Y——塑料的压缩比,可查表5.1。

当注射机标称注射量以质量(g)表示时,可按下式校核:

$$Km_g \geqslant m = nm_z + m_j \tag{5.3}$$

$$m = C\rho V \tag{5.4}$$

式中 m_g——注射机以质量表示时的标称注射量(g);

m——塑件(包括浇注系统凝料)的总质量(g);

m_z——单个塑件的质量(g);

m_j——浇注系统凝料的质量(g);

C——在料筒温度下塑料熔体体积膨胀的校正系数,结晶型塑料取 $C\approx0.85$,非结晶型塑料取 $C\approx0.93$;

ρ——塑料在常温下的密度(g/cm^3),见表5.1。

以上计算中,V_g 和 m_g 都是以加工聚苯乙烯塑料为标准而标定的。当成型其他塑料时,由于各种塑料的压缩比及密度不同,因此 V_g 和 m_g 的值都不相同,严格地说应该换算。但实践证明,压缩比及密度对标称注射量的影响不大,故一般可以不予考虑。

表5.1 某些热塑性塑料的密度及压缩比

塑料名称	密度 $\rho/(g\cdot cm^{-3})$	压缩比 K_Y	塑料名称	密度 $\rho/(g\cdot cm^{-3})$	压缩比 K_Y
高压聚乙烯	0.91~0.94	1.84~2.30	尼龙	1.09~1.14	2.0~2.1
低压聚乙烯	0.94~0.965	1.725~1.909	聚甲醛	1.40	1.8~2.0
聚丙烯	0.90~0.91	1.92~1.96	ABS	1.0~1.1	1.8~2.0
聚苯乙烯	1.04~1.06	1.90~2.15	聚碳酸酯	1.20	1.75
硬聚氯乙烯	1.35~1.45	2.30	醋酸纤维素	1.24~1.34	2.40
软聚氯乙烯	1.16~1.35	2.30	聚丙烯酸酯	1.17~1.20	1.8~2.0

2. 注射压力的校核

注射压力是指注射时料筒内柱塞或螺杆施加于熔融塑料的单位面积上的压力。注射压力的校核是校验所选注射机的标称注射压力 p_g 能否满足塑件成型时所需要的注射压力 p。塑件成型时所需要的注射压力由塑料流动性、塑件结构与壁厚、浇注系统类型等因素决定,其值一般为70~150 MPa。部分塑料所需的注射压力见表5.2。通常要求

$$p_g \geqslant p \tag{5.5}$$

式中 p_g——注射机的标称注射压力(MPa);

p——塑件成型时所需的注射压力(MPa)。

表 5.2　部分塑料所需的注射压力 p　MPa

塑料名称	注射条件		
	厚壁件(易流动)	中等壁厚件	难流动的薄壁窄浇口件
聚乙烯	70～100	100～120	120～150
聚氯乙烯	100～120	120～150	>150
聚苯乙烯	80～100	100～120	120～150
ABS	80～110	100～130	130～150
聚甲醛	85～100	100～120	120～150
聚酰胺	90～101	101～140	>140
聚碳酸酯	100～120	120～150	>150
有机玻璃	100～120	110～150	>150

3. 合模力的校核

合模力是指注射机合模机构对模具所施加的最大夹紧力。当高压的塑料熔体充填模具型腔时,会沿合模方向产生一个很大的胀开力。为此,注射机的标称合模力必须大于该胀开力,即

$$F_g \geqslant K'F_z = K'A_f p_m \tag{5.6}$$

式中　F_g——注射机的公称合模力(N);

F_z——注射时塑料熔体沿合模方向对模具产生的胀开力(N);

K'——安全系数,一般取 $K'=1.1\sim1.2$;

A_f——塑件及浇注系统在分型面上的投影面积之和(mm^2);

p_m——模具型腔内塑料熔体的平均压力(MPa),一般为注射压力的 30%～65%,通常为 20～40 MPa,可参考表 5.3 选取。

表 5.3　模具型腔内塑料熔体的平均压力 p_m

塑件特点	p_m/MPa	举例
容易成型塑件	24.5	PE、PP、PS 等壁厚均匀的日用品、容器类塑件
一般塑件	29.4	在模温较高下,成型薄壁容器类塑件
中等黏度塑料及有精度要求的塑件	34.3	ABS、PMMA 等有精度要求的工程结构件,如壳体、齿轮等
高黏度塑料及高精度、难充模塑料	39.2	高精度的机械零件,如齿轮、凸轮等

4. 型腔数量与注射量及合模力之间的关系

注射模型腔数量的确定除了考虑塑件质量、尺寸和生产批量以外,还与注射机的注射容量、合模力、塑化能力和注射机模板台面几何尺寸等因素有关。一般生产批量小时,宜采用单型腔,批量大时宜采用多型腔;塑件尺寸较大时,受注射机规格限制宜采用单型腔或一模 2～4 腔;塑件精度要求高时,因难使各模腔的成型质量与尺寸达到一致,故型腔数量也不宜过多,常

推荐采用单型腔或一模四腔的结构。

考虑注射机注射量及合模力确定型腔数的方法如下。

(1)按注射机标称注射量确定型腔数 n。

$$n \leqslant \frac{KV_g - V_j}{V_z} \tag{5.7}$$

公式中各符号的含义见式(5.1)。

(2)按注射机合模力确定型腔数 n。

$$n \leqslant \frac{F_g / K' p_m - A_j}{A_z} \tag{5.8}$$

式中 A_j——浇注系统在分型面上的投影面积(mm^2);

A_z——单个塑件在分型面上的投影面积(mm^2)。

其余符号含义同式(5.6)。

5. 开模行程的校核

注射机的开模行程(合模行程)是指开合模过程中移动模板的移动距离,它应满足分开模具取出塑件的需要。根据注射机合模机构的不同,开模行程可按以下两种情况进行校核。

(1)开模行程与模具厚度无关。这种情况主要是指合模机构为液压－机械联合作用的注射机,如 XS－Z－30、XS－Z－60、XS－ZY－125、XS－ZY－350、XS－ZY－500、XS－ZY－1000 和 G54－S200/400 等,其最大开模行程由连杆机构(或移模缸)的最大冲程决定,而与模具厚度无关。

对于单分型面模具开模行程,如图 5.10 所示,开模行程可按下式校核:

$$S \geqslant H_1 + H_2 + (5 \sim 10)\,\mathrm{mm} \tag{5.9}$$

式中 S——注射机最大开模行程(mm);

H_1——塑件推出距离(以顺利取出塑件为宜)(mm);

H_2——包括浇注系统在内的塑件高度(mm)。

对于双分型面注射模,为了取出浇注系统凝料,开模距离需要增加流道板与定模座板之间分开的距离。如图 5.11 所示,双分型面模具开模行程应按下式校核:

$$S \geqslant H_1 + H_2 + a + (5 \sim 10)\,\mathrm{mm} \tag{5.10}$$

式中 a——取出浇注系统凝料所需流道板与定模座板之间分开的距离(mm)。

(2)开模行程与模具厚度有关。这种情况主要是指全液压式合模机构的注射机(如 XS－ZY－250)和机械合模机构的直角式注射机(如 SYS－45,SYS－60 等),其最大开模行程等于注射机的移动模板与固定模板之间的最大开距 S_0 减去模具厚度 H_m。

对单分型面注射模,如图 5.12 所示,可按下式校核:

$$S_0 - H_m \geqslant H_1 + H_2 + (5 \sim 10)\,\mathrm{mm} \tag{5.11}$$

或

$$S_0 \geqslant H_m + H_1 + H_2 + (5 \sim 10)\,\mathrm{mm} \tag{5.12}$$

式中 S_0——注射机的移动模板与固定模板之间的最大开距。

同理,对双分型面注射模,应按下式校核:

$$S_0 - H_m \geqslant H_1 + H_2 + a + (5 \sim 10)\,\mathrm{mm} \tag{5.13}$$

或

$$S_0 \geqslant H_m + H_1 + H_2 + a + (5 \sim 10)\,\mathrm{mm} \tag{5.14}$$

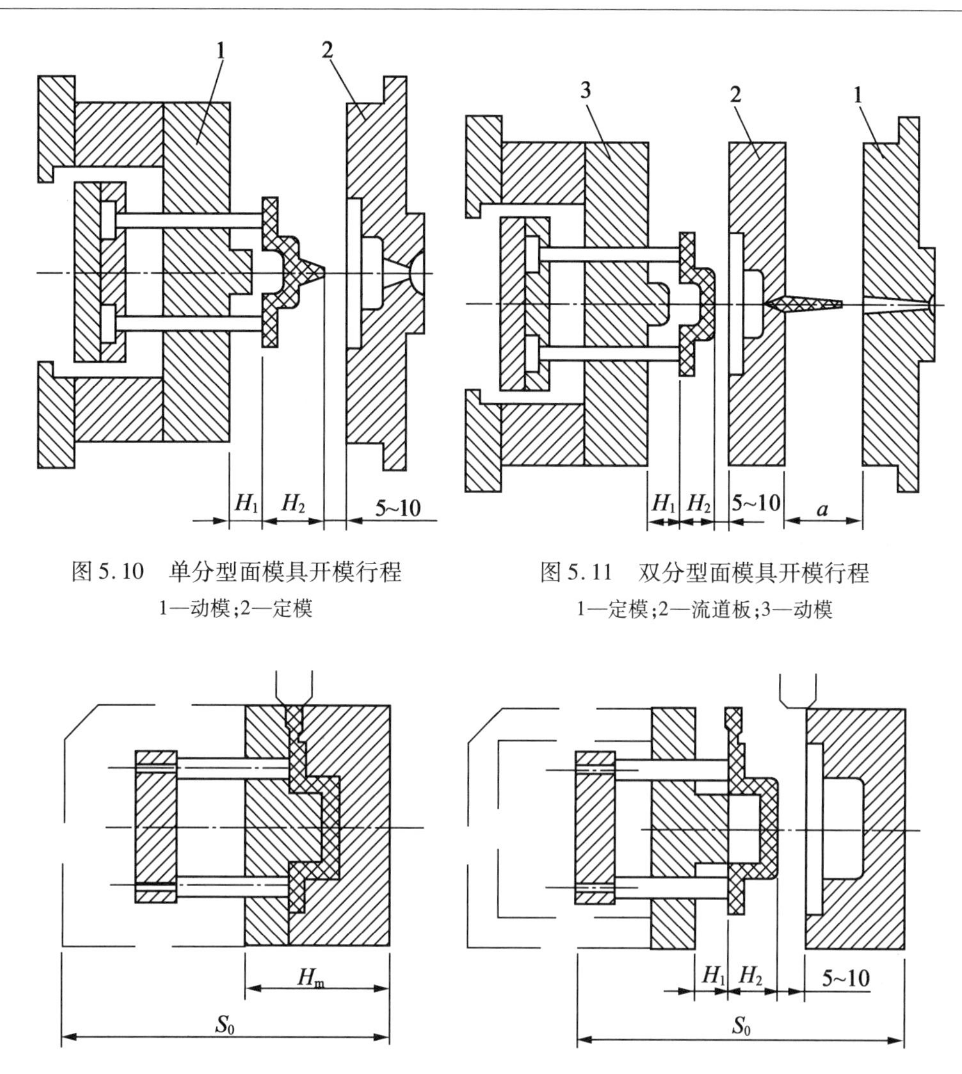

图5.10　单分型面模具开模行程
1—动模;2—定模

图5.11　双分型面模具开模行程
1—定模;2—流道板;3—动模

图5.12　注射机开模行程与模具厚度有关

(3)模具有侧向抽芯机构时。这里主要指模具的侧向分型抽芯是利用注射机的开模动作,通过斜导柱(或齿轮齿条)分型抽芯机构来完成的。这时所需的注射机开模行程应根据侧向分型抽芯时的抽拔距离和塑件高度、推出距离、模具厚度等因素确定。如图5.13所示的斜导柱侧向抽芯机构,为完成侧向抽芯距离 S_c 所需的开模行程为 H_4,则当 $H_4 > H_1 + H_2$,开模行程应按下式校核:

$$S \geqslant H_4 + (5 \sim 10)\,\mathrm{mm} \tag{5.15}$$

若 $H_4 \leqslant H_1 + H_2$,开模行程仍按式(5.9)校核。

此外,当成型带螺纹的塑件时,如果模具需通过注射机开模运动转变为旋转运动来旋出螺纹型芯或型环,则开模行程应根据旋出螺纹型芯或型环所需的开模距离,再应考虑塑件高度、推出距离等因素来校核。

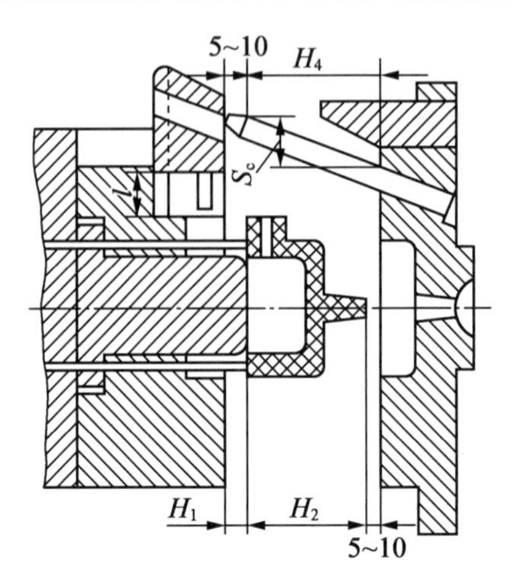

图 5.13 有侧向抽芯机构时的开模行程

6. 顶出装置的校核

不同型号注射机顶出装置的结构形式、最大顶出距离等是不相同的,设计模具时应保证模具的推出机构与注射机的顶出装置相适应。国产注射机的顶出装置大致可分为中心顶杆机械顶出、两侧双顶杆机械顶出、中心顶杆液压顶出与两侧双顶杆机械顶出联合作用、中心顶杆液压顶出与其他辅助油缸联合作用等几种。

在以中心顶杆顶出的注射机上使用的模具,应对称地固定在移动模板的中心位置上,以便注射机的顶杆顶在模具的推板中心位置上。而在以两侧双顶杆顶出的注射机上使用的模具,模具的推板长度应足够长,以便注射机的顶杆能够顶到模具的推板上。

7. 装模部位相关尺寸的校核

为了使模具能在注射机上正确安装,设计模具时必须校核注射机上装模部位的相关尺寸。装模部位的相关尺寸主要有喷嘴尺寸、定位孔尺寸、拉杆间距、最大模具厚度与最小模具厚度、模板上安装螺孔尺寸等。

(1)喷嘴尺寸。注射机喷嘴与模具主流道始端的配合关系如图 5.14 所示。模具主流道始端的球面半径 R 应比注射机喷嘴头球面半径 R_0 大 1 ~ 2 mm,主流道始端直径 d 应比喷嘴直径 d_0 大 0.5 ~ 1 mm,以防止主流道口部积存凝料而影响脱模。角式注射机喷嘴前端多为平面,模具的相应接触处也应设计成平面。

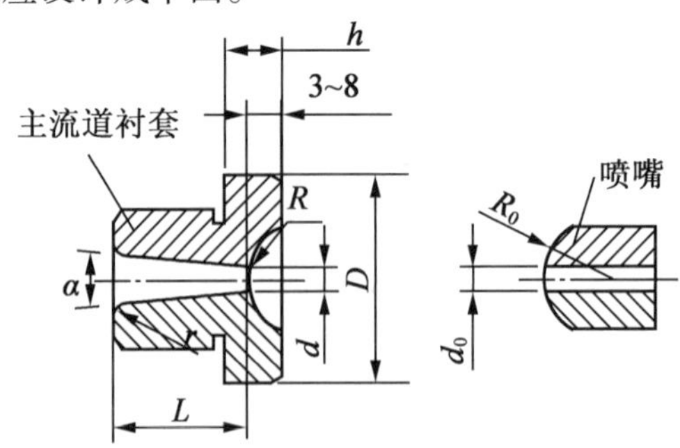

图 5.14 注射机喷嘴与模具主流道始端的配合关系

(2)定位孔尺寸。为了保证模具主流道中心线与注射机喷嘴轴线相重合,模具定模座板上的定位圈应与注射机固定模板上的定位孔相配合。定位孔与定位圈按 H9/f9 配合,定位圈

的高度 h，小型模具为 8 ~ 10 mm，大模具为 10 ~ 15 mm。此外，对中、小型模具一般只在定模座板上设定位圈，而对大型模具，可在动模座板和定模座板上同时设定位圈。

(3)模板规格与拉杆间距。模具模板规格应不超出注射机模板规格。模具通常采取从注射机上方直接吊装入机内进行安装(图 5.15(a))，或先吊到侧面再由侧面推入机内安装(图 5.15(b))。由图可见，模具的外形尺寸受到拉杆间距的限制，设计模具时应予以考虑。

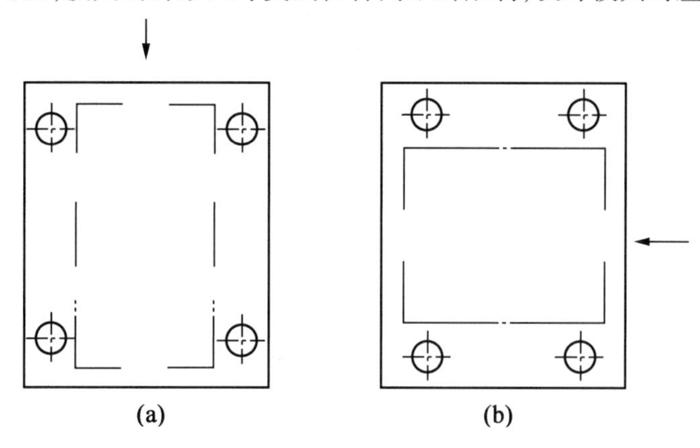

图 5.15　模具模板尺寸与注射机拉杆间距的关系

(4)模具厚度与注射机模板闭合厚度。不同规格的注射机其允许安装的模具厚度是一个不同的范围值，即最大模具厚度 H_{max} 和最小模具厚度 H_{min}。设计模具时，其模具闭合厚度 H_m 应介于注射机的 H_{max} 与 H_{min} 之间，如图 5.16 所示。即应满足

$$H_{min} \leqslant H_m \leqslant H_{max} \tag{5.16}$$

而

$$H_{max} = H_{min} + L \tag{5.17}$$

式中　H_m——模具闭合厚度(mm)；

H_{max}——注射机允许的最大模具厚度(mm)；

H_{min}——注射机允许的最小模具厚度(mm)；

L——注射机在模具厚度方向的调节量(mm)。

若 $H_m < H_{min}$，可以通过增大模具垫块高度或增加垫板的方法来保证模具闭合。但当 $H_m > H_{max}$ 时，则模具无法闭合，尤其是机械 - 液压式合模的注射机，其肘杆无法撑直，这是不允许的。

(5)安装螺孔尺寸。注射机固定模板和移动模板上通常布置有一定数量和规格的螺孔，以便安装固定模具。螺钉和压板固定模具的形式有用压板固定和用螺钉直接固定两种，如图 5.17 所示。采用压板固定时，只要模具座板以外的附近有螺孔就能固定，其灵活性较大。当用螺钉直接固定时，模具座板上安装孔的位置和尺寸应与注射机模板上的安装螺孔完全吻合，否则不能安装。螺钉和压板的数目，一般动、定模各用 2 ~4 个。

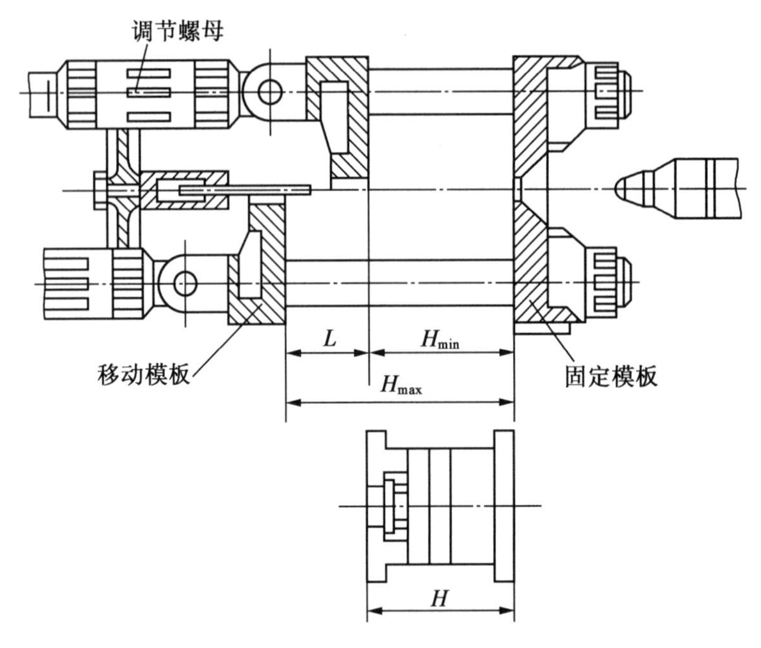

图 5.16 模具闭合厚度与注射机允许模具厚度的关系

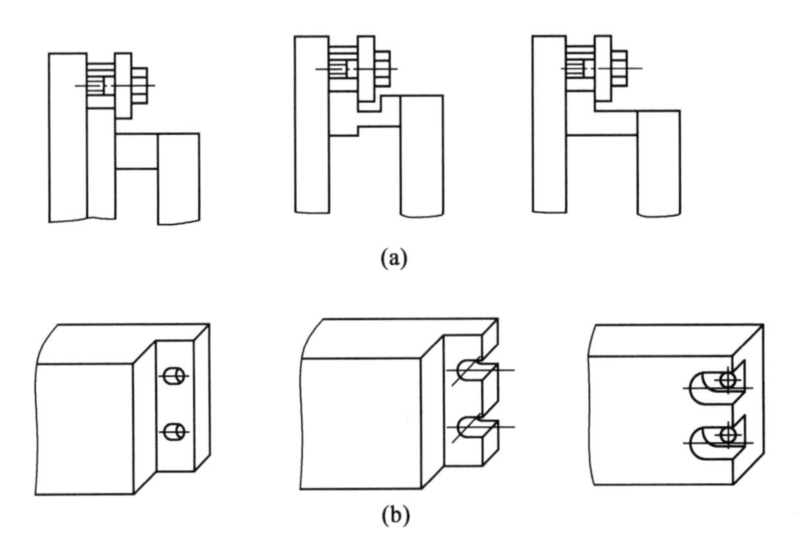

图 5.17 螺钉和压板固定模具的形式

(a)用压板固定模具;(b)用螺钉直接固定模具

5.3 浇注系统的设计

注射模的浇注系统是指从主流道的始端到型腔之间的塑料熔体流动通道。浇注系统的作用是使塑料熔体平稳而有序地充填到型腔中,以获得组织致密、外形轮廓清晰的塑件。可见,浇注系统的设计十分重要。

浇注系统可分为普通浇注系统和热流道浇注系统两类。

5.3.1　普通浇注系统的设计

普通浇注系统一般由主流道、分流道、浇口和冷料穴四部分组成,如图 5.18 所示。但在特殊情况下,可不设分流道和冷料穴。

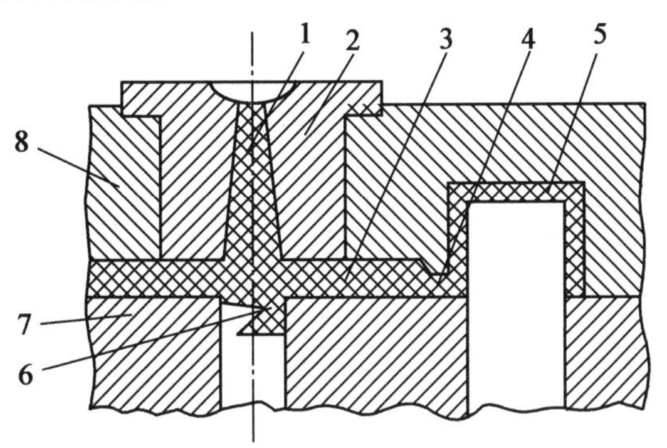

图 5.18　浇注系统的组成

1—主流道;2—主流道衬套;3—分流道;4—浇口;5—型腔;6—冷料穴;7—动模板;8—定模板(或定模座板)

1. 主流道设计

主流道是从注射机喷嘴与模具接触部位起到分流道为止的一段流道,它与注射机喷嘴在同一轴线。主流道是熔融塑料进入模具时最先经过的通道,所以它的大小直接影响熔体的流动速度和充填时间。

主流道的设计要点如下。

(1)为了减小熔体的热量损失,主流道的截面形状通常采用比表面积(表面积与体积之比)最小的圆形截面。为了便于流道凝料的脱出,主流道应设计成圆锥形,其锥角 $\alpha=2°\sim6°$,如图 5.19 所示。锥孔内壁必须光滑,其表面粗糙度 $Ra\leqslant0.4$ μm。

(2)主流道小端直径 d 根据塑件质量、填充要求及所选注射机规格而定,可参考表 5.4 选取,但应比注射机喷嘴的直径 d_0 小 0.5 ~ 1 mm。为了与注射机喷嘴相吻合,主流道始端还应设计成球面凹坑状,球面半径 R 比注射机喷嘴球面半径 R_0 大 1 ~ 2 mm,球面深度 H 一般取 3 ~ 5 mm 或 $(1/3\sim2/5)R$。主流道长度 L 根据定模座板厚度确定,在模具结构允许的情况下,主流道应尽可能短,一般不超过 60 mm,减少压力损失和塑料耗量。另外,主流道大端与分流道相接处应以圆角过渡,其圆角半径通常取 $r=1\sim3$ mm 或取 $r=D/8$(D 为主流道大端直径),减小料流转向时的阻力。

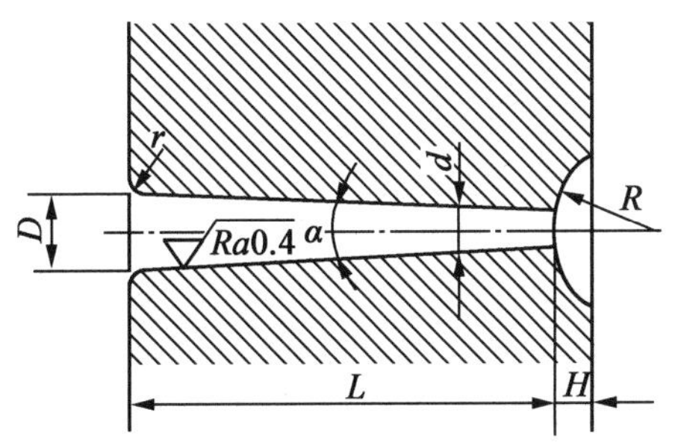

图 5.19　主流道的形状与尺寸

表 5.4 主流道小端直径 d 的推荐值 mm

塑料	注射机 m_g/g						
	10	30	60	125	250	500	1 000
聚乙烯(PE)、聚苯乙烯(PS)	3	3.5	4	4.5	4.5	5	5
ABS、有机玻璃(PMMA)	3	3.5	4	4.5	4.5	5	5
聚碳酸酯(PC)、聚砜(PSF)	3.5	4	4.5	5	5	5.5	5.5

(3)由于主流道要与高温的塑料和喷嘴反复接触和碰撞,所以模具的主流道通常设计成可拆卸更换的衬套(称为主流道衬套或浇口套),以便选用优质钢材单独进行加工和热处理。主流道衬套一般选用 T8A 或 T10A 制造,热处理硬度为 HRC50 ~ 55。常用的主流道衬套形式如图 5.20 所示,其中图 5.20(a)为主流道衬套与定位圈设计成整体式,一般用于小型模具;图 5.20(b)、(c)为主流道衬套与定位圈分开设计。主流道衬套的固定形式如图 5.21 所示,与定模座板的配合一般按 H7/m6 过渡配合。

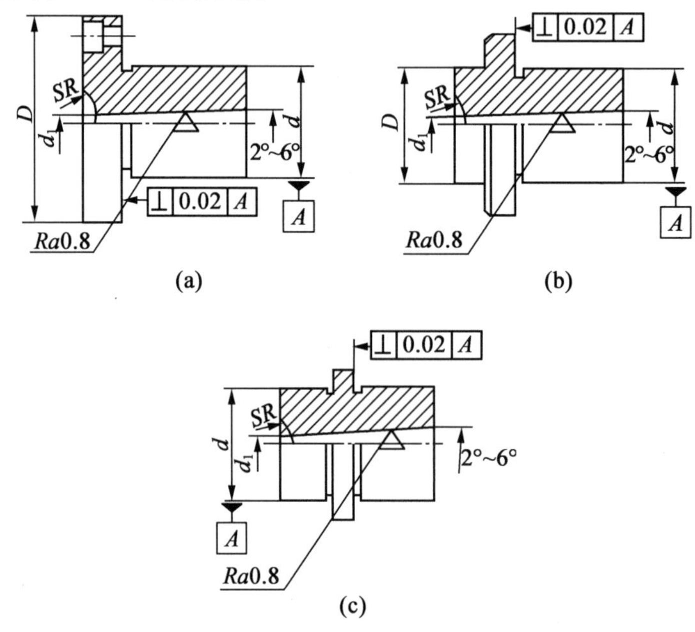

图 5.20 主流道衬套

2. **分流道设计**

分流道是主流道与浇口之间的一段流道,它是熔融塑料由主流道流入型腔的过渡通道。分流道一般开设在分型面上,起分流和转向的作用。多型腔模具必须设置分流道,单型腔小型塑件常不设分流道,但单型腔大型塑件在使用多个点浇口时也要设置分流道。分流道的设计应能使塑料熔体的流向得到平稳的转换并尽快充满型腔,同时应能将塑料熔体均衡地分配到各个型腔。

(1)分流道的截面形状。分流道的截面形状有圆形、半圆形、矩形、梯形和 U 形等,如图 5.22 所示。圆形和正方形截面的比表面积最小,塑料熔体的热量损失少,流动阻力也小,流道的效率最高,但加工困难,且正方形截面流道不易脱模。所以,实际生产中常采用梯形、半圆形及 U 形截面。

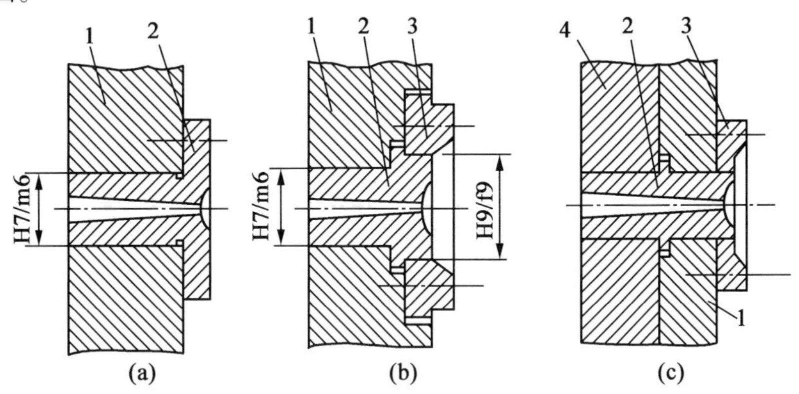

图 5.21　主流道衬套的固定形式

1—定模座板；2—主流道衬套；3—定位圈；4—定模板

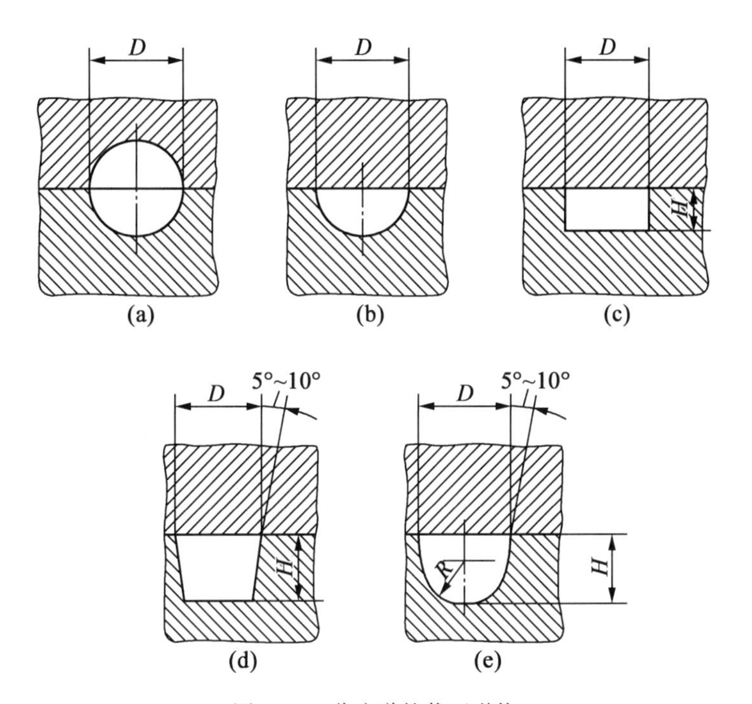

图 5.22　分流道的截面形状

(a)圆形；(b)半圆形；(c)矩形；(d)梯形；(e)U 形

(2)分流道的尺寸。分流道的尺寸由塑料品种、塑件大小及流道长度确定。常用塑料的分流道直径列于表 5.5。对于质量在 200 g 以下、壁厚在 3 mm 以下的塑件也可用下面经验公式计算分流道直径：

$$D = 0.265\,4\sqrt{m} \times \sqrt[4]{L} \tag{5.18}$$

式中　D——分流道直径(mm)；

m——塑件质量(g)；

L——分流道长度(mm)。

此式计算的分流道直径限于 3.2 ~ 9.5 mm。对于高黏度塑料，如硬聚氯乙烯(HPVC)和丙烯酸类塑料,应将上式计算所得的分流道直径扩大 25% 左右;对于梯形分流道,$H=2D/3$;对于 U 形分流道,$H=1.25R$,$R=0.5D$;对于半圆形分流道,$H=0.45D$。

表 5.5 常用塑料的分流道直径推荐值 mm

塑料名称	分流道直径 D/mm	塑料名称	分流道直径 D/mm
ABS	4.8~9.5	聚乙烯(PE)	1.6~9.5
聚甲醛(POM)	3.2~9.5	聚苯烯(PP)	4.8~9.5
丙烯酸类	7.6~9.5	聚苯醚(PPO)	6.4~9.5
醋酸纤维(CA)	4.8~9.5	聚砜(PSF)	6.4~9.5
尼龙(PA)	1.6~9.5	聚苯乙烯(PS)	3.2~9.5
聚碳酸酯(PC)	4.6~9.5	软聚氯乙烯(SPVC)	3.2~9.5

分流道长度应尽可能小,且少弯折,便于注射成型过程中最经济地使用塑料原料和降低注射机的能耗,减少压力损失和热量损失。分流道长度一般在 8~30 mm 之间,根据型腔数量和布置情况确定,但最短不宜小于 8 mm,否则给修剪带来困难。分流道较长时,应在分流道末端开设冷料穴(图 5.24),以容纳冷料,保证塑件质量。

(3)分流道的表面粗糙度。由于分流道中与模具接触的外层塑料迅速冷却,只有中心部位的塑料熔体的流动状态比较理想,因而分流道的内表面并不要求很光滑,其表面粗糙度 *Ra* 一般取 1.6 μm 即可。这样流道内料流外层的流速较低,容易冷却而形成固定表皮层,有利于流道的保温。

(4)分流道的布置。分流道的布置取决于型腔的布局,两者相互影响。分流道的布置形式分平衡式与非平衡式两种。

①平衡式布置。平衡式布置是指各分流道的长度、截面形状及尺寸都对应相同的布置,如图 5.23 所示。这种布置可以达到各个型腔能同时均衡进料,保证各型腔成型出的塑件在强度、性能及质量上的一致性,因此生产中应用较多。但这种布置的分流道一般较长。

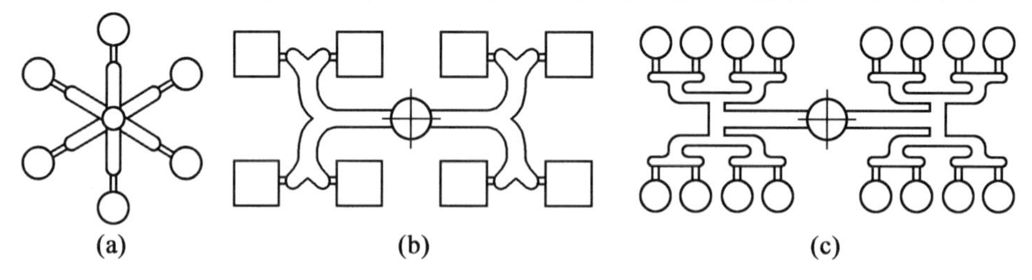

图 5.23 分流道的平衡式布置

②非平衡式布置。非平衡式布置是指分流道到各型腔的长度不同的布置,如图 5.24 所示。这种布置由于各分流道长度不相同,熔体进入型腔有先有后,故不利于均衡进料,不适合于成型精度较高的塑件。但对于型腔数量较多的模具,因较平衡式布置时的流道总长度短,故也常采用。此时,为了达到使各型腔同时均衡进料,可以将各浇口设计成不同的截面尺寸,这需要在试模时多次修正才能实现。

(5)分流道与浇口的连接。分流道与浇口连接处应加工成斜面,并用圆弧过渡,利于塑料熔体的流动及充填，如图 5.25 所示。图中取 $l=0.7\sim2$ mm，$r=0.5\sim2$ mm。

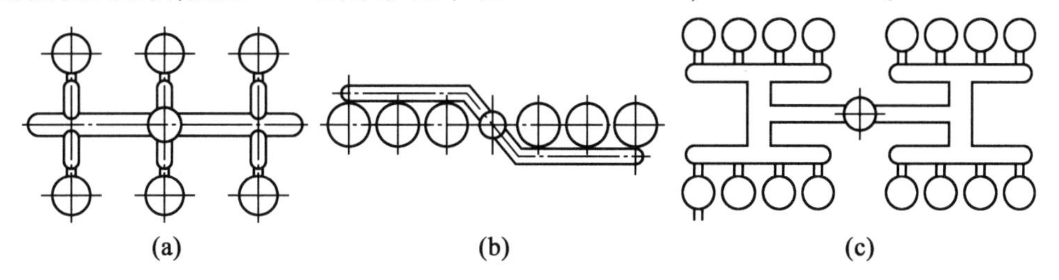

图 5.24　分流道的非平衡式布置

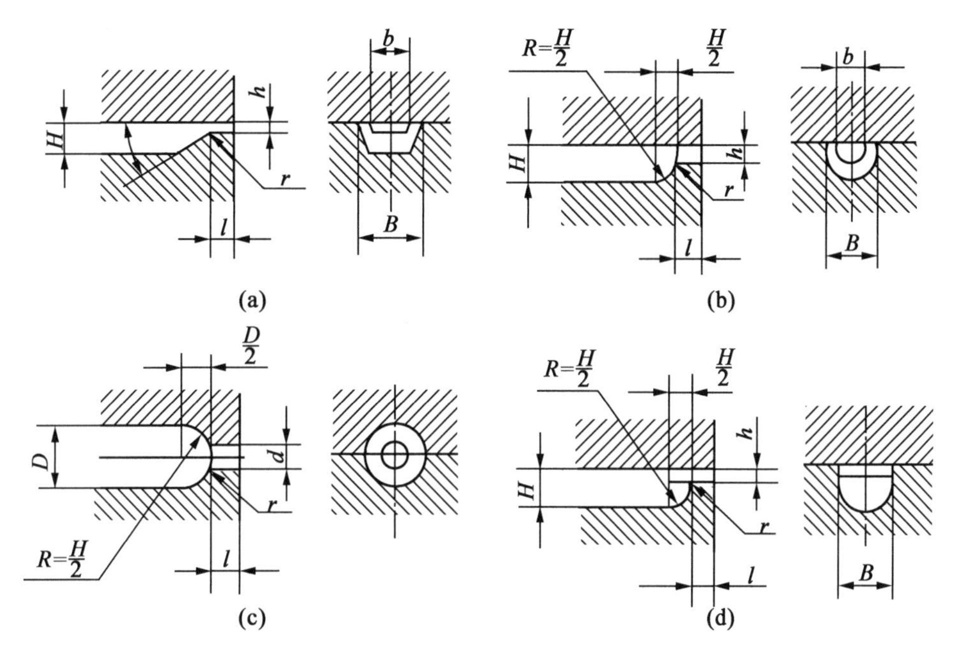

图 5.25　分流道与浇口的连接方式

(a)梯形分流道，梯形浇口；(b)U 形分流道，U 形浇口；(c)圆形分流道，圆形浇口；(d)矩形分流道，矩形浇口

3. 浇口设计

浇口又称为进料口，是连接分流道与型腔之间的一段通道，它是浇注系统的关键部分。浇口的形状、位置和尺寸对塑件的质量影响很大。

除直接浇口以外，浇口是整个浇注系统中最狭窄短小的部分。当熔融塑料通过狭小的浇口时，流速增加，并因摩擦使料温也增加，有利于充填型腔。同时，狭小的浇口适当保压补缩后首先凝固封闭型腔，使型腔内的熔料即可在无压力下自由收缩凝固成型，因而塑件内残余应力小，可减小塑件的变形和破裂。此外，狭小的浇口便于成型后流道凝料与塑件的分离，便于修整塑件，缩短成型周期。但是，浇口截面尺寸不能过小，过小的浇口压力损失大，冷凝快，补缩困难会造成塑件缺料、缩孔等缺陷，甚至还会产生熔体破裂形成喷射现象，使塑件表面出现凹凸不平。同样，浇口尺寸也不能过大，过大的浇口导致进料速度低，温度下降快，塑件可能产生明显的熔接痕和表面云层现象。

(1)浇口的类型、特点及应用。注射模的浇口结构形式较多，不同类型的浇口其尺寸、特点及应用情况各不相同。按浇口的特征可分为限制浇口(即封闭式浇口，在分流道与型腔之间有突然缩小的狭小浇口）和非限制浇口（即开放式浇口，又称为直接浇口或主流道式浇口）；按浇口形状可分为点浇口、扇形浇口、盘形浇口、环形浇口及薄片浇口等；按浇口的特殊性可分为潜伏式浇口（又称为隧道式浇口）和护耳浇口（又称为分接式浇口）等；按浇口所在塑件的位置可分为中心浇口和侧浇口等。常见的浇口类型、特点及应用见表5.6。

表5.6 浇口的类型、特点及应用

名称	浇口形式简图	特点	应用范围
直接浇口	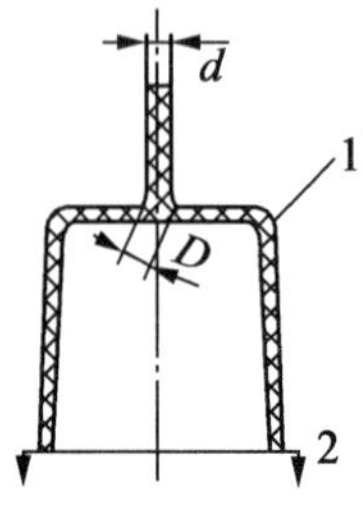 1—塑件；2—分型面	它在单型腔模中，塑料熔体直接流入型腔，因而压力损失小，进料速度快，成型比较容易，又称为主流道型浇口。另外，它传递压力好，保压补缩作用强，模具结构简单紧凑，制造方便。但去除浇口困难	适合各种塑料成型，尤其加工热敏性及高黏度材料，成型高质量的大型或深腔壳体、箱型塑件
侧浇口	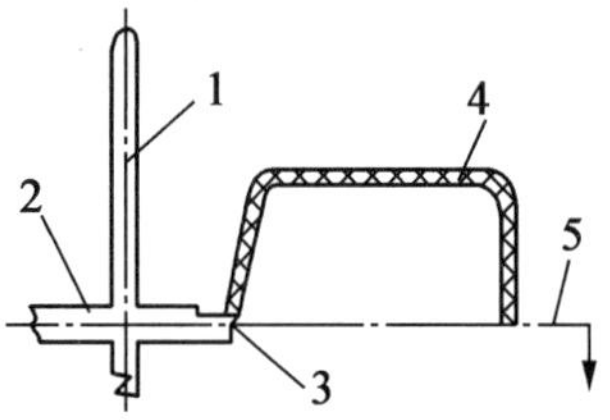 1—主流道；2—分流道；3—浇口；4—塑件；5—分型面	它一般在分型面上，从塑件的外侧进料。侧浇口是典型的矩形截面浇口，能方便地调整充模时的剪切速度和封闭时间，故也称标准浇口，又称为边缘浇口。它截面形状简单，加工方便；浇口位置选择灵活，去除浇口方便、痕迹小。塑件容易形成熔接纹、缩乳、凹陷等缺陷，注射压力损失较大，对壳体件排气不良	广泛用于两板式多型腔模具以及断面尺寸较小的塑件
中心浇口	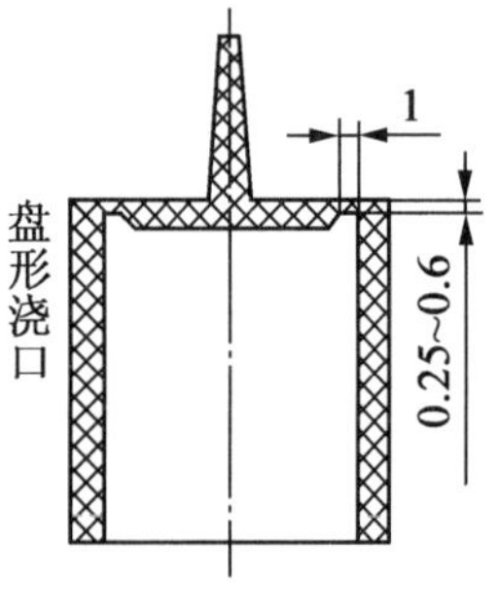 盘形浇口	它是直接浇口的变异形式，塑料熔体从中心的环形四周进料，塑件不会产生熔接纹，型芯受力均匀，空气能够顺利排出，又称薄板浇口。缺点是浇口去除困难	广泛用于内孔较大的圆桶形塑件
	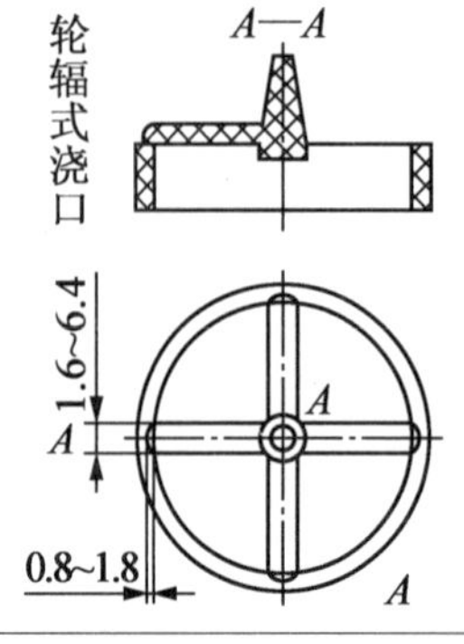 轮辐式浇口	它是盘式浇口的改进型，是将圆周进料改成几小股浇口进料，这样去除浇口较方便，浇注系统凝料也较少	主要用于圆桶形、扁平和浅杯形塑件的成型

续表 5.6

名称	浇口形式简图	特点	应用范围
中心浇口	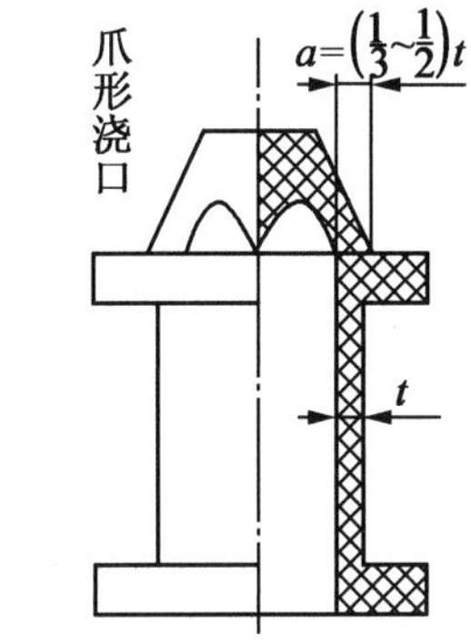 爪形浇口 $a=\left(\frac{1}{3}\sim\frac{1}{2}\right)t$ t	它是盘式浇口的改进型，是将圆周进料改成几小股浇口进料，这样去除浇口较方便，浇注系统凝料也较少	主要用于成型高管形或同轴度要求较高的塑件
	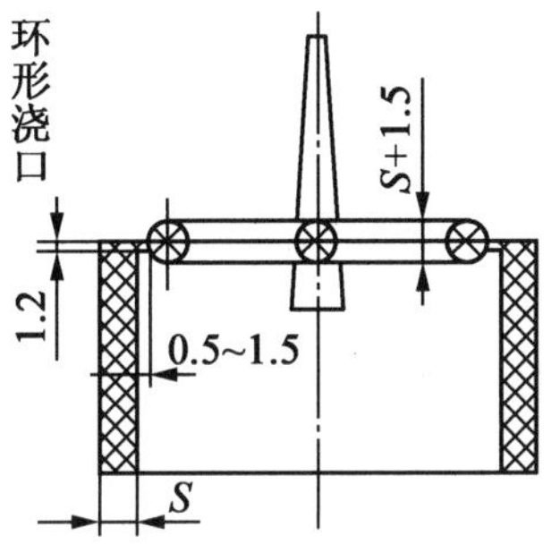 环形浇口 $S+1.5$ 1.2 0.5~1.5 S	它分外环形和内环形两种。熔料可从圆筒状塑件底部或上部四周均匀进入	用于型芯两端定位的管状塑件
扇形浇口	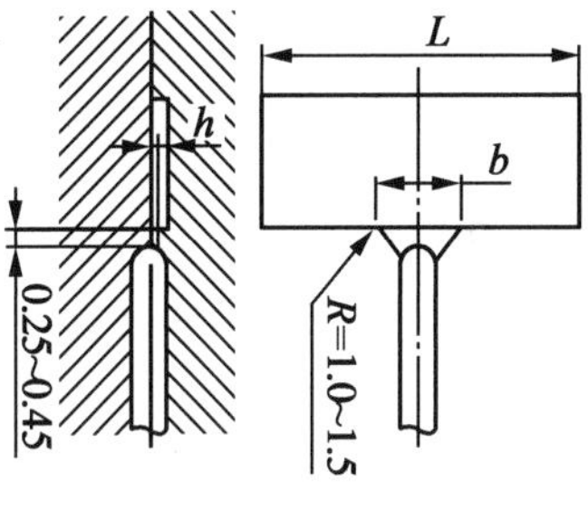 L h b 0.25~0.45 R=1.0~1.5	它是逐渐展开的浇口，是侧浇口的变异形式。当使用侧浇口成型大型平板状塑件浇口的宽度太小时，则改用扇形浇口。浇口沿进料方向逐渐变宽，厚度逐渐减至最薄。塑料熔体可在宽度方向得到均匀分配，可降低塑件内应力，减小翘曲变形，型腔排气良好	常用于多型腔模具，用来成型宽度较大的板状类塑件
薄片浇口	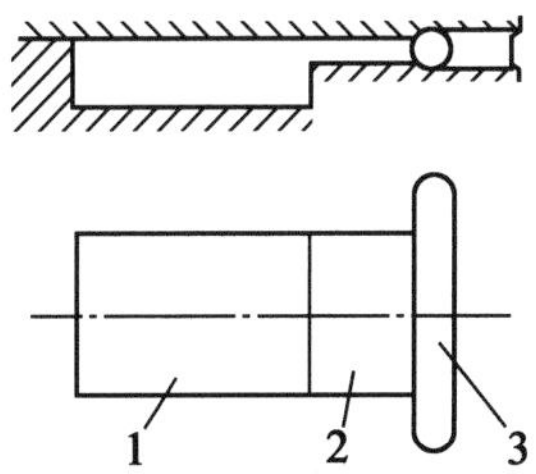 1　2　3 1—塑件；2—浇口；3—分流道	它是侧浇口的变异形式，薄片浇口的浇道与塑件平行，其长度等于或小于塑件的宽度。它能使塑件熔体以较低的速度均匀平稳地进入型腔，呈平行流动，避免平板塑件变形，减小内应力。浇口切除困难，必须用专用工具	应用于大面积扁平塑件。对透明度和平直度有要求，表面不允许有流痕的片状塑件尤为适宜

续表 5.6

名称	浇口形式简图	特点	应用范围
点浇口	(a) (b) (c)	它是一种截面尺寸非常小的圆形浇口,又称为橄榄形浇口或菱形浇口。 图(a)是最初采用形式,L_1 为主流道长度;图(b)是改进形式,应用很广,特别是对于纤维增强的塑料,浇口断开时不会损伤塑件表面;图(c)是一模多腔或单腔多浇口时的形式。要用三板式模具才能取出浇道凝料	常用于中小型塑件的一模多腔模具,也可用于单型腔模具或表面不允许有较大痕迹的塑件
潜伏式浇口	1—主流道;2—推杆;3—浇口;4—推杆;5—塑件;6—动模镶块	它是点浇口变异形式且吸收了点浇口的优点,也克服了由点浇口带给模具的复杂性,又称为隧道式浇口	应用于多型腔模具以及外表面不允许有任何痕迹的塑件
护耳浇口	1—护耳;2—主流道;3—分流道;4—浇口	它在型腔侧面开设耳槽,塑料熔体通过浇口冲击在耳槽侧面上,经调整方向和速度后再进入型腔,因此可以防止喷射现象,又称为分接式浇口或调整式浇口。此种浇口应设在塑件的厚壁处。缺点是去除困难,痕迹大	用于流动性差的塑料,如 PC、PVC、PMMA 等

(2)各种浇口的尺寸确定。浇口的理想尺寸很难用理论公式精确计算,通常根据经验确定,取其下限,然后在试模过程中逐步加以修正。一般浇口的截面积为分流道截面积的 3% ~ 9%,截面形状常为矩形或圆形,浇口长度为 0.5 ~ 2 mm,表面粗糙度 Ra 值不低于 0.4 μm。各种浇口尺寸的经验数据及计算见表 5.7。

表5.7　各种浇口尺寸的经验数据及计算

浇口形式	经验数据	经验计算公式	备注
直接浇口	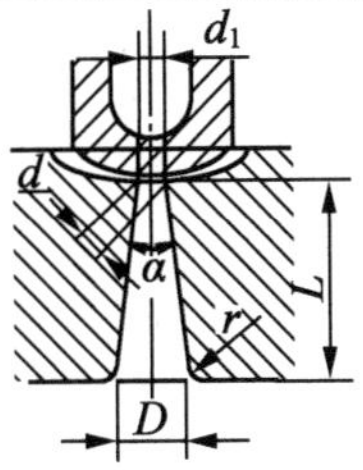 $D=d_1+(0.5\sim1.0)$ $\alpha=2°\sim6°$ $D\leqslant2t$ $L<60$ 为佳 $r=1\sim3$		d_1—注射机喷孔直径； α—流动性差的塑料，取$3°\sim6°$； t—塑件壁厚
侧浇口	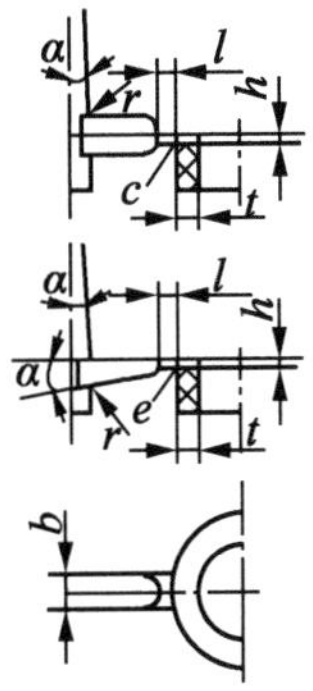 $\alpha=2°\sim6°$ $\alpha_1=2°\sim3°$ $b=1.5\sim5.0$ $h=0.5\sim2.0$ $l=0.5\sim0.75$ $r=1\sim3$ $c=R0.3$ 或 $0.3\times45°$	$h=nt$ $b=\frac{n\cdot\sqrt{A}}{30}$	n—塑料系数，由塑料性质决定，见表注； l—为了去浇口方便，也可取$l=0.7\sim2.5$
搭接浇口	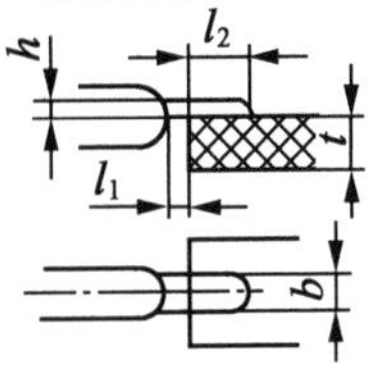 $l_1=0.5\sim0.75$	$h=nt$ $b=\frac{n\cdot\sqrt{A}}{30}$ $l_2=h+b/2$	l_1—为了去浇口方便，也可取$l_1=0.7\sim2.0$ 此种浇口对PVC不适用
薄片浇口	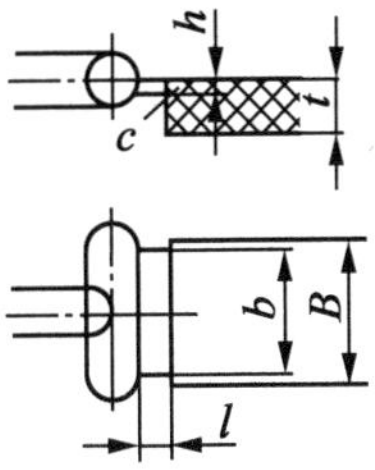 $l=0.65\sim1.5$ $b=(0.75\sim1.0)B$ $h=0.25\sim0.65$ $c=R0.3$ 或 $0.3\times45°$	$h=0.7nt$	
扇形浇口	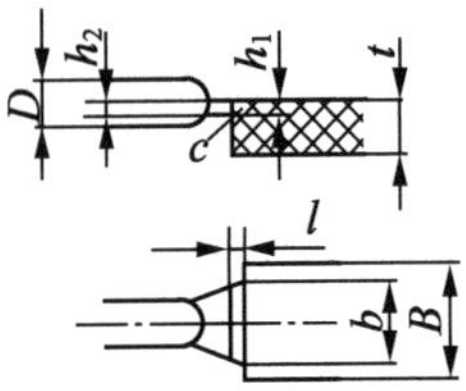 $l=1.3$ $h_1=0.25\sim1.6$ $b=6\sim B/4$ $c=R0.3$ 或 $0.3\times45°$	$h_1=nt$ $h_2=\frac{bh_1}{D}$ $b=\frac{n\cdot\sqrt{A}}{30}$	浇口截面积不能大于流道截面积
圆环形浇口	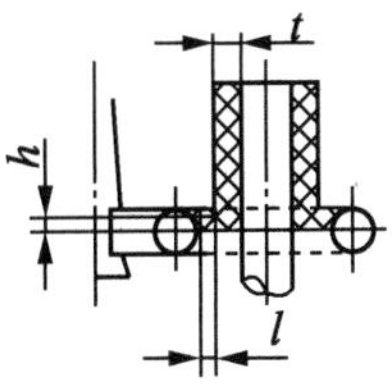 $l=0.75\sim1.0$	$h=0.7nt$	

续表 5.7

浇口形式		经验数据	经验计算公式	备注
盘形浇口	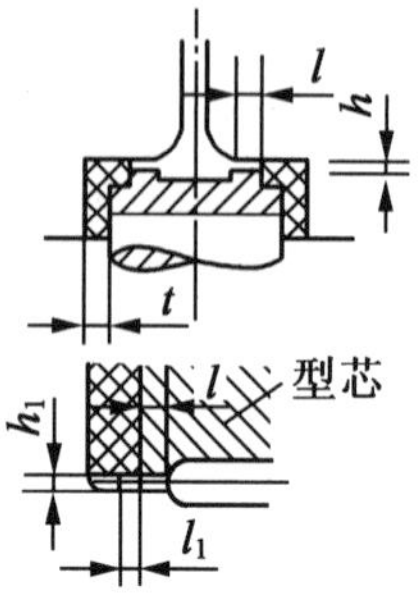 型芯	$l=0.75\sim1.0$ $h=0.25\sim1.6$	$h=0.7nt$ $h_1=nt$ $l_1\geqslant h_1$	
护耳浇口	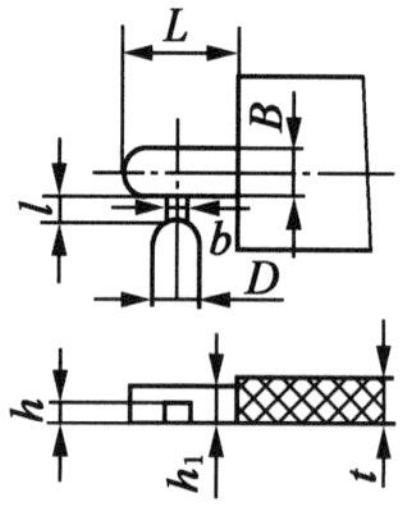	$L\geqslant1.5D$ $B=D$ $B=(1.5\sim2)h_1$ $h_1=0.9t$ $h=0.7t=0.78h_1$ $l\geqslant15$	$h=nt$ $b=\frac{n\cdot\sqrt{A}}{30}$	
潜伏式浇口	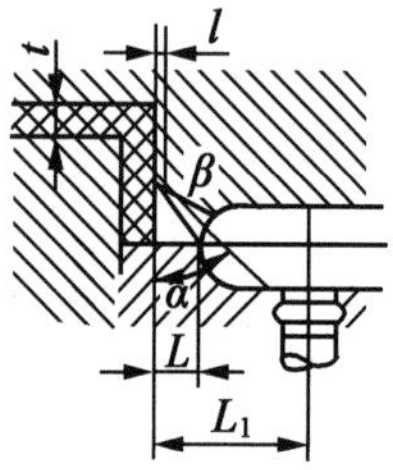	$l=0.7\sim1.3$ $L=2\sim3$ $\alpha=25°\sim45°$ $\beta=15°\sim20°$ $d=0.3\sim2$ L_1 保持最小值	$d=nK\sqrt[4]{A}$	α—软质塑料 $\alpha=30°\sim45°$;硬质塑料 $\alpha=25°\sim30°$; L—允许条件下尽量取大值,当 $L<2$ 时采用二次浇口
点浇口	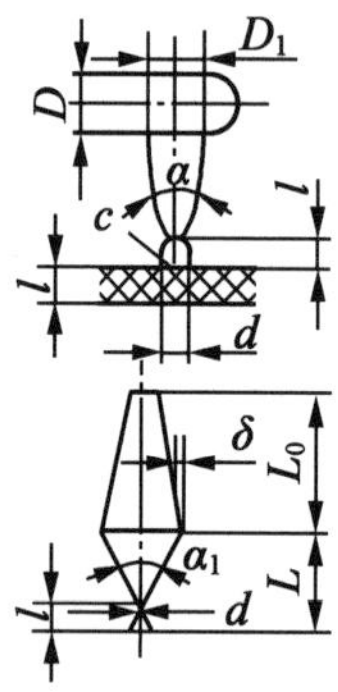	$l_1=0.5\sim0.75$ 有倒角 c 时取 $l=0.75\sim2$ $c=R0.3$ 或 $0.3\times(30\times45°)$ $d=0.3\sim2$ $\alpha=2°\sim4°$ $\alpha_1=6°\sim15°$ $L<\frac{2}{3}L_0$ $\delta=0.3$ $D_1\leqslant D$	$d=nK\sqrt[4]{A}$	K—系数,为塑件壁厚的函数,见表注。为了去浇口方便,可取 $l=0.5\sim2$

注:①表中公式符号,h—浇口深度(mm);l—浇口长度(mm);b—浇口宽度(mm);d—浇口直径(mm);t—塑件壁厚(mm);A—型腔表面积(mm^2);B—浇口处塑件宽度(mm)

②塑料系数 n 由塑料性质决定,通常 PE、PS 为 0.6;POM、PC、PP 为 0.7;PA、PMMA 为 0.8;PVC 为 0.9

③k—系数,塑件壁厚的函数,$k=0.206\sqrt{t}$。k 值适用于 $t=0.75\sim2.5$

(3)浇口位置的选择。浇口开设的位置对塑件的质量影响很大,因此设计浇口时应合理选择浇口的位置。浇口位置的选择一般应遵循以下原则。

①避免料流产生喷射和蠕动(蛇形流)等熔体破裂现象。如果狭小的浇口正对着宽度和

厚度都较大的型腔空间，则高速的熔体从浇口注入型腔时，由于受到很高的剪切应力作用，将会产生喷射和蠕动（蛇形流）等熔体破裂现象，熔体喷射造成塑件的缺陷如图 5.26 所示。熔体破裂不仅造成塑件内部和表面缺陷，还会令型腔内的空气难以排除，在塑件上形成气泡或烧焦痕迹。避免产生熔体破裂现象的方法有两种：一是加大浇口截面尺寸，降低流速；二是采用冲击型浇口，即使浇口位置正对着型腔壁或粗大型芯的方位，或采用重叠式浇口，改变流向，降低流速，改善熔体的流动状态。

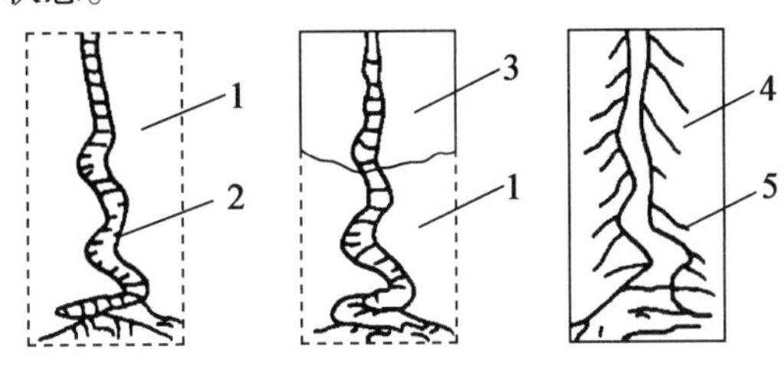

图 5.26　熔体喷射造成塑件的缺陷

1—未填充部分；2—喷射流；3—填充部分；4—填充完毕；5—缺陷

②有利于熔体流动和补缩。当塑件壁厚相差太大时，为了保证最终压力有效地传递到塑件较厚部位防止缩孔，在避免产生喷射的前提下，浇口的位置应开设在塑件截面最厚处，以利于熔体填充及补料。若塑件上设的加强筋，则浇口的位置宜使熔体顺着加强筋开设的方向流动，改善熔体流动条件。

③有利于型腔内气体的排出。浇口的位置应使进入型腔的塑料能顺利地将模腔内的空气排出。如果型腔内的气体不能顺利排出，将会在塑件上产生气泡、充填不满、熔接不牢等缺陷，甚至可能在注射时因为气体被压缩而产生高温，使塑件局部碳化烧焦。

④有利于减少熔接痕和增加熔接强度。熔接痕是熔体充填过程中两股料流汇合时，由于前端料温较低，熔接不牢，冷凝后形成的冷接缝。熔接痕的存在会降低塑件强度，并影响外观质量。减少熔接痕和增加熔接痕强度的方法是合理布置浇口的数量及位置，尽量缩短熔体在型腔内的流程，或在可能产生熔接痕的部位开设溢流槽等。

对于大型塑件，其浇口位置还应校核塑料熔体所允许的流动比（熔体流程与料厚之比）。表 5.8 列出了常用塑料的允许流动比，供设计时参考。若计算得到的流动比大于表值，可通过合理选择浇口位置、增加塑件的壁厚或者采用多浇口等方式来减小流动比。

表 5.8　常用塑料的允许流动比

塑料名称	注射压力/MPa	流动比 K	塑料名称	注射压力/MPa	流动比 K
PE	150	25 ~ 280	HPVC	130	130 ~ 170
PE	60	10 ~ 140	HPVC	90	100 ~ 140
PP	120	280	HPVC	70	70 ~ 110
PP	70	20 ~ 240	SPVC	90	200 ~ 280
PS	90	20 ~ 300	SPVC	70	100 ~ 240
PA	90	20 ~ 360	PC	130	120 ~ 180
POM	100	11 ~ 210	PC	90	90 ~ 130

流动比按下式计算：

$$K = \sum_{i=1}^{n} \frac{L_i}{t_i} \tag{5.19}$$

式中 K——流动比；

L_i——熔体流程的各段长度(mm)；

t_i——熔体流程的各段壁厚(mm)。

如图 5.27 所示的塑料制件，当浇口形式和开设位置不同时，计算出的流动比也不相同。图 5.27(a)所示为直接浇口，其流动比为

$$K_1 = \frac{L_1}{t_1} + \frac{L_2 + L_3}{t_2}$$

图 5.27(b)所示为侧浇口，其流动比为

$$K_1 = \frac{L_1}{t_1} + \frac{L_2}{t_2} + \frac{L_3}{t_3} + 2\frac{L_4}{t_4} + \frac{L_5}{t_5}$$

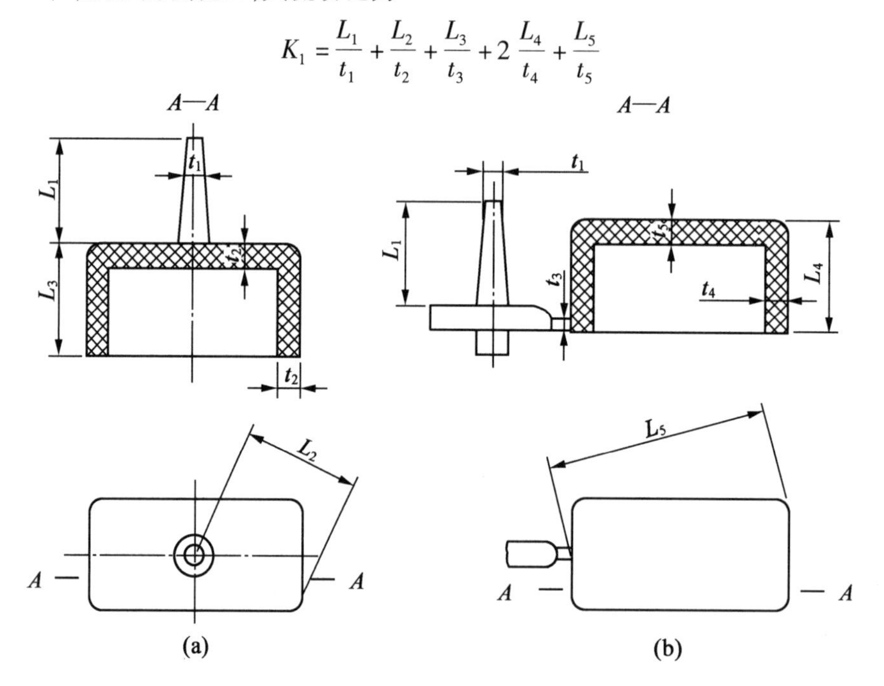

图 5.27 流动比的计算

⑤防止料流将型芯或嵌件挤压变形。对于细长的套筒形塑件或带嵌件的塑件，浇口位置不应垂直于细长型芯或嵌件偏心进料，以防止型芯或嵌件产生弯曲变形。

⑥避免浇口痕迹影响塑件的使用要求及外观质量。

上述这些原则在应用时常常会产生某些不同程度的相互矛盾，这时应以保证成型性能及塑件质量为主，综合分析权衡，从而根据具体情况确定出比较合理的浇口位置。表 5.9 列出了常见浇口位置选择对比示例，供设计时参考。

表 5.9　浇口位置选择对比示例

简图			说明
目的	合理	不合理	
避免料流产生喷射和蠕动(蛇形流)	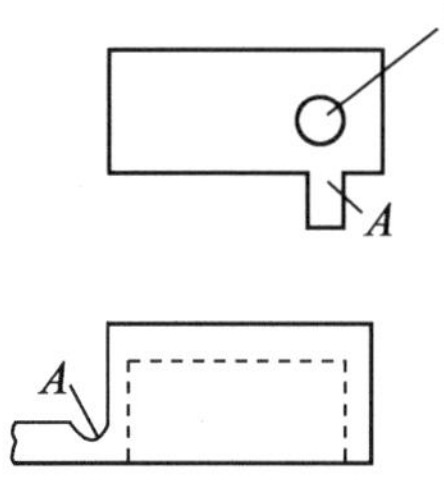 1—型芯;A—浇口	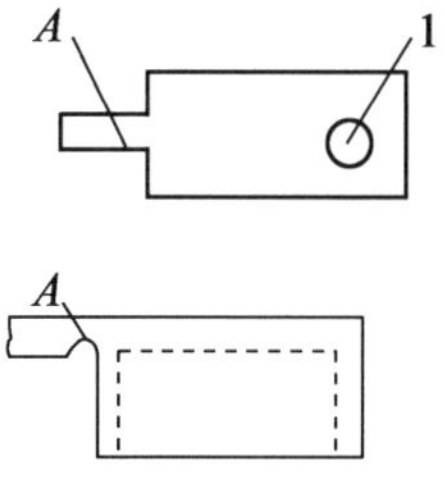 1—型芯;A—浇口	采用冲击型浇口(左图),浇口位置设在正对粗大型芯的方位,以降低熔体流速
	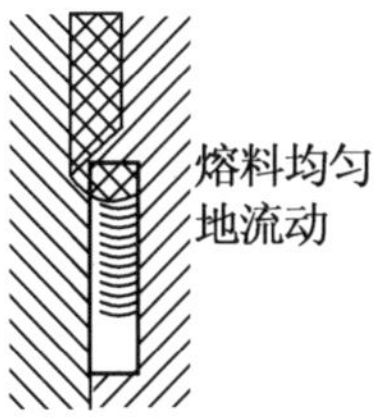 熔料均匀地流动	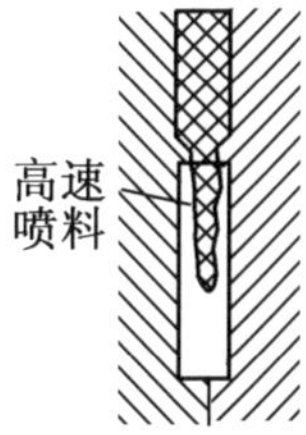 高速喷料	采用重叠式浇口(左图)改善熔体流动现象,避免喷射发生
有利于熔体流动和补缩	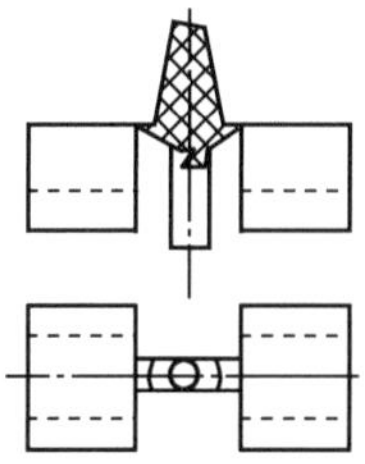	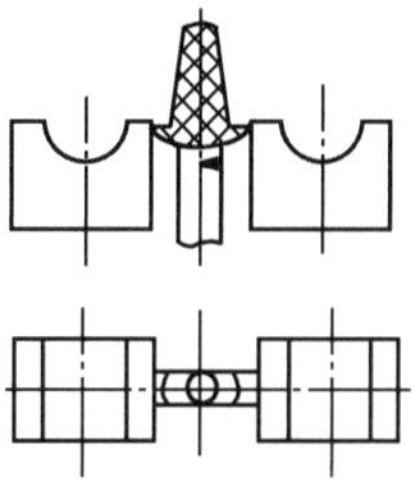 厚壁处出现缩孔	壁厚相差大的塑件,浇口应开设在壁厚最大处,以利于熔体填充与补缩。否则,厚壁处出现缩孔、凹痕或气泡
熔体流动时能量损失最小	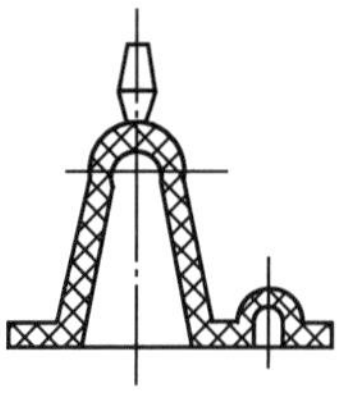	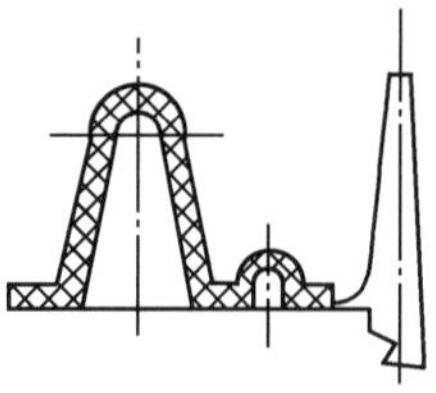	左图采用点浇口,塑料熔体流程短,料流转向少,能量损失少,塑料填充效果好
有利于型腔内气体的排出	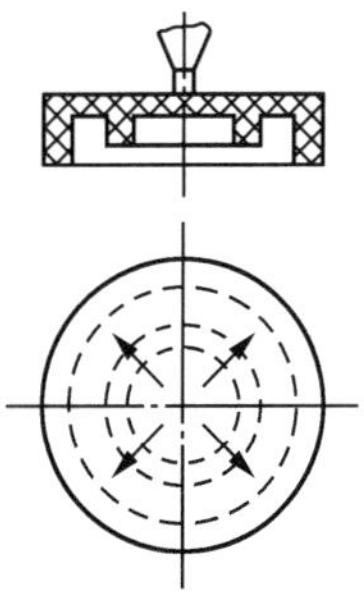 增厚 A (a) 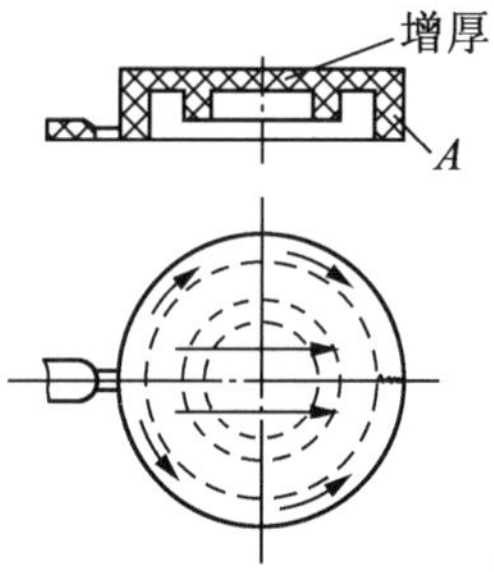　(b)	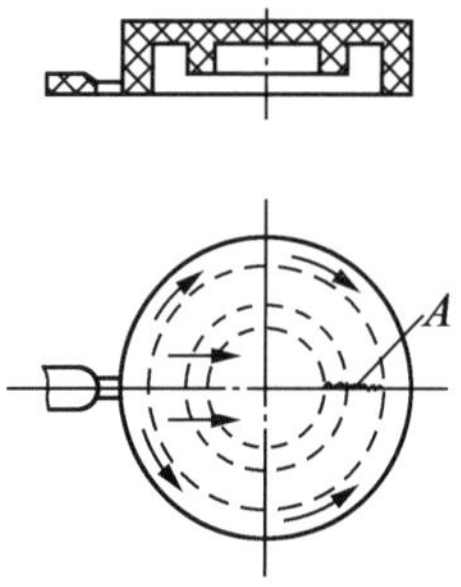 A	盒罩形塑件,顶部壁薄,右图采用侧浇口,顶部最后充满,形成封闭气囊,顶部 A 处留下明显熔接痕或焦痕 改进办法:采用点浇口(图(a))或采用图(b)结构(侧浇口,增厚顶部,有利排气)

续表 5.9

目的	简图		说明
	合理	不合理	
减少熔接痕数量	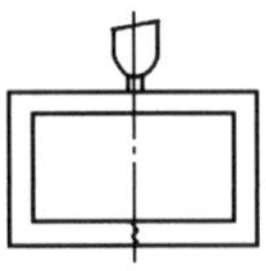	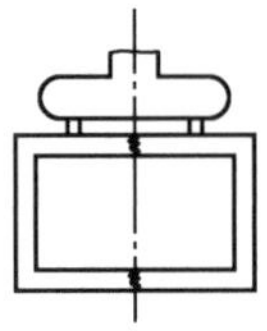	熔体流程不太长的情况，如无特殊要求，最好不设两个或两个以上的浇口。否则导致熔接痕数量增加
增加熔接强度	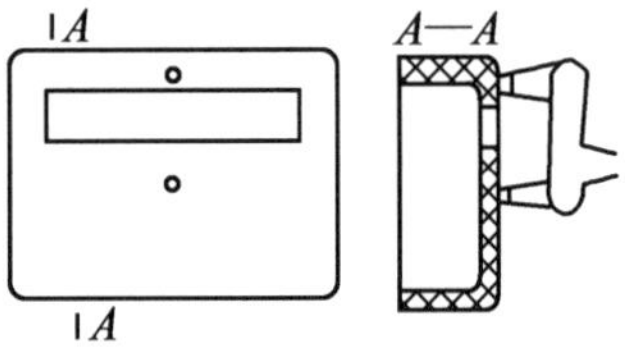 A　A—A　A	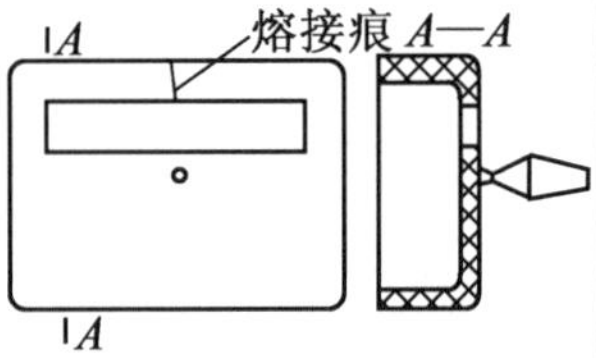 A　熔接痕 A—A　A	采用多点浇口缩短流程，增加熔接强度，但熔接痕数量增加
增加熔接强度	A A—过渡浇口	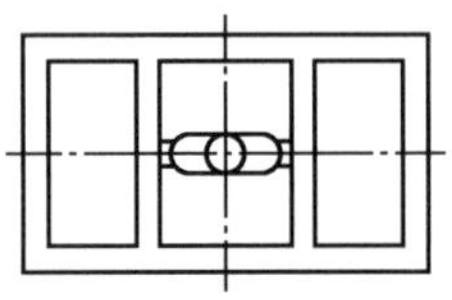	右图，大型框架塑件，流程过长，熔接处的料温过低导致熔接不牢，形成明显熔接痕。 对策：开设过渡浇口增加熔接强度（左图）
	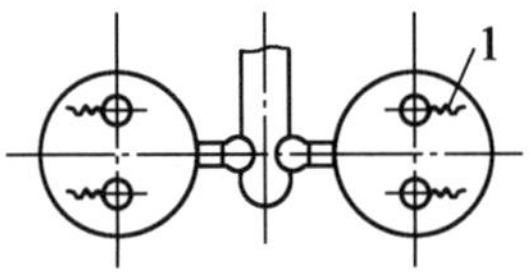 1 1—熔接痕	1 1—熔接痕	控制熔接痕的方位，右图熔接痕与小孔连成一线，使塑件强度大为削弱
避免熔接痕产生	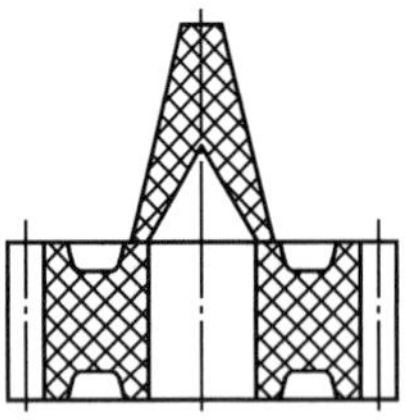	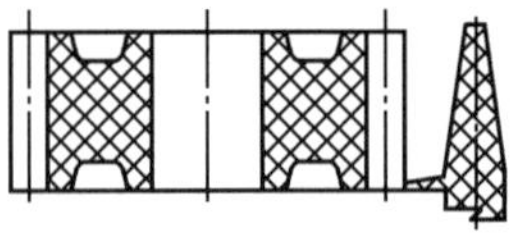	有的塑件不允许熔接痕存在，否则会影响其强度，如齿轮类。采用中心浇口，不仅避免了熔接痕产生，而且齿形也不会因清除浇口受损
减小塑件的翘曲变形	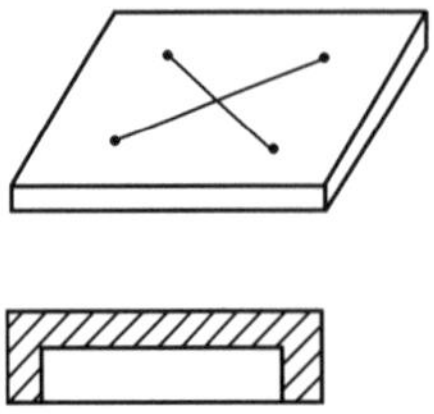	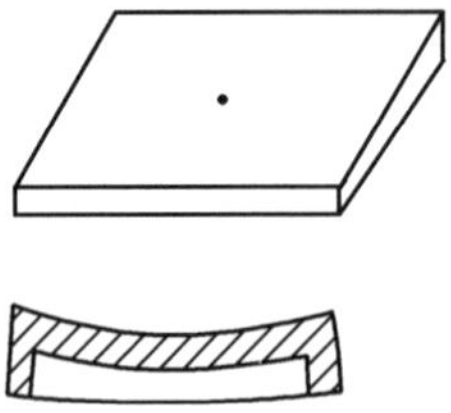	对于大型板状制品，可设置多个浇口，以减少内应力和翘曲变形

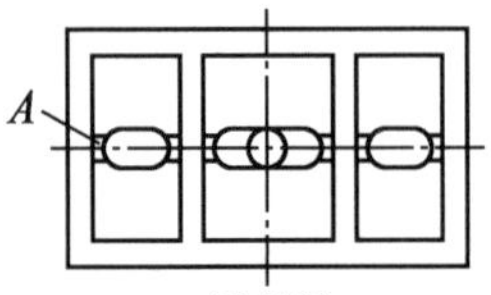

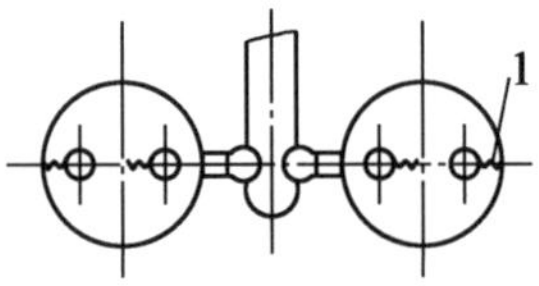

续表 5.9

目的	简图		说明
	合理	不合理	
防止细长型芯或嵌件受料流挤压而变形	 (a)　(b)	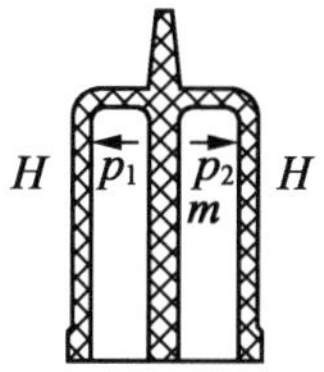	右图所示壳体件，塑料首先充满正对着浇口的 m 处，而后流向 H 处，型芯受侧向力 p_1 和 p_2 的作用将产生弹性变形，导致塑件脱模困难。 改进办法：图(a)采用正对型芯的两个冲击型浇口，图(b)加大浇口宽度，均可避免型芯弯曲
满足塑件对分子取向的要求	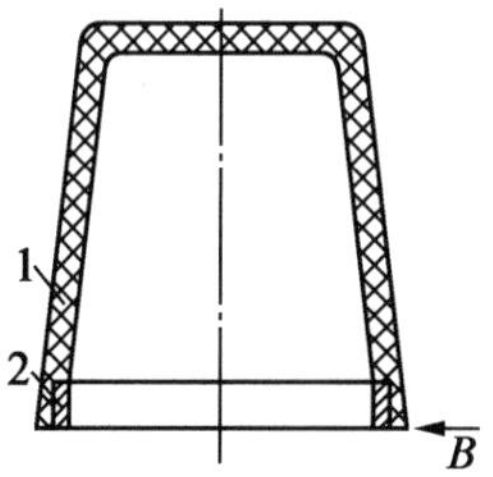 1—塑件；2—嵌件	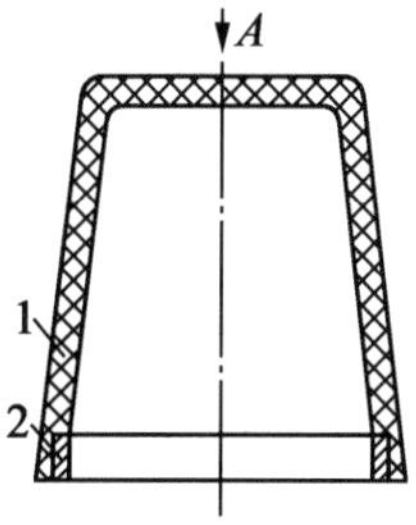 1—塑件；2—嵌件	右图所示罩类塑件，大端带有内螺纹金属嵌件，若浇口开设在壳顶 A 处，由于熔体在型腔内流动时会造成聚合物大分子沿制品轴线方向取向，塑件与嵌件不能有效包合。 改进办法：将浇口开设在 B 处，由于聚合物大分子沿塑件径向取向，较大的收缩应力使塑件与嵌件有较高的连接强度，还可避免塑件的应力开裂
	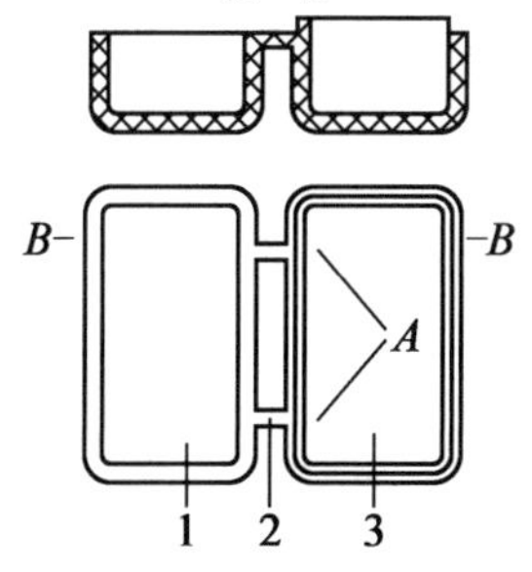 1—盖部；2—铰链；3—盒部		聚丙烯盒，其“铰链”处要求反复弯折而不断裂，把浇口设在 A 处（两点），注射成型时，熔体通过很薄的铰链（约 0.25 mm）充满盖部，在铰链处产生高度的定向，达到了反复弯折而不断裂的要求

4. **冷料穴的设计**

冷料穴是用来储存注射间歇期间喷嘴前端温度相对较低的冷料，防止冷料进入型腔而影响塑件质量，甚至堵塞浇口而影响注射成型。此外，冷料穴（或冷料穴与拉料杆配合）在开模时又能将主流道凝料从定模中拉出。

冷料穴一般开设在主流道对面的动模板上（也即塑料熔体流动时的第一次转向处），其直径稍大于主流道大端的直径，深度为直径的 1.0～1.5 倍。常见的冷料穴形式有以下几种。

（1）底部带推杆的冷料穴。这类冷料穴的底部设置有一根推杆，推杆安装在推出机构的推杆固定板上。底部带推杆的冷料穴如图 5.28 所示。其中，图 5.28（a）为带钩形推杆（或称为钩形拉料杆）的冷料穴，由于钩形推杆头部的侧凹能将主流道凝料钩住，故开模时即可将凝料从主流道中拉出。同时，因钩形推杆固定在推杆固定板上，故在推出塑件的同时，流道凝料也一同被推出，但推出后常常需要人工取出凝料和塑件而不能自动脱落。这种冷料穴适用性较广，是一种最常见的形式。图 5.28（b）、（c）分别为底部带推杆的倒锥形和环槽形冷料穴，开模时主流道凝料被倒锥形和环槽形冷料穴拉出，再靠推杆强制推出。这两种结构形式宜用于弹性较好的塑料，因脱下凝料时无须手工配合，故易实现自动化操作。

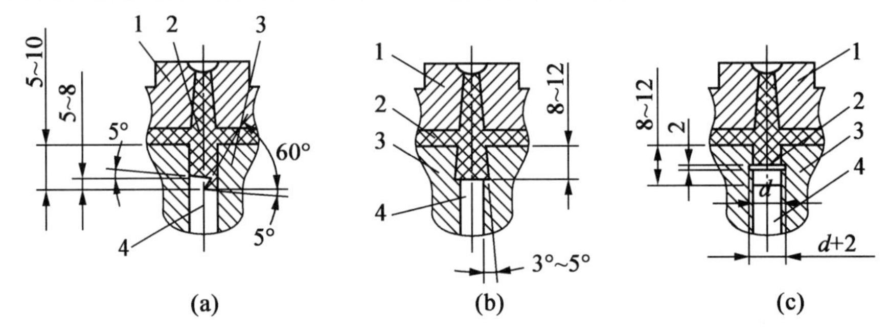

图 5.28　底部带推杆的冷料穴

1—定模座板；2—冷料穴；3—动模板；4—推杆

（2）底部带拉料杆的冷料穴。这类冷料穴的底部设置有一根拉料杆，拉料杆安装在动模的型芯固定板上。底部带拉料杆的冷料穴如图 5.29 所示。其中，图 5.29（a）、（b）分别为底部带球头和菌形拉料杆的冷料穴，塑料熔体进入冷料穴冷凝后会包紧在拉料杆上，开模时即可将流道凝料从主流道中拉出。与底部带推杆的冷料穴不同的是，拉料杆是固定在动模的型芯固定板上，并不随推出机构移动，凝料是通过推件板推出塑件的同时从球头或菌形拉料杆上强制脱出的，故这种形式也只适合成型弹性较好的塑料，并且用推件板脱模的模具中。图 5.29（c）为带锥形拉料杆而无储存冷料作用的结构，它靠塑料冷凝收缩时的包紧力而将主流道凝料拉出，故可靠性不如球头或菌形拉料杆。为增大锥面摩擦力，可采用小锥度或增加锥面的表面粗糙度等方法。锥形拉料杆的尖锥还可起分流作用，常用于单型腔模成型带中心孔的塑件，如齿轮注射模等。

（3）无拉料杆的冷料穴。这种冷料穴是在主流道对面的动模上开一锥形凹坑，再在凹坑的锥壁上钻一深度不大的小孔，如图 5.30 所示。开模时靠小孔的固定作用将凝料从主流道中拉出。推出时推杆推在塑件或分流道凝料上，这时冷料穴凝料先沿着小孔轴线移动，然后被全部拔出。

有时因分流道较长，塑料熔体充模时降温较大时，也需要在分流道的延伸端开设冷料穴，防止进入分流道的前锋冷料进入型腔（图 5.24）。

当然,并非所有的浇注系统都需要设置冷料穴。当塑件的工艺性好、成型工艺条件控制得较好时,可能很少产生冷料,这时若塑件要求不高,可以不设冷料穴。

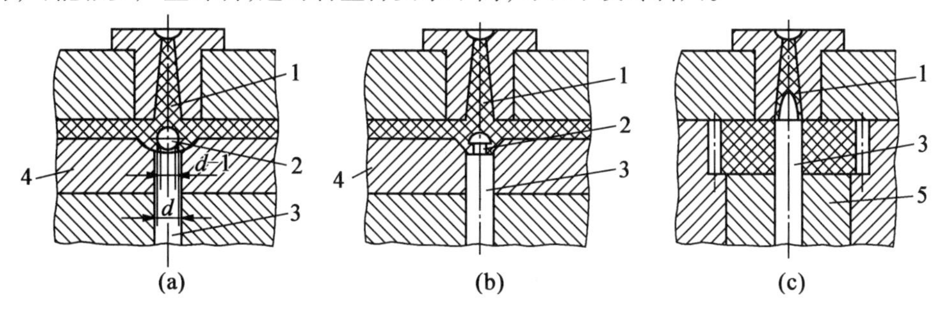

图5.29　底部带拉料杆的冷料穴

1—主流道;2—冷料穴;3—拉料杆;4—推件板;5—推块

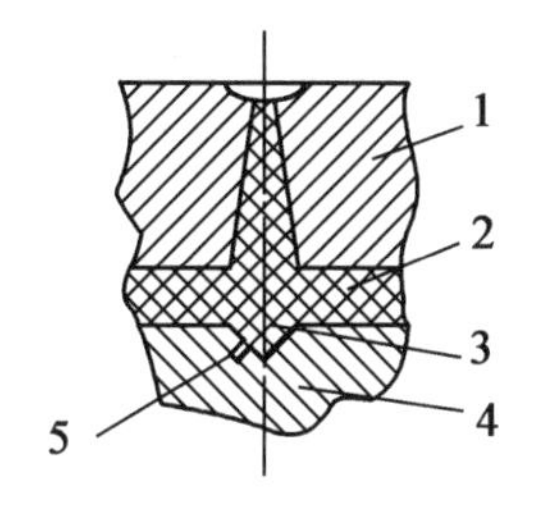

图5.30　无拉料杆冷料穴

1—定模;2—分流道;3—冷料穴;4—动模;5—小孔

5.3.2　热流道浇注系统的设计

热流道浇注系统就是通过对流道进行绝热或加热的方法来保持从注射机喷嘴到型腔浇口之间的塑料一直呈熔融状态,即在注射成型的各阶段,浇注系统内的塑料熔体并不冷却和固化,在开模时只需取出塑件,而无浇注系统凝料,故又称为无流道凝料浇注系统。采用热流道浇注系统不但节约原料,降低生产成本,而且大大提高了生产效率,同时也保证了注射压力在流道中的传递,在一定程度上克服了塑件因补料不足而产生凹陷、缩孔等缺陷,容易实现操作自动化。但采用热流道的注射模结构复杂,需要有特殊的喷嘴和温度调节装置,制造成本高,因此主要适用于质量要求高、生产批量大的塑件成型。

热流道浇注系统在工业发达的国家应用较为普遍,而且相关元件已经标准化。我国近年来也在推广应用的同时对这种新技术不断完善和发展。

1. 热流道浇注系统对塑料的要求

(1)热稳定性好。塑料的熔融温度范围宽,黏度在熔融温度范围内变化较小,在较低的温度下具有较好的流动性,在较高的温度下又具有良好的热稳定性。

(2)对压力较敏感。塑料在未注射时不流动(即能避免流涎现象),但稍加注射压力即可流动。

(3)固化温度和热变形温度高。塑料在较高温度下即可快速冷凝,这样可以尽快推出塑件,缩短成型周期,防止浇口固化,还可减轻塑件因接触模具高温部位而发生的起皱变形现象。

(4)比热容小。这样塑料既能快速冷凝,又能快速熔融。

(5)导热性好。能将塑料所带的热量快速传递给模具,使塑件在模具中快速冷凝。

根据上述要求,宜用于热流道注射模成型的塑料有聚乙烯、聚丙烯、聚苯乙烯等。其次较适宜的是聚氯乙烯、ABS、聚碳酸酯、聚甲醛等。

2. 热流道浇注系统的结构

根据流道内塑料保持熔融状态的方法不同,热流道浇注系统可分为绝热流道和加热流道两种。

(1)绝热流道。绝热流道是利用塑料比金属导热差的特性,将流道的截面尺寸设计得较粗大,让靠近流道表壁的塑料熔体因温度较低而迅速冷凝成一个固化层,这一固化层对流道中部的熔融塑料产生绝热作用。绝热流道又可分为井式喷嘴和多型腔绝热流道两种。

①井式喷嘴绝热流道。井式喷嘴绝热流道又称为绝热主流道,是最简单的绝热式流道,适用于单型腔注射模。这种形式的绝热流道是在注射机喷嘴与模具入口之间装设一个主流道杯,杯内有容纳熔融塑料的锥形储料井(容积取塑件体积的1/3~1/2),杯外侧采用空气隔热。井式喷嘴如图5.31所示。在注射过程中,由于杯内熔体层较厚,且被喷嘴和每次通过的熔体加热(注射机喷嘴必须与主流道杯储料井始终紧密接触),所以除外层被很快冷凝形成一个绝热层以外,中心部位的熔体能始终保持熔融状态而进入型腔。

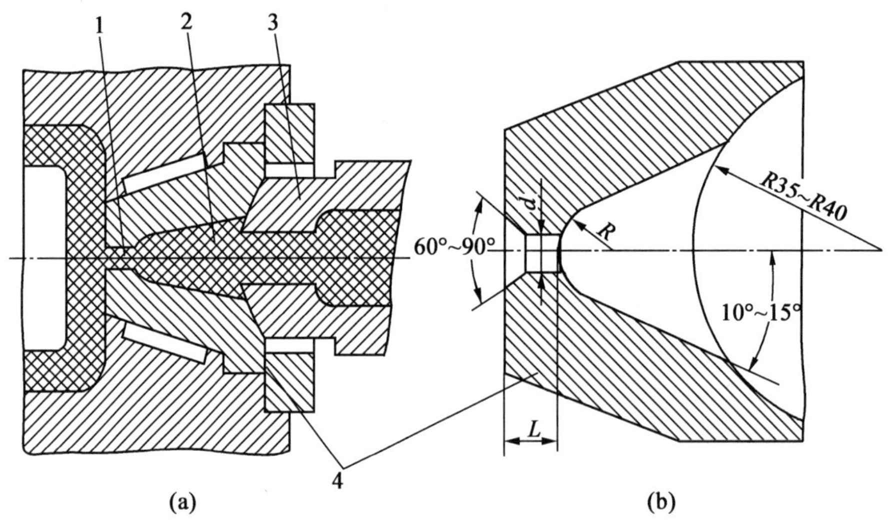

图5.31 井式喷嘴

1—浇口;2—储料井;3—注射机喷嘴;4—主流道杯

井式喷嘴中主流道杯储料井的尺寸不宜过大,否则在注射时因为熔体的反压力会使喷嘴后退而发生溢料。主流道杯的尺寸一般根据塑件质量来确定,其尺寸关系可参考图5.31及表5.10。

表5.10 主流道杯的推荐尺寸

塑件质量/g	成型周期/s	d/mm	R/mm	L/mm
3~6	6~7.5	0.8~1.0	3.5	0.5
6~15	9~10	1.0~1.2	4.0	0.6
15~40	12~15	1.2~1.6	4.5	0.7
40~150	20~30	1.5~2.5	5.5	0.8

上述井式喷嘴因浇口与热源(喷嘴)相距较远,有可能使储料井内的塑料冷凝,故只宜在成型周期很短(每分钟三次以上)的情况下使用。为了避免储料井内的塑料冷凝,可以进行如图 5.32 所示的改进。图 5.32(a)是一种浮动式喷嘴,每次注射完毕喷嘴后退时,主流道杯在弹簧作用下也将随着喷嘴后退,这样可以避免因二者脱离而使储料井内的塑料固化;图 5.32(b)是一种主流道杯上带有空气隙的井式喷嘴结构,空气隙在主流道杯和模具之间起绝热层的作用,可以减小储料井内塑料热量向外散发,同时喷嘴伸入主流道杯的长度有所增加,以增加喷嘴向主流道杯传导的热量;图 5.32(c)是一种增大喷嘴对储料井传热面积的井式喷嘴结构,可以防止储料井内和浇口附近的塑料固化,停车后,可使流道杯内凝料随喷嘴一起拉出,便于清理流道。

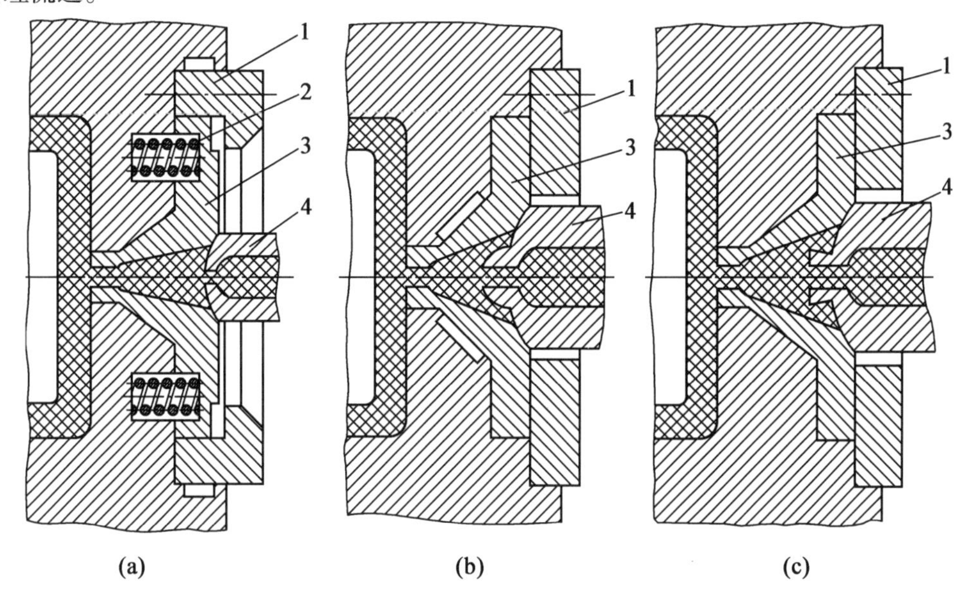

图 5.32　改进的井式喷嘴

1—定位圈;2—弹簧;3—主流道杯;4—注射机喷嘴

上述井式喷嘴一般只适宜成型熔融温度范围较宽的聚乙烯、聚丙烯等塑料,而对于聚苯乙烯、ABS 等塑料则比较困难,对如聚甲醛、硬聚氯乙烯等热敏性塑料则不适用。

②多型腔绝热流道。多型腔绝热流道又称为绝热分流道,根据浇口的不同分为直接浇口式和点浇口式两种类型,如图 5.33 所示。多型腔绝热流道的绝热原理与前述井式喷嘴基本相同,为达到较好的绝热效果,其主流道和分流道都很粗大,截面形状均为圆形。分流道直径取 15 ~ 30 mm,最大可达 75 mm(成型周期大的取大值)。为了便于加工和停机后取出流道内的凝料,应在通过分流道的轴线上设置分型面。另外,因直接浇口式绝热流道的浇口较长,在模具中增设了一块分流道板(图 5.33(a)中的件 4),同时在其端面及二级喷嘴(图 5.33(a)中的件 3)周围开设了凹槽,减少熔体热量的传散。

(2)加热流道。加热流道是指在流道内或流道附近设置加热元件,利用加热的方法使注射机喷嘴到浇口之间的浇注系统处于高温状态,从而让浇注系统内的塑料在生产过程中一直保持熔融状态。而且在停机后一般不需要打开模具取出浇道凝料,再开机时只需加热流道达温度要求时即可。与绝热流道相比,它适用的塑料品种更广。

①延伸式喷嘴。延伸式喷嘴是一种适用单型腔模的加热流道结构,它是将注射机喷嘴延

伸到与型腔相接的浇口附近,或直接与浇口接触,从而使浇口处塑料始终保持熔融状态。为了防止喷嘴的塑料过多地传给温度较低的型腔,使模温难以控制,必须采取有效的绝热措施。常见的绝热方法有塑料层绝热和空气绝热两种。图 5.34(a)所示为塑料层绝热的延伸式喷嘴,图中延伸式喷嘴 4 和模具浇口套 1 之间有一环形接触面,它既起密封作用,又是模具的承压面,但该环形面积不宜过大,以减少传热。喷嘴的球面与模具间留有很小的半圆形间隙,此间隙当初次注射时即被塑料所充满,从而起到绝热作用。浇口附近的间隙约 0.5 mm,浇口以外的间隙为 0.75 ~1.0 mm(不超过 1.5 mm)。浇口一般采用直径为 0.75 ~1.2 mm 的点浇口。这种喷嘴与井式喷嘴相比,浇口不易堵塞,应用范围较广。但由于绝热间隙存料,故不适用于热稳定性差、容易分解的塑料。

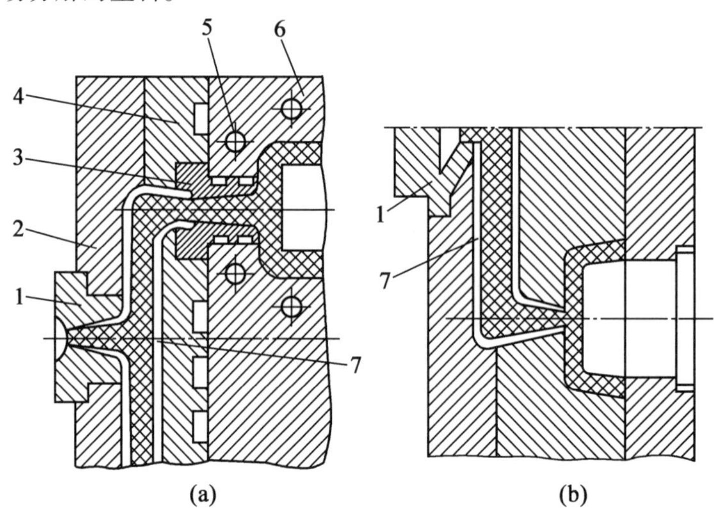

图 5.33　多型腔绝热流道

(a)直接浇口式;(b)点浇口式

1—主浇口套;2—定模座板;3—二级喷嘴;4—分流道板;5—冷却水孔;6—定模板;7—冷凝塑料层

图 5.34(b)所示为空气绝热的延伸式喷嘴,延伸式喷嘴 4 直接与浇口套 1 接触,延伸式喷嘴与浇口套之间、浇口套与定模型腔板之间除了必要的定位面接触外,都留出宽约 1 mm 的间隙,此间隙被空气充满,起绝热作用。由于喷嘴尖端接触处的型腔壁很薄,为防止被喷嘴顶坏或顶变形,在喷嘴与浇口套间也设有环形支承面。

②多型腔加热流道。多型腔加热流道的主要特点是在模具内设有一个加热流道板,主流道、分流道及加热装置均在流道板上。根据对流道的加热方法不同,多型腔加热流道可分为外加热式和内加热式两种。

a. 外加热式多型腔加热流道。这种多型腔加热流道是在流道板中设有加热孔道,孔内插入管式加热器(如电热棒等)加热,从而使流道内塑料始终保持熔融状态。流道板要利用绝热材料(如石棉)或空气间隙与模具其余部分隔热,减少热传导对模温的影响。此外,还应考虑由于流道板温度变化而引起的热膨胀,因此要留出适当的膨胀间隙。主流道和分流道截面多为圆形,其直径为 5 ~12 mm。外加热式多型腔加热流道如图 5.35 所示,热流道板 8 上加热孔道 7 中插入加热器加热,二级喷嘴 10 用导热性优良、强度高的铍铜合金制造,以利热量传至前端。二级喷嘴前端有与图 5.34(a)相似的塑料绝热层,绝热层最薄处厚度为 0.4 ~0.5 mm。另外,二级喷嘴与流道板间为滑动配合,并以胀圈 9 做密封,这样注射时因为熔体的压力使二级喷嘴与外壁在环形接触面处能很好贴合,不会产生溢料。

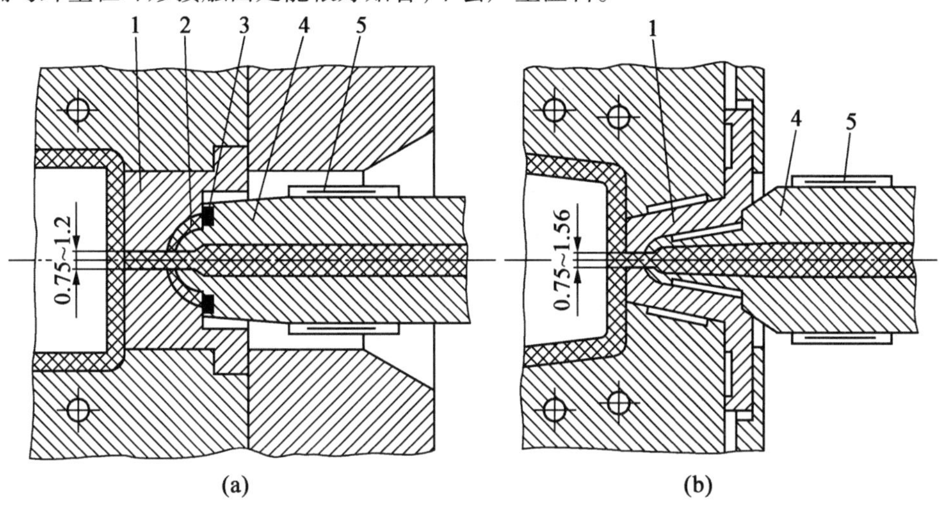

图 5.34　延伸式喷嘴

(a)塑料层绝热的延伸式喷嘴;(b)空气绝热的延伸式喷嘴

1—浇口套;2—塑料绝热层;3—聚四氟乙烯垫片;4—延伸式喷嘴;5—加热圈

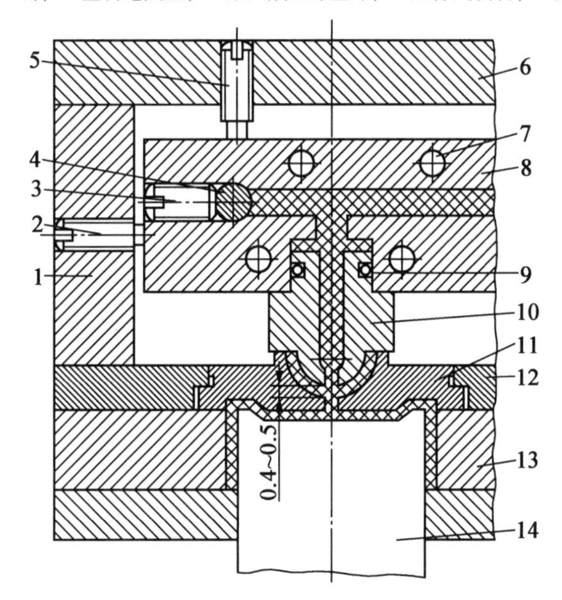

图 5.35　外加热式多型腔加热流道

1—支架;2—紧定螺钉;3—压紧螺钉;4—流道密封钢球;5—定位螺钉;6—定模座板;7—加热孔道;8—热流道板;9—胀圈;10—二级喷嘴;11—浇口套;12—浇口板;13—定模型腔板;14—型芯

b. 内加热式多型腔加热流道。这种类型的加热流道是在整个流道内部和流道喷嘴的内部设置管式加热器,塑料在加热器外围空间流动,而它的绝热作用与绝热流道相似,即靠熔体与流道壁部形成的冷凝层绝热,如图 5.36 所示。这种流道热量损失小,加热效率高,即使成型周期较长也不会凝固。另外,为了使互相垂直的流道中的管式加热器不发生干扰,应采用交错穿通的方法安排流道。

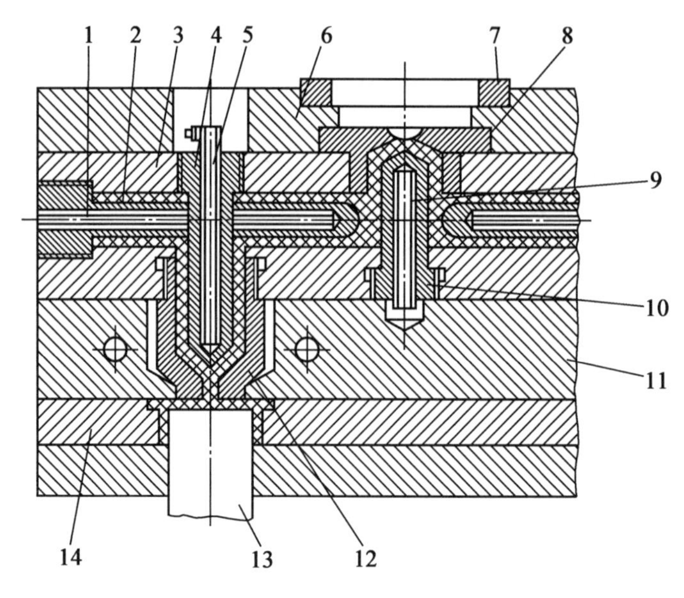

图 5.36　内加热式多型腔加热流道

1,5,9—管式加热器;2—分流道鱼雷体;3—热流道板;4—喷嘴鱼雷体;6—定模座板;7—定位圈;8—浇口套;10—主流道鱼雷体;11—浇口板;12—二级喷嘴;13—型芯;14—定模型腔板

③针阀式浇口加热流道。在注射成型熔融黏度很低的塑料(如尼龙)时,为避免流涎现象,常可采用针阀式浇口加热流道。这种流道在注射和保压阶段可使针阀开启,而在保压结束后就能将针阀关闭,避免浇口内熔体流出。针阀的启闭可以在模具上设计专门的液压或机械驱动机构。图 5.37 所示为国内自行设计的并已推广的一种针阀式浇口加热流道,既可用于多型腔模,又可用于单型腔模。注射时熔体产生的高压使针阀 9 退回,浇口开启,针阀后端的弹簧 4 被压缩,注射压力消除后靠弹簧的压力将浇口关闭。其加热元件装在主流道和流道喷嘴周围,用环氧玻璃钢压制成的罩壳进行绝热。

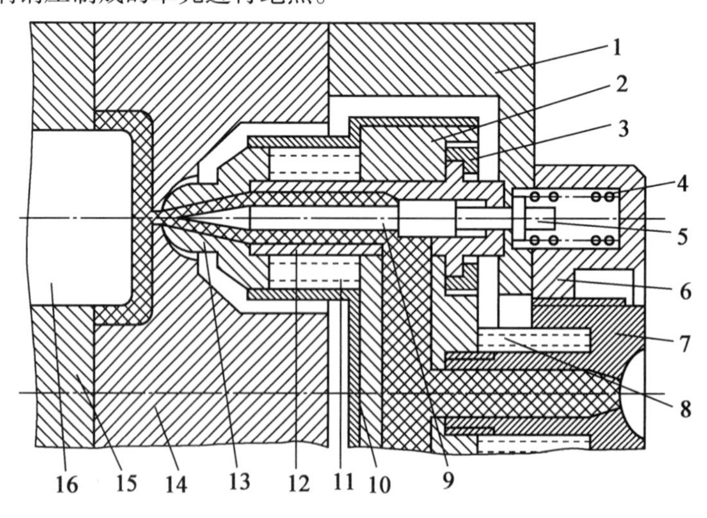

图 5.37　针阀式浇口加热流道

1—定模座板;2—热流道板;3—喷嘴盖;4—弹簧;5—活塞;6—定位圈;7—浇口套;8,11—加热器;9—针阀;10—隔热外壳;12—喷嘴体;13—喷嘴头;14—定模板;15—推件板;16—型芯

5.3.3 排气系统的设计

在注射成型过程中,模具内除了型腔和浇注系统中原有的空气外,还有塑料受热或凝固产生的低分子挥发气体,这些气体若不能被熔融塑料顺利排出,则可能因充填时气体被压缩而产生高温,引起塑件局部碳化烧焦,或使塑件产生气泡、熔接不良等缺陷。为了使这些气体从型腔中及时排出,在设计模具时必须考虑排气的问题。

注射模的排气方式,大多数情况下是利用模具分型面或模具零件的配合间隙自然排气,只有当塑件尺寸较大或成型产生的气体较多或塑件上有局部薄壁时,才需采用开设排气槽的排气方式。图5.38所示是热塑性塑料注射模的排气槽及尺寸。排气槽应开设在型腔最后充填的部位,且最好开设在分型面凹模一侧,这样即使在排气槽内产生飞边,也容易随塑件一起脱出。另外,因排气槽与大气相通,故不应使排气槽正对着操作工人,以防熔料喷出而发生事故。

当型腔最后充填部位不在分型面上,其附近又无可供排气的推杆或可活动的型芯时,可在型腔相应部位镶嵌经烧结的多孔性合金块以供排气,如图5.39所示。但应注意的是合金块底下的通气孔直径 D 不宜过大,以免合金块受力后变形。

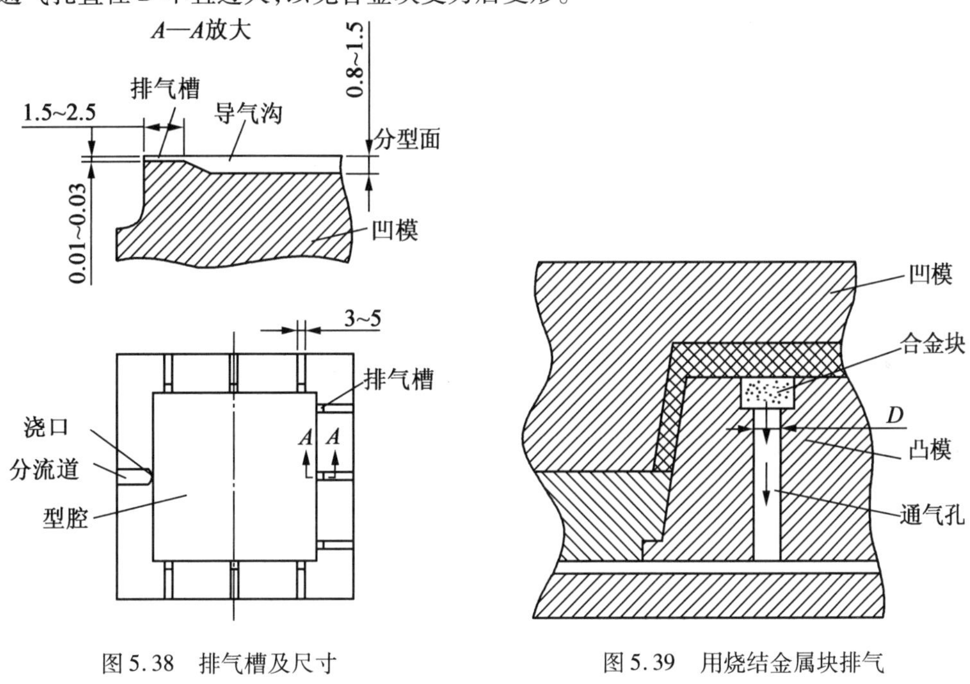

图5.38 排气槽及尺寸

图5.39 用烧结金属块排气

5.4 推出机构的设计

在注射成型的每一次循环中,都必须使塑件从模具型腔中或型芯上脱出,模具中这种脱出塑件的机构称为推出机构,或称为脱模机构。推出机构的动作多数是通过装在注射机合模机构上的顶杆或液压缸来完成的。

推出机构主要由推出零件、推出零件固定板和推板、推出机构的导向与复位零部件等组成。如图5.40所示的模具中,推出机构由推杆16、拉料杆13、推杆固定板8、推板9、推板导柱14、推板导套15及复位杆11等组成。开模时,动模部分向左移动。开模一段距离后,当注射机的顶杆接触模具推板9以后,推杆16、拉料杆13与推杆固定板8及推板9都静止不动,当动模部分继续向左移动时,塑件就由推杆从凸模上推出。合模时,利用复位杆11使推出机构恢复到推出前的状态。

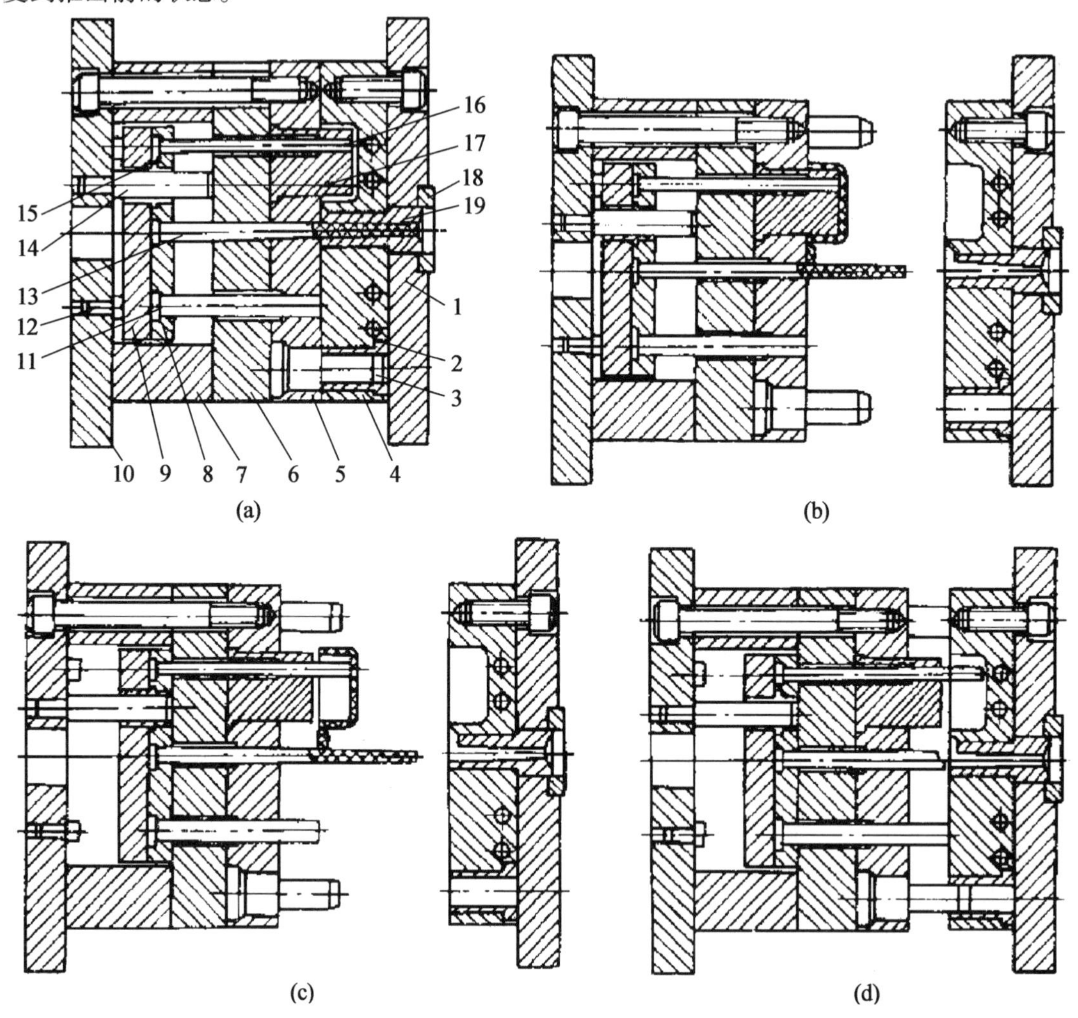

图5.40 推出机构的工作过程

(a)注射;(b)开模;(c)推出塑件;(d)合模与开始复位

1—定模座板;2—导套;3—导柱;4—凹模;5—动模板;6—支承板;7—垫块;8—推杆固定板;9—推板;10—动模座板;11—复位杆;12—支承钉;13—拉料杆;14—推板导柱;15—推板导套;16—推杆;17—型芯;18—定位圈;19—主流道衬套

在推出机构中,凡直接与塑件接触并将塑件从型芯或凹模上推出的零件称为推出零件,常用的推出零件有推杆、推管、推件板、成型推杆等。推杆固定板、推板等用来固定推出零件和复位杆,并传递推出力。推板导柱和推板导套用来对推出机构导向,以保证推出平稳、灵活。复位杆保证推出零件合模后能回到原来位置。此外,有的推出机构还设有支承钉(图5.40中的件12),使推板与定模座板之间形成间隙,保证推板支承要求,并且还可以通过调整支承钉头部的厚度来控制推出距离。

5.4.1　推出机构的分类与设计原则

1. 推出机构的分类

(1)按驱动方式分类。根据推出机构的驱动方式不同,可分为以下几类。

①手动推出机构。手动推出机构是在开模后人工操作推出机构推出塑件,一般多用于开模后塑件滞留在定模一侧的情况。

②机动推出机构。机动推出机构是利用注射机的开模动作驱动模具的推出机构来推出塑件,是应用最广泛的推出机构。

③液压或气动推出机构。液压或气动推出机构是依靠设置在注射机上的专用液压或气动装置,使塑件推出或吹出。液压推出机构的推出力、速度和时间可通过液压系统调节,气动推出机构通过型芯或凹模里微小的推出气孔或气阀将塑件吹出,塑件表面不留推出痕迹。但这两类推出机构需要专用的液压或气动装置。

(2)按推出零件的类型分类。根据推出零件的类型不同,可分为以下几类。

①推杆推出机构。推杆推出机构常用圆截面推杆,应用广泛。

②推管推出机构。推管推出机构适用于中心带孔的圆筒形或局部为圆筒形的塑件。

③推件板推出机构。推件板推出机构适用于深腔薄壁容器、壳体及不允许有推杆痕迹的塑件。

④推块推出机构。推块推出机构适用于齿轮类或一些带有凸缘的塑件。

⑤活动镶件及凹模推出机构。活动镶件及凹模推出机构适用于特殊结构形状的塑件。

⑥联合推出机构。联合推出机构采用两种或两种以上不同推出零件一起推出塑件,适用于复杂形状的塑件的推出。

(3)按模具的结构特征分类。根据模具结构特征不同,可分为以下几类。

①简单推出机构。塑件只经过推出机构的一次动作就能脱模,故又称为一次推出机构。

②二级推出机构。塑件经过两次不同的推出动作才能脱模。

③双推出机构。在动模和定模同时设置推出机构。

④带螺纹塑件的推出机构。带螺纹塑件的推出机构用来脱出成型螺纹的螺纹型芯或螺纹型环。

⑤浇注系统凝料的推出机构。浇注系统凝料的推出机构主要用来推出点浇口或潜伏式浇口凝料的推出机构。

2. 推出机构的设计原则

设计推出机构时,应遵循以下原则。

(1)结构可靠。推出机构的运动要准确、可靠、灵活,制造方便,并有足够的刚度和强度。

(2)保证塑件不变形、不损坏。推出机构推出塑件时,应保证塑件不变形、不损坏。为此,设计时应仔细分析塑件对模具的包紧力和黏附力,合理选择推出方式及推出位置,使推出力合理分布。

(3)保证塑件外观良好。推出塑件的位置应尽量选在塑件的内部或对塑件外观影响不大的部位,以免推出痕迹影响塑件的外观质量。

(4)尽量使塑件留在动模一边。因利用注射机合模机构上的顶杆来驱动推出机构时推出机构较为简单,所以在选择分型面时,应尽量使塑件开模后留在动模一边。

5.4.2 简单推出机构

1. 推杆推出机构

推杆推出机构是推出机构中最常见的一种形式。由于推杆加工简单、更换方便、设置的位置自由度较大、推出效果好,因此在生产中应用广泛。但因推杆与塑件接触面积一般较小,易引起应力集中而可能损坏塑件或使塑件变形,故不宜用于脱模斜度小和推出阻力较大的管形或箱形塑件的推出。

常见推杆推出机构的结构形式见表 5.11。

表 5.11 常见推杆推出机构的结构形式

简图	说明	简图	说明
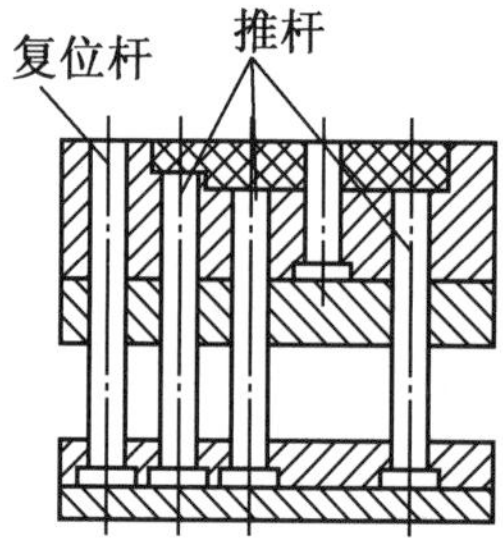 复位杆 推杆	推杆设置在塑件底面,适用于板状塑件,推出机构的复位一般应采用复位杆	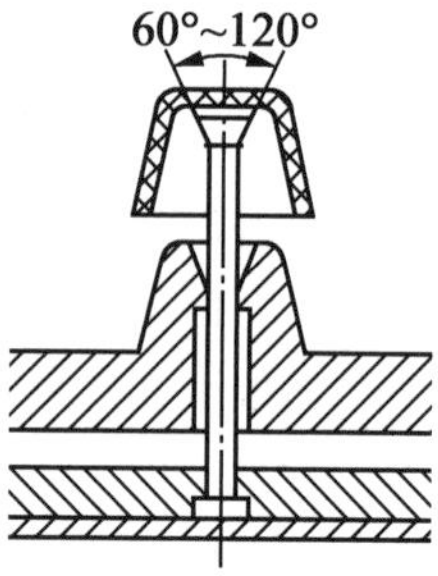 60°~120°	利用设置在塑件内的锥形推杆推出,接触面积大,便于脱模,但型芯冷却较困难
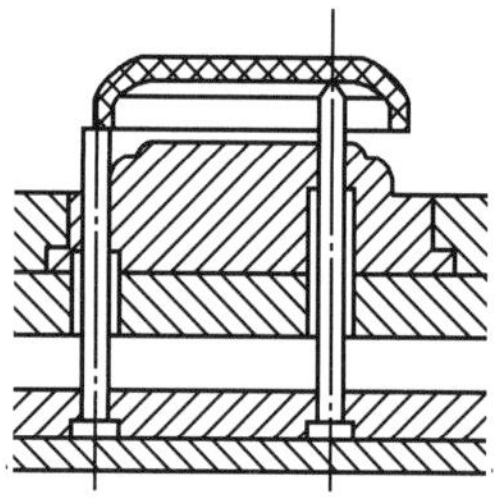	对于盖、壳类塑件,因侧面脱模阻力大,为避免推出时塑件变形,在侧面周边与底部同时设置推杆推出	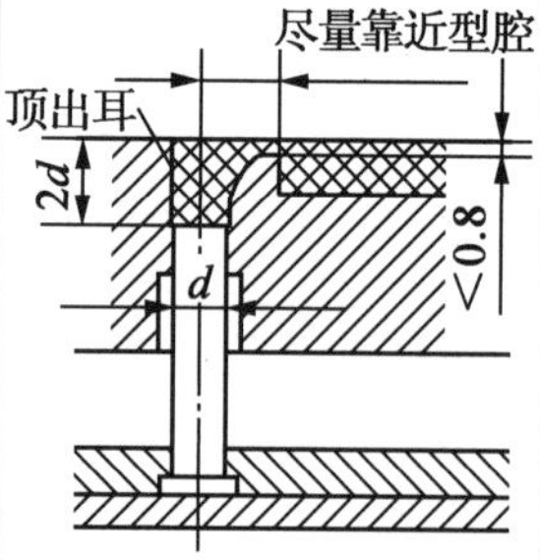 尽量靠近型腔 顶出耳 2d d <0.8	当塑件不允许有推杆痕迹,但又需要用推杆推出时,可采用设置顶出耳推出的形式
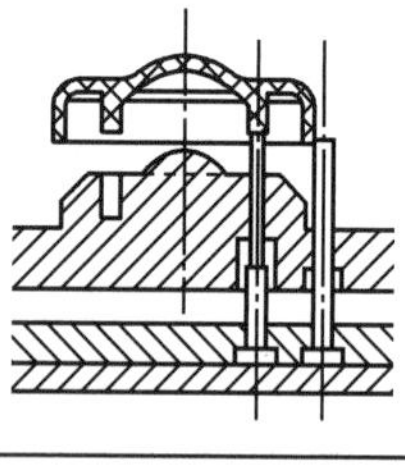	对于有狭小加强筋的塑件,为防止推出时加强筋断裂留在型芯上,除了周边设置推杆外,在筋槽处也设置推杆	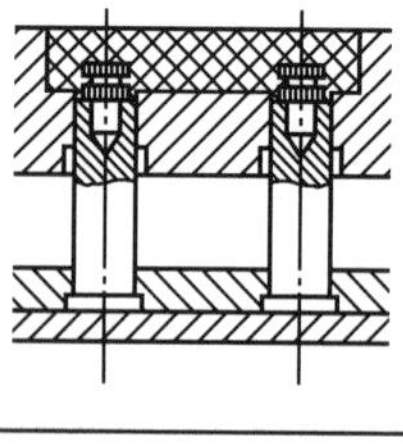	推出带嵌件的塑件时,推杆设置在嵌件下方,可避免在塑件上留下痕迹

(1)推杆的形状与尺寸。推杆的形状如图 5.41 所示。其中,图 5.41(a)为等截面推杆,其结构最简单,应用最广,已经标准化(GB/T 4169.1—2006);图 5.41(b)所示为阶梯形推杆,用于推出部分直径较小的情况,一般使 $d_1 = 2d$;图 5.41(c)所示为组合结构的推杆,可节约优质材料和便于制造,一般插入部分的长度 $l_2 = (4 \sim 6)d$。以上各种推杆的 d、L、l(或 l_1)值根据塑件形状、推杆的布置及模具结构确定,并满足推杆的强度及刚度要求。

常见推杆的截面形状如图 5.42 所示。其中,等截面推杆应用最广;方形或矩形截面推杆多用于在型腔或镶件的拼合处设计置推杆的情况;其他截面形状的推杆都是根据模具设置推杆处的几何形状来选择，有的还可以用作成型推杆，即除了推出塑件之外，还参与塑件的局部成型。

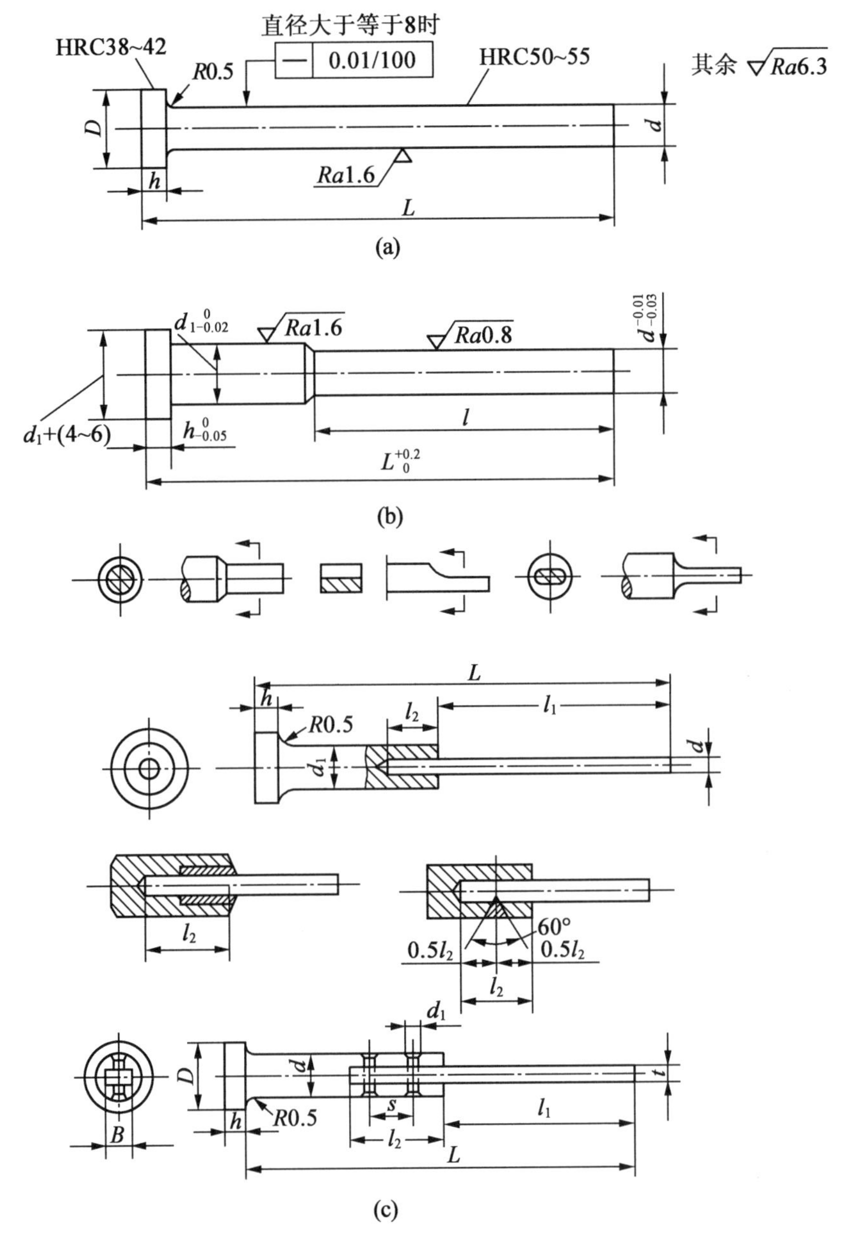

图 5.41　推杆的形式

(a)等截面推杆；(b)阶梯形推杆；(c)组合式推杆

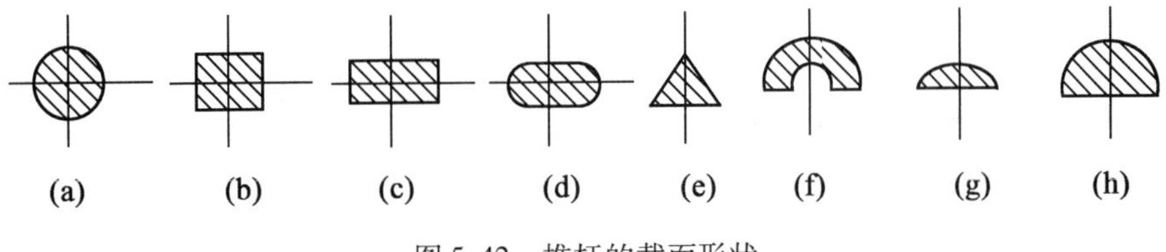

图 5.42　推杆的截面形状

对于一些要求配合间隙很小的推杆，其推杆的工作端也可设计成锥形。锥面推杆如图5.43所示。锥形推杆在注射成型时无间隙，推出时无摩擦，工作端与塑件接触面积大，推出的塑件表面平整，但加工比圆柱形推杆困难。锥面配合角一般取60°。

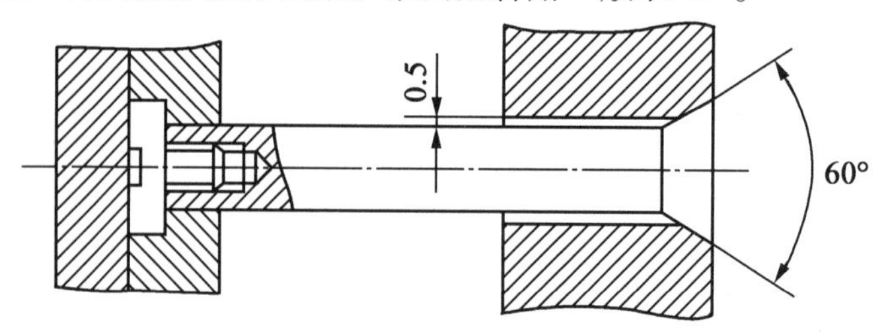

图5.43 锥面推杆

(2)推杆的固定形式及装配要求。推杆与推杆固定板的连接固定形式如图5.44所示。其中，图5.44(a)为一种常用的固定形式，适用于各种形式的推杆；图5.44(b)采用垫块或垫圈代替固定板上的沉孔，使之加工简化，用于非圆形推杆或多推杆的固定；图5.44(c)所示是用螺母拉紧推杆，用于推杆直径较大及固定板较薄的情况；图5.44(d)所示是用螺塞顶紧推杆，用于固定板较厚的情况；图5.44(e)所示是螺钉紧固推杆，用于截面尺寸较大的各种推杆；图5.44(f)所示是用铆接法固定推杆，用于推杆直径较小且数量较多及推杆间距较小的场合。

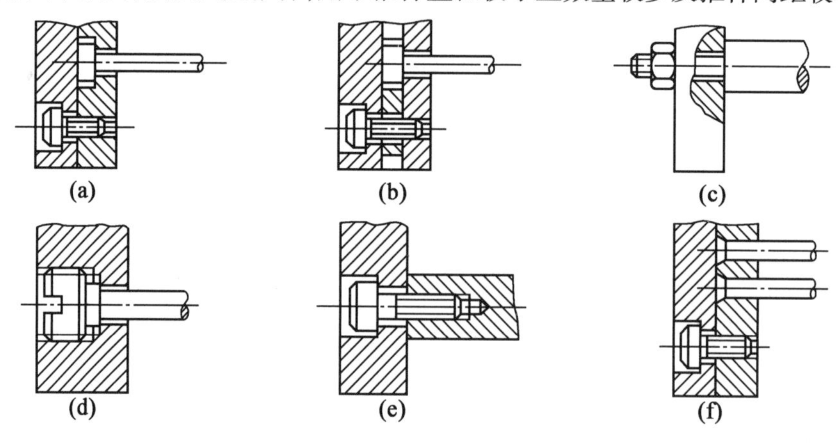

图5.44 推杆的固定形式

推杆的装配关系及尺寸要求可参考图5.45确定。注射成型时，推杆端面应高出型芯(或型腔)表面0.05～0.1 mm，否则会影响塑件的使用。推杆与模板配合部分一般采用H8/f8配合，但尽量以不溢料为限。配合长度S一般取(1.5～2)d，但最小不应小于10 mm。推杆的总长度$L = H_1 + H_2 + H_3$ + 推杆行程 +5 mm。

(3)推出机构的导向。当推杆较细或推杆数量较多时，为了防止因塑件推出阻力不均而导致推杆固定板扭曲或倾斜而折断推杆或发生运动卡滞的现象，常在推出机构中设导向零件。推出机构的导向零件一般包括导柱和导套，但模具小、推杆数量少、塑件批量不大时也可省去导套。导柱一般不少于两个，大型模具可设四个。常见的推出机构导向装置如图5.46所示。其中，前两种形式的导柱除了起导向作用外，还可以起支承作用，以增强动模支承板的刚性，减少注射成型时支承板的变形。

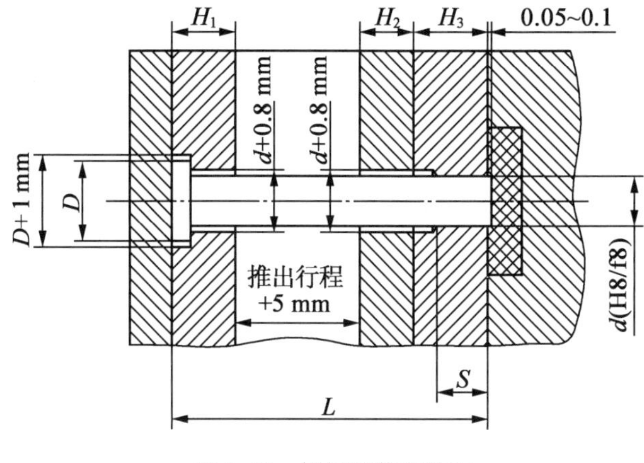

图 5.45　推杆的装配关系

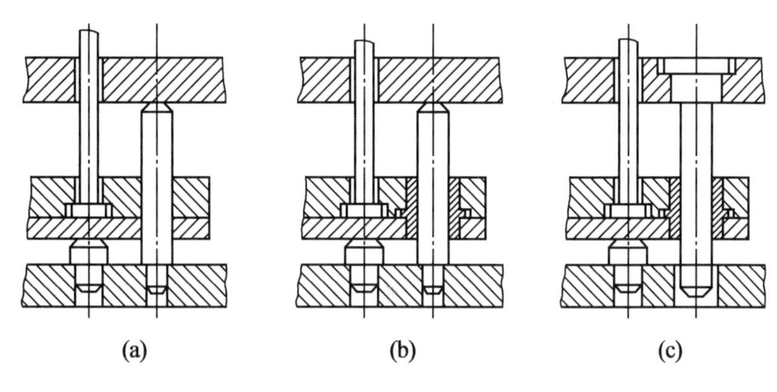

图 5.46　推出机构的导向装置

(4)推出机构的复位。在推出机构完成推出塑件动作之后,为进行下一个循环必须回到初始位置,常用的复位方式有复位杆复位、推杆兼作复位和弹簧复位。

复位杆又称为回程杆或反推杆。复位杆固定在推杆固定板上,结构上与推杆相似。两者的不同之处是复位杆的顶面在复位状态下应与模具的分型面平齐(可比分型面略低 0.02 ~ 0.05 mm),而推杆则与型芯或型腔的工作型面平齐(可比工作型面略高 0.02 ~ 0.05 mm)。此外,复位杆与模板的间隙可以较推杆与模板的间隙稍大。复位杆的形式如图 5.47 所示,其中图 5.47(a)是常用形式,复位杆顶在经淬火的定模分型面上;图 5.47(b)是复位杆顶在不需淬火的定模固定板上,为避免复位杆顶溃固定板而影响复位精度,在固定板相应部位镶入了一淬火垫块。各个复位杆的长度必须一致,复位杆一般设 2 ~ 4 个。

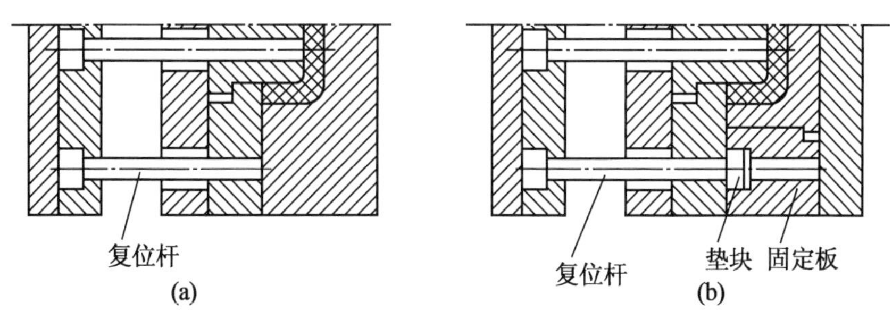

图 5.47　复位杆的形式

在塑件几何形状和模具结构允许的情况下，也可利用推杆兼做复位杆进行复位，如图5.48所示。兼用推杆的设计要求与一般推杆相同，但在复位状态下也应与分型面平齐。同时，兼做复位杆的边缘距型芯侧壁的距离应大于0.1～0.15 mm，以免兼做复位杆在推杆孔受摩擦后擦伤型芯侧壁。

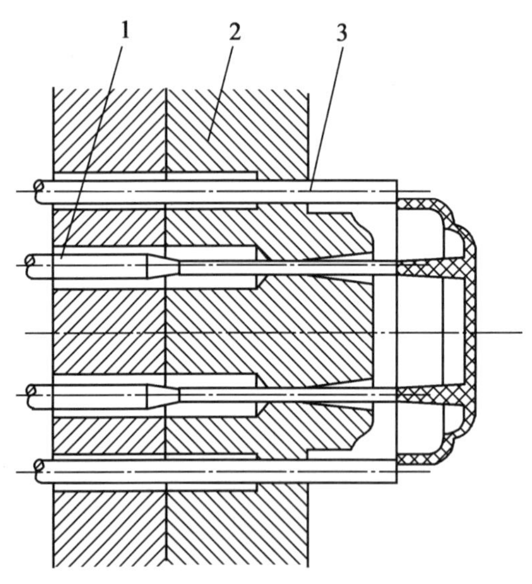

图5.48　推杆兼做复位杆

1—推杆；2—动模；3—推杆兼做复位杆

小型模具可利用弹簧的弹力使推出机构复位，弹簧复位形式如图5.49所示。其中，图5.49(a)是将弹簧套在一个专用定位杆上，避免工作时弹簧偏移，适应推杆间距较小不便在推杆上直接套装弹簧的场合；图5.49(b)是将弹簧直接套在推杆上。使用弹簧复位结构简单，而且可以实现推出机构先于模具闭合而复位，但不如复位杆可靠，故设计时应使弹簧的弹力足够，并定期更换弹簧。

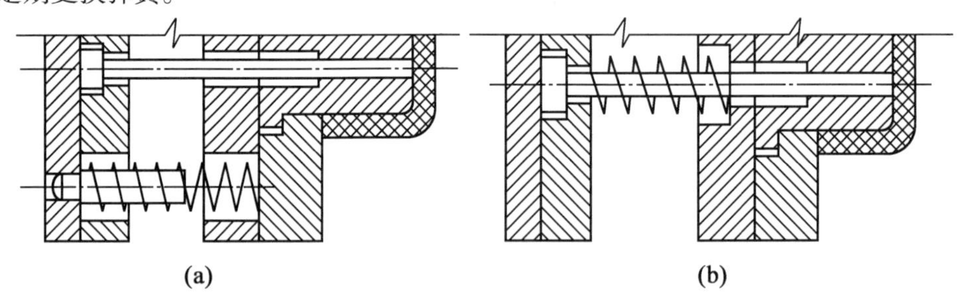

图5.49　弹簧复位形式

2. 推管推出机构

对于中心带孔的圆筒形或局部是圆筒形的塑件，可采用推管推出机构脱模。推管推出机构的推出零件是推管，其运动方式与推杆推出机构基本相同，只是推管中有一个固定型芯。推管相当于一个空心推杆，推管的整个周边推顶塑件，因而塑件受力均匀，无变形、无明显推出痕迹等。

推管推出机构的结构形式见表5.12。

表 5.12　推管推出机构的结构形式

简图	说明
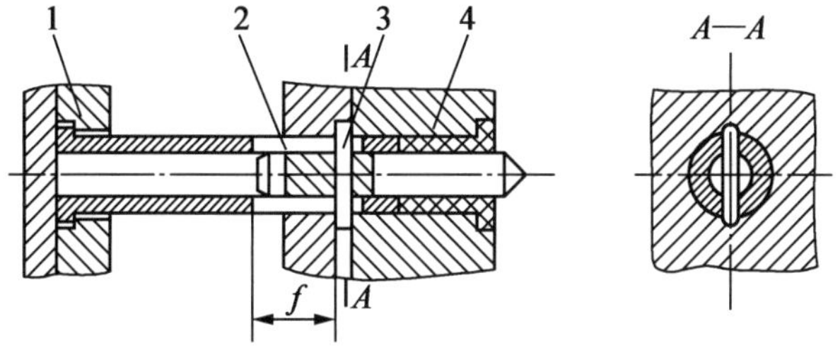 1 2 3 4 A A A—A f	用销或键固定型芯，推管中部开有槽，槽在销或键以下的长度 l 应大于推出的距离，这种结构形式的特点是型芯较短，模具结构紧凑，但型芯紧固力小，且要求推管与型芯和凹模间的配合精度较高（IT7），适应用于型芯直径较大的模具，需设置复位杆
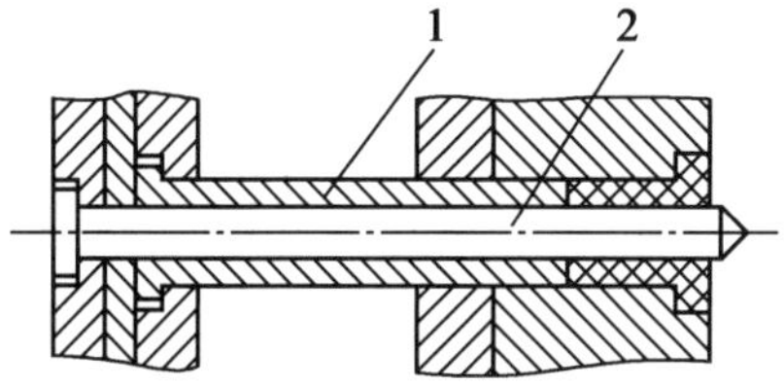 1 2	型芯以台肩固定在模具上动模座板上，型芯较长，模具闭合厚度加大，但结构可靠，多用于推出距离不大的场合，需设置复位杆
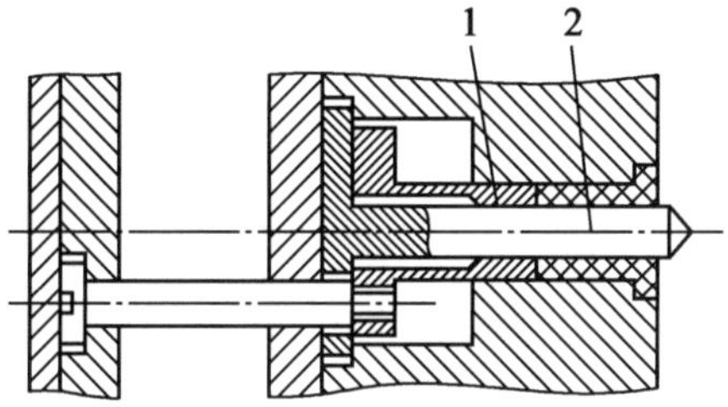 1 2	推管在凹模板内移动，可缩短推管和型芯的长度，但推出距离较短且凹模的厚度增加，需设置复位杆
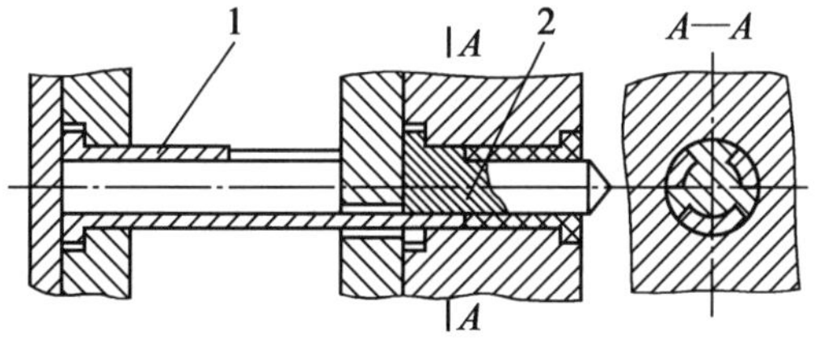 1 2 A A A—A	左图是扇形推管，推管穿过型芯，型芯可缩短，但扇形推管制造麻烦，强度较低，易损坏

注：1—推管；2—型芯；3—销；4—凹模板

推管的尺寸关系及配合如图 5.50 所示。推管的内径与型芯相配合，当直径较小时按 H8/f7，直径较大时按 H7/f7。推管的外径与模板孔相配合，当直径较小时按 H8/f8，直径较大时按 H8/f7。推管与型芯的配合长度一般比推出行程大 3 ~ 5 mm，推管与模板的配合长度一般取推管外径的 1.5 ~ 2 倍，其余部分均可扩孔，推管扩孔为 $d+0.5$ mm，模板扩孔为 $D+1$ mm。推管的壁厚一般不应小于 1.5 mm。另外，为了保护型腔表面不被擦伤，推管外径应略小于塑件相应部位的外径。

推管推出机构也需设计复位零件，其复位方式与推杆推出机构相同。

3. 推件板推出机构

推件板又称为脱模板，它是一块与型芯或凸模相配合的模板，推出时推件板在塑件的整个周边推出，因而推出面积大，推力均匀，塑件不易变形，表面无推出痕迹，运动也较平稳，故对于一些深腔薄壁的容器、罩子、壳体形塑件以及不允许留有推杆痕迹的塑件都可采用推件板推出机构。此外，推件板推出机构不必另设复位零件，在合模过程中推件板靠合模力便可回到初始位置。但对于非对称形状的塑件，推件板与型芯的配合部位加工较困难，同时因增加了推件板而使模具厚度及质量增加。

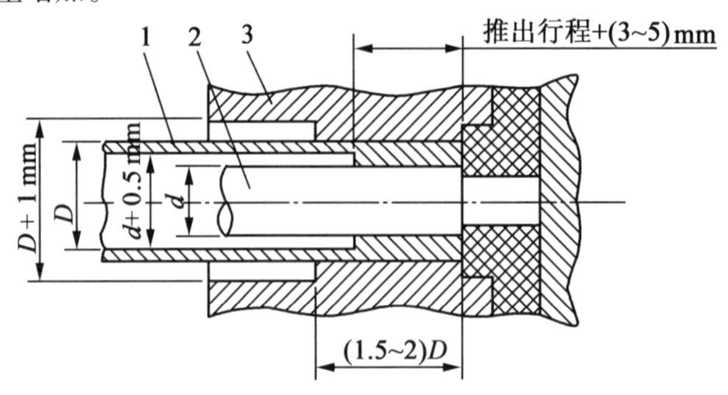

图 5.50 推管的尺寸关系及配合

1—推管;2—型芯;3—动模板

推件板推出机构的结构形式见表 5.13。

表 5.13 推件板推出机构的结构形式

简图	说明	简图	说明
	推件板借助于动、定模的导柱导向，该结构应用最广泛		利用注射机两侧的顶杆直接推动推件板，模具结构简单，但推件板要适当增大和增厚
	推件板由定距螺钉拉住，以防脱落		定距螺钉反向的安装，这样可省去定距螺钉固定板后面的垫板（推板）
	推件板镶入动模板内，模具结构紧凑，推件板上的斜面是为了在合模时便于推件板的复位		推件板在弹簧力作用下推出塑件，适用于推出距离较小的场合

(1)推件板与型芯的配合形式。为了减小推出过程中推件板与型芯之间的摩擦，在推件

板与型芯之间应留有 0.2 ~0.25 mm 的间隙,并用锥面配合,防止推件板因偏心而溢料,如图 5.51(a)所示。当塑件脱模斜度较大时,可不另留间隙,直接设计成如图 5.51(b)所示的配合形式。

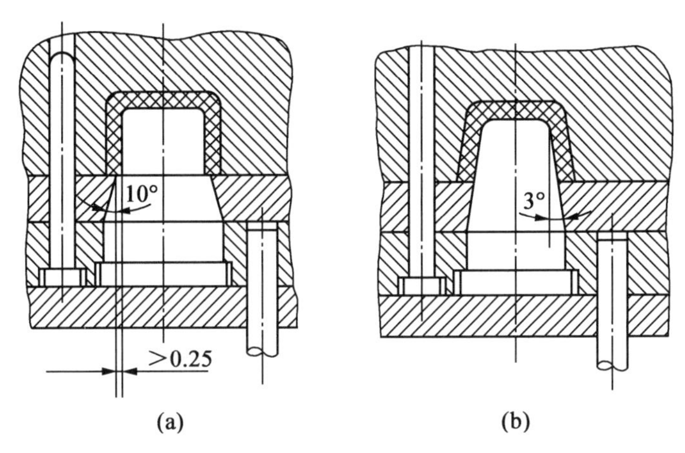

图 5.51　推件板与型芯的配合形式

(2)推件板的镶嵌形式。推件板与塑件的接触部位及与型芯的配合部位一般需有一定的硬度和表面粗糙度要求,若采用整体式推件板全部淬硬,会因淬火变形而影响推件板上孔的位置精度,因此对批量较大、精度要求较高的塑件成型,常将推件板设计成局部镶嵌的组合式结构。常见推件板的镶嵌形式如图 5.52 所示,其中图 5.52(a)为过盈配合,适合镶块外形为圆形的情况;图 5.52(b)表示当镶块外形为非圆形而不宜过盈配合时,采用铆接法将镶块与推件板连接在一起,铆合后应将上下面磨平;图 5.52(c)为镶块与推件板采用螺栓连接,这种形式便于镶块的更换,适合推件板较厚的情况。

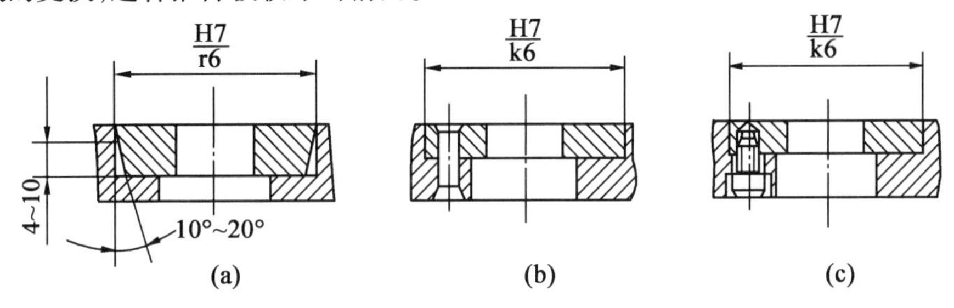

图 5.52　推件板的镶嵌形式

(3)采用推件板推出大型深腔容器类塑件,特别是软质塑料塑件时,应设置引气装置,以防在脱模过程中塑件的内腔形成真空,造成脱模困难,甚至使塑件变形损坏。推板推出时的引气装置通常是在型芯上设置引气阀,如图 5.53 所示。

4. 推块推出机构

对于平板状带凸缘的塑件,当表面不允许有推杆痕迹,且平面度要求较高,如用推件板推出会粘模时,可用推块推出机构。推块通常还是型腔的组成部分,因此应具有较高的硬度和较小的表面粗糙度,并且与型腔、型芯间的配合精度也要高,即要求滑动灵活,又不允许溢料。推块的复位大都是依靠复位杆来实现,有时也可依靠熔体压力复位。

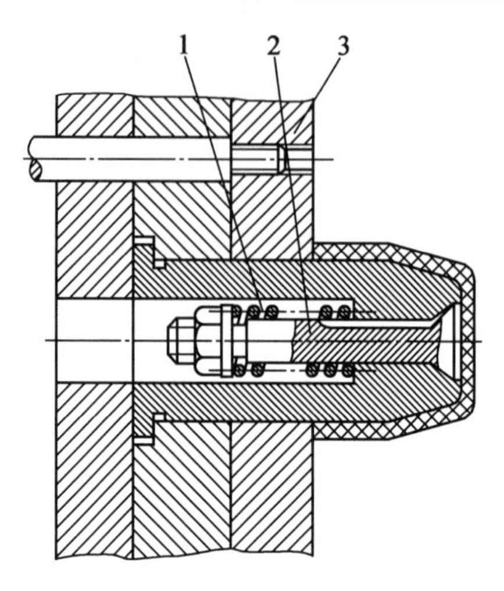

图 5.53　推件板推出时的引气装置

1—弹簧;2—引气阀;3—推件板

推块推出机构的结构形式见表 5.14。

推块与型腔之间的配合可按 H7/f6,配合表面粗糙度为 $Ra0.8\sim0.4$ μm。

表 5.14　推块推出机构的结构形式

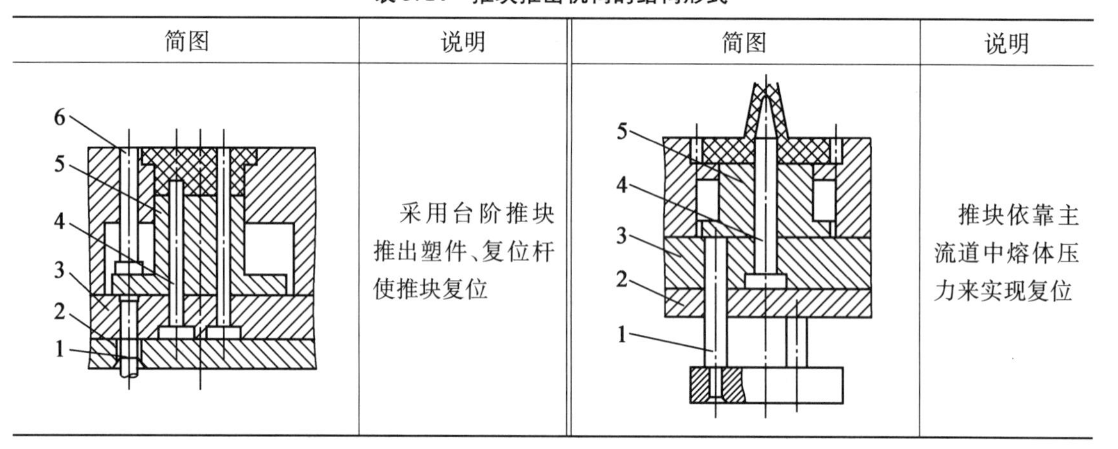

简图	说明	简图	说明
	采用台阶推块推出塑件、复位杆使推块复位		推块依靠主流道中熔体压力来实现复位

注:1—连接推杆;2—支承板;3—型芯固定板;4—型芯;5—推块;6—复位杆

5. 活动镶件及凹模推出机构

有些塑件由于结构形状和所用塑料的缘故,不能采用推杆、推管、推件板和推块等推出机构脱模,这时可采用活动镶件或凹模将塑件推出。

活动镶件及凹模推出机构的结构形式见表 5.15。

表 5.15　活动镶件及凹模推出机构的结构形式

简图	说明
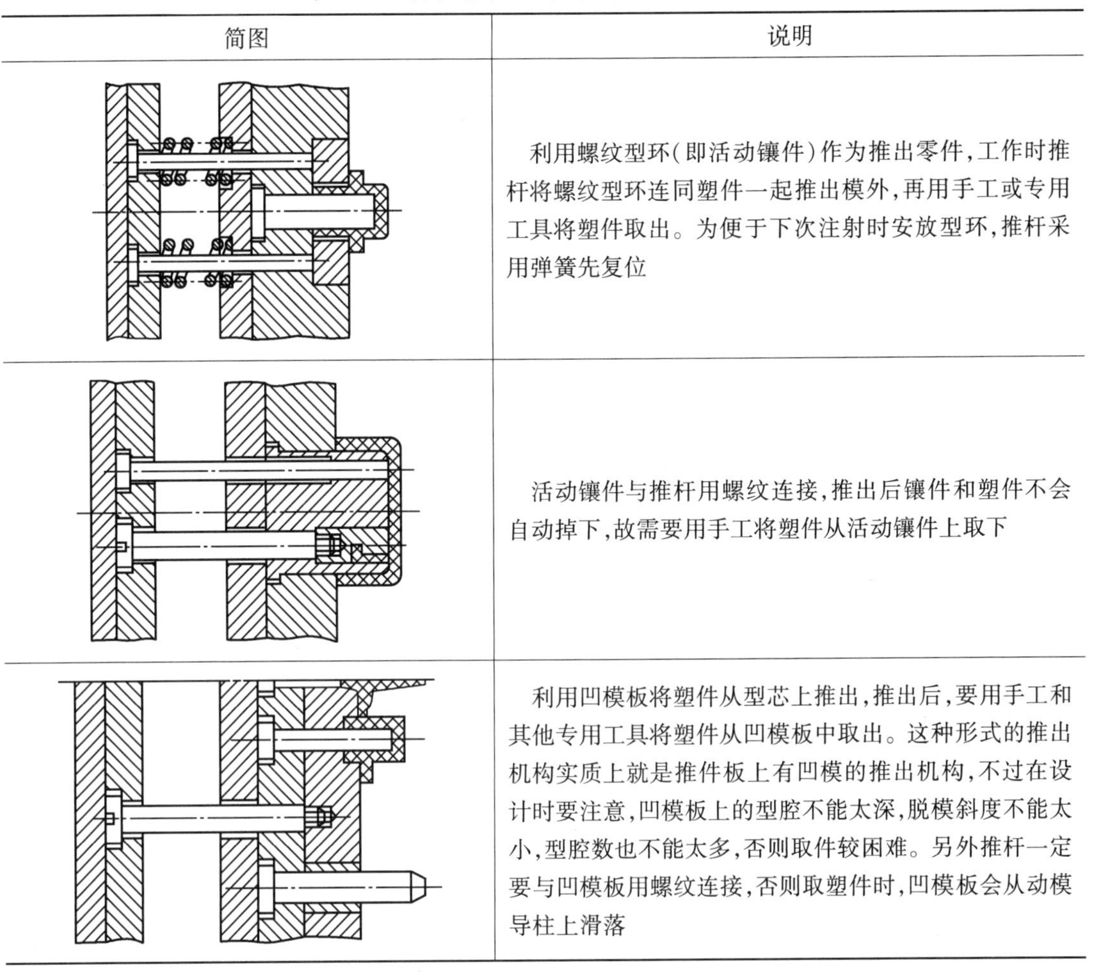	利用螺纹型环(即活动镶件)作为推出零件,工作时推杆将螺纹型环连同塑件一起推出模外,再用手工或专用工具将塑件取出。为便于下次注射时安放型环,推杆采用弹簧先复位
	活动镶件与推杆用螺纹连接,推出后镶件和塑件不会自动掉下,故需要用手工将塑件从活动镶件上取下
	利用凹模板将塑件从型芯上推出,推出后,要用手工和其他专用工具将塑件从凹模板中取出。这种形式的推出机构实质上就是推件板上有凹模的推出机构,不过在设计时要注意,凹模板上的型腔不能太深,脱模斜度不能太小,型腔数也不能太多,否则取件较困难。另外推杆一定要与凹模板用螺纹连接,否则取塑件时,凹模板会从动模导柱上滑落

6. 联合推出机构

生产实际中往往遇到一些深腔壳体、薄壁、有局部管形、凸台或金属嵌件等复杂的塑件,如果采用单一的推出机构容易推坏塑件或根本推不出来,这时就需要采用两种或两种以上推出方式进行推出,这就是联合推出机构或多元推出机构。

联合推出机构的结构形式见表 5.16。

表 5.16　联合推出机构的结构形式

简图	说明	简图	说明
1 2	采用以推件板 1 为主、推杆 2 为辅的联合推出方式,可避免由于型芯内部阻力大单独采用推件板或推杆会损坏塑件	1 2 3	为克服型芯 1 和深筒周边阻力、防止塑件损坏,宜采用以推件板 3 为主、推管 2 为辅的联合推出方式

续表 5.16

简图	说明	简图	说明
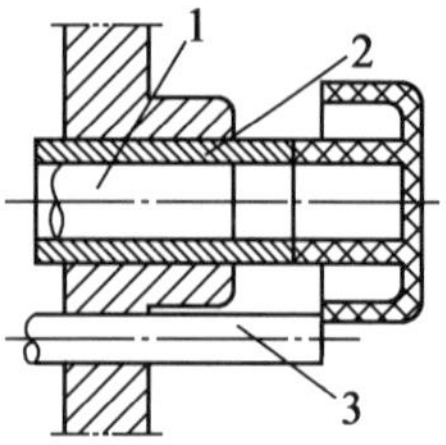 1 2 3	当塑件有凸起深筒或脱模斜度较小时,深筒周边与型芯 1 的阻力大,宜采用以推杆 3 为主、推管 2 为辅的联合推出方式	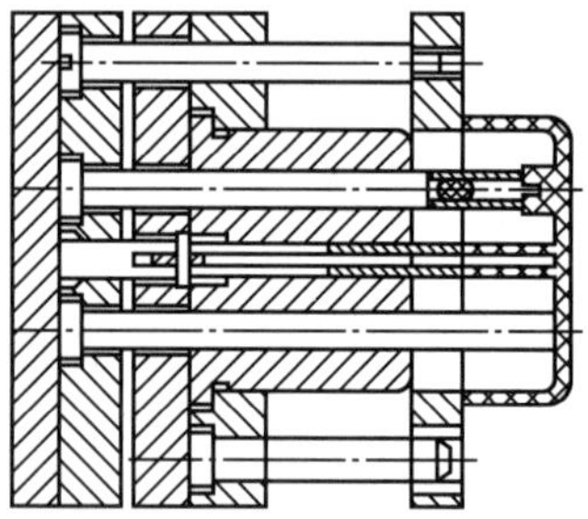	考虑到嵌件放置和凸起轴的脱模阻力,宜采用推杆、推件板、推管联合推出的方式

5.4.3 二级推出机构

一般的塑件采用上述简单推出机构一次推出即可脱模。但某些塑件形状特殊或为了自动化生产需要,一次推出动作难以将塑件从型腔中推出或者不能自动脱落,这时就必须再增加一次推出动作,即采用二级推出机构。

二级推出机构的种类很多,运动形式也多种多样,下面介绍几种常见的二级推出机构。

1. 单推板二级推出机构

单推板二级推出机构是指推出机构中只有一组推板和推杆固定板,推动推板运动完成一次推出,而另一次推出动作靠一些特殊零件的运动来实现。常见的形式如下。

(1)弹簧式二级推出机构。弹簧式二级推出机构通常是利用压缩弹簧的弹力作用实现第一次推出,然后再由推板推动推杆进行第二次推出。图 5.54 所示即为弹簧式二级推出机构,图 5.54(a)为开模时推出前的状态。从开模分型开始,弹簧力就开始作用,使动模板 4 不随动模一起移动,从而使塑件从型芯 2 上脱出,完成第一次推出,如图 5.54(b)所示。模具完全打开后,由推板推动推杆 3 将塑件从动模板的凹模中推出,完成第二次推出,如图5.54(c)所示。

(2)摆块式二级推出机构。摆块式二级推出机构是利用摆块的摆动完成第二次推出动作,如图 5.55 所示。摆块 6 设置在推板 7 中,图 5.55(a)为开模时推出前的状态。开模后推出时,首先由连接推杆 4 和推杆 2 推动动模板 1 移动一段距离,使塑件脱离型芯 3,完成第一次推出,如图 5.55(b)所示。继续推出时,压杆 5 与支承板 8 接触,连接推杆 4 推动动模板 1 继续移动,同时,压杆 5 迫使摆块 6 摆动,使推杆 2 做超前于动模板 1 的移动,从而使塑件从动模板的凹模内脱出,完成第二次推出,如图 5.55(c)所示。

(3)斜楔滑块式二级推出机构。斜楔滑块式二级推出机构是利用模具上的斜楔迫使滑块运动完成第二次推出动作,如图 5.56(a)所示。在推板 2 上装有滑块 4,弹簧 3 的弹力使滑块处在外极限位置,斜楔 6 固定在支承板 12 上。当动模后移一定距离后,注射机顶杆开始工作,连接推杆 8 和中心推杆 10 同时作用将塑件从型芯 9 上脱出,完成第一次推出,但塑件仍留在动模板 7 内,如图 5.56(b)所示。继续推出时,斜楔 6 与滑块 4 接触,压迫滑块内移,当连接推杆 8 后端落入滑块的孔中后,连接推杆 8 不再具有推出作用,而中心推杆 10 仍推动着塑件,从而使塑件从动模板 7 的凹模内脱出,完成第二次推出,如图 5.56(c)所示。

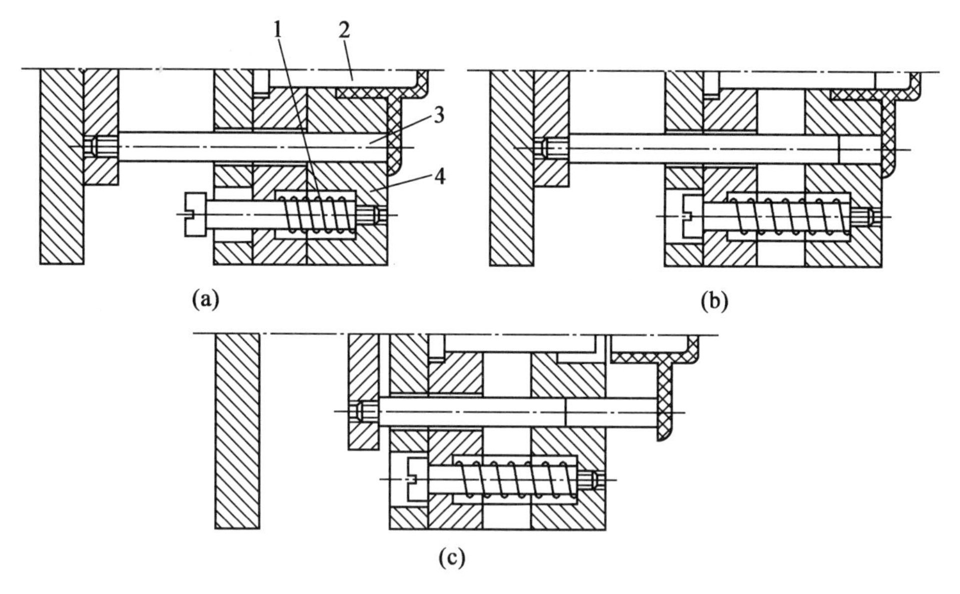

图 5.54　弹簧式二级推出机构

1—弹簧;2—型芯;3—推杆;4—动模板

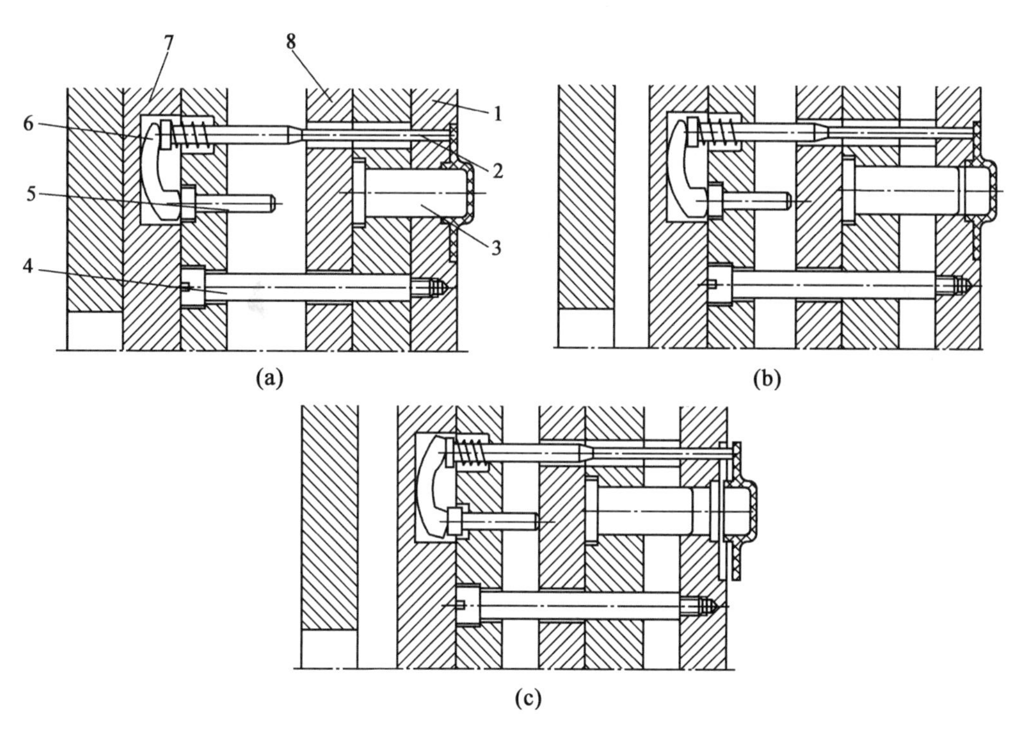

图 5.55　摆块式二级推出机构

1—动模板;2—推杆;3—型芯;4—连接推杆;5—压杆;6—摆块;7—推板;8—支承板

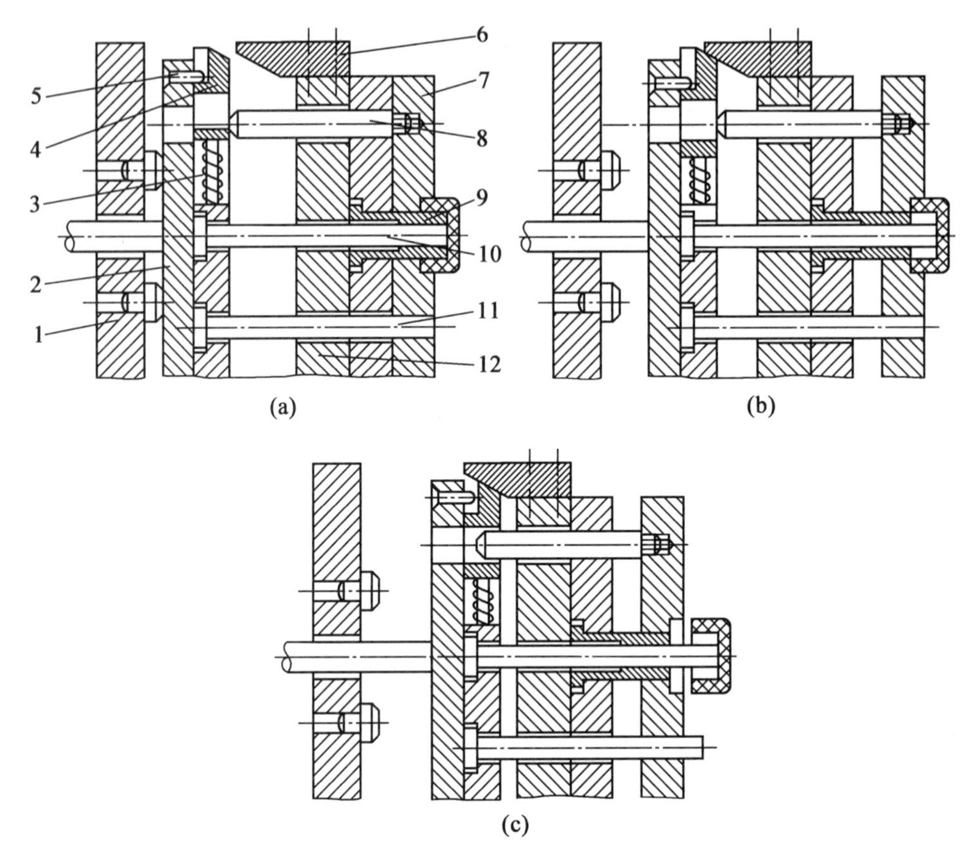

图 5.56　斜楔滑块式二级推出机构

1—动模座板;2—推板;3—弹簧;4—滑块;5—销钉;6—斜楔;7—动模板;
8—连接推杆;9—型芯;10—中心推杆;11—复位杆;12—支承板

2. 双推板二级推出机构

双推板二级推出机构是指推出机构中设置了两组推板,它们分别带动一组推出零件实现塑件的二次推出。常见的形式如下。

(1)摆钩式二级推出机构。图 5.57 所示为摆钩式二级推出机构,图 5.57(a)为开模时推出前的状态,摆钩 8 使推板 7 和推板 6 锁在一起。开始推出时,由于摆钩 8 的锁紧作用,推板 6 和推板 7 同时工作,动模板 1 在连接推杆 2 的推动下,与推杆 4 同时推动塑件脱离型芯 3,完成第一次推出,如图 5.57(b)所示。继续推出时,摆钩 8 在支承板斜面的作用下脱开推板 7,此时推板 6、连接推杆 2 及动模板 1 停止运动,而推杆 4 则继续推动塑件,使其从动模板的凹模中脱出,完成第二次推出,如图 5.57(c)所示。

(2)三角滑块式二级推出机构。图 5.58 所示为三角滑块式二级推出机构,三角滑块 2 安装在一次推板 1 的导滑槽内,斜楔杆 5 固定在动模支承板上。图 5.58(a)为开模时推出前的状态。开始推出时,连接推杆 6、推杆 9 及动模板 7 一起向前移动,将塑件从型芯 8 上脱下,完成第一次推出,此时斜楔杆与三角滑块开始接触,如图 5.58(b)所示。继续推出时,三角滑块在斜楔杆斜面的作用下向内移动,其另一侧斜面推动二次推板 3 前移,使推杆 9 超前于动模板 7 移动,从而使塑件从动模板的凹模中脱出,完成第二次推出,如图 5.58(c)所示。

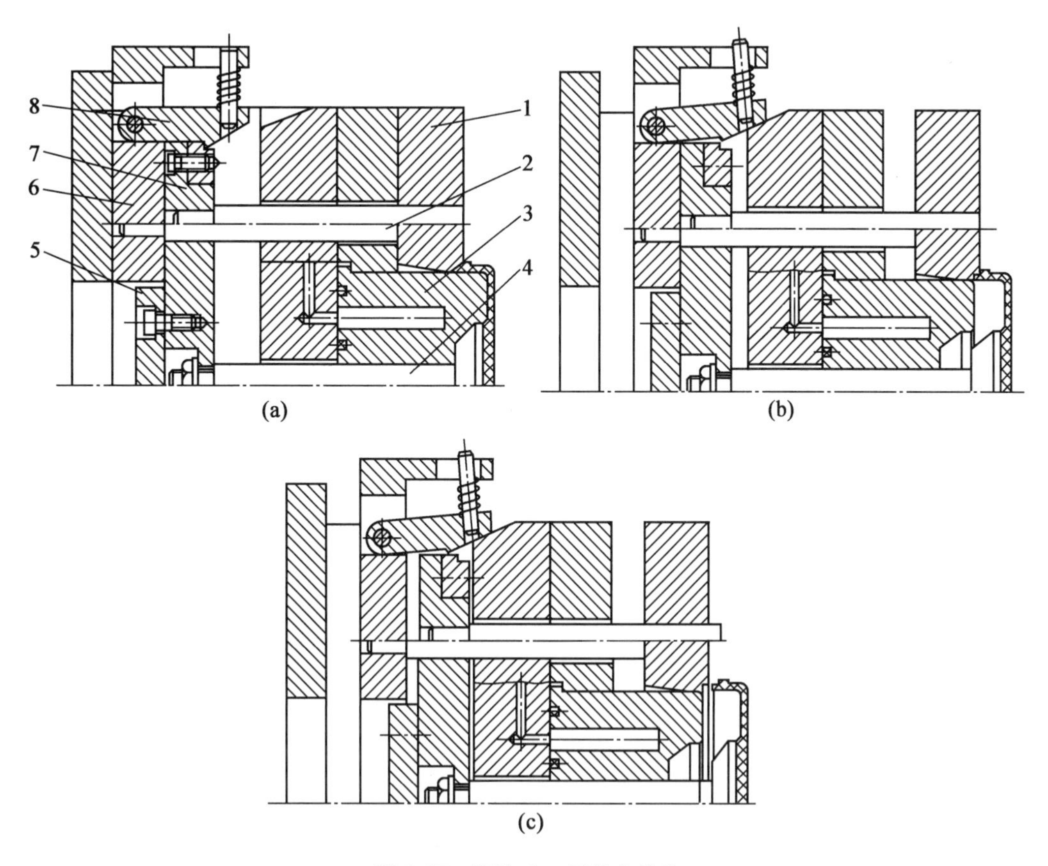

图 5.57　摆钩式二级推出机构

1—动模板;2—连接推杆;3—型芯;4—推杆;5—顶板;6、7—推板;8—摆钩

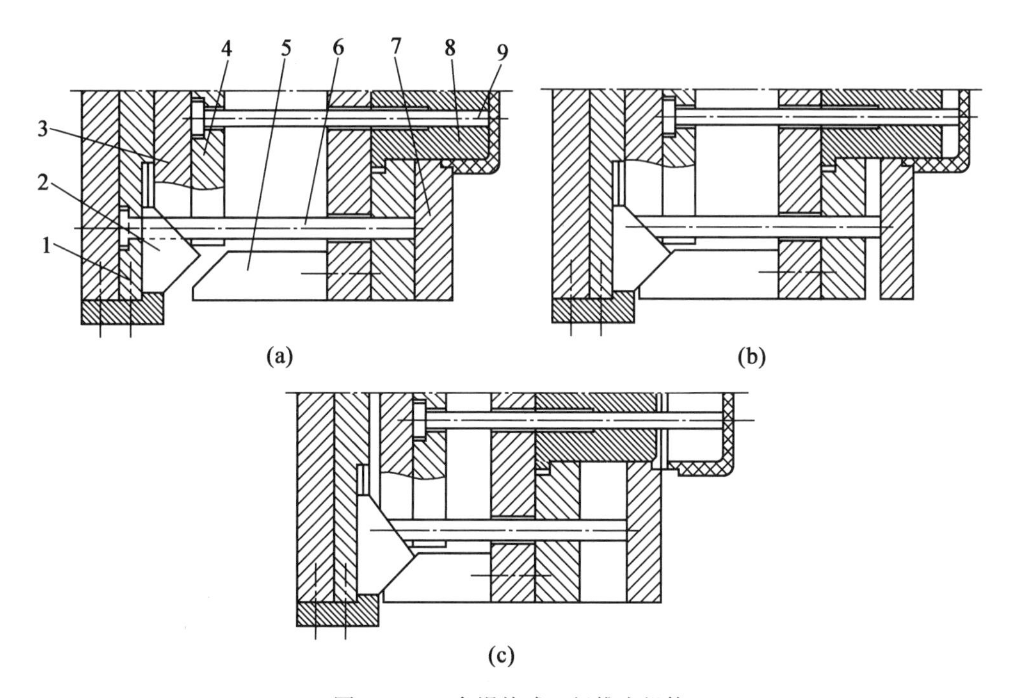

图 5.58　三角滑块式二级推出机构

1—一次推板;2—三角滑块;3—二次推板;4—推杆固定板;5—斜楔杆;6—连接推杆;7—动模板;8—型芯;9—推杆

(3)摆杆式二级推出机构。图5.59所示为摆杆式二级推出机构,将摆杆6用转轴固定在与支承板连接在一起的支块7上。图5.59(a)为开模时推出前的状态。开始推出时,注射机顶杆推动一次推板1,由于定距块3的作用,使推杆5和连接推杆2一起动作将塑件从型芯10上脱出,直到摆杆6与一次推板相碰为止,完成第一次推出,如图5.59(b)所示。继续推出时,连接推杆2继续推动动模板9,而摆杆在一次推板的作用下绕其支点转动,使二次推板4的运动超前于一次推板,塑件便在推杆5的作用下从动模板的凹模内脱出,完成第二次推出,如图5.59(c)所示。

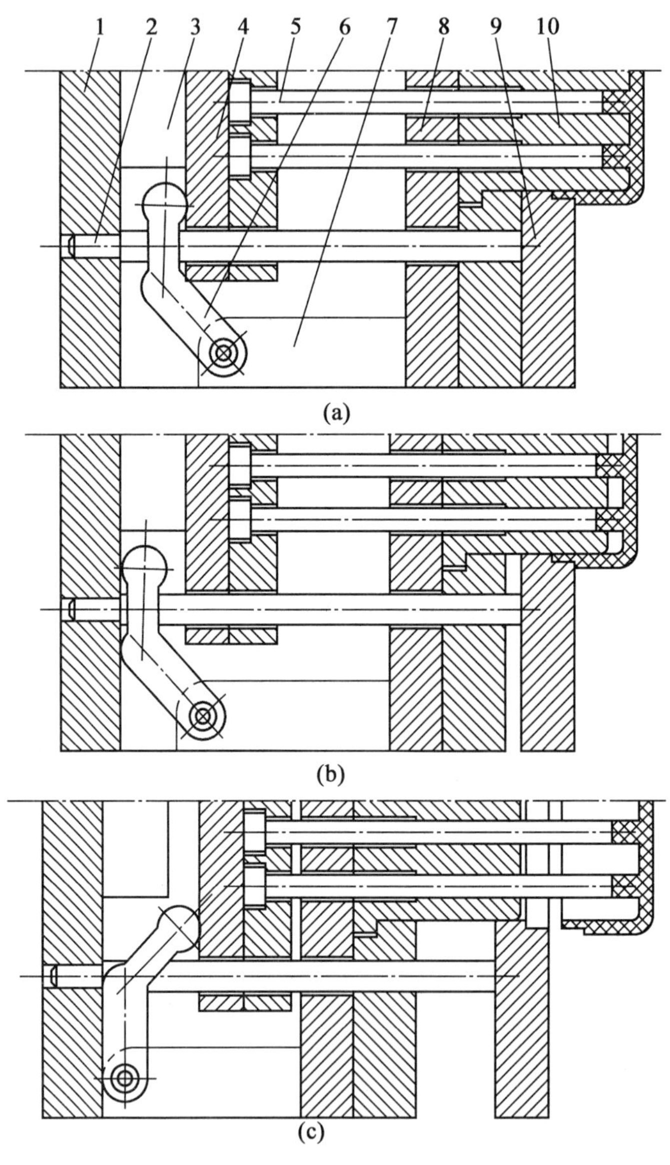

图5.59 摆杆式二级推出机构

1—一次推板;2—连接推杆;3—定距块;4—二次推板;5—推杆;6—摆杆;7—支块;8—支承板;9—动模板;10—型芯

5.4.4　双推出机构

由于塑件结构或形状特殊，开模时塑件可能滞留在动模，也可能滞留在定模，这种情况下应考虑动模和定模两侧都设置推出机构，即采用双推出机构。图 5.60 所示为常见的双推出机构，其中图 5.60(a)为弹簧式双推出机构，定模采用弹簧推出，动模采用推件板推出，这种形式结构紧凑、简单，适用于定模所需推出力不大、推出距离不长的塑件；图 5.60(b)是杠杆式双推出机构，是利用杠杆的作用实现定模的推出，开模时固定于动模上的滚轮压动杠杆使定模推出机构动作，迫使塑件留在动模，然后再由动模上的推出机构将塑件推出。

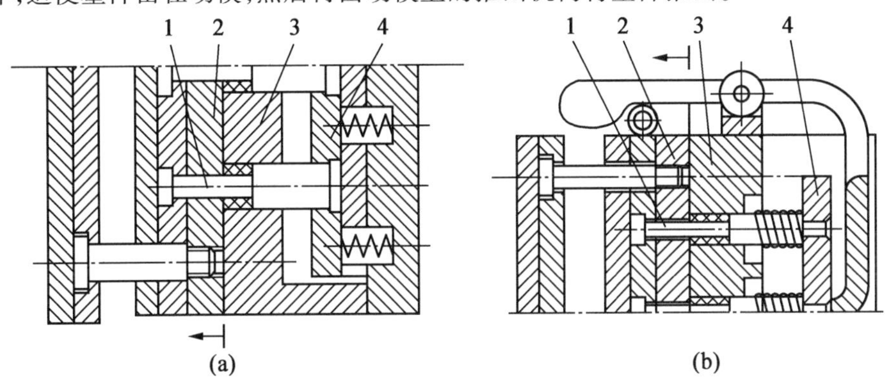

图 5.60　双推出机构

(a)弹簧式双推出机构；(b)杠杆式双推出机构

1—型芯；2—推件板；3—定模板；4—定模推板

5.4.5　浇注系统凝料的推出机构

通常除点浇口和潜伏式浇口以外，其他形式的浇口在脱模时，其浇注系统凝料和塑件是连成一体被推出机构推出模外，然后用手工将其与塑件分离。而点浇口和潜伏式浇口的浇注系统凝料在脱模时与塑件是分开的，可依靠专门的推出机构使凝料自动脱落。

1. 点浇口浇注系统凝料的推出

(1)单型腔点浇口浇注系统凝料的推出。单型腔点浇口浇注系统凝料可采用带活动浇口套或带凹槽浇口套与拉板的推出机构推出。

图 5.61 所示为带活动浇口套与挡板的推出机构，浇口套 7 以 H8/f8 的间隙配合安装在定模座板 5 中，外侧有弹簧 6，如图 5.61(a)所示。当注射机喷嘴注射完毕离开浇口套后，压缩弹簧的作用使浇口套与主流道凝料分离(松动)。开模时，拉板 3 先与定模座板 5 分开，主流道凝料从浇口套中脱出，当限位螺钉 4 起限位作用时，拉板与定模板 1 开始分开，这时拉板将浇口凝料从定模板中拉出，并在重力作用下自动脱落，如图 5.61(b)所示。当限位螺钉 2 开始限位时，动、定模分型。

图 5.62 所示为带凹槽浇口套和拉板的推出机构，带有凹槽的浇口套 7 以 H7/m6 的过渡配合固定于定模板 2 上，浇口套与拉板 4 以锥面定位，如图 5.62(a)所示。开模时，在弹簧 3 的作用下，定模板 2 与定模座板 5 首先分开，在此过程中，浇口套开有凹槽，可将主流道凝料先从定模座板中带出。当限位螺钉 6 起作用时，拉板 4 与定模板 2 及浇口套 7 脱离，同时将浇口

凝料从浇口套中拉出，并靠自重自动落下，如图 5.62(b)所示。定距拉杆 1 用来控制定模板与定模座板的分开距离。

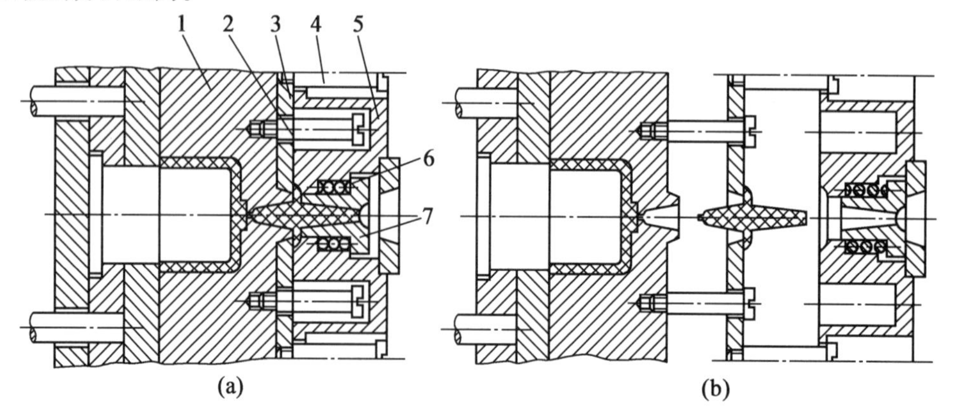

图 5.61　带活动浇口套与挡板的推出机构

1—定模板；2、4—限位螺钉；3—拉板；5—定模座板；6—弹簧；7—浇口套

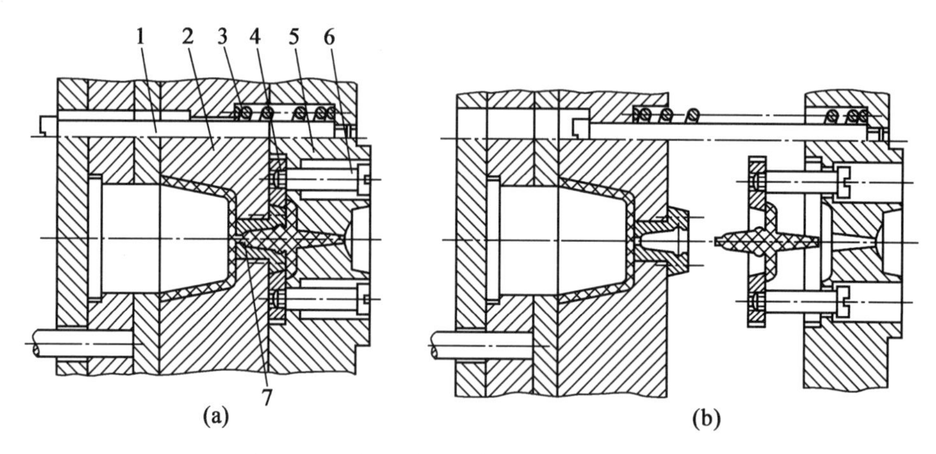

图 5.62　带凹槽浇口套与挡板的推出机构

1—定距拉杆；2—定模板；3—弹簧；4—拉板；5—定模座板；6—限位螺钉；7—浇口套

(2)多型腔点浇口浇注系统凝料的推出。对于多型腔点浇口模具，浇口位置不在主流道对面，而是在各自型腔的端部，其浇注系统凝料可利用分流道斜窝或定模推板推出。

图 5.63 所示为利用分流道斜窝拉出点浇口浇注系统凝料的结构，图 5.63(a)是合模状态。开模时，定模板 3 与定模座板 4 之间首先分型，与此同时，主流道凝料被拉料杆 1 拉出浇口套 5，分流道端部的斜窝卡住分流道凝料而迫使点浇口拉断并带出定模板 3，当定距拉杆 2 起限位作用时，主分型面分型，塑件被带往动模，浇注系统凝料脱离拉料杆 1 而自动落下，如图 5.63(b)所示。

图 5.64 所示为利用定模推板脱出点浇口浇注系统凝料的结构，图 5.64(a)是合模状态。开模时，定模推板 3 与定模座板 4 首先分型，主流道凝料在定模板上倒锥形冷料穴的作用下被拉出浇口套 5，浇口凝料连在塑件上留于定模板 2 内。当定距拉杆 1 的中间台阶面接触定模推板以后，定模板与定模推板分型，定模推板将点浇口凝料和冷料穴凝料从定模中脱出，随后浇注系统凝料靠自重自动落下，如图 5.64(b)所示。

2. 潜伏式浇口浇注系统凝料的推出

采用潜伏式浇口的模具，其推出机构也须分别设置，即在塑件上和流道凝料上都设置推出机构，在推出过程中，浇口被剪断，塑件与浇注系统凝料被各自的推出机构推出。

根据进料口位置的不同，潜伏式浇口可以开设在定模，也可以开设在动模。开设在定模的潜伏式浇口一般只能开设在塑件的外侧，而开设在动模的潜伏式浇口既可开设在塑件的外侧，也可开设在塑件内部的型芯或推杆上。

(1)潜伏式浇口在定模时浇注系统凝料的推出(图 5.65)。开模时，塑件脱开定模板 6 而包在动模型芯 4 上随动模移动，同时潜伏式浇口被切断，浇注系统凝料在动模板 5 上的倒锥穴的作用下被拉出定模随动模移动。推出机构工作时，推杆 2 将塑件从型芯 4 上推出，同时浇注系统凝料在流道推杆 1 和主流道推杆的作用下被推出动模板 5 而自动脱落。

(2)潜伏式浇口在动模时浇注系统凝料的推出(图 5.66)。开模时，塑件包在动模型芯 3 上随动模移动，浇注系统凝料在动模板 4 上倒锥穴的作用下也留在动模一侧。推出机构工作时，推杆 2 将塑件从型芯 3 上推出，同时潜伏式浇口被切断，浇注系统凝料在流道推杆 1 和主流道推杆的作用下被推出动模板 4 而自动脱落。这种形式的结构中，浇口的切断、凝料和塑件的推出是同时进行的。

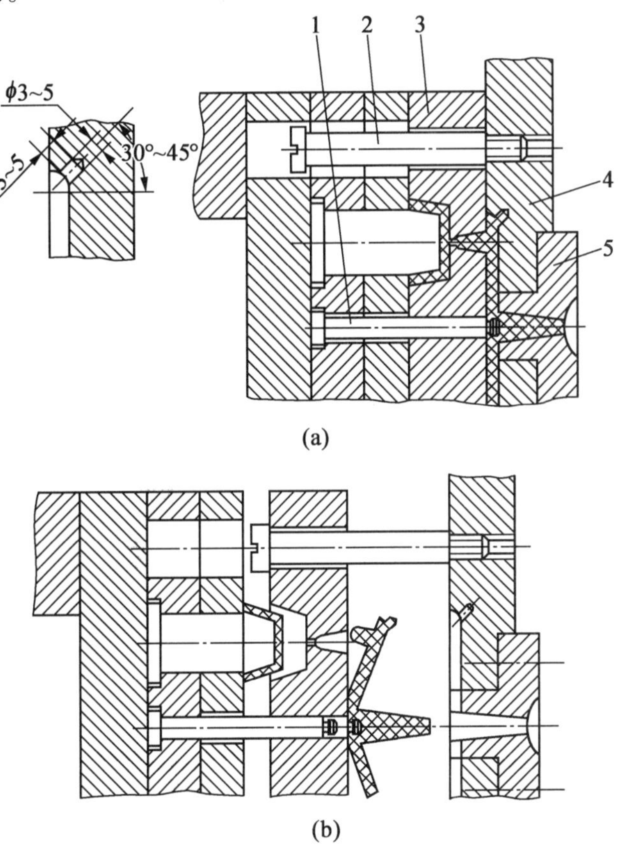

图 5.63　利用分流道斜窝拉出点浇口浇注系统凝料的结构

1—拉料杆；2—定距拉杆；3—定模板；4—定模座板；5—浇口套

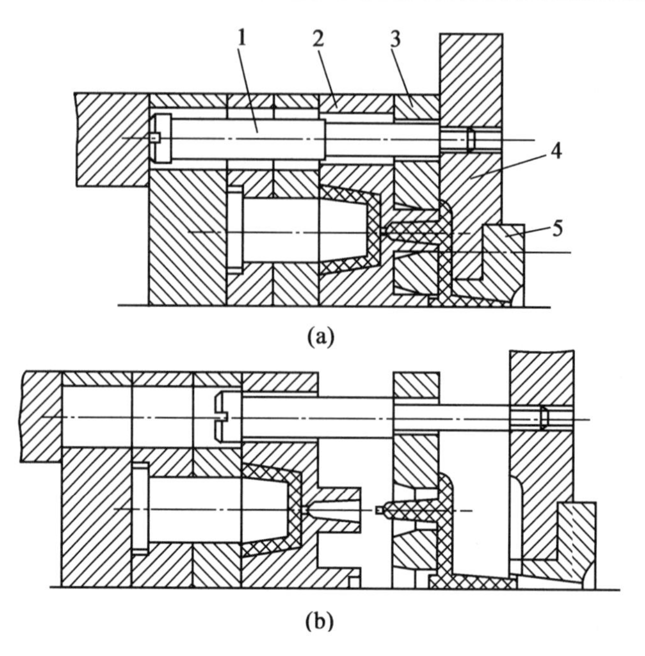

图5.64 利用定模推板脱出点浇口浇注系统凝料

1—定距拉杆;2—定模板;3—定模推板;4—定模座板;5—浇口套

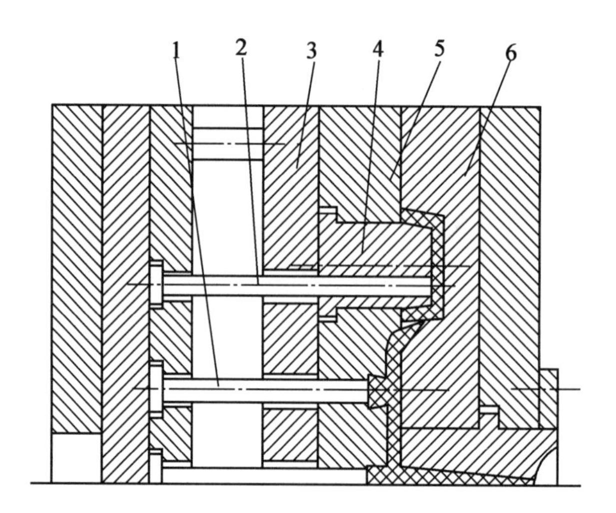

图5.65 潜伏式浇口在定模时浇注系统凝料的推出

1—流道推杆;2—推杆;3—支承板;4—型芯;5—动模板;6—定模板

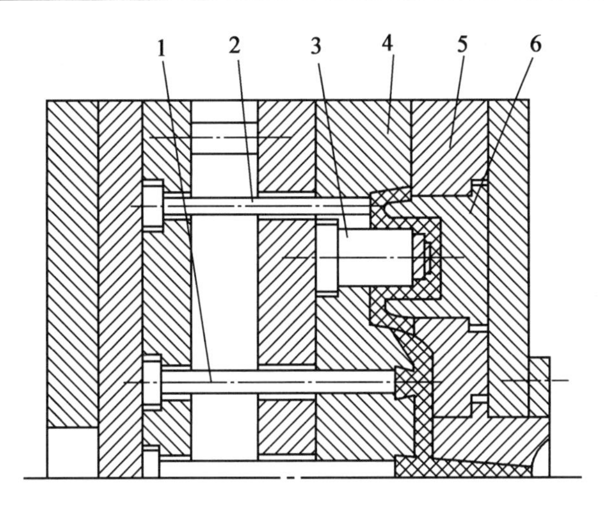

图 5.66　潜伏式浇口在动模时浇注系统凝料的推出

1—流道推杆;2—推杆;3—型芯;4—动模板;5—定模板;6—定模镶块

(3)潜伏式浇口在推杆上时浇注系统凝料的推出(图 5.67)。开模时,包在动模板 6 上的塑件和被倒锥穴拉出的主流道及分流道凝料一起随动模移动。当推出机构工作时,塑件被推杆 2 从动模板上推出,同时潜伏式浇口被切断,浇注系统凝料在流道推杆 5 和 7 的作用下被推出动模而自动脱落。这种内潜伏式浇口与上述外潜伏式浇口的不同之处在于塑件内增加了一段二次浇口的凝料,二次浇口凝料随塑件一起脱出后需人工去除。图 5.67(b)所示潜伏式浇口开在矩形推杆上,其推出机构与图 5.67(a)相同,但二次浇口必须开在矩形推杆的侧面,以便推出后能将推杆上的浇口凝料脱出。

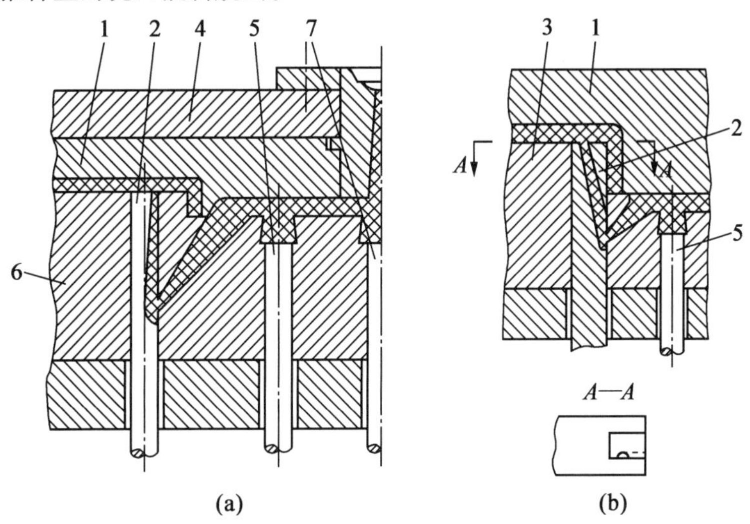

图 5.67　潜伏式浇口在推杆上时浇注系统凝料的推出

1—定模板;2—推杆;3—型芯;4—定模座板;5、7—流道推杆;6—动模板

5.4.6　带螺纹塑件的脱模机构

塑件上的螺纹通常是由螺纹型芯或螺纹型环成型的。由于螺纹具有侧向凸凹槽,所以带

螺纹的塑件需要一些特殊的脱模机构。根据塑件的螺纹部分要求和生产批量不同,常用的脱螺纹机构有强制脱螺纹机构、手动脱螺纹机构和机动脱螺纹机构等几种。

1. 强制脱螺纹机构

强制脱螺纹机构如图 5.68 所示,带内螺纹的塑件成型后包紧在螺纹型芯 1 上,通过推出机构推动推件板 2 强制塑件从螺纹型芯上脱出。强制脱螺纹的方法主要适用于螺纹部分精度要求不高、塑料的弹性较好(如聚乙烯、聚丙烯)的塑件,并且是便于脱模的半圆形粗牙螺纹。

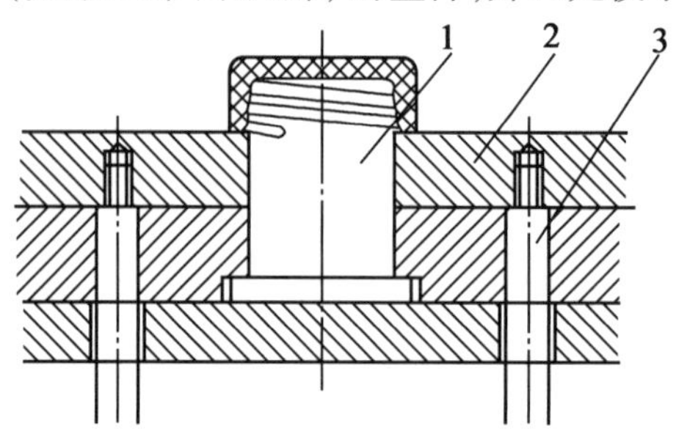

图 5.68　强制脱螺纹机构

1—螺纹型芯;2—推件板;3—推杆

2. 手动脱螺纹机构

手动脱螺纹机构结构简单,加工方便,但生产效率低,劳动强度大,适用于批量较小的塑件。

图 5.69 所示为手动脱螺纹机构。其中,图 5.69(a)是模内手动脱螺纹。开模前先借助扳手等工具手动旋转螺纹型芯,使螺纹型芯脱离塑件,再开模推出塑件。此种结构在设计上必须使螺纹型芯的成型端螺纹与非成型端螺纹的螺距相等。图 5.69(b)、(c)为模外手动脱螺纹。开模后,活动的螺纹型芯或螺纹型环随塑件一起被推出模外,在模外再用手工方式使螺纹型芯或型环脱离。这种方式模具结构简单,但操作麻烦,一般需要备有数个螺纹型芯或型环交替使用,且模外还需备有取出螺纹型芯或型环的装置,有的还需备有预热螺纹型芯或型环的装置。

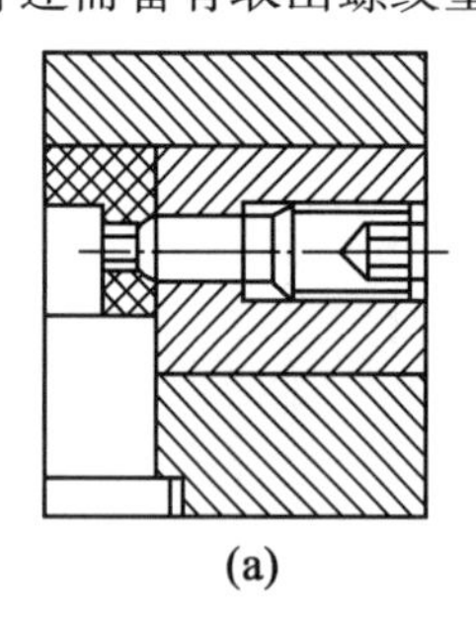

(a)

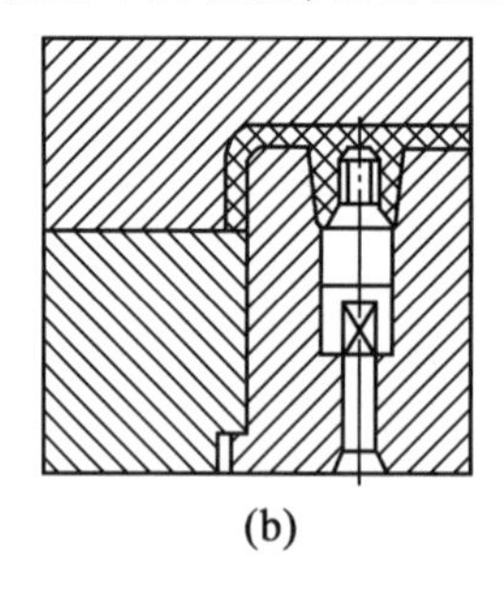

(b)

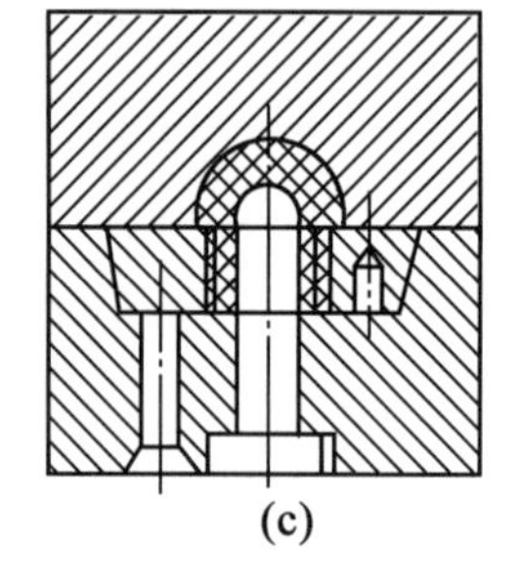

(c)

图 5.69　手动脱螺纹机构

图 5.70 所示为模内脱螺纹机构。开模后,转动手动轴 1 通过齿轮 2、3 的传动,使螺纹型芯 7 按旋出方向旋转。弹簧 4 在脱出塑件过程中始终顶住活动型芯 6,使其随塑件向脱出方向移动,活动型芯的顶端与塑件始终接触,防止塑件随螺纹型芯转动,从而使塑件能够顺利脱出。

3. 机动脱螺纹机构

机动脱螺纹机构是利用开模时的直线运动,通过齿轮齿条或丝杠的传动,带动螺纹型芯或型环做旋转运动而脱出塑件。机动脱螺纹生产效率高,劳动强度小,便于实现自动化,但模具结构复杂,成本较高,适用于大批量生产。

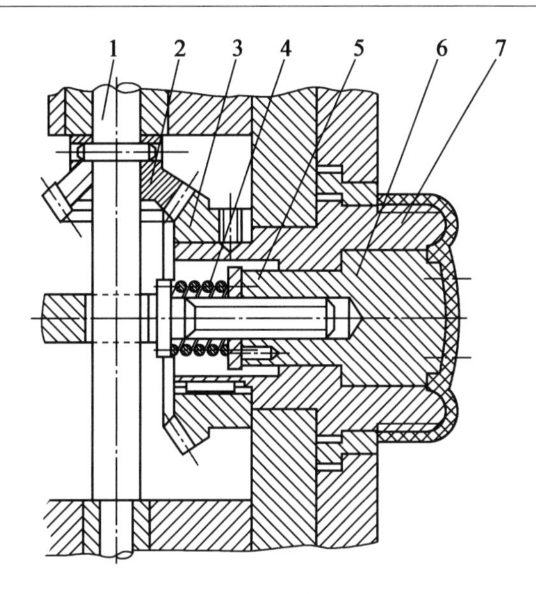

图5.70　模内手动脱螺纹机构

1—手动轴;2、3—齿轮;4—弹簧;5—花键轴;6—活动型芯;7—螺纹型芯

图5.71所示是齿轮齿条脱螺纹机构。开模时,安装于定模上的齿条1带动动模上的齿轮2转动,通过轴3及齿轮4、5、6、7的传动,使螺纹型芯8按旋出方向旋转,拉料杆9(头部有螺纹)也随之转动,从而使塑件与浇注系统凝料同时脱出,塑件依靠浇注系统凝料止转。设计该机构时,注意螺纹型芯及拉料杆上的螺纹的旋向应相反,而螺距应相同。

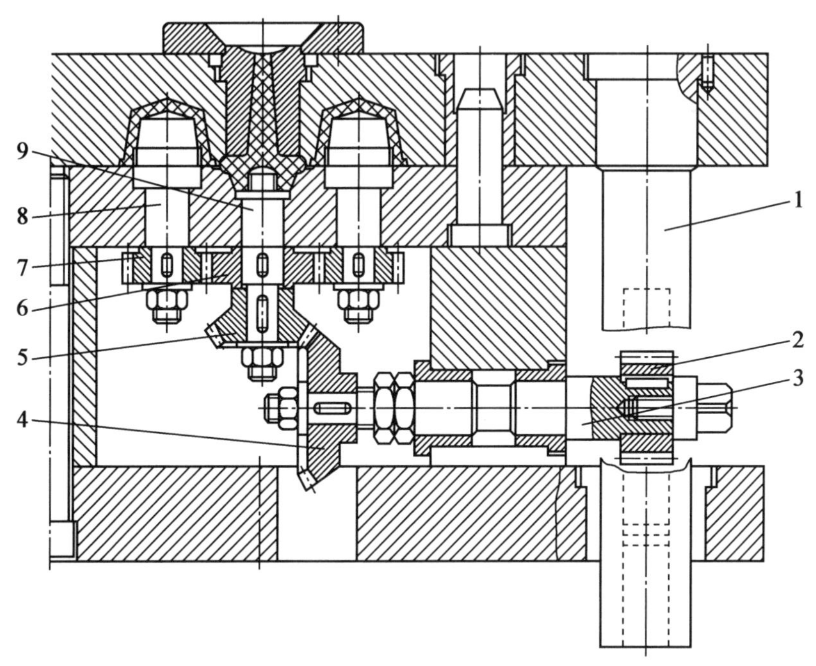

图5.71　齿轮齿条脱螺纹机构

1—齿条;2、4、5、6、7—齿轮;3—轴;8—螺纹型芯;9—拉料杆

图5.72所示为角式注射机用模具脱螺纹机构,它是利用角式注射机开、合模螺杆的旋转运动带动模内传动齿轮,使螺纹型芯旋转而脱出塑件的模具结构。弹簧6和限位螺钉5使定模板(带凹模镶件)在开模后随着动模在限位螺钉允许的距离内移动,并始终对塑件起止转作用。当定模板在限位螺钉作用下不再移动时,螺纹型芯在塑料件内尚有一个螺距未全部脱出,从而将塑件带出凹模。继续开模时,因塑件的螺纹与螺纹型芯已经松动,塑件即能全部脱出。

图5.73所示为推杆轴承旋转式脱模机构,该机构适用于斜齿轮塑件的脱模。由于塑件是斜齿轮,脱模时必须使塑件与凹模之间产生相对转动,所以把齿形凹模5固定在滚动轴承4内,减小转动阻力。脱模时,推杆2推动斜齿轮塑件,齿形凹模则做旋转运动,从而使斜齿轮不受损坏,顺利地从齿轮凹模中脱出。

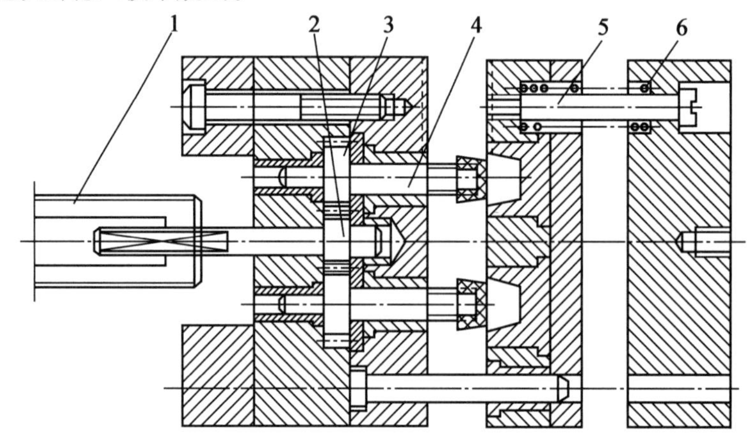

图5.72 角式注射机用模具脱螺纹机构

1—注射机开合模螺杆;2—主动齿轮;3—传动齿轮;4—螺纹型芯;5—限位螺钉;6—弹簧

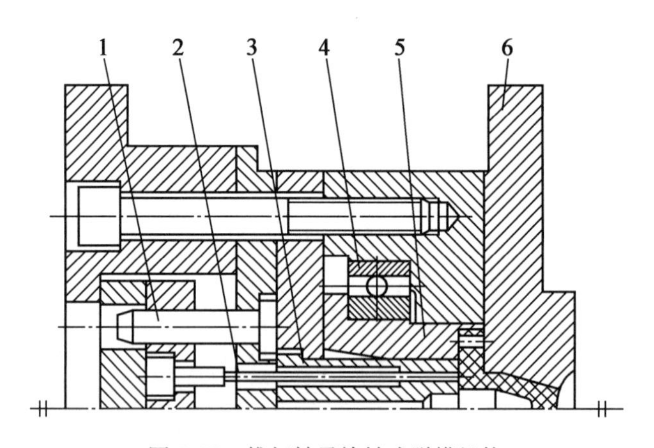

图5.73 推杆轴承旋转式脱模机构

1—导柱;2—推杆;3—镶件;4—滚动轴承;5—齿轮凹模;6—定模座板

5.5　侧向分型与抽芯机构的设计

5.5.1　侧向分型与抽芯机构的分类

侧向分型抽芯机构按其动力来源可分为手动、机动、液压或气动三大类。

1. 手动侧向分型抽芯机构

手动侧向分型抽芯机构指依靠人力进行侧向分型抽芯的机构。手动侧向分型抽芯机构结构简单,制造方便,但生产效率低,劳动强度大,且受人力限制抽拔力不能太大,故只在特殊场合下应用,如新产品试制或小批量生产等。

2. 机动侧向分型抽芯机构

机动侧向分型抽芯机构指依靠注射机的开模力,通过有关传动零件(如斜导柱、弯销等)实现侧向分型与抽芯的机构。机动分型抽芯机构的抽拔力大,操作方便,动作可靠,生产效率高,便于实现自动化,故生产中应用广泛。机动侧向分型抽芯机构按传动方式不同又可分为斜导柱侧抽芯、弯销侧抽芯、斜滑块侧抽芯、齿轮齿条侧抽芯以及弹簧侧抽芯等多种,其中又以斜导柱和斜滑块侧抽芯最为常用。

3. 液压或气动侧向分型抽芯机构

液压或气动侧向分型抽芯机构指在模具上配置专门的液压缸或气缸,通过液压或气压传动来实现侧向分型与抽芯的机构。液压或气动侧向分型抽芯机构传动平稳,抽拔力大,抽芯距长,动作灵活且不受开模行程限制,特别适用长侧孔或大型塑件的抽芯。目前一些较大型的注射机自身配置有液压抽芯装置,使用较方便。

5.5.2　斜导柱侧向分型与抽芯机构

1. 斜导柱侧向分型与抽芯机构结构及工作原理

斜导柱侧向分型与抽芯机构主要由斜导柱、滑块、滑块的定位与楔紧装置等组成。斜导柱侧向分型抽芯机构的工作原理如图5.74所示,斜导柱3固定在定模座板2上,侧型芯5固定在滑块8上,滑块可以在动模板7的导滑槽内滑动。图5.74(a)为合模状态。开模时,开模力通过斜导柱作用在滑块上,迫使滑块沿着动模板上的导滑槽做侧向滑动,直至斜导柱完全脱离滑块,侧型芯与塑件分离,完成侧向分型抽芯动作,如图5.74(b)所示。开模结束的同时,由推出机构的推管6将塑件从主型芯上推出,如图5.74(c)所示。合模时,合模力又通过斜导柱带动滑块和侧型芯复位,同时推出机构复位(此结构要求推出机构先于侧抽芯机构复位),图5.74(d)为合模时斜导柱重新插入滑块开始复位的状态。楔紧块1在合模后楔紧滑块,防止注射过程中因熔体压力过大而使滑块产生位移或使斜导柱发生弯曲变形。限位挡块9、螺钉11和弹簧10构成滑块的定位装置,保证滑块停留在抽芯后的位置,使合模时斜导柱能准确地进入滑块的斜孔而使滑块复位。

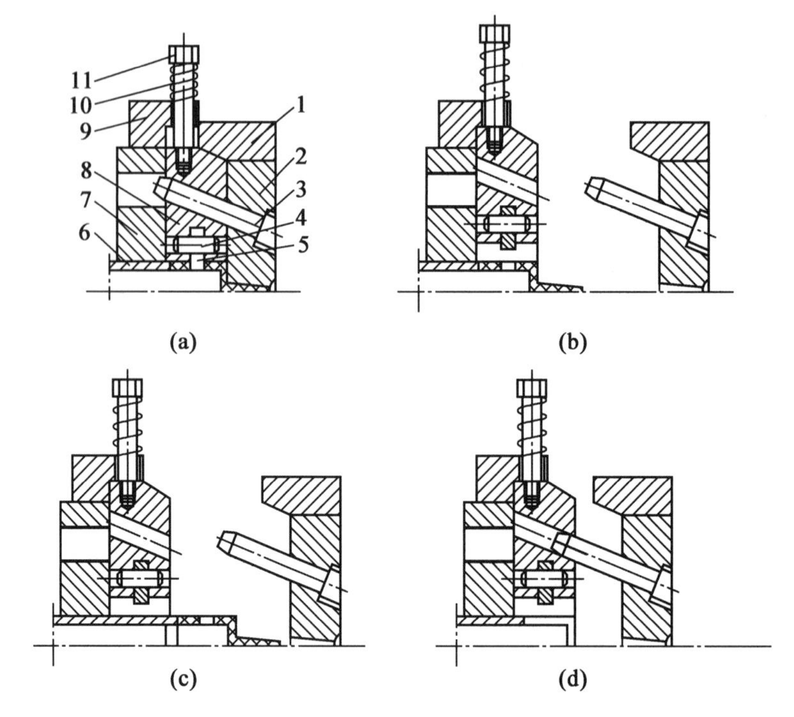

图 5.74　斜导柱侧向分型抽芯机构的工作原理

1—楔紧块;2—定模座板;3—斜导柱;4—销钉;5—侧型芯;6—推管;7—动模板;8—滑块;9—限位挡块;10—弹簧;11—螺钉

2. 斜导柱侧向分型与抽芯机构设计

(1)斜导柱设计。斜导柱是斜导柱分型与抽芯机构的关键零件之一。设计斜导柱时,先根据塑件要求计算出所需的抽拔力与抽芯距,然后再根据其他因素确定斜导柱的结构、直径及长度。

①抽拔力与抽芯距的确定。抽拔力是将侧型芯从塑件上抽出所需要的力。抽拔力主要包含克服因塑件收缩时包紧侧型芯而产生的摩擦力,对不穿通的侧孔或侧凹,抽拔时还需克服大气压力。此外,还需克服机构本身运动的摩擦阻力。但通常情况下,开始抽拔的瞬间所需要克服的阻力最大,所以计算抽拔力的时候一般只计算初始抽拔力。

侧抽芯的初始抽拔力可以按下式估算:

$$F_c = Ap(\mu\cos\alpha - \sin\alpha) \tag{5.20}$$

式中　F_c——抽拔力(N);

A——塑件包紧侧型芯的面积(mm^2);

p——因塑件收缩对型芯产生的单位面积上的包紧力(MPa),一般取 $p = 12 \sim 20$ MPa,薄件取小值,厚件取大值;

μ——塑件在热状态下对钢的摩擦系数,一般取 $\mu = 0.15 \sim 0.2$;

α——侧型芯的脱模斜度(°),一般取 $1° \sim 2°$。

抽芯距是指将侧型芯从成型位置抽至不妨碍塑件推出时的位置所需的距离。一般抽芯距等于塑件侧孔或侧凹深度另加 2～3 mm 安全距离,即

$$S_c = h + (2 \sim 3)\,\text{mm} \tag{5.21}$$

式中　S_c——抽芯距(mm);

h——塑件侧孔或侧凹深度(mm)。

但在某些特殊情况下,抽芯距的计算有所不同,应根据塑件实际结构尺寸确定。如圆形骨架类塑件(图5.75),其抽芯距就不等于侧凹深度 h,因为滑块抽至 h 时,塑件的外形仍不能脱开滑块的内径。这时,为了推出塑件,其抽芯距应为

$$S_c = S_1 + (2 \sim 3)\,\text{mm} = \sqrt{R^2 - r^2} + (2 \sim 3)\,\text{mm} \tag{5.22}$$

式中 S_1——抽芯的最小距离(mm);

R——骨架塑件的台肩半径(mm);

r——骨架塑件的腰部半径(mm)。

②斜导柱的结构形状及安装形式。斜导柱的结构形状如图5.76所示,其中图5.76(a)为普通形式,其截面一般为圆形;图5.76(b)是为了减小斜导柱与滑块间的摩擦,将斜导柱的非工作面铣去两个相对平面,其宽度 b 一般为斜导柱直径的80%。为了便于斜导柱导入滑块,斜导柱的头部通常做成半球形或圆锥形,呈圆锥形时其半锥角应大于斜导柱的斜角 α,以免在斜导柱的有效长度脱离滑块后其头部仍然继续驱动滑块。斜导柱工作表面的表面粗糙度 Ra 值一般不大于0.8 μm。

斜导柱的安装形式如图5.77所示。其安装部分与模板之间采用H7/m6或H7/n6的过渡配合。因滑块运动的平稳性由滑块与导滑槽之间的配合精度保证,合模时滑块的最终位置又是由楔紧块保证,斜导柱只起驱动滑块的作用,故为了运动灵活,斜导柱与滑块间可采用较松的间隙配合(如H11/h11),或保持0.5~1 mm的间隙。有时为了使滑块的运动滞后于开模运动,其配合间隙可以放大到1 mm以上。

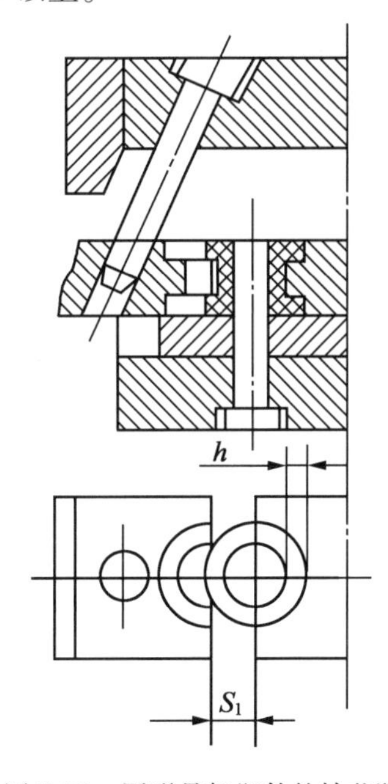

图5.75 圆形骨架塑件的抽芯距

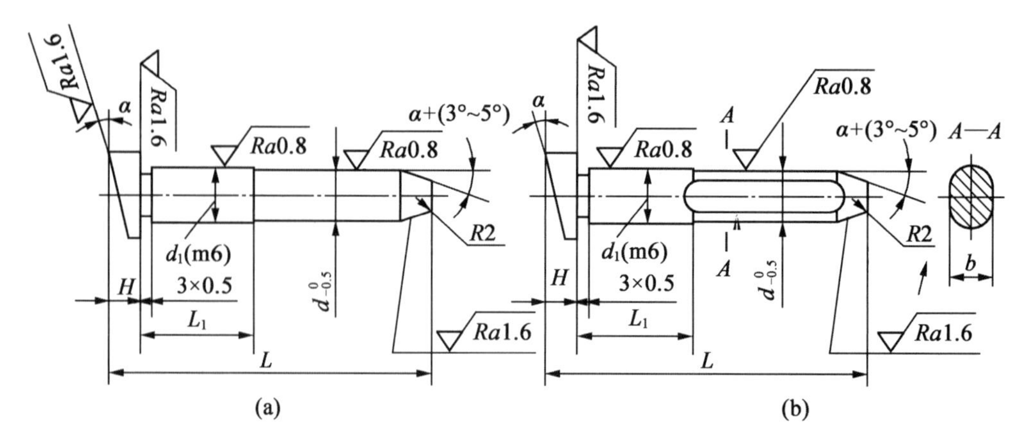

图 5.76　斜导柱的结构形状

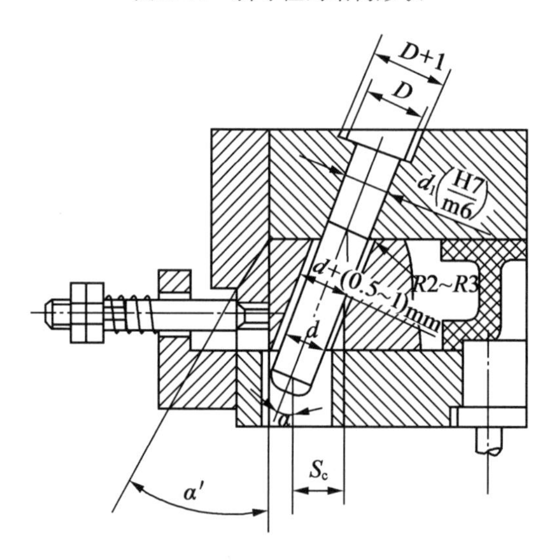

图 5.77　斜导柱的安装形式

③斜导柱工作参数的确定。斜导柱的工作参数包括斜角 α、直径 d 和长度 L 等。现分述如下。

a. 斜导柱斜角的确定。斜导柱的斜角是斜导柱抽芯机构的一个重要参数，它的大小既关系到开模所需的力、斜导柱所受的弯曲力和实际所得到的抽拔力，又关系到斜导柱的有效长度、抽芯距及开模行程，如图 5.78 所示。

图 5.78(b)可以看出，若不考虑斜导柱与导滑孔及滑块与导滑槽之间的摩擦，则斜导柱所受的弯曲力、抽拔力和开模力与斜角的相互关系如下：

$$F_w = F_r = F_c / \cos \alpha \tag{5.23}$$

$$F_k = F_w \sin \alpha = F_c \tan \alpha \tag{5.24}$$

式中　F_w——斜导柱所受的弯曲力(N)；

F_r——斜导柱作用于滑块的正压力(N)；

F_c——抽拔力(N)；

F_k——抽出侧型芯所需的开模力(N)；

α——斜导柱的斜角(°)。

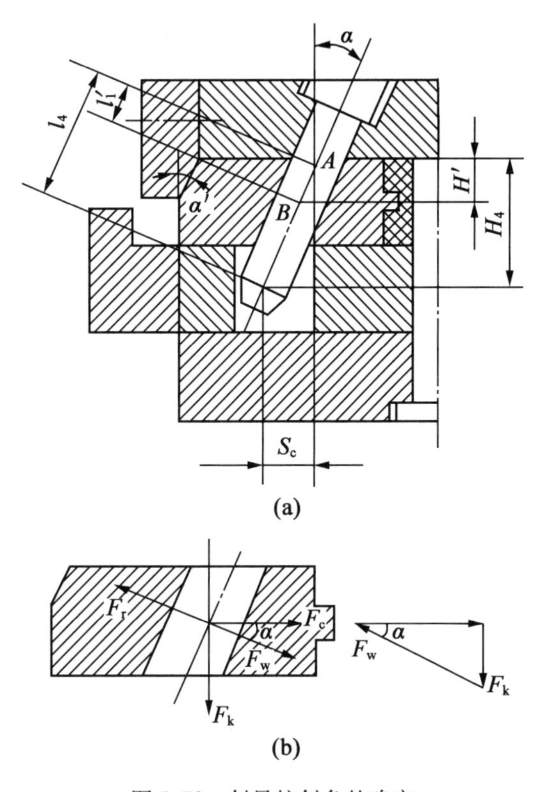

图5.78　斜导柱斜角的确定

(a)斜导柱的斜角与工作长度、抽芯距及开模行程的关系;(b)滑块的受力分析

由式(5.23)和(5.24)可知,当 α 增大时,要获得相同的抽拔力,则斜导柱所受的弯曲力要增大,同时所需的开模力也增加。因此,从希望斜导柱受力较小的角度考虑,α 越小越好。但是当抽芯距一定时,α 的减小必然导致斜导柱工作部分长度的增加及开模行程的增大,从图5.78(a)中可以看出,它们之间的关系如下:

$$l_4 = S_c/\sin\alpha \tag{5.25}$$

$$H_4 = S_c\cot\alpha \tag{5.26}$$

式中　l_4——抽芯距为 S_c 时斜导柱工作部分长度(mm);

H_4——完成抽芯距 S_c 所需的开模行程(mm)。

因为 l_4 过大会降低斜导柱的刚性,而 H_4 的增大又受到注射机开模行程的限制,所以斜导柱斜角的确定应综合考虑斜导柱本身的强度、刚度和注射机开模行程。实际生产中,斜导柱的斜角一般取 $\alpha = 15° \sim 20°$,最大不超过25°。

b. 斜导柱直径的确定。斜导柱的直径取决于所承受的最大弯曲力,而弯曲力又与抽拔力及其位置、斜导柱斜角等有关(图5.78)。根据斜导柱强度条件,可推得斜导柱的计算公式为

$$d = \sqrt[3]{\frac{F_w l_1'}{0.1[\sigma_w]}} \tag{5.27}$$

或

$$d = \sqrt[3]{\frac{F_w H'}{0.1\cos\alpha[\sigma_w]}} \tag{5.28}$$

式中　d——斜导柱直径(mm);

l_1'——弯曲力作用点 B 距斜导柱伸出部分根部 A 点的距离(mm)；

H'——侧型芯中心距 A 点的垂直距离(mm)；

$[\sigma_w]$——斜导柱材料的许用弯曲应力，对碳钢 $[\sigma_w]=137.2$ MPa。

c. 斜导柱长度的确定。斜导柱的长度主要根据抽芯距、固定端模板的厚度、斜导柱直径及斜角的大小确定。如图5.79所示，斜导柱长度计算式为

$$L=l_1+l_2+l_4+l_5=\frac{D}{2}\tan\alpha+\frac{h_a}{\cos\alpha}+\frac{S_c}{\sin\alpha}+(5\sim10)\text{mm} \tag{5.29}$$

式中　L——斜导柱总长度(mm)；

l_1、l_2——斜导柱固定部分长度(mm)；

l_4——抽芯距为 S_c 时斜导柱工作部分长度(mm)；

l_5——斜导柱引导部分长度，一般取5~10 mm；

D——斜导柱固定部分大端台肩直径(mm)；

h_a——斜导柱固定板厚度(mm)。

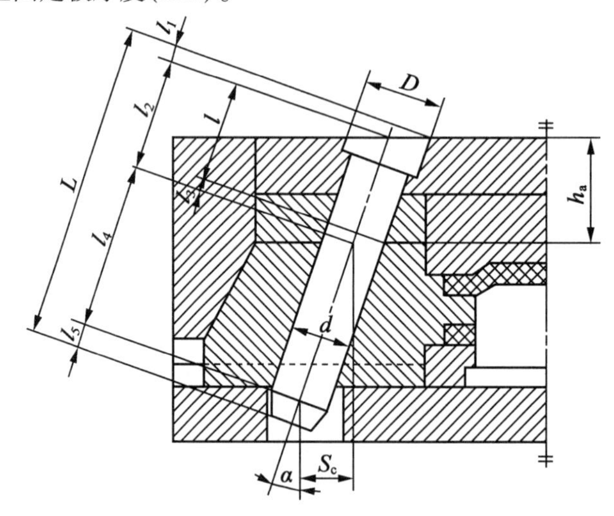

图5.79　斜导柱长度的确定

(2)滑块与导滑槽设计。滑块在斜导柱分型抽芯机构中是运动零件，工作时由斜导柱驱动其沿导滑槽运动，实现对侧型芯的抽出与复位。

①滑块与侧型芯的连接方式。滑块与侧型芯可制成整体式和组合式两种结构形式。整体式只用于形状简单的侧型芯，或瓣合式侧型腔滑块(如线圈骨架的侧型腔滑块等)。组合式可节省优质模具钢，便于加工、修配和更换损坏的侧型芯，所以生产中广泛采用。常见滑块与侧型芯的连接形式如图5.80所示。其中，图5.80(a)是小型芯在固定部分尺寸增大后用H7/m6的配合压入滑块，然后用圆销固定，如果型芯尺寸较大，固定端也可不增大；图5.80(b)是为了提高型芯强度，适当增大型芯固定端尺寸，并用两个骑缝销固定；图5.80(c)是采用燕尾槽连接，适用于尺寸较大的型芯；图5.80(d)是在型芯的后部做出台肩，从滑块后面以过渡配合压入后用螺塞固定，适用细小型芯的连接；图5.80(e)采用通槽嵌装和销钉固定，适用于薄片状型芯的连接；图5.80(f)采用固定板固定型芯，将型芯压入固定板后再用螺钉和销钉固定在滑块上，适用于多个型芯的固定。

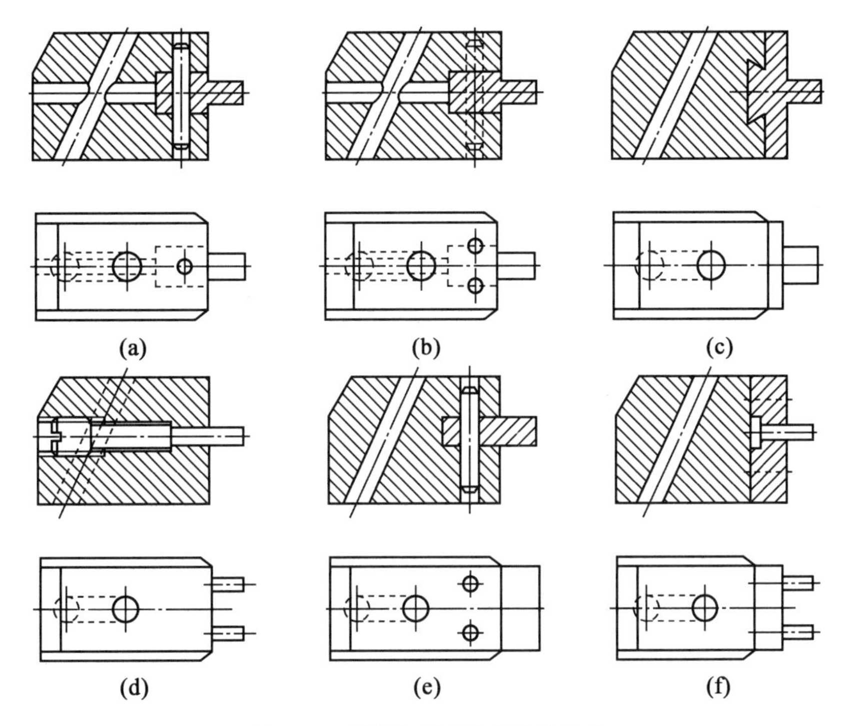

图 5.80　滑块与侧型芯的连接形式

②滑块的导滑形式。为了保证侧型芯可靠地抽出和复位，滑块在导滑槽内必须很好地配合和导滑。滑块与导滑槽的配合形式根据模具大小、结构及塑件生产批量等确定，常见的形式如图 5.81 所示。其中，图 5.81(a) 是整体式滑块和整体式导滑槽，结构紧凑，但制造较困难，精度难以控制，主要用于小型模具；图 5.81(b) 表示导滑部分在滑块中部，改善了斜导柱的受力状态，适用于滑块上、下均无支承板的情况；图 5.81(c) 是组合式结构，容易加工和保证精度；图 5.81(d) 表示导滑基准在中间的镶块上，可减小加工基准面；图 5.81(e) 表示导滑槽的基准可以按滑块来决定，便于加工和装配；图 5.81(f) 的导滑槽由两块镶条组成，镶条可经热处理后进行磨削加工，既保证了导滑精度又耐磨。

滑块与导滑槽之间的配合部分一般按 H8/f7 或 H8/f8 间隙配合，非配合部分可留 0.5 ~ 1 mm 间隙。滑块的滑动部位和导滑槽的导滑面的表面粗糙度 Ra 应不大于 0.8 μm。

③滑块的导滑长度。滑块的导滑长度 L 不能太短，一般应大于滑块宽度 B 的 1.5 倍，以免滑块在滑动过程中发生偏摆和卡滞现象。同时，为了防止滑块复位时在导滑槽中倾斜或造成模具损坏，滑块在完成抽拔动作后，留在导滑槽中的长度 l 应不小于滑块导滑长度 L 的 2/3，如图 5.82(a) 所示。有时当模具尺寸不宜加大，而导滑长度不够时，可在模具上采取延长导滑槽的方法，如图 5.82(b) 所示。对于宽度较大的滑块，也可在滑块上开设两个斜导柱孔，用两根斜度一致的斜导柱驱动，但必须在加工和装配时保证两斜导柱同步带动滑块，否则滑块易产生偏摆和卡滞现象。

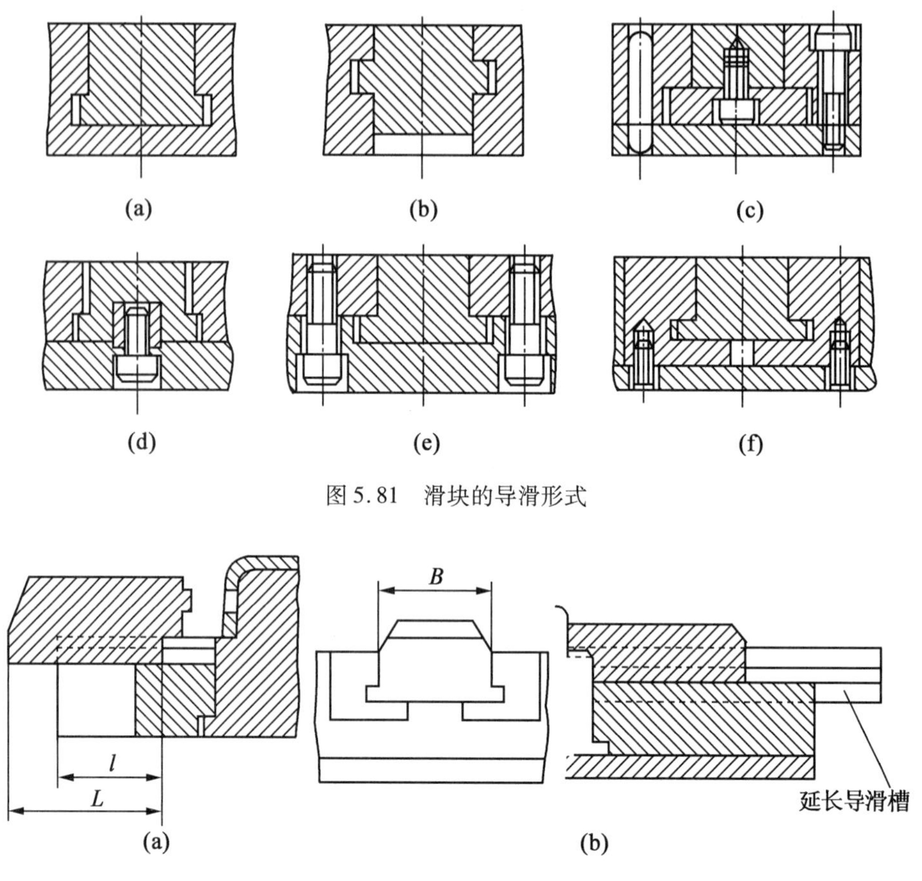

图 5.81 滑块的导滑形式

图 5.82 滑块的导滑长度

④滑块的定位装置。为了保证合模时斜导柱能准确可靠地进入滑块的斜孔,滑块在完成抽芯动作后必须停留在所要求的位置上,不可任意滑动。为此,必须设置灵活、可靠的滑块定位装置。图 5.83 所示为几种常见的滑块定位装置,其中图 5.83(a)是利用滑块的自重停靠在限位挡块上而定位,其结构简单,适用于向下抽芯的模具;图 5.83(b)是依靠弹簧力使滑块停留在限位挡块上而定位,适用于任何方向抽芯的模具,但弹簧的弹力应是滑块自重的 1.5～2 倍;图 5.83(c)、(d)、(e)是利用弹簧与活动顶销或钢球定位,需在滑块底面的相应部位加工定位凹坑,弹簧钢丝直径可取 1～1.5 mm,这几种结构适用于水平方向抽芯的模具。

(3)楔紧块设计。在注射成型过程中,侧型芯在抽芯方向往往会受到型腔内塑料熔体的强大压力,这种压力通过滑块传递给斜导柱,会使斜导柱产生弯曲,所以需要设置楔紧块来承受这种压力。另外,由于斜导柱与滑块的配合间隙较大,合模后也要楔紧块来保证侧型芯的正确位置。

①楔紧块的结构形式。楔紧块的结构形式根据滑块受力大小、磨损情况及塑件精度等因素确定。常用楔紧块的结构形式如图 5.84 所示,其中图 5.84(a)的楔紧块与定模板是一整体,其结构牢固,刚性好,能承受较大的侧压力,但加工较麻烦,且耗材较多,磨损后不便于修复或更换;图 5.84(b)中的楔紧块用螺钉、销钉固定,制造容易,调整方便,易于更换,但承受侧压的能力较差,一般用于侧压力不太大的场合;图 5.84(c)是用 T 形槽固定楔紧块后用销钉定位,可承受较大的侧压力,但磨损后也不易调整,适用于模板尺寸不大的场合;图 5.84(d)是整

体镶入式，可用螺钉加固，刚性较好，修配较方便，适用于模板尺寸较大的情况；图5.84(e)、(f)都是对楔紧块起加强作用的结构，适用于侧压力很大的场合。

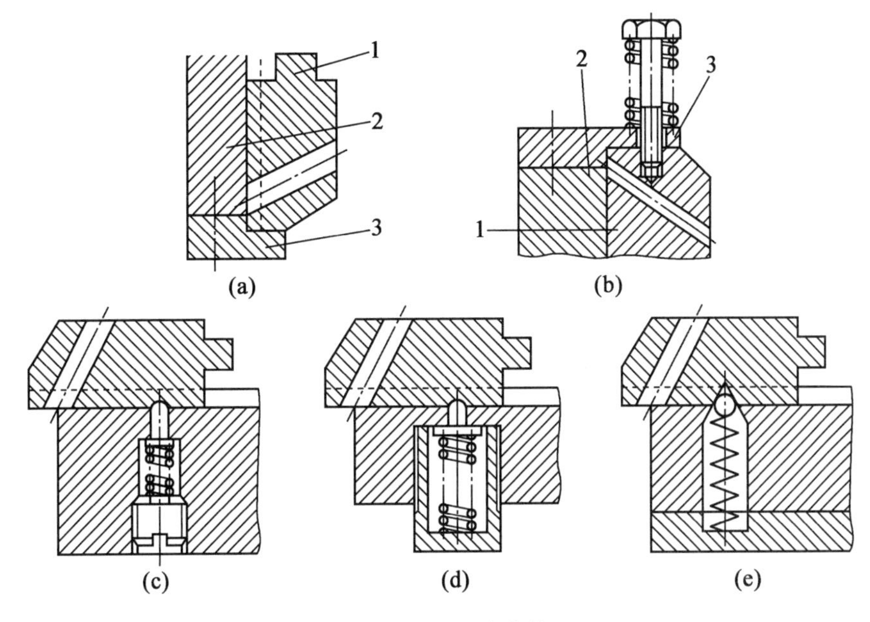

图5.83　滑块的定位装置

1—滑块；2—导滑板；3—限位挡板

②楔紧块的楔角。楔紧块的工作面是斜面，其斜角称为楔角。为了保证楔紧块斜面能在合模时楔紧滑块，开模时又能先一步避开滑块的后退动作，楔紧块的楔角 α' 应略大于斜导柱的斜角 α(图5.77)。一般取 $\alpha' = \alpha + (2° \sim 3°)$。

3. 斜导柱侧向分型与抽芯机构的应用形式

斜导柱和滑块在模具的不同安装位置，组成了侧向分型与抽芯机构的不同应用形式。不同的应用形式具有不同的特点和需要注意的问题，在设计时应根据塑件的具体要求合理选用。

(1)斜导柱安装在定模、滑块安装在动模。这种结构形式是斜导柱分型抽芯机构中应用最广泛的形式，它既可用于单分型面注射模，也可用于双分型面注射模。图5.4及图5.74所示即属于单分型面模具中的这类形式。图5.85所示为斜导柱在定模、滑块在动模的双分型面注射模，属于双分型面的这类形式，斜导柱5固定在中间板8上，侧型芯滑块6固定在动模板4上。开模时，A 分型面首先分型，以便取出浇注系统凝料。继续开模，当拉杆导柱11开始限位时(即左端台肩碰到导套12时)B 分型面开始分型，这时斜导柱驱动滑块在动模板的导滑槽内做侧向抽芯，最后推出机构开始工作，由推管2推出塑件。

设计斜导柱安装在定模、滑块安装在动模的侧向分型抽芯机构时，必须注意滑块与推杆(或推管)在合模复位过程中不能发生干涉现象。干涉现象是指在合模过程中滑块的复位先于推杆或推管的复位而致使侧型芯与推杆或推管相碰，造成侧型芯或推杆(或推管)损坏的事故。侧型芯与推杆或推管发生干涉的可能性出现在两者垂直于开模方向的投影发生重合的情形，如图5.86所示。

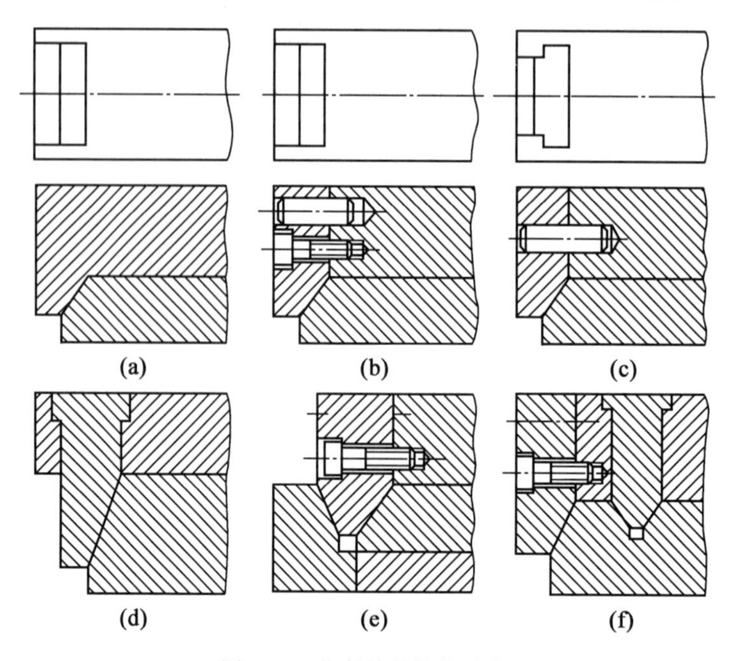

图 5.84 楔紧块的结构形式

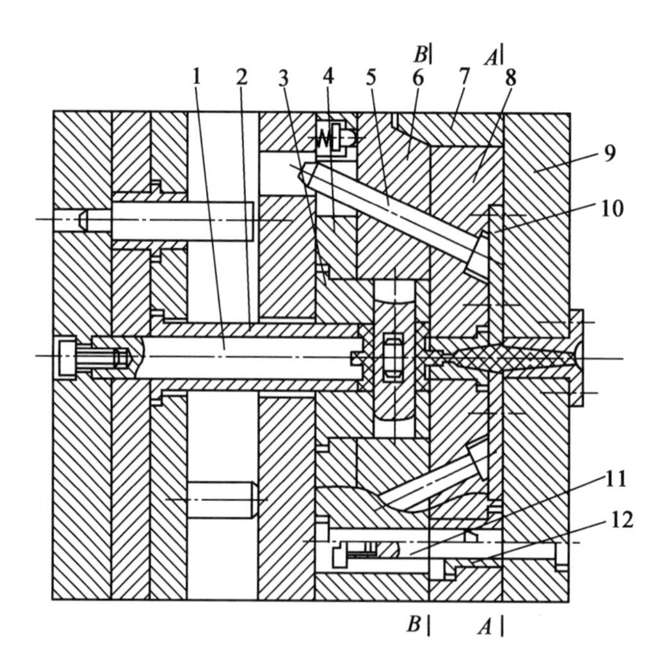

图 5.85 斜导柱在定模、滑块在动模的双分型面注射模

1—型芯;2—推管;3—动模镶块;4—动模板;5—斜导柱;6—侧型芯滑块;7—楔紧块;8—中间板;9—定模座板;10—垫板;11—拉杆导柱;12—导套

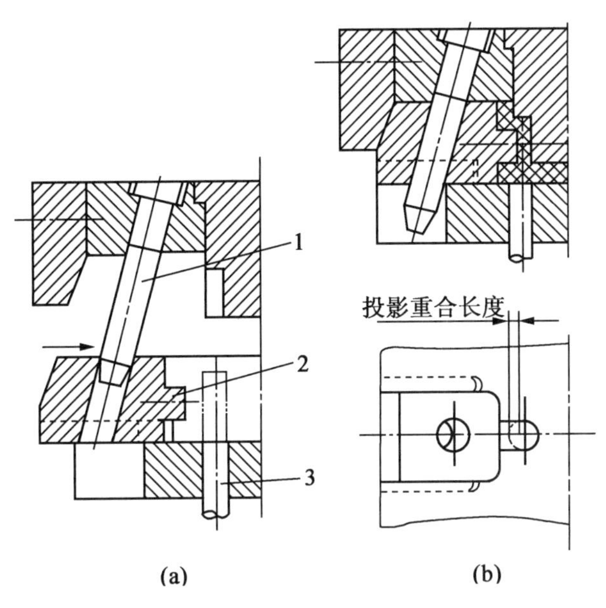

图5.86 侧向抽芯时的干涉现象

(a)侧型芯开始复位;(b)复位及合模结束

1—斜导柱;2—侧型芯滑块;3—推杆

①避免发生干涉的条件。要避免干涉现象的发生,在模具结构允许的条件下,应避免在侧型芯的投影范围内设置推杆或推管。如果受到模具结构限制必须在侧型芯投影范围内设计推杆或推管,应该使推杆或推管的推出位置低于侧型芯底面,当这一条件也不能满足时,就必须分析产生干涉的临界条件,并采取措施使推出机构先复位后才使侧型芯滑块复位,这样才能避免干涉的产生。

图5.87所示为不发生干涉的条件。其中,图5.87(a)为开模抽芯后推杆推出塑件的状态;图5.87(b)是合模复位时,复位杆使推杆复位、斜导柱使侧型芯复位且不发生干涉的临界状态;图5.87(c)是合模复位完毕的状态。从图中可知,在不发生干涉的临界状态下,侧型芯已经复位了S',还需复位的距离是$S_c-S'=S_0$(S_c为抽芯距),而此时推杆需复位的距离为h_c,如果完全复位,应满足如下条件:

$$h_c=S_0\cot\alpha$$

或

$$S_0=h_c\tan\alpha \tag{5.30}$$

式中 S_0——在垂直于合模方向上,侧型芯与推杆投影在抽芯方向重合的距离(mm);

h_c——在完全合模状态下,推杆端面距侧型芯的最近距离(mm);

α——斜导柱的斜角(°)。

在完全不发生干涉的情况下,需要在临界状态时侧型芯与推杆还应有一段微小的距离Δ。因此,不发生干涉的条件是

$$h_c\tan\alpha=S_0+\Delta$$

或

$$h_c\tan\alpha>S_0 \tag{5.31}$$

在一般情况下,只要使$h_c\tan\alpha-S_0>0.5$ mm即可避免干涉。如果实际情况无法满足这个

条件,则必须设计推杆的先复位机构。

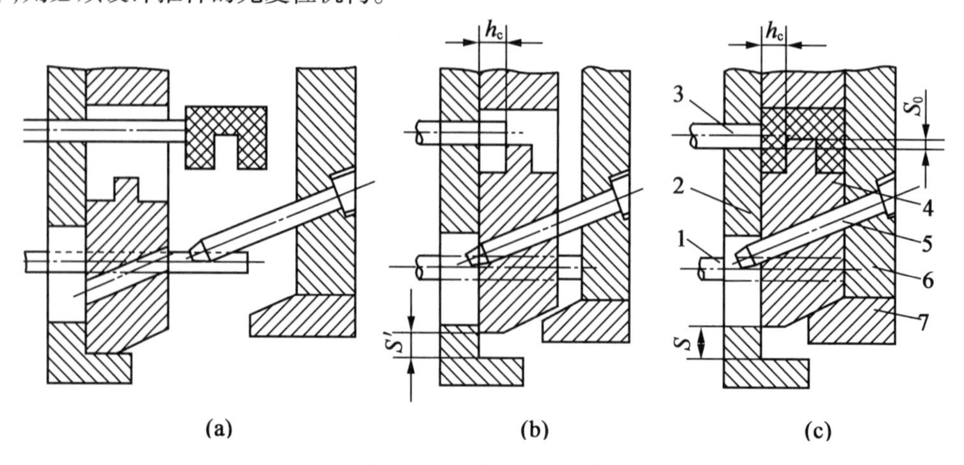

图 5.87 不发生干涉的条件

1—复位杆;2—动模板;3—推杆;4—侧型芯滑块;5—斜导柱;6—定模座板;7—楔紧块

②推杆(推管)先复位机构。推杆或推管先复位机构的类型很多,这里介绍几种常见的先复位机构。

a. 楔杆—三角滑块式先复位机构(图 5.88)。楔杆 1 固定在定模内,三角滑块 4 安装在推管固定板 6 的导滑槽内。在合模状态下,楔杆与三角滑块的斜面仍然接触,如图 5.88(a)所示。开始合模时,楔杆与三角滑块的接触先于斜导柱 2 与侧型芯滑块 3 的接触,图 5.88(b)所示为楔杆接触三角滑块的初始状态。继续合模时,在楔杆作用下,三角滑块在向下移动的同时迫使推管固定板向左移动,使推管的复位先于侧型芯滑块的复位,从而避免推管与侧型芯干涉。

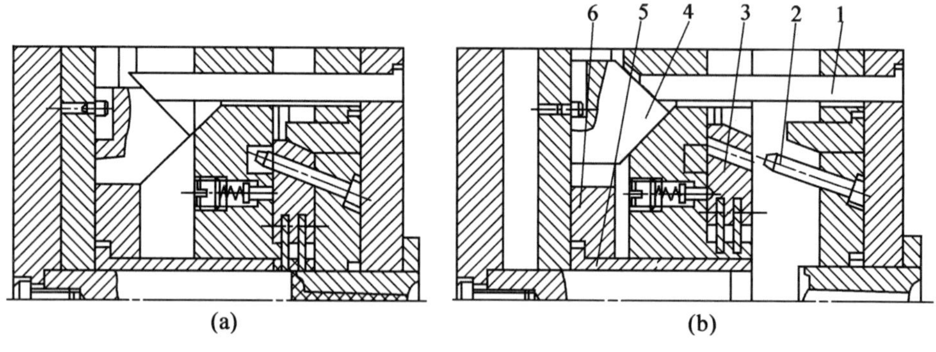

图 5.88 楔杆—三角滑块式先复位机构

(a) 合模状态;(b) 楔杆接触三个滑块的初始状态

1—楔杆;2—斜导柱;3—侧型芯滑块;4—三角滑块;5—推管;6—推管固定板

b. 楔杆—摆杆式先复位机构(图 5.89)。其结构与楔杆—三角滑块式先复位机构相似,不同的是用摆杆代替了三角滑块。图 5.89(a)为合模状态,图 5.89(b)为开模状态,楔杆 1 固定在定模上,摆杆 4 一端用转轴固定在支承板 3 上,另一端装有滚轮并与推板 6 接触。合模时,楔杆推动摆杆上的滚轮,迫使摆杆绕转轴作逆时针方向摆动,同时推动推杆固定板 5 向左移动,使推杆的复位先于侧型芯滑块的复位。为了防止滚轮与推板之间的磨损,在推板上常镶有经淬火过的垫板。这种机构因摆杆可以较长，故推杆的先复位距离可以较大。

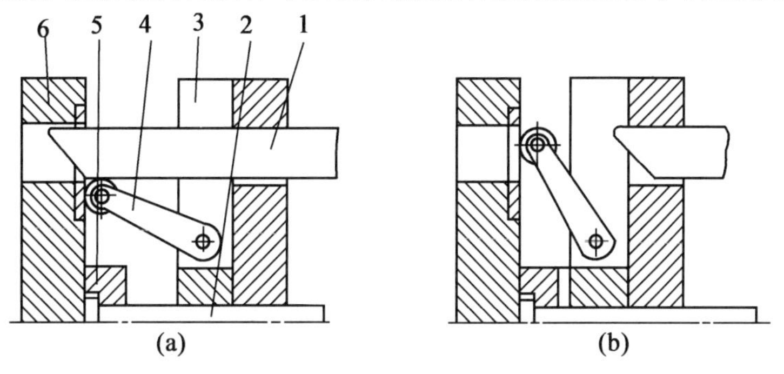

图5.89　楔杆—摆杆式先复位机构

(a)合模状态；(b)开模状态

1—楔杆；2—推杆；3—支承板；4—摆杆；5—推杆固定板；6—推板

c. 弹簧式先复位机构。弹簧式先复位机构是利用弹簧的弹力使推出机构在合模之前进行复位，弹簧安装在推杆固定板与支承板之间，可以套装在推杆(推管)、复位杆或专用的定位杆上，如图5.49所示。弹簧先复位机构的结构简单，安装方便，但弹簧的力量较小，而且易疲劳失效，可靠性差，一般只适用于复位力不大的情况，并且需要定期更换弹簧。

(2)斜导柱安装在动模、滑块安装在定模。这种结构由于侧型芯安装在定模，而开模时一般塑件包紧在动模部分的型芯上，这样脱模与侧抽芯不能同时进行，两者之间要有一个滞后的过程。

图5.90所示为斜导柱在动模、滑块在定模的结构之一，先脱模后抽芯的结构无须设置推出机构，其凹模为可侧向移动的对开式侧滑块，斜导柱5与凹模侧滑块3上的斜导柱孔之间存在较大的间隙C($C=2\sim4$ mm)。开模时，在凹模侧滑块侧向移动之前，动、定模将先分开一段距离h($h=C/\sin\alpha$)，同时由于凹模侧滑块的约束，塑件与凸模4也脱开一段距离h，然后斜导柱才与侧滑块接触，侧向分型抽芯动作开始。这种模具的结构简单，加工方便，但塑件需用人工从对开式侧滑块之间取出，操作不方便，劳动强度较大，生产效率较低，因此仅适用于小批量简单塑件的生产。

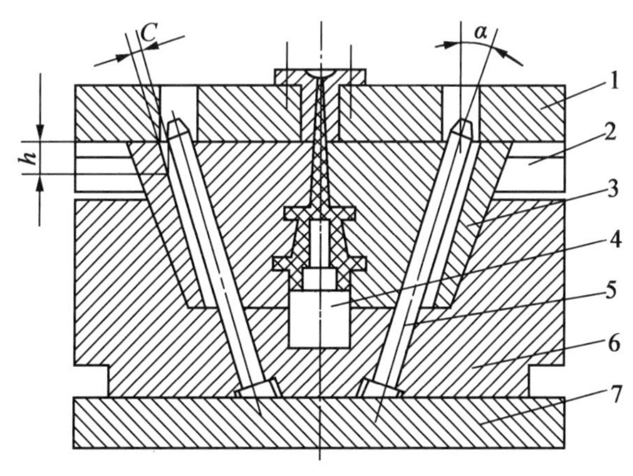

图5.90　斜导柱在动模、滑块在定模的结构之一

1—定模座板；2—导滑槽；3—凹模侧滑块；4—凸模；5—斜导柱；6—动模板；7—动模座板

图5.91所示为斜导柱在动模、滑块在定模的结构之二，即先侧抽芯后脱模的结构，为了使

塑件不留在定模,型芯 13 与动模板 10 之间以 H8/f8 滑动配合,使型芯可以相对动模板浮动一段距离。开模时,动模向下移动,而被塑件包紧的型芯不动,这时侧型芯滑块 14 在斜导柱 12 的作用下开始抽芯,侧抽芯结束后,型芯的台肩与动模板接触。继续开模,包紧在型芯上的塑件随动模一起移动并从型腔镶件 2 中脱出,最后推杆 9 推动推件板 4 将塑件从型芯上推出。这种结构中,弹簧 6 和顶销 5 的作用是在刚开始开模时把推件板压靠在型腔镶件 2 的端面,防止塑件从型腔中脱出。

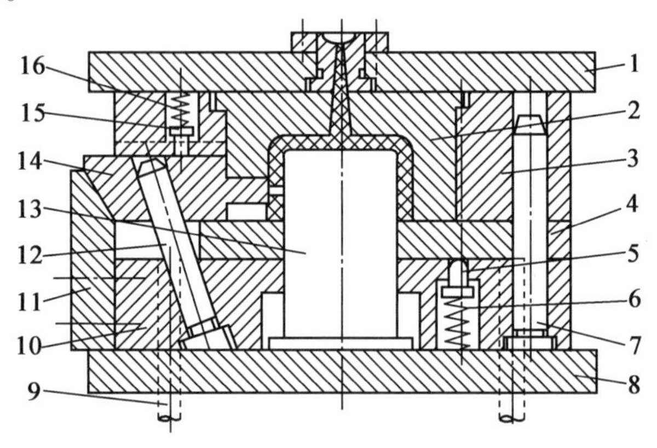

图 5.91 斜导柱在动模、滑块在定模的结构之二

1—定模座板;2—型腔镶件;3—定模板;4—推件板;5,15—顶销;6,16—弹簧;7—导柱;8—支承板;9—推杆;10—动模板;11—楔紧块;12—斜导柱;13—型芯;14—侧型芯滑块

(3)斜导柱和滑块同时安装在定模。这种结构中,一般斜导柱固定在定模座板上,侧滑块安装在定模板的导滑槽内。为了使斜导柱与侧滑块之间产生相对运动,必须在定模座板与定模板之间增加一个分型面,因此需要采用定距顺序分型机构。这样,开模时主分型面暂时不分型,而让定模部分增加的分型面先定距分型使斜导柱驱动滑块进行侧抽芯,抽芯结束后主分型面再分型脱出塑件。由于斜导柱与侧滑块同时设置在定模,设计时斜导柱可以适当加长,保证侧抽芯时滑块始终不脱离斜导柱,所以不需设置侧滑块的定位装置。

图 5.92 所示为斜导柱和滑块同在定模的结构之一,即采用弹簧式顺序分型机构的形式。开模时,动模向下移动,在弹簧 7 的作用下 *A—A* 分型面首先分型,主流道凝料从主流道衬套中脱出,分型的同时,在斜导柱 2 的作用下侧型芯滑块 1 开始侧向抽芯,侧向抽芯动作完成以后,定距螺钉 6 限位,*A—A* 面分型结束。动模继续向下移动,*B—B* 分型面开始分型,塑件包紧在型芯 3 上脱离动模板 5,最后由推杆 8 推动推件板 4 将塑件从型芯上推出。采用这种结构形式时,必须注意弹簧 7 应该有足够的弹力以满足侧向分型抽型时所需的开模力。

图 5.93 所示为斜导柱和滑块同在定模的结构之二,即采用摆钩式顺序分型机构的形式。合模时,在弹簧 7 的作用下用转轴 6 固定于定模板 10 的摆钩 8 钩住固定在动模板 11 上的挡块 12。开模时,由于摆钩钩住挡块,模具首先从 *A—A* 分型面开始分型,同时在斜导柱 2 的作用下,侧型芯滑块 1 开始侧向抽芯。侧向抽芯结束后,固定在定模座板上的压块 9 的斜面压迫摆钩 8 做逆时针方向摆动而脱离挡块 12,定模板 10 在定距螺钉 5 的限制下停止运动。动模继续向下移动,*B—B* 分型面开始分型,塑件随型芯 3 保持在动模一侧,最后推件板 4 在推杆的作用下将塑件推出。设计这种结构时必须注意,挡块 12 与摆钩 8 的钩接处应有 1°~3°的斜度,并且尽量将摆钩和挡块成对对称布置于模具两侧。

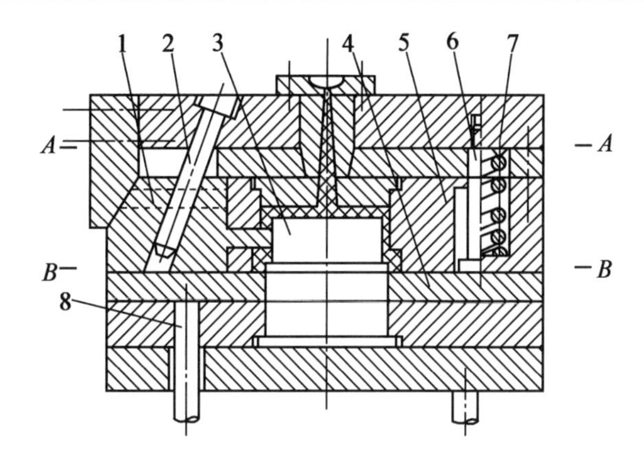

图 5.92　斜导柱和滑块同在定模的结构之一

1—侧型芯滑块;2—斜导柱;3—型芯;4—推件板;5—动模板;6—定距螺钉;7—弹簧;8—推杆

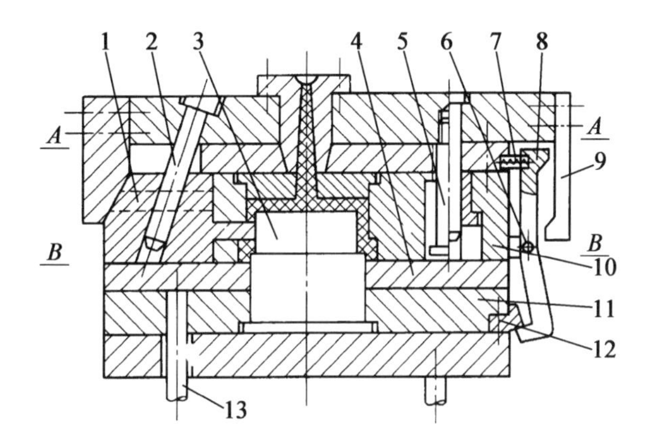

图 5.93　斜导柱和滑块同在定模的结构之二

1—侧型芯滑块;2—斜导柱;3—型芯;4—推件板;5—定距螺钉;6—转轴;7—弹簧;8—摆钩;

9—压块;10—定模板;11—动模板;12—挡块;13—推杆

图 5.94 所示为斜导柱和滑块同在定模的结构之三,即导柱式定距分型机构的形式。导柱 3 固定在型芯固定板 8 上,靠近导柱头部有一半圆槽,在定模板 10 的对应部位设置有止动销 4 及弹簧。开模时,由于弹簧压力的作用,止动销 4 的头部压入导柱 3 的半圆槽内,使定模板 10 随动模移动,模具从分型面 *A*—*A* 处分型,拉出主流道凝料,同时斜导柱 5 驱动滑块 6 进行侧抽芯。当侧抽芯完成以后,兼做导柱的导柱拉杆 9 上的凹槽底面与限位螺钉 11 相碰,定模板 10 停止移动。继续开模时,因开模力大于止动销对导柱槽的压力,止动销后退脱离导柱槽,于是模具从分型面 *B*—*B* 分型。最后推出机构工作,推杆 13 推动推件板 7,将塑件从型芯上推出。

(4)斜导柱和滑块同时安装在动模。这种结构一般是通过推件板推出机构来实现斜导柱与侧型芯滑块的相对运动。斜导柱和滑块同在动模的结构如图 5.95 所示,斜导柱 3 固定在动模板 5 上,侧型芯滑块 2 安装在推件板 4 的导滑槽内。开模时,动、定模分型,侧型芯滑块 2 和斜导柱 3 一起随动模下移,当推出机构开始工作时,推杆 6 推动推件板 4 使塑件脱模,同时,滑块在斜导柱作用下在推件板的导滑槽内向两侧移动进行侧抽芯。

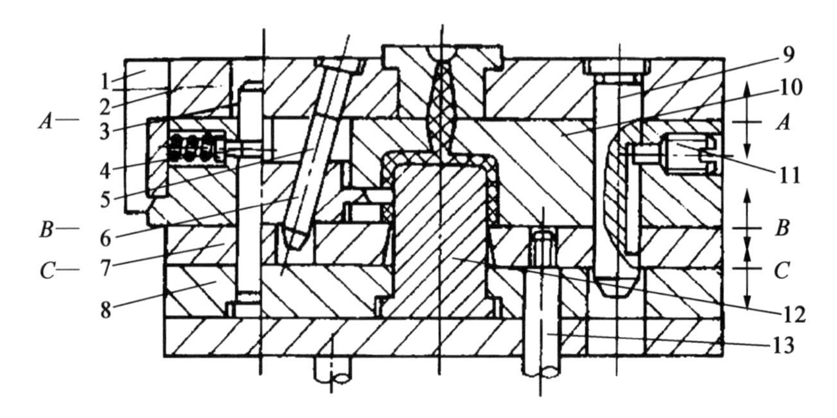

图 5.94 斜导柱和滑块同在定模的结构之三

1—楔紧块;2—定模座板;3—导柱;4—止动销;5—斜导柱;6—滑块;7—推件板;8—型芯固定板;
9—导柱拉杆;10—定模板;11—限位螺钉;12—型芯;13—推杆

这种结构的模具由于斜导柱与滑块同在动模一侧,设计时也可适当加长导柱,保证在抽芯的整个过程中滑块不脱离斜导柱,从而可以省去滑块的定位装置。另外,这种机构是利用推件板推出机构的推出动作来实现侧抽芯运动的,因而主要适用于抽芯距和抽拔力都不太大的场合。

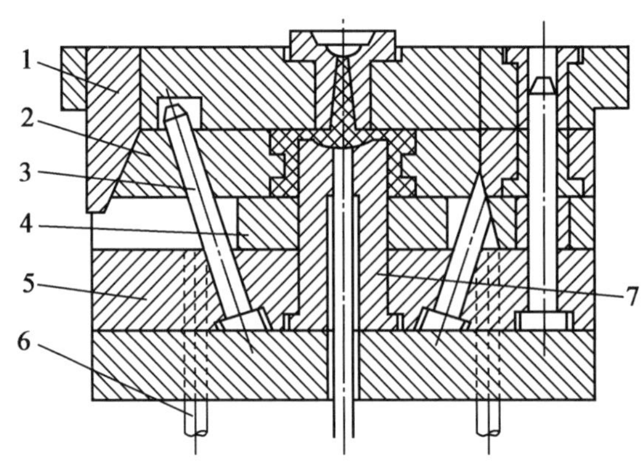

图 5.95 斜导柱和滑块同在动模的结构

1—楔紧块;2—侧型芯滑块;3—斜导柱;4—推件板;5—动模板;6—推杆;7—型芯

(5)斜导柱内侧抽芯机构。斜导柱侧向分型抽芯机构除了可以对塑件进行外侧分型抽型以外,还可以对塑件进行内侧抽芯。

图 5.96 所示为斜导柱内侧抽芯机构之一。开模时,塑件包紧在型芯 4 上随动模向左移动,与此同时,斜导柱 2 驱动侧型芯滑块 3 在动模板 6 的导滑槽内向内移动而进行内侧抽芯,最后推杆 5 将塑件从型芯上推出。这种结构的滑块在模具上方,侧抽芯后斜导柱离开滑块时,滑块靠自重支靠在型芯上定位。

图 5.97 所示为斜导柱内侧抽芯机构之二。开模后,在弹簧 5 的弹力作用下,定模部分的分型面先分型,同时斜导柱 3 驱动侧型芯滑块 2 进行内侧抽芯。内侧抽芯结束后,滑块在小弹簧 4 的作用下靠在型芯 1 上定位,同时限位螺钉 6 限位。继续开模时,动、定模分型面分型,塑件被带到动模,最后推出机构工作,由推杆将塑件推出模外。

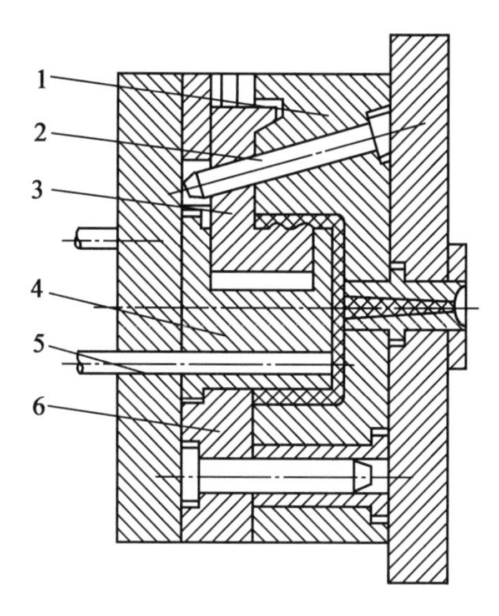

图5.96　斜导柱内侧抽芯机构之一

1—定模板;2—斜导柱;3—侧型芯滑块;4—型芯;5—推杆;6—动模板

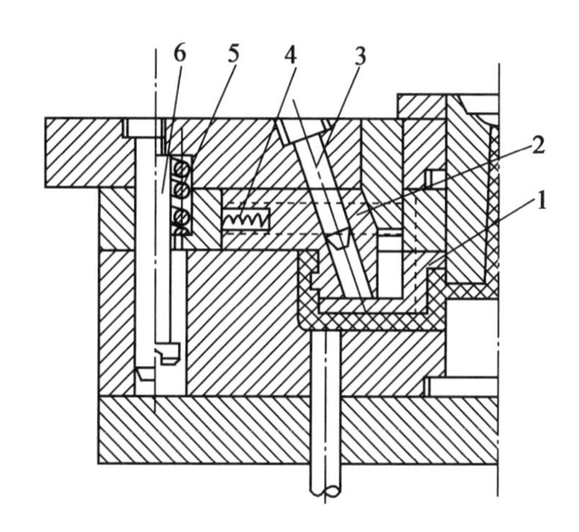

图5.97　斜导柱内侧抽芯机构之二

1—型芯;2—侧型芯滑块;3—斜导柱;4—小弹簧;5—弹簧;6—限位螺钉

5.5.3　斜滑块侧向分型与抽芯机构

斜滑块侧向分型抽芯机构是利用成型塑件侧孔或侧凹的斜滑块,在模具推出机构的推动下,沿斜向导槽滑动,从而使分型抽芯与塑件推出同时进行的一种侧向分型抽芯机构。斜滑块侧向分型抽芯机构的结构简单,制造方便,常用于当塑件的侧凹较浅,所需的抽芯距不大,但侧凹的成型面积较大,因而需较大抽拔力的侧向分型与抽芯。

1. 斜滑块侧向分型抽芯机构的结构类型

根据导滑部分的结构不同,斜滑块侧向分型抽芯机构一般可分为斜滑块导滑和斜导杆导滑两类。

(1)斜滑块导滑的侧向分型抽芯机构。图5.98所示斜滑块导滑的外侧分型抽芯结构。

成型的塑件为线圈骨架，外侧有较浅但面积较大的侧凹，型腔由对开的两个斜滑块 2 构成，斜滑块可在模套 1 上的斜向导滑槽中滑动（一般按 H8/f8 间隙配合）。开模后，塑件包紧在动模型芯 5 上和斜滑块一起向左移动，在推杆 3 的作用下，斜滑块 2 相对向右运动的同时在导滑槽内向两侧分型，塑件在斜滑块侧向分型的同时从动模型芯 5 上脱出。限位钉 6 的作用是对斜滑块限位，防止斜滑块从模套中脱出。

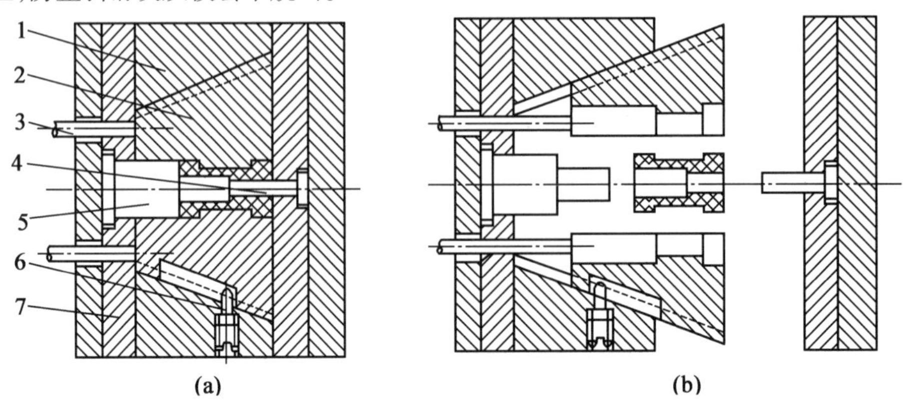

图 5.98 斜滑块导滑的外侧分型抽芯机构

(a)合模状态；(b)分型后推出状态

1—模套；2—斜滑块；3—推杆；4—定模型芯；5—动模型芯；6—限位钉；7—动模型芯固定板

图 5.99 所示是斜滑块导滑的内侧分型抽芯结构。斜滑块 2 可以在动模板 3 上的斜向导滑槽中滑动，其上端为侧型芯。开模后，斜滑块在推杆 4 的作用下向上移动的同时向内侧移动，完成内侧抽芯与推出塑件的动作。

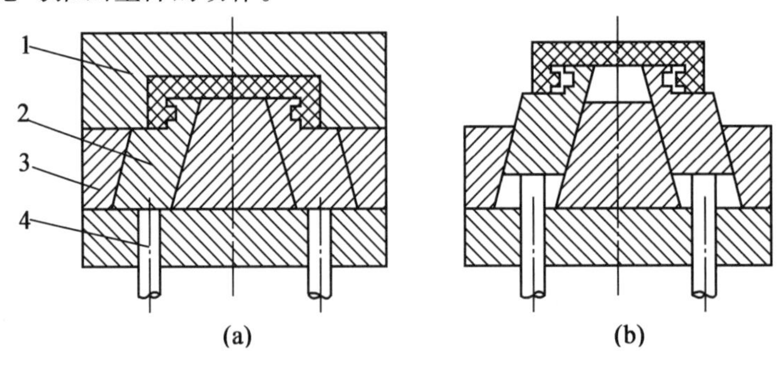

图 5.99 斜滑块导滑的内侧分型抽芯机构

(a)合模状态；(b)抽芯推出状态

1—定模板；2—斜滑块；3—动模板；4—推杆

(2)斜导杆导滑的侧向分型抽芯机构。斜导杆导滑的侧向分型抽芯机构是由斜导杆与侧型芯制成整体式或组合式机构后与动模板上的斜导向孔（通常为矩形截面）进行导滑推出的一种斜滑块抽芯机构。斜导杆与动模板上的斜导向孔的配合为 H8/f8。由于受斜导杆强度的限制，斜导杆导滑的侧向分型抽芯机构多用于抽拔力不大的场合。

图 5.100 所示为斜导杆外侧抽芯结构，斜导杆 3 的成型端与侧型芯 6 组合而成，在推出端装有滚轮 2，减小推出过程中的摩擦力。推出过程中的侧抽芯动作靠斜导杆与动模板 5 之间的斜导向孔导向，合模时，定模板压住斜导杆成型端使其复位。

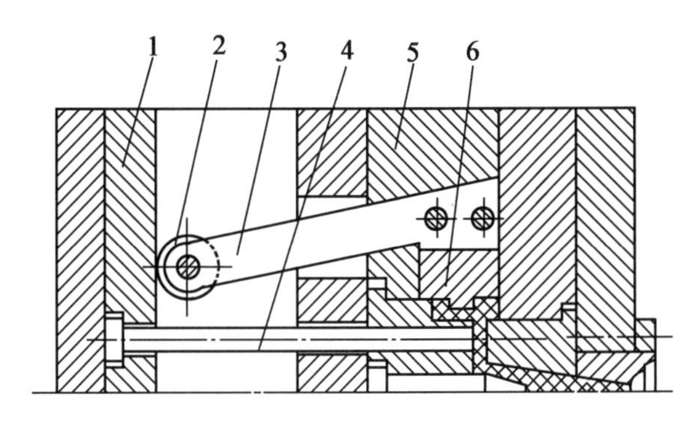

图 5.100　斜导杆外侧抽芯机构

1—推杆固定板;2—滚轮;3—斜导杆;4—推杆; 5—动模板;6—侧型芯

图 5.101 所示为斜导杆内侧抽芯结构,塑件内侧的凸台由斜导杆 5 的头部成型(斜导杆与侧型芯做成一整体),在型芯 7 上开有斜导向孔,滑座 2 固定在推杆固定板 1 上,斜导杆的成型端可在型芯 7 的斜导向孔内滑动,而另一端与滑座上的 T 形槽配合。推出时,推杆固定板使斜导杆沿斜导向孔移动,推出塑件并进行内侧抽芯,同时斜导杆的底端可在滑座的 T 形槽内滑动,保证不致卡死。斜导杆由复位杆 3 复位。

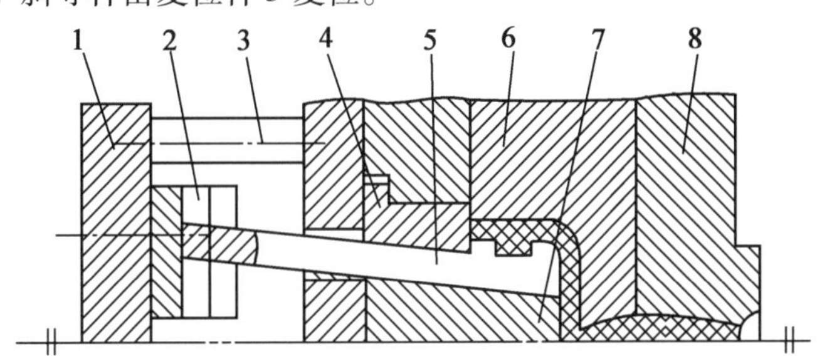

图 5.101　斜导杆内侧抽芯机构

1—推杆固定板;2—滑座;3—复位杆;4—推件板镶块;5—斜导杆;6—凹模;7—型芯;8—定模座板

2. 斜滑块侧向分型抽芯机构设计要点

(1)主型芯位置的选择。主型芯位置选择得恰当与否,直接关系到塑件能否顺利脱模。图 5.102(a)中,主型芯设置在定模一侧,开模时定模主型芯首先从塑件中脱出,然后推杆推动斜滑块分型,这样塑件必然会黏附在附着力较大的斜滑块一边,使塑件不易取出,如图 5.102(b)所示。图 5.102(c)中,主型芯设置在动模一侧,开模时斜滑块和塑件随动模后移,在推杆推动斜滑块开始分型抽芯并推出塑件时,主型芯对塑件具有定位和导向作用,塑件不会黏附在滑块上,脱模比较容易,如图 5.102(d)所示。

(2)斜滑块的止动问题。因斜滑块一般设置在动模部分,当塑件因结构特殊而对定模的包紧力大于对动模的包紧力时,开模时斜滑块可能会被定模带出,造成塑件损坏或留在定模无法取出,此时应设置斜滑块的止动装置。图 5.103 所示为弹簧顶销止动装置,开模时在弹簧的作用下,弹簧顶销 6 紧压在斜滑块 4 上防止斜滑块与动模分开。图 5.104 所示为导销止动装置,在定模上设置的导销 3 与斜滑块 2 上的圆孔呈间隙配合(H8/f8),开模时在导销的限制下,斜滑块不能做侧向移动,所以开模动作无法使斜滑块与动模产生相对运动,继续开模后,斜滑块脱离导销,推出机构工作,斜滑块侧向分型抽芯并推出塑件。

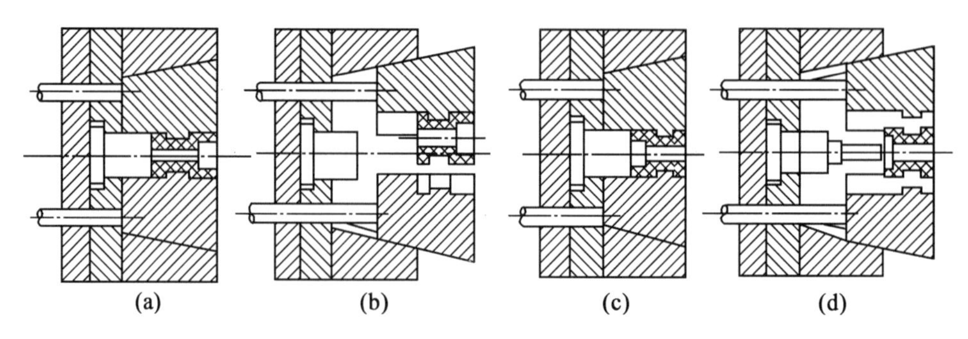

图 5.102 主型芯位置的选择

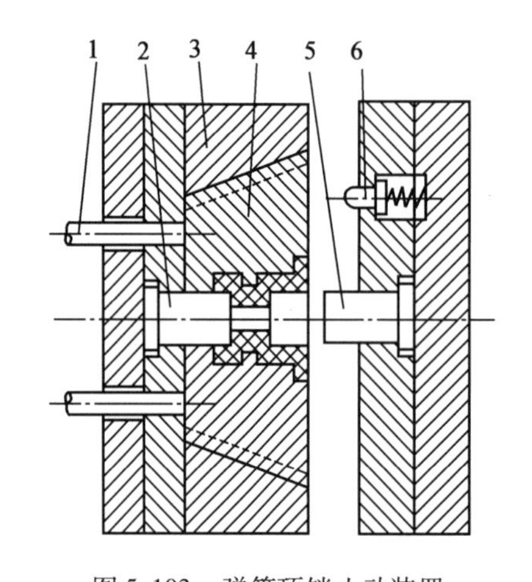

图 5.103 弹簧顶销止动装置

1—推杆;2—动模型芯;3—模套;4—斜滑块;5—定模型芯;6—弹簧顶销

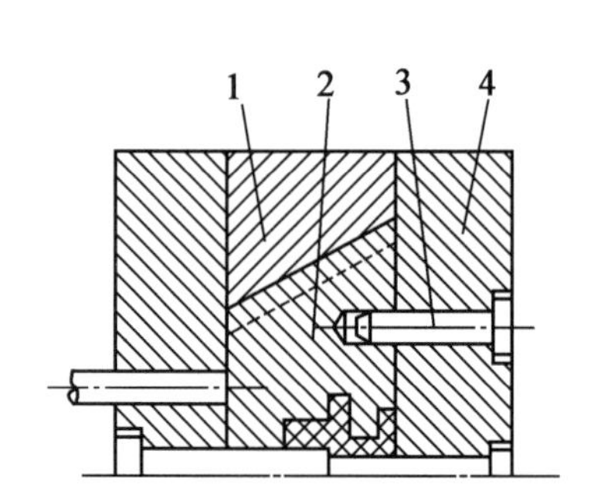

图 5.104 导销止动装置

1—模套;2—斜滑块;3—导销;4—定模板

(3)斜滑块的组合及导滑形式。斜滑块的组合方式根据塑件的结构特点、质量要求、分型抽芯的需要及滑块强度等要求确定。斜滑块通常用 2 ~ 6 块组合而成,斜滑块的组合方式如图 5.105 所示。如果塑件外形有转折,则斜滑块的镶拼线应与塑件上的转折线重合,如图 5.105(e)所示。

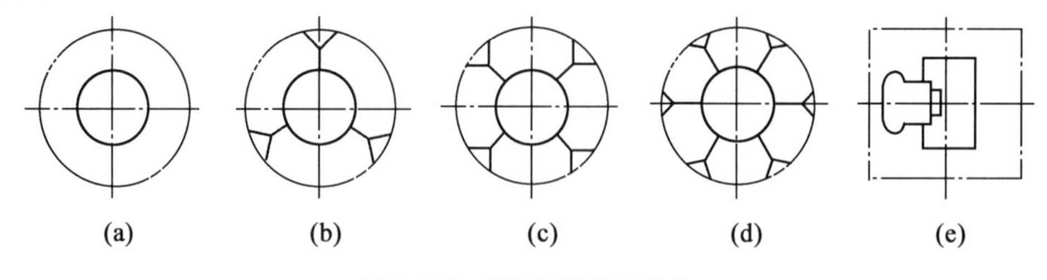

图 5.105 斜滑块的组合形式

斜滑块的导滑形式如图 5.106 所示,其中图 5.106(a)为整体式 T 形导滑槽,其加工不易保证,又不能热处理,但结构较紧凑,适用于小型或塑件批量不大的模具;图 5.106(b)为镶拼式导轨,便于热处理和磨削加工,提高了导滑部分的精度和耐磨性;图 5.106(c)是斜向镶入的导柱做导轨,制造方便,精度易保证,但要注意导柱的斜度要小于模套的斜角;图 5.106(d)是燕尾形导滑槽,这种形式制造较困难,但结构紧凑,适用于小模具多滑块的情况。

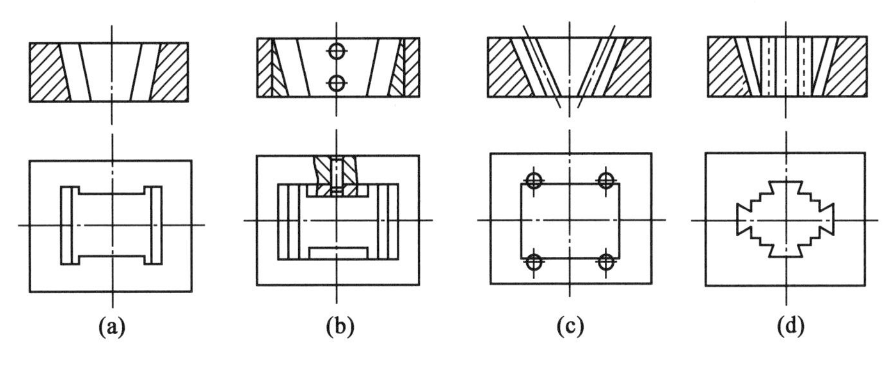

图5.106　斜滑块的导滑形式

(4)斜滑块的斜角与推出行程。由于斜滑块的强度较高,故斜滑块的斜角可比斜导柱的斜角大一些,但一般不宜超过30°,具体选用时根据抽芯距和推出高度确定。同一模具中若塑件各处侧凹深度不同,也可将各处斜滑块设计成不同的斜角。斜滑块推出模套的行程,立式模具不大于斜滑块高度的1/2,卧式模具不大于斜滑块高度的1/3。如果必须使用更大的推出距离,可使用加长斜滑块导向的方法。

(5)斜滑块的装配要求。为了保证斜滑块在合模时拼合紧密,在注射成型时不产生溢料,要求斜滑块在装配后其底部与模套之间留有0.2～0.5 mm的间隙,同时还应高出模套0.2～0.5 mm,斜滑块与模套的配合如图5.107所示。这样即使当斜滑块与模套的配合面有磨损时,还能保持紧密的拼合。

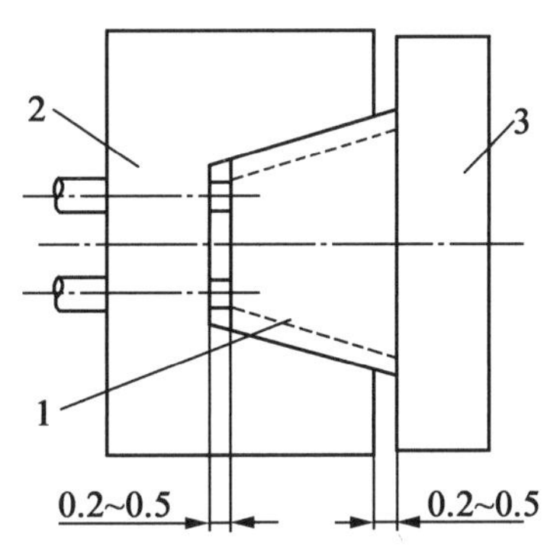

图5.107　斜滑块与模套的配合

1—斜滑块;2—模套;3—定模板

5.5.4　其他形式的侧向分型与抽芯机构

1.弯销侧向分型抽芯机构

弯销侧向分型抽芯机构的原理与斜导柱侧向分型抽芯原理相似,不同的是在结构上以矩形截面的弯销代替了斜导柱。图5.108所示是弯销侧向分型抽芯结构,弯销4和楔紧块3固定于定模板2内,侧型芯滑块5安装在动模板6的导滑槽内,弯销与侧型芯滑块上孔的间隙通常取0.5 mm左右。开模时,动模后退,在弯销作用下侧型芯滑块做侧抽芯,抽芯结束后,侧型芯滑块由弹簧、拉杆和挡块1组成的定位装置定位,最后塑件由推管推出。

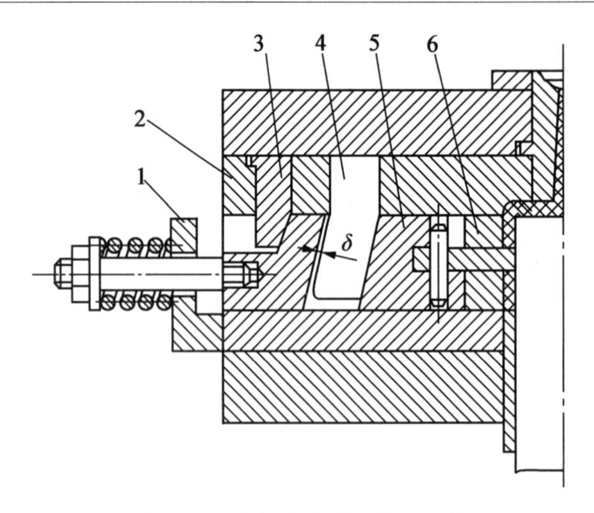

图 5.108　弯销侧向分型抽芯机构

1—挡块;2—定模板;3—楔紧块;4—弯销;5—侧型芯滑块;6—动模板

弯销侧向分型抽芯机构具有以下特点。

(1)弯销可以采用较大的斜角。由于弯销是矩形截面,其抗弯截面模量比同面积的圆截面斜导柱大,因此可采用比斜导柱更大的斜角,因而在开模行程相同的情况下可获得较大的抽芯距。

(2)弯销可以实现延时侧抽芯。弯销的延时侧抽芯如图 5.109 所示,为了让塑件留于动模,需要使塑件基本脱开型芯 3 后才开始抽芯。为此,弯销 1 的工作面与侧型芯滑块 2 的斜面设计成离开较长的一段距离 l,这样在开模分型时,弯销可暂不工作,直至接触滑块,侧抽芯才开始,从而实现延时侧抽芯的目的。

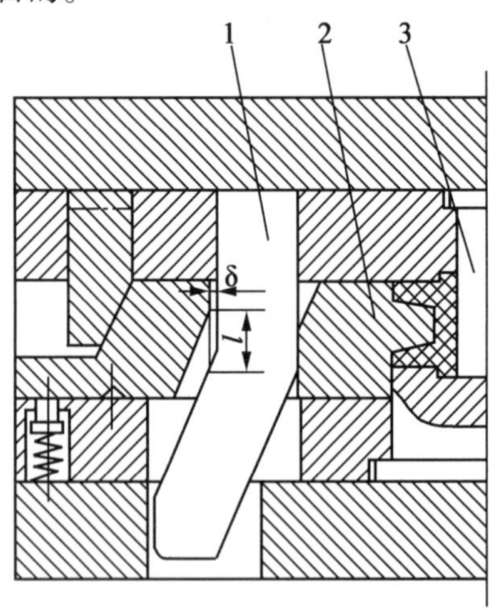

图 5.109　弯销的延时侧抽芯

1—弯销;2—侧型芯滑块;3—型芯

(3)弯销可采用变角度侧抽芯。如图 5.110 所示,由于侧型芯较长,且塑件的包紧力也较大,因此采用了变角度弯销抽芯。开模过程中,弯销 1 首先由较小的斜角 α_1 起作用,以便具有较大的抽拔力,在带动滑块 2 移动 S_1 后,再由较大斜角 α_2 起作用,抽拔较长的距离 S_2,从而完成整个侧抽芯动作。

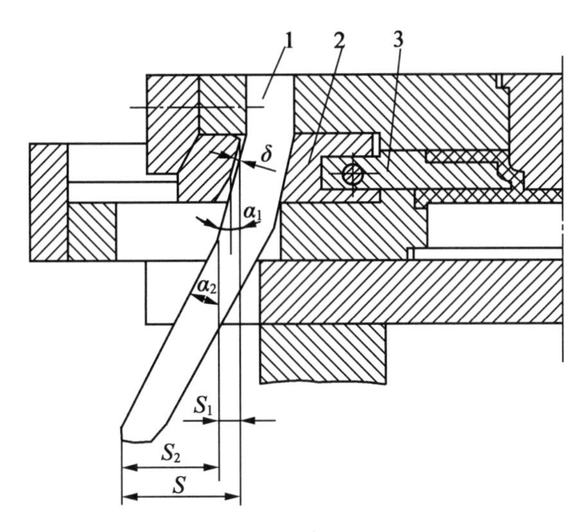

图 5.110　弯销变角度侧抽芯

1—弯销;2—滑块;3—侧型芯

(4)弯销既可安装在模内,也可安装在模外。图 5.108 ~5.110 所示的结构均为弯销安排在模内的形式。图 5.111 所示的结构为弯销安装在模外的结构,滑块抽芯结束后由挡块 6 定位,固定在定模座板 10 上的止动销 8 在合模状态时对滑块起锁紧作用,止动销的斜角(锥度的一半)应大于弯销斜角 1° ~2°。弯销装在模外的方式便于装配时的操作。

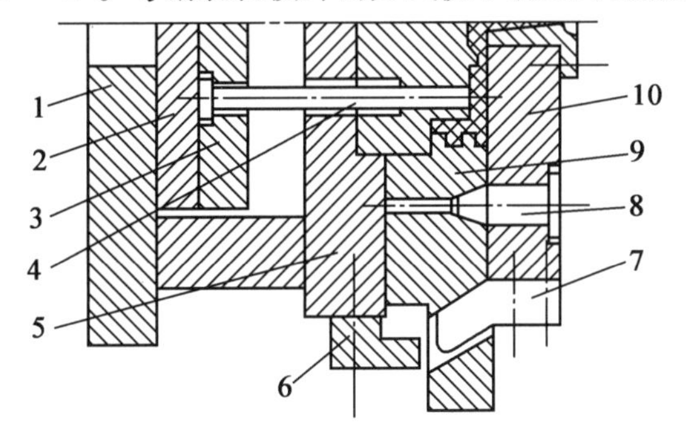

图 5.111　弯销安装在模外的结构

1—动模座板;2—推板;3—推杆固定板;4—推杆;5—动模板;6—挡块;7—弯销;8—止动销;9—侧型芯滑块;10—定模座板

弯销也可以用作内侧抽芯。如图 5.112 所示,弯销 5 固定在弯销固定板 1 内,侧型芯 4 安装在主型芯 6 的斜向方孔中。开模时,由于定距分型机构的作用,拉钩 9 拉住滑块 11,模具从 *A—A* 分型面先分型,弯销使侧型芯 4 抽出一定距离。侧抽芯结束后,压块 10 的斜面与滑块 11 接触并使滑块后退而脱钩,限位螺钉 3 限位,动模继续后退使 *B—B* 分型面分型,最后推出机构工作,推件板 7 将塑件推出模外。由于侧抽芯结束后弯销工作端部仍有一部分长度留在侧型芯孔中,所以完成侧抽芯后侧型芯不需要定位装置。合模时,弯销使侧型芯复位与锁紧。

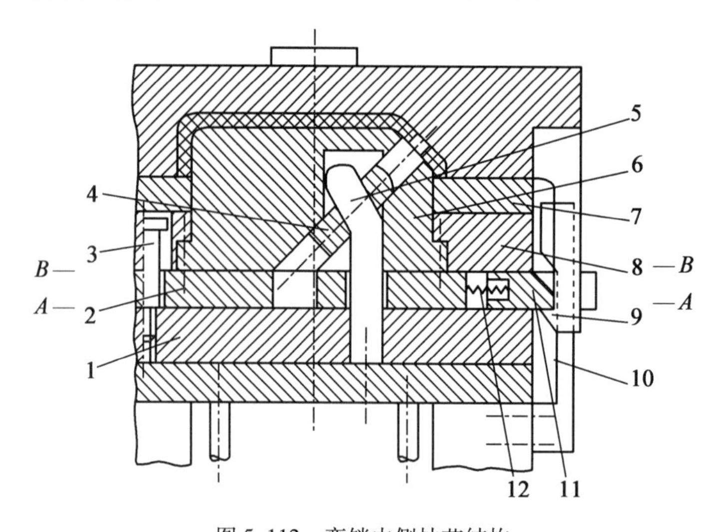

图 5.112 弯销内侧抽芯结构

1—弯销固定板;2—垫板;3—限位螺钉;4—侧型芯;5—弯销;6—主型芯;7—推件板;8—动模板;9—拉钩;10—压块;11—滑块;12—弹簧

2. 斜槽导板侧向分型抽芯机构

斜槽导板侧向分型抽芯机构是由固定于模外的斜槽导板与固定于侧型芯滑块上的圆柱销连接形成的,如图 5.113 所示。斜槽导板 5 固定在定模板 9 的外侧,侧型芯滑块 6 在动模板导滑槽内的移动是受固定在其上面的圆销 8 在斜槽导板内的运动轨迹限制的。开模后,由于圆销先在斜槽导板与开模方向成 0°角的方向移动,此时只分型不抽芯,当止动销 7(亦起锁紧作用)脱离侧型芯滑块后,圆销接着就在斜槽导板内进行沿着与开模方向成一定角度的方向移动,此时做侧向抽芯。

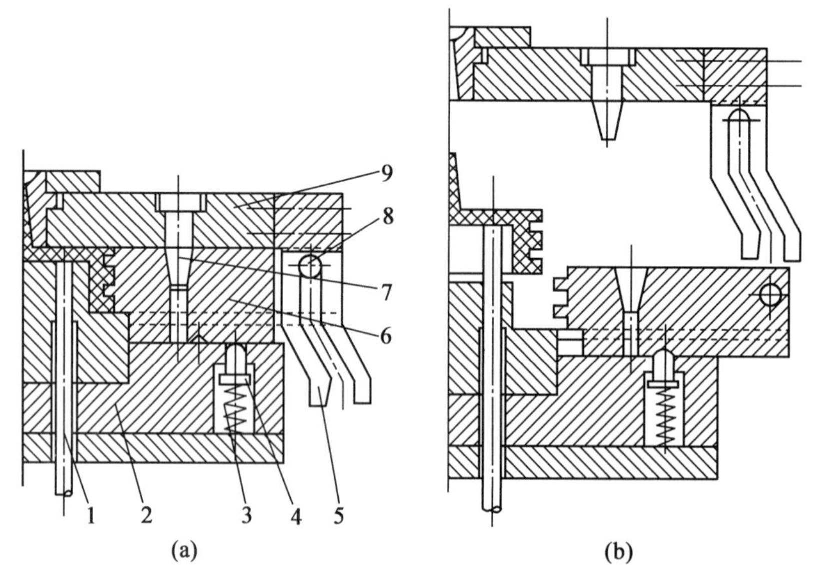

图 5.113 斜槽导板侧向分型抽芯机构

(a)合模状态;(b)抽芯后推出状态

1—推杆;2—动模板;3—弹簧;4—顶销;5—斜槽导板;6—侧型芯滑块;7—止动销;8—圆销;9—定模板

斜槽导板侧向分型抽芯动作的整个过程是受斜槽导板的形状所控制的。图 5.114 所示为斜槽导板的形式。其中图 5.114(a)所示的形式,斜槽导板上只有斜角为 α 的斜槽,故开模一开始便开始侧抽芯,但这时的斜角 α 应小于 25°;图 5.114(b)所示的形式,开模后滑销先在直槽内运动,因此有一段延时抽芯动作,直至滑销进入斜槽部分,侧抽芯才开始;图 5.114(c)所示的形式,先在斜角 α_1 较小的斜槽内侧抽芯,然后再进入斜角 α_2 较大的斜槽内侧抽芯,这种形式适用于抽芯距较长和抽拔力较大的场合。由于起始抽拔力较大,故第一阶段斜角一般在 $12° < \alpha_1 < 25°$ 内选取,侧型芯与塑件松动后抽拔力减小,故第二阶段的斜角可适当增大,但应使 $\alpha_2 < 40°$。此外,斜槽宽度应比滑销直径大 0.2 mm。

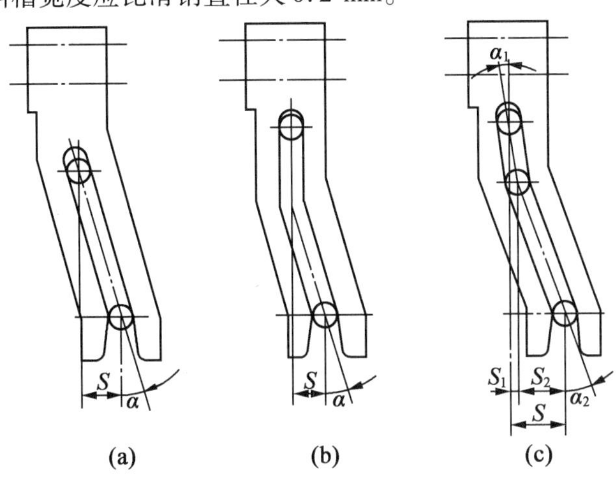

图 5.114　斜槽导板的形式

3. 齿轮齿条侧向分型抽芯机构

齿轮齿条侧向分型抽芯机构是利用传动齿条通过齿轮带动齿条型芯进行侧向分型抽芯的机构。与斜导柱、斜滑块等侧向分型抽芯机构相比,齿轮齿条侧向分型抽芯机构可以获得较大的抽芯距和抽拔力。此外,这种侧抽芯机构不但可进行正侧方向和斜侧方向的抽芯,还可以做圆弧方向抽芯和螺纹抽芯。

根据齿条固定位置的不同,齿轮齿条侧向分型抽芯机构可分为传动齿条固定于定模一侧及传动齿条固定于动模一侧两类。

(1)传动齿条固定于定模一侧。图 5.115 所示为传动齿条固定在定模的斜向侧抽芯机构,塑件上的斜孔由齿条型芯 2 成型。开模时,固定在定模板 3 上的传动齿条 5 通过齿轮 4 带动齿条型芯 2 实现抽芯动作。当齿条型芯全部从塑件上抽出后,传动齿条与齿轮脱开,此时弹簧销 8 使齿轮 4 停留在传动齿条 5 刚脱离的位置上。最后,推出机构工作,推杆 9 将塑件从型芯 1 上推出。

图 5.116 所示为传动齿条固定在定模的齿轮齿条圆弧抽芯机构。开模时,传动齿条 1 带动固定在齿轮轴 7 上的直齿轮 6 转动,固定在同一轴上的斜齿轮 8 又带动固定在齿轮轴 3 上的斜齿轮 4 转动,继而通过固定在齿轮轴 3 上的直齿轮 2 带动圆弧齿条型芯 5 做圆弧抽芯。

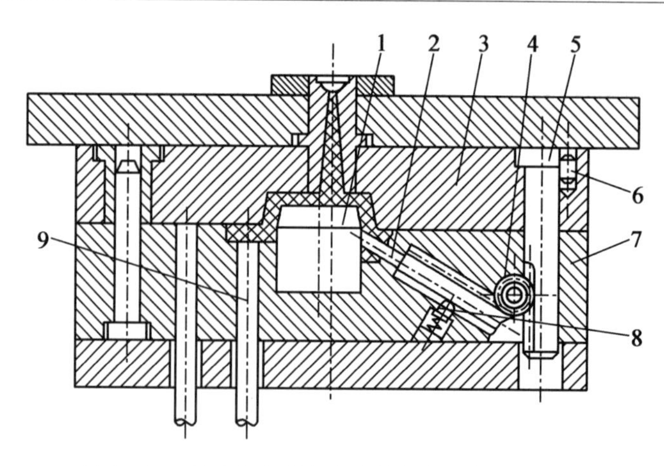

图 5.115 传动齿条固定在定模的斜向侧抽芯机构

1—型芯;2—齿条型芯;3—定模板;4—齿轮;5—传动齿条;6—止转销;7—动模板;8—弹簧销;9—推杆

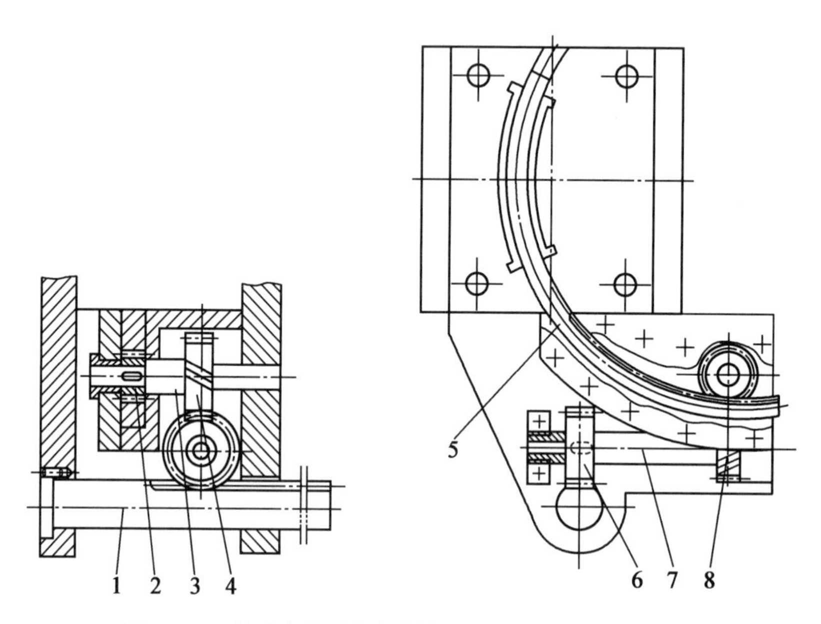

图 5.116 传动齿条固定在定模的齿轮齿条圆弧抽芯机构

1—传动齿条;2,6—直齿轮;3,7—齿轮轴;4,8—斜齿轮;5—圆弧齿条型芯

(2)传动齿条固定于动模一侧。如图 5.117 所示,传动齿条 1 固定在动模一侧的齿条固定板 3 上,开模时,动模向左移动,塑件随动模板 9 和齿条型芯 7 一起左移,当推板 2 与注射机的顶杆接触时,传动齿条 1 静止不动,动模部分继续后退,传动齿条带动齿轮 6 做逆时针方向转动,从而使与齿轮啮合的齿条型芯 7 做斜侧方向抽芯。当抽芯完毕,齿条固定板 3 与推板 4 接触,并通过推杆 5 将塑件推出。合模时,传动齿条复位杆 8 使传动齿条 1 复位并楔紧侧型芯。

4. 液压或气动侧抽芯机构

液压或气动侧抽芯机构是利用液体或气体的压力,通过液压缸或气缸、活塞及控制系统来实现侧向分型或抽芯动作的。这种抽芯机构动作平稳,抽芯动作与模具开、合模无关,且可获得较大的抽芯距和抽拔力,是大、中型注射模常用的抽芯方式。

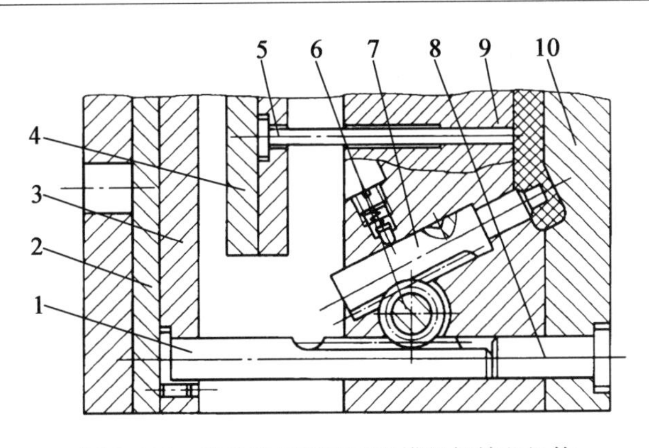

图5.117　传动齿条固定于动模的侧抽芯机构

1—传动齿条;2、4—推板;3—齿条固定板;5—推杆;6—齿轮;7—齿条型芯;8—复位杆;9—动模板;10—定模板

图5.118所示为液压或气动抽芯机构。图5.118(a)中,液压缸(或气压缸)7以支座6固定于动模板3的侧面,侧型芯2通过拉杆4和连接器5与活塞杆连接。开模后,液压缸(或气压缸)驱动活塞做往复运动,从而带动侧型芯实现抽芯和复位动作。合模时侧型芯上凸起的斜面与定模相应斜面楔紧,起锁紧作用。图5.118(b)所示是液压缸抽长型芯的结构示意图,由于采用了液压抽芯,避免了采用瓣合模组合形式,模具结构大为简化。

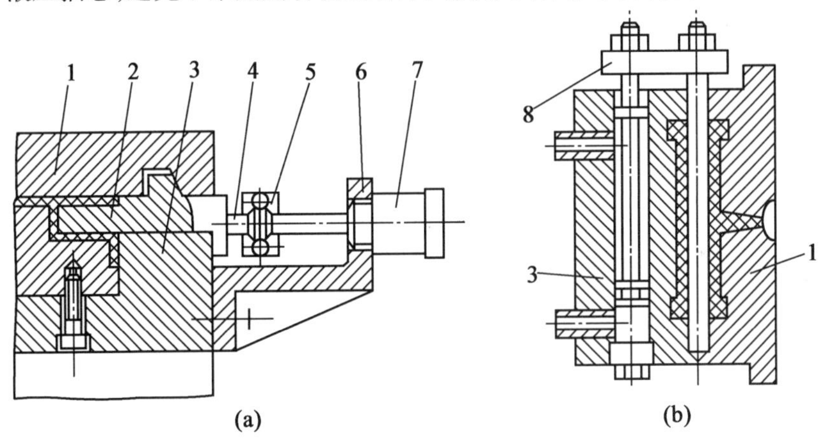

图5.118　液压或气动抽芯机构

1—定模板;2—侧型芯;3—动模板;4—拉杆;5—连接器;6—支座; 7—液压缸(或气压缸);8—型芯固定板

5. 弹簧侧向分型抽芯机构

当塑件的侧凹比较浅或侧壁有较小凸起时,由于其抽拔力和抽芯距都比较小,可以采用弹簧实现侧向分型抽芯动作。

弹簧侧向分型抽芯机构之一如图5.119所示,塑件外侧的较小凸台由侧滑块5成型。合模时靠楔紧块4将侧滑块锁紧,开模后,楔紧块与侧滑块一旦脱离,在压缩弹簧2回复力的作用下侧滑块做侧向短距离抽芯。抽芯结束后,侧滑块由于弹簧作用紧靠在挡块3上定位。设计这种机构时应注意,侧抽芯结束后,侧滑块的斜面与楔紧块斜面在分型面上的投影应有一部分重合,否则合模时楔紧块不能使侧滑块复位。

图5.120所示是弹簧侧向分型抽芯机构之二。其中图5.120(a)的侧型芯3靠楔紧块锁紧,而图5.120(b)的侧型芯靠挡块上的滚轮5代替楔紧块。开模时,随着压缩弹簧的回复,侧

型芯开始做侧向移动直至抽芯结束。

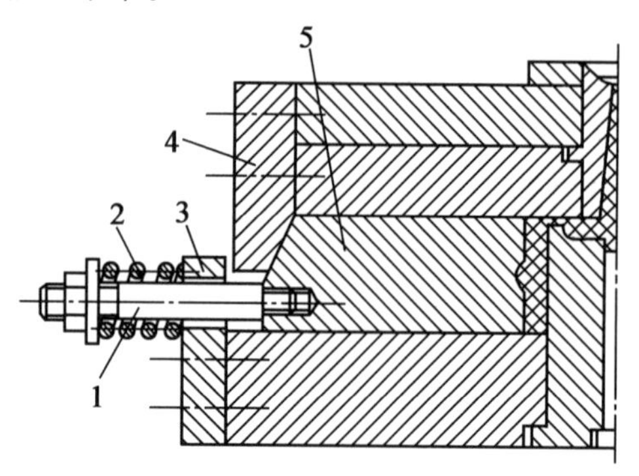

图 5.119　弹簧侧向分型抽芯机构之一

1—螺杆;2—弹簧;3—挡块;4—楔紧块;5—侧滑块

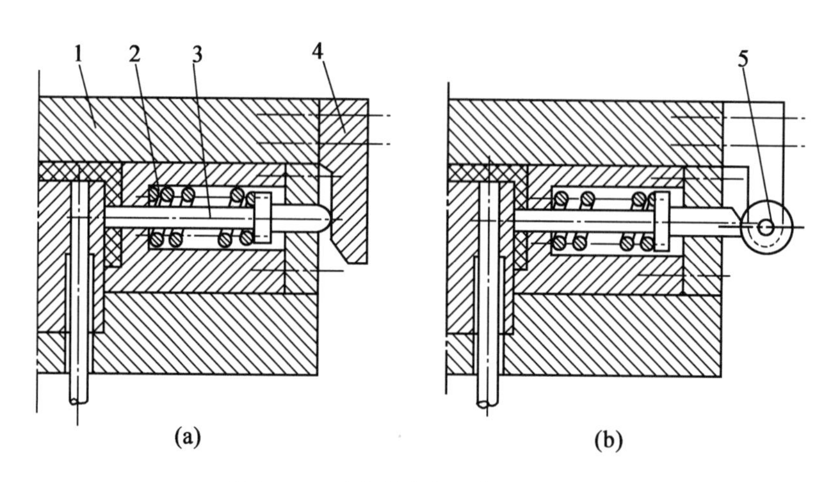

图 5.120　弹簧侧向分型抽芯机构之二

1—定模板;2—弹簧;3—侧型芯;4—楔紧块;5—滚轮

6. 手动侧向分型与抽芯机构

手动侧向分型与抽芯机构主要通过螺纹、齿轮齿条、活动镶件等方式抽出侧型芯,一般用于试制性或小批量生产的模具。常用的有模内手动分型抽芯和模外手动分型抽芯两种方式。

(1)模内手动分型抽芯机构。模内手动分型抽芯机构指在开模前先用手工抽出侧型芯,然后开模推出塑件。图 5.121 所示为模内螺纹手动分型抽芯机构,是利用螺母与丝杠的配合,将螺旋运动转换为侧型芯抽拔的直线运动。其中,图 5.121(a)用于侧型芯为圆形的情况;图 5.121(b)用于侧型芯为非圆形的情况;图 5.121(c)用于多个侧型芯同时抽拔的情况;图 5.121(d)用于成型面积较大但抽芯距较小的情况;图 5.121(e)用于侧向成型压力较大、需用楔紧块来承受压力的情况。

(2)模外手动分型抽芯机构。模外手动分型抽芯机构如图 5.122 所示,开模后,活动镶件与塑件一起被推出模外,然后用人工或简单机械将镶件与塑件分离。设计这种结构时应注意镶件既要便于脱模,又要可靠定位,避免在成型过程中镶件移动而影响塑件的尺寸精度。图中是利用活动镶件顶面与定模型芯底面相配合而定位。

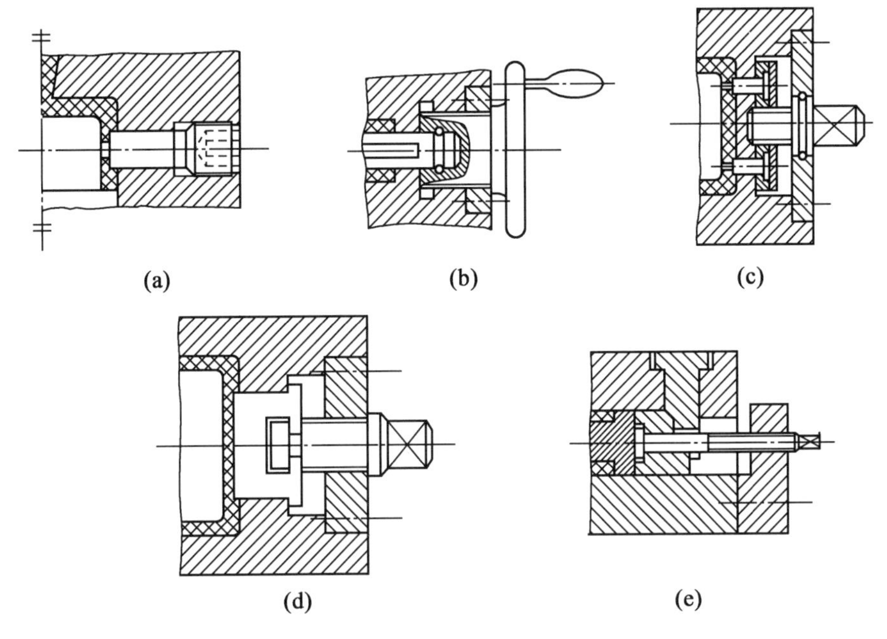

图 5.121　模内螺纹手动分型抽芯机构

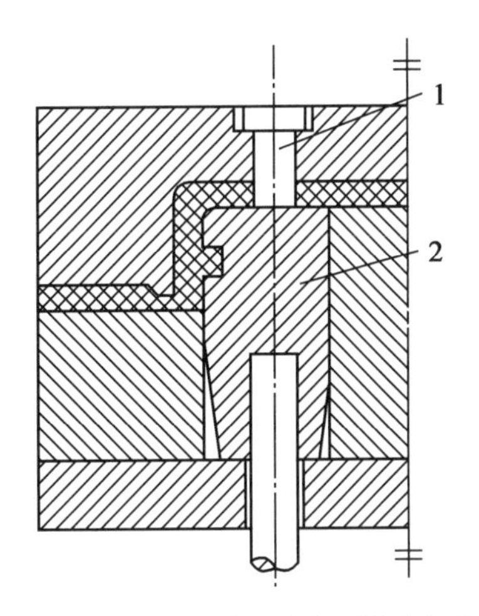

图 5.122　模外手动分型抽芯机构
1—定模型芯;2—活动镶件

5.6　模架的设计与选用

5.6.1　注射模模架的组成及标准化

1. 注射模模架的组成

模架是设计、制造模具的基础部件。注射模模架由模具的支承零件、导向装置和推出机构组成,如图 5.123 所示。导向装置及推出机构前已介绍。支承零件包括定模座板、动模座板、动模板、定模板、支承板、垫块等,这些零件在模具中起装配、定位和安装作用。

动模座板和定模座板既是动模和定模的装配基础，又是模具与成型设备连接的模板，要求具有足够的强度和刚度。

动模板和定模板是固定型芯、凹模、导柱和导套等零件的模板，故又称为固定板，固定板也应具有一定的强度和刚度。

支承板是垫在动模板背面的模板，其作用是防止型芯、凹模、导柱、导套等脱出，增强这些零件的稳定性，并承受型芯和凹模等零件传递来的成型压力。支承板一般都是中部悬空而两边用支架支承，如果刚度不足将会引起塑件高度方向尺寸超差或在分型面上产生溢料而形成飞边。因此，支承板应有足够的强度和刚度，其厚度的确定可参照型腔底板厚度确定的方法。如果动模板（型芯固定板）也承受成型压力，则支承板厚度可适当减小。

垫块的主要作用是使动模支承板与动模座板之间形成用于推出机构运动的空间和调节模具总高度，以适应成型设备上模具安装空间对模具总高度的要求。

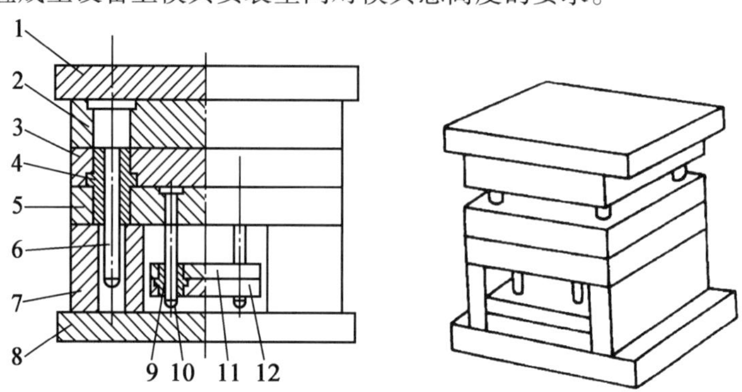

图 5.123 注射模模架

1—定模座板；2—定模板；3—动模板；4—导套；5—支承板；6—导柱；7—垫块；8—动模座板；9—推板导套；10—导柱；11—推杆固定板；12—推板

2. 注射模模架的标准化

为了提高模具质量，缩短模具设计与制造周期，降低模具成本，便于组织专业化生产，模具的标准化工作是十分重要的。塑料注射模具的基本结构有很多共同特点，所以注射模具的标准化工作现在已基本形成，市场上有相应标准件出售，为设计制造注射模具提供了便利条件。

注射模模架的标准化在不同国家和地区存在一些差别，但主要是品种、名称上的区别，而模架所具有的结构是基本一致的。如广东珠江三角洲以及港台地区按浇口（俗称水口）的形式不同将模架分为大水口模架和小水口模架两大类，大水口模架指采用除点浇口以外的其他浇口形式的模架，小水口模架是指采用点浇口形式的模架；日本 FUTABA 标准模架分为直接浇口模架（S 型）、点浇口模架（D 型）与点浇口加流道板模架（E 型）、简易点浇口模架（F 型）与简易点浇口加流道板模架（G 型）等三大系列。

我国于 1990 年颁布并实施了《塑料注射模模架》（GB/T 12555—2006）国家标准。模架标准主要根据浇口形式、分型面数、塑件推出方式与推板行程、定模与动模组合形式等来确定的，因而具备了模具的主要功能。下面分别对这两项标准进行简要介绍。

（1）中小型注射模架标准。标准规定，中小型注射模架的周界尺寸范围≤560 mm × 900 mm，并规定了模架结构形式分为 A1 ~ A4 四种基本型（图 5.124）和 P1 ~ P9 九种派生型（图 5.125）共 13 个品种。另外，标准中还规定，以定模和动模座板有肩和无肩划分，又增加 13 个品种，这样总计有 26 个模架品种。基本型和派生型模架的组成、功能及用途分别见表 5.17 和表 5.18。

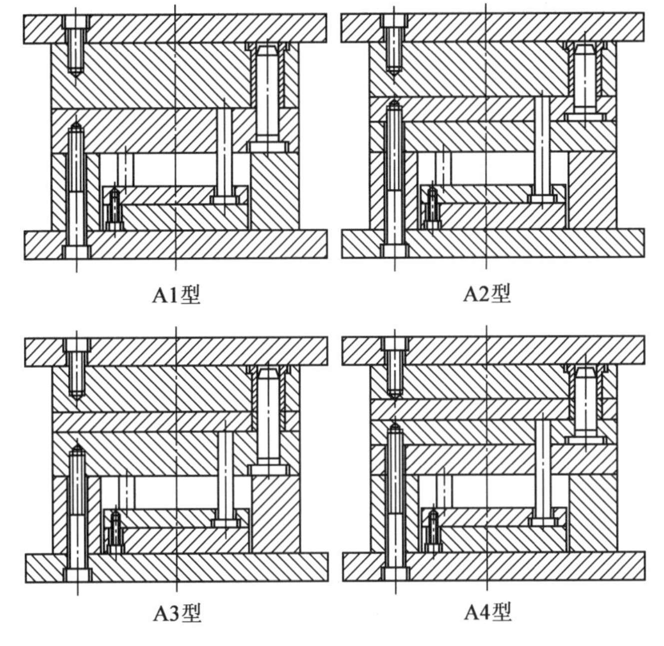

图 5.124　基本型中小型注射模架

A1—无支承板和推件板；A2—只有支承板；A3—只有推件板；A4—有支承板和推件板

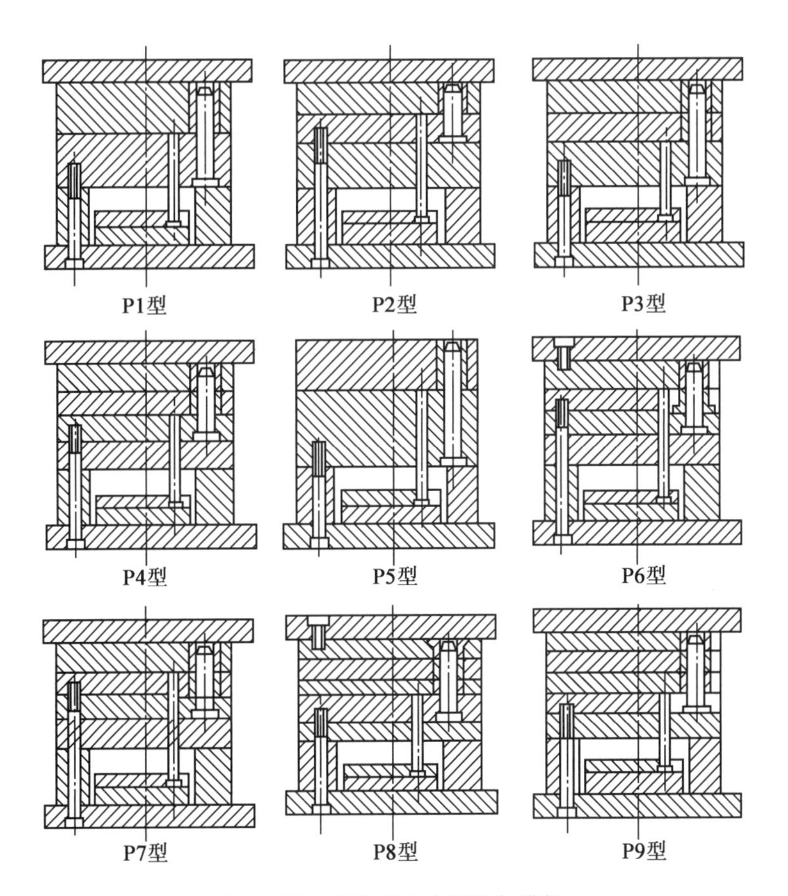

图 5.125　派生型中小型注射模架

中小型模架全部采用 GB/T 4169.1—2006 ~ GB/T 4169.11—2006《塑料注射模零件》组合而成，其规格数基本上覆盖了注射容量为 10 ~ 4 000 cm^3 注射机用的各类中小型热塑性和热固性塑料注射模具，所以本标准是一项具有很高技术和经济价值的先进技术标准。

表 5.17　基本型模架的组成、功能及用途

型号	组成、功能及用途
中小模架 A1 型（大型模架 A 型）	定模采用两块模板。动模采用一块模板，无支承板，设置以推杆推出塑件的机构组成模架。适用于立式与卧式注射机，单分型面一般设在合模面上，可设计成多个型腔成形多个塑件的注射模
中小模架 A2 型（大型模架 B 型）	定模和动模均采用两块模板，有支承面，设置以推杆推出塑件的机构组成模架。适用于立式或卧式注射机上，用于直浇道，采用斜导柱侧向抽芯，单型腔成型，其分型面可在合模面上，也可设置斜滑块垂直分型脱模式机构的注射模
中小模架 A3、A4 型（大型模架 P1、P2 型）	A3 型（P1 型）的定模采用两块模板，动模采用一块模板，它们之间设置一块推件板连接推出机构，用以推出塑件，无支承面。 A4 型（P2 型）的定模和动模均采用两块模板，它们之间设置一块推件板连接推出机构，用以推出塑件，有支承面。 A3，A4 型均适用于立式或卧式注射机上，脱模力大，适用于薄壁壳形塑件，以及塑件表面不允许留有顶出痕迹的塑件注射成形的模具

注：①根据使用要求选用导向零件和安装形式；②A1 ~ A4 型是以直浇口为主的基本型模架，其功能及通用性强，是国际上使用模架中具有代表性的结构

表 5.18　派生型模架的组成、功能及用途

型号	组成、功能及用途
中小型模架 P1 ~ P4 型（大型模架 P3、P4 型）	P1 ~ P4 型由基本型 A1 ~ A4 对应派生而成，结构形式上的不同点在于去掉了 A1 ~ A4 型定模板上的固定螺钉，使定模部分增加了一个分型面，多用于点浇口形式的注射模。其功能和用途符合 A1 ~ A4 型的要求
中小型模架 P5 型	由两块模板组合而成，主要适用于直接浇口，简单整体型腔结构的注射模
中小型模架 P6 ~ P9 型	其中 P6 与 P7，P8 与 P9 是互相对应的结构，P7 和 P9 相对应于 P6 和 P8 只是去掉了定模座板上的固定螺钉。这些模架均适用于复杂结构的注射模，如定距分型自动脱落浇口式注射模等

注：①派生型 P1 ~ P4 型模架组合尺寸系列和组合要素均与基本型相同；②其模架结构以点浇口，多分型面为主，适用于多动作的复杂注射模；③扩大了模架应用范围，增大了模架标准的覆盖面

（2）大型注射模架标准。大型注射模架标准中规定的周界尺寸范围为 630 mm × 630 mm ~ 1 250 mm × 2 000 mm，适用于大型热塑性塑料注射模。模架结构形式有 A、B 两种基本型（图 5.126）和 P1 ~ P4 四种派生型（图 5.127）共 6 个品种。大型模架组合用的零件，除全部采用 GB/T 4169.1—2006 ~ GB/T 4169.11—2006《塑料注射模零件》外，超出该标准零件尺寸系列范围的，则按照 GB/T 2822—2005《标准尺寸》，结合我国模具设计采用的尺寸，并参照国外先进模具标准确定。

大型模架的组成、功能及用途见表 5.17 和 5.18。

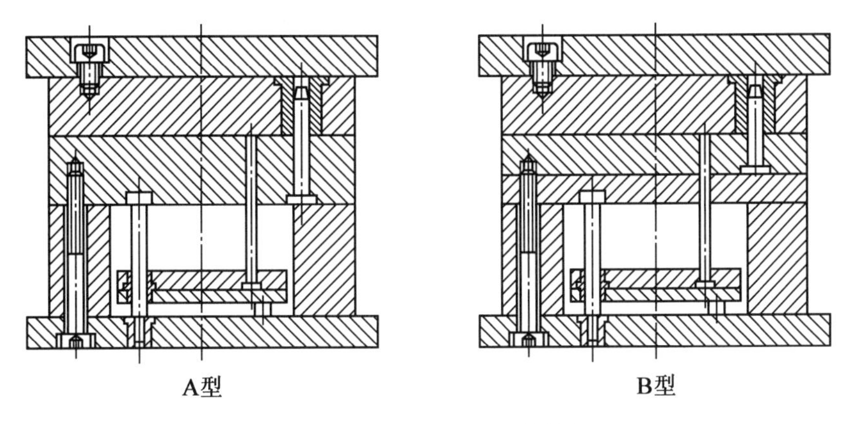

图 5.126　基本型大型注射模架

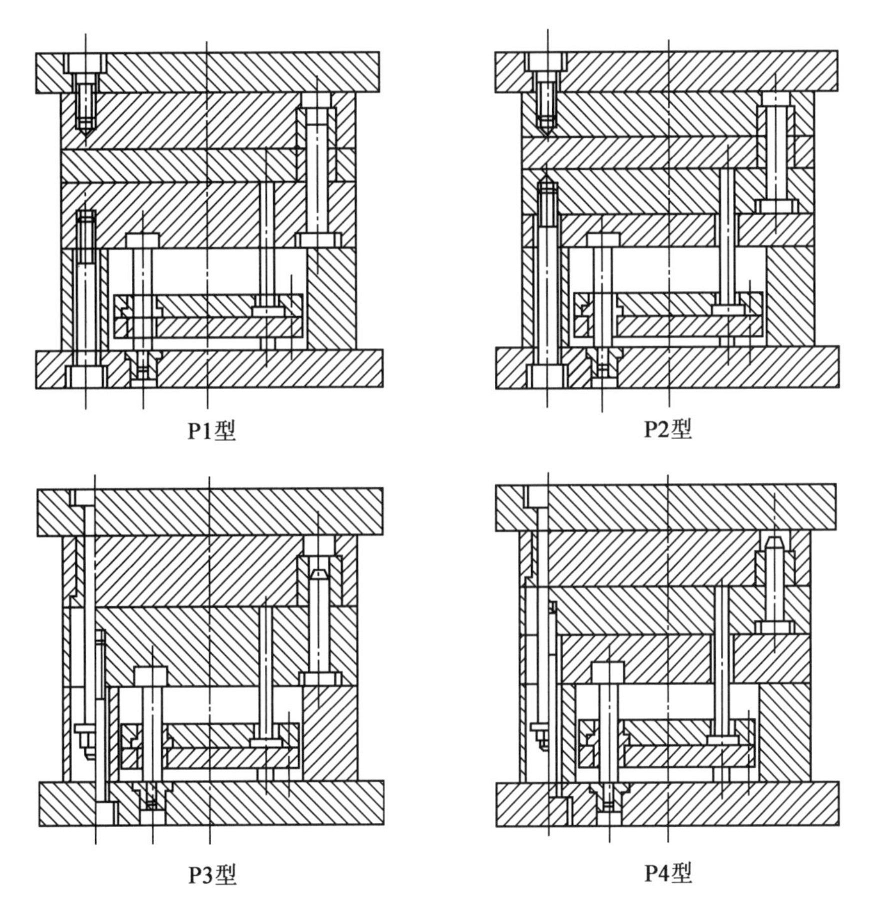

图 5.127　派生型大型注射模架

3. 标准模架规格的表示方法

国家标准规定的塑料注射模架规格的表示方法如下：

品种(模架型号) - 系列(模板周界尺寸) - 规格(模架规格的编号数) - 导柱安装形式

其中,模板周界尺寸对中小型模架为实际尺寸(单位为 mm),对大型模架为实际尺寸的1/10;导柱安装形式用代号 Z 和 F 表示,Z 表示正装式,即导柱安装在动模,导套安装在定模,F 表示反装式,即导柱安装在定模,导套安装在动模。此外,在 Z、F 后还分别用数字 1、2、3 表示所用导柱的形式,1 为直导柱,2 为带肩导柱,3 为带肩定位导柱。

例如:A2 - 100160 - 03 - Z2　GB/T 12555—2006 表示基本型 A2 型、模板周界尺寸 100 mm×160 mm、规格编号 03、正装带肩导柱的中小型注射模架。

又如:A - 80125 - 26　GB/T 125555—2006 表示基本型 A 型、模板周界尺寸 800 mm×1 250 mm、规格编号 26 的大型注射模架。

5.6.2　注射模标准模架的选用

合理地选择标准模架,可以简化模具设计与制造。因为选用标准模架以后,各模板的尺寸、螺钉与导柱的尺寸及安装位置等都可以确定,再在标准模架的基础上设计浇注系统、型芯和凹模结构、推出零件、抽芯机构等装置,再对购买的模架进行适当的二次加工就可以使用了,这样可以大大减轻模具设计与制造工作。

注射模标准模架的选择步骤如下。

1. 确定模架结构形式

模架结构形式根据塑件的结构特点和成型质量要求确定。

2. 确定型腔壁厚或镶块尺寸

型腔壁厚根据塑件尺寸和本书第 3 章 3.3 节中介绍的型腔壁厚计算方法确定。采用镶块时,镶块尺寸可根据图 5.128 和表 5.19 所示经验数据确定。

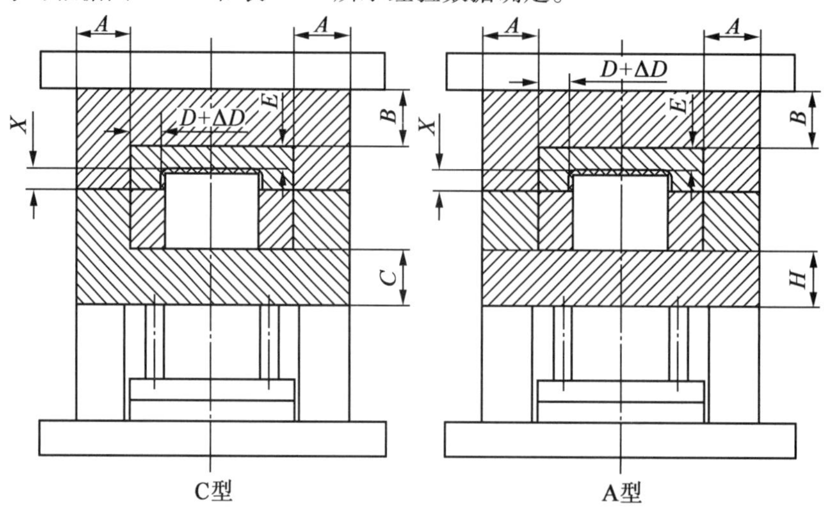

图 5.128　模架尺寸的确定

A—镶件侧边到模板侧边的距离;B—定模镶件底部到定模板底面的距离;
C—动模镶件底部到动模板底面的距离;D—塑件到镶件侧边的距离;
E—塑件最高点到镶件底部的距离;H—动模支承板的厚度;X—塑件高度

表 5.19　模板与镶件尺寸

塑件投影面积/mm^2	A	B	C	H	D	E
100 ~ 900	40	20	30	30	120	120
900 ~ 2 500	40 ~ 45	20 ~ 24	30 ~ 40	30 ~ 40	20 ~ 24	20 ~ 24
2 500 ~ 6 400	45 ~ 50	24 ~ 30	40 ~ 50	40 ~ 50	24 ~ 28	24 ~ 30
6 400 ~ 14 400	50 ~ 55	30 ~ 36	50 ~ 65	50 ~ 65	28 ~ 32	30 ~ 36
14 400 ~ 25 600	55 ~ 65	36 ~ 42	65 ~ 80	65 ~ 80	32 ~ 36	36 ~ 42
25 600 ~ 40 000	65 ~ 75	42 ~ 48	80 ~ 95	80 ~ 95	36 ~ 40	42 ~ 48
40 000 ~ 62 500	75 ~ 85	48 ~ 56	95 ~ 115	95 ~ 115	40 ~ 44	48 ~ 54
62 500 ~ 90 000	85 ~ 95	56 ~ 64	115 ~ 135	115 ~ 135	44 ~ 48	54 ~ 60
90 000 ~ 122 500	95 ~ 105	64 ~ 72	135 ~ 155	135 ~ 155	48 ~ 52	60 ~ 66
122 500 ~ 160 000	105 ~ 115	72 ~ 80	155 ~ 175	155 ~ 175	52 ~ 56	66 ~ 72
160 000 ~ 202 500	115 ~ 120	80 ~ 88	175 ~ 195	175 ~ 195	56 ~ 60	72 ~ 78
202 500 ~ 250 000	120 ~ 130	88 ~ 96	195 ~ 205	195 ~ 205	60 ~ 64	78 ~ 84

注:以上数据,仅作为一般结构塑件的模架参考,对于特殊结构的塑件应注意以下几点。①当塑件高度太大时(塑件高度 $X \geqslant D$),应适当加大尺寸 D,加大值 $\Delta D = (X - D)/2$;②需开设冷却水道时,应适当调整镶件的尺寸,以达到较好的冷却效果;③塑件结构复杂需模具特殊分型或推出,或需侧向分型抽芯时,应根据不同情况适当调整镶件和模架的大小以及各模板厚度,保证模架的强度

3. 确定型腔板(或凹模板)周界尺寸

由塑件平面尺寸及型腔壁厚即可确定型腔板(或凹模板)周界尺寸。采用一模多腔时,型腔板(或凹模板)周界尺寸根据各型腔外边界尺寸及型腔壁厚确定。

4. 确定型腔板厚度尺寸

型腔板厚度根据塑件高度尺寸和本书 3.3 节中介绍的型腔底板厚度计算方法确定。采用镶件时也可根据塑件高度尺寸和图 5.128 和表 5.19 所示经验数据确定。

5. 确定型芯固定板(动模板)及支承板厚度

型芯固定板(动模板)根据型芯安装部分径向尺寸确定,一般可取其径向尺寸的 0.8 ~ 1.5 倍。支承板厚度与型腔底板厚度确定方法相同。

6. 垫块高度的确定

垫块的高度应保证足够的推出行程,并留出 5 ~ 10 mm 的余量,保证完全推出时,推杆固定板不至于碰到动模板或动模支承板。

7. 模架规格尺寸的确定

根据上述所定模架形式及尺寸,查阅模架标准,选择与模架相应尺寸相近的标准尺寸,所选标准模架的尺寸应大于或等于按上述方法确定的尺寸。

8. 校核模架尺寸与注射机的关系

在选定模架规格之后,应对模架相关尺寸进行校核,使所选的模架能符合所选定或客户给定的注塑机。校核的尺寸包括模架的外形尺寸、闭合厚度、最大开模距离、推出行程等。

5.7 热固性塑料注射模

热固性塑料因其自身的特点,过去只能采用压缩成型和压注成型的方法来成型塑件,但现在热固性塑料注射成型工艺已有了长足的发展。热固性塑料注射成型与压缩成型和压注成型相比,具有生产效率高、塑件质量好(尤其是带金属嵌件的电器、仪表类塑件)、劳动强度低、模具寿命长(10~30万次)、操作安全等优点,因此在很多场合下已经取代了压缩成型和压注成型。但由于热固性塑料注射成型能够使用的塑料品种有限,而且需要使用特殊的注射机,模具价格也较贵,因此它的用途也受到了较多限制。目前最常用的是以木粉或纤维素为填料的酚醛塑料,此外还有氨基塑料、不饱和聚酯及环氧树脂等。

热固性塑料注射成型的模具和设备与热塑料性塑料注射成型的模具和设备很相似,但也有其特殊之处。本节主要针对成型工艺及模具设计方面的不同点进行介绍。

5.7.1 热固性塑料注射成型工艺

从成型原理上看,热固性和热塑性两种塑料注射成型时的主要差异表现在熔体注入模腔后的固化成型阶段。热塑性塑料注射成型时的固化基本上是一个从高温液相到低温固相转变的物理过程,而热固性塑料注射成型时的固化却必须依赖于高温高压下的化学交联反应。正是这一差异导致两者的工艺条件不同。

1. 热固性塑料注射机

热固性塑料注射机的基本结构和基本工作方法与热塑性塑料注射机相似,不同之处如下。

(1)料筒的加热元件不是用电阻丝加热,而是用线包加热。线包通电后产生的交变电磁场使塑料分子在该磁场中振动,从而使塑料加热。这种加热方式使塑料层从里到外同时升温,因而塑料不致发生局部过热固化。

(2)注射料筒和注射螺杆均设有冷却水通道,保证在需要降温的时候能迅速降温。

(3)带有模具加热装置,使注入模内的熔体能在高温下进行交联反应而固化成型。

(4)螺杆的螺槽要求能兼做排气元件。

(5)合模装置要有能够迅速降低合模力的执行机构,这样可以在排气时使模具迅速开启,排气后又迅速合模。

2. 注射压力与注射速度

热固性塑料在注射机料筒中应处于黏度最低的熔融状态,熔融的塑料高速流经截面很小的喷嘴和模具浇注系统时,模具温度从60~90 ℃瞬间提高到130 ℃左右,达到临界固化状态,这也是熔体流动性最佳状态的转化点。因热固性塑料中含40%左右的填料,黏度与摩擦阻力较大,注射压力的一半左右要消耗在浇注系统的摩擦阻力上,所以注射压力一般高达100~170 MPa。注射速度常采用3~4.5 m/s。

3. 保压压力和保压时间

保压压力和保压时间直接影响到模腔压力以及塑件的补缩和密度的大小。常用的保压压力可比注射压力稍低一些,保压时间也可比热塑性塑料注射时略少些,通常取5~20 s。

4. 螺杆的背压与转速

注射热固性塑料时,螺杆的背压不能太大,否则塑料熔体在螺杆中会受到长距离压缩作用,导致熔体过早硬化而使注射成型难以进行,所以背压一般都比注射热塑性塑料时取得小,为 3.4 ~ 5.2 MPa,并且在螺杆启动时其值可以接近于 0。一般螺杆的转速在 30 ~ 70 r/min之间。

5. 成型周期

在热固性塑料注射成型周期中,最重要的是注射时间和硬化定型时间,此外还有保压时间和开模取件时间等。国产的热固性塑料注射时间 2 ~ 10 s,保压时间需 5 ~ 20 s,硬化定型时间在 15 ~ 100 s 内选择(可根据塑件最大壁厚,按 8 ~ 12 s/mm 硬化速度确定),成型周期共需 45 ~ 125 s。

6. 排气

热固性塑料注射时在固化反应中,会产生缩合水和低分子气体,型腔必须要有良好的排气结构,否则会在塑件表面留下气泡和熔接痕。对厚壁塑件,在注射成型过程中有时还应采取卸压开模放气的措施。

5.7.2　热固性塑料注射模的设计要点

热固性塑料注射模的基本结构如图 5.129 所示。从结构上看,与热塑性塑料注射模的结构基本相似,也包括成型部分、浇注系统、导向零件、推出机构、分型抽芯机构、加热装置与排气系统等部分,在注射机上的安装方法也相同。只是由于热固性塑料本身的特点以及熔体在模具中要发生交联化学反应,因而热固性塑料注射模设计与热塑性塑料注射模有些差异。

1. 分型面设计

热固性塑料注射模分型面的选择与设计原则与热塑性塑料注射模基本一致,但由于热固性塑料在成型时有许多挥发性物质排出,所以模具分型面必须要有防溢流和充分排气的措施。

(1)尽量减少接触面积。热固性塑料注射模分型面要尽量减小接触面积,以减小分型面接触间隙和增加单位面积上的接触压力,防止溢边的产生。减小分型面接触面积的方法如图 5.130 所示。

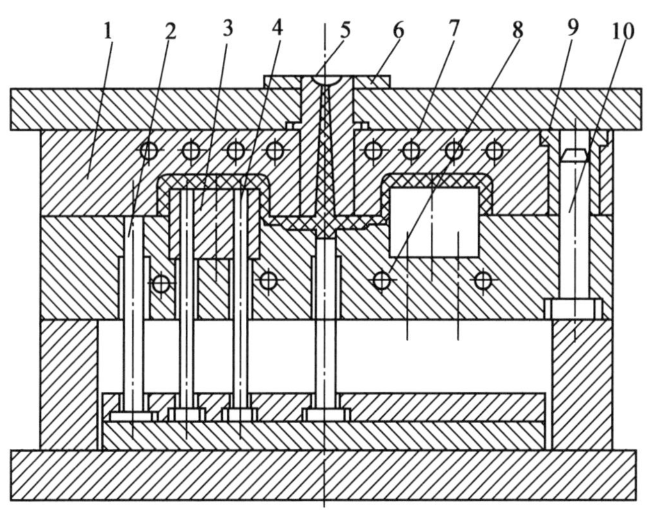

图 5.129　热固性塑料注射模的基本结构

1—定模板(凹模);2—复位杆;3—型芯;4—推杆;5—主流道衬套;6—定位圈;7、8—电热棒孔;9—导套;10—导柱

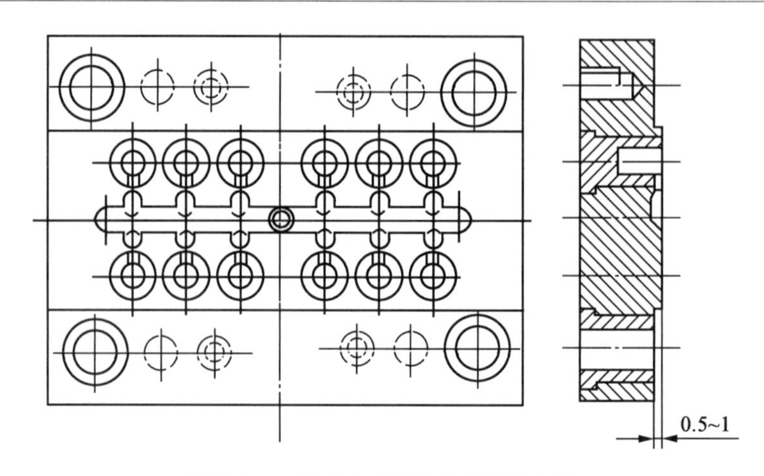

图 5.130 减少分型面接触面积的方法

(2)分型面上应尽量减少孔穴和凹坑。热固性塑料在分型面上的溢边很容易进入分型面上的孔隙中,进入后清理很困难,特别当这些溢边积累高出分型面后,就会使分型面贴合不严,因此分型面上的孔应尽量减少,或使其远离型腔,或孔在分型面上不开通。

(3)分型面的表面要求。分型面表面硬度应该高,一般在 HRC40 以上,防止飞边碎片在合模中压伤分型面表面。同时,分型面表面粗糙度应小,一般在 *Ra*0.2 μm 以下,这样能有效地减小飞边对分型面的附着力,清除飞边更加容易。最好在表面镀硬铬以增加其硬度和降低表面粗糙度。

(4)分型面的排气要求。热固性塑料产生的飞边厚度有的只有 0.01 mm,要防止这种飞边出现,分型面必须贴合严密,但由于热固性塑料注射成型时会产生很多气体,分型面又必须留有缝隙以便排气。为此,除了专门开设排气槽外(排气槽一般深度为 0.03 ~0.05 mm,宽度为 4 ~6 mm),带分型面的模板必须具有很好的刚性,这样才能有效地防止因模板变形形成的飞边,使飞边仅限于在排气槽中出现。

2. 浇注系统设计

(1)普通浇注系统。热固性塑料注射模的普通浇注系统与热塑性塑料注射模基本相同,但也有不同之处。

①主流道与冷料穴。由于热固性塑料在注射成型时,塑料熔体是从温度较低的注射机喷嘴进入温度较高的模具主流道中,模具的热量和料流摩擦产生的热量使料温迅速增高,料流的黏度也随之迅速下降,流动性则大幅度地上升,所以可将主流道直径设计得较小一些,锥度取 1° ~2°。

由于热固性注射机喷嘴与模具的接触时间较长,模具温度常使喷嘴端部存留一段已经固化了的塑料,为避免其堵塞浇口或进入型腔造成塑件缺陷,常在主流道末端设置较大的冷料穴用来除去这段凝料。另外,由于钩形拉料杆易拉断脆的凝料,所以冷料穴一般采用倒锥形或环槽形结构。

②分流道。热固性塑料注射模的分流道要尽量采取平衡式布置形式,使各型腔能同时充满同时固化。否则各型腔塑件在尺寸和性能上可能会有较大差别。

热固性塑料注射模分流道常采用梯形和半圆形截面。梯形截面宽度一般取 $b=4\sim6$ mm,深度 $h=2b/3$,两斜边与分模线垂线呈 15° ~20°的斜角。半圆形截面半径一般取 $R=2\sim4$ mm。

③浇口。热固性塑料注射模的浇口形式和浇口位置的选择原则与热塑性塑料注射模基本相同。浇口尺寸要适中,一般矩形浇口取深 0.8 ~ 1.5 mm,宽 2.5 ~ 5 mm,长 1 ~ 3 mm。热固性塑料注射模点浇口形状尺寸如图 5.131 所示。

(2)冷流道浇注系统。目前热固性塑料注射模已应用冷流道浇注系统。冷流道(又称为温流道)浇注系统就是对全部或部分浇注系统的温度用冷却介质严格控制,保证流经流道的塑料熔体不能达到交联硬化的温度,从而避免浇注系统形成凝料,成型后的塑件可以完全不(或少量)带浇注系统凝料。这类浇注系统和热塑性塑料的热流道浇注系统一样,都是为了节省原材料和提高生产效率而设计的。

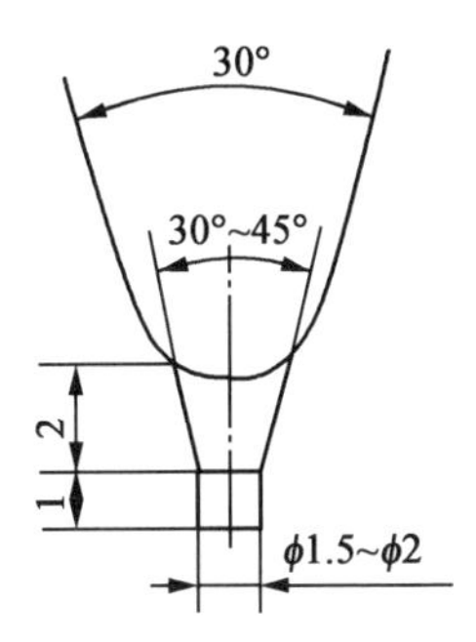

图 5.131　热固性塑料注射模点浇口形状及尺寸

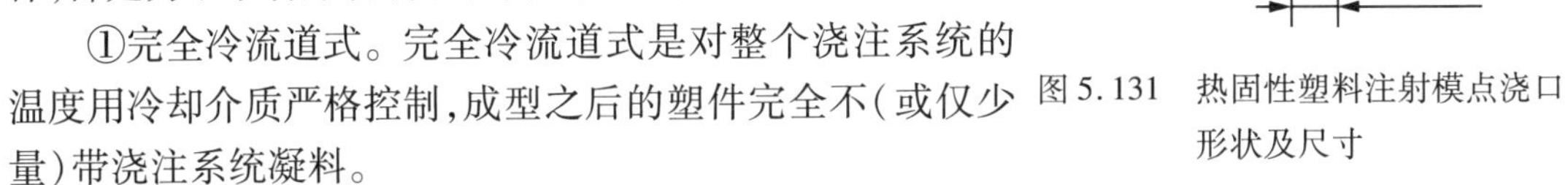

①完全冷流道式。完全冷流道式是对整个浇注系统的温度用冷却介质严格控制,成型之后的塑件完全不(或仅少量)带浇注系统凝料。

图 5.132 所示是完全冷流道热固性塑料注射模,其特点是采用了冷流道板来设置模具的浇注系统,并通过流经该板的冷水或冷油对浇注系统进行冷却控温(一般维持在 100 ℃以下,使流道内的熔体始终不固化);而对型腔部分则采取相反的措施,即利用加热装置使其保证高温状态。为了避免冷流道板与型腔部分的温度相互交换,在两者之间设置了绝热层装置进行隔离。除此,安装模具时,还利用隔热板把模具和注射机上的动、定模固定板隔开,以免模具中的热量过多地传给注射机。

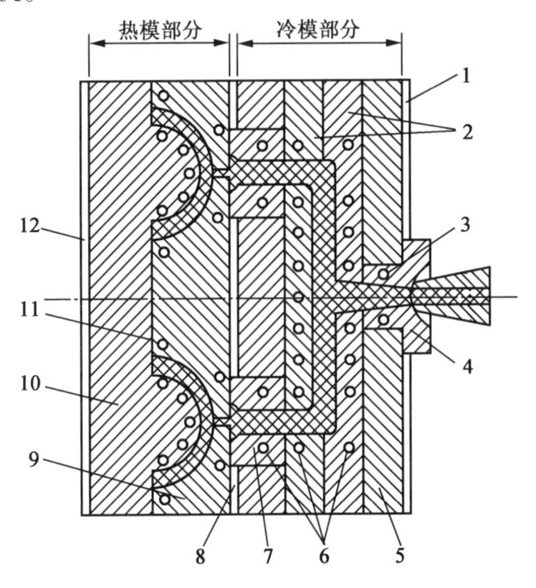

图 5.132　完全冷流道热固性塑料注射模

1—定模绝热板;2—冷流道板;3—主流道冷却水孔;4—主流道衬套;5—定模座板;6—分流道冷却水孔;7—冷流道喷嘴;8—冷、热模绝热层;9—凹模板;10—凸模板;11—加热器安装孔;12—动模绝热板

②部分冷流道式。部分冷流道式只用冷却介质对主流道温度进行严格控制,防止主流道内的塑料熔体发生交联反应而固化,至于分流道的温度,通常不严格要求,所以成型后的塑件带有分流道凝料。图 5.133 所示为部分冷流道热固性注射模,为了避免喷嘴与模具其他部分

的温度发生交换，二者之间留有空气隙进行绝热。

部分冷流道式的另一种结构形式是采用延伸式喷嘴，即在料筒前端安装一个特殊形式的喷嘴，它不但可以伸入模具内直接向浇口注料，而且其内部还设有冷却水路控制塑料熔体的温度，以防流经的塑料熔体交联固化。

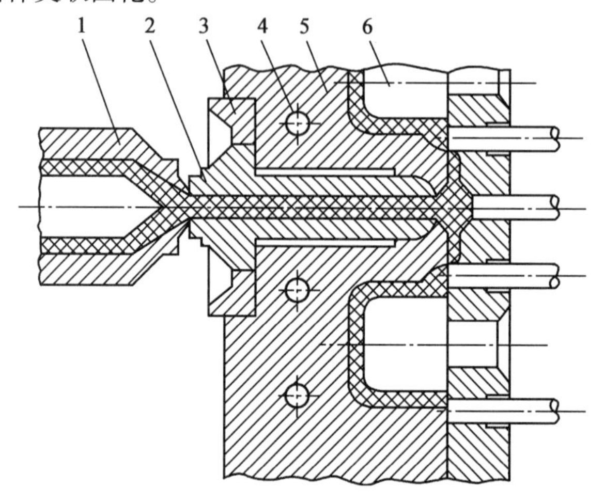

图 5.133　部分冷流道热固性塑料注射模

1—注射机喷嘴；2—主流道衬套；3—定位环；4—加热器安装孔；5—定模型腔板；6—型芯

3. 成型零件的设计

(1)型腔的布置。由于热固性塑料注射压力大，模具受力不平衡时会在分型面之间产生较多的溢料和飞边，因此，型腔位置排布时，在分型面上的投影面积的中心应尽量与注射机合模力中心重合。另外，热固性塑料注射模型腔上下位置对各个型腔或同一型腔的不同部位温度分布影响很大，这是因为自然对流时，热空气由下向上运动影响的结果。因此，为了改善这种情况，多型腔布置时应尽量缩短上下型腔的距离。

(2)成型零件结构形式。由于热固性塑料流动性很好，能渗透到很小的缝隙中去，特别是成型零件的镶拼件之间一般是固定不动的，在这些缝隙中固化了的飞边很难清除，所以成型零件要尽量采用整体结构。

(3)成型零件的工作尺寸。热固性塑料注射模成型零件工作尺寸计算方法与热塑性塑料是相同的，不同的是收缩率的取值大小有所差异。如某种结构的酚醛塑料塑件，用压缩模塑时收缩率为 0.8%，压注模塑时为 1.0%，而注射模塑时为 1.2%。另外对尺寸要求严格的塑件，计算在开模方向的尺寸时，应该把分型面的飞边厚度考虑在内。飞边厚度值一般为0.05 ~ 0.1 mm。

(4)成型零件的材料、热处理与表面粗糙度。由于成型零件在模具工作中受到高温、腐蚀和冲击，所以对材料的要求较高，对材料的硬度和表面粗糙度要求也较高。一般应选用含铬的钢材来制造，热处理硬度在 HRC50 以上。与塑料接触的表面要经过抛光、镀硬铬、再抛光，抛光后表面粗糙度达到 $Ra0.1\ \mu m$ 左右。

在成型零件表面镀上氮化钛涂层是防腐蚀、耐磨损的最新办法。这种涂层可使模具寿命增加四倍，而且还十分有效地改善了塑件的脱模和飞边的清理。

4. 推出机构设计

由于热固性塑料熔体很容易渗入微小缝隙，这就要求推出机构零件与成型零件的配合只能有很小的间隙。如果塑料渗入了这些间隙并形成飞边就必须及时清除,否则不但影响模具配合精度,而且还可能造成模具损坏。一般推出零件与型芯或型腔的配合间隙应在 0.03 mm 以下,配合面表面粗糙度在 *Ra*0.2 μm 以下,表面镀铬则更好。

热固性塑料注射模大多数都采用推杆作为推出零件,而尽量避免采用推件板等。这是因为推杆推出机构易加工,配合间隙易保证,间隙中飞边易于清除。在必须采用推件板时,推件板与型芯要采用锥面配合,并且推件板要有足够的推出距离,利于清除飞边。

为防止推出零件滑动部分产生咬合或拉毛,常采用局部淬火表面强化处理,一般要使表面硬度达到 HRC54～58。还可以在表面涂覆耐高温的固体润滑剂等,降低滑动摩擦系数。

5. 模具的加热

热固性塑料的交联固化是由模具提供的温度为条件的,所以模具必须加热。模具的加热直接影响生产效率和塑件质量,必须严格控制。一般要求模具必须达到交联固化所需要的温度并能使温度恒定,且模具各部分温度要均匀(一般温差不大于 5 ℃),热损失要小。

模具加热通常采用电热管或电热套,其功率大小与模具质量有关,一般每千克模具需要 30～40 W 的电功率。加热元件要安置在模具各个部位,每个加热元件要配备一个测温元件(如热电偶),测温元件安在加热元件与塑料成型面之间。如果采用电热管与电热套并用的加热方法可以使模具温度的均匀性大幅提高,此处电热管主要提供模具温度,而电热套则使模具与周围环境隔离。

模具与注射机安装板之间也应安置隔热层(一般采用石棉板),防止模具热量向注射机安装板扩散。若在模具的模板与模板之间安装隔热层,则更能起到防热散失和均匀模具温度的效果。

目前已能够应用计算机模拟模具的加热过程,这对提高模具温度的均匀性和正确确定加热元件位置、数量等都提供了极大的帮助。此外,利用热照相技术可对已有模具温度进行分析,从而积累模具温度控制的经验,为设计新一代模具的温控系统提供可靠的依据。

5.8　注射模设计的一般步骤及实例

本章及第 2 章、第 3 章分别介绍了塑料注射成型工艺及模具设计的基本知识与基本方法,本节在前述知识的基础上,介绍注射模设计的一般步骤及设计实例。

5.8.1　注射模设计的一般步骤

1. 塑件的分析

塑件的分析包括塑件的原材料分析、塑件的尺寸精度分析、塑件的表面质量及塑件的结构工艺性分析等,即通过塑件图或样件(对于形状复杂的塑件,可借助三维绘图软件建立其三维实体模型),了解塑件的用途、生产批量、使用及外观要求,分析塑件的结构形状、尺寸、公差、表面粗糙度、表面质量等是否符合塑件成型工艺性要求,分析塑件所用原材料的吸水性、流动性、收缩率等成型工艺性能,了解塑件在成型过程中的收缩、补缩、结晶、取向和残余应力的产生与消除等问题(可借助计算机辅助分析软件),以便正确确定塑件注射成型工艺条件并合理设计模具结构。

2. 估算塑件体积和质量,初步选择注射机

了解生产塑件可供选用的注射机规格、型号及与模具设计有关的技术参数,估算塑件及浇注系统凝料的总体积和质量，在此基础上初步确定所选注射机的型号及规格。

3. 确定塑件成型工艺参数，编制注射成型工艺卡

编制注射成型工艺卡的目的是指导模具设计和成型加工。注射成型工艺卡一般包括塑件与塑料概况、注射成型工艺过程、注射成型工艺参数及注射机型号等。

根据塑件结构特点及塑料种类，参考本书附录或有关设计手册，选定如下工艺参数：料筒温度、喷嘴温度、模具温度、注射压力、注射时间、保压时间、冷却时间以及总的生产周期。

根据塑料和塑件成型要求，确定预处理及后处理方法及有关参数，并连同选定的成型工艺参数一并填写在注射成型工艺卡上。

4. 注射模结构方案的确定

注射模结构方案的确定一般包括以下内容。

（1）确定型腔的数目。可根据注射机的锁模力、标称注射量、塑件的精度要求、经济性等确定型腔数。虽然在初选注射机时，型腔数已经考虑或初步确定，在模具结构设计阶段仍应再次校核。

（2）选择分型面。模具设计时，分型面的选择很关键，它决定了模具的结构，因此应根据分型面选择原则和塑件的成型要求合理选择。

（3）确定型腔的布置。型腔的布置实质上是模具结构总体方案的规划和确定。因为一旦型腔布置完毕，浇注系统的走向和类型便已确定，同时可协调布置冷却系统和推出机构。而当型腔、浇注系统、推出机构的初步位置决定后，模板的外形尺寸基本上就可确定了，从而可以选择合适的标准模架。

（4）确定浇注系统与排气方式。确定浇注系统的类型、各组成部分的形式及布置方式，排气方式及排气槽的位置等。另外需要强调的是，浇注系统往往决定了模具的类型，如采用侧浇口，一般选用单分型面的二板式注射模即可；若采用点浇口，往往需要选用双分型面的三板式注射模，以便分别脱出浇注系统凝料和塑件。

（5）确定推出方式。在确定推出方式时，首先要确定塑件和浇注系统凝料的留模方向，即滞留在动、定模的哪一侧，必要时要设计强迫滞留结构（如拉料杆等），同时根据推出方式的不同，还要注意考虑是否需要设计复位机构。

（6）确定侧向分型抽芯方式。塑件上有垂直于脱模方向的侧向凹槽或凸台时，需要设计侧向分型抽芯机构。根据塑件特点及模具结构要求，确定侧向抽芯机构的类型。抽芯机构会使模板尺寸加大，在型腔布置时，要注意留出侧向抽芯机构的位置。

（7）确定冷却系统。当塑件较大或散热条件不好时，需要设置冷却系统，并确定冷却方式及冷却通道的布置形式。为了得到较好的冷却效果，冷却系统的设计应先于推出机构，不要在推出机构设计完毕后才考虑冷却回路的布置。当冷却管道的布置与推出孔（包括螺钉孔等）可能发生干涉时，为了协调好两者的关系，可以将冷却系统与推出机构的设计同步进行。

（8）确定凹模和型芯的结构与固定方式。当采用镶块式组合凹模或型芯结构时，应合理地划分镶块，并同时考虑这些镶块的强度、可加工性及安装固定。

在确定模具结构方案时，可构思几种模具结构形式进行分析比较，最后确定一种容易制造、便于操作、确保成型塑件质量的模具结构。

5. 进行模具设计的有关计算

（1）成型零件工作尺寸计算。注射模成型零件工作尺寸的计算应以塑件图样的尺寸为依据，其计算方法有平均值法和极限值法。对于一般要求的塑件，为了计算方便，常选用平均值法，而对于精密塑件，应采用极限值法。

(2)型腔壁厚和底板厚度的确定。根据强度及刚度条件确定型腔壁厚和底板厚度，并选择相应模板的标准系列尺寸，进而选择标准模架规格。

(3)侧向分型抽芯机构的计算。计算抽拔力与抽芯距，确定抽芯机构零件的结构尺寸。

(4)模具冷却系统的计算。通过有关热平衡计算，确定冷却管道的形状、位置、数量及尺寸。

6. 绘制模具结构草图

在以上工作的基础上，可初步绘制出注射模的完整结构草图。在草图绘制过程中，逐步完善和确定各零件的结构形状和尺寸，并尽量采用模具的标准模架结构和选用标准件。在模具总体结构设计时，切忌将模具结构设计得过于复杂，应优先考虑采用简单的结构形式，因为在注射成型的实际生产中所出现的故障，大多数是由于模具结构复杂化引起的。

结构草图绘制完成后，应校核模具与注射机的有关尺寸。因为每副模具只能安装在与其相适应的注射机上使用，因此必须对模具上与注射机有关的尺寸进行校核，保证模具在注射机上正常工作。

7. 绘制模具的装配图

装配图中要清楚地表明各个零件的装配关系，便于装配。装配图的绘制必须符合机械制图国家标准，其画法与一般机械制图画法原则上没有区别，只是为了更清楚地表达模具中成型塑件的形状、浇口位置的设置，在装配图的俯视图上，可将定模拿掉，只画出动模部分的俯视图。

装配图上应包括必要的尺寸，如外形尺寸、定位圈尺寸、安装尺寸和极限尺寸(活动零件移动起止点)。装配图上应将全部零件按顺序编号，并填写明细表和标题栏。装配图上还应提出技术要求，技术要求的内容如下。

①对模具某些结构的性能要求，如对推出机构、抽芯机构的要求等。

②对模具装配工艺的要求，如分型面的贴合间隙、模具上下面的平行度要求等。

③模具的使用说明。

④防氧化处理，模具编号、刻字、油封及保管等要求。

⑤有关试模及检查方面的要求。

8. 绘制模具零件图

由模具装配图拆绘零件的顺序为：先内后外，先复杂后简单，先成型零件后结构零件。零件图上应标出必要的尺寸和制造偏差、表面粗糙度、形位公差，并注明零件材料、热处理要求和必要的技术条件等。

9. 全面审核后投产制造

模具图样设计完成以后应进行全面审核，尤其应注意审核成型零件的结构工艺性、模具零件的配合关系、模具工作过程及各零部件的动作协调性和稳定性。模具设计人员一般还应参加模具制造的全过程，包括组装、试模、修模及投产过程等。

需要指出的是，随着模具CAD/CAE/CAM技术的不断发展与应用，塑料模具设计工作已基本都在计算机上完成。利用计算机辅助模具设计时，上述设计过程基本上是相同的，只是一些分析和计算可借助计算机完成，全部图样也通过计算机生成，因此可大大提高设计的可靠性与设计效率。

5.8.2　注射模设计实例

图5.134所示为电流线圈架塑件图，材料为增强聚丙烯，大批量生产。试确定该塑件的成

型工艺,并设计注射模具。

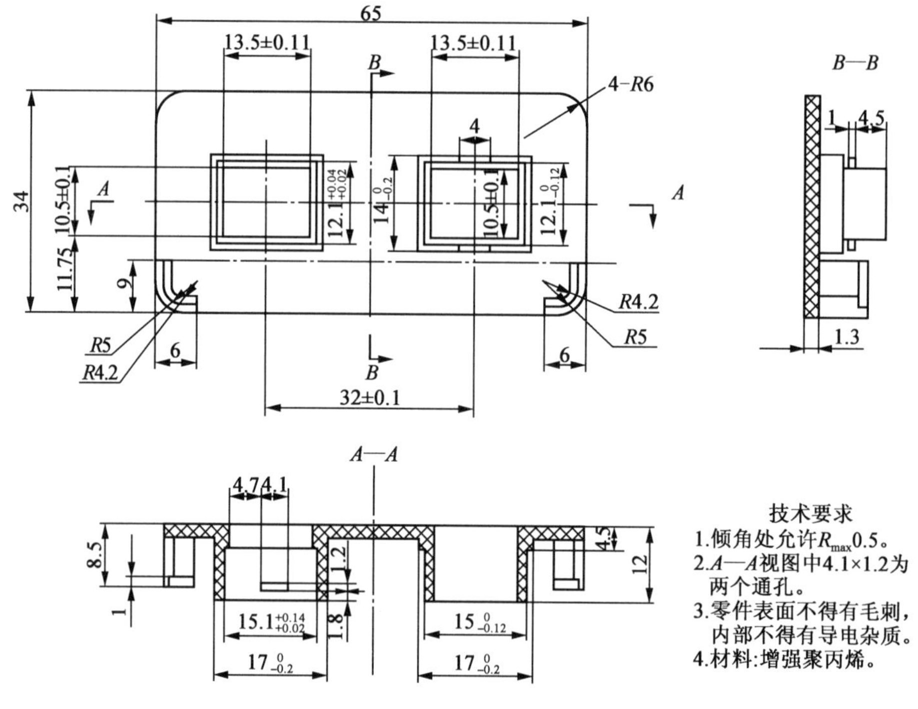

图 5.134 电流线圈架塑件图

1. 塑件的工艺分析

(1)塑件的原材料分析。塑件的材料采用增强聚丙烯,属热塑性塑料。从使用性能上看,该塑料具有刚度好、耐水、耐热性强等特点,其介电性能与温度和频率无关,是理想的绝缘材料。从成型性能上看,该塑料吸水性小,熔料的流动性较好,成型容易,但收缩率大。另外,该塑料成型时易产生缩孔、凹痕、变形等缺陷,成型温度低时,方向性明显,凝固速度较快,易产生内应力。因此,在成型时应注意控制成型温度,浇注系统应缓慢散热,冷却速度不宜过快。

(2)塑件的结构、尺寸精度及表面质量分析。

①结构分析。从塑件图上分析,该塑件总体形状为长方形,在宽度方向的一侧有高为8.5 mm、半径为R5 mm的两个凸耳,在两个高度为12 mm、长宽为17 mm×14 mm的凸台上,一个带有4.1 mm×1.2 mm凹槽(对称分布),另一个带有4 mm×1 mm的凸台(对称分布)。因此,模具设计时必须设置侧向分型抽芯机构,该塑件属于中等复杂程度。

②尺寸精度分析。该塑件的重要尺寸有$12.1^{\ 0}_{-0.12}$ mm、$12.1^{+0.04}_{+0.02}$ mm、$15.1^{+0.14}_{+0.02}$ mm、$15^{\ 0}_{-0.12}$ mm等,其精度为MT1级(GB/T 14486—1993《工程塑料模塑塑料件尺寸公差》);次重要尺寸有13.5±0.11 mm、$17^{\ 0}_{-0.2}$ mm、10.5±0.1 mm、$14^{\ 0}_{-0.2}$ mm等,其精度为MT3级。由此可知,该塑件的尺寸精度偏高,但塑件有精度要求的尺寸较小,受塑料收缩波动影响较小,易于达到较高精度,因此通过提高模具零件的加工精度,并控制好成型工艺参数,是可以保证塑件精度要求的。

塑件的壁厚最大处为1.3 mm,最小处为0.95 mm,壁厚差为0.35 mm,较均匀,便于塑件的成型。

③表面质量分析。该塑件的表面除要求没有缺陷、毛刺,内部不得有导电杂质外,没有特

别的表面质量要求，故比较容易实现。

由以上分析可见，注射成型时在工艺参数控制得较好的情况下，塑件的成型要求可以得到保证。

2. 计算塑件的体积和质量，初选注射机

计算塑件的体积和质量是为了选用注射机及确定型腔数。经计算塑件的体积为 $V=4\ 087\ mm^3$（可利用 Pro/E 等计算机软件计算）。查设计手册或附表，得增强聚丙烯的密度为 $\rho=1.04\ kg/cm^3$，故塑件的质量为 $W=V\rho=4.25\ g$。

采用一模两件的模具结构，考虑其外形尺寸、注射时所需压力和工厂现有设备等情况，初步选用注射机为 XS－Z－60 型。

3. 塑件注射工艺参数的确定

根据设计手册或附表的推荐值，并参考工厂实际应用情况，增强聚丙烯的成型工艺参数可作如下选择。

料筒温度：前段 260 ℃，中段 240 ℃，后段 220 ℃；

喷嘴温度：220 ℃；

注射压力：100 MPa；

注射时间：30 s；

保压压力：72 MPa；

保压时间：10 s；

冷却时间：30 s。

上述工艺参数在试模时可根据成型情况做适当调整。

4. 注射模的结构设计

（1）分型面选择。模具设计中，分型面的选择很关键，它决定了模具的结构。该塑件为机内骨架，表面质量无特殊要求，但在绕线的过程中上端面与工人的手指接触较多，因此上端面最好自然形成圆角。此外，该零件高度为 12 mm，且垂直于轴线的截面形状比较简单和规范，若选择如图 5.135 所示的水平分型方式，既可降低模具的复杂程度，减少模具加工难度，又便于成型后的脱模，故选用图 5.135 所示的分型方式较为合理。

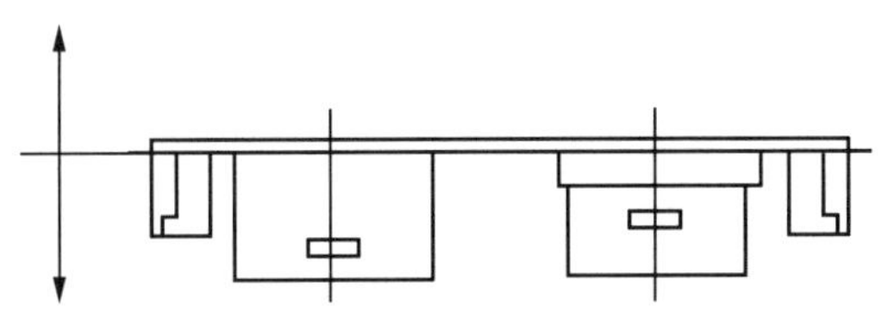

图 5.135　水平分型方式

（2）型腔的布置。本塑件采用一模两件，综合考虑浇注系统及抽芯机构设置等模具结构因素，拟采用图 5.136 所示的型腔排列方式。这种排列方式的最大优点是便于设置侧向分型抽芯机构，其缺点是熔料进入型腔后到另一端的熔料流程较长，但因该塑件尺寸不大，故对成型没有太大影响。

（3）浇注系统设计。

①主流道设计。根据设计手册查得 XS－Z－60 型注射机喷嘴的有关尺寸为：喷嘴前端孔径 $d_0=4$ mm，喷嘴前端球面半径 $R_0=12$ mm。

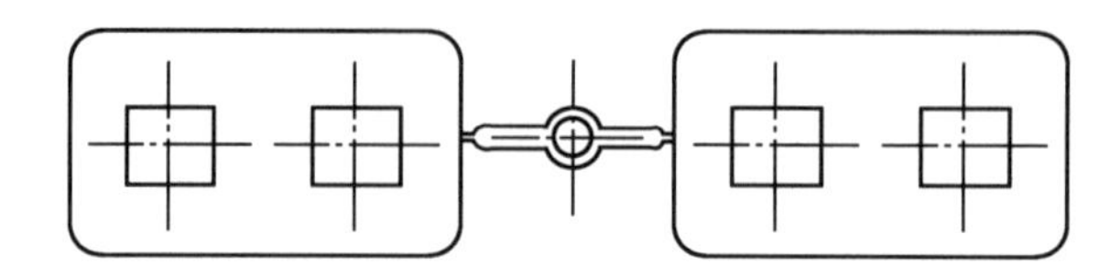

图 5.136　型腔排列方式

根据模具主流道与喷嘴的尺寸关系，取主流道球面半径 $R=13$ mm，小端直径 $d=4.5$ mm。

为了便于将凝料从主流道中拔出，将主流道设计成圆锥形，其斜度为 1°~3°，经换算得主流道大端直径 $D=8.5$ mm。此外，为了使熔料顺利进入分流道，可在主流道出料端设计半径 $r=5$ mm 的圆弧过渡。

②分流道设计。根据型腔的布置方式可知分流道的长度较短，为了便于加工，选用截面形状为半圆形的分流道，查表 5.5 取半径 $R=4$ mm。

③浇口设计。根据塑件的成型要求及型腔的布置方式，选用侧浇口较为理想。设计时考虑选择从壁厚为 1.3 mm 处进料，熔料由厚处往薄处流，而且在模具结构上采用镶拼式型腔和型芯，有利于填充、排气。侧浇口截面形状为矩形，初选尺寸为 1 mm×0.8 mm×0.6 mm（$b\times l\times h$），试模时修正。

（4）侧向分型抽芯机构设计。塑件的侧壁有一对小凹槽和小凸台，它们均垂直于脱模方向，阻碍成型后塑件从模具中脱出。因此成型小凹槽和小凸台的零件必须做成活动的型芯，即须设置侧向分型抽芯机构。本模具采用斜导柱侧向分型抽芯机构。

①确定抽芯距。塑件的小孔深度和小凸台高度相等，均为(14－12.1)/2＝0.95 mm，另加 3~5 mm 的抽芯安全系数，可取抽芯距 $S_c=4.9$ mm。

②确定斜导柱的斜角。斜导柱的斜角与抽拔力及抽芯距有直接关系，一般取 $\alpha=15°\sim20°$，本例中取 $\alpha=20°$。

③确定斜导柱的尺寸。斜导柱的直径取决于抽拔力及其倾斜角度，本例采用经验估值，取斜导柱的直径 $d=14$ mm。斜导柱的长度根据抽芯距、固定端模板的厚度、斜导柱直径及斜角大小确定。由于上模座板和上凸模固定板尺寸尚不确定，即 h_a 不确定，故初定 $h_a=25$ mm，$D=20$ mm（符号含义如图 5.79 所示）。根据公式（5.29）计算后，取斜导柱长度 $L=55$ mm。如果后续设计中 h_a 有变化，则再修正 L 的长度。

④滑块与导滑槽设计。由于侧向孔和侧向凸台的尺寸较小，考虑到型芯强度和装配问题，侧型芯与滑块的连接采用镶嵌方式参照图 5.137。

为使模具结构紧凑，降低模具装配难度，拟采用整体式滑块和整体式导滑槽（图 5.139）。为提高滑块的导向精度，装配时可对导滑槽或滑块采用配磨、配研的装配方法。

由于抽芯距较短，故导滑长度只要符合滑块在开模时的定位要求即可。滑块的定位装置采用弹簧与台阶的组合形式（图 5.137）。

（5）成型零件结构设计。

①凹模的结构设计。本例中模具采用一模二件的结构形式，考虑加工的难易程度和优质材料的利用等因素，凹模拟采用镶嵌式结构（图 5.137）。根据本例分流道与浇口的设计要求，分流道和浇口均设在凹模镶块上，其结构参照图 5.138。

②凸模结构设计。根据塑件的结构特征，凸模与侧型芯的结构设计成图 5.137 中件 17、19、27、28 所示的形式。

5. 模具设计的有关计算

(1)成型零件工作尺寸的计算。本例中成型零件工作尺寸的计算均采用平均值法计算。查附表取增强聚丙烯的平均收缩为 $S_{cp}=0.6\%$，考虑模具制造条件，取模具制造公差 $\delta_z=\Delta/3$。

型腔、型芯工作尺寸计算见表 5.20。

表 5.20　型腔、型芯工作尺寸计算

类别	序号	模具零件名称	塑件尺寸/mm	计算公式	型腔或型芯的工作尺寸/mm
型腔的计算	1	下凹模镶块	$17_{-0.2}^{0}$	$L_m=\left(L_s+L_sS_{cp}-\frac{3}{4}\Delta\right)_0^{+\delta_z}$	$16.95_{0}^{+0.07}$
			$15_{-0.12}^{0}$		$15_{0}^{+0.04}$
			$14_{-0.2}^{0}$		$13.93_{0}^{+0.07}$
			$12.1_{-0.12}^{0}$		$12.08_{0}^{+0.04}$
			$4.5_{-0.1}^{0}$	$H_m=\left(H_s+H_sS_{cp}-\frac{2}{3}\Delta\right)_0^{+\delta_z}$	$4.4_{0}^{+0.03}$
	2	凸耳对应的型腔	$R5.2_{-0.1}^{0}$	$L_{Rm}=\left(L_{Rs}+L_{Rs}S_{cp}-\frac{3}{4}\Delta\right)_0^{+\delta_z}$	$5.12_{0}^{+0.03}$
			$R5_{-0.1}^{0}$		$4.95_{0}^{+0.03}$
			$R4.2_{-0.1}^{0}$		$4.15_{0}^{+0.03}$
			8.5 ± 0.05	$H_m=\left(H_s+H_sS_{cp}-\frac{2}{3}\Delta\right)_0^{+\delta_z}$	$8.44_{0}^{+0.03}$
			1 ± 0.05		$0.98_{0}^{+0.03}$
	3	上凹模镶块	$65_{-0.2}^{0}$	$L_m=\left(L_s+L_sS_{cp}-\frac{3}{4}\Delta\right)_0^{+\delta Z}$	$64.4_{0}^{+0.07}$
			$34_{-0.2}^{0}$		$33.95_{0}^{+0.07}$
			$R6_{-0.1}^{0}$		$5.96_{0}^{+0.03}$
			$1.3_{-0.06}^{0}$	$H_m=\left(H_s+H_sS_{cp}-\frac{2}{3}\Delta\right)_0^{+\delta_z}$	$1.26_{0}^{+0.02}$
型芯的计算	1	右型芯	10.5 ± 0.1	$l_m=\left(l_s+l_sS_{cp}+\frac{3}{4}\Delta\right)_{-\delta_z}^{0}$	$10.61_{-0.07}^{0}$
			13.5 ± 0.1		$13.63_{-0.07}^{0}$
			$12_{0}^{+0.16}$	$h_m=\left(h_s+h_sS_{cp}+\frac{2}{3}\Delta\right)_{-\delta_z}^{0}$	$12.17_{-0.05}^{0}$
	2	左型芯	$15.1_{+0.02}^{+0.14}$	$l_m=\left(l_s+l_sS_{cp}+\frac{3}{4}\Delta\right)_{-\delta_z}^{0}$	$15.3_{-0.04}^{0}$
			$12.1_{+0.02}^{+0.04}$		$12.20_{-0.02}^{0}$
			$4.5_{0}^{+0.1}$	$h_m=\left(h_s+h_sS_{cp}+\frac{2}{3}\Delta\right)_{-\delta_z}^{0}$	$4.59_{-0.03}^{0}$
孔距	型孔之间的中心距		32 ± 0.1	$C_m=(C_s+C_sS_{cp})\pm\frac{\delta_z}{2}$	32.19 ± 0.03

(2)型腔侧壁和底板厚度计算。

①下凹模镶块型腔侧壁厚度计算。下凹模镶块型腔为组合式矩形型腔，根据组合式矩形型腔侧壁厚度计算公式(表 3.6)，得

$$t_c=\sqrt[3]{\frac{p_m h l^4}{32EH\delta_p}}$$

取 $p_m = 40$ MPa(选定值),$h = 12$ mm,$l = 16.95$ mm(根据型腔工作尺寸计算得长、宽尺寸为 16.95 mm 和 13.93 mm,取大值进行计算),$E = 2.1 \times 10^5$ MPa,$H = 40$ mm(初选值),$\delta_p = 0.035$ mm。代入公式计算得 $t_c = 1.6$ mm。

考虑到下凹模镶块还需安放侧向抽芯机构,故取下凹模镶块的外形尺寸为 80 mm × 50 mm。

②下凹模镶块底板厚度计算。根据组合式型腔底板厚度计算公式(表 3.6),得

$$t_h = l\sqrt{\frac{3p_m b}{4B\sigma_p}}$$

$$H = \sqrt{\frac{3Pbl^2}{4B[\sigma]}}$$

取 $p_m = 40$ MPa,$l = 90$ mm(初选值),$b = 13.93$ mm,$B = 190$ mm(根据模具初选外形尺寸确定),$\sigma_p = 160$ MPa(底板材料选定为 45 钢),代入公式得 $t_h = 10.5$ mm。

考虑模具的整体结构协调,取 $t_h = 25$ mm。

③上凹模型腔侧壁厚度的确定。上凹模镶块型腔为矩形整体式型腔,根据矩形整体式型腔侧壁厚度计算公式进行计算。由于型腔高度很小($h = 1.26$ mm),因此所需的侧壁厚度 t_c 值也较小,在此不做计算,而是根据下凹模镶块的外形尺寸来确定。

6. 模具加热和冷却系统的计算

本塑件在注射成型时不要求有太高的模温,因此在模具上可不设加热系统,但是否需要冷却系统需要进行计算。设模具平均工作温度为 40 ℃,用常温 20 ℃的水作为模具冷却介质,其出口温度为 30 ℃,包括浇注系统在内的每次注入模具的塑料量为 $m_1 = 0.012$ kg,初算按 2 min 成型一次,即 $n = 30$ 次/h。

查表 3.18,取增强聚丙烯的热焓量 $\Delta h = 650$ kJ/kg,取平均水温 $t_{ave} = 25$ ℃时的比定压热容 $c_p = 4.178$ kJ/(kg · ℃)。故模具所需冷却水的流量 m 为

$$m = \frac{nm_1\Delta h}{c_p(t_1 - t_2)} = \frac{30 \times 0.012 \times 650}{4.178 \times (30 - 20)} = 5.6(\text{kg} \cdot \text{h}^{-1})$$

由冷却水流量 m 查表 3.19 可知,所需的冷却水管直径很小,故可不设冷却系统,依靠空冷的方式冷却模具即可。

7. 模具闭合高度的确定

根据支承板与固定零件设计中提供的经验数据,取定模座板 $H_1 = 25$ mm,定模板 $H_2 = 25$ mm,动模板 $H_3 = 40$ mm,支承板 $H_4 = 25$ mm,动模座板 $H_6 = 25$ mm。根据推出行程和推出机构的结构尺寸,取垫块 $H_5 = 50$ mm(图 5.137)。因此模具的闭合高度为

$$H = H_1 + H_2 + H_3 + H_4 + H_5 + H_6 = 25 + 25 + 40 + 25 + 50 + 25 = 190(\text{mm})$$

8. 注射机有关参数的校核

本模具的外形尺寸为 280 mm × 190 mm × 190 mm。XS - Z - 60 型注射机模板最大安装尺寸为 350 mm × 280 mm,故能满足模具的安装要求。

模具的闭合高度 $H = 190$ mm,XS - Z - 60 型注射机所允许模具的最小厚度 $H_{min} = 70$ mm,最大厚度 $H_{max} = 200$ mm,即模具满足 $H_{min} \leqslant H \leqslant H_{max}$ 的安装条件。

XS - Z - 60 型注射机的最大开模行程 $S = 180$ mm,满足 $S \geqslant H_1 + H_2 + (5 \sim 10) = 10 + 12 + 10 = 32$(mm)的出件要求。

此外,由于侧向分型抽芯距较短,不会过大增加开模距离,故注射机的开模行程足够。

经以上验证,初选的 XS - Z - 60 型注射机能够满足使用要求,故可采用。

9. 绘制模具总装图和非标准零件工作图

按前述设计所绘制的模具总装图(图5.137)。上凹模镶块的结构及尺寸如图5.138所示,动模板零件图如图5.139所示,其余非标准零件图略。

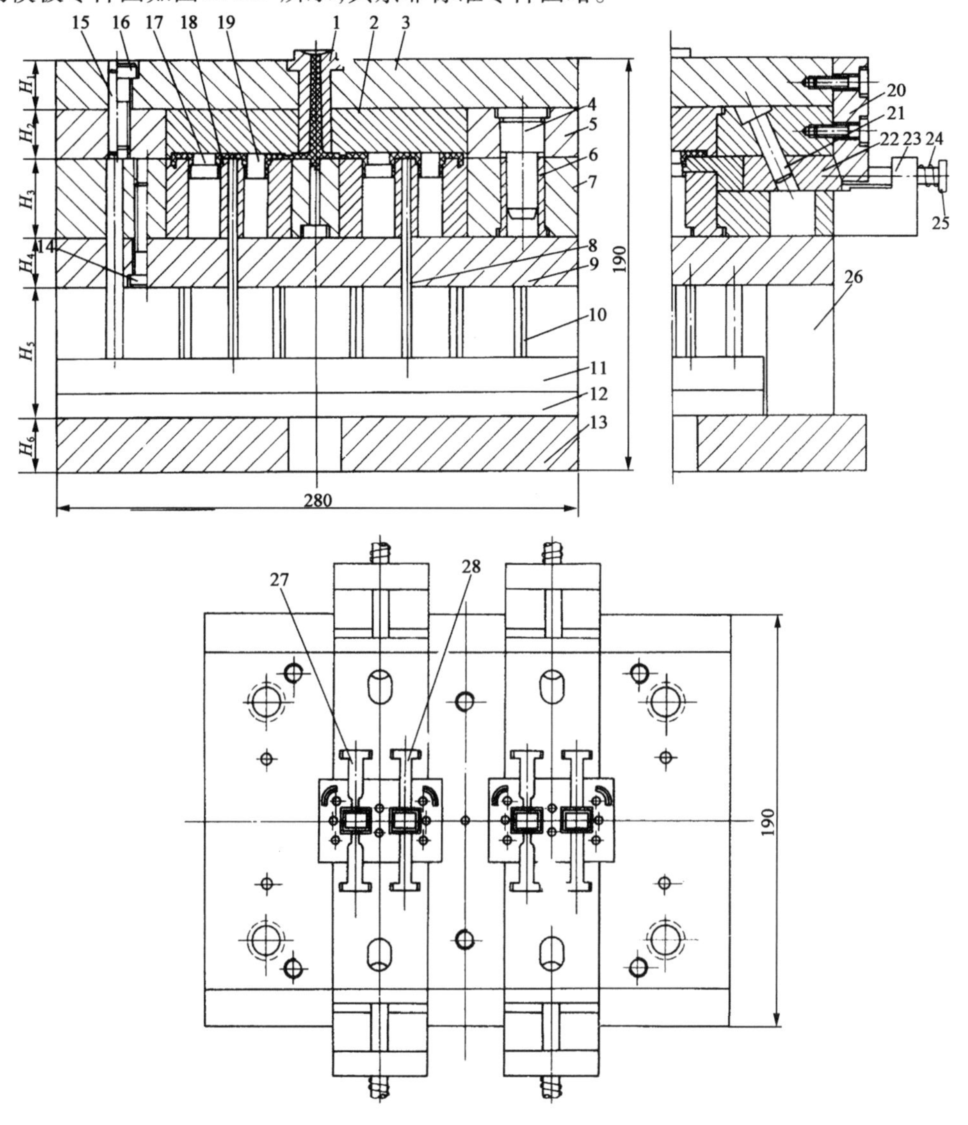

图5.137　电流线圈架注射模

1—浇口套;2—上凹模镶块;3—定模座板;4—导柱;5—定模板;6—导套;7—动模板;8—推杆;9—支承板;10—复位杆;11—推杆固定板;12—推板;13—动模座板;14,16,25—螺钉;15—销钉;17,19—型芯;18—下凹模镶块;20—楔紧块;21—斜导柱;22—侧滑块;23—限位挡块;24—弹簧;26—垫块;27,28—侧型芯

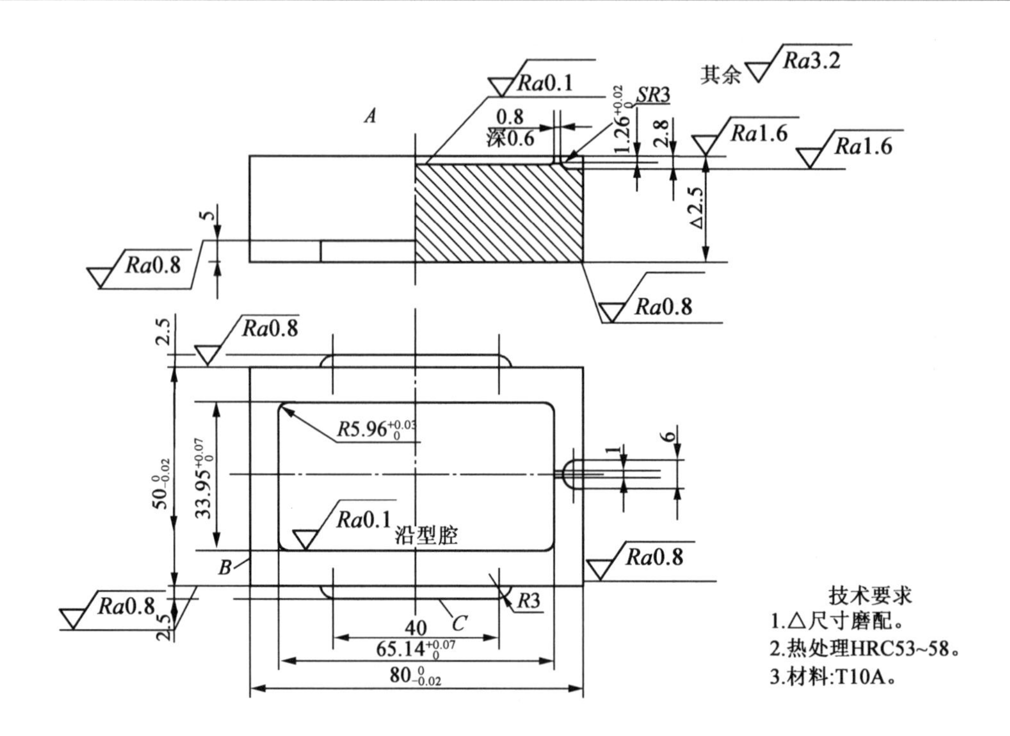

图 5.138 上凹模镶块的结构及尺寸

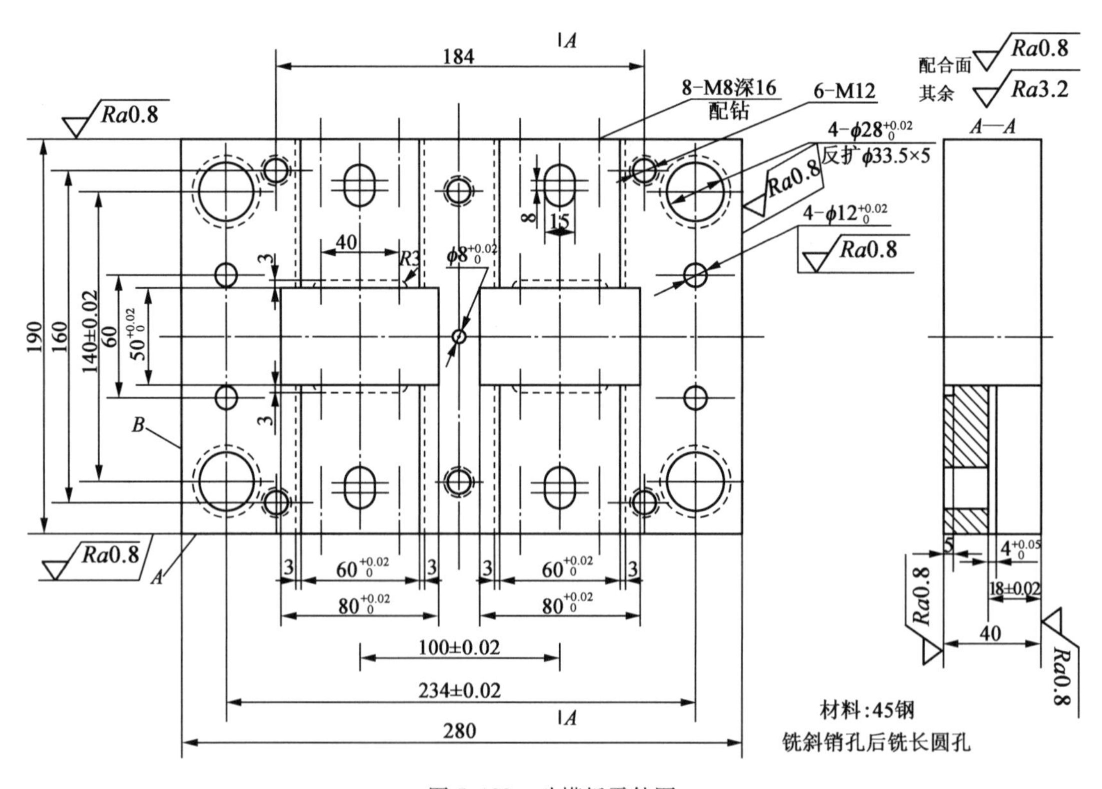

图 5.139 动模板零件图

思考与练习题

5.1　注射模结构一般由哪几个部分组成？各组成部分的主要作用是什么？

5.2　设计注射模时，要校核注射机的哪些技术参数？

5.3　如何确定模具型腔数目？单型腔和多型腔注射模的优缺点各是什么？

5.4　普通浇注系统由哪几部分组成？各部分的作用及设计要求是什么？

5.5　注射模的浇口有哪些种类？各有何特点？选择浇口位置时应注意哪些问题？

5.6　无流道凝料浇注系统与普通浇注系统相比有哪些特点？它对成型用的塑料有哪些要求？

5.7　推出机构有哪些类型？各适用于什么场合？推出机构设计时要满足哪些要求？

5.8　推杆推出机构由哪几部分组成？各部分的作用是什么？

5.9　斜导柱侧向抽芯机构有哪几种形式？锁紧楔的作用是什么？其楔角为什么应大于斜导柱倾斜角？

5.10　斜导柱分型抽芯机构与斜滑块分型抽芯机构各有何特点？分别适用于什么场合？设计时要注意哪些问题？

5.11　何种情况下会出现抽芯时的干涉现象？如何避免这一现象的产生？

5.12　什么情况下要采用先复位机构？常用的先行复位机构有哪些？各用于何种场合？

5.13　注射模模架由哪些零部件组成？如何合理选用注射模标准模架？

5.14　热固性塑料注射成型的过程怎样？对塑料和注射机有哪些要求？

5.15　热固性塑料注射模设计要点有哪些？

5.16　已知图 2.53 所示塑件，按大批量生产，试按下列程序设计其注射模。

(1)估算塑件的体积，确定分型面和型腔数量，选择注射机规格。

(2)设计浇注系统。

(3)设计推出机构。

(4)设计侧向分型抽芯机构。

(5)画出模具结构草图，校核注射机有关工艺参数。

第6章 塑料挤出机头设计

挤出成型是热塑性塑料成型的重要方法之一,不仅包括各种管材、薄膜、板材、片材、棒材、丝、型材及电线电缆等塑料制件的直接成型,还可以制作中空吹塑、热成型等所需的坯料,也可以对塑料进行塑化、混合、造粒、脱水及送料等准备工序或半成品加工。

和其他成型方法比,挤出成型具有能连续成型、生产量大、生产效率高、所用设备结构简单、成本低、操作方便等特点。

挤出成型模具包括机头和定型模两部分。机头是挤出成型模具的主要部件,它使来自挤出机的熔融塑料由螺旋运动变为直线运动,并进一步塑化,产生必要的成型压力,保证塑件密实,从而获得截面形状一致的连续型材。定型模通常采用冷却、加压或抽真空的方法,将从口模中挤出的塑料的既定形状稳定下来,并对其进行精整,从而得到截面尺寸更为精确、表面更为光亮的塑件。

6.1 挤出机头概述

6.1.1 挤出机头的分类与挤出模结构组成

1.挤出机头的分类

(1)按挤出的塑件分类。根据挤出塑件的类型不同,所用的机头可分为管材挤出机头、棒材挤出机头、板材与片材挤出机头、异型材挤出机头、吹塑薄膜挤出机头、电线电缆挤出机头、单丝挤出机头、造粒挤出机头等。

(2)按塑件出口方向分类。按塑件出口方向分类可分为直向机头和横向机头。直向机头内料流方向与挤出机螺杆轴向一致,如硬管机头等;横向机头内料流方向与挤出机螺杆轴向成某一角度,如电缆机头等。

(3)按机头内压力大小分类。可分为低压机头(料流压力小于4 MPa)、中压机头(料流压力为4~10 MPa)和高压机头(料流压力大于10 MPa)。

2.挤出成型模具的结构组成

这里以典型的管材挤出成型机头为例,如图6.1所示,挤出成型模具的结构可分为以下几个主要部分。

(1)口模和芯棒。口模用来成型塑件的外表面,芯棒用来成型塑件的内表面,所以口模和芯棒决定了塑件的截面形状。

(2)过滤网和过滤板。过滤网的作用是将塑料熔体由螺旋运动转变为直线运动,过滤杂质,并形成一定的压力。过滤板又称为多孔板,同时还起支承过滤网的作用。

(3)分流器和分流器支架。分流器(又称为鱼雷头)使通过它的塑料熔体分流变成薄环状平稳地进入成型区,同时进一步加热和塑化。分流器支架主要用来支承分流器及芯棒,同时也能加强分流后塑料熔体的剪切混合作用,但产生的熔接痕影响塑件强度。小型机头的分流器与其支架可设计成一个整体。

(4)机头体。机头体相当于模架,用来组装并支承机头的各零件。机头体需与挤出机机筒连接,连接处应密封以防塑料熔体泄漏。

(5)温度调节系统。为了使塑料熔体在机头中正常流动,保证挤出成型质量,机头上一般设有可以加热的温度调节系统。

(6)调节螺钉。调节螺钉用来调节控制成型区内口模与芯棒间的环隙及同轴度,以保证挤出塑件壁厚均匀。通常调节螺钉的数量为 4 ~8 个。

(7)定型模(定径套)。离开成型区后的塑料熔体虽已具有给定的截面形状,但因其温度仍较高不能抵抗自重变形,为此需要用定径套对其进行冷却定型,使塑件获得良好的表面质量、准确的尺寸和几何形状。

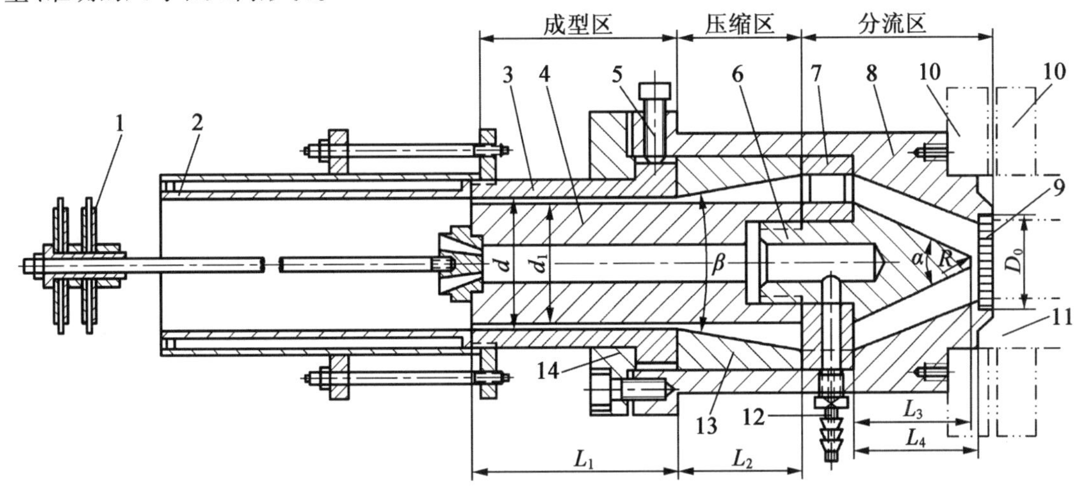

图 6.1　管材挤出成型机头

1—堵塞;2—定径套;3—口模;4—芯棒;5—调节螺钉;6—分流器;7—分流器支架;8—机头体;9—过滤板;10—连接法兰;11—挤出机料筒;12—通气嘴;13—连接套;14—压环

6.1.2　挤出机头的设计原则

设计挤出机头时一般应遵循以下原则。

(1)机头内腔应呈流线型,不能急剧地扩大或缩小,更不能有死角和停滞区,流道应加工得十分光滑,表面粗糙度一般在 $Ra0.4$ μm 以下,以便熔体沿流道充满并均匀地流出,防止塑料过热分解。

(2)机头内应有压缩区和足够的压缩比,使塑件密实和有效地消除分流器支架造成的结合缝。

(3)考虑塑料的收缩与膨胀,正确设计机头成型截面。由于塑料的物理性能和压力、温度等因素引起的离模膨胀效应,以及由于牵引作用引起的收缩效应使机头的成型区截面形状和尺寸并非塑件所要求的截面形状和尺寸。因此,设计时要对口模进行适当的形状和尺寸补偿,合理确定流道尺寸,控制口模成型长度,以获得正确的截面形状及尺寸。

(4)在满足强度和刚度条件下,机头结构应紧凑。机头与料筒连接处要严密,易于装卸,形状应尽量规则、对称,便于均匀加热。

(5)合理选择机头材料。机头内的流道磨损较大,有的塑料在高温成型过程中还会产生腐蚀性较强的物质。因此,为提高机头的使用寿命,机头材料应选择耐磨性好、有足够的冲击韧度、耐腐蚀性好、热处理变形小和加工与抛光性能好的钢材。必要时可镀铬或渗氮。

(6)机头中应尽量设置可调节的机构,如流量调节、口模与芯棒各向间隙的调节,口模与机头体的温度控制和调节等。

6.2 管材挤出机头设计

管材机头在挤出机头中具有代表性,用途较广,主要用来成型连续的管状塑件。管材机头适用的挤出机螺杆长径比(螺杆长度与其直径之比)$i=15\sim25$,螺杆转速 $n=10\sim35$ r/min。

6.2.1 管材挤出机头的结构形式

常用的管材挤出机头结构有直通式、直角式和旁侧式三种形式。

1. 直通式挤管机头

直通式挤管机头又称为直管式或平式机头,机头内料流方向与挤出机螺杆轴向一致,如图6.2 所示。直通式挤管机头是一种普遍使用的机头,具有结构简单、容易制造、成本低、料流阻力小等优点。但塑料熔体经过分流器支架时,产生几条熔接痕,不易消除。直通式挤管机头适用于挤出成型聚氯乙烯、聚乙烯、聚丙烯、尼龙、聚碳酸酯等塑料管材。

2. 直角式挤管机头

直角式挤管机头又称为弯管式或十字式机头,机头内料流方向与挤出机螺杆轴向成直角,如图6.3 所示。直角式挤管机头定径精度较高,没有分流器支架,而且管材内外壁可同时进行冷却,出料均匀,成型质量好,产量高,特别适合内径尺寸要求较高的管材成型。但机头结构复杂,制造困难,成型时塑料熔体包围芯棒并产生一条熔接痕。

3. 旁侧式挤管机头

旁侧式挤管机头又称为支管式或侧向式机头,如图6.4 所示。其结构与直角式挤管机头相似,但来自挤出机的熔料先流过一个弯形流道再进入机头一侧,料流包住芯棒后沿机头轴向流出。旁侧式挤管机头没有分流器支架,管材的挤出方向与挤出机呈任意角度,亦可与挤出机螺杆轴线相平行,适合于大口径、厚壁管材的高速挤出成型。但机头结构较复杂,制造较困难,成本较高。

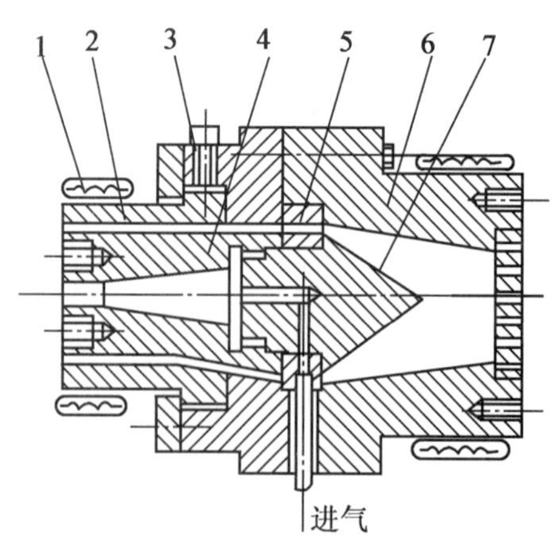

图6.2 直通式挤管机头

1—加热器;2—口模;3—调节螺钉;4—芯棒;5—分流器支架;6—机头体;7—分流器

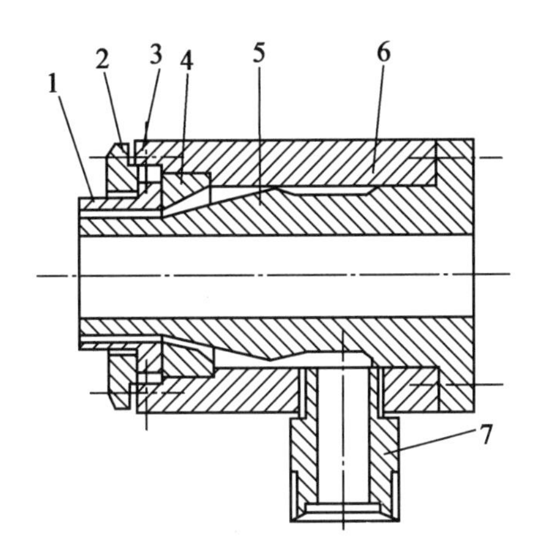

图 6.3　直角式挤管机头

1—口模;2—压环;3—调节螺钉;4—口模座;5—芯棒(芯模);6—机头体;7—机颈

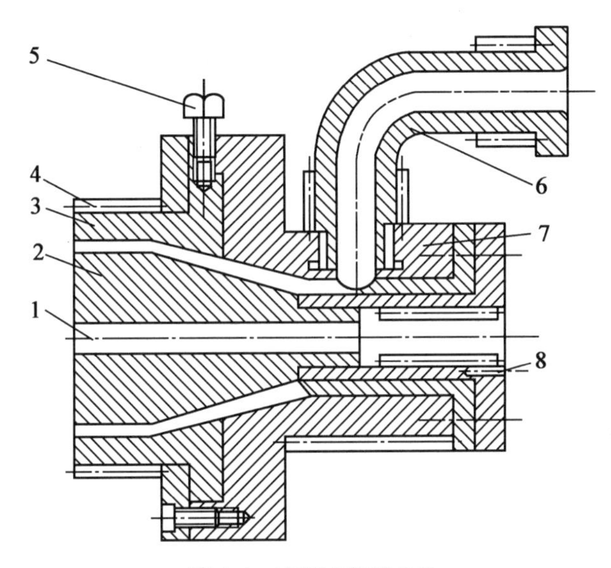

图 6.4　旁侧式挤管机头

1—进气口;2—芯棒(芯模);3—口模;4—加热器;5—调节螺钉;6—机颈;7—机头体;8—测温孔

三种机头的特征见表 6.1。

表 6.1　三种机头的特征

特征项目	机头类型		
	直通式	直角式	旁侧式
挤出口径	适用于小口径管材	大小均可	大小均可
机头结构	简单	复杂	更复杂
挤管方向	与螺杆轴线一致	与螺杆轴线垂直	任意
分流器支架	有	无	无
芯棒加热	较困难	容易	容易
定型长度	应该长	不宜太长	不宜太长

6.2.2 管材挤出机头零件的设计

由于直通式挤管机头挤出成型的管材产量较大，机头的结构特点有通用性，故这里主要针对直通式挤管机头进行介绍。机头零件设计包括口模、芯棒、分流器与分流器支架的形状和尺寸确定。

1. 口模

口模是用于成型管材外表面的成型零件，其结构如图6.5所示。口模的主要尺寸为口模的内径和定型段的长度。

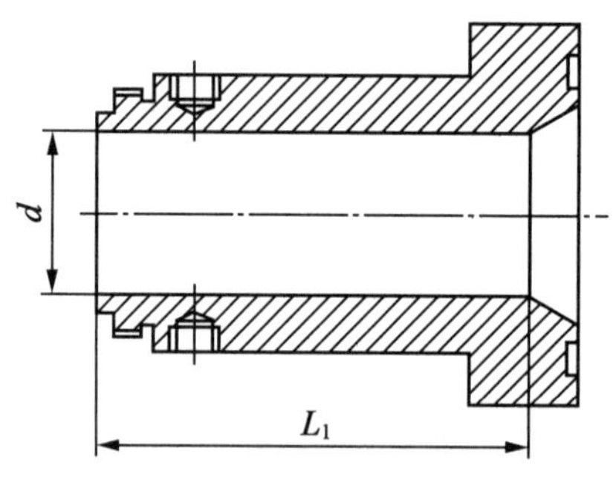

图6.5 口模的结构

(1)口模的内径 d。口模内径的尺寸不等于管材外径的尺寸，因为挤出的管坯在脱离口模后压力突然降低，体积膨胀，使管径增大，同时管坯在牵引和冷却作用下收缩而使管径变小。但目前还没有成熟的理论计算方法计算膨胀和收缩值，所以口模内径可根据下述的经验公式确定：

$$d = D/K \tag{6.1}$$

式中 d——口模的内径(mm)；

D——管材的外径(mm)；

K 为补偿系数，见表6.2。

表6.2 补偿系数 K 值

塑料种类	定径套定管材内径/mm	定径套定管材外径/mm
聚氯乙烯(PVC)	—	0.95～1.05
聚酰胺(PA)	1.05～1.10	—
聚乙烯(PE)、聚丙烯(PP)	1.20～1.30	0.90～1.05

(2)定型段长度 L_1。口模和芯棒的平直部分的长度称为定型段。塑料通过定型部分时，料流阻力增加，使塑件密实，同时也使料流稳定均匀，消除螺旋运动和接合线。

随着塑料品种及尺寸的不同，定型长度也应不同，定型长度不宜过长或过短。过长时，料流阻力增加很多；过短时，起不到定型作用。当不能测得材料流变参数时，可按下述经验公式计算。

①按管材外径计算

$$L_1 = (0.5 \sim 3)D \tag{6.2}$$

式中 D——管材的外径(mm)。

通常当管子直径较大时定型长度取小值，因为此时管子的被定型面积较大，阻力较大。反之就取大值。同时考虑到塑料的性质，一般挤软管取大值，挤硬管取小值。

②按管材壁厚计算

$$L_1 = nt \tag{6.3}$$

式中　t——管材壁厚(mm)；

　　n——口模定型段长度与壁厚关系系数，见表 6.3。

表 6.3　口模定型段长度与壁厚关系系数 n

塑料品种	硬聚氯乙烯(HPVC)	软聚氯乙烯(SPVC)	聚酰胺(PA)	聚乙烯(PE)	聚丙烯(PP)
系数 n	18 ~ 33	15 ~ 25	13 ~ 22	14 ~ 22	14 ~ 22

2. 芯棒(芯模)

芯棒是成型管材内表面的零件，结构如图 6.6 所示。芯棒通过螺纹与分流器连接，芯棒与分流器同轴，保证料流均匀分布。芯棒的中心通孔是用来通入压缩空气以便对管材产生内压，实现外径定径。其主要尺寸为芯棒外径、压缩段长度和压缩角。

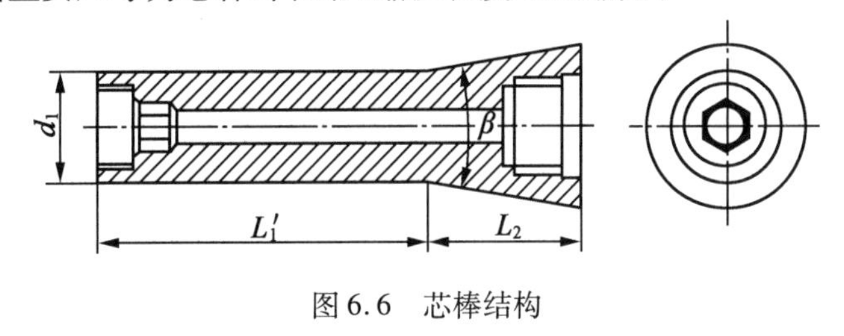

图 6.6　芯棒结构

(1)芯棒的外径。芯棒的外径指定型段的直径，由它决定管材的内径，但由于与口模结构设计同样的原因，即离模膨胀和冷却收缩效应，使芯棒外径不等于管材内径。根据生产经验，可按下式确定：

$$d_1 = d - 2\delta \tag{6.4}$$

式中　d_1——芯棒的外径(mm)；

　　d——口模的内径(mm)；

　　δ——口模与芯棒的单边间隙(mm)，通常取 $\delta = (0.83 \sim 0.94)t$，$t$ 为管材壁厚。

(2)定型段、压缩段和压缩角。芯棒的长度由定型段的长度 L_1' 和压缩段的长度 L_2 两部分组成，定型段与口模中的相应定型段共同构成管材的定型区，通常芯棒定型段的长度 L_1' 可与口模定型段长度 L_1 相等或稍长一些。压缩段(也称为锥面段)与口模中相应的锥面部分构成塑料熔体的压缩区，其主要作用是使进入定型区之前的塑料熔体的分流痕迹被熔合消除。L_2 值可按下面经验公式确定：

$$L_2 = (1.5 \sim 2.5)D_o \tag{6.5}$$

式中　L_2——芯棒的压缩段长度(mm)；

　　D_o——塑料熔体在过滤板出口处的流道直径(mm)。

压缩区的锥角 β 称为压缩角，一般在 30° ~ 60°范围内选取，β 过大时表面会较粗糙，对于低黏度塑料可取较大值，反之取较小值。

3. 分流器和分流器支架

图 6.7 所示为分流器和分流器支架结构图。塑料熔体流经分流器时,料层变薄, 这样便于均匀加热,利于进一步塑化。某些大型挤出机头的分流器内部还设置有加热器。

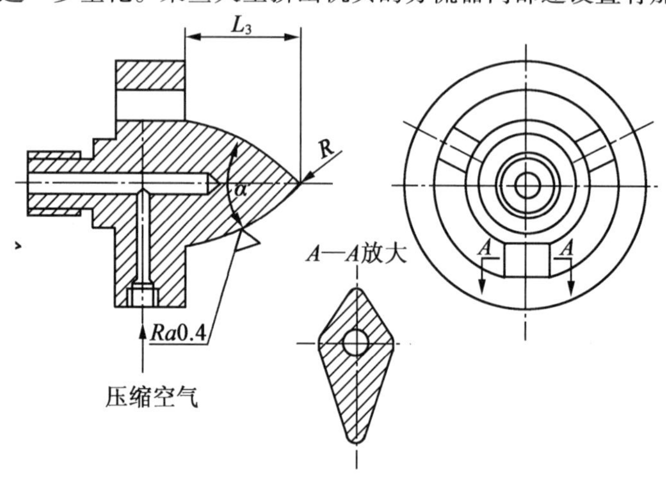

图 6.7 分流器和分流器支架结构图

分流器扩张角 α 的选取与塑料熔体黏度的大小有关,α 角大时熔体流动阻力大,物料停留时间长,容易分解;α 角过小则势必要增加锥形部分的长度,使机头体积增大,不利于塑料均匀受热。一般低黏度塑料取 $\alpha = 30° \sim 80°$,高黏度塑料取 $\alpha = 30° \sim 60°$。

分流器锥体部分长度 L_3 可按以下经验公式计算

$$L_3 = (1 \sim 1.5) D_o \tag{6.6}$$

式中 D_o——过滤板出口处的流道直径(mm)。

分流器头部圆角 R 也不宜过大,否则会造成集料分解。一般取 $R = 0.5 \sim 2$ mm。分流器表面粗糙度 Ra 应小于 $0.2 \sim 0.4$ μm,与机头体的同轴度在 0.02 mm 之内。

分流器与过滤板之间的空腔,起着汇集料流、补充塑化和重新组合的作用(图 6.8),所以分流器与过滤板之间的距离 L_5 不宜过小,以免熔体流速不稳定。但是距离也不能过大,否则塑料停留时间长,容易分解。一般取 $L_5 = 10 \sim 20$ mm,或稍小于 $0.1D_1$(D_1 为挤出机螺杆直径)。

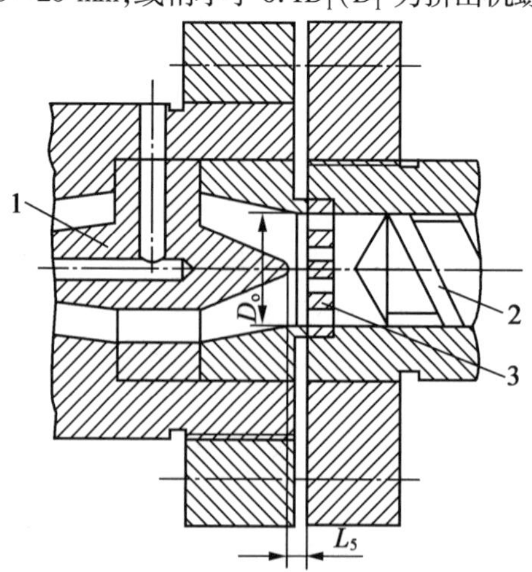

图 6.8 分流器与过滤板的相对位置

1—分流器;2—螺杆;3—过滤板

分流器支架主要用于支承分流器及芯棒,搅拌物料。支架上的分流肋应做成流线型,在满足强度要求的条件下,其宽度和长度尽可能小些,减少阻力。出料端角度应小于进料端角度,分流肋应尽可能少些,以免产生过多的熔接痕。一般小型机头 3 根,中型的 4 根,大型的 6 ~ 8 根。

6.2.3　管材的定径与冷却

管材被挤出口模时,温度仍然较高,由于自重及离模膨胀效应的结果,会产生变形,因此必须采取定径和冷却措施,保证管材的尺寸、形状精度及良好的表面质量。定型和冷却由定径套或定径芯模来完成,经过定径套或芯模定径和初步冷却后的管材进入水槽继续冷却,管材离开水槽时才完全定型。定径法有外径定径和内径定径两种方法,外径定径采用定径套,内径定径采用定径芯模。

1. 外径定径

外径定径适用于管材外径尺寸精度要求高、外表面粗糙度要求低的情况。由于目前管材标准多以外径为基本尺寸,故外径定径法使用得较多。它是通过使管坯外表面在压力作用下与定径套内壁紧密贴合的方法来达到定径的目的。按照压力产生方式的不同,外径定径又分为内压法外定径和真空法外定径两种。

(1)内压法外定径。内压法外定径原理如图 6.9 所示,在管坯内部通入压缩空气(通常表压 0.02 ~ 0.10 MPa),由内向外挤压。为保持压力,可采用如图 6.1 所示的堵塞防止漏气。压缩空气最好经过预热,避免冷空气降低芯棒温度,造成管材内壁粗糙。

采用在定径套内通入冷却水的方式进行冷却。故定径套常用既耐磨损,又有较好导热性的材料制作,如铝合金、铜合金等。

内压外定径套的内径及长度尺寸一般根据经验和管材直径来确定,见表 6.4。

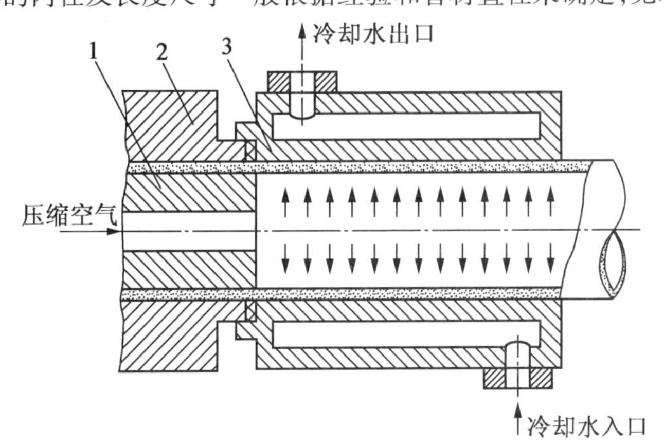

图 6.9　内压法外定径原理

1—芯棒;2—口模;3—定径套

表 6.4　内压外定径套尺寸　mm

管材直径 D	定径套的内径 d_j	定径套的长度 L_j
<35 mm	PE、PP:$(1.02 \sim 1.04)D$	10 D
	PVC:$(1.00 \sim 1.02)D$	

续表 6.4

管材直径 D	定径套的内径 d_j	定径套的长度 L_j
>40 mm	>(1.008 ~ 1.01)D,≥d	<10 D
>100 mm	≥d	(3 ~ 5)D

注:d—口模内径

(2)真空法外定径。真空法外定径原理如图 6.10 所示,在定径套上某一区域加工很多小孔,用于抽真空,借助真空吸附力使管坯外表面紧贴在定径套内壁上。其冷却方式是在定径套外壁通入冷却水,在进行真空吸附过程的同时管坯被冷却硬化。

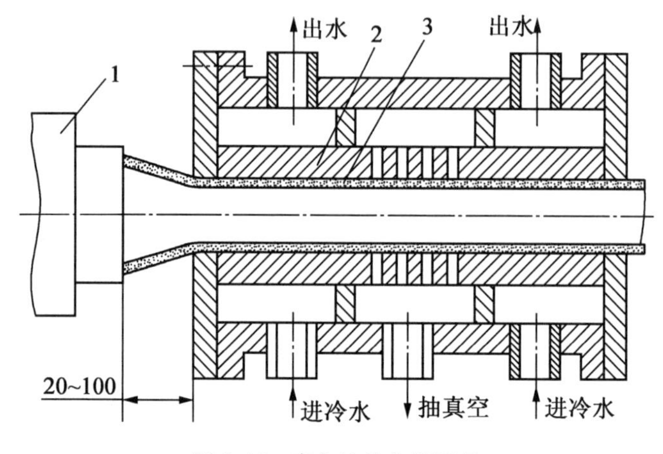

图 6.10 真空法外定径原理

1—机头;2—定径套;3—管材

采用真空法定径需要抽真空设备,定径套内的真空度一般要求在 53 ~ 67 kPa。真空孔径为 ϕ0.6 ~ 1.2 mm,与塑料黏度和管壁厚度有关,塑料黏度或管壁厚度大时,孔径取大值,反之取较小值。定径套与机头口模应有 20 ~ 100 mm 的间距,使从口模中挤出的管坯在产生一定程度的离模膨胀和空冷收缩后,再进入定径套中冷却定型,可以获得较好的定径效果。由于真空吸附力大小的局限,真空法定径常用于小口径管材的生产。

内压外定径套的内径及长度尺寸见表 6.5。

表 6.5 内压外定径套尺寸 mm

塑料种类	定径套的内径 d_j	定径套的长度 L_j
HPVC	(0.99 ~ 0.993)D	一般大于其他类型定径套的长度 当 D>100 mm 时,L_j = (4 ~ 6)D
PE	(0.96 ~ 0.98)D	

注: D—管材的外径

2. 内径定径

内径定径适用于管材内径尺寸要求准确、圆度要求高的 PE、PP 及 PA 等的管材定型,其工作原理如图 6.11 所示。定径芯模 2 直接与机头芯棒 4 相连接,将冷却水通入其内的冷却水道,使从口模中挤出的管坯被冷却定型。此方法通常在直角式挤管机头和旁侧式挤管机头中使用，便于定径芯模的冷却水管从芯棒处伸进。

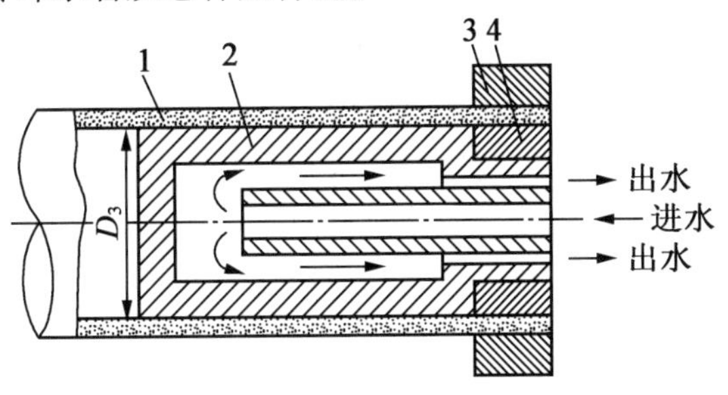

图 6.11　内径定径原理

1—管材；2—定径芯模；3—口模；4—芯棒

内径定径芯模应沿其长度方向取 0.6∶100～1.0∶100 的轴向锥度。定径芯模的外径要稍大于管材内径，一般取管材内径的 2%～4%。定径芯模的长度与管材壁厚及牵引速度有关，一般取 80～300 mm，管材壁厚及牵引速度较大时取大值，反之则取小值。

6.3　异型材挤出机头设计

凡具有特殊几何形状截面的挤出塑件统称为异型材。塑料异型材具有优良的使用性能，用途广泛，日常生活中常见的塑料门窗、百叶窗、冰箱及铝门窗的封条等都是异型材塑件。

6.3.1　异型材挤出机头的结构形式

由于异型材的形状尺寸和所用塑料品种特别多，所以异型材机头设计较困难，不同类型的异型材往往机头结构迥异。这里只介绍板式机头和流线型机头两类常用的异型材机头。

1. 板式机头

板式机头如图 6.12 所示，这种机头流道截面变化特征是：从机头圆形截面入口过渡到口模成型段的整个流道中，截面形状呈急剧变化。由图 6.12(b)可以看出，从 *A*—*A* 到 *C*—*C* 各流道截面变化较大，这会导致塑料熔体流动状态变坏，容易形成局部停滞和完全不流动的死角，引起塑料过热分解，从而影响塑件质量，故这种结构不适合热敏性塑料及要求连续操作时间较长的挤出。但这种机头结构简单、制造容易、成本较低、调整及安装方便、清理时间短、重复性好，因此得到一定的应用，尤其适用于形状简单、生产批量小的聚烯烃等非热敏性塑料塑件的挤出。

2. 流线型机头

如图 6.13 所示，这种机头流道截面变化特征是：从管状的入口流道截面逐渐过渡到异型的成型流道截面。由图 6.13 可以看出，从 *A*—*A* 到 *F*—*F* 各流道截面呈均匀而缓慢的变化。这种结构克服了板式机头的缺点，整个流道壁呈光滑的流线型曲面，塑料熔体逐渐被压缩，各处没有急剧过渡的截面尺寸和死角，避免了因流速滞缓而造成的塑料过热分解，因此特别适合于大批量生产或热敏性塑料的挤出。流线型机头虽然结构复杂、制造困难、成本较高，但操作费用低，塑件质量好，故被广泛使用。

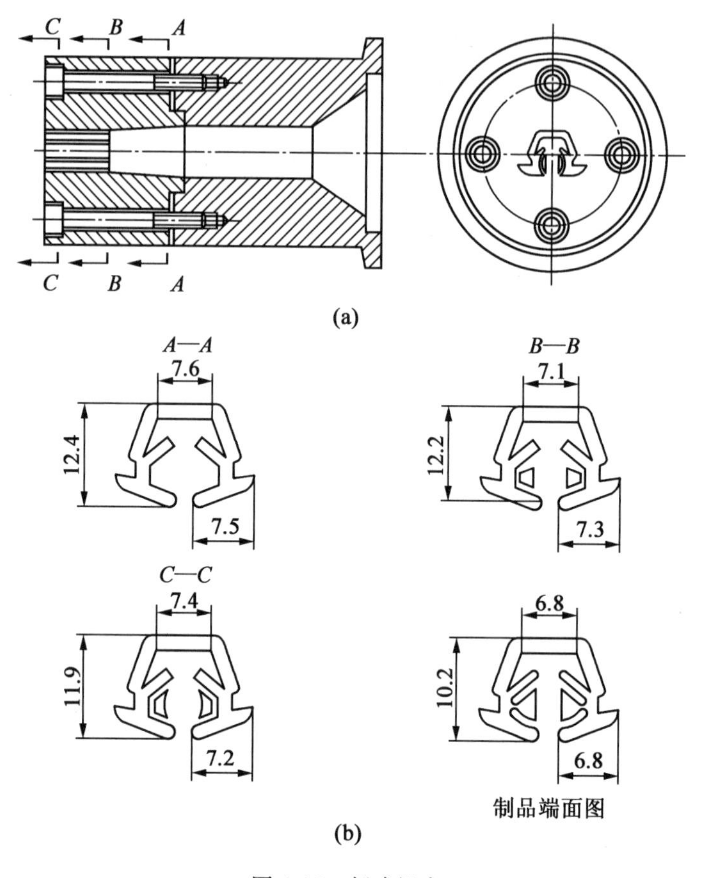

图 6.12　板式机头

(a)机头结构图;(b)截面变化图

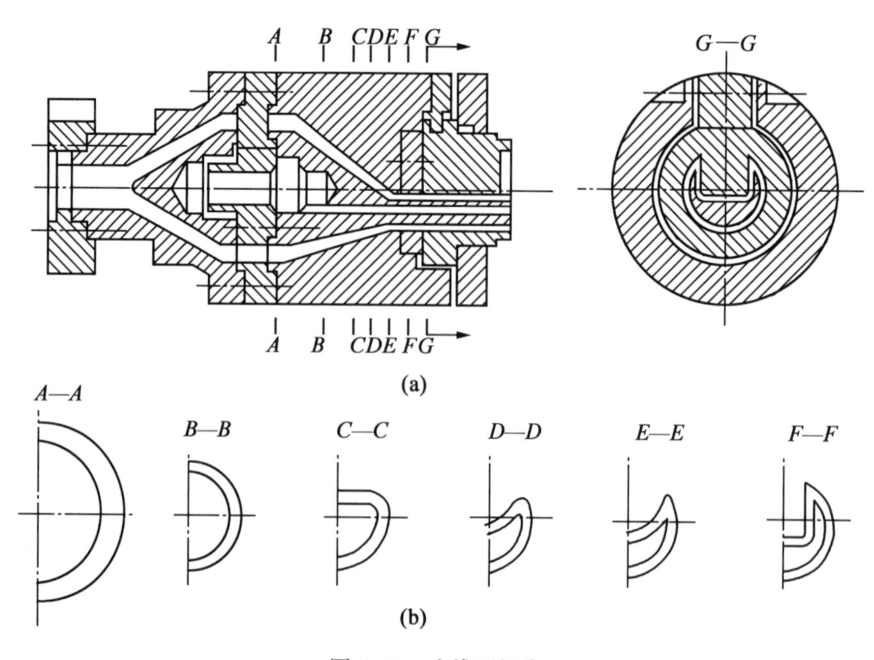

图 6.13　流线型机头

(a)机头结构图;(b)截面变化图

6.3.2　异型材挤出机头设计要点

1. 口模成型区截面形状的修正

虽然从理论上来说,异型材口模成型区截面形状应与异型材所要求截面形状保持一致,但如前面已阐述过的,由于受到塑料性能、成型压力和温度、离模膨胀效应、冷却和拉伸收缩效应等因素影响,实际上塑件轮廓与口模轮廓既不相同,也不相似。尤其是异型材的截面不规则,挤出时各部位塑料熔体流速不一致,压力分布不均匀,这些都必然导致异型材截面形状与口模成型区截面形状的差异。在异型材机头设计时,必须依靠经验和试模对口模成型区截面形状给予修正,口模形状与塑件形状的关系如图6.14所示。

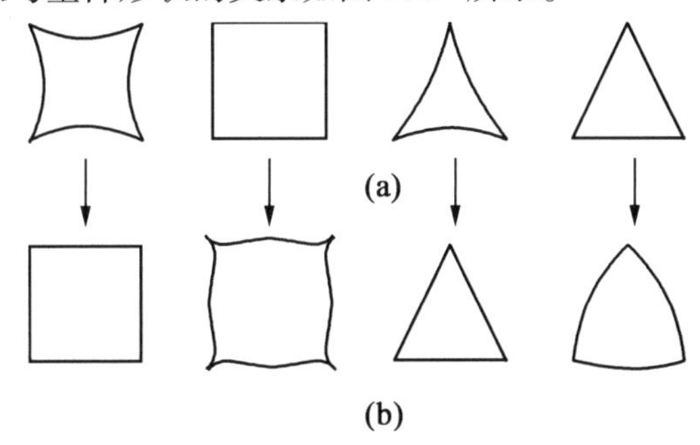

图6.14　口模形状与塑件形状的关系

(a)口模截面形状;(b)塑件截面形状

2. 口模成型区长度的确定

口模成型区长度的确定也是异型材挤出机头设计的一个难点,一般要考虑以下两方面问题。

(1)不同壁厚的部位,口模成型段长度应不同。当异型材的壁厚各处不同时,挤出过程中,料厚部位料流阻力小,流速快,料薄部位料流阻力大,流速慢,造成在口模出口处熔体流速不均,塑件将产生皱纹及厚薄不均的缺陷,因此不同壁厚的部位,口模成型段长度应不同。一般料厚部位成型段长度应较料薄部位为长,通过不同的成型段长度来调节各部位的料流速度,使其在出口处均匀一致。

(2)口模成型段长度与塑料导入部分形状有关。机头导入部分的设计如图6.15所示,对于如图6.15(a)所示的导入部分形状,塑料熔体以加速进入成型区,料流速度不稳定,也不均匀,从而影响口模成型段长度的确定。而对于如图6.15(b)所示的导入部分形状,增加了调流部分,使料流接近等速后再进入成型区,成型段长度的确定将变得简单些。

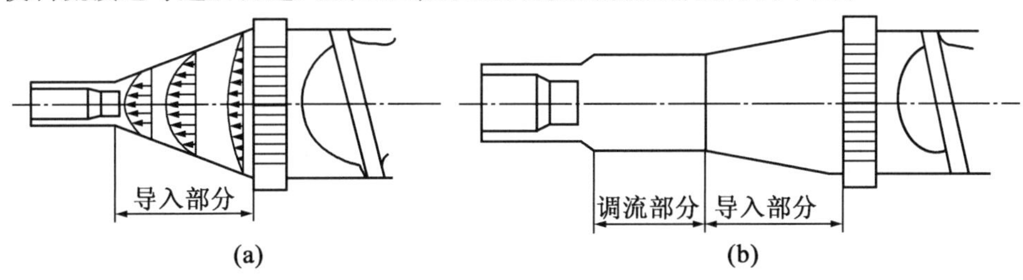

图6.15　机头导入部分的设计

3. **异形材挤出机头经验参数**

（1）口模尺寸与异型材尺寸的关系见表6.6。

表6.6 口模尺寸与异型材尺寸的关系

塑料品种	SPVC	HPVC	PE	CA	PS
L/H	5 ~ 11	20 ~ 50	14 ~ 20	17 ~ 22	17 ~ 22
H_1/H	0.83 ~ 0.90	1.10 ~ 1.20	0.85 ~ 0.90	0.70 ~ 0.90	1.0 ~ 1.1
A_1/A	0.80 ~ 0.90	0.80 ~ 0.93	0.85 ~ 0.95	1.05 ~ 1.15	0.85 ~ 0.93
B_1/B	0.70 ~ 0.85	0.90 ~ 0.97	0.75 ~ 0.90	0.80 ~ 0.95	0.75 ~ 0.90

注：表中符号意义，L—口模成型段长度；H—口模流道间隙；A —口模模腔宽度；B—口模模腔高度；H_1—异型材壁厚尺寸；A_1—异型材宽度；B_1—异型材高度

（2）其他工艺参数的确定。

①分流器的扩张角 α。选取扩张角 α 值时，应考虑塑料特性及异型材截面尺寸大小。当异型材截面高度小于挤出机机筒内径而宽度大于机筒内径时，扩张角 $\alpha < 70°$；对于 RPVC 等塑料应控制在60°左右。

②压缩比 ε_j。

压缩比即分流器支架出口处截面积与口模异型流道截面积之比。该值与塑料特性有关，一般取 $\varepsilon_j = 3 \sim 12$。

③压缩角 β。压缩角应能使从分流器支架流过来的塑料熔体很好地汇合形成异型截面管坯，通常取 $\beta = 25° \sim 50°$。

6.3.3 异型材的定型模

异型材型坯从机头挤出后，同样必须立即进行定型和冷却，这个过程在定型模中完成。定型模设计是否合理，对于保证异型材的几何形状和尺寸精度、提高挤出生产效率具有非常重要的意义。

1. **定型模的结构形式**

异型材的定型方式有很多种，这里主要介绍多板式定型、加压定型和真空定型三种结构形式。

（1）多板式定型。如图6.16所示，多板式定型是最简单的一种形式，将多块厚度为3 ~ 5 mm的黄铜板或铝板，以逐渐加大的间隔放置在水槽中。板的中央开出逐渐减小的成型形状的孔，使从口模挤出的型材穿过定型板，边冷却边定型。考虑到冷却后的异型材还会收缩，所以最后一块定型板的型孔要比型材成型后的尺寸放大2% ~3%。

（2）加压定型。加压定型亦称为压缩空气外定型，通常仅适用于当量直径大于25 mm的中空异型材。如图6.17所示，定型模5与挤出型材7之间靠空气压力（0.02 ~ 0.1 MPa）而接触，压缩空气由机头芯模1导入型材内，并用浮塞9封闭。采用此种定型方法时，由于定型模与管材的接触面长，而且管内有一定的压力，所以成形的型材外表面尺寸精度较高，而且表面粗糙度值较低。

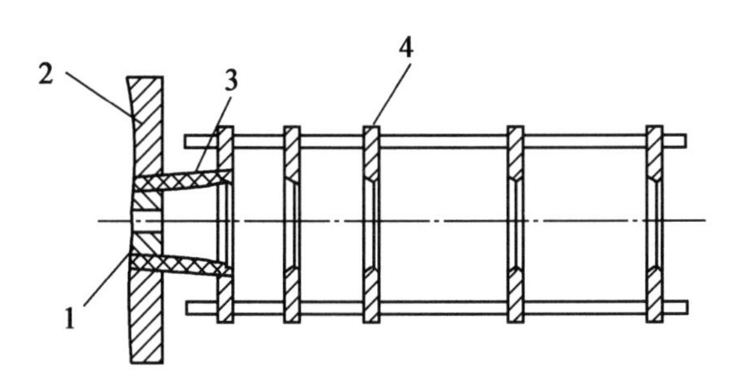

图6.16　多板式定型

1—芯棒;2—口模;3—型材;4—定型板

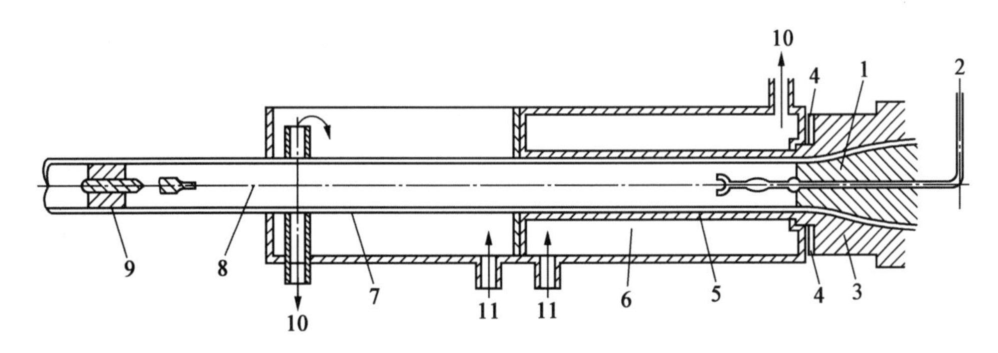

图6.17　加压定型

1—芯模;2—压缩空气入口;3—机头体;4—绝热垫;5—定型模;6—冷却水;
7—型材;8—链索;9—浮塞;10—冷却水出口;11—冷却水入口

(3)真空定型。真空定型即真空外定型,如图6.18所示。型材与定型模间的紧密接触,是靠给定型模周围壁上的细孔或缝口抽真空来达到的。在型材内无浮塞,只需维持大气压力即可。对于闭式空心型材,通常串联几个定型装置,如窗用异型材的定型装置就分3段,每段长400~500 mm。当型材引入第1段中,由于受到拉挤压力而发生塑性变形,并沿模壁贴合形成与定型模截面相一致的型材外形。若想在型材上形成沟槽、突缘或凸起,可留在定型模的后一段进行,以减少卡塞的危险。

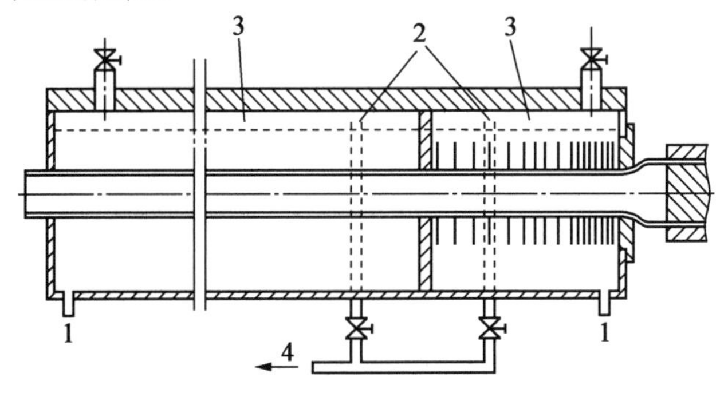

图6.18　真空定型

1—冷却水入口;2—冷却水出口;3—真空;4—至真空泵

2. **参数的确定**

(1)定型模长度。实践表明,当异型材壁厚达2.5~3.5 mm范围时,定型模总长度在

1 600 ~ 2 600 mm,这将给加工带来极大困难。为此,常将定型模分成多段制造,然后组装使用。其分段参考数据见表6.7。

表6.7 异型材定型模分段参考数据

异型材截面尺寸		定型模总长度/mm	可分段数/段
壁厚/mm	高×宽/(mm×mm)		
<1.5	<40×200	500 ~ 1 300	1 ~ 2
1.5 ~ 3.0	<80×300	1 200 ~ 2 200	2 ~ 3
>3.0	<80×300	>2 000	>3

(2)定型模型腔尺寸。异型材型坯在定型过程中,要经历冷却收缩和牵引拉长的变化,致使定型后的异型材的截面尺寸变小,故定型模径向尺寸必须适当放大。尺寸放大的唯一依据是异型材定型收缩率,见表6.8。

表6.8 异型材定型收缩率

塑料品种	ABS	CA	PA66	PE	PP	RPVC	SPVC
收缩率/%	1.0 ~ 2.0	1.5 ~ 2.0	1.5 ~ 2.5	4.0 ~ 6.0	3.0 ~ 5.0	0.8 ~ 1.3	3.5 ~ 5.5

6.4 挤出机头设计实例

以管材挤出成型机头的设计为例:已知材料为HPVC,外径 $D = 30$ mm,壁厚 $t = 2$ mm,管材挤出机型号为SJ - 45,设计管材挤出机头和定型模。

1. 设计要求分析

(1)机头内应有压缩区,使物料截面变化对熔融料发生剪切作用,达到进一步塑化的作用。如果剪切力小,塑化不均匀,易发生熔接不良。但过大易发生热分解,残余应力过大,产生涡流和表面变粗等弊病。机头变化不宜过急,尽量避免有死角、凹槽等,避免引起滞料分解。

(2)机头内应有成型区,熔融料的通道应光滑耐磨,阻力小,不存在明显的死角,表面粗糙度 $Ra < 1.6 \sim 3.2$ μm,否则将引起塑料分解,致使产品质量下降。

(3)机头内应有足够的压缩比。压缩比是指分流器支架出口处截面积与口模芯轴之间形成的环隙之比。

(4)要考虑塑料的收缩与膨胀。熔融料在挤出前处于受力状态,所以挤出后由于弹性恢复而变形,使塑料发生收缩与膨胀。

(5)要有相应的调节。为了保证塑件形状尺寸及质量,挤出时的挤出力、挤出速度、挤出量等参数要能调节,以适应成型需要。

(6)要有足够的强度及刚度,结构应简单、紧凑,与机筒衔接严密,易于装卸。

(7)要正确控制温度,口模与机头的温度应该能够独立控制。机头的温度直接与塑件外观、变形、防止热分解及使塑件充分塑化有关。

2. 塑料分析

(1)成型特性。

①无定形料,吸湿性小。

②流动性差,极易分解,特别在高温下与钢、铜金属接触更易分解,分解温度为 200 ℃。

③成形温度范围小,必须严格控制料温。

(2)使用特性。

①密度为 1.38 ~1.43 g/cm^3。

②机械强度高,电器性能优良,耐酸碱的抵抗力极强,化学稳定性很好。

③软化点低。

3. 结构设计与工艺参数

(1)选择挤出机头形式。根据情况选择直通式挤管机头。因为直通式挤管机头结构简单,容易制造,因此可优先选择。但要注意管材成型时经过分流器及分流器支架时形成的分流痕迹不易消除。

(2)机头内各零件的尺寸及其工艺参数。

①口模。

a. 口模内径。口模内径按下式计算:

$$D = D/K$$

查表 6.2,$K = 0.95 \sim 1.05$,选取 $K = 1$ 代入上式得

$$d = D/K = 30/1 = 30(\text{mm})$$

实际口模内径可根据经验而定,并通过调节螺钉调节口模与芯棒间的环隙使其达到合理值。

b. 定型段长度 L_1。定型段长度 L_1 的取值应恰当,过长会使阻力增加太大,过短又起不了定型作用。这里按管材壁厚计算

$$L_1 = nt$$

查表 6.3,$n = 18 \sim 33$,选取 $n = 25$,代入上式

$$L_1 = nt = 25 \times 2 = 50(\text{mm})$$

②芯棒。

a. 芯棒的外径 d_1。芯棒的外径按下式计算:

$$d_1 = d - 2\delta$$

δ 为口模与芯棒的单边间隙,通常取 $\delta = (0.83 \sim 0.94)t$,这里取 $\delta = 0.92t$,所以

$$d_1 = 30 - 2 \times 0.92 \times 2 = 26.32(\text{mm})$$

b. 定型段、压缩段、压缩角尺寸。

定型段长度 L_1':取 $L_1' = L_1 = 50$ mm。

压缩段长度 L_2:$L_2 = (1.5 \sim 2.5)D_o = 2 \times 45 = 90$ mm(D_o 为塑料熔体在过滤板出口处的流道直径)。

压缩角 β:一般在 30° ~60°范围内取值,取 $\beta = 45°$。

③分流器和分流器支架。

a. 分流器扩张角 α。α 的选取与塑料黏度有关,也应大于芯棒压缩段的压缩角 β,这里取 $\alpha = 50°$。

b. 分流器上的分流锥面长度 L_3。按下式计算：

$$L_3=(1\sim1.5)D_o=1.1\,D_o=1.1\times45=49.5(\text{mm})$$

c. 分流器头部圆角 R。$R=0.5\sim2.0$ mm，取 $R=1$ mm。

d. 分流器头部与过滤板之间的距离 L_5。通常取 $L_5=10\sim20$ mm，或稍小于 $0.1D_1$（D_1 为螺杆直径）。

e. 分流肋。分流肋应尽可能少些，以免产生过多的分流痕迹。本设计为小型机头，采用 3 根分流肋。

(3)定径套的设计。采用内压定径，由表 6.4 得出，内压定径套长度 L_j 近似等于 10 倍管材外径，故取 $L_j=10\times30=300(\text{mm})$。

定径套内径 $d_j=(1.00\sim1.02)D=1.01\times30=30.3(\text{mm})$。

由以上设计的挤出机头与定径模结构如图 6.19 所示。

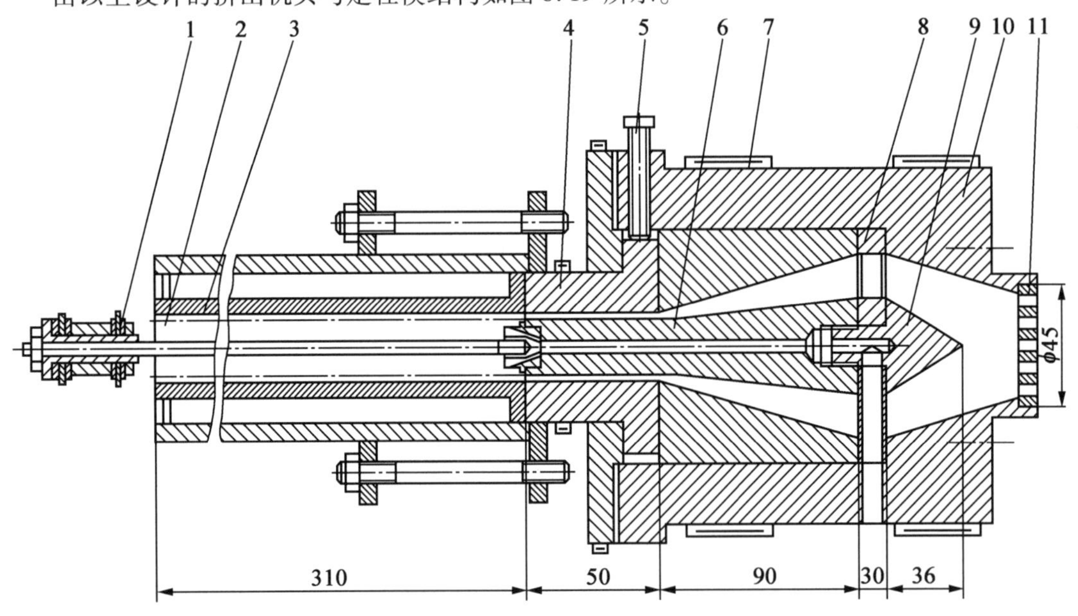

图 6.19 挤出机头与定径模

1—堵塞；2—管材；3—定径套；4—口模；5—调节螺钉；6—芯棒；
7—电加热圈；8—分流器支架；9—分流器；10—机头体；11—过滤板

4. 挤出机头主要零件的设计

(1)分流器支架。分流器支架零件图如图 6.20 所示，其材料为 3Cr2W8V。

(2)分流器。分流器零件图如图 6.21 所示，其材料为 3Cr2W8V。

(3)芯棒。芯棒零件图如图 6.22 所示，其材料为 3Cr2W8V。

装配时应注意，通过芯棒与分流器的螺纹连接使芯棒、分流器及分流器支架连接在一起，要保证三件的同心度，同时也要保证芯棒与分流器支架的垂直度，还应要保证芯棒、分流器同分流器支架内孔的配合精度。

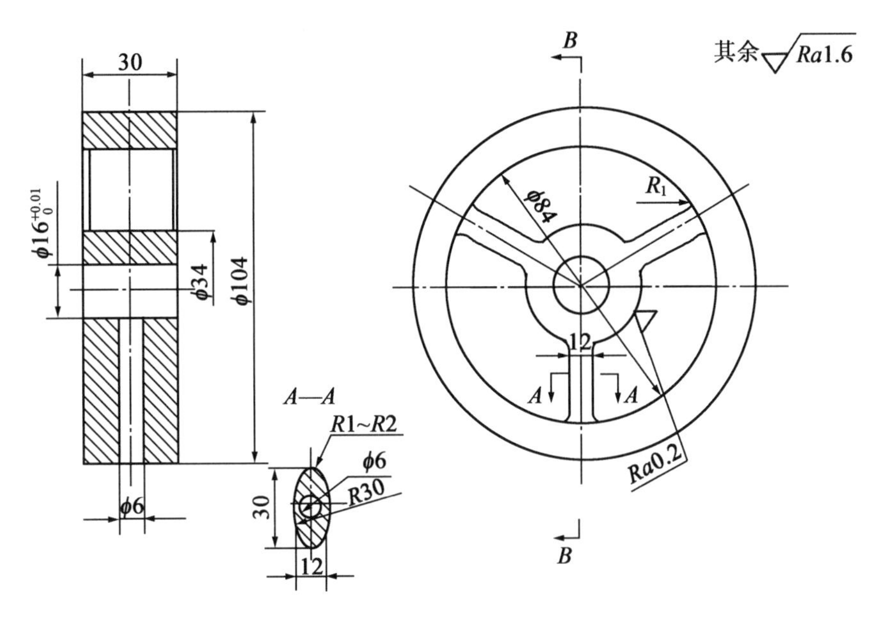

图 6.20　分流器支架零件图

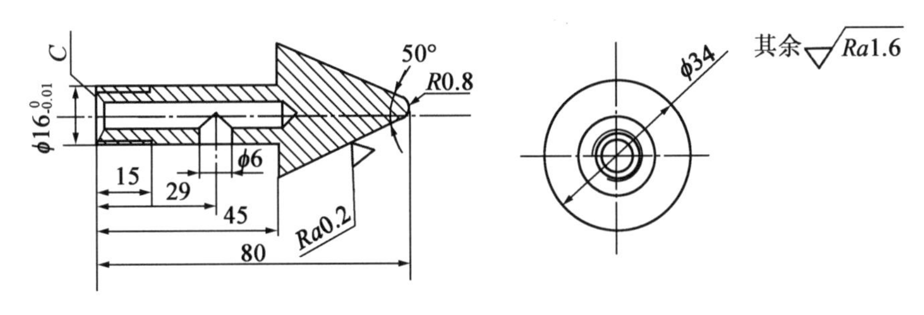

图 6.21　分流器零件图

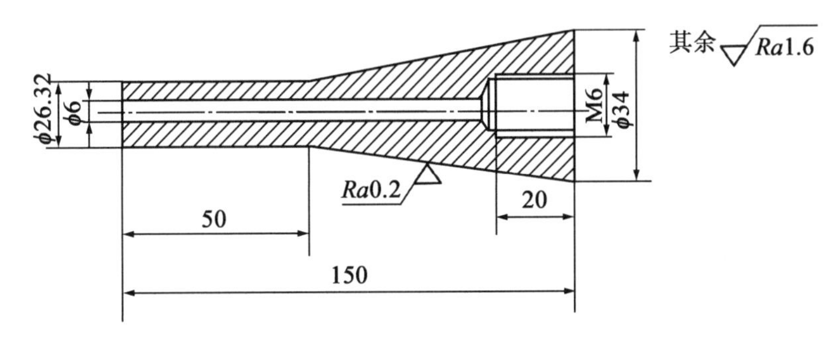

图 6.22　芯棒零件图

思考与练习题

6.1　挤出成型模具包括哪几个部分？成型时各起何作用？

6.2　管材挤出机头有哪几种结构形式？各适用什么场合？

6.3　管材定径有哪些方法？怎么确定定径套的尺寸？

6.4　异型材口模成型区截面形状与异型材所要求截面形状是否完全相同？为什么？

6.5　常用的异型材挤出机头有哪几种结构形式？各有何特点？

6.6　异型材定型方式主要有哪几种？

6.7　已知某塑料管材的材料是硬聚氯乙烯，塑件外径为 ϕ40 mm，壁厚为 2.5 mm，采用挤出机型号为 SJ－45，试设计该管材的挤出成型机头及定型模。要求计算产量和选用挤塑机，绘制管材模的装配草图，并说明主要几何参数的确定过程。

6.8　如图 6.23 所示，已知材料为 RPVC 的型材断面形状及尺寸，试求挤出口模与定型模的截面尺寸。

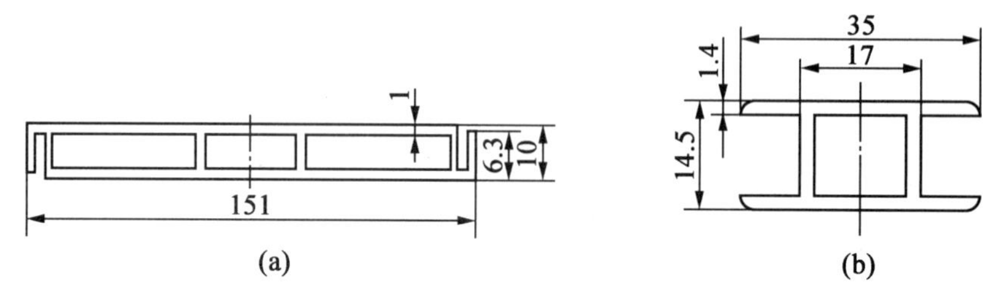

图 6.23　型材断面尺寸

(a) RPVC 隔板；(b) RPVC 嵌条

第7章　中空吹塑模具设计

中空吹塑是把加热至高弹态的塑料型坯置于模具内，然后闭合模具，吹入压缩空气，使塑料型坯膨胀而紧贴到模腔表面，经过保压冷却定型后开模取出，从而得到一定形状和尺寸的中空塑件的塑料成型方法。

中空吹塑成型可以获得各种形状与大小的中空薄壁塑件，如塑料瓶子、容器、提桶、玩具等。用于中空吹塑的塑料原料主要是热塑性塑料，最常用的有聚乙烯、聚丙烯、聚氯乙烯等，其次还有聚碳酸酯、尼龙、聚苯乙烯、醋酸纤维素等。

7.1　中空吹塑件的结构工艺性

7.1.1　塑件的结构形状与尺寸

1. 几何形状

常见的中空吹塑件形状有圆形、矩形、椭圆形、球形、异形等，如图7.1所示。圆形容器（图7.1(a)）是最常用的形状，用料省，壁厚比较均匀，模具制造容易，但储运时占用面积较大；矩形容器（图7.1(b)）外形支承面大，占地面积小，存放和运输方便，但容器承载强度比圆形差，转角处壁厚不足，模具加工较困难；椭圆形容器（图7.1(c)）综合了圆形和矩形两种容器的优点，有较好的强度和刚度，常用于日用品和化妆品包装；异形容器是仿动物、人体和物品等美术造型的中空塑件，其力学性能较低，不宜有锐角，轮廓不能过分偏离型坯的轴线。

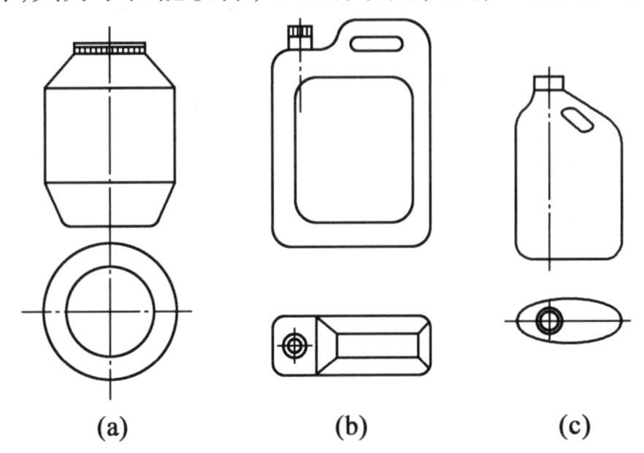

图7.1　常见的中空吹塑件形状

(a)圆形容器；(b)矩形容器；(c)椭圆形容器

2. 尺寸

通常容器类中空塑件对尺寸要求并不严格，成型收缩率对塑件尺寸的影响并不大。塑件尺寸与压缩空气压力、坯料温度、坯料厚度、成型周期、几何形状等有关。在成型有刻度定容量的瓶类等高精度尺寸的塑件时比较困难。塑料的成型收缩率对尺寸精度有较大的影响，塑件体积越大,其影响就越显著。

3. 瓶颈与瓶肩

容器类中空塑件的瓶颈与瓶肩是承受纵向载荷的关键部位。瓶颈与瓶肩在垂直负荷作用下易发生变形,其变形的大小与瓶肩倾斜角 α、瓶肩长度 L 有关(图 7.2)。合理的瓶肩倾斜角可使瓶口所受垂直负荷部分地分担到直立的瓶子上。如 HDPE 吹塑的可灌装容器,瓶肩长度 L 为 13 mm 时,一般 α 最小取 12°,当 L 为 50 mm 时 α 应取 30°。如果 α 太小,则由于垂直应力的作用,易在肩部产生瘪陷。在容器侧面与肩部倾斜面之间的交接处,尽量采用较大的圆弧半径 r,提高容器的纵向强度。对腰部直径较小的容器,过渡处同样要采用圆弧形。

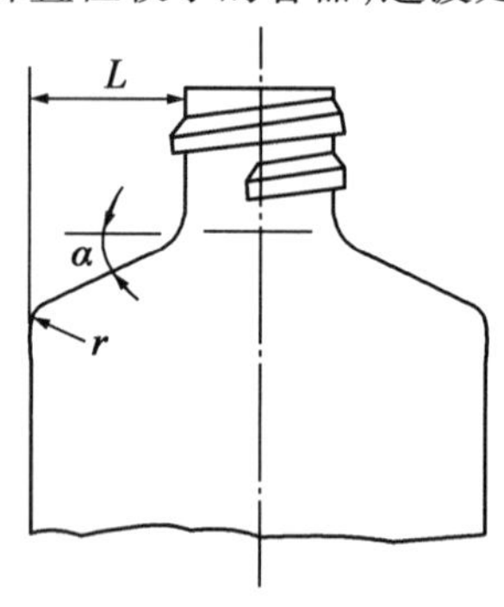

图 7.2 瓶肩结构

瓶肩的弧线曲率半径不同,垂直方向上的压缩强度是不一样的。其压缩强度随弧线曲率半径的增加而增加。

4. 瓶底(支承面)

瓶底是容器类塑件的支承面,通常不能以整个平面作为支承面,一般将底部设计成内凹形,且支承面宽度不小于 6 mm。这样不仅能避免底面的翘曲变形及夹缝或浇口痕迹对其支承平稳性的影响,还能提高瓶子的耐冲击性能。图 7.3(a)所示为不合理设计,图 7.3(b)所示为合理设计。

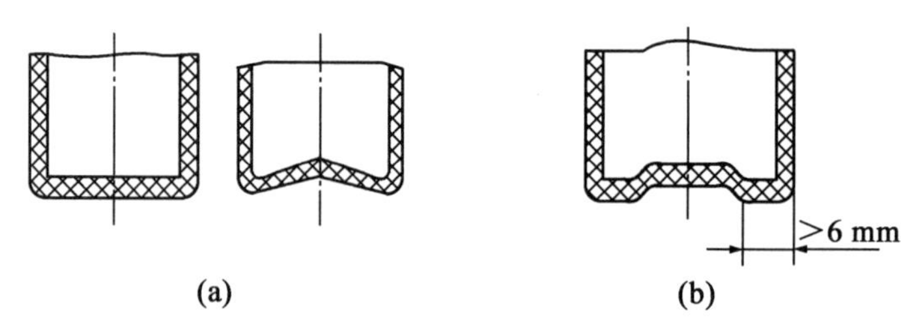

图 7.3 瓶底形状

5. 圆角

中空吹塑件的转角、凹槽与加强肋要尽可能采用较大的圆弧或球面过渡,利于成型和减小这些部位的变薄,获得壁厚较均匀的塑件。图 7.4 所示为塑件转角的设计。

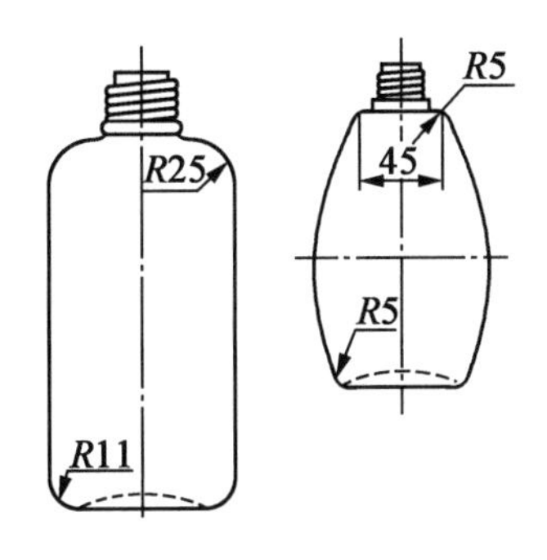

图7.4 塑件转角的设计

6. 螺纹

中空吹塑件的螺纹通常采用截面为梯形或半圆形的螺纹，而不采用普通细牙或粗牙螺纹，这是因为后者难以成型。为了便于清理塑件上的飞边，在不影响使用的前提下，螺纹可设计成断续的，即在分型面附近使螺纹断开，其断开距离为口部周长的10%～15%。图7.5(b)比图7.5(a)容易清除飞边。

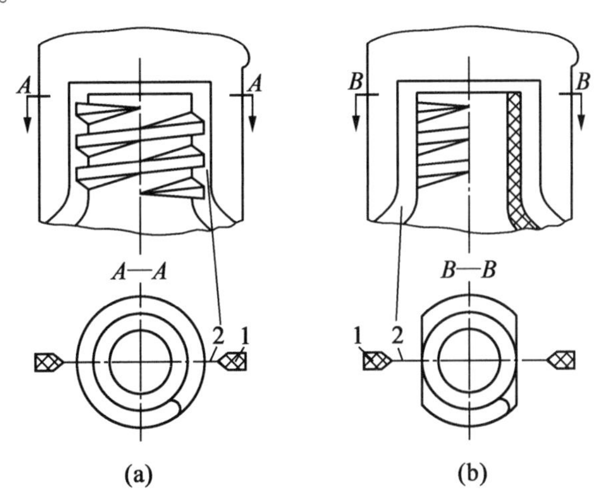

图7.5 螺纹形状

1—余料；2—飞边

7. 脱模斜度

由于中空吹塑成型不需要凸模，且收缩率大，故在一般情况下，脱模斜度即使为零也可脱模。但当塑件表面有皮纹时，为了便于从模内取出，脱模斜度应在3°以上。

7.1.2 吹胀比与延伸比

1. 吹胀比

吹胀比是指塑件最大直径与型坯直径之比，用 B_R 表示。选择恰当的吹胀比，能顺利地成型出合格的塑件。塑件尺寸越大，型坯吹胀比越大。增大吹胀比虽然可以节约材料，但塑件壁厚变薄，且不均匀，加工工艺不易掌握，塑件的强度和刚度降低；吹胀比过小，塑料消耗增加，塑件有效容积减少，壁厚，冷却时间延长，生产率降低，成本增加。通常吹胀比为2～4。

吹胀比表明了塑件径向最大尺寸与挤出机头口模尺寸之间的关系。当吹胀比确定后，便可根据塑件的最大径向尺寸及塑件壁厚确定机头口模尺寸。机头口模与芯模之间的间隙可用下式确定：

$$\delta = tB_{R}\alpha \tag{7.1}$$

式中　δ——口模与芯模之间的单边间隙(mm)；

t——塑件壁厚(mm)；

B_R——吹胀比；

α——修正系数，一般取1～1.5，它与加工塑料黏度大小有关，黏度大时取小值。

型坯截面形状一般要求做成与塑件的外形轮廓大体一致，如吹塑圆形截面的瓶子，型坯截面也应是圆形的；若吹塑方截面塑料桶时，则型坯截面应做成方形。其目的是使型坯各部位与塑件的吹胀情况能够趋于一致，使塑件壁厚均匀，无过薄过厚的现象发生。

2. 延伸比

在注塑拉伸吹塑中，塑件长度与型坯长度之比称为延伸比(或拉伸比)，用 S_R 表示。如图7.6所示，L_1 与 L_0 之比即为延伸比。延伸比确定后，型坯长度就可确定。一般情况下，延伸比大的塑件，其纵向和横向的强度都较高，但是在实际应用中必须保证塑件的实用壁厚和刚度，故生产中一般取 $S_RB_R=4\sim6$ 较为合适。

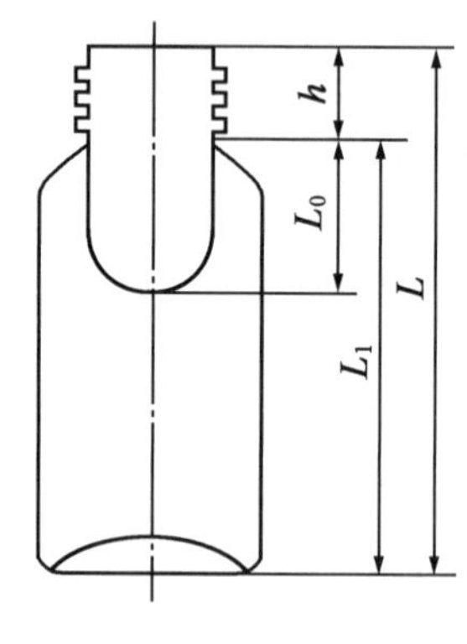

图7.6　延伸比示意图

7.2　中空挤出吹塑模具

中空挤出吹塑成型是先由挤出机通过机头挤出塑料型坯，再把型坯置于模具内，闭模后吹入压缩空气，使型坯膨胀并紧贴到模腔表面而得到中空塑件的一种吹塑成型方法。这种方法的优点是设备与模具的结构简单、投资少、易操作，适合多种塑料的吹塑成型，是成型中空塑件的主要方法。但塑件壁厚不易均匀，需后加工去除毛刺、飞边和余料，生产效率较低。

7.2.1　型坯挤出机头

型坯挤出机头包括滤板及滤网组件、连接头、型芯组件、加热器等。而型芯组件又包括口模、芯棒、分流器、型坯厚度调节及控制装置等。

常用的型坯挤出机头有中心进料的直角式型坯机头(图7.7)和侧向进料的直角式型坯机头(图7.8)两种形式。中心进料的直角式机头采用支架来支承分流体与芯棒，其流径较短，熔体的停留时间相差很小，型坯周向壁厚较均匀，熔体降解的可能性较小，可用于PVC等热敏性塑料。而侧向进料的直角式机头,熔体由侧向进入机头芯棒,并从周向流动逐渐过渡到轴向流动,芯棒在熔体分流转向位置,可设计成不同形状,如环形、心形、螺旋形等,主要适用于聚烯烃吹塑件的型坯挤出。

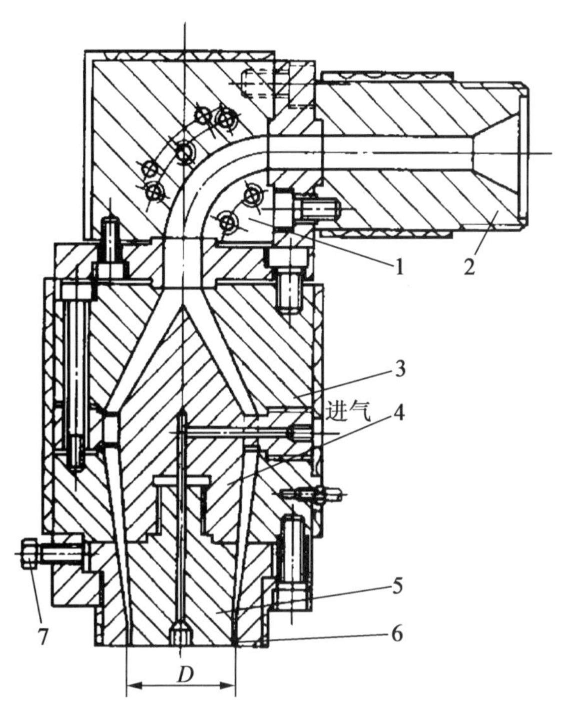

图 7.7　中心进料的直角式型坯机头

1—直角连接体;2—挤出机接头;3—机头体;4—分流梭;5—芯棒;6—口模;7—调节螺钉

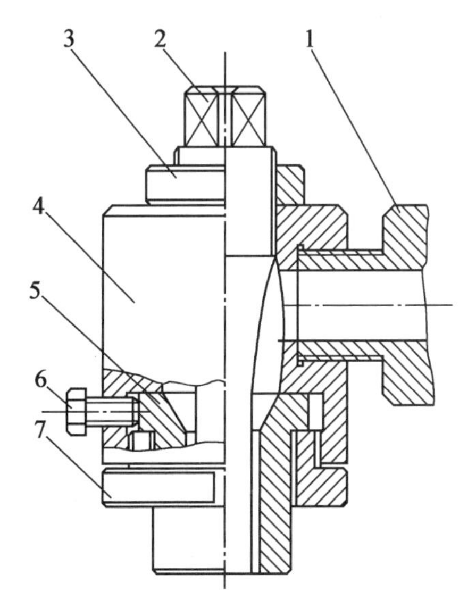

图 7.8　侧向进料的直角式型坯机头

1—机颈;2—芯棒;3—锁紧圆螺母;4—机体;5—口模;6—调节螺钉;7—压紧圈

机头型腔中最大环形截面积与芯棒、口模间的环形截面积之比称为压缩比。机头的压缩比一般取 2.5 ~4。中空吹塑型坯机头成型段尺寸可参照图 7.9 和表 7.1 选用。

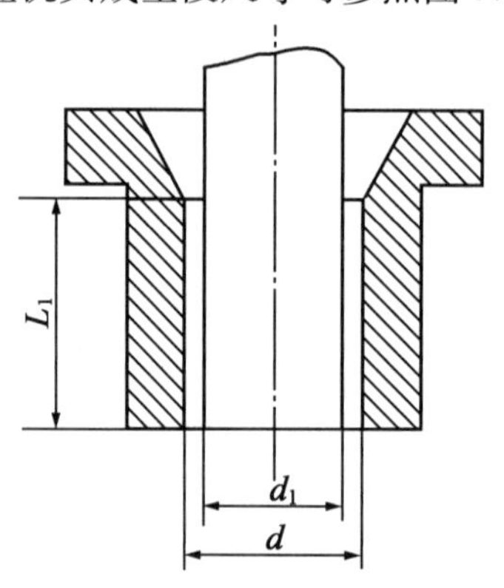

图 7.9 中空吹塑用型坯机头成型段

表 7.1 中空吹塑型坯机头成型段尺寸

口模间隙 δ/mm	成型段长度 L_1/mm
<0.76	<25.4
0.76 ~2.5	25.4
>2.5	>25.4

7.2.2 挤出吹塑模具

1. 挤出吹塑模具的结构形式

挤出吹塑成型模具通常由模具型腔(由两瓣凹模组成)、模具主体、冷却系统、切口部分、排气孔槽和导向部分等组成。由于吹塑模型腔受力不大(一般压缩空气的压力为 0.7 MPa),故可供选择的材料较多,最常用的有铝合金、铍铜合金、锌合金等。由于锌合金易于铸造和机械加工,所以可制造成形状不规则容器的模具。对于大批量生产硬质塑件的模具,可选用钢,热处理硬度为 HRC40 ~44,型腔需经抛光镀铬。

按整体结构形式不同,挤出吹塑模具分为组合式挤出吹塑模具(图 7.10)和镶嵌式挤出吹塑模具(图 7.11)两种类型。组合式结构的吹塑模具由两个半模组成,每个半模由模口板、型腔板和底板组合而成。模口板和底板上设有夹坯口刃,用强度好的钢材制造。型腔板可用铝合金或其他材料制成,冷却水道一般做在型腔板上。三部分用螺钉和圆柱销紧固,两半模的定位由装在型腔板上的导柱保证。为了保证三板之间的良好配合,每对板的接触面应减小,即在左、右、后三面适当地去掉一部分(不重要的配合面),留下必要的接触部分。这样可以相对地增大组合件之间的紧固力,防止组合模在使用中松动,产生缝隙。接触面的加工,应保证良好的平面度和必要的表面粗糙度。镶嵌式结构的模具整体由一块金属构成,一般采用铝合金铸件或锻坯,而在其模具颈部和底部嵌入钢件,一般用压入方法紧配合,亦可用螺钉紧固。

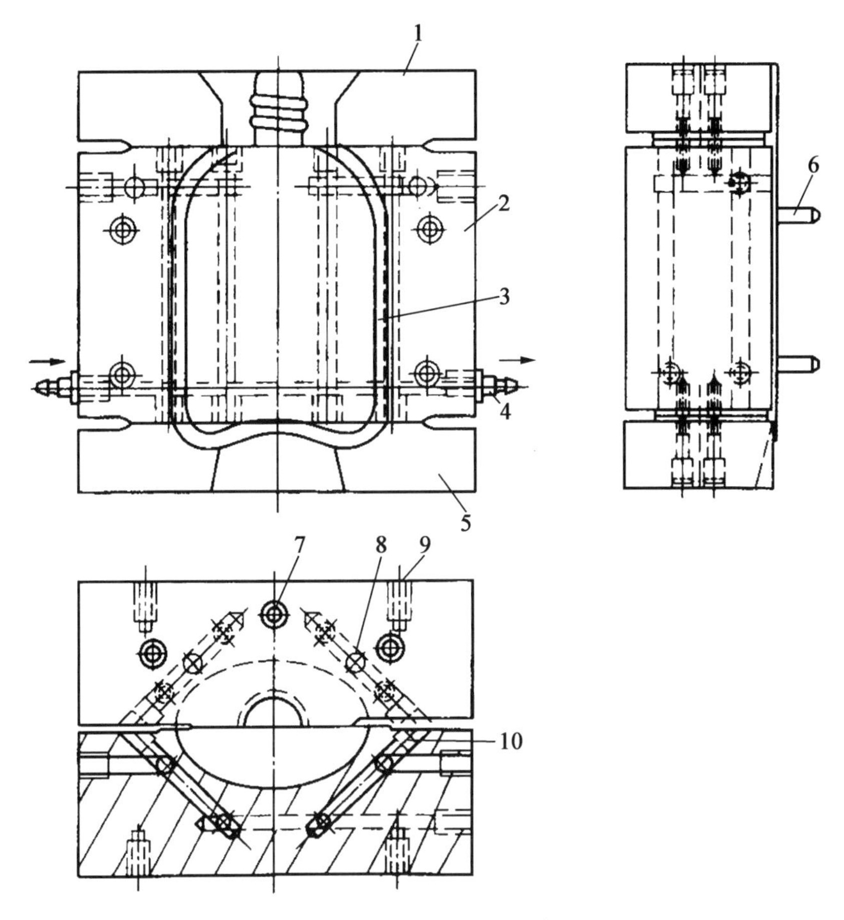

图7.10　组合式挤出吹塑模具

1—模口板;2—型腔板;3—塑件;4—水嘴;5—底板;6—导柱;7—螺钉;8—水道;9—安装螺孔;10—水堵

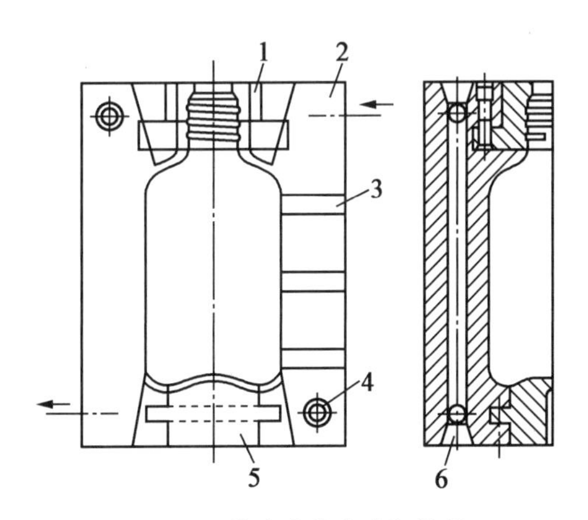

图7.11　镶嵌式挤出吹塑模具

1—模具颈部镶块;2—模体;3—排气槽;4—导销;5—模底镶块;6—堵头

2. 挤出吹塑模具设计要点

(1)模具型腔。

①分型面。分型面的选择应使两半型腔为对称,型腔浅,易于塑件脱模。因此,对于圆截

面容器，分型面通过其轴线；对于椭圆形截面的容器，分型面通过椭圆的长轴；矩形截面容器，分型面通过中心线或对角线。一副模具一般为一个分型面，但对某些截面复杂的塑件，有时需要选择不规则分型面，甚至需要两个或更多的分型面。

②型腔表面。对于不同塑料和不同表面要求的塑件，模具型腔表面的要求是不同的。塑件外表面一般都要求艺术造型，如图案、皮纹、绒纹、文字等。吹塑高透明的塑件时，型腔应抛光、镀铬。

③型腔尺寸。型腔尺寸是塑件尺寸加上塑料收缩率。这里的收缩率是指室温(22 ℃)下型腔尺寸与成型 24 h 之后塑件尺寸的相对差值。常用塑料吹塑件的收缩率见表 7.2。

表 7.2　常用塑料吹塑件的收缩率

塑料	塑件收缩率/%	塑料	塑件收缩率/%	塑料	塑件收缩率/%
HDPE	1 ~ 6	PC	0.5 ~ 0.8	PS	0.6 ~ 0.8
LDPE	1 ~ 3	PA	0.5 ~ 2.2	S/AN	0.6 ~ 0.8
PP	1 ~ 3	ABS	0.6 ~ 0.8	CA	0.6 ~ 0.8
PVC	0.6 ~ 0.8	POM	1 ~ 3		

(2)模具底部镶块。吹塑模具底部的作用是挤压、封接型坯的一端，切去尾部余料。一般单独设模底镶块，而模底镶块的关键部位是夹坯口刃与余料槽。

①夹坯口刃。夹坯口刃结构形式如图 7.12 所示。夹坯口刃宽度 b 是一个重要参数，b 过小会减小塑件接合缝的厚度，降低其接合强度，甚至出现裂缝。一般对于小型吹塑件取 b = 1 ~ 2 mm，对于大型吹塑件取 2 ~ 4 mm。

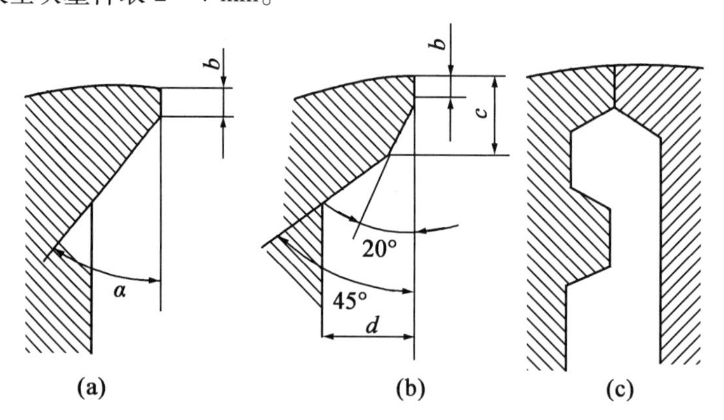

图 7.12　夹坯口刃结构形式

(a)普通式；(b)双锥式；(c)凸块式

②余料槽。余料槽的作用是容纳剪切下来的多余塑料。余料槽通常开设在夹坯口刃后面的分模面上。余料槽单边深度 d 取型坯壁厚的 80% ~ 90%。余料槽夹角 α 通常取 15° ~ 45°，夹坯口刃宽度大时取大值，相反取小值。α 小有助于把少量塑料挤入塑件接合缝中，以增强接合缝强度。

(3)模具颈部镶块。挤出吹塑模具颈部镶块主要有模颈圈和剪切块，如图 7.13 所示。剪切块位于模颈圈之上，有助于切去颈部余料，减小模颈圈磨损。有的模具上模颈圈与剪切块做成整体式,如图 7.10 所示的模口板 1。剪切块的口部为锥形,锥角一般取 60°。模颈圈与剪切块用工具钢制成,热处理硬度为 HRC54 ~58。定径进气杆插入型腔时,把颈部的塑料挤入模颈圈的螺纹槽而形成塑件颈部螺纹。剪切块锥面与进气杆上的剪切套 4 配合,切断颈部余料。

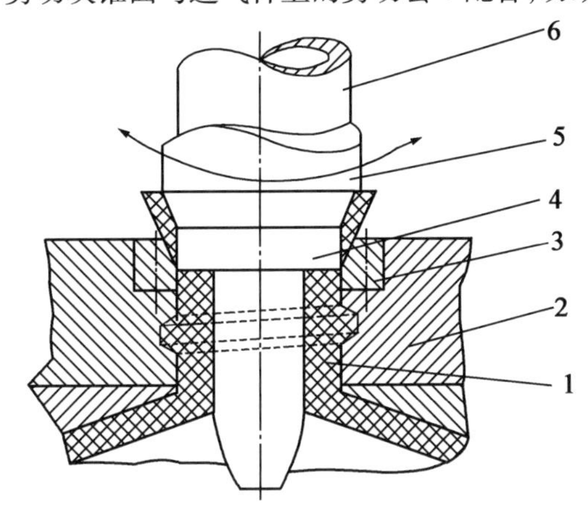

图 7.13　挤出吹塑模具颈部镶块

1—塑件颈部;2—模颈圈;3—剪切块;4—剪切套;5—带齿旋转套筒;6—定径进气杆

(4)排气孔槽。模具闭合后,应考虑在型坯吹胀时型腔内原有空气的排除问题。排气不良会使塑件表面出现斑纹、麻坑和成型不完整等缺陷。为此吹塑模具要考虑在分型面上开设排气槽或开设一定数量的排气孔。排气孔一般在模具型腔的凹坑和尖角处,以及塑料最后贴模的地方,排气孔直径常取 0.1 ~0.3 mm,也可以利用多孔性的粉末冶金材料镶嵌在型腔需要排气处来排气。设在分型面上的排气槽宽度可取 5 ~25 mm,分型面排气槽深度按表 7.3 选取。此外,利用模具配合面也可起排气作用。

表 7.3　分型面排气槽深度

容器容积 V/dm^3	排气槽深度 h/mm	容器容积 V/dm^3	排气槽深度 h/mm
<5	0.01 ~0.02	30 ~100	0.04 ~0.1
5 ~10	0.02 ~0.03	100 ~500	0.1 ~0.3
10 ~30	0.03 ~0.04		

(5)模具的冷却。模具冷却是保证中空吹塑工艺正常进行,保证塑件外观质量和提高生产率的重要措施。对于大型模具,可采用箱式冷却槽,即在型腔背后铣一个空槽,再用一个盖板盖上,中间加密封件。对于小型模具可以开设冷却水道,通水冷却。需要加强冷却的部位,最好根据塑件壁厚对模具进行分段冷却,如生产瓶子,其瓶口部分一般比较厚,应考虑加强瓶口冷却。应该指出,吹塑成型聚碳酸酯、聚甲醛等熔体黏度较大的工程塑料,模具不但不冷却,反而要加热并保持一定温度。

7.3 中空注射吹塑模具

中空注射吹塑成型是一种综合注射与吹塑工艺特点的成型方法。它是先将熔融塑料注入注射模内,制取有底的管状型坯,且型坯包在周壁带有微孔的空心型芯上,然后趁热把型芯和包着的热型坯移入到中空吹塑模具中,接着从芯棒的管道内通入压缩空气,使管坯吹胀成型紧贴于吹塑的模具内表面,最后经过保压、冷却定型后排出压缩空气,开模取出塑件。注射吹塑成型主要用于成型容积较小的包装容器。

7.3.1 型坯注射模具

注射吹塑模具如图7.14所示。由图可见,型坯模具和吹塑模具均装在类似冷冲模后侧模具架上。型坯注射模具(图7.14(b))主要由型坯模型腔体5、芯棒7、颈圈镶块8及冷却系统等组成。

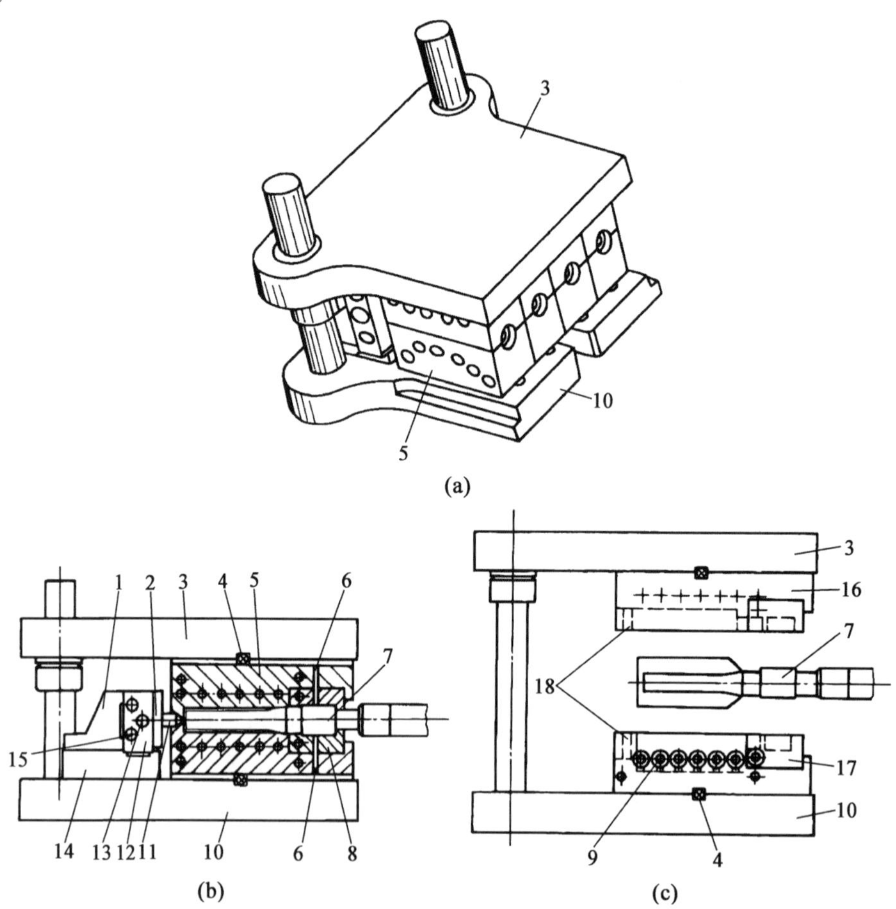

图7.14 注射吹塑模具

(a)模具及模架;(b)型坯注射模具;(c)吹塑模具

1—支管夹具;2—充模喷嘴夹板;3—上模板;4—键;5—型坯模型腔体;6—芯棒温控介质入、出口;7—芯棒;8—颈圈镶块;9—冷却孔道;10—下模板;11—充模喷嘴;12—支管体;13—流道;14—支管座;15—加热器;16—吹塑模型腔体;17—吹塑模颈圈;18—模底镶块

1. 型坯模型腔体

型坯模型腔体由定模与动模两部分构成，如图7.15(a)所示，其结构主要由型坯与芯棒确定。型坯注射模在注射成型时，受到较高注射压力(70 MPa或更高)作用，所以对软质塑料成型，型腔体可由碳素工具钢或热轧钢制成，热处理硬度为HRC31～35；对硬质塑料成型，型腔体由合金工具钢制成，热处理硬度为HRC52～54。型腔要抛光，加工硬质塑料时还要镀铬。

2. 型坯模颈圈

型坯模颈圈用于成型容器的颈部(含螺纹)，并支承芯棒。型坯模颈圈一般做成颈圈镶块(图7.15中的件4)，颈圈镶块紧贴在型腔体底面上，但高出0.01～0.015 mm，以便合模时能牢固地夹持芯棒。一般用键或定位销来保证颈圈镶块的位置精度。为确保芯棒与型腔之间的同轴度，要求颈圈内外圆有较高的同轴度。型坯模颈圈一般也由合金工具钢制成，硬度为HRC52～54，经抛光并镀铬。

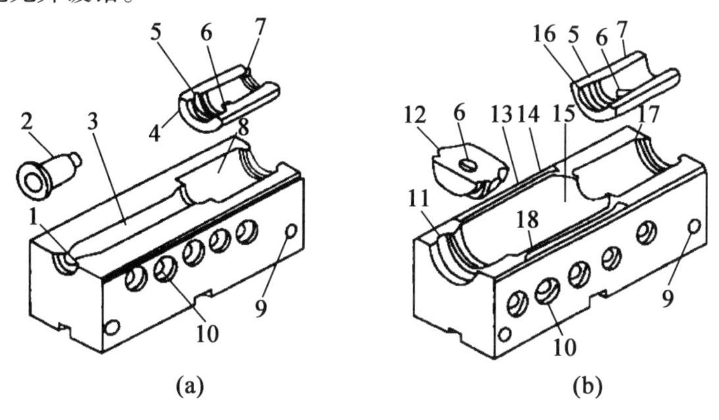

图7.15　注射吹塑模型腔体

(a)型坯模型腔体；(b)吹塑模型腔体

1—喷嘴座；2—充模喷嘴；3—型坯模型腔；4—型坯模颈圈；5—颈部螺纹；6—固定螺钉孔；7—尾部配合面；8—型坯模颈圈槽；9—拉杆孔；10—冷却水孔道；11—底模镶块槽；12—底模镶块；13—切槽；14—排气槽；15—吹塑模型腔；16—吹塑模颈圈；17—吹塑模颈圈槽；18—合模面

3. 芯棒

芯棒同时是型坯注射模具和吹塑模具的主要组件，其作用为：构成型坯内表面形状和容器颈部的内径，即起型芯作用；带着型坯从型坯模转位到吹塑模；压缩空气的进出口(相当于挤出吹塑的型坯进气杆)可向吹塑模内通入压缩空气，以吹胀型坯；通过热交换介质(油或空气)调节芯棒及型坯温度。

型坯芯棒结构如图7.16所示。芯棒在主体部位的直径应比塑件的口颈部内径略小，以便塑件从芯棒上脱出。芯棒直径不宜过小，否则会使型坯吹胀比增大，不利于塑件壁厚的均匀性，应在不影响塑件脱模的情况下，使芯棒保持较大的直径。另外，在靠近配合面开设1～2圈深为0.1～0.25 mm的凹槽，使型坯颈部塑料楔入槽内，避免从型坯成型工位转移至吹塑工位过程中颈部螺纹错位，同时减少漏气。芯棒各段的同轴度应在ϕ0.05～ϕ0.08 mm内。芯棒与型坯模具及吹塑模具的颈圈配合间隙为0～0.015 mm，保证芯棒与型腔的同轴度。芯棒内还可设计一定的通道，便于气流循环，控制型坯的温度。也可在其中装置小型的电热器，以加热相关的部位。

芯棒由合金工具钢制成，热处理硬度为HRC52～54，比颈圈的稍低。与熔体接触表面要沿熔体流动方向抛光，镀硬铬，利于熔体充模与型坯脱模。

芯棒颈部放置在芯棒专用夹架上,芯棒夹架固定在转位装置上。

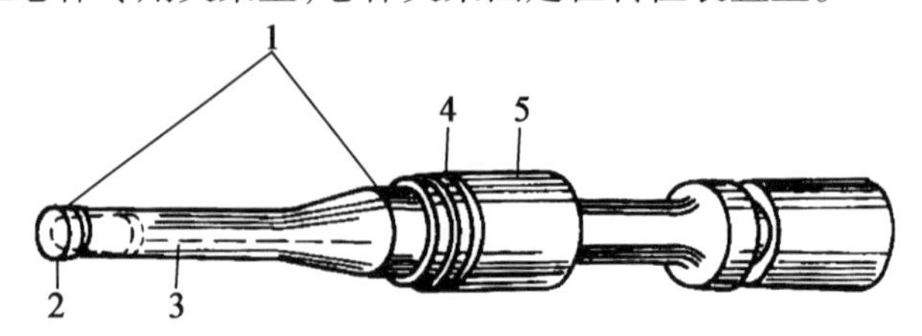

图 7.16 型坯芯棒结构

1—压缩空气出口处;2—芯棒底部;3—芯杆(型芯);4—凹槽;5—芯棒颈部配合面

芯棒和型坯模型腔的形状及尺寸根据型坯形状与尺寸而定。因而型坯的设计与成型是注射吹塑的关键。型坯长度和颈部直径之比决定于型坯芯棒长径比(L/D),而型坯芯棒长径比一般不超过 10 。型坯直径根据塑件直径而定,而注射吹塑的吹胀比一般取 3。型坯模型腔和芯棒的横截面形状决定于型坯横截面形状,对于截面为椭圆形塑件,其椭圆长短轴之比小于 1.5 的,采用横截面为圆形的型坯;而椭圆长短轴之比不超过 2 的,则采用截面为圆形芯棒和截面为椭圆形的型坯模型腔来成型型坯;当椭圆长短轴之比大于 2 时,芯棒和型坯模型腔的截面一般均设计成椭圆形。除颈部外,型坯的壁厚一般取 2 ~5 mm,型坯横截面上最大与最小壁厚之比应小于 2;型坯纵截面上最大与最小壁厚之比不应大于 3。设计型坯的颈部尺寸和吹塑模具型腔时,应考虑塑料成型后的收缩,收缩率与塑料及成型工艺条件有关,PE、PP 等软质塑料收缩率为 1.6% ~2.0% ;PC、PS、PAN 等硬质塑料收缩率约为 0.5% 。

7.3.2 注射吹塑模具

注射吹塑模具与挤出吹塑模具基本相同,由型腔体、颈圈、底模镶块、脱模板及冷却系统组成,如图 7.14(c)所示。但注射吹塑模具不需设置夹料口刃,因为其型坯长度及形状已由型坯模具确定。注射吹塑模具的凹模结构与型坯凹模结构类似,由定模和动模两部分组成,如图 7.15(b)所示。注射吹塑模具是用来定型最后塑件形状的,型腔所承受的压力要比型坯模型腔小得多,仅需承受 0.7 ~1.0 MPa 的型坯吹塑气压。注射吹塑模颈圈螺纹的直径比相应型坯颈圈大 0.05 ~0.25 mm,以免容器颈部螺纹变形。注射吹塑模具材料及冷却方式与挤出吹塑模具基本相同。

7.4 中空拉伸吹塑与多层吹塑

7.4.1 拉伸吹塑

拉伸吹塑又称为双轴取向吹塑,它是将热塑性塑料用挤出或注射工艺制成型坯,经调温处理,使型坯处于高弹态,先进行轴向机械拉伸,再用压缩空气进行周向拉伸,制成双轴取向容器的一种成型方法。

按型坯的不同制作方法区分,拉伸吹塑可分为挤出拉伸吹塑和注射拉伸吹塑。双轴取向拉伸吹塑的工艺过程,可分为型坯成型、冷却、再加热(调温)、纵向拉伸、周向拉伸(吹胀)、容器脱模等步骤。若这些步骤均在一台成型机组内依次完成,称为一步法;若这些步骤分成两段在两台成型机组内完成,称为二步法。

挤出—拉伸—吹塑双轴取向拉伸吹塑技术是在普通挤出吹塑的基础上发展起来的。利用挤拉吹这种工艺方法生产的容器,其轴向和径向大分子都有一定程度的取向作用。

挤拉吹成型工艺过程先是由挤出机将塑化好的熔料通过机头口模挤成厚壁管材,并将厚壁管材切断成一定长度而作为冷型坯。冷型坯放进加热炉内加热调整到拉伸温度,然后通过运输装置将加热的型坯从炉内取出送至成型台上,使型坯的一端形成颈部和螺纹,并用拉伸棒使之沿轴向拉伸 100% ~200% 后,闭合吹塑模具进行吹胀。

注射拉伸吹塑(注拉吹)成型是在注射吹塑成型基础上发展起来的一种新型技术。注射拉伸吹塑成型是通过注射法将塑料制成有底型坯后,将型坯进行调温处理,使其达到理想的拉伸温度,经内部(拉伸芯棒)或外部(拉伸夹具)机械力的作用,进行纵向拉伸,同时或稍后经压缩空气吹胀进行径向拉伸,最后冷却脱模取出塑件。

7.4.2 多层吹塑

多层吹塑是多层复合塑件的一种成型方法。目前,无论是挤出吹塑技术,还是注射吹塑技术都向着多层成型方向发展,充分显示出各层的优点并且能够相互取长补短,改善容器的性能。多层复合吹塑包括多层共挤出吹塑和共注射吹塑、共注射拉伸吹塑等,都是在普通挤出吹塑和注射吹塑的基础上发展起来的,其工艺上差不多,只是容器壁是多层的。本节简介多层共挤出吹塑。

多层共挤出吹塑是采用两种以上塑料材料通过两台(或两台以上)挤出机,共挤出多层结构的型坯,然后通入压缩空气使型坯在模具型腔内吹胀,成型多层复合结构的吹塑塑件。多层共挤出吹塑的技术关键是多层结构型坯的挤出。

1. 多层共挤出吹塑成型设备

多层共挤出吹塑成型设备包括挤出机(两台以上)、共挤型坯机头、合模装置、吹塑模具等。它与挤出吹塑成型设备相近,主要差别在挤出系统及共挤型坯机头。根据生产需要,挤出机以不同角度摆放,其排列方式与挤出机数量有关,图 7.17 所示为两台挤出机相对排列并向机头供料。

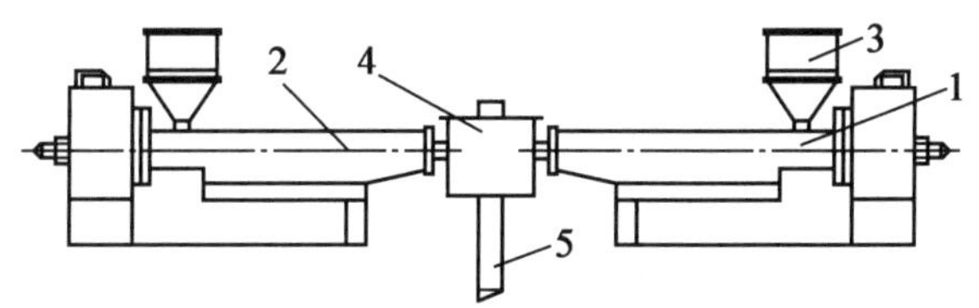

图 7.17 两台挤出机相对排列并向机头供料

1、2—挤出机;3—料斗;4—机头;5—型坯

2. 共挤型坯机头

在共挤型坯机头内,分别由各台挤出机输送的熔体,依照机头设计的次序和厚度,组成多层结构的型坯。共挤型坯机头的主要部件是模体和模芯。共挤型坯机头结构类型主要有以下三种。

(1)连续式共挤型三层坯机头,如图 7.18 所示。它能连续地挤出三层型坯,但容易产生型坯自重下垂现象,较适宜制造型坯量较小、塑件体积小的多层塑料瓶。

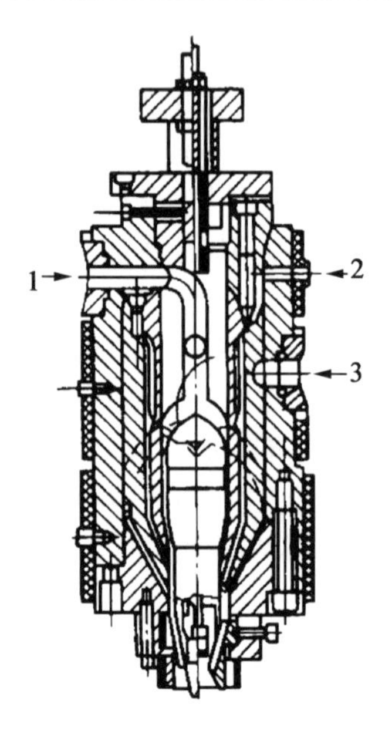

图 7.18 连续式共挤三层型坯机头

1—基层;2—粘接层;3—功能层

(2)储料式共挤三层型坯机头,如图 7.19 所示。它可以在很短的时间里挤出大量的塑料熔体,有利于减小型坯的自重下垂现象。适宜制造大容量塑料瓶的多层型坯。

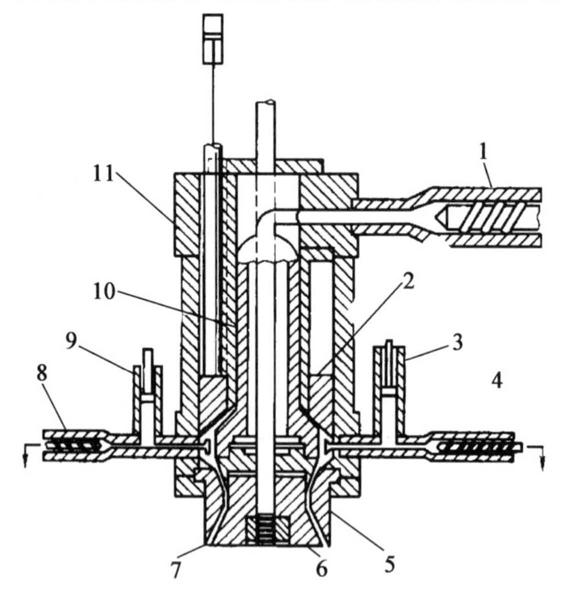

图 7.19 储料式共挤三层型坯机头

1—基层挤出机;2—环形活塞;3—粘接层储料缸;4—粘接层挤出机;5—模套;6—模芯;7—口模间隙;8—功能层挤出机;9—功能层储料缸;10—环形通道;11—基层储料缸

(3)多头型坯共挤机头。双头共挤三层型坯机头如图 7.25 所示。它可以一次挤出 2 ~ 4 只三层型坯,有利于提高多层塑件的产量。适宜大批量小容量多层塑件的成型加工。

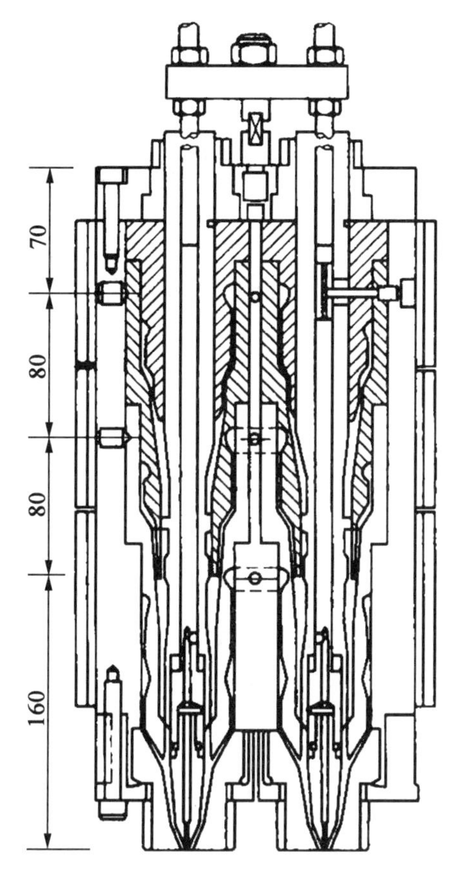

图 7.20　双头共挤三层型坯机头

思考与练习题

7.1　中空吹塑成型中对塑件的结构形状与尺寸有哪些要求?

7.2　何谓吹塑成型中的吹胀比与延伸比? 如何选取?

7.3　挤出吹塑工艺过程是什么? 挤出吹塑有哪些特点?

7.4　简述挤出吹塑模具的设计要点。

7.5　注射吹塑有何特点? 注射吹塑模具与挤出吹塑模具相比有何相同和不同之处?

7.6　注射吹塑中的芯棒起何作用? 其结构设计中应注意哪些问题?

7.7　何谓拉伸吹塑? 拉伸吹塑的成型方式有哪几种?

7.8　共挤出机头的类型有哪几种? 各有什么特点?

第8章　塑料成型新技术的应用

8.1　精密注射成型

8.1.1　精密注射成型概念

精密注射成型是指成型尺寸和形状精度很高、表面粗糙度很小的塑件而采用的注射成型方法，所用的注射模具即为精密注射模具。精密注射成型是随着塑料工业迅速发展而出现的一种新的注射成型工艺方法。

判断塑件是否需要精密注射的依据主要是塑件精度。在注射成型中，影响塑件精度的因素很多，因此，如何规定精密注射成型塑件的精度是一个重要而复杂的工作。这里既要使塑件精度满足工业生产实际需求，又要考虑到目前模具制造所能达到的精度、塑料品种及其成型技术、注射机等满足精密成型的可能程度。表8.1为日本塑料工业技术研究会从塑料品种和塑料模具结构方面确定的精密注射塑件的基本尺寸与公差，可供参考。表8.1中最小极限是指采用单型腔模具时，注射塑件所能达到的最小公差数值，表中的实用极限是指采用四腔以下模具时，注射塑件所能达到的最小公差数值。我国目前精密注射塑件的公差等级可按国家标准MT1高精度公差等级确定。

表8.1　精密注射塑件的基本尺寸与公差　mm

基本尺寸	PC、ABS		PA、POM	
	最小极限	实用极限	最小极限	实用极限
~0.5	0.003	0.003	0.005	0.01
0.5~1.3	0.005	0.01	0.008	0.025
1.3~2.5	0.008	0.02	0.012	0.04
2.5~7.5	0.01	0.03	0.02	0.06
7.5~12.5	0.015	0.04	0.03	0.08
12.5~25	0.022	0.06	0.04	0.10
25~50	0.03	0.08	0.05	0.15
50~75	0.04	0.10	0.06	0.20
75~100	0.05	0.15	0.08	0.25

8.1.2　精密注射成型工艺要求

1. 精密注射成型用塑料

由上所述可知，对于精密注射塑件要求的公差值，并不是所有塑料品种都能达到。对于不同的聚合物和添加剂组成的塑料，其成型特性及成型后塑件的形状与尺寸稳定性有很大差异，即使是成分相同的塑料，由于生产厂家、出厂时间和环境条件的不同，注射成型的塑件还会存在形状与尺寸稳定性的差异问题。因此，要达到精密注射塑件的公差要求，塑料就应具有良好的成型特性和成型后形状与尺寸的稳定性。为此，注射成型精密塑件时，必须对塑料进行严格选择。目前，适用于精密注射的塑料品种主要有 PC（包括玻璃纤维增强型）、POM（包括碳纤维或玻璃纤维增强型）、ABS，还有改性 PPO、PETP、PA 及增强型等。

2. 精密注射成型工艺条件

精密注射时，其成型工艺条件应满足以下要求。

（1）注射压力高。普通注射时的注射压力一般为 40 ~ 200 MPa，而精密注射则要提高到 180 ~ 250 MPa，甚至更高（目前最高达到 415 MPa）。提高注射压力可增大熔体的体积压缩量，使其密度增大，线膨胀系数减小，从而降低塑件的收缩率及收缩率波动，提高塑件形状尺寸的稳定性。此外，提高注射压力还有利于改善塑件的成型性能，能成型超薄塑件，并且保证了较快注射速度的实现。

（2）注射速度快。注射速度快不但能成型形状复杂的塑件，而且能减小塑件的尺寸公差，保证复杂而精度高的塑件的成型。

（3）注射温度控制严格。注射成型温度对熔体的流动性和收缩影响较大，因而精密注射时不仅必须控制注射温度，还必须严格控制温度波动范围；不仅要注意控制料筒、喷嘴和模具温度，还要注意脱模后周围环境温度对塑件精度的影响。只有这样，才能保证塑件尺寸精度及其稳定性。

（4）成型工艺稳定。稳定的成型工艺及工艺条件是获得精度稳定的塑件的重要条件，因此精密注射时成型工艺及工艺条件的稳定性是十分重要的。

3. 精密注射成型用注射机

由于塑件有较高的精度要求，所以一般都需要在专用的精密注射机上进行注射成型。这种注射机应具有如下特点。

（1）注射功率大。功率大才能满足注射压力大和注射速度高的要求。同时，注射功率大也可以减小塑件尺寸误差。

（2）控制精度高。精密注射机的控制系统精度一般都要求很高。它能对各种注射工艺参数（注射量、注射压力、注射速度、保压压力、背压压力、螺杆转速等）采取多级反馈控制，因而具有良好的重复精度；对料筒和喷嘴温度采用 PID（比例积分微分）控制器，温度波动可控制在 ±0.5 ℃。由于工艺参数控制精度高，所以塑件精度的稳定性好。精密注射机对合模力大小必须严格控制，否则将因模具弹性变形大小影响塑件精度；对液压回路中的工作液体温度必须精确控制，以免因为液体温度变化而引起液体的流量和黏度变化，导致注射工艺参数的波动，从而导致塑件精度不稳定。

（3）液压系统反应速度快。为满足高速成型对液压系统的工艺要求，精密注射机的液压系统采用了灵敏度高的液压元件，缩短液压回路，加装蓄能器（必要时）等措施提高液压系统的反应速度。目前精密注射机的液压控制系统正朝着机电液一体化方向发展，使注射机稳定、灵敏且精确地工作。

另外，精密注射机的定、动模板，拉杆等的设计保证了合模系统有足够的刚度。

8.1.3 精密注射模设计要点

一般注射模的设计方法基本适用于精密注射模的设计，但因精度要求高，设计时应注意如下几点。

(1)模具应具有高的精度。模具精度是影响塑件精度的重要因素。由于精密塑件本身精度高，因此在确定其成型模具精度尤其是型腔型芯尺寸及公差时，必须充分考虑到模具制造公差要求、塑料收缩率的波动、使用磨损量等对型腔型芯尺寸及公差的影响以及修模的需要。型腔型芯尺寸的计算若按平均值法有可能造成塑件尺寸超差，所以应采用极限值(即极限制造公差、极限收缩率、极限磨损量)计算法进行计算。另外，精密塑件往往要求加上脱模斜度后，型腔或型芯大小端尺寸及公差都应在规定的公差范围内，满足塑件配合的需要。

精密注射模成型零件制造公差取塑件公差的1/3(即$\Delta/3$)以下。模具其他结构零件的公差为普通注射模的1/2以下。

(2)精密注射模还必须提高合模精度。定、动模的合模导向除了采用导柱导套外，还应加上锥面定位或圆柱导正销定位。精密注射模中的锥面定位结构和圆柱导正销结构如图8.1所示。对大型深型腔模具可在模具四周设斜面，既起定位作用，又能提高型腔侧壁刚度。

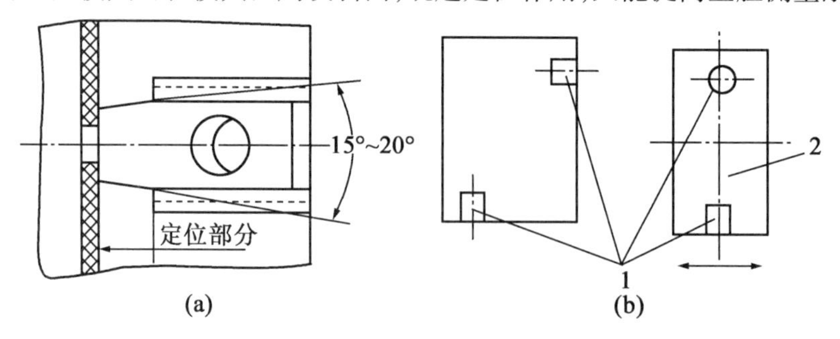

图8.1 精密注射模中的锥面定位结构和圆柱导正销结构

(a)侧面型芯锥面定位结构;(b)圆柱导正销结构

1—导正销;2—分型面

(3)模具设计应考虑成型收缩的均匀性。成型收缩的不均匀性对塑件的精度及精度的稳定性影响较大。正确设计浇注系统和温度调节系统是解决成型收缩均匀性的有效途径。

①型腔数目不宜太多。模具型腔多将降低塑件精度，因此对于特别精密的注射模，宜采用一模一腔。

②多型腔模具的分流道应采用平衡布置，使塑料熔体同时到达和充满各个型腔，保持了料流的平衡和模具温度场热平衡，从而使塑件的收缩率保持均匀和稳定。

③浇口的种类、位置及数量将影响塑件的变形及收缩率的波动，因此在设计浇口时应对塑件各部分的收缩率做全面考虑，特别是收缩各向异性大的塑料注射成型。

④温度控制系统最好能对各个型腔温度进行单独调节，使各型腔的温度保持一致，防止因各型腔之间温差引起塑件收缩率的差异。通常采用的办法是对每个型腔单独设置冷却水路，并在各型腔冷却水路出口处设置流量控制装置。如果不对各型腔单独设置冷却水路，而是采

用串联式冷却水路,则必须严格控制入水口和出水口的温度。一般来说,精密注射模中的冷却水温调节误差应在 ±0.5 ℃内,入水口和出水口的温差应控制在 2 ℃以内。

同理,对型芯和凹模两部分宜分别设置冷却水路,以便分别控制型芯和凹模的温度。一般两者的温差应能控制到 1 ℃。如需要人为地造成型芯与凹模之间一定温差,也能够实现。

(4)应避免塑件在脱模时变形。由于精密注射塑件一般尺寸小、壁薄、有时带有薄肋,因此必须十分注意脱模变形问题。为此,模具结构应便于塑件脱模,具有足够的刚度,最好用推件板脱模。如无法用推件板脱模,则应采用适当的脱模机构在塑件适当部位进行推件。对塑件脱模部位表面进行镜面抛光,且抛光方向与脱模方向一致。

(5)采用镶拼结构。为了便于复杂精密塑件成型型腔的精加工,必要时,其型腔应采用镶拼结构。这样既便于精加工,又减小了热处理变形,便于排气和维修。但采用镶拼结构不得影响塑件的使用性能与外观,必须保证各镶件的连接、定位牢靠且便于装配、维修及更换,还应适当设置必要的模框,保证镶拼模具有足够的刚度。另外,镶件最好采用通用结构或标准结构。

(6)制作试制模。对于成型精度要求特别高的塑件,必要时应做试制模,并按大量生产的成型条件进行成型,然后根据实测数据(收缩率等)设计与制造生产用注射模。

(7)提高模具刚度。提高模具刚度,减少在大的注射压力作用下模具的弹性变形量,提高塑件精度。其方法有加大型腔壁厚和底板与支承板的厚度,增设支承柱,采用锥面合模锁紧,并提高侧滑块的楔紧刚度。

(8)正确选择模具材料,合理确定热处理要求。精密注射模成型零件一般采用合金工具钢,热处理成较高硬度,或采用预硬钢、易切钢和高精度、镜面塑料模具钢,保证模具制造精度,并保持模具精度的长期稳定。

8.2　气体辅助注射成型

气体辅助注射成型(简称气辅成型)技术是国外 20 世纪 80 年代开始使用的一种新技术。目前,不但在发达国家广泛应用,我国在家电、汽车等行业也在积极采用,并取得良好的技术经济效果。

随着塑料塑件的广泛应用,许多大型超厚塑件的成型质量问题为人们所关注,最初人们总是试图以改善模具设计和提高注射机质量及调整注射工艺参数来解决上述塑件注射成型所面临的问题,结果导致塑件成本提高,而塑件质量仍较差。直到气体辅助注射成型的应用,这个问题才得到了很好的解决。

8.2.1　气体辅助注射成型原理与分类

气体辅助成型过程是先向模具型腔中注入定量的塑料熔体,再通过模具上的气体注入口经流道或直接向塑料熔体中注入压缩气体,借助气体的作用推动塑料熔体充填到模具型腔的各个部分,并在气体均匀保压下冷却成型,使塑件最后形成中空断面而保持完整外形。这一过程与普通注射成型相比,多了一个气体注射阶段,且塑件脱模前由气体而非塑料熔体的注射压力进行保压。成型后塑件中由气体形成的中空部分称为气道。压缩气体一般选用氮气,因为其廉价、易得且不与塑料熔体发生反应。

根据具体工艺过程的不同,气辅成型可分为标准成型法、副腔成型法、熔体回流法和活动型芯法四种。

（1）标准成型法。标准成型法是先向模具型腔中注入经准确计量的塑料熔体（图8.2(a)），再通过浇口和流道注入压缩气体，气体在型腔中塑料熔体的包围下沿阻力最小的方向扩散前进（图8.2(b)），直至推动塑料熔体充满整个模具型腔，并进行保压（图8.2(c)），待熔体冷却定型后使气体泄压，最后开模推出塑件（图8.2(d)）。

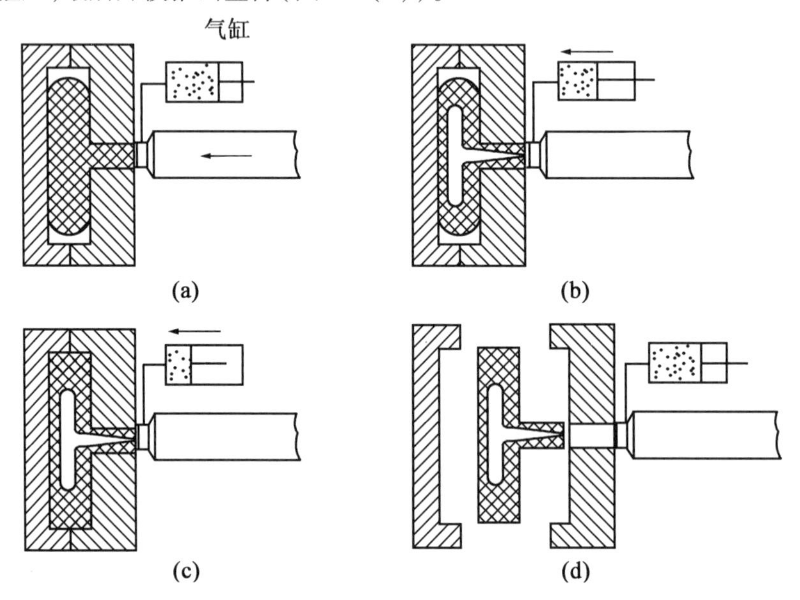

图8.2 标准成型法成型过程示意图

(a)注入塑料熔体；(b)注入气体；(c)保压冷却；(d)塑件脱模

（2）副腔成型法。副腔成型法为在模具型腔之外设置一可与型腔相通的副型腔，首先关闭副型腔，向型腔中注射塑料熔体直到型腔充满并进行保压（图8.3(a)），然后开启副型腔，并向型腔内注入气体，由于气体的穿透而将多余出来的熔体挤入副型腔（图8.3(b)），当气体穿透到一定程度时关闭副型腔，升高气体压力对型腔中的熔体进行保压补缩（图8.3(c)），最后开模推出塑件（图8.3(d)）。

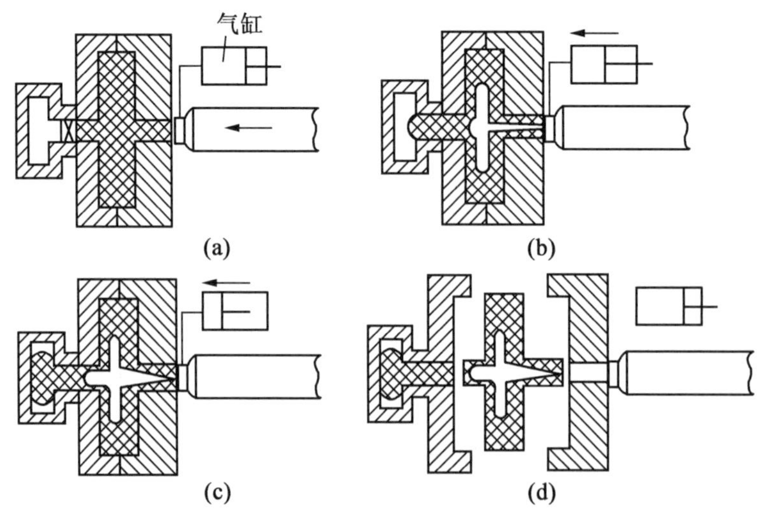

图8.3 副腔成型法成型过程示意图

(a)关闭副型腔，塑料熔体充模并保压；(b)打开副型腔，向型腔注入气体；(c)关闭副型腔，保压冷却；(d)塑件脱模

(3)熔体回流法。熔体回流法与副腔成型法类似,不同的是模具没有副型腔,气体注入时多余的熔体不是流入副型腔,而是流回注射机的料筒,其工艺过程如图8.4所示。

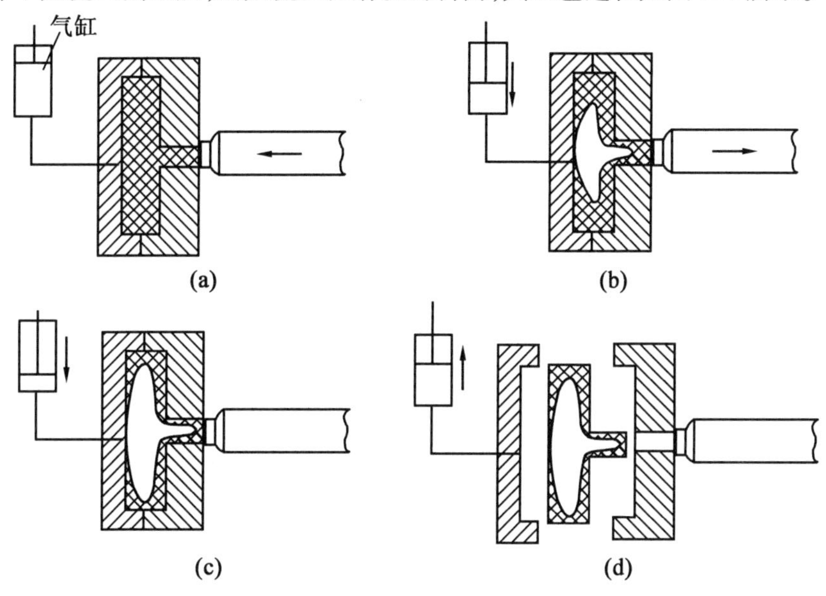

图8.4　熔体回流法成型过程示意图

(a)塑料熔体充模并保压;(b)注入气体,塑料熔体向料筒回流;(c)保压冷却;(d)塑件脱模

(4)活动型芯法。活动型芯法是在模具型腔中设置活动型芯,首先使活动型芯位于最长伸出位置,向型腔中注射塑料熔体直到型腔充满并进行保压(图8.5(a)),然后注入气体,并使活动型芯从型腔中退出以让出所需的空间(图8.5(b)),待活动型芯退到最短伸出位置时升高气体压力实现保压补缩(图8.5(c)),最后塑件脱模(图8.3(d))。

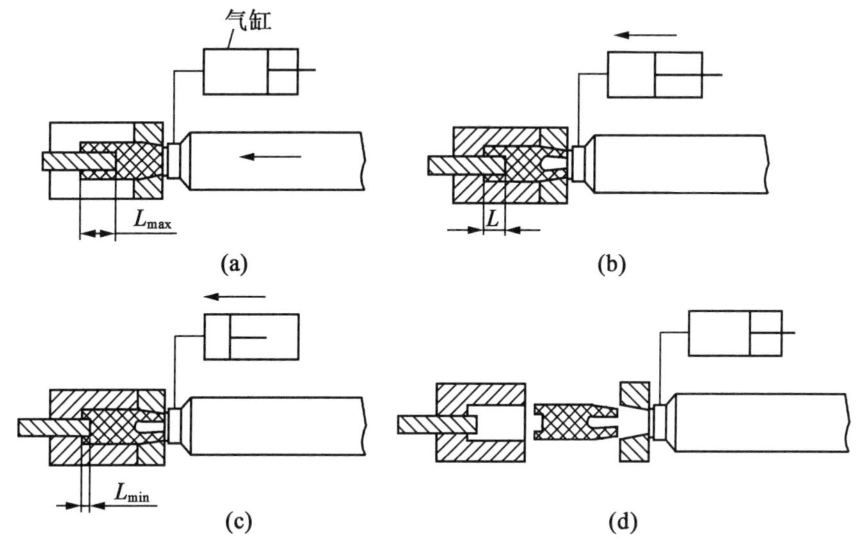

图8.5　活动型芯法成型过程示意图

(a)塑料熔体充模并保压;(b)注入气体,型芯后退;(c)保压冷却;(d)塑件脱模

8.2.2 气体辅助注射成型的特点与应用

气体辅助注射成型与传统的注射成型相比具有如下特点。

(1)气体辅助注射能够成型普通注射难以成型的厚壁和厚薄不均的塑件,改善塑料在塑件断面上的分布,提高塑件刚度,保证塑件质量,且节约了塑料原料。

(2)缩短冷却时间,提高生产效率,并显著降低成型压力及合模力,提高模具和设备的寿命。

(3)因气压均匀,故塑料密度均匀,内应力小,且熔体是在均匀气体压力保压下固化,防止塑件产生表面收缩凹陷,塑件变形小,尺寸稳定。

(4)简化复杂塑件的加强肋,从而简化模具型腔结构。

(5)需要增加气体辅助注射成型的成套设备,投资较大。

气体辅助注射成型由于具有独特的优点而得到了广泛应用,并发展迅速。应用的领域涉及汽车的保险杠、仪表板及装饰件、家用电器、办公用品和日用品等行业。如日常所见的电视机外壳、接收天线、空调面板、文件夹、椅子扶手、汤勺、箱包把手、水桶、托架、衣架等部分或全部都实现了气辅成型。

8.2.3 气体辅助注射成型适用的塑料与设备装置

1. 气体辅助注射成型适用的塑料

除特别柔软的塑料外,几乎所有热塑性塑料(如 PS、ABS、PE、PP、PVC、PC、POM、PEEK、PES、PA、PPS 等)和部分热固性塑料(如 PF)均可用气体辅助注射成型。

2. 气体辅助注射成型的设备配置

(1)注射机。由于气辅成型通过控制注入型腔的塑料量来控制塑件的中空比率及气道的形状,所以气辅成型对注射机的注射量和注射压力的精度要求较高。一般情况下,注射的注射量精度误差应在 $\pm 0.5\%$ 以内,注射压力波动相对稳定,控制系统能和气体控制单元匹配。

(2)气辅装置。气辅装置由标准氮气发生器、控制单元和氮气回收装置组成。

氮气发生器提供注射所需的氮气。

控制单元包括压力控制阀和电子控制系统,有固定式和移载式两种。固定式控制单元是将压力控制阀直接安装在注射机上,将电子控制系统直接装在注射机控制箱内,即控制单元和注射机是连为一体的。移载式控制单元是将压力阀和电子控制系统做在一套控制箱内,使其在不同的时间能和不同的注射机搭配使用。

氮气回收装置用于回收气体注射通路中残留的氮气,不包括塑件气道中的氮气。因为气道中的氮气会混合别的气体,如空气或塑料挥发的添加剂等,回收再使用会影响以后成型的塑件质量。

8.2.4 气体辅助注射成型模具设计要点

气体辅助注射成型模具的基本结构与普通注射模相同,但注气系统(气道和气体喷嘴)、模具温度调节、浇注系统、脱模机构设置等方面与普通注射模是有区别的。

1. 气道设计

气体辅助注射成型时,气道布置、气道结构尺寸及气体注入的位置是关键。

气道一般设于塑件加强肋、交角等厚实部位,在整个型腔中,气道要均衡布置,大小适中,截面形状、转角处等应有利于氮气推动熔体顺利流动,保证氮气按预定的路线充模,并尽可能延伸到靠近型腔最后充填的区域,以获得中心空而外形完整的塑件,防止气体乱窜、形成回路或无法收回氮气。例如,杆状塑件或塑件中的杆状部位,其截面形状最好是圆形或近似圆形,外形以较大圆角过渡,使塑件壁厚均匀,这是由于气体在气道中穿透形成的中空部分总是趋于圆形,如图 8.6(a)和图 8.6(b)所示。若采用矩形截面,则 $b \leqslant (3\sim5)h$,如图 8.6(c)所示。

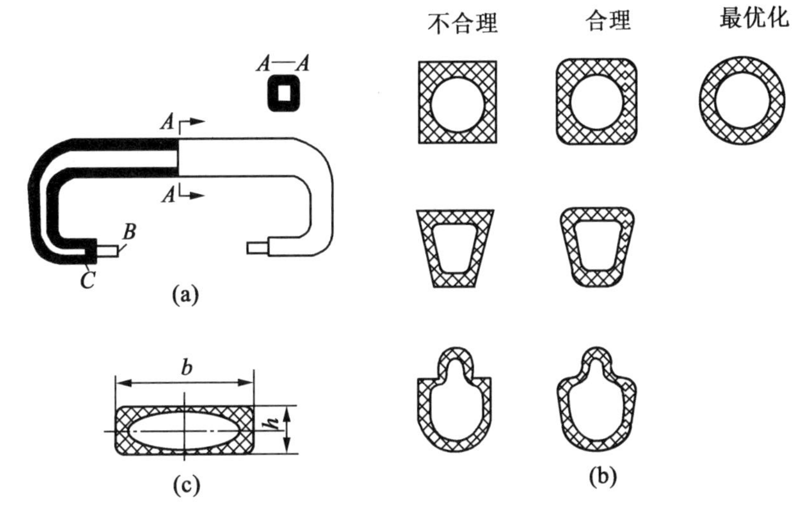

图 8.6　杆类塑件气道截面设计

(a)把手;(b)杆类塑件截面形状;(c)矩形截面

B—浇口;C—进气口

又如各种板类塑件,气道一般设在塑件边缘、壁的转角和加强肋等部位,在这些部位应给气体提供良好的通道,避免细而密的加强肋,但尺寸也不宜过大,以免塑件出现鼓包或凹陷。板类塑件气道截面设计可参考图 8.7。多点进气时,气道之间距离不宜太小,以免气道之间相互穿透。

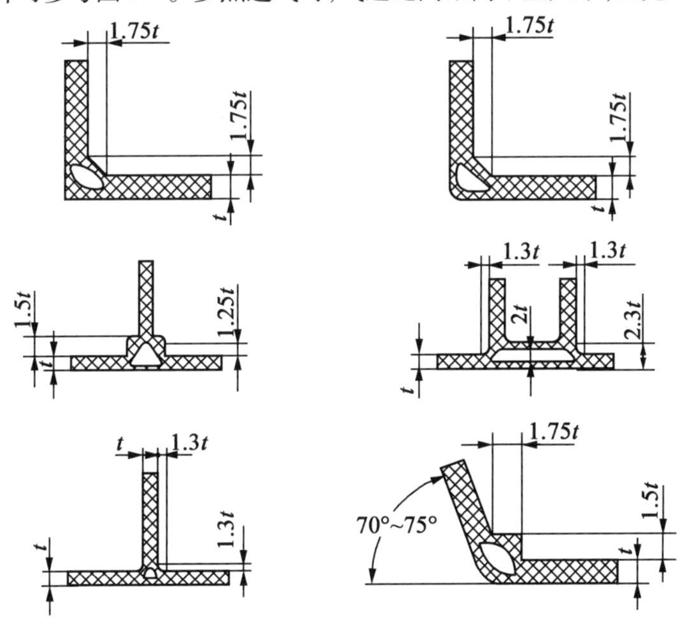

图 8.7　板类塑件气道截面设计

气体注入的位置有两种情况：一种是采用特殊的注射喷嘴时，如图 8.8 所示，气体由浇口处注入，当熔体注射达到一定量后，停止注射熔体而注入氮气；另一种是采用专用气体喷嘴（气针）时，如图 8.9 所示，气体由型腔注入，其位置宜靠近浇口，使气体流动方向与熔体流动方向一致。但需距浇口 30 mm 以上，以防气体从浇口倒灌。

专用气体喷嘴结构有弹簧复位型和间隙充气型两种，如图 8.9 所示。弹簧复位型动作原理是：当气体压力能克服弹簧弹力时，将阀芯顶开而进气；当充气阶段和保压阶段完成后，进气道切换，气压下降，阀芯复位，如图 8.9(a)所示。间隙充气型喷嘴是利用很短配合面和极小间隙进行充气，要求间隙只能充气不能溢料，以防堵塞气道，如图 8.9(b)所示。

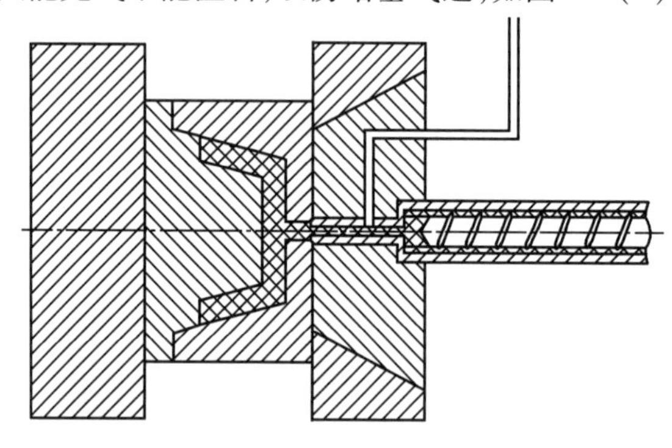

图 8.8　特殊喷嘴

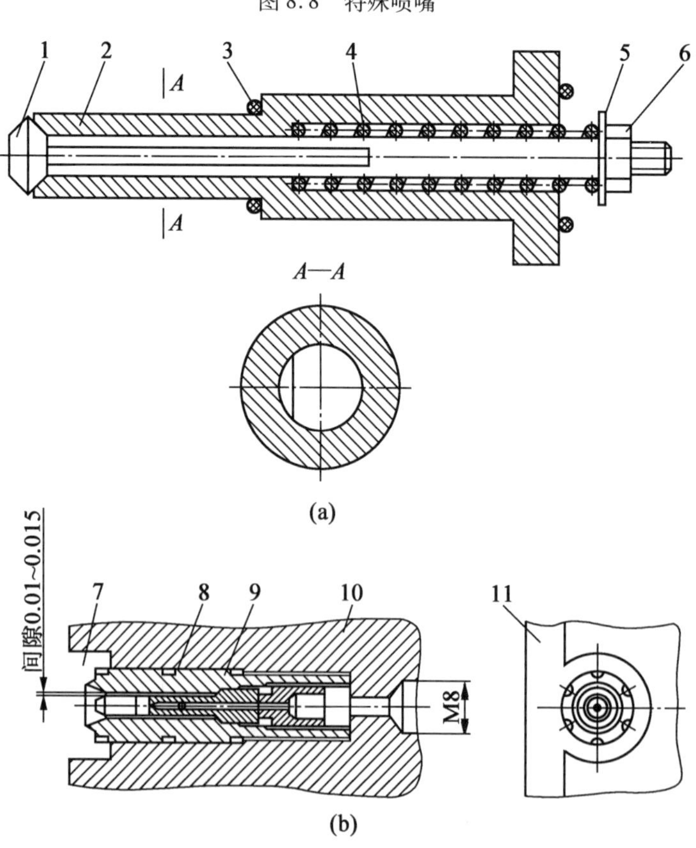

图 8.9　专用气体喷嘴（气针）

(a)弹簧复位型；(b)间隙充气型

1—阀芯；2—阀体；3—密封圈；4—弹簧；5—垫片；6—螺母；7—滞留腔；8—密封圈；9—气针；10—动模主型芯；11—主气道

另外,气体喷嘴宜安装在便于拆卸的位置,因为气体喷嘴使用一段时间后可能需要清理。气体喷嘴应具有塑料滞留区,以防气体外溢。

2. 浇注系统

气体辅助注射成型推荐采用点浇口,普通流道和热流道均可,热流道宜采用针阀式喷嘴。

3. 模具温度

气体辅助注射成型模具温度控制的原则是,气道部位应保证气体推动熔体顺利充模,它的冷却状态与延时充气阶段有密切关系,要考虑在延时充气的时间里形成必要的冷凝层厚度,而非气道部位应较快冷却,以防气体乱窜。为此,模具的气道部位温度一般比非气道部位温度高。

4. 脱模机构

气体辅助注射成型推出元件(推杆)着力点应在加强肋或其他厚实处。

8.3 其他塑料成型新技术简介

8.3.1 共注射成型

共注射成型是指用两个或两个以上注射单元的注射成型机,将不同的品种或不同色泽的塑料同时或先后注入模具内的成型方法。此法可生产多种色彩或多种塑料的复合塑件。常用的共注射成型有双色和双层注射成型。

双色注射成型方法有两种。一种是用两个料筒和一个公用喷嘴组成的注射机,通过液压系统调整两个推料柱塞注射熔料进入模具的先后顺序,来取得所要求的不同混色情况的双色塑件。另一种是用两个注射装置、一个公用合模装置和两副模具制得明显分色的混合塑件。双色注射机的结构如图 8.10 所示。此外,还有生产三色、四色和五色的多色注射机。

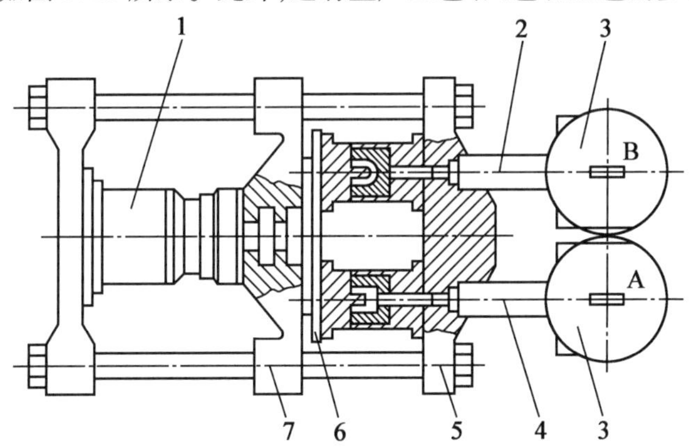

图 8.10　双色注射机结构示意图

1—合模油缸;2—注射装置 B;3—料斗;4—注射装置 A;5—定模固定板;6—模具回转板;7—动模固定板

近年来,随着汽车工业和台式计算机部件对多色花纹塑件需求量的增加,又出现了新型的双色花纹注射成型机,其结构如图 8.11 所示。该种注射机具有两个沿轴向平行设置的注射单元,喷嘴通路中还装有启闭机构。调整启闭阀的换向时间,就能成型出各种花纹的塑件。不用上述装置而采用图 8.12 所示的成型花纹用的喷嘴和花纹也可以,成型时借助喷嘴内芯阀的旋转,使两个料筒内不同色彩的熔体交替注入模腔,从而得到从中心向四周辐射式的双色花纹图案。

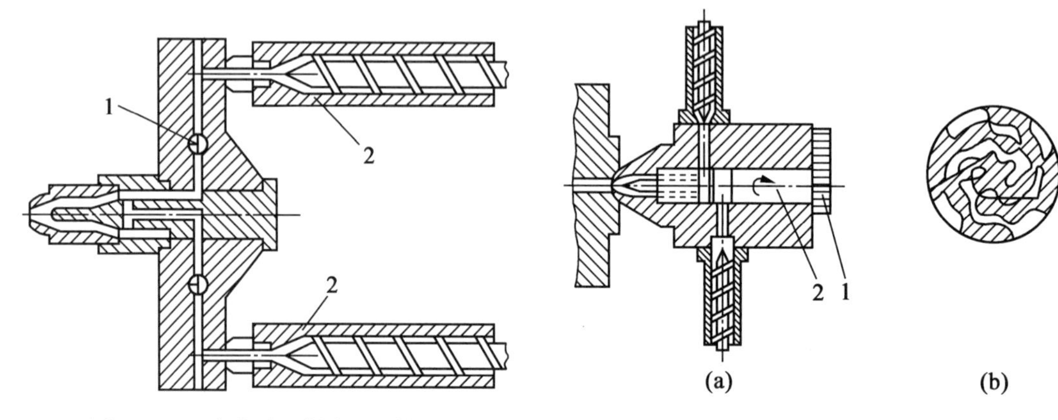

图 8.11　双色花纹注射成型机结构
1—启闭阀;2—加热料筒

图 8.12　成型花纹用的喷嘴和花纹
1—齿轮;2—回转轴

8.3.2　熔芯注射成型

当注射成型结构上难以脱模的塑料件,如汽车输油管和进排气管等复杂形状的空心塑料件时,一般是将它们分成两半成型,然后再拼合起来,致使塑料件的密封性较差。随着这类塑料件应用的日益广泛,人们将类似失蜡铸造的熔芯成型工艺引入注射成型,形成了所谓的熔芯注射成型方法。

熔芯注射成型的基本原理是:先用低熔点合金铸造成可熔型芯,然后把可熔型芯作为嵌件放入模具中进行注射成型,冷却后把含有型芯的塑件从模腔中取出,再加热将型芯熔化。为缩短型芯熔化的时间,减少塑件的变形和收缩,一般采用油和感应线圈同时加热的方式感应加热,使可熔型芯从内向外熔化,油加热熔化残存在塑料件内表面的合金表皮层。

熔芯注射成型特别适用于形状复杂、中空和不宜机械加工的复合材料塑件。这种成型方法与吹塑和气辅助注射成型相比,虽然要增加铸造可熔型芯模具和设备以及熔化型芯的设备,但可以充分利用现有的注塑机,且成型的自由度也较大。

熔芯注射成型中,塑件是围绕型芯制成的,制成后型芯件随即被熔化掉,这似乎与传统基础工业的做法类似。但是关键问题在于型芯的材料,传统的材料是不可能用来作为塑料加工中的型芯的。首先是不够坚硬,难以在成型过程中保持其形状,尤其是不能承受压力和熔体的冲击,更主要的是精度绝不适合塑件的要求。所以,关键是要选择型芯的合适材料。目前常采用型芯材料是 Sn - Bi 和 Sn - Pb 的低熔点合金。

熔芯注射成型已发展成一专门的注射成型分支,伴随着汽车工业对高分子材料的需求,有些塑件已实现批量生产。网球拍手柄是首先大批量生产的熔芯注射成型产品,熔芯注射成型汽车发动机的全塑多头集成进气管也已获得广泛应用,其他新的用途还有汽车水泵、水泵推进轮、离心热水泵、航天器油泵等。

8.3.3　低压注射成型

传统的注射成型过程可分为控制熔体入口速度的充填过程和控制熔体入口压力对塑料冷

却收缩进行补料的保压过程。充填过程中熔体的入口速度是一定的,随着充填过程的进行,熔体在模腔内的流动阻力逐渐增加,因而熔体入口压力也容易随之增大,在充填结束时入口压力出现较高峰值。高压在型腔内的作用,不仅会造成熔料溢边、胀模等不良现象,而且会使塑件内部产生较大内应力,塑件脱模后易出现翘曲和变形,使塑件形状精度和尺寸精度难以满足较高要求,在使用过程中也易出现开裂现象。

为了降低或避免塑料在充填过程中因较高的型腔压力产生的内应力,将塑件的变形限制在较低的范围内,应以完成充填所需的最低压力充填塑件,这样就可降低型腔内压力。低压注射成型与传统注射成型的主要差别在于传统注射成型充填阶段控制的是注射速度,而低压注射成型充填阶段控制的是注射压力。在低压注射过程中,型腔入口压力恒定,但注射速度是变化的,开始以很高的速度进行注射,随着注射时间的延长,注射速度逐渐降低,这样就可以大幅度消除塑件内应力,保证塑件的精度。高速注射时,熔体高速流动所产生的剪切黏性热可提高熔体温度,降低熔体黏度,使熔体在低压下充满型腔成为可能。由于低压注射是以恒定压力为基准进行熔体充填,因而低压注射机有其独特的油压系统。

为了实现低压高速成型,需对传统注塑机的注射系统做必要的改进,目前国外已开发出多腔液压注射系统,其主要功能如下。

(1)在同一油压下可多级变换最高注塑压力。

(2)可在低注塑压力下实施高速注射。

由于低压注射成型的基本原理与一般注射成型相同,所以两种成型方式所用模具的结构完全一样。但低压注射成型用低压充填,不出现压力峰值,可避免细小型芯的折断或损坏,有利于提高模具的使用寿命。另一方面由于低压注射成型对模具的磨损较小,对模具的温度控制和排气等要求也不是很高。可采用由锌－铝合金材料制造简易注塑模,这样不仅可以降低生产成本,还能快速地生产出小批量精密塑料件,适应目前市场上多品种、小批量生产的需要。

8.3.4　注射－压缩成型

这种成型工艺是为了成型光学透镜面开发的。其成型过程为:模具首次合模,但动模、定模不完全闭合而保留一定的压缩间隙,随后向型腔内注射熔体;熔体注射完毕,由专设的闭模活塞实施二次合模,在模具完全闭合的过程中,型腔中的熔体再一次流动并压实。

与一般的注射成型相比,注射－压缩成型的特点如下。

(1)熔体注射是在模腔未完全闭合情况下进行的,因而流道面积大,流动阻力小,所需的注塑压力也小。

(2)熔体收缩是通过外部施加压力给模腔使模腔尺寸变小(模腔直接压缩熔体)来补偿的,因而型腔内压力分布均匀。

由此可知,注射－压缩成型可以减少或消除由充填和保压产生的分子取向和内应力,提高塑件材质的均匀性和尺寸稳定性,同时降低塑件的残余应力。注射－压缩成型工艺已广泛用于成型塑料光学透镜、激光唱片等高精度塑件以及难以注射成型的薄壁塑件。此外,注射－压缩成型在玻璃纤维增强树脂成型中的应用也日益普及。

8.3.5　反应注射成型

反应注射是一种将热固性树脂的液态单体的聚合与聚合物的造型、定型结合在一个流程中,直接从单体得到塑件的“一步法”注射技术。其基本工艺过程是:先使可相互反应的几种液态单体物料在高压下进行高速碰撞混合,然后将均匀并已开始反应的混合料注入模腔,借助聚合反应使成型物固化为塑件。

反应注射与热固性塑料注射相比,主要有两点不同:一是不用配制好的塑料而直接采用液态单体和各种添加单剂作为成型物料,而且不经加热塑化即注入模腔,从而省去聚合、配料和塑化等操作,既简化了成型工艺过程,又减少了能源消耗;二是液态物料黏度低,充模时的流动性高,使充模压力和锁模力都很低,不仅有利于降低成型设备和模具的造价,还很适合成型大面积、薄壁和形状很复杂的塑件。

图 8.13 为聚氨酯反应注射成型的基本过程。图中两种原料浆分别储存在两个储槽内,并用热交换器将其维持在 20 ~40 ℃的温度范围内。为防止原料浆中的固体组分沉析,应对储槽中的浆料不停地搅拌。用定量泵吸入原料浆,通过高压将 A、B 两种原料浆同时压入混合头,在混合头内原料浆的压力能被转换成动能,使各组分单元具有很高的速度并相互撞击,由此实现均匀混合。由于具有很高的反应性,聚氨酯两种单体原料浆的混合料在注入模腔并取得模腔型样后,可在很短的时间内完成固化定型。成型物的固化是从内向外进行的。此时,模具的换热功能主要是为了散热,以便将模腔内的最高温度控制在树脂的热分解温度以下。

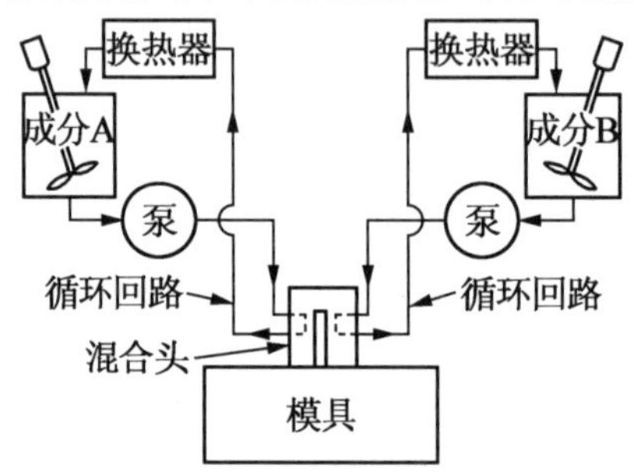

图 8.13 反应注射成型的基本过程

反应注射除了用普通的原料浆作为成型物料外,还可用含有短纤维增强剂的原料浆和有发泡能力的原料浆作为成型物料,前者称为增强反应注射,后者称为发泡反应注射。

8.4 塑料模具计算机辅助设计、辅助工程与辅助制造

随着塑料工业的飞速发展,塑料模具传统的手工设计与制造已无法适应当前的形势。近 20 年来的实践表明,缩短模具设计与制造时间、提高塑件精度与性能的正确途径之一是采用计算机辅助设计(CAD)、辅助工程(CAE)和辅助制造(CAM)。现代科学技术的发展,特别是塑料流变学、计算机技术、几何造型和数控加工的突飞猛进,为塑料模具设计与制造采用高技术创造了条件。20 世纪 80 年代以来,塑料模具中的注射模 CAD/CAE/CAM 技术已从实验室研究阶段进入了实用化阶段,并在生产中取得了明显的经济效益。注射模 CAD/CAE/CAM 技术的发展和推广被公认为 CAD 技术在机械工业中应用的一个典范。这里主要介绍塑料注射模 CAD/CAE/CAM 技术的特点、工作内容及其发展。

8.4.1 注射模 CAD/CAE/CAM 技术的特点

注射模 CAD/CAM 的重点在于塑件的造型、模具结构设计、图形绘制和数控加工数据的生

成。而注射模 CAE 包含的工程功能更为广泛,它将模具设计、分析、测试与制造贯穿于塑件成型研制过程的各个环节之中,用以指导和预测模具在方案构思、设计和制造中的行为。注射模 CAD/CAE/CAM 作为一种划时代的工具和手段,从根本上改变了传统的模具设计与制造方法。

按照传统方法,塑件外形设计完成后,需要制作实物模型,用以评估其外观并测定其力学性能。模具型腔或者电火花机床所需的电极若采用仿形加工,需要制作木模,然后再经过两次翻型才能获得石膏靠模。该法的主要缺点是木模的精度无法保证。由于模具设计仅依据个人经验,当模具装配完毕后,往往需要几次试模和返修才能生产出合格的塑件。

采用模具 CAD/CAE/CAM 集成化技术后,塑件一般不需要再进行原型试验,采用几何造型技术,塑件的形状能精确、逼真地显示在计算机屏幕上,有限元分析程序可以对其力学性能进行预测。借助计算机,自动绘图代替了人工绘图,自动检索代替了手册查阅,快速分析代替了手工计算,模具设计师能从烦琐的绘图和计算中解放出来,集中精力从事诸如方案构思和结构优化等创造性的工作。在模具投产之前,CAE 软件可以预测模具结构有关参数的正确性。例如,可以采用流动模拟软件来考察熔体在模腔内的流动过程,以此来改进浇注系统的设计,提高试模的一次成功率。可以用保压和冷却分析软件来考察熔体的凝固和模温的变化,以此来改进冷却系统,调整成型工艺参数,提高塑件质量和生产效率,还可以采用应力分析软件来预测塑件出模后的变形和翘曲。模腔的几何数据能相互地转换为曲面的机床刀具加工轨迹,这样可省去木模制作工序,提高型腔和型芯表面的加工精度和效率。

由此可见,模具 CAD/CAE/CAM 技术是以科学、合理的方法,给用户提供一种行之有效的辅助工具,使用户在模具制造之前能借助于计算机对塑件、模具结构、加工、成本等进行反复修改和优化,直至获得最佳结果。CAD/CAE/CAM 技术能显著地缩短模具设计与制造时间,降低模具成本并提高塑件的质量。

8.4.2　注射模具 CAD/CAE/CAM 的工作内容

目前,注射模具 CAD/CAE/CAM 的工作内容主要如下。

(1)塑件的几何造型。采用几何造型系统,如线框架造型、表面造型和实体造型。在计算机中生成塑件的几何模型,这是 CAD/CAE/CAM 工作的第一步。由于塑件大多是薄壁件且又具有复杂的表面,因此常用表面造型方法来产生塑件的几何模型。

(2)型腔表面形状的生成。由于塑件成型时的收缩,模具的磨损及加工精度的影响,注射塑件的内、外表面并不是模具的型芯、型腔表面,是需要经过比较复杂的转换才能获得的型腔和型芯表面。目前大多数注射模设计软件尚未能解决这种转换,因此,塑件的形状和型腔的形状要分别地输入,比较烦琐。如何由塑件形状方便、准确地生成型腔和型芯表面形状仍是当前的研究课题。

(3)模具方案布置。采用计算机软件来引导模具设计者布置型腔的数目和位置,构思浇注系统、冷却系统及推出机构,为选择标准模架和设计动模部装图、定模部装图做准备。

(4)标准模架的选择。一般而言,用作标准模架选择的设计软件应具有两个功能,一是能引导模具设计者输入本厂的标准模架,建立自己的标准模架库;二是能方便地从已建好的专用标准模架库中选出在本次设计中所需的模架类型及全部模具标准件的图形及数据。

(5)部装图及总装图的生成。根据所选的标准模架及已完成的型腔布置,设计软件以交互方式引导模具设计者生成模具部装图和总装图。模具设计者在完成总装图时能利用光标在屏幕上拖动模具零件,以交互的方式装配模具总装图,十分方便灵活。

(6)模具零件图的生成。设计软件能引导用户根据部装图、总装图以及相应的图形库、数据库来完成模具零件的设计、绘图和标注尺寸。

(7)注射工艺条件及塑料的优选。基于模具设计者的输入数据以及优化算法,程序能向模具设计者提供有关型腔填充时间、熔体成型温度、注射压力及最佳塑料的推荐值。有些软件还能运用专家系统来帮助模具工作者分析成型故障及塑件成型缺陷。

(8)注射流动及保压过程模拟。一般常采用有限元方法来模拟熔体的充模和保压过程。其模拟结果能为模具工作者提供熔体在浇注系统和型腔中流动过程的状态图,提供不同时刻熔体及塑件在型腔各处的温度、压力、剪切速度、切应力以及所需的最大合模力等,其预测结果对改进模具浇注系统及调整注射成型工艺参数有着重要的指导意义。

(9)冷却过程分析。一般常采用边界元法来分析模壁的冷却过程,用有限差分法分析塑件沿模壁垂直方向的一维热传导,用经验公式描述冷却水在冷却管道中的导热,并将三者有机地结合在一起分析非稳态的冷却过程。其预测结果有助于缩短模具冷却时间、改善塑件在冷却过程中的温度分布不均匀性。

(10)力学分析。一般常采用有限元法来计算模具在注射成型过程中最大的变形和应力,以此来检验模具的刚度和强度能否保证模具正常工作。有些软件还能对塑件在成型过程中可能发生的翘曲进行预测,以便模具工作者在模具制造之前及时采取补救措施。

(11)数控加工。数控加工如各种自动编程系统 CAD/CAE/CAM 软件,包括注射模中经常需要用的数控线切割指令生成,曲面的三轴、五轴数控铣削刀具轨迹生成及相应的后置处理程序等。

(12)数控加工仿真。为了检验数控加工软件的准确性,在计算机屏幕上模拟刀具在三维曲面上的实时加工并显示有关曲面的形状数据。

图 8.14 所示为注射模 CAD/CAE/CAM 集成系统框图。

8.4.3 国内外注射模 CAD/CAE/CAM 简况及发展趋势

20 世纪 70 年代以来,注射模 CAD/CAE/CAM 技术已成为当今世界热门的研究课题。其主要标志为分散、零星的研究迅速发展为集中、系统的研制和开发,一些研究成果很快地转化为促进模具行业进步的生产力。1978 年澳大利亚的 Moldflow 公司率先推出商品化的二维流动模拟软件,在生产中发挥了作用。在之后的短短十余年间,国际软件市场便涌现出许多注射模 CAD/CAE/CAM 商品化软件,如美国 AC_Tech 公司的注射模 CAE 软件 C_MOLD,它包括了流动、保压、冷却、翘曲分析等程序。该公司的软件基于美国 Cornell 大学的科研成果,因此具有较高的水平和可信赖性。德国 Aachen 大学 IKV 研究所的 CADMOULD 软件,包括模具结构设计、模具强度与刚度分析、流动模拟及冷却分析等程序。

国外的一些计算机公司将注射模的 CAE 软件与 CAD/CAM 系统结合起来,陆续在国际市场上推出了注射模 CAD/CAE/CAM 软件包(或者称为注射模 CAD/CAE/CAM 工具包),受到了用户的欢迎。比较著名的有美国 CV 公司的 CAD/CAM 软件 CADD5、美国麦道飞机公司的 CAD/CAM 软件 UG、美国 SDRC 公司的 CAD/CAM 软件 I - DEAS、法国 CISIGRAPH 公司的 CAD/CAM 软件 STRIM100、美国 DELTA - CAM 公司的 CAD/ CAM 软件 DUCT5 等,这些 CAD/CAM与注射模 CAE 软件一起构成了注射模的软件包。以上的系统均能在 32 位工程工作站上运行。从国外的情况看,由于模具厂的规模一般都较小,微机的使用率高于工作站的使用率。

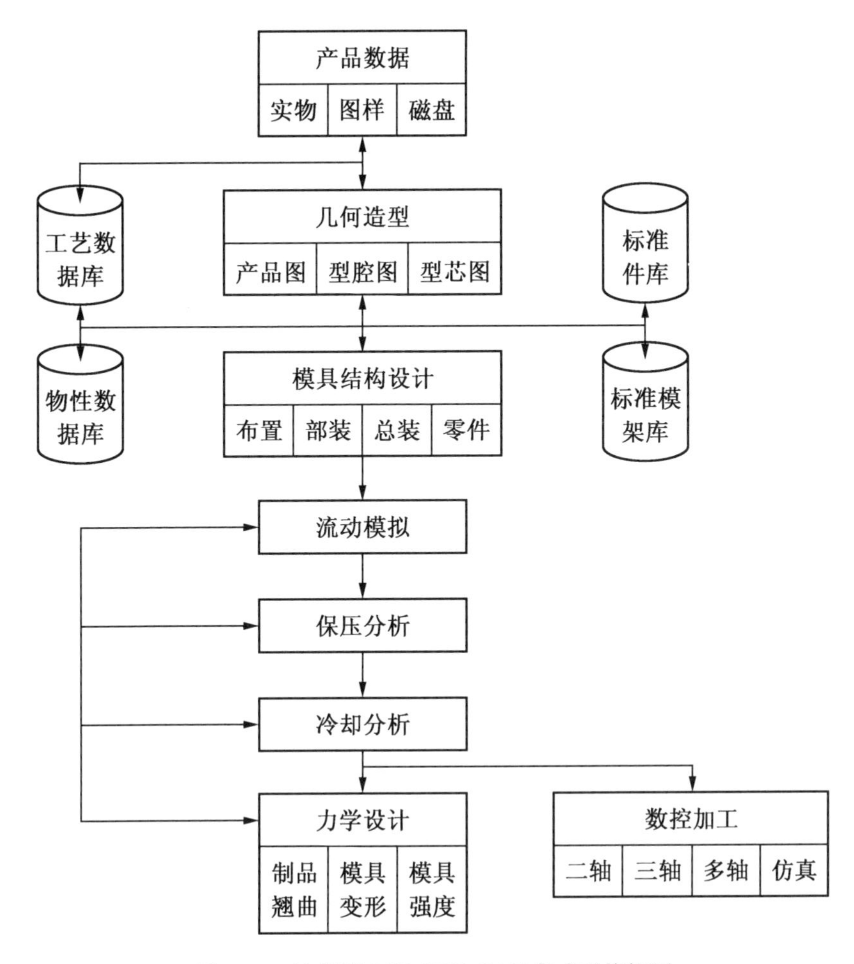

图 8.14　注射模 CAD/CAE/CAM 集成系统框图

中国在近十年来已从国外引进了不少注射模软件,以上所列举的 CAD/CAM 系统以及 CAE 软件 C - MOLD、MOLDFLOW 等在我国都有一定的用户。这些软件对提高我国模具行业技术水平有着较强的推动作用。在 20 世纪 90 年代,注射模 CAD/CAE/CAM 技术在我国进一步推广和普及。除引进国外软件外,我国的一些科研部门,特别是高等院校,也积极地从事该领域的研究并取得了可喜的成绩,成功地开发了在微机上运行的注射模 CAD/CAE/CAM 系统。

注射模 CAD/CAE/CAM 技术仍处于发展之中。目前主要的研究方向为 CAE 软件的功能扩充与改进、CAD/CAE/CAM 集成化以及注射成型人工智能的开发,如美国、加拿大、德国、澳大利亚等国家正在研究联机分析处理注射成型过程的专家系统。这种专家系统能将实测的注射成型结果与计算机的模拟结果进行联机实时比较,通过有关的控制系统自动调整正在工作中的注射成型机,及时地得到优化的注射成型工艺参数,保证注射模在最佳的状态下工作。

思考与练习题

8.1　精密注射成型时,对塑料及工艺条件有哪些要求?

8.2　与普通注射模相比,精密注射模设计时应注意哪些特点?

8.3 气体辅助注射成型具有哪些优缺点？主要应用在哪些塑件生产场合？

8.4 设计气辅成型模具时，如何考虑气道的布置、气道结构及气体注入的位置？

8.5 何谓共注射成型？主要应用在什么场合？

8.6 简述熔芯注射成型的基本原理及应用。

8.7 何谓低压注射成型、注射压缩成型和反应注射成型？各有何特点？

8.8 注射模 CAD/CAE/CAM 的工作内容是什么？

附　　录

附录 A　塑料及树脂缩写代号(GB 1844—2008)

缩写代号	英文名称	中文名称
ABS	Acrylonitrile - butadiene - styrene	丙烯腈 - 丁二烯 - 苯乙烯共聚物
A/S	Acrylonitrile - styrene copolymer	丙烯腈 - 苯乙烯共聚物
A/MMA	Acrylonitrile - methyl meth acrylate copolymer	丙烯腈 - 甲基丙烯酸甲酯共聚物
A/S/A	Acrylonitrile - styrene - acrylate copolymer	丙烯腈 - 苯乙烯 - 丙烯酸酯共聚物
CA	Cellulose acetate	醋酸纤维素
CAB	Cellulose acetate butyrate	醋酸 - 丁酸纤维素
CAP	Cellulose acetate propionate	醋酸 - 丙酸纤维素
CF	Cresol - formaldehyde resin	甲酚 - 甲醛树脂
CMC	Carboxymethyl cellulose	羧甲基纤维素
CN	Cellulose nitrate	硝酸纤维素
CP	Cellulose propionate	丙酸纤维素
CS	Casein plastics	酪素塑料
CTA	Cellulose triacetate	三乙酸纤维素
EC	Ethyl cellulose	乙基纤维素
EP	Epoxide resin	环氧树脂
E/P	Ethylene - propylene copolymer	乙烯 - 丙烯共聚物
E/P/D	Ethylene - propylene - diene terpolymer	乙烯 - 丙烯 - 二烯三元共聚物
E/TFE	Ethylene - tetrafluoroethylene copolymer	乙烯 - 四氟乙烯共聚物
E/VAC	Ethylene - vinylacetate copolymer	乙烯 - 乙酸乙烯酯共聚物
E/VAL	Ethylene - vinylalcohol copolymer	乙烯 - 乙烯醇共聚物
FEP	perfluorinated ethylene - propylene copolymer	全氟(乙烯 - 丙烯)共聚物
GPS	Gencral polystyrene	通用聚苯乙烯
GRP	Glass fibre reinforced plastics	玻璃纤维增强塑料
HDPE	High density polyethylene	高密度聚乙烯
HIPS	High impact polystyrene	高冲击强度聚苯乙烯
LDPE	Low density polyethylene	低密度聚乙烯
MC	Methyl cellulose	甲基纤维素
MDPE	Middle density polyethylene	中密度聚乙烯

续表

缩写代号	英文名称	中文名称
MF	Melamine - formaldehyde resin	三聚氰胺 - 甲醛树脂
MPF	Melamine - phenol - formaldehyde resin	三聚氰胺 - 酚甲醛树脂
PA	Polyamide	聚酰胺
PAA	Poly(acrylic acid)	聚丙烯酸
PAN	Polyacrylonitrile	聚丙烯腈
PB	Polybutene - 1	聚丁烯 - 1
PBTP	Poly(butylene terephthalate)	聚对苯二甲酸丁二(醇)酯
PC	Polycarbonate	聚碳酸酯
PCTFE	Polychlorotrifluoroethylene	聚三氟氯乙烯
PDAP	Poly(diallyl phthalate)	聚邻苯二甲酸二烯丙酯
PDAIP	Poly(diallyl isophthalate)	聚间苯二甲酸二烯丙酯
PE	Polyethylene	聚乙烯
PEC	Chlorinated polyethylene	氯化聚乙烯
PEOX	Poly(ethylene oxide)	聚环氧乙烷,聚氧化乙烯
PETP	Poly(ethylene terephthalate)	聚对苯二甲酸乙二(醇)酯
PF	Phenol - formaldehyde resin	酚醛树脂
PI	Polyimide	聚酰亚胺
PMCA	Poly(methyl - α - chloroacrylate)	聚 - α - 氯代丙烯酸甲酯
PMI	Polymethacrylimide	聚甲基丙烯酰亚胺
PMMA	Poly(mathl methacrylate)	聚甲基丙烯酸甲酯
POM	Polyoxymethylene(polyformaldehyde)	聚甲醛
PP	Polypropylene	聚丙烯
PPC	Chlorinated polypropylene	氯化聚丙烯
PPO	Poly(phenylene oxide)	聚苯醚(聚2,6二甲基苯醚);聚苯撑醚
PPOX	Poly(propylene oxide)	聚环氧丙烷,聚氧化丙烯
PPS	Poly(phenylene sulfide)	聚苯硫醚
PPSU	Poly(phenylene sulfon)	聚苯砜
PS	Polystyrene	聚苯乙烯
PSU	Polysulfone	聚砜
PTFE	Polytetrafluoroethylene	聚四氟乙烯
PUR	Polyurethane	聚氨酯
PVAC	Poly(vinyl acetate)	聚乙酸乙烯酯
PVAL	Poly(vinyl alcohol)	聚乙烯醇
PVB	Poly(vinyl butyral)	聚乙烯醇缩丁醛

续表

缩写代号	英文名称	中文名称
PVC	Poly(vinyl chloride)	聚氯乙烯
PVCA	Poly(vinyl chloride - acetate)	氯乙烯-乙酸乙烯酯共聚物
PVCC	Chlorinated poly(vinyl chloride)	氯化聚氯乙烯
PVDC	Poly(vinylidene chloride)	聚偏二氯乙烯
PVDF	Poly(vinylidene fluoride)	聚偏二氟乙烯
PVF	Poly(vinyl fluoride)	聚氟乙烯
PVFM	Poly(vinyl formal)	聚乙烯醇缩甲醛
PVK	Poly(vinyl carbazole)	聚乙烯咔唑
PVP	Poly(vinyl pyrrolidone)	聚乙烯吡咯烷酮
RP	Reinforced plastics	增强塑料
RF	Resorcinol - formaldehyde resin	间苯二酚-甲醛树脂
S/AN	Styrene - acrylonitrile copolymer	苯乙烯-丙烯腈共聚物
SI	Silicone	聚硅氧烷
S/MS	Styrene - α - methylstyrene - copolymer	苯乙烯-α-甲基苯乙烯共聚物
UF	Urea - formaldehyde resin	脲甲醛树脂
UHMWPE	Ultra - high molecular weight polyethylene	超高分子量聚乙烯
UP	Unsaturated polyester	不饱和聚酯
VC/E	Vinylchloride - ethylene copolymer	氯乙烯-乙烯共聚物
VC/E/MA	Vinylchloride - ethylene - methylacrylate copolymer	氯乙烯-乙烯-丙烯酸甲酯共聚物
VC/E/VAC	Vinyl chloride - ethylene - vinylacetate copolymer	氯乙烯-乙烯-乙酸乙烯酯共聚物
VC/MA	Vinyl chloride - methylacrylate copolymer	聚乙烯-丙烯酸甲酯共聚物
VC/MMA	Vinyl chloride - methyl methacrylate copolymer	氯乙烯-甲基丙烯酸甲酯共聚物
VC/OA	Vinyl chloride octylacrylate copolymer	氯乙烯-丙烯酸辛酯共聚物
VC/VAC	Vinyl chloride - vinylacetate copolymer	氯乙烯-醋酸乙烯酯共聚物
VC/VDC	Vinyl chloride - vinylidene chloride copolymer	氯乙烯-偏二氯乙烯共聚物

附录 B　常用塑料的收缩率

塑料种类	收缩率/%	塑料种类	收缩率/%
聚乙烯(低密度)	1.5~3.5	尼龙 610	1.2~2.0
聚乙烯(高密度)	1.5~3.0	尼龙 610(30%玻璃纤维)	0.35~0.45
聚丙烯	1.0~2.5	尼龙 1010	0.5~4.0
聚丙烯(玻璃纤维增强)	0.4~0.8	醋酸纤维素	1.0~1.5

续表

塑料种类	收缩率/%	塑料种类	收缩率/%
聚氯乙烯(硬质)	0.6~1.5	醋酸丁酸纤维素	0.2~0.5
聚氯乙烯(半硬质)	0.6~2.5	丙酸纤维素	0.2~0.5
聚氯乙烯(软质)	1.5~3.0	聚丙烯酸酯类塑料(通用)	0.2~0.9
聚苯乙烯(通用)	0.6~0.8	聚丙烯酸酯类塑料(改性)	0.5~0.7
聚苯乙烯(耐热)	0.2~0.8	聚乙烯醋酸乙烯	1.0~3.0
聚苯乙烯(增韧)	0.3~0.6	氟塑料 F-4	1.0~1.5
ABS(抗冲)	0.3~0.8	氟塑料 F-3	1.0~2.5
ABS(耐热)	0.3~0.8	氟塑料 F-2	2
ABS(30% 玻璃纤维增强)	0.3~0.6	氟塑料 F-46	2.0~5.0
聚甲醛	1.2~3.0	酚醛塑料(木粉填料)	0.5~0.9
聚碳酸酯	0.5~0.8	酚醛塑料(石棉填料)	0.2~0.7
聚砜	0.5~0.7	酚醛塑料(云母填料)	0.1~0.5
聚砜(玻璃纤维增强)	0.4~0.7	酚醛塑料(棉纤维填料)	0.3~0.7
聚苯醚	0.7~1.0	酚醛塑料(玻璃纤维填料)	0.05~0.2
改性聚苯醚	0.5~0.7	脲醛塑料(纸浆填料)	0.6~1.3
氯化聚醚	0.4~0.8	脲醛塑料(木粉填料)	0.7~1.2
尼龙 6	0.8~2.5	三聚氰胺甲醛(纸浆填料)	0.5~0.7
尼龙 6(30% 玻璃纤维)	0.35~0.45	三聚氰胺甲醛(矿物填料)	0.4~0.7
尼龙 9	1.5~2.5	聚邻苯二甲酸二丙烯酯(石棉填料)	0.28
尼龙 11	1.2~1.5	聚邻苯二甲酸二丙烯酯(玻璃纤维填料)	0.42
尼龙 66	1.5~2.2	聚间苯二甲酸二丙烯酯(玻璃纤维填料)	0.3~0.4
尼龙 66(30% 玻璃纤维)	0.4~0.55		

附录C 部分国产注射成型机的型号及技术参数

型号	单位	XS—ZS—22	XS—Z—30	XS—Z—60	XS—ZY—125	G54—S200/400	XS—ZY—250	XZY—300	XS—ZY—500	XS—ZY—1000	XZY—2000	XS—ZY—3000	XS—ZY—4000	XS—ZY—6000	T—S—Z—7000	XS—ZY—32000
标称注射量	cm^3	30,20	30	60	125	200~400	250	320	500	1 000	2 000	3 000	4 000	6 000	3 980,5 170,7 000/g	32 000
螺杆(柱塞)直径	mm	25×2 20×2	28	38	42	55	50	60	65	85	110	120	130	150	110,130,150	250
注射压力	10^5Pa	750,1 170	1 190	1 220	1 500	1 090	1 300	775	1 040	1 210	900	900,1 150	1 060	1 100	1 580,850,1 130	1 300
合模力	N	25×10^4	25×10^4	50×10^4	90×10^4	254×10^4	180×10^4	150×10^4	350×10^4	450×10^4	600×10^4	630×10^4	$1\,000\times10^4$	$1\,800\times10^4$	$1\,800\times10^4$	$3\,500\times10^4$
螺杆转数	r/min				10~140	16,28,48	25,31,39,58,32,89	15~90	20,25,32,38,42,50,63,80	21,27,35,40,45,50,65,83	0~47	20~100	16,20,32,41,51,74	0~80	15~67	0~45
注射行程	mm	130	130	170	160	160	160	150	200	260	280	340	370	400	450	879
注射时间	s	0.45,0.5	0.7		1.8		2		2.7	3	4	3.8	~6	10	10	10
注射方式		双柱塞(双色)	柱塞式	柱塞式	螺杆式	螺杆式	螺杆式	螺杆式	螺杆式	螺杆式	螺杆式	螺杆式	螺杆式	螺杆式	螺杆式	螺杆式
模具最小厚度	mm	60	60	70	200	165	200	285	300	300	500		700	700	600	1 000
模具最大厚度	mm	180	180	200	300	406	350	355	450	700	800	960,680,400	1 000	1 000	1 200	2 000
模板最大行程	mm	160	160	180	300	260	500	340	500	700	750	1 120	1 100	1 400	1 500	3 000
最大成型面积	cm^2	90	90	130	360	645	500		1 000	1 800	2 600	2 520	3 800	5 000	7 200~14 000	14 000

续表

型号	单位	XS—ZS—22	XS—Z—30	XS—Z—60	XS—ZY—125	G54—S200/400	XS—ZY—250	XZY—300	XS—ZY—500	XS—ZY—1000	XZY—2000	XS—ZY—3000	XS—ZY—4000	XS—ZY—6000	T—S—Z—7000	XS—ZY—32000
模板尺寸	mm	250×280	250×280	330×440	420×450	532×634	598×520	620×520	700×850	900×1 000	1 100×1 180	1 350×1 250			1 800×1 900	2 500×2 460
拉杆空间	mm	235	235	190×300	360×360	290×368	448×370	400×300	500×440	650×550	760×700	900×800	1 050×950	1 350×1 460	1 200×1 800	2 260×2 000
合模方式		液压－机械	液压－机械	液压－机械	液压－机械	液压－机械	增压式	液压－机械	液压－机械	两次动作液压式	液压－机械	充液式	两次动作液压式	两次动作液压式	两次动作液压式	抱合螺母液压式
泵流量	L/min	50	50	70,12	100,12	170,12	180,12	139,12	200,25	200,18,1,8	175.8×2 14.2	194×2,48,63	50,50	107×2,58,25,200	×406,25.4	6×250+174+2×43
泵压力	10^5Pa	65	65	65	65	65	65	70	65	140	140	140 210	200	210,320,15	140,320	
电动机功率	kW	5.5	5.5	11	11	18.5	18.5	17	22	40,5.5,5.5	40,40	45,55	17,17	117,5	55,55	490
螺杆驱动功率	kW				4	5.5	5.5	7.8	7.5	13	23.5	37	30	6 027 N·m	60	
加热功率	kW	1.75		2.7	6	10	9.83	6.5	14	16.5	21	40	37	50	41.5	170
机器外形尺寸	m	2.34×0.8×1.46	2.34×0.8×1.46	3.61×0.85×1.55	3.34×0.75×1.55	4.7×1.44×1.8	4.7×1.0×1.815	5.300×0.940×1.815	65×1.3×2	7.67×1.74×2.38	10.908×1.9×3.43	11×2.9×3.2	11.5×3×4.5	12×22×3		20×3.24×3.8
机器质量	N	0.9×10^4	0.9×10^4	2×10^4	3.5×10^4	7×10^4	4.5×10^4	6×10^4	12×10^4	20×10^4	37×10^4	50×10^4	65×10^4	$\sim170\times10^4$		240×10^4
资料提供单位		上海塑机厂	上海塑机厂	上海塑机厂	浙江塑机厂	无锡塑机厂	上海塑机厂	大连橡塑机厂	上海塑机厂	上海塑机厂	大连橡塑机厂	无锡塑机厂	上海塑机厂	常州塑机厂	天津塑机厂	上海塑机厂

附录 D　国产单螺杆注射机的主要技术参数

标称注射量	cm^3	30	60	125	250	350	500	1 000	2 000	3 000	4 000	6 000	8 000	12 000	16 000	24 000	32 000	48 000	64 000
螺杆直径	mm	30	35 (30) (42)	42 (45) (65)	50 (35) (50)	55 (45) (65)	65 (50) (80)	80 (65) (100)	100 (80) (115)	115 (90) (130)	130 (100) (150)	150 (115) (170)	160 (130) (185)	185 (150) (200)	200 (160) (225)	225 (185) (250)	250 (200) (290)	290 (225) (320)	320 (250) (360)
注射压力(不低于)	10^5 Pa	1 300		1 200					1 100			1 000							
最高注射速度(不低于)	cm^3/s	35	60	80	125	160	200	320	500	650	800	1 050	1 250	1 500	2 000	2 400	3 000	3 800	5 000
螺杆转速	r/min	25 ~ 120		20 ~ 100		20 ~ 80			15	15 ~ 70		20 ~ 50		10 ~ 50		8 ~ 45		6 ~ 35	
螺杆有效驱动功率(计算)	kW	22	3	4	5.5	6.5	7.5	13.5	20	25	38	43	50	65	70	80	105	105	125
加热功率	kW	2.5	4	5.5	8.5	10	12	18	28	38	42	55	68	86	100	145	160	190	225
注射座推力	10^4 N		2	2.5	4	5.5	7	9	10	12	14	16	18	20	23	25	29	32	35
塑化能力(聚苯乙烯)	kg/h	15	24	35	55	70	80	125	195	245	290	375	440	550	700	940	1 100	1 100	1 500
锁模力	10^4 N	30	45	90	150	200	250	400	600	750	1 000	1 400	1 800	2 000	2 300	3 000	4 000	5 000	6 000
模板最大升距	mm	400	500	600	700	800	950	1 200	1 500	1 800	2 000	2 300	2 500	2 700	3 200	3 600	4 000	4 500	5 000
允许模具厚度最小	mm	120	150	200	250	270	300	350	450	500	550	650	700	800	900	1 000	1 100	1 200	1 400
允许模具厚度最大	mm	200	250	300	350	400	500	600	800	900	1 000	1 200	1 300	1 400	600	1 800	2 000	2 300	2 500
装模方向拉杆中心距(不小于)	mm	290	300	350	450	500	550	730	840	950	1 050	1 200	1 300	1 400	1 600	1 800	2 000	2 300	2 500
开模力	10^4 N	3	4	6	10	12	15	25	34	40	50	72	85	95	115	140	175	210	250
模具定位孔直径	mm	ϕ55H7		ϕ100H7		ϕ150H7		ϕ225H7				ϕ300H7			ϕ350H7		ϕ400H7		
喷嘴球径	mm	R10			R18						R35								

注:螺杆直径无括号的尺寸为普通螺杆;括号内的尺寸系高、低压用螺杆,其注射容量注射压力,注射速度由普通螺杆换算

附录 E 液压机的主要技术参数

常用液压机型号	特征	液压部分			封闭高度 H/mm	滑块最大行程 s/mm	顶出部分			附注
		公称压力/kN	回程压力/kN	工作液最大压力 p/MPa			顶出杆最大顶出力/kN	顶出杆最大回程力/kN	顶出杆最大行程 S_1/mm	
45～58	上压式、框架结构、下顶出	450	68	32	650	250	—	—	150	—
YA71－45		450	60	32	750	250	12	3.5	175	—
SY71－45		450	60	32	750	250	12	3.5	175	—
YX(D)－45		450	70	32	—	250	—	—	150	—
Y32－50		500	105	20	600	400	7.5	3.75	150	—
YB32－63		630	133	25	600	400	9.5	4.7	150	—
BY32－63		630	190	25	600	400	18	10	130	—
YX－100		1 000	500	32	650	380	20	—	165(自动) 280(手动)	
Y71－100		1 000	200	32	650	380	20	—	165(自动) 280(手动)	滑块设有四孔
ICH－100		1 000	500	32	650	380	20	—	165(自动) 250(手动)	滑块设有四孔
Y32－100	上压式、柱式结构、下顶出	1 000	230	20	900	600	15	8	180	—
Y32－200		2 000	620	20	1 100	700	30	8.2	250	—
YB32－200		2 000	620	20	1 100	700	30	15	250	—
YB71－250		2 500	1 250	30	1 200	600	34	—	300	—
SY－250		2 500	1 250	30	1 200	600	34	—	300	工作台有三个顶出杆,滑块上有两孔
ICH－250		2 500	1 250	30	1 200	600	63	—	300	工作台有三个顶出杆,滑块上有两孔
Y32－300 YB32－300		3 000	400	20	1 240	800	30	8.2	250	—
Y31－63	—	630	300	32	—	300	0.3 (手动)	—	130	—
Y71－63		630	300	32	600	300	0.3 (手动)	—	130	—
Y32－100A		1 000	160	21	850	600	16.5	7	210	—
Y33－300		3 000	—	24	1 000	600	—	—	—	—

附录 F　常用热塑性塑料注射成型的工艺参数

塑料名称		硬聚氯乙烯	低压聚乙烯	聚丙烯		ABS		聚苯乙烯		聚甲醛（共聚）	氯化聚醚
				纯	20% ~40%玻纤增强	通用级	20% ~40%玻纤增强	纯	20% ~40%玻纤增强		
注射机类型		螺杆式	柱塞式	螺杆式		螺杆式		柱塞式		螺杆式	螺杆式
预热和干燥	温度 t/℃ 时间 τ/h	70 ~ 90 4 ~ 6	70 ~ 80 1 ~ 2	80 ~ 100 1 ~ 2		80 ~ 85 2 ~ 3		60 ~ 75 2		80 ~ 100 3 ~ 5	100 ~ 105 1.0
料筒温度 t/℃	后段 中段 前段	160 ~ 170 165 ~ 180 170 ~ 190	140 ~ 160 170 ~ 200	160 ~ 180 180 ~ 200 200 ~ 220	成型温度 230 ~ 290	150 ~ 170 165 ~ 180 180 ~ 200	成型温度 260 ~ 290	140 ~ 160 170 ~ 190	成型温度 260 ~ 280	160 ~ 170 170 ~ 180 180 ~ 190	170 ~ 180 185 ~ 200 210 ~ 240
喷嘴温度 t/℃						170 ~ 180				170 ~ 180	180 ~ 190
模具温度 t/℃		30 ~ 60	60 ~ 70 （高密度） 35 ~ 55 （低密度）	80 ~ 90		50 ~ 80	75	32 ~ 65		90 ~ 120①	80 ~ 110①
注射压力 p/MPa		80 ~ 130	60 ~ 100	70 ~ 100	70 ~ 140	60 ~ 100	106 ~ 281	60 ~ 110	56 ~ 160	80 ~ 130	80 ~ 120
成型时间 τ/s	注射时间 高压时间 冷却时间 总周期	15 ~ 60 0 ~ 5 15 ~ 60 40 ~ 130	15 ~ 60 0 ~ 3 15 ~ 60 40 ~ 130	20 ~ 60 0 ~ 3 20 ~ 90 50 ~ 160		20 ~ 90 0 ~ 5 20 ~ 120 50 ~ 220		15 ~ 45 0 ~ 3 15 ~ 60 40 ~ 120		20 ~ 90 0 ~ 5 20 ~ 60 50 ~ 160	15 ~ 60 0 ~ 5 20 ~ 60 40 ~ 130
螺杆转速 n/($r \cdot min^{-1}$)		28		48		30		48		28	28
后处理	方法 温度 t/℃ 时间 τ/h					红外线灯、烘箱 70 2 ~ 4		红外线灯、烘箱 70 2 ~ 4		红外线灯、鼓风烘箱 140 ~ 145 4	
说明						AS 的成型条件与上相似		丁苯橡胶改性的聚苯乙烯的成型条件与上相似		均聚的成型条件与上相似	

续表

塑料名称		聚碳酸酯		聚砜	聚芳砜	聚苯醚	氟塑料		醋酸纤维素	聚酰亚胺	改性聚甲基丙烯酸甲酯（372）
		纯	30%玻纤增强				聚三氟氯乙烯	聚全氟乙丙烯			
注射机类型		螺杆式		螺杆式	螺杆式	螺杆式	螺杆式	螺杆式	柱塞式	螺杆式	柱塞式
预热和干燥	温度 t/℃	110～120		120～140	200	130			70～75	130	70～80
	时间 τ/h	8～12		>4	6～8	4			4	4	4
料筒温度 t/℃	后段	210～240	成型温度 210～300	250～270	310～370	230～240	200～210	165～190	150～170	240～270	160～180
	中段	230～280		280～300	345～385	250～280	285～290	270～290		260～290	
	前段	240～285		310～330	385～420	260～290	275～280	310～330	170～190	280～315	
喷嘴温度 t/℃		240～250		290～310	380～410	250～280	265～270	300～310		290～300	210～240
模具温度 t/℃		90～110①	90～110①	130～150①	230～260①	110～150①	110～130①	110～130①	20～80	130～150①	40～60
注射压力 p/MPa		80～130	80～130	80～200	150～200	80～220	80～130	80～130	60～130	80～200	80～130
成型时间 τ/s	注射时间	20～90		30～90	15～20	30～90	20～60	20～60	15～45	30～60	20～60
	高压时间	0～5		0～5	0～5	0～5	0～3	0～3	0～3	0～5	0～5
	冷却时间	20～90		30～60	10～20	30～60	20～60	20～60	15～45	20～90	20～90
	总周期	40～190		65～160		70～160	50～130	50～130	40～100	60～160	50～150
螺杆转速 n/(r·min^{-1})		28		28		28	30	30		28	
后处理	方法	红外线灯、鼓风烘箱		红外线灯、鼓风烘箱、甘油		红外线灯、甘油				红外线灯、鼓风烘箱	红外线灯、鼓风烘箱
	温度 t/℃	100～110		110～130		150				150	70
	时间 τ/h	8～12		4～8		1～4				4	4
说明							无增塑剂类				

续表

塑料名称		聚酰胺								
		尼龙 1010	35% 玻纤增 强尼龙 1010	尼龙 6	30% 玻纤增 强尼龙 6	尼龙 66	20% ~40% 玻纤增强 尼龙 66	尼龙 610	尼龙 9	尼龙 11
注射机类型		螺杆式		螺杆式		螺杆式		螺杆式	螺杆式	螺杆式
预热和干燥	温度 t/℃ 时间 τ/h	100 ~ 110 12 ~ 16		100 ~ 110 12 ~ 16		100 ~ 110 12 ~ 16		100 ~ 110 12 ~ 16	100 ~ 110 12 ~ 16	100 ~ 110 12 ~ 16
料筒温度 t/℃	后段 中段 前段	190 ~ 210 200 ~ 220 210 ~ 230	成型温度 190 ~ 250	220 ~ 300	成型温度 227 ~ 316	245 ~ 350	成型温度 230 ~ 280	220 ~ 300	220 ~ 300	180 ~ 250
喷嘴温度 t/℃		200 ~ 210								
模具温度 t/℃		40 ~ 80			70		110 ~ 120			
注射压力 p/MPa		40 ~ 100	80 ~ 100	70 ~ 120	70 ~ 176	70 ~ 120	80 ~ 130	70 ~ 120	70 ~ 120	70 ~ 120
成型时间 τ/s	注射时间 高压时间 冷却时间 总周期	20 ~ 90 0 ~ 5 20 ~ 120 45 ~ 220								
螺杆转速 n/(r · min^{-1})										
后处理	方法 温度 t/℃ 时间 τ/h	油、水、盐水 90 ~ 100 4								
说明		1. 预热和干燥均采用鼓风烘箱 2. 凡潮湿环境使用的塑料，应进行调湿处理，在 100 ~ 120 ℃水中加热 2 ~ 18 h								

注：①模具宜加热

附录 G 常用热固性塑料模塑成型工艺参数

塑料型号	预热条件		成型温度 t/℃	成型压力 p/MPa	保持时间 $t/(\mathrm{min\cdot mm^{-1}})$	说明
	温度 t/℃	时间 τ/min				
R128、R131、R133、R135、R138			160 ~ 175	>25	0.8 ~ 1.0	1. 有机硅塑料(4250)成型后需高温热处理固化 2. 硅酮塑料(KH - 612)的固化剂为碱式碳酸钙、苯甲酸,二次固化条件为200 ℃,2 h 3. 压注模塑成型压力;酚醛塑料取50 ~ 80 MPa,纤维填料的塑料取80 ~ 120 MPa,环氧、硅酮等低压封装用塑料取2 ~ 10 MPa。模具温度一般取130 ~ 190 ℃
D131、D133、D141、D144、D151	100 ~ 140	根据塑件大小和要求选定	155 ~ 165	>25	0.6 ~ 1.0	
D138	100 ~ 140		160 ~ 180	>25	0.6 ~ 1.0	
U1601	140 ~ 160	4 ~ 8	155 ~ 165	>25	1.0 ~ 1.5	
U2101、U8101、U2301	150 ~ 160	5 ~ 10	165 ~ 180	>30	2.0 ~ 2.5	
P2301、P3301 P2701、P7301	150 ~ 160	5 ~ 10	160 ~ 170	>40	2.0 ~ 2.5	
Y2301	120 ~ 160	5 ~ 30	160 ~ 180	>30	2.0 ~ 2.5	
A1501	140 ~ 160	4 ~ 8	150 ~ 160	>25	1.0 ~ 1.5	
S5802	100 ~ 130	4 ~ 6	145 ~ 160	>25	1.0 ~ 1.5	
H161	120 ~ 130	4 ~ 8	155 ~ 165	>25	1.0 ~ 1.5	
E431			155 ~ 165	>25	1.0 ~ 1.5	
E631	130 ~ 150	6 ~ 8	155 ~ 165	25 ~ 35	1.0 ~ 1.5	
E731	120 ~ 150	4 ~ 10	150 ~ 155	>30	1.0 ~ 1.5	
J1503	125 ~ 135	4 ~ 8	165 ~ 175	>25	1.0 ~ 1.5	
J8603	135 ~ 145	5 ~ 10	160 ~ 175	>25	1.5 ~ 2.0	
M441 M4602 M5802	120 ~ 140	4 ~ 6	150 ~ 160	25 ~ 35	1.0 ~ 1.5	
T171,T661			155 ~ 165	25 ~ 35	1.0 ~ 1.5	
H161 - Z			料筒前 80 ~ 95 料筒后 40 ~ 60 模具内 170 ~ 190	80 ~ 160	0.3 ~ 0.5	
H1601 - Z			料筒前 80 ~ 95 料筒后 40 ~ 60 模具内 180 ~ 200	80 ~ 160	0.5 ~ 0.7	

续表

<table>
<tr><th rowspan="2">塑料型号</th><th colspan="2">预热条件</th><th rowspan="2">成型温度
t/℃</th><th rowspan="2">成型压力
p/MPa</th><th rowspan="2">保持时间
$t/(\mathrm{min}\cdot\mathrm{mm}^{-1})$</th><th rowspan="2">说明</th></tr>
<tr><th>温度 t/℃</th><th>时间
τ/min</th></tr>
<tr><td>D151 - Z</td><td></td><td></td><td>料筒前 80 ~ 95
料筒后 40 ~ 60
模具内 170 ~ 190</td><td></td><td>0.3 ~ 0.5</td><td rowspan="13">1. 有机硅塑料(4250)成型后需高温热处理固化
2. 硅酮塑料(KH - 612)的固化剂为碱式碳酸钙、苯甲酸,二次固化条件为 200 ℃,2 h
3. 压注模塑成型压力;酚醛塑料取 50 ~ 80 MPa,纤维填料的塑料取80 ~ 120 MPa,环氧、硅酮等低压封装用塑料取 2 ~ 10 MPa。模具温度一般取 130 ~ 190 ℃</td></tr>
<tr><td>MP - 1</td><td>115 ~ 125</td><td>10 ~ 15</td><td>135 ~ 145</td><td>>40</td><td>2.0</td></tr>
<tr><td>塑 33 - 3</td><td>100 ~ 120</td><td>6 ~ 10</td><td>160 ~ 175</td><td>>35</td><td>2.0 ~ 2.5</td></tr>
<tr><td>塑 33 - 5</td><td>115 ~ 125</td><td>6 ~ 8</td><td>150 ~ 165</td><td>>35</td><td>2.0 ~ 2.5</td></tr>
<tr><td>A1(粉)</td><td></td><td></td><td>薄壁塑件
140 ~ 150</td><td rowspan="3">25 ~ 35</td><td rowspan="3">薄壁塑件
0.5 ~ 1.0
一般塑件
1.0
大型厚件
1.0 ~ 2.0</td></tr>
<tr><td>A1(粉)</td><td></td><td></td><td>一般塑件
135 ~ 145</td></tr>
<tr><td>A2</td><td></td><td></td><td>大型厚件
125 ~ 135</td></tr>
<tr><td>4250</td><td>115 ~ 120</td><td>5 ~ 7</td><td>165 ~ 175</td><td>35 ~ 45</td><td>2.0 ~ 3.0</td></tr>
<tr><td rowspan="2">KH - 612</td><td colspan="2">配制工艺</td><td rowspan="2">160 ~ 180</td><td rowspan="2">1 ~ 10</td><td rowspan="2">2.0 ~ 5.0</td></tr>
<tr><td>90 ~ 100</td><td>混炼
25 ~ 40</td></tr>
<tr><td>D100(长玻纤增强)</td><td></td><td></td><td>130 ~ 160</td><td>20 ~ 30</td><td>1.0 ~ 2.0</td></tr>
<tr><td>D200(短玻纤增强)</td><td></td><td></td><td>130 ~ 160</td><td>20 ~ 30</td><td>1.0 ~ 2.0</td></tr>
</table>

注:表中酚醛塑料粉型号按 GB 1403—1986《酚醛模塑料命名》;脲甲醛塑料粉型号按 HG2—887—76

附录H 注射塑件成型缺陷分析

序号	成型缺陷	产生原因	解决措施
1	塑件形状欠缺	(1)料筒及喷嘴温度偏低 (2)模具温度太低 (3)加料量不足 (4)注射压力低 (5)进料速度慢 (6)锁模力不够 (7)模腔无适当排气孔 (8)注射时间太短,柱塞或螺杆回退时间太早 (9)杂物堵塞喷嘴 (10)流道浇口太小、太薄、太长	(1)提高料筒及喷嘴温度 (2)提高模具温度 (3)增加料量 (4)提高注射压力 (5)调节进料速度 (6)增加锁模力 (7)修改模具,增加排气孔 (8)增加注射时间 (9)清理喷嘴 (10)正确设计浇注系统
2	塑件有溢边	(1)注射压力太大 (2)锁模力过小或单向受力 (3)模具碰损或磨损 (4)模具间落入杂物 (5)料温太高 (6)模具变形或分型面不平	(1)降低注射压力 (2)调节锁模力 (3)修理模具 (4)擦净模具 (5)降低料温 (6)调整模具或磨平
3	熔合纹明显	(1)料温过低 (2)模温低 (3)擦脱模剂太多 (4)注射压力低 (5)注射速度慢 (6)加料不足 (7)模具排气不良	(1)提高料温 (2)提高模温 (3)少擦脱模剂 (4)提高注射压力 (5)加快注射速度 (6)加足料 (7)通模具排气孔
4	黑点及条纹	(1)料温高,并分解 (2)料筒或喷嘴接合不严 (3)模具排气不良 (4)染色不均匀 (5)物料中混有深色物	(1)降低料温 (2)修理接合处,除去死角 (3)改变模具排气 (4)重新染色 (5)将物料中深色物取缔
5	银丝、斑纹	(1)料温过高,料分解物进入模腔 (2)原料含水分高,成型时气化 (3)物料含有易挥发物	(1)迅速降低料温 (2)原料预热或干燥 (3)原料进行预热干燥
6	塑件变形	(1)冷却时间短 (2)顶出受力不均 (3)模温太高 (4)塑件内应力太大 (5)通水不良,冷却不均 (6)塑件薄厚不均	(1)加长冷却时间 (2)改变顶出位置 (3)降低模温 (4)消除内应力 (5)改变模具水路 (6)正确设计制品和模具

续表

序号	成型缺陷	产生原因	解决措施
7	塑件脱皮、分层	(1)原料不纯 (2)同一塑料不同级别或不同牌号相混 (3)配入润滑剂过量 (4)塑化不均匀 (5)混入异物气疵严重 (6)进浇口太小,摩擦力大 (7)保压时间过短	(1)净化处理原料 (2)使用同级或同牌号料 (3)减少润滑剂用量 (4)增加塑化能力 (5)消除异物 (6)放大浇口 (7)适当延长保压时间
8	裂纹	(1)模具太冷 (2)冷却时间太长 (3)塑料和金属嵌件收缩率不一样 (4)顶出装置倾斜或不平衡,顶出截面积小或分布不当 (5)制件斜度不够,脱模难	(1)调整模具温度 (2)降低冷却时间 (3)对金属嵌件预热 (4)调整顶出装置或合理安排顶杆数量及其位置 (5)正确设计脱模斜度
9	塑件表面有波纹	(1)物料温度低,黏度大 (2)注射压力不当 (3)模具温度低 (4)注射速度太慢 (5)浇口太小	(1)提高料温 (2)料温高,可减小注射压力,反之则加大注射压力 (3)提高模具温度或增大注射压力 (4)提高注射速度 (5)适当扩展浇口
10	塑件性脆强度下降	(1)料温太高,塑料分解 (2)塑料和嵌件处内应力过大 (3)塑料回用次数多 (4)塑料含水	(1)降低料温,控制物料在料筒内滞留时间 (2)对嵌件预热,保证嵌件周围有一定厚度塑料 (3)控制回料配比 (4)原料预热干燥
11	脱模难	(1)模具顶出装置结构不良 (2)模腔脱模斜度不够 (3)模腔温度不合适 (4)模腔有接缝或存料 (5)成型周期太短或太长 (6)模芯无进气孔	(1)改进顶出装置 (2)正确设计模具 (3)适当控制模温 (4)清理模具 (5)适当控制注射周期 (6)修改模具
12	塑件尺寸不稳定	(1)机器电路或油路系统不稳 (2)成型周期不一致 (3)温度、时间、压力变化 (4)塑料颗粒大小不一 (5)回收下脚料与新料混合比例不均 (6)加料不均	(1)修理电器或油压系统 (2)控制成型周期,使一致 (3)调节,控制基本一致 (4)使用均一塑料 (5)控制混合比例,使均匀 (6)控制或调节加料均匀

附录Ⅰ 一般热固性塑料产生废品的类型、原因及处理方法

废品类型	产生的原因	处理的方法
1. 表面起泡或鼓起	(1)塑料中水分与挥发物的质量分数太大 (2)模具过热或过冷 (3)模压压力不足 (4)模压时间过短 (5)塑料压缩率太大,所含空气太多 (6)加热不均匀	(1)将塑料进行干燥或预热后再加入模具 (2)适当调节温度 (3)增加压力 (4)延长模压时间(指固化阶段) (5)将塑料进行预压或用适当的分配方式有利于空气的逸出。对于疏松状塑料,宜将塑料堆成山峰状,且峰顶不宜平坦或下陷 (6)改进加热装置
2. 翘曲	(1)塑料固化程度不足 (2)模具温度过高或凸凹两模的表面温差太大,致使塑件各部间的收缩率不一致 (3)塑件结构的刚度不足 (4)塑件壁厚与形状过分不规则致使料流固化与冷却不均匀,从而造成各部分的收缩不一致 (5)塑料流动性太大 (6)闭模前塑料在模内停留的时间过长 (7)塑料中水分或挥发物质量分数太大	(1)增加固化时间 (2)降低温度或调整凸凹两模的温差在 ±3 ℃的范围内,最好相同 (3)设计塑件时应考虑增加塑件的厚度或增添加强筋 (4)改用收缩率小的塑料;相应调整各部分的温度;预热塑料;变换塑件的设计 (5)改用流动性小的塑料 (6)缩短塑料在闭模前停留于模内的时间 (7)预热塑料 (8)可用塑件在模具内冷却的方法消除,即延长模压周期或需用几副模具,对生产不够经济,如特殊需要也可采用
3. 欠压(即塑件没有完全成型,不均匀,塑件全部或局部呈疏松状)	(1)压力不足 (2)上料分量不足 (3)塑料的流动性大或小 (4)闭模太快或排气太快,使塑料自模具溢出 (5)闭模太慢或模具温度过高,以致有部分塑料发生过早的固化	(1)增大压力 (2)增加料量 (3)改用流动性适中的塑料,或在模压流动性大的塑料时减慢加压速度,而在模压流动性小的塑料时增大压力并降低模具温度 (4)减慢闭模与排气的速度 (5)加快闭模或降低模具温度
4. 裂缝	(1)嵌件与塑料的体积比率不当或配入的嵌件太多 (2)嵌件的结构不正确 (3)模具设计不当或推出装置不好 (4)塑件各部分的厚度相差太大 (5)塑料中水分和挥发物质量分数太大 (6)塑件在模内冷却时间太长	(1)塑件应另行设计或改用收缩率小的塑料 (2)改用正确的嵌件 (3)改正模具或推出装置的设计 (4)改正塑件的设计 (5)预热塑料 (6)缩短或免去在模内冷却的时间

续表

废品类型	产生的原因	处理的方法
5. 表面灰暗	(1)模面粗糙度太大 (2)润滑剂质量差或用量不够 (3)模具温度过高或过低	(1)仔细清理模具并加强维护,抛光或镀铬 (2)改用适当的润滑剂 (3)校正模具温度
6. 表面出现斑点或小缝	塑料内含有外来杂质,尤其是油类物质;或者是模具没有得到很好的清理	塑料应过筛,防止外来杂质的沾染,仔细清理模腔
7. 塑件变色	模具温度过高	降低模温
8. 粘模	(1)塑料中可能无润滑剂或用量不当 (2)模面粗糙度大	(1)塑料内应加入适当的润滑剂 (2)减小模面粗糙度
9. 飞边太厚	(1)上料分量过多 (2)塑料流动性太小 (3)模具设计不当 (4)导合钉的套筒被堵塞	(1)准确加料 (2)预热塑料,降低温度及增大压力 (3)改正设计错误 (4)清理套筒
10. 表面呈橘皮状	(1)塑料在高压下闭模太快 (2)塑料流动性太大 (3)塑料颗粒太粗 (4)塑料水分太多(暴露太多)	(1)降低闭模速度 (2)改用流动性较小的塑料或将原用塑料进行烘焙 (3)预热塑料,改用较细颗粒的塑料 (4)进行干燥
11. 脱模时柔软状	(1)塑料固化程度不够 (2)塑料水分太多(暴露) (3)模具上润滑油用得太多	(1)增加模压周期(指固化阶段)或者提高模压温度 (2)预热塑料 (3)不用或少用
12. 塑件尺寸不合要求	(1)上料量不准 (2)模具不精确或已磨损 (3)塑料不合规格	(1)调整上料量 (2)修理或更换模具 (3)改用符合规格的塑料
13. 电性能不合要求	(1)塑料水分太多 (2)塑料固化程度不够 (3)塑料中含有金属污物或油脂等杂质	(1)预热塑料 (2)增加模压周期或提高模温 (3)防止外来杂质
14. 力学强度差与化学性能低劣	(1)塑料固化程度不够,一般是由模温太低造成的 (2)模压压力不足或上料量不够	(1)增加模具温度与模压周期(固化阶段) (2)增加模压压力和上料量

附录J 挤出管材的反常现象、原因及其消除方法

出现的问题	原因	消除方法
1. 管材内外表面毛糙	(1)塑料中水分质量分数过大 (2)料温太低 (3)机头与口模内部不洁净 (4)挤出速度太快	(1)干燥塑料 (2)适当提高温度 (3)清理机头与口模 (4)降低螺杆转速
2. 塑件带有焦粒或变色	(1)挤压温度过高 (2)机头与口模内部不洁净或有死角	(1)降低温度 (2)清理机头与口模,改进机头与口模的流线型
3. 管材起皱	(1)料流发生脉动 (2)牵引速度不平稳	(1)须检查发生脉动的原因,并采用相应的措施,放慢挤出速度并严格控制 (2)检查牵引装置,使其达到平稳
4. 管壁厚度不均	(1)芯棒和模套定位不正 (2)口模各点温度不均 (3)牵引位置偏离挤出机的轴线	(1)校正其相对位置 (2)校正温度 (3)校正牵引的位置
5. 管材口径不圆	(1)定型套口径不圆 (2)牵引前部的冷却不足	(1)调换或改正定型套 (2)校正冷却系统或放慢挤出速度
6. 管材口径大小不同	(1)挤出温度有波动 (2)牵引速度不均	(1)控制温度恒定 (2)检查牵引,使其达到平衡
7. 塑件带有杂质	(1)滤网破损或滤网不够细 (2)塑料发生降解 (3)用料中加入的重用料太多	(1)换掉滤网 (2)校正各段温度 (3)降低重用料的比率

附录K　塑料注射成型工艺过程卡片

			塑件注射模塑工艺卡片		产品型号		零(部)件图号				共　页
					产品名称		零(部)件名称				第　页
	材料名称			材料牌号			材料颜色		每台件数		
	零件净重		g	零件毛重		g	消耗定额	g/件			
	设备型号			注射成型工艺	料筒温度	第一段	℃至℃	℃至℃	注射时间	闭模	s	s
	模具	编号				第二段	℃至℃	℃至℃		高压	s	s
		型腔数量				第三段	℃至℃	℃至℃		注射	s	s
		附件				第四段	℃至℃	℃至℃		冷却	s	s
						第五段	℃至℃	℃至℃		启模	s	s
						喷嘴	℃至℃	℃至℃		总时间	s	s
		总高			压力	注射	MPa	MPa	模温	℃至℃	℃至℃
		顶出高				保压	MPa	MPa	螺杆类型		
	嵌件	图号	名称	数量	螺杆转速		r/min	加料刻度		脱模剂	
					零件成型后处理		工序号	工序内容　工艺装置		工时	
										准终	单件
描图					热处理方式						
					加热温度						
描校					保温温度						
	原料干燥处理	使用设备			加热时间						
底图号		盛料高度			保温时间						
		翻料时间			冷却方式						
装订号		干燥温度									
		干燥时间									
									编制(日期)	审核(日期)	会签(日期)
	标记	处数	更改文件号	签字	日期	标记	处数	更改文件号	签字	日期	

附录 L 塑料压缩成型工艺过程卡片

	塑件压缩模塑工艺卡片	产品型号		零(部)件图号		共 页
		产品名称		零(部)件名称		第 页

设备			嵌件			工序号	工序内容	工艺装备	工时	
每台件数			图号	名称	数量				准终	单件
材料	牌号									
材料	名称									
材料	颜色									
材料	净重	g/件								
材料	毛重	g/件								
材料	消耗定额									

	工艺参数			数值	单位	模具		
	预热	设备				模具	编号	
	预热	材料	温度			模具	型腔数量	
	预热	材料	时间		min	模具	附件	
	预热	上模				模具	附件	
	预热	中模				模具	附件	
描图	预热	下模				模具	附件	
	表压	闭模			MPa	模具		
描校	表压	保压			MPa	备注		
	时间	闭模			min	备注		
底图号	时间	排气		次 每次	min	备注		
装订号	时间	保压固化			min	备注		
	时间	总周期			min	备注		

标记	处数	更改文件号	签字	日期	标记	处数	更改文件号	签字	日期	编制（日期）	审核（日期）	会签（日期）	

参 考 文 献

[1] 张维合. 塑料成型工艺与模具设计[M]. 北京:化学工业出版社,2014.
[2] 莫亚武. 塑料成型工艺与模具设计[M]. 长沙:中南大学出版社,2011.
[3] 屈华昌. 塑料成型工艺与模具设计 [M]. 3 版. 北京:机械工业出版社,2017.
[4] 杨鸣波,黄锐. 塑料成型工艺学 [M]. 3 版. 北京:中国轻工业出版社,2014.
[5] 杨卫民. 塑料精密注射成型原理及设备[M]. 北京:科学出版社,2015.
[6] 罗河胜. 塑料材料手册 [M]. 3 版. 广州:广东科技出版社,2010.
[7] 张维合,刘志扬. 注射成型实用技术[M]. 北京:化学工业出版社,2012.
[8] 王晓梅. 塑料模具设计与制造[M]. 北京:科学出版社,2014.
[9] 颜智伟. 塑料模具设计与机构设计[M]. 北京:国防工业出版社,2012.
[10] 闫亚林. 塑料模具图册[M]. 北京:高等教育出版社,2009.
[11] 王鹏驹,张杰. 塑料模具设计师手册[M]. 北京:机械工业出版社,2008.
[12] 许洪斌,樊泽兴. 塑料注射成型工艺及模具[M]. 北京:化学工业出版社,2007.
[13] 刘华刚. 塑料模具结构与制造[M]. 北京:机械工业出版社,2016.
[14] 贾润礼,李宁. 塑料成型加工新技术[M]. 北京:国防工业出版社,2006.
[15] 齐晓杰. 塑料成型工艺与模具设计 [M]. 2 版. 北京:机械工业出版社,2015.
[16] 石世铫. 注塑模具设计与制造教程[M]. 北京:化学工业出版社,2017.